作者简介

谯仕彦，1963 年生，四川省阆中市人，中国农业大学动物科学技术学院教授，博士研究生导师，现任国家饲料工程技术研究中心主任、生物饲料添加剂北京市重点实验室主任、饲用抗菌肽北京市工程实验室主任，兼任中国畜牧兽医学会动物营养学分会副理事长、北京市畜牧兽医学会副理事长、全国饲料工业标准化委员会副主任委员、饲用微生物工程国家重点实验室学术委员会主任。新世纪百千万人才工程国家级人选、全国农业科研杰出人才。2004 年获中国青年科技奖，2005 年获国家杰出青年科学基金资助。主要从事猪蛋白质氨基酸营养代谢与营养需要基础研究、饲料营养价值评价、饲用抗生素替代技术与产品研发等科研和成果转化工作。先后获国家技术发明奖二等奖 1 项、国家科技进步奖二等奖 3 项、省部级一等奖 4 项，发表论文 200 余篇，获中国发明专利 24 项、美国发明专利 1 项。

内容简介

猪低蛋白质日粮在节约蛋白质饲料资源、降低饲料成本、减少氮和有害气体排放、改善猪舍环境、促进肠道健康和改善肉品质、减少饲料中抗生素促生长剂的使用、推动氨基酸工业发展等多个方面具有重要意义。本书以笔者及其研究团队的工作为基础，总结了自1975年以来国内外猪低蛋白质日粮的研究和应用方面的内容。主要介绍了低蛋白质日粮的意义与发展历程、低蛋白质日粮的理论基础——能量转化与净能体系和氨基酸营养代谢与重分配、低蛋白质日粮与肠道健康、生长性能，重点介绍了低蛋白质日粮的配制技术、新型氨基酸内源合成激活剂氮氨甲酰谷氨酸在低蛋白质日粮中的应用，最后对低蛋白质日粮的应用作了案例分析。内容涵盖猪低蛋白质日粮的产生和发展历程、理论基础与配制技术、应用与实践，可为读者提供猪低蛋白质日粮全面、系统和深入的解读，精准把握猪低蛋白质日粮的饲用技术。

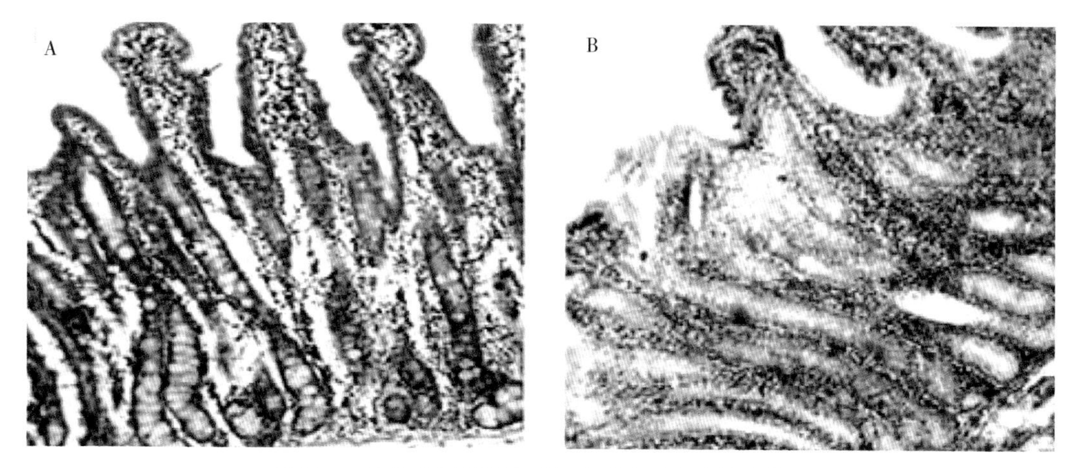

彩图 1　日粮苏氨酸浓度对仔猪肠道形态功能的作用

注：A 图为仔猪饲喂 0.74%的苏氨酸（棕黄色的肠道黏液蛋白较多）；B 图为仔猪饲喂 0.37%的苏氨酸（棕黄色的黏液蛋白阳性反应物较少）。

（资料来源：Wang 等，2010）

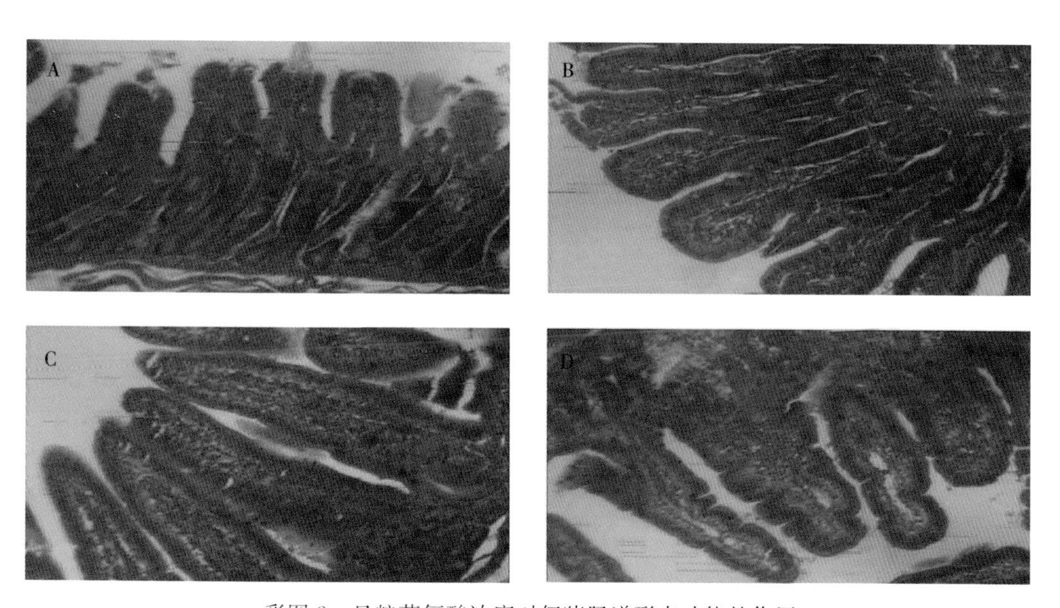

彩图 2　日粮苏氨酸浓度对仔猪肠道形态功能的作用

注：A 图采食 50%真可消化苏氨酸可导致仔猪空肠绒毛变短，隐窝变深，绒毛表面破损；B 图采食 50%真可消化苏氨酸日粮的仔猪被大肠杆菌感染后，空肠绒毛变短、粗，隐窝变深，绒毛表面破损；C 图采食 100%真可消化苏氨酸导致仔猪空肠绒毛长，隐窝浅，绒毛结构清晰完整；D 图采食 100%真可消化苏氨酸日粮的仔猪被大肠杆菌感染后，空肠绒毛变短、粗，隐窝较深，绒毛表面有轻微破损。

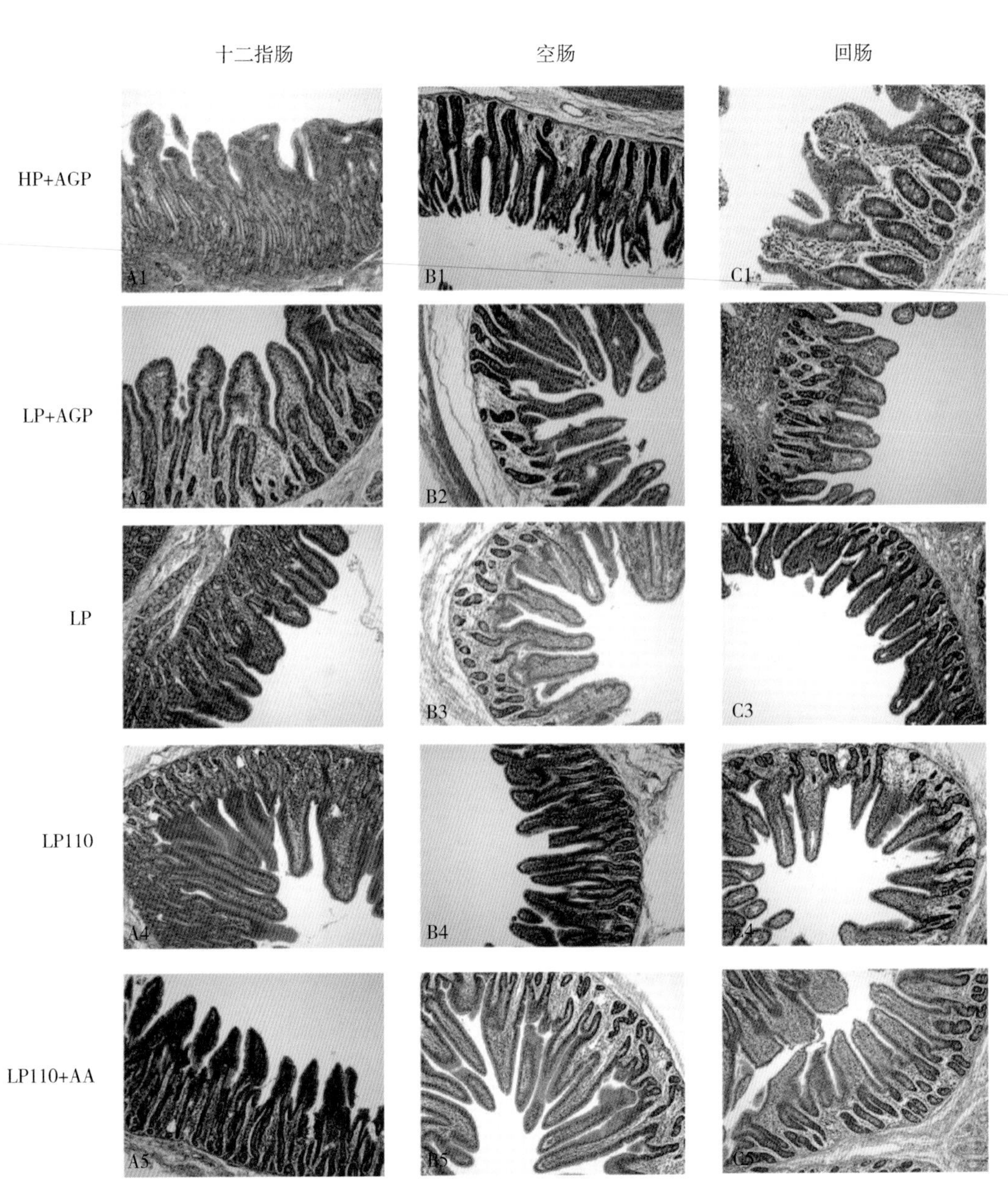

彩图 3　无抗生素低蛋白质日粮的氨基酸模式对仔猪肠道形态的影响

注：A1～A5，各处理组仔组十二指肠形态；B1～B5，各处理组仔猪空肠形态；C1～C5，各处理组仔猪回肠形态。

（资料来源：周俊言，2019）

"十三五"国家重点图书出版规划项目
当代动物营养与饲料科学精品专著

猪低蛋白质日粮研究与应用

谯仕彦◎著

中国农业出版社
北 京

图书在版编目（CIP）数据

猪低蛋白质日粮研究与应用/谯仕彦著．—北京：中国农业出版社，2019.12
当代动物营养与饲料科学精品专著
ISBN 978-7-109-26413-7

Ⅰ．①猪…　Ⅱ．①谯…　Ⅲ．①猪—饲料—研究　Ⅳ．①S828.5

中国版本图书馆CIP数据核字（2019）第292883号

中国农业出版社出版
地址：北京市朝阳区麦子店街18号楼
邮编：100125
策划编辑：周晓艳
责任编辑：周晓艳　王森鹤
版式设计：王　晨　　责任校对：沙凯霖
印刷：北京通州皇家印刷厂
版次：2019年12月第1版
印次：2019年12月北京第1次印刷
发行：新华书店北京发行所
开本：787mm×1092mm　1/16
印张：22.75　　插页：2
字数：600千字
定价：208.00元

丛书编委会

杨在宾（教　授，山东农业大学动物科技学院动物医学院）
李光玉（研究员，中国农业科学院特产研究所）
李军国（研究员，中国农业科学院饲料研究所）
李胜利（教　授，中国农业大学动物科学技术学院）
李爱科（研究员，国家粮食和物资储备局科学研究院粮食品质营养研究所）
吴　德（教　授，四川农业大学动物营养研究所）
呙于明（教　授，中国农业大学动物科学技术学院）
佟建明（研究员，中国农业科学院北京畜牧兽医研究所）
汪以真（教　授，浙江大学动物科学学院）
张日俊（教　授，中国农业大学动物科学技术学院）
张宏福（研究员，中国农业科学院北京畜牧兽医研究所）
陈代文（教　授，四川农业大学动物营养研究所）
林　海（教　授，山东农业大学动物科技学院动物医学院）
罗　军（教　授，西北农林科技大学动物科技学院）
罗绪刚（研究员，中国农业科学院北京畜牧兽医研究所）
周志刚（研究员，中国农业科学院饲料研究所）
单安山（教　授，东北农业大学动物科学技术学院）
孟庆翔（教　授，中国农业大学动物科学技术学院）
侯水生（研究员，中国农业科学院北京畜牧兽医研究所）
侯永清（教　授，武汉轻工大学动物科学与营养工程学院）
姚军虎（教　授，西北农林科技大学动物科技学院）
秦贵信（教　授，吉林农业大学动物科学技术学院）
高秀华（研究员，中国农业科学院饲料研究所）
曹兵海（教　授，中国农业大学动物科学技术学院）
彭　健（教　授，华中农业大学动物科学技术学院动物医学院）
蒋宗勇（研究员，广东省农业科学院动物科学研究所）
蔡辉益（研究员，中国农业科学院饲料研究所）
谭支良（研究员，中国科学院亚热带农业生态研究所）
谯仕彦（教　授，中国农业大学动物科学技术学院）
薛　敏（研究员，中国农业科学院饲料研究所）
瞿明仁（教　授，江西农业大学动物科学技术学院）

审稿专家

卢德勋（研究员，内蒙古自治区农牧业科学院动物营养研究所）
计　成（教　授，中国农业大学动物科学技术学院）
杨振海（局　长，农业农村部畜牧兽医局）

丛书序

经过近40年的发展，我国畜牧业取得了举世瞩目的成就，不仅是我国农业领域中集约化程度较高的产业，更成为国民经济的基础性产业之一。我国畜牧业现代化进程的飞速发展得益于畜牧科技事业的巨大进步，畜牧科技的发展已成为我国畜牧业进一步发展的强大推动力。作为畜牧科学体系中的重要学科，动物营养和饲料科学也取得了突出的成绩，为推动我国畜牧业现代化进程做出了历史性的重要贡献。

畜牧业的传统养殖理念重点放在不断提高家畜生产性能上，现在情况发生了重大变化：对畜牧业的要求不仅是要能满足日益增长的畜产品消费数量的要求，而且对畜产品的品质和安全提出了越来越严格的要求；畜禽养殖从业者越来越认识到养殖效益和动物健康之间相互密切的关系。畜牧业中抗生素的大量使用、饲料原料重金属超标、饲料霉变等问题，使一些有毒有害物质蓄积于畜产品内，直接危害人类健康。这些情况集中到一点，即畜牧业的传统养殖理念必须彻底改变，这是实现我国畜牧业现代化首先要解决的一个最根本的问题。否则，就会出现一系列的问题，如畜牧业的可持续发展受到阻碍、饲料中的非法添加屡禁不止、“人畜争粮”矛盾凸显、食品安全问题受到质疑。

我国最大的国情就是在相当长的时期内处于社会主义初级阶段，我国养殖业生产方式由粗放型向集约化型的根本转变是一个相当长的历史过程。从这样的国情出发，发展我国动物营养学理论和技术，既具有中国特色，对制定我国养殖业长期发展战略有指导性意义；同时也对世界养殖业，特别是对发展中国家养殖业发展具有示范性意义。因此，我们必须清醒地意识到，作为畜牧业发展中的重要学科——动物营养学正处在一个关键的历史发展时期。这一发展趋势绝不是动物营养学理论和技术体系的局部性创新，而是一个涉及动物营养学整体学科思维方式、研究范围和内容，乃至研究方法和技术手段更新的全局性战略转变。在此期间，养殖业内部不同程度的集约化水平长期存在。这就要求动物营养学理论不仅能适应高度集约化的养殖业，而且也要能适应中等或初级集约化水平长期存在的需求。近年来，我国学者在动物营养和饲料科学方面作了大量研究，取得了丰硕成果，这些研究成果对我国畜牧业的产业化发展有重要实践价值。

“十三五”饲料工业的持续健康发展，事关动物性“菜篮子”食品的有效供给和质量安全，事关养殖业绿色发展和竞争力提升。从生产发展看，饲料工业是联结种植业和养殖业的中轴产业，而饲料产品又占养殖产品成本的70%。当前，我国粮食库存压力很大，大力发展饲料工业，既是国家粮食去库存的重要渠道，也是实现降低生产成本、提高养殖效益的现实选择。从质量安全看，随着人口的增加和消费的提升，城乡居民对保障“舌尖上的安全”提出了新的更高的要求。饲料作为动物产品质量安全的源头和基础，要保障其安全放心，必须从饲料产业链条的每一个环节抓起，特别是在提质增效和保障质量安全方面，把科技进步放在更加突出的位置，支撑安全发展。从绿色发展看，当前我国畜牧业已走过了追求数量和保障质量的阶段，开始迈入绿色可持续发展的新阶段。畜牧业发展决不能“穿新鞋走老路”，继续高投入、高消耗、高污染，而应在源头上控制投入、减量增效，在过程中实施清洁生产、循环利用，在产品上保障绿色安全、引领消费；推介饲料资源高效利用、精准配方、氮磷和矿物元素源头减排、抗菌药物减量使用、微生物发酵等先进技术，促进形成畜牧业绿色发展新局面。

动物营养与饲料科学的理论与技术在保障国家粮食安全、保障食品安全、保障动物健康、提高动物生产水平、改善畜产品质量、降低生产成本、保护生态环境及推动饲料工业发展等方面具有不可替代的重要作用。当代动物营养与饲料科学精品专著，是我国动物营养和饲料科技界首次推出的大型理论研究与实际应用相结合的科技类应用型专著丛书，对于传播现代动物营养与饲料科学的创新成果、推动畜牧业的绿色发展有重要理论和现实指导意义。

李德发

2018.9.26

前　言

蛋白质饲料资源短缺和排泄物污染是我国养殖业，特别是养猪业可持续发展的两大瓶颈。多年来的大量研究表明，在目前我们所掌握的动物营养学知识和可提供的工业氨基酸种类的情况下，在一定范围内，猪日粮蛋白质每降低 1 个百分点，豆粕用量可减少 2～3 个百分点，氮排放量和猪舍内氨气浓度可减少 8 个百分点左右。因此，采用低蛋白质日粮养猪是缓解蛋白质饲料资源短缺和排泄物污染的可行的技术路径。

日粮蛋白质水平的高低是一个相对且复杂的概念，之所以复杂，是因为这一概念至少与下述三个因素密切相关：一是日粮蛋白质的结构、来源和组成蛋白质的氨基酸利用率，二是组成蛋白质的氨基酸的数量和平衡关系，三是能量代谢与氨基酸代谢的匹配。笔者及研究团队 15 年前从猪不同生长阶段、不同日粮蛋白质水平下净能需要量的研究开始，对上述几个方面开展了较为系统和深入的工作，并在不同养殖条件的猪场进行了一定规模的生产试验。2018 年开始的中美贸易摩擦给我国蛋白质饲料资源的供给造成了很大的不确定性，促使笔者以团队的工作为基础，对国内外有关猪低蛋白质日粮的研究文献进行总结，并写成《猪低蛋白质日粮研究与应用》，供同行参考。

现代农业产业技术体系北京市生猪创新团队 2009 年来的持续资金支持是笔者及研究团队得以长期研究猪低蛋白质日粮的基础。同时，本书的写作得到了中国农业大学曾祥芳副教授、李培丽博士、李忠超博士，宁夏大学张桂杰教授，四川农业大学毛湘冰教授，河南科技大学马文锋副教授，华南农业大学张世海副教授，安徽科技学院任曼副教授，禾丰集团岳隆耀博士，金新农集团刘绪同博士，以及博士研究生王钰明和周俊言、科研助理杨凤娟的大力支持；另外，书的出版得到了国家出版基金项目的资助，笔者在此一并表示衷心的感谢！同时也衷心感谢本团队所有从事低蛋白质日粮工作的研究生们。

由于各种历史原因，我国猪饲料的配制对蛋白质水平和豆粕有着较深的依赖，希望这本书的出版能对同行们有所帮助。

由于笔者水平有限，对书中错误和疏漏之处，恳请读者批评指正。

著　者

2019年12月

目　录

06 第六章 猪低蛋白质日粮配制技术体系

07 第七章 N-氨甲酰谷氨酸在猪低蛋白质日粮中的应用

08 第八章 猪低蛋白质日粮的应用与案例分析

第一章 猪低蛋白质日粮的意义与发展历程

蛋白质是生命的重要物质基础，同时承载着遗传信息传递和功能执行的任务。早在19世纪，恩格斯就指出“没有蛋白质就没有生命”。随着人们对蛋白质结构和功能的认识，以及氨基酸分析技术的发展，到今天，我们已经充分认识到蛋白质营养的实质是氨基酸营养，而氨基酸营养的核心是氨基酸之间的平衡。20世纪60年代以来，可消化氨基酸和理想蛋白质概念的提出与发展，极大地促进了日粮蛋白质水平与氨基酸组成关系的研究。21世纪猪净能体系的提出和发展，工业氨基酸生产技术的大幅度进步，使得低蛋白质日粮逐步得以实际应用。本章将重点阐述低蛋白质日粮的意义、发展历程和工业氨基酸生产技术的发展。

第一节 低蛋白质日粮的含义

迄今为止，没有教科书或著作明确给出低蛋白质日粮的定义，因此有必要讨论其内涵。易学武（2009）认为，比美国国家科学研究委员会（National Research Council，NRC，1998）或《猪饲养标准》（NY/T 65—2004）推荐的粗蛋白质水平低2～4个百分点的日粮为低蛋白质日粮。目前看来，这样对低蛋白质日粮进行定义显得过于粗糙。

低蛋白质日粮并非是与“高蛋白质日粮”相对立的概念，早在1968年，Mitchell等（1968）认为，可以用氨基酸混合物或完全被消化和代谢的蛋白质来表述理想蛋白质，这一氨基酸混合物与动物维持、生长发育和生产的氨基酸需要相比，其组成应完全一致。从理论上来讲，动物对蛋白质的需求实际上是对氨基酸的需求。因此，动物不必一定通过日粮中的蛋白质提供它所需要的氨基酸，完全可以通过添加工业生产的氨基酸来满足其对日粮氨基酸数量的需求及组成比例的平衡，从而降低日粮蛋白质含量，减少蛋白质饲料原料的用量，这是配制低蛋白质日粮的营养学基础。

因此，低蛋白质日粮的内涵可以总结为：低蛋白质日粮是根据蛋白质营养的实质和氨基酸营养平衡理论，在不影响动物生产性能和产品品质的条件下，通过添加适宜种类和数量的工业氨基酸，降低日粮蛋白质水平、减少日粮蛋白质原料用量和氮排放的日粮。低蛋白质日粮是现代动物营养学发展的必然结果，是组成蛋白质的各种氨基酸营养生理功能深入研究的结果，也是现代氨基酸工业发展的必然结果。

从低蛋白质日粮的这个内涵可以看出，低蛋白质日粮不是一个简单的概念，它最少涉及日粮能量在动物体内的代谢转化、不同来源饲料原料的氨基酸在动物体内的代谢转化、日粮氨基酸的可消化性或可利用性（家禽）、日粮能量蛋白质平衡及氨基酸之间的相互平衡等诸多方面的内容，需要对这些内容进行深入研究，可以说低蛋白质日粮是当前精准营养研究与应用的集中体现。在实际生产中，则需要配方师深入理解和把握低蛋白质日粮的内涵，掌握能量转化、不同饲料氨基酸消化率或利用率（家禽）数据、能氮平衡数据和氨基酸之间相互平衡的数据，只有这样才能做好低蛋白质日粮配方。

第二节　猪低蛋白质日粮的意义

在各种动物的低蛋白质日粮研究中，猪低蛋白质日粮的研究最为深入，也得到了一定程度的应用。目前的研究和应用发现，推广应用猪的低蛋白质日粮在节约蛋白质饲料资源、降低饲料成本，减少氮和有害气体排放、减轻排泄物面源污染、改善猪舍环境，改善肠道健康、减少饲料中抗生素促生长剂的用量，改善肉品质，推动氨基酸工业的发展等多个方面，具有重要意义。

一、减少蛋白质饲料用量，节约蛋白质饲料资源

低蛋白质日粮通过补充合成氨基酸，使得日粮的氨基酸含量更接近猪的氨基酸需要量，提高了氨基酸的利用率，避免了部分氨基酸过量造成的浪费，从而降低蛋白质饲料用量，节约蛋白质饲料资源。Wang 等(2018)总结近年来低蛋白质日粮的应用发现，日粮粗蛋白质水平每降低 1 个百分点，蛋白质饲料原料用量约降低 3 个百分点（图1-1）。因此，低蛋白质日粮是减少蛋白质饲料原料用量、缓解我国蛋白质饲料资源短缺的有效途径。

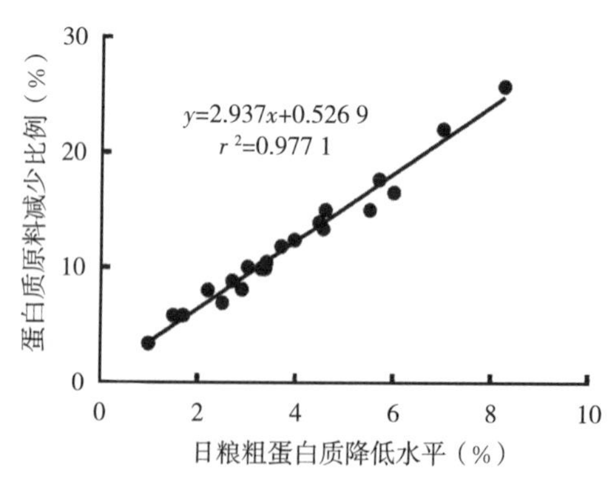

图 1-1　日粮粗蛋白质降低水平与蛋白质原料减少比例之间的线性关系

（资料来源：Wang 等，2018）

深入研究和推广应用猪低蛋白质日粮，对我国粮食生产具有特别重要的意义。豆粕因其氨基酸组成平衡性好且质量稳定，已成为动物日粮配制中应用最广泛的植物性蛋白质原料。我国是大豆主产国之一，但产量一直徘徊不前。2000 年以来，大豆年产量总

体呈下降趋势，平均年产量约1 450万 t；但大豆消费量却快速增长，2017 年国内大豆总消费量达到 1.1 亿 t。从 2003 年开始，我国大豆进口量首次超过国产大豆量，成为世界上进口大豆最多的国家（Zhang 和 Reed，2008），并且之后逐年快速增长。到 2017 年，我国大豆进口量达到创纪录的9 553万 t，进口量占世界大豆总产量的 28%，进口依存度达 86.85%（图 1-2），给国家粮食安全造成了潜在的威胁。

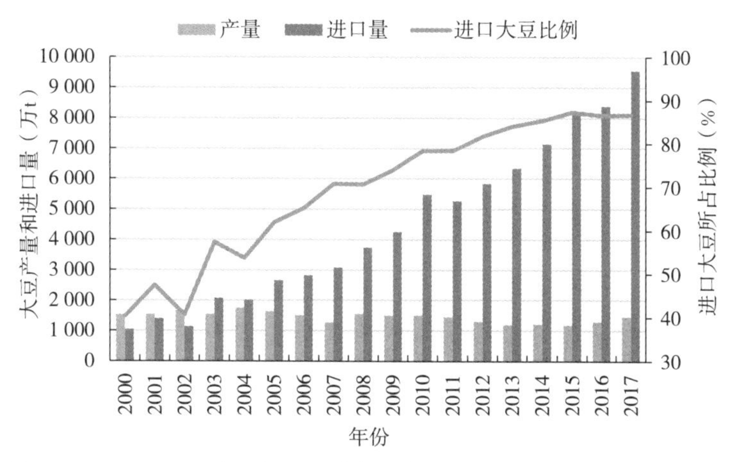

图 1-2　2000—2017 年我国大豆产量、大豆进口量和进口大豆所占比例

进口的大豆除满足部分植物油的需求外，主要是为了满足畜牧养殖业对大豆蛋白质的需求。我国是世界上养猪和猪肉消费第一大国，养猪业消耗的大豆占饲料用大豆总量的近 40%。日粮蛋白质水平每降低 1 个百分点，可减少 2.3 个百分点的豆粕用量。2017 年我国猪肉产量4 980万 t，按料重比 4.5 计算，消耗配合饲料 2.24 亿 t。我国目前生猪生产全程饲料蛋白质含量为 16%，按照目前可推广应用的低蛋白质日粮技术，将全程蛋白质水平由目前的 16%降至 14%，可减少豆粕用量近1 030万 t，折合大豆约1 370万 t，相当于 2017 年自美国进口大豆（3 300万 t）的 42%。因此，利用低蛋白质日粮配制技术可显著缓解我国大豆进口依存度。

二、降低饲料成本

低蛋白质日粮中蛋白质原料用量的降低，伴随着能量原料使用比例的增加。传统的玉米-豆粕型日粮中，豆粕的使用量在 10%～40%。前有叙述，日粮粗蛋白质水平每降低 1 个百分点，大约可减少 3 个百分点的蛋白质原料用量，同时增加近 3 个百分点的能量饲料用量（其中部分以合成氨基酸代替）（图 1-1 和图 1-3）。而一般情况下，我国常用蛋白质饲料原料的价格要高于能量饲料原料，如豆粕价格约是玉米的 1.5 倍。低蛋白质日粮节约成本的多少与蛋白质饲料原料和能量饲料原料的价格差成正比，价格差距越大，节约成本越多；反之，节约成本越减少。决定低蛋白质日粮成本的另一个方面是工业晶体氨基酸的价格。近年来氨基酸工业发展迅速，氨基酸市场价格一直比较稳定。随着生物技术的迅速发展，饲料级晶体氨基酸的成本将进一步下降，低蛋白质日粮的成本优势将会更加突出。因此，生产中使用低蛋白质日粮也是降低配合饲料成本的有效方法。

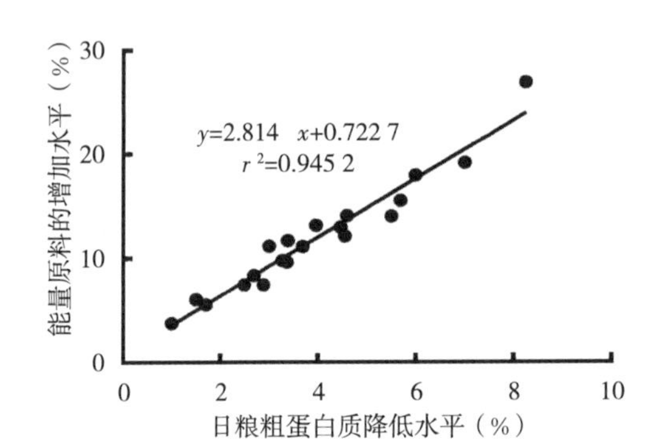

图 1-3 猪日粮粗蛋白质降低水平与能量原料用量增加水平的线性关系

（资料来源：Wang 等，2018）

三、减少氮和有害气体排放，改善猪舍环境

猪不同生长阶段对日粮蛋白质的需求量不同，仔猪体蛋白质沉积速度快，采食量少，需要相对较高的日粮蛋白质浓度。随着生长发育的进行和采食量的增加，猪对日粮蛋白质浓度的需求量降低。在满足猪对蛋白质的需求方面，更高水平的日粮蛋白质浓度对猪氮沉积效率无改善作用。冯定远（2001）报道，一头猪从断奶至 100kg 屠宰，从日粮中摄入 8～9kg 的氮，其中沉积到瘦肉组织中的氮不超过 3kg，其余部分随粪和尿排出。适度降低日粮蛋白质水平，补充工业晶体氨基酸，配制氨基酸平衡的低蛋白质日粮，可以在维持猪正常生长的前提下，减少机体的氮负担，节约氮在消化吸收和代谢过程中所需要的部分能量，从而实现日粮氮利用效率的最大化（Prandini 等，2013），并降低猪的粪和尿排泄量及氮排放量。

（一）减少氮排放

饲喂低蛋白质日粮的动物从源头减少了氮的食入量，且氨基酸之间的比例更加平衡，因而排出的粪氮和尿氮都有很大程度的下降。国内外大量研究表明，日粮蛋白质水平降低 2 个百分点以上，可显著降低粪和尿中氮的含量（Carter 等，1996；Shriver 等，2003）。岳隆耀（2010）研究发现，断奶仔猪日粮蛋白质水平由 23.1%降低至 18.9%时，食入氮减少 21.5%，排泄氮减少 33.66%；日粮蛋白质水平每降低 1 个百分点，可减少约 8.4%的氮排泄量；日粮蛋白质水平再降至 17.2%时，食入氮减少 21.1%，排泄氮减少 13.7%，食入氮不随日粮蛋白质水平的降低呈直线下降。Jin 等（1998）报道，在断奶仔猪低蛋白质日粮（15%）中补充赖氨酸、蛋氨酸、苏氨酸和色氨酸，显著降低了含氮物质的排放量。张桂杰（2011）在 23～45kg 体重生长猪上的研究表明，日粮蛋白质水平比《猪饲养标准》(NY/T 65—2004）推荐值降低近 4 个百分点后（由 18.30%降至 14.46%），生长猪氮的排放量相比高蛋白质日粮组下降了 37.06%，日粮蛋白质水平每下降 1 个百分点，氮排放量减少 9.65%。相似的，Shriver 等（2003）发现，日粮蛋白质水平降低 4 个百分点，生长猪氮排放量减少 40.17%。楚丽翠（2012）对体重为 70～100kg 的育肥猪研究结果显示，日粮蛋白质水平由 14.5%降至 10%时，氮的排放量比高蛋白质日粮组下降 42%；日粮蛋白质水平每降低 1 个百分点，氮的排放量减少 9.33%。郑春田（2000）研究发现，育肥猪的日粮蛋白质水平降至 11%，补充异亮氨酸后，氮和磷的排放量相比对照组降低 11%～18%。还有研究表明，在猪生长育肥阶段，日粮蛋白质水平由 17.4%降至 14.5%，氮的排放量可减少 30%～40%（Carter 等，1996）。Wang 等（2018）总结了近年来的研究发现，各生长阶段猪日粮蛋白质水平与氮排放量呈线性关系，日粮蛋白质水平每降低 1 个百分点，粪和尿中总氮排放量降低 7.8 个百分点（图 1-4）。表 1-1 总结了目前为止有明确记载的、数据完整的关于日粮蛋白质降低水平对猪氮排放量影响的研究文献。从表中可以看出，日粮蛋白质水平的降低可显著降低氮的排放量，氮的排放量与摄入量呈正相关关系，日粮蛋白质水平降低 1 个百分点所导致氮排放量的降低幅度，不同研究报道有所差别。Kerr 和 Easter（1995）将 22kg 体重仔猪日粮的蛋白质水平由 16%降至 12%发现，日粮蛋白质每降低 1 个百分点，氮的排放量减少 7.34%；而笔者将同样体重猪日粮蛋白质水平由 19%降低到 14%时发现，日粮蛋白质水平每降低 1 个百分点，氮的排放量仅降低 3.41%；Kephart 和 Sherritt（1990）对同样体重猪的研究表明，日粮蛋白质水平由 17%降低至 10.9%时，日粮蛋白质水平每降低 1 个百分点，氮的排放量降低 6.67%。总结这些研究者和其他的研究可以发现，氮排放量减少的幅度与日粮蛋白质降低幅度、补充工业晶体氨基酸的种类和数量密切相关。事实上，氮的沉积效率也表现出同样的规律，这将在本书第六章做详细讨论。

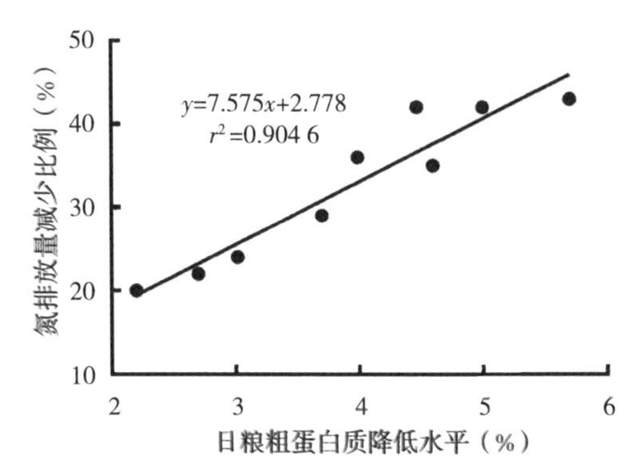

图 1-4 日粮粗蛋白质降低水平与氮排放量减少比例的线性关系

（资料来源：Wang 等，2018）

表 1-1 日粮蛋白质降低水平对猪氮排放量的影响

蛋白质降低水平（%）	体重（kg）	氮食入与排放量的变化（%）		资料来源
		食入氮	排放氮	
2.20（18.90～16.70）	65	−11.33	−15.95	le Bellego 等（2001）
2.50（14.50～12.00）	105	−15.74	−10.87	Kerr 等（2006）
2.80（18.50～15.70）	32	−12.11	−17.19	Zervas 和 Zijlstra（2002）
3.00（15.00～12.00）	45	−7.29	−21.28	Otto 等（2003）
3.50（17.40～13.90）	65	−23.13	−38.46	le Bellego 等（2001）
3.84（18.30～14.46）	23～45	−18.36	−37.06	张桂杰（2011）
4.00（18.00～14.00）	36	−25.00	−40.17	Shriver 等（2003）

（续）

蛋白质降低水平（%）	体重（kg）	氮食入与排放量的变化（%）		资料来源
		食入氮	排放氮	
4.00（18.10～14.10）	15～40	−23.25	−40.53	鲁宁（2010）
4.00（16.00～12.00）	22	−24.68	−29.35	Kerr 和 Easter（1995）
4.10（18.00～13.90）	50	−26.99	−30.32	Figueroa 等（2002）
4.20（23.10～18.90）	6.8～10.0	−21.50	−33.66	岳隆耀（2010）
4.30（18.30～14.00）	40	−20.84	−21.17	Figueroa 等（2002）
4.40（18.90～14.50）	65	−21.66	−32.97	le Bellego 等（2001）
4.50（14.50～10.00）	70～100	−31.77	−48.71	楚丽翠（2012）
5.00（19.00～14.00）	22	−29.48	−17.03	Kerr 和 Easter（1995）
6.00（12.00～6.00）	45	−38.12	−63.30	Otto 等（2003）
6.10（17.00～10.90）	20	−39.24	−40.70	Kephart 和 Sherritt（1990）
6.60（18.90～12.30）	65	−35.87	−57.57	le Bellego 等（2001）

（二）减少排泄物总量

猪摄入日粮氮的50%～70%随粪、尿排出体外（Dourmad 等，1998），低蛋白质日粮降低氮排放的同时，减少了排泄物总量。Relandeau 等（2000）总结了低蛋白质日粮在减少排泄物总量和氮排放等方面对于环境保护的价值发现，日粮蛋白质水平每降低 1 个百分点，排泄物总量、总氮排放量和猪舍氨浓度分别减少 5%、10%和 13%（表 1-2）。研究表明，仔猪日粮蛋白质水平每降低 1 个百分点，每天饮水量和排尿量分别减少 2.73%和 6.55%（le Bellego 和 Noblet，2002）。Pfeiffer 和 Henkel（1991）报道，当日粮蛋白质水平从 31.9%增加到 43.3%时，生长猪尿液的每天排出量从 1 873g 增加到 2 893g。Portejoie 等（2004）研究表明，当日粮粗蛋白质水平从 20%降低到 12%时，育肥猪粪、尿和粪污排泄量分别降低 14%、41%和 27%。相似的，Liu 等（2017）研究报道，从断奶到育肥的整个生长期，饲喂低蛋白质日粮组猪的排泄物总量均低于对照组。

表 1-2　低蛋白质日粮的环境保护价值

指　标	日粮蛋白质降低 1 个百分点	最大化效果（4～5 个百分点）
排泄物总量	−5%	−30%
总氮排放量	−10%	−50%
饮水量	−3%	−28%
猪舍中氨浓度	−13%	−60%

资料来源：Relandeau 等（2000）。

（三）减少有害气体排放

生猪养殖的臭气排放会造成猪舍和周围气体污染，危害动物和人类健康。臭气是微生物在厌氧条件下分解肠道或者排泄物中有机物质产生的臭味气体混合物、蛋白质及其代谢产物是微生物发酵产生臭气的重要前体物（Blanes-Vidal 等，2009）。因此，日粮蛋白质水平的降低可以减少进入后肠的蛋白质含量和排泄物中氮的总量，从而减少臭气产生（Miller 和 Varel，2003；Le 等，2007）。蛋白质及其代谢产物发酵产生的臭气主要包括含硫化合物、氨气、吲哚和酚类化合物、挥发性脂肪酸和胺类化合物（Portune 等，2016）。Le 等（2007）发现，当日粮蛋白质水平从 18%降低到 12%时，生长猪粪便的臭气排放量可减少 80%。相似的，Leek 等（2007）研究了 13.0%、16.0%、19.0%和 21.0%不同蛋白质水平日粮对于臭气排放量的影响发现，当日粮蛋白质水平从 21.0%降低到 16.0%时，臭气的排放量显著降低；但当日粮蛋白质水平进一步降低到 13.0%时，臭气排放量则会增加。这可能是因为 13.0%粗蛋白质水平日粮中含硫氨基酸添加量的增加，导致硫化氢等含硫臭气物质的增加所致（Eriksen 等，2010），也有可能 13.0%粗蛋白质水平日粮中淀粉或纤维的发酵增加了臭味物质的产生（Miller 和 Varel，2003）。另外，也有研究发现，当日粮蛋白质水平从 15%降低到 12%时，生长猪粪便臭气排放量没有显著差异（Le 等，2009）。相似的，Hansen 等（2014）也发现，当日粮粗蛋白质水平降低 2.3 个百分点时，并未减少育肥猪粪便臭气的排放量。因此，降低日粮蛋白质水平对臭气排放量的降低程度与日粮蛋白质降低程度、日粮含硫氨基酸含量，以及日粮碳水化合物的含量与组成有关。

氨气是臭气的重要组成部分，是畜舍内危害最大的有害气体。猪舍空气中氨气浓度过高会抑制猪的生长和引发人类的呼吸道疾病（Urbain 等，1994；Zhang 等，1998）。氨气大部分来自于粪和尿混合后尿液中尿素的分解，小部分来自于肠道和粪中有机氮的微生物降解（Aarnink 等，1993）。因此，低蛋白质日粮在减少粪氮和尿氮排放的同时，降低了氨气的产生量。Le 等（2007）发现，当生长猪日粮蛋白质水平从 18%降低到 12%时，氨气排放量减少 53%。相似的，Lynch 等（2007）的研究表明，育肥猪日粮蛋白质水平降低 6 个百分点时，氨气排放量减少 40%。Wang 等（2019）在春季大群商业性条件下的试验结果表明，45kg 体重猪的日粮蛋白质含量由 17%降低到 15%时，日粮粗蛋白质水平每降低 1 个百分点，猪舍氨气浓度就减少 9.1%；70kg 体重猪的日粮蛋白质含量由 15%降低到 13%时，日粮粗蛋白质水平每降低 1 个百分点，猪舍氨气浓度就减少 5.6%。表 1-3 总结了日粮蛋白质水平降低对猪舍空气中氨气浓度影响的研究文献。由表 1-3 可以看出，日粮粗蛋白质水平每降低 1 个百分点，氨气排放量降低 6.0%～12.5%，与 Webb 等（2014）和 Wang 等（2018）的结果一致。总结这些研究结果发现，低蛋白质日粮使猪舍氨气浓度的降低程度与猪的生长阶段、蛋白质的降低幅度、日粮氨基酸组成及碳水化合物的结构有关。Jha 和 Berrocoso（2016）的研究表明，日粮蛋白质水平降低对猪舍氨气浓度的影响程度还与日粮对粪污 pH 的影响程度有关，因为粪污 pH 降低会导致氨气排放量的减少。

表 1-3　日粮蛋白质降低水平对猪舍空气中氨气浓度的影响

蛋白质降低水平（%）	猪体重（kg）	日粮蛋白质每降低 1 个百分点氨排放量的下降比例（%）	资料来源
2（17～15）	45	9.1	Wang 等（2019）
2（15～13）	70	5.2	Wang 等（2019）

（续）

蛋白质降低水平（%）	猪体重（kg）	日粮蛋白质每降低1个百分点氨排放量的下降比例（%）	资料来源
3（15～12）	57.7	9.5	Le等（2009）
4（16.5～12.5）	55	12.5	Canh等（1998）
6（20～14）	74	6.7	Lynch等（2007）
6（19～13）	70.8	6.9	Hayes等（2004）
6（22～16）	80	6.3	O'Connell等（2006）
6（18～12）	36.5	8.8	Le等（2007）
8（20～12）	50	9.4	Portejoie等（2004）

养殖业氮排放是化学需氧量（chemical oxygen demand，COD）排放和农业面源污染的主要来源，随着畜禽养殖的集约化发展，粪污堆积及其引起氮和有害气体的排放问题日益突出。2007年开展的全国环境污染普查数据显示，该年度我国水污染物中COD排放量1 268.26万t，总氮排放量102.48万t，我国畜禽养殖业粪便产生量2.43亿t，尿液产生量1.63亿t，畜禽养殖业的COD排放量、总氮排放量分别占农业面源的95.78%和37.89%。从表1-4可知，2013年我国畜禽养殖业的COD、总氮和氨氮排放量分别占农业面源污染的95.2%、64.5%和77.5%。2012—2015数据呈逐年下降的趋势，COD和总氮下降幅度不大，但氨氮排放量由2011年的62.5%下降到2015年的55.2%。因此，低蛋白质日粮通过有效地减少生猪养殖的排泄物总量、氮和有害气体的排放量，对于环境保护及畜牧业的可持续发展具有重要意义。

表1-4 化学需氧量、总氮和氨氮排放量统计

项目	2011年	2012年	2013年	2014年	2015年
COD排放量（万t）					
农业面源	1 186.1	1 153.8	1 125.8	1 102.4	1 068.6
畜禽养殖业	1 130.5	1 099.0	1 071.7	1 049.1	1 015.5
畜禽养殖业/农业面源污染（%）	95.3	95.2	95.2	95.2	95.0
总氮排放量（万t）					
农业面源	424.8	469.8	463.1	456.1	461.3
畜禽养殖业	266.7	303.8	298.7	289.0	297.6
畜禽养殖业/农业面源污染（%）	62.8	64.7	64.5	63.4	64.5
氨氮排放量（万t）					
农业面源	82.7	80.6	77.9	75.5	72.6
畜禽养殖业	65.2	63.1	60.4	58.0	55.2
畜禽养殖业/农业面源污染（%）	78.9	78.3	77.5	76.8	76.1

资料来源：中国环境保护数据库 http：//hbk.cei.cn/aspx/default.aspx。

四、改善肠道健康

猪日粮中大部分的蛋白质在小肠内被降解吸收，小部分蛋白质在大肠内被微生物发酵（He 等，2015）。近年来的研究发现，肠道微生物区系的组成及其代谢产物对猪的肠道健康有重要影响。日粮蛋白质水平的增加会导致肠道 pH 升高，增加拟杆菌属和梭菌属等肠道有害微生物数量，提高有害微生物感染的风险（Macfarlane 和 Macfarlane，1995）。日粮蛋白质水平是进入结肠发酵的蛋白质含量的决定因素（Windey 等，2012），影响肠道内有害代谢产物，如氨气、酚类、吲哚类物质和胺类物质含量的变化（Williams 等，2005；Bikker 等，2007）。因此，降低日粮蛋白质水平可能会改善猪肠道菌群结构、减少有害代谢产物的产生、促进猪肠道健康。

（一）缓解仔猪腹泻

对幼龄仔猪特别是断奶仔猪而言，随着食物形态从母乳转变到固体饲料，并且伴随生活环境的改变，仔猪肠道组织形态、生理和微生物区系会发生巨大变化，导致断奶后腹泻的发生率很高。多数研究表明，降低日粮蛋白质水平是缓解仔猪腹泻的有效营养调控手段（表 1-5）。Heo 等（2008）研究发现，当断奶仔猪日粮蛋白质水平从 24.3%降低到 17.3%时，血浆尿素氮和肠道氨气的含量降低，仔猪腹泻指数显著下降。在此基础上，研究者进一步发现，当日粮蛋白质水平从 25.6%降低到 17.5%时，正常饲喂状态下仔猪腹泻指数从 19.6 下降到 8.3；用大肠埃希菌攻毒时，腹泻指数从 44.6 下降到 31.5（Heo 等，2009），表明低蛋白质日粮在正常饲喂和病原菌感染情况下对仔猪腹泻均有缓解作用。Yue 和 Qiao（2008）发现，将 21 日龄断奶仔猪日粮粗蛋白质水平从 23.1%降低到 18.9%，粪便评分和腹泻率均显著下降。Lordelo 等（2008）和 Wellock 等（2006）也得到相似的结果。

表 1-5　日粮蛋白质水平对断奶仔猪腹泻的影响

日粮蛋白质水平（%）	指　标	结　果	资料来源
22.4、20.4、19.4、16.9	腹泻指数	18.1、18.0、4.6、11.0	le Bellego 和 Noblet（2002）
24.3、17.3		9.35、2.8	Heo 等（2008）
25.6、17.5		正常饲喂：19.6、8.3 大肠埃希菌攻毒：44.6、31.5	Heo 等（2009）
23.0、18.0、13.0	粪便评分*	1.02、0.57、0.38	Wellock 等（2006）
20.0、17.0		0.667、0.275	Lordelo 等（2008）
23.1、21.2、18.9、17.2		0.61、0.49、0.42、0.38	Yue 和 Qiao（2008）

注：* 粪便评分，0=正常粪便，1=软便，2=轻度腹泻，3=水样腹泻。

（二）调节肠道微生物菌群结构

大量的研究表明，日粮蛋白质水平会影响断奶仔猪肠道微生物菌群，并且蛋白质水平的降低对微生物菌群的改善效果与日粮本身的蛋白质来源、蛋白质水平及仔猪本身的生理状态有关（Rist 等，2013；表 1-6）。Pieper 等（2012）发现，饲喂低蛋白质日粮（14.7%）仔猪的结肠氨气含量和柔嫩梭菌数量显著低于饲喂高蛋白质日粮（20.0%）仔猪，而乳酸杆菌、肠杆菌、拟杆菌和乳酸菌数量没有差异，表明饲喂低蛋白质日粮仔猪的后肠蛋白质发酵及有害微生物增殖减少。Bikker 等（2007）研究发现，降低日粮蛋白质水平可减少后肠内容物中氨气含量，但是没有改变空肠和结肠中大肠埃希菌和乳酸菌的数量。类似的，Jeaurond 等（2008）研究表明，日粮蛋白质水平对于断奶仔猪结肠微生物菌群组成没有显著影响。因此，正常饲喂情况下，低蛋白质日粮能够减少断奶仔猪后肠蛋白质的发酵，但不一定改变肠道微生物菌群的结构和数量，可能是因为仔猪肠道中的微生物有一定程度的自我调节能力。

表 1-6　日粮蛋白质水平对断奶仔猪肠道和粪便微生物组成的影响

蛋白质水平（%）	采样部位	效　果	资料来源
22.5、17.6	结肠	乳酸菌和大肠埃希菌↔[1]；17.6%：梭菌↑	Opapeju 等（2009）
13、18、23	结肠	23%：大肠埃希菌↑，乳酸菌/大肠埃希菌↓	Wellock 等（2006）
23、13	结肠	13%：乳酸菌↓	Wellock 等（2008b）
14.7、20	回肠	20%：柔嫩梭菌↑，乳酸菌↔	Pieper 等（2012）
10、15、20、25、30	粪便	14.7%：乳酸菌↑，其他↓ 20%：总厌氧菌和需氧菌↑；其他↓ 大肠埃希菌 15%↑；30%↓；葡萄球菌 15%↑	Kellogg 等（1964）
15、22	空肠、结肠	乳酸菌和大肠埃希菌↔	Bikker 等（2007）
19.7、21.7	结肠	大肠埃希菌、梭菌、乳酸菌和乳酸菌/大肠埃希菌↔	Jeaurond 等（2008）
15.4、19.4	粪便	大肠埃希菌、肠球菌、肠杆菌和乳酸菌↔	O'Shea 等（2010）
17、19、21、23	回肠	厌氧和需氧芽孢杆菌、肠杆菌、肠球菌和大肠埃希菌↔	Nyachoti 等（2006）

注：“↑”代表增加，“↓”代表减少，“↔”代表没有差异。

资料来源：Rist 等（2013）。

然而，当仔猪处在应激状态时，如存在病原微生物感染或者有感染风险的情况下，低蛋白质日粮对肠道微生物菌群的影响更显著。Opapeju 等（2009）研究了采食不同蛋白质水平（22.5%或 17.6%）日粮的断奶仔猪在大肠埃希菌 K88 攻毒情况下肠道微生物菌群和代谢产物的差异。结果显示，在低蛋白质日粮组（17.6%）仔猪回肠食糜中没有检测出大肠埃希菌，而高蛋白质日粮组中 80%仔猪中均检测到大肠埃希菌。相似的，用大肠埃希菌攻毒后，低蛋白质日粮组仔猪的粪便中大肠埃希菌数量显著低于高蛋白质日粮组仔猪（Wellock 等，2008a，2008b）。然而，蛋白质水平降低的同时，必须满足仔猪对氨基酸的需要量，否则会影响仔猪的生长性能和肠道健康（Opapeju 等，2008；范沛昕，2016）。

虽然成年猪的肠道发育比较成熟，微生物菌群比较稳定，对日粮组成变化的适应能力较强（Kajimura 等，2010）。但也有研究发现，采食低蛋白质日粮的生长猪，其盲肠内大肠埃希菌的数量显著减少，乳酸杆菌的数量有上升趋势，并且盲肠和结肠内容物中丁酸的浓度显著上升（张桂杰，2011）。当育肥猪日粮蛋白质水平降低 3 个百分点时，回肠菌群丰度和多样性及有益菌属的比例显著提高，结肠有益菌巨型菌属比例也显著提高，表明生长育肥猪日粮蛋白质水平的适度降低对于肠道微生物菌群结构有一定程度的改善作用。

（三）改善肠道形态

迄今为止的大多数研究发现，适当降低日粮蛋白质水平能够改善断奶仔猪的肠道形态。Nyachoti 等（2006）报道，降低日粮蛋白质水平对早期断奶仔猪的空肠绒毛高度、隐窝深度和绒毛高度与隐窝深度比值分别呈三次、二次及双重影响。相对于高蛋白质日粮，低蛋白质日粮还能使仔猪在大肠埃希菌攻毒后保持较高的回肠绒毛高度和绒毛高度与隐窝深度的比值，缓解仔猪肠道绒毛损伤（Opapeju 等，2009）。有关生长猪日粮蛋白质水平与肠道形态的关系研究较少。张桂杰（2011）的研究表明，低蛋白质日粮有提高生长猪（24～45kg）回肠绒毛高度和绒毛高度与隐窝深度比值的趋势（表 1-7）。Guay 等（2006）研究发现，生长猪日粮粗蛋白质水平降低 3.3 个百分点并补充合成氨基酸后，能够提高猪空肠绒毛高度与隐窝深度的比值。

表 1-7　低蛋白质日粮对生长猪小肠绒毛形态的影响

项　目	对照组	低蛋白质日粮	SEM	*P* 值
绒毛高度（μm）				
十二指肠	361	405	13	0.21
空肠	312	344	14	0.38
回肠	298	338	10	0.08
隐窝深度（μm）				
十二指肠	185	172	10	0.59
空肠	166	139	13	0.17
回肠	157	144	8	0.11
绒毛高度/隐窝深度				
十二指肠	1.95	2.37	0.22	0.35
空肠	1.88	2.46	0.26	0.40
回肠	1.91	2.35	0.14	0.06

资料来源：张桂杰（2011）。

五、改善猪肉品质

随着人们生活水平的提高，肉品质逐渐成为消费者比较关注的问题。通常反映肉品质的指标有肉色、酸碱度（pH）、肌内脂肪含量（大理石纹）、嫩度（剪切力）、吸水力（滴水损失、贮存损失、蒸煮损失）和风味物质含量。

多数研究发现，日粮粗蛋白质水平的降低能够增加肌内脂肪的含量，提高大理石纹评分（Apple，2010）。Alonso 等（2010）报道，日粮粗蛋白质水平降低 2 个百分点，背最长肌的肌内脂肪含量由 1.76%增加到 2.63%。Ha 等（2012）也发现，饲喂低蛋白质日粮的育肥猪，其大理石纹和肉质评分显著优于饲喂高蛋白质日粮的育肥猪。日粮粗蛋白质水平对肌内脂肪含量的影响可能是通过影响肌肉组织中酶和脂肪酸转运蛋白mRNA的表达水平，从而调节脂肪酸的合成和代谢来实现的（Doran 等，2006；Liu 等，2015），但具体机制还有待深入研究。

低蛋白质日粮增加肌内脂肪的同时，往往伴随着肌肉嫩度和多汁性的改善（Wood 等，2013；Suárez-Belloch 等，2016）。Teye 等（2006）研究发现，相比于高蛋白质日粮，饲喂低蛋白质日粮猪背最长肌的肌内脂肪含量提高了 1.2%，肌肉的嫩度和多汁性分别显著提高了 0.6 和 0.5 个单位。Alonso 等（2010）也发现，蛋白质水平降低 2 个百分点，肌内脂肪显著增加的同时，嫩度和多汁性增加，而剪切力和肌纤维强度下降（表 1-8）。很多日粮粗蛋白质的降低对于肌肉嫩度和多汁性的改善可能与肌内脂肪含量增加有关，因为肌肉的嫩度、多汁性和肉的风味与肌内脂肪的含量直接相关（Wood 等，2003）。

表 1-8 蛋白质水平对肉品质的影响

项　目	17.0% CP 日粮	14.9% CP 日粮	P 值
pH_{24h}	5.64	5.63	>0.05
滴水损失	0.99	1.18	>0.05
亮度 L*	46.32	47.14	>0.05
红度 a*	0.9	1.36	>0.05
黄度 b*	6.46	7.04	≤0.05
肌内脂肪	1.76	2.63	≤0.05
嫩度	4.29	4.79	≤0.05
剪切力	78	65.43	≤0.05
多汁性	3.86	4.16	≤0.10
肌纤维强度	5.32	5.06	≤0.10

资料来源：Alonso 等（2010）。

此外，有少数研究认为，日粮粗蛋白质水平的降低会加深肉色（Bidner 等，2004；Teye 等，2006；Monteiro 等，2017），增加滴水损失（Ruusunen 等，2007；易学武，2009）。但是多数研究表明，日粮粗蛋白质水平对于肌肉的 pH、吸水力和肉色的影响较小（Witte 等，2000；Lebret，2008；谢春元，2013；马文锋，2015）。总之，低蛋白质日粮对于肉品质的影响主要表现为增加肌内脂肪、改善肌肉的嫩度和多汁性。

六、推动饲用氨基酸产业的发展

向畜禽饲料中补充氨基酸，做到限制性氨基酸的平衡是推广应用低蛋白质日粮的主要技术手段之一。以猪饲料为例，日粮蛋白质水平每降低 1 个百分点，每吨饲料需要补充赖氨酸盐酸盐近 1kg、L-苏氨酸 0.5kg、DL-蛋氨酸 0.23kg 和 L-色氨酸 0.12kg。其中，赖氨酸、苏氨酸和色氨酸均是通过微生物发酵玉米淀粉所得。目前，我国赖氨酸、苏氨酸和色氨酸的生产技术处于世界领先或先进水平，每生产 1t 赖氨酸、苏氨酸和色氨酸需要分别消耗 2t、2.5t 和 6t 玉米。如果将我国生猪全程蛋白质水平由目前的 16% 降至 14%，上述 3 种氨基酸用量将增加 40 多万 t，玉米消耗增加近 100 万 t。

第三节　猪低蛋白质日粮的发展历程

能量转化和氨基酸营养代谢与重分配是低蛋白质日粮的理论基础，足够便宜的工业氨基酸则是低蛋白质日粮的物质基础。已如本章第一节所述，低蛋白质日粮有丰富的内涵，其研究和应用基本见证了现代动物营养学发展中的关键节点，如理想蛋白质的氨基酸平衡模式、可消化氨基酸、净能体系和工业氨基酸的低成本环境保护生产等。

一、猪低蛋白质日粮的研究历程

作为低蛋白质日粮的理论基础之一，早在19世纪50年代，美国伊利诺伊大学的Mitchell和Scott就提出了家禽理想蛋白质（ideal protein）的概念。1980年，英国营养学家Cole提出了基于猪胴体氨基酸组成，但未考虑维持需要的理想蛋白质氨基酸平衡模式；1992年，美国营养学家Baker提出了考虑维持需要，以及日粮中精氨酸、甘氨酸、组氨酸和脯氨酸组成的理想蛋白质氨基酸平衡模式。此后，理想蛋白质的氨基酸模式逐步建立，可消化氨基酸数据不断丰富。1994年，法国农业科学院Noblet等发表了组成猪日粮的三大供能物质，即碳水化合物、蛋白质和脂肪的代谢能转化为净能的效率数据，并相继建立了以日粮蛋白质水平的差异性为基础的，用消化能、代谢能和一般化学成分估测饲料净能的数学方程。上述这些研究工作为低蛋白质日粮的研究奠定了良好的理论与技术基础。但直到1995年，美国伊利诺伊大学的Kerr和Easter才发表了第一篇系统研究生长育肥猪饲喂低蛋白质日粮的论文。此后一些学者陆续开展了一些关于补充晶体氨基酸降低日粮蛋白质水平的研究，并发现在NRC（1988，1998）推荐的日粮蛋白质需求量的基础上，降低3个百分点以上的蛋白质，并补充一定的赖氨酸、蛋氨酸、苏氨酸甚至色氨酸时，出现猪瘦肉率降低、背膘厚增加和眼肌面积减小的现象。这一阶段的研究中，大多数研究者在进行日粮设计时，均采取用玉米填充因日粮蛋白质水平下降而减少的豆粕用量。2010年，中国农业大学的Yi等发表了第一篇生长育肥猪低蛋白质日粮的净能需要量和适宜的赖氨酸经能比（详见本书第六章）。此后，中国农业大学农业农村部饲料工业中心建立了现代化的猪呼吸测热室，开始了猪饲料净能值的测定工作，逐步积累了常用饲料原料的净能值，并初步建立了基于一般化学成分（概略养分）预测饲料净能值的数学方程。与此同时，笔者及其研究团队逐个研究了低蛋白质日粮条件下生长育肥猪对赖氨酸、苏氨酸、蛋氨酸、色氨酸、缬氨酸和异亮氨酸的需要量（详见本书第三章）。中国科学院亚热带农业生态研究所印遇龙院士团队开展了日粮蛋白质水平与猪脂质代谢的研究工作，并发现采用低蛋白质氨基酸平衡日粮可改善猪肉品质，增加肌内脂肪的沉积。结合国内外关于氨基酸代谢转化、饲料能量转化、饲料净能含量、净能需要量，以及低蛋白质条件下的限制性氨基酸平衡模式，Wang等（2018）发表了仔猪和生长育肥猪低蛋白质日粮营养参数推荐值，这意味着仔猪和生长育肥猪低蛋白质日粮配制技术体系的初步建立。表1-9总结了猪低蛋白质日粮的研究历程，这些历程的回顾对深入理解低蛋白质日粮的内涵、推进其在生产中的意义是有帮助的。

表 1-9　猪低蛋白质日粮的研究历程

时　间	事　记	资料来源
19 世纪 50 年代	Mitchell、Scott、Howard 等提出家禽理想蛋白质的概念	Mitchell 和 Block（1946）；Howard 等（1958）
1980 年	英国营养学家 Cole 提出了基于猪胴体氨基酸组成，但未考虑维持需要的理想蛋白质氨基酸平衡模式	Cole（1980）
1992 年	美国营养学家 Chung 和 Baker 提出了考虑维持需要，以及日粮中精氨酸、甘氨酸、组氨酸和脯氨酸组成的理想蛋白质氨基酸平衡模式	Chung 和 Baker（1992）
1994 年	法国农业科学院 Noblet 等发表了组成猪日粮的碳水化合物、蛋白质和脂肪三大供能物质的代谢能转化为净能效率的数据，并相继建立了以日粮蛋白质水平的差异性为基础的，用消化能、代谢能和一般化学成分估测饲料净能的数学方程	Noblet 等（1994）
1995 年	美国伊利诺伊大学 Kerr 和 Easter 发表第一篇关于系统研究生长育肥猪全程饲喂低蛋白质日粮的论文	Kerr 和 Easter（1995）
1998 年	Canh 等发表低蛋白质日粮具有很大环境保护价值论文	Canh 等（1998）
1996 年	由长春大成实业集团有限公司建成的国内第一条赖氨酸生产线投入生产	
2003 年	由长春大成实业集团有限公司研发的 65%赖氨酸硫酸盐产品问世，这极大地降低了赖氨酸的市场价格，此后相继研发出 70%和 80%赖氨酸硫酸盐。蛋白质工程技术的不断发展，使得苏氨酸、色氨酸得到了广泛使用	秦玉昌等（2004）；刘明（2006）；Liu 等（2007）
2009 年	笔者及其研究团队的易学武首次发表生长育肥猪全程低蛋白质日粮条件下，保持猪生长性能与胴体品质的净能需要量和净能赖氨酸比的论文	易学武（2009）
2010 年	荷兰营养学家 de Lange 发表了低蛋白质日粮可减少抗生素使用的论文	de Lange 等（2010）
2012 年	农业部饲料工业中心建成成套测定猪饲料净能值的呼吸测热装置	胡琴（2012）；刘德稳（2014）
2016 年	中国科学院亚热带农业生态研究所印遇龙院士团队发表低蛋白质日粮可改善猪肉品质的论文	刘莹莹（2016）
2017 年	笔者及其研究团队 Wang 等提出猪低蛋白质日粮配制技术体系	Wang 等（2018）

二、猪低蛋白质日粮的应用历程

随着“理想蛋白质氨基酸平衡模式”由概念到实践的发展，饲料净能数据的从无到有及合成氨基酸的低成本环境保护生产，低蛋白质日粮配制技术不断被很多国家采用。最为明显的表现是 NRC 于 2012 年出版的《猪营养需要》，这本多年来指导北美洲甚至欧洲的猪营养需要指南中，没有给出猪各生长和生理阶段的蛋白质最低需求，只给出了总氮需要量，按照总氮乘以 6.25，其对应的粗蛋白质含量很低（表 1-10）。由表 1-10 可见，即使在蛋白质饲料资源非常丰富的美国，也没有刻意强调日粮蛋白质水平的重要性，如 25～50kg、50～75kg、75～100kg、100～135kg 的日粮粗蛋白质推荐量分别为 15.7%、13.8%、12.1%、10.4%。美国的饲料业和养殖业非常遵从 NRC 的建议，所以目前美国的养殖生产实际已经应用了“低蛋白质日粮”这一概念。

表 1-10 《猪营养需要》中对生长育肥猪日粮蛋白质的推荐量（饲喂基础，%）

项 目		体重（kg）						
		5～7	7～11	11～25	25～50	50～75	75～100	100～135
总氨基酸基础	总氮	3.63	3.29	3.02	2.51	2.20	1.94	1.67
	CP	22.70	20.60	18.90	15.70	13.80	12.10	10.40
回肠表观可消化氨基酸基础	总氮	2.84	2.55	2.32	1.88	1.62	1.40	1.16
	CP	17.80	15.90	14.50	11.80	10.10	8.80	7.30
标准回肠可消化氨基酸基础	总氮	3.10	2.80	2.56	2.11	1.84	1.61	1.37
	CP	19.40	17.50	16.00	13.30	11.50	10.10	8.70

资料来源：NRC（2012）。

低蛋白质日粮在我国首先被应用于仔猪阶段，突出表现在最近几年教槽料和保育料的粗蛋白质水平明显下降。据笔者及其研究团队的调研数据，教槽料的粗蛋白质水平一般在20%左右，保育料的粗蛋白质水平一般在18%～19%。主要原因是国家有关部门对抗生素促生长剂的种类和数量控制得越来越严，适当降低日粮粗蛋白质水平能缓解仔猪断奶后腹泻和水肿病的发生，降低猪舍内氨气的浓度，减少抗生素的用量。

我国对生长育肥猪低蛋白质日粮的推广应用也做了不少的尝试和努力。2010年以来，低蛋白质日粮在生长育肥猪方面的推广应用主要决定于豆粕价格的涨跌。豆粕价格上涨幅度比较大时，低蛋白质日粮的推广效果就比较好。最近几年来，国家对环境保护的要求越来越严，低蛋白质日粮减少氨气排放、改善环境的优势得到体现，离居民区比较近的养猪场开始青睐低蛋白质日粮的使用。随着低蛋白质日粮技术体系的建立和完善，为应对环境保护的现实要求和饲料抗生素促生长剂被禁止应用的未来发展趋势，新希望六和股份有限公司、四川铁骑力士实业有限公司、辽宁禾丰牧业股份有限公司、温氏食品集团股份有限公司等大型饲料和养殖企业，开始示范和引导低蛋白质日粮的使用。

就目前看来，限制低蛋白质日粮推广应用的因素有：①我国多年形成的以饲料蛋白质含量判定饲料质量的思维习惯，短时间内难以纠正；②养殖场（户），特别是小的养猪场（户）以饲料中豆粕的含量判定饲料的质量优劣；③高蛋白质含量的饲料配方容易制作，不用过多考虑能量蛋白质平衡、氨基酸平衡等较为复杂的技术问题；④我国2008年发布的推荐性国家标准《仔猪、生长育肥猪配合饲料》（GB/T 5915—2008）规定了饲料蛋白质的最低要求量，客观上限制了低蛋白质日粮的推广应用。为减少我国对大豆进口的依存度，从源头上减少氮排放对环境的污染，积极引导低蛋白质日粮的推广应用，中国饲料工业协会2018年10月发布了《仔猪、生长育肥猪配合饲料》团体标准（表1-11）。该标准突出体现了低蛋白质日粮技术，下调了推荐性国家标准《仔猪、生长育肥猪配合饲料》（GB/T 5915—2008）中的粗蛋白质下限值，设定了粗蛋白质上限值。也就是说，粗蛋白质水平高于上限值也是属于不合格产品。团体标准的发布还修改了赖氨酸、蛋氨酸和苏氨酸的最低需求量，增加了色氨酸和缬氨酸的最低需求量。中国饲料工业协会《仔猪、生长育肥猪配合饲料》团体标准的发布是低蛋白质日粮技术在我国全面推广应用的标志。

表 1-11　仔猪、生长育肥猪配合饲料主要营养成分指标（%）

项　目	仔猪配合饲料		生长育肥猪配合饲料			
	3～10kg	10～25kg	25～50kg	50～75kg	75～100kg	100kg 至出栏
粗蛋白质	17.0～20.0	15.0～18.0	14.0～16.0	13.0～15.0	11.0～13.5	10.0～12.5
赖氨酸≥	1.40	1.20	0.98	0.87	0.75	0.65
蛋氨酸[a]≥	0.39	0.34	0.27	0.24	0.21	0.18
苏氨酸≥	0.87	0.74	0.58	0.54	0.47	0.38
色氨酸≥	0.24	0.20	0.17	0.15	0.13	0.11
缬氨酸≥	0.90	0.77	0.63	0.56	0.48	0.42
粗纤维≤	5.00	6.00	8.00	8.00	10.00	10.00
粗灰分≤	7.00	7.00	8.00	8.00	9.00	9.00
钙	0.50～0.80	0.60～0.90	0.60～0.90	0.55～0.80	0.50～0.80	0.50～0.80
总磷[b]	0.50～0.75	0.45～0.70	0.40～0.65	0.30～0.60	0.25～0.55	0.20～0.50
氯化钠	0.30～1.00	0.30～1.00	0.30～0.80	0.30～0.80	0.30～0.80	0.30～0.80

注：[a]表中蛋氨酸的含量可以是蛋氨酸＋蛋氨酸羟基类似物及其盐折算为蛋氨酸的含量；如使用蛋氨酸羟基类似物及其盐，则应在产品标签中标注折算蛋氨酸系数。

[b]总磷含量已经考虑了植酸酶的使用。

资料来源：《中国饲料工业协会团体标准》（2018）。

第四节　饲料级工业氨基酸研究与发展历程

早在 1820 年人们就发现了甘氨酸和亮氨酸，随后 1866 年用硫酸水解面筋获得了结晶谷氨酸，到 1935 年世界各国共发现了 20 多种氨基酸，1983 年已能用生物合成法生产出胱氨酸、半胱氨酸以外的各种氨基酸。目前，氨基酸及其衍生物的种类已由 20 世纪 60 年代的 50 余种发展到现在的 1 000 余种，全球每年的需求量已超过 900 万 t，在人和动物的营养健康方面发挥着重要的作用，目前已广泛应用于医药、食品、饲料、保健、化妆品、农药、肥料和制革等领域。

随着微生物发酵技术和提取技术的快速发展，特别是蛋白质工程技术的发展，目前已能实现几乎所有必需氨基酸饲料添加剂的商品化生产。L-赖氨酸是目前用量最大的氨基酸饲料添加剂，其他依次为蛋氨酸、苏氨酸、色氨酸、缬氨酸、精氨酸、N-氨甲酰谷氨酸（N-carbamylglutamate，NCG）和异亮氨酸。

一、氨基酸的生产方法

工业氨基酸的制造从 1820 年水解蛋白质开始，1850 年用化学法合成了氨基酸，直至 1957 年日本协和发酵公司用发酵法生产谷氨酸并获得成功，由此推动了其他氨基酸的研究开发。氨基酸生产方法有生物法（包括直接发酵法和酶法）、抽提法和化学合成法，其中提取法由于蛋白质原料来源有限且易造成环境污染，仅用于少数氨基酸的生产，如半胱氨酸。化学合成法由于反应条件苛刻且产物容易消旋化，也仅用于蛋氨酸和甘氨酸等少数氨基酸的生产。微生物发酵法是大多数氨基酸的生产方法。

（一）生物法

生物法包括直接发酵法和酶法。

1. 直接发酵法 直接发酵法是借助微生物具有合成自身所需氨基酸的能力，通过对菌株的诱变等处理，选育出各种营养缺陷型及氨基酸结构类似物抗性变异株，以解除代谢调节中的反馈抑制与阻遏，达到过量合成某种氨基酸的目的。氨基酸产生菌是实现发酵法生产氨基酸的前提，在氨基酸发酵的建立和改进中起着非常重要的作用。最初是直接将野生型菌株用于氨基酸的发酵，但由于活细胞内的负反馈抑制使得菌株不能积累过量氨基酸，因此必须解除反馈调节才能实现过量发酵氨基酸的目的。目前，主要通过诱变筛选各种营养缺陷变异株和改变遗传性状来进行。细胞融合、转导技术（体内）和DNA 重组（体外）等基因操作新技术已广泛应用于氨基酸高产菌株的选育。

微生物发酵法是目前生产大部分氨基酸的主要手段，如饲料级的赖氨酸、苏氨酸、色氨酸和缬氨酸等。目前，利用发酵法生产的较常用的饲料级氨基酸包括 L-赖氨酸盐酸盐（纯度 98.5%，相当于 78.8%的赖氨酸活性），65% L-赖氨酸硫酸盐（赖氨酸含量 51%），70% L-赖氨酸硫酸盐（赖氨酸含量 65%），80% L-赖氨酸盐酸盐（赖氨酸含量 70%），L-苏氨酸（纯度 98.5%），L-色氨酸（纯度 98.5%）和 L-缬氨酸（纯度 99%）。

发酵技术的进步和氨基酸生产微生物菌株的改良使得可以像生产谷氨酸那样工业化规模生产 L-赖氨酸，这主要是对氨基酸过量生产者——谷氨酸棒杆菌有了更深的了解，因为其全部基因组序列已经被测定。赖氨酸使用的菌株为高性能的谷氨酸棒杆菌突变株，通常使用分批发酵工艺，营养物根据培养液的需求添加，可达到最适产量和生产率。传统产品形式为赖氨酸盐酸盐，其他形式的如颗粒状的赖氨酸硫酸盐和液体赖氨酸也已经生产，因为该生产工艺能更经济和产生更少的液体及固体废物。重组大肠埃希菌已被广泛用于赖氨酸、苏氨酸和色氨酸等晶体氨基酸的工业化生产。

2. 酶法 酶法与发酵法紧密相连，是发酵工业发展的产物，但与发酵法又有一些区别。发酵法是利用微生物的生命活动过程，将简单的碳源、氮源通过复杂的代谢活动生成天然产品；而酶法是利用微生物中特定的酶作为催化剂，使底物经过酶催化生成所需的产品。借助酶的生物学催化，可使许多难以用发酵法或合成法制备的光学活性氨基酸有工业生产的可能。虽然酶法生产氨基酸工艺简单、周期短、专一性强，但廉价的合成底物的选择和酶源的制备及酶活性的高低是决定这一方法的关键。近年来，蛋白质重组技术的发展，使酶法生产氨基酸技术有了更加光明的前景。

（二）抽提法

抽提法是指以毛发、血粉和废蚕丝等蛋白质为原料，通过酸、碱或酶水解成多种氨基酸混合物，然后经分离纯化获得各种氨基酸。目前，抽提法虽然仍用于生产 L-丝氨酸、L-脯氨酸、L-羟基脯氨酸和 L-酪氨酸，但随着对味精需求的快速增长，提取法生产 L-谷氨酸在 50 年前就被发酵法取代。谷氨酸棒杆菌的发现，铺平了发酵技术生产氨基酸的道路。蛋白质重组技术的发展，使得抽提法的使用越来越少。

（三）化学合成法

化学合成法是利用有机合成和化学工程等相结合的技术生产氨基酸的方法。其最大的优点在于生产的氨基酸品种不受限制，除可以制备天然的氨基酸外，还可用于制备各种特殊结构的非天然型氨基酸。由于合成的氨基酸都是DL型外消旋体，必须通过拆分才能得到生命体所能够利用的L型氨基酸，因此用化学合成法生产氨基酸时，除需要考虑合成工艺外，还需要考虑异构体的拆分与D型异构体的消旋利用，三者缺一不可。

作为家禽的第一限制性氨基酸，目前蛋氨酸主要通过化学法合成。蛋氨酸以丙烯醛、氢氰酸、甲基硫醇和氨为起始原料，化学合成得到DL-蛋氨酸的消旋体，其作为饲料添加剂在市场上销售了50多年。实际上，D型新蛋氨酸在自然界并不存在，在动物体内借助于氧化酶和转氨酶转化为具有营养价值的L型蛋氨酸，因此允许直接使用合成的消旋混合物作为饲料添加剂。关于别的氨基酸，如赖氨酸和苏氨酸，因为不存在转化D型外消旋体的酶系统，所以这些氨基酸只能生产L型氨基酸。

二、氨基酸制造商的分布格局

工业生产的氨基酸主要作为营养剂和药物使用，同时以氨基酸为基础形成的多肽和其他化合物也被越来越多地应用于不同领域。受市场及利润的双重驱动，国内外氨基酸生产企业的数量及生产规模急速扩张，生产能力不断扩大。目前，国外的氨基酸生产企业，既有以微生物发酵技术为核心的大型企业集团，如日本味之素公司(Ajinomoto)、美国阿彻丹尼尔斯米德兰公司（ADM）、荷兰帝斯曼集团（DSM）、日本协和发酵公司（KK）和韩国希杰集团(CJ)等，也有许多著名的跨国化学工业公司，如美国嘉吉公司（Cargill）、德国巴斯夫（BASF）、德国赢创工业集团（Evonik）和日本住友集团（Sumitomo）等。随着全球经济一体化的进程，美国、欧洲、韩国和日本等发达国家和地区通过合资或独资的方式在我国快速增加氨基酸产量。控制着全球氨基酸市场30%份额的日本味之素公司在20世纪80年代我国改革开放初期就进入我国市场，并在全国建设了10余家氨基酸生产企业，有10种医药类氨基酸产品在我国市场上销售。德国第三大化工企业赢创工业集团在进入我国20多年后拥有了10多家独资或合资企业，其氨基酸产品每年在我国实现的销售收入达数亿欧元，占据着国内大部分蛋氨酸销售市场。韩国希杰集团也在中国山东聊城建厂生产赖氨酸和苏氨酸，而且其氨基酸产品的种类和产能也逐步增加。

饲用氨基酸市场占有率受企业产能的增加及原料价格影响的波动较大，且趋于集中。赖氨酸方面，2013年我国各类企业的赖氨酸产能扩张达到顶峰，生产厂家数量达到23家。之后赖氨酸行业进入供给侧结构性改革阶段，2015年部分企业退出、停产，领先企业兼并重组，厂家数量和顶峰期相比减少10家，产能每年下降近50万t。2015年，赖氨酸行业集中度提高，韩国希杰集团、长春大成实业集团公司、日本味之素公司、宁夏伊品生物科技股份有限公司（以下简称“宁夏伊品”）和河南梅花生物科技集团股份有限公司（以下简称“河南梅花生物”）5家企业产量占全球市场份额的75%。其中，韩国希杰集团领跑全球赖氨酸市场，宁夏伊品和河南梅花生物后来居上，在中国市场绝对领先，长春大成实业集团有限公司也有不小的出口量。蛋氨酸方面，全球DL-蛋氨酸的主要生产企业为德国赢创工业集团、日本住友集团和中国南星集团的安迪苏，蛋氨酸羟基类似物的主要生产企业有中国南星集团的安迪苏、中国宁夏紫光天化蛋氨酸有限责任公司和美国诺伟司公司。近年来，韩国希杰集团用微生物发酵和化学合成结合生产的L-蛋氨酸开始进入市场。苏氨酸方面，2015年以前苏氨酸的主要生产企业为河南梅花生物、日本味之素公司、长春大成实业集团有限公司、韩国希杰集团、宁夏伊品和山东阜丰集团，2015年领先企业继续扩产以提高竞争优势。2015年11月，梅花生物通辽西区8万t苏氨酸项目投产，2015年12月山东阜丰集团10万t苏氨酸项目投产，预计未来上述2家企业产能将远超国内其他厂家，市场占有率会进一步扩大。色氨酸方面，伴随着人们对色氨酸营养生理功能的深入认识，以及低蛋白质日粮的推广应用，2012—2014年全球色氨酸生产企业达到14家，中国生产企业11家，全球色氨酸产能迅速增长，2015年色氨酸产能过剩，企业竞争加剧，导致色氨酸市场价格跌至新低，弱势企业退出色氨酸生产，目前主要生产企业为韩国希杰集团、日本昭和电工株式公社、日本协和发酵和三井化学株式会社，以及我国的长春大成实业集团有限公司、河南巨龙集团、河南梅花生物和山东阜丰集团。小品种氨基酸方面，目前主要的饲料级缬氨酸的供应企业为韩国希杰集团、广东肇庆星湖生物科技股份有限公司和山东阜丰集团。目前，饲料级精氨酸的供应企业有韩国希杰集团、长春大成实业集团有限公司、山东阜丰集团、河南梅花生物和广东肇庆星湖生物科技股份有限公司（陈宁和范晓光，2017）。N-氨甲酰谷氨酸是动物体内合成精氨酸的限速酶氨甲酰磷酸合成酶的催化剂，可大幅提升动物机体自身合成精氨酸的能力，2014年获得农业部新产品证书，目前由亚太兴牧（北京）科技有限公司生产，并得到了快速推广和应用。

三、我国氨基酸工业的发展现状

我国氨基酸工业起步虽晚，但发展速度很快。1996年，长春大成实业集团有限公司建成我国第一条饲料级赖氨酸盐酸盐生产线，其后产能迅速扩大。2003年，长春大成实业集团有限公司研发出65%赖氨酸硫酸盐，实现了赖氨酸的低成本环境保护生产，并相继成功研发出70%赖氨酸硫酸盐和80%赖氨酸硫酸盐。其后，宁夏伊品和河南梅花生物等企业也开始投资建厂生产赖氨酸。2003年和2008年，长春大成实业集团有限公司分别建成了国产苏氨酸和色氨酸生产线，且生产水平不断提高。目前，国产赖氨酸的主要生产企业有长春大成实业集团有限公司、河南梅花生物和宁夏伊品，蛋氨酸主要生产企业有南星集团和宁夏紫光天化蛋氨酸有限责任公司，苏氨酸的主要生产企业有长春大成实业集团有限公司、河南梅花生物、宁夏伊品和山东阜丰集团，色氨酸的主要生产企业有长春大成实业集团有限公司、河南巨龙集团、河南梅花生物和山东阜丰集团，缬氨酸的主要生产企业为广东肇庆星湖生物科技股份有限公司和山东阜丰集团，精氨酸的主要生产企业有韩国希杰集团、长春大成实业集团有限公司、山东阜丰集团、河南梅花生物和广东肇庆星湖生物科技股份有限公司。

经过1996年至今20多年的发展，我国大部分氨基酸已经实现了本土的供需平衡，并实现部分出口。随着我国氨基酸产业的发展，各种氨基酸生产技术水平不断提高，以氨基酸的产酸能力、转化率和提取效率等主要技术指标衡量，我国的赖氨酸生产技术水平处于国际领先地位，苏氨酸、色氨酸、缬氨酸和精氨酸生产技术处于国际先进水平（表1-12）。特别是在氨基酸的低成本环境保护生产方面，我国推动了世界氨基酸生产的技术进步。2017年长春大成实业集团有限公司赖氨酸盐酸盐和赖氨酸硫酸盐获得欧盟生产许可，标志着我国饲料级氨基酸生产总体水平的国际认可。

表1-12　我国生物法制备的氨基酸及其生产水平

氨基酸种类	生产方法	原　料	生产水平（g/L）	转化率（%）	提取率（%）
谷氨酸	发酵法	葡萄糖	190～210	≥69	≥90
赖氨酸	发酵法	葡萄糖	220～240	≥69	≥92
苏氨酸	发酵法	葡萄糖	120～130	≥57	≥88
色氨酸	发酵法	葡萄糖	40～45	≥18	≥80
缬氨酸	发酵法	葡萄糖	50～55	≥28	≥85
异亮氨酸	发酵法	葡萄糖	30～35	≥15	≥78
亮氨酸	发酵法	葡萄糖	35～40	≥18	≥85
精氨酸	发酵法	葡萄糖	65～70	≥25	≥70
瓜氨酸	酶法	精氨酸	90～100	≥95	≥85
酪氨酸	酶法	丙酮酸和苯酚	50～60	≥95	≥90

目前，我国已成为世界上最大的饲料氨基酸生产国和供应国，同时也是全球最大的氨基酸饲料添加剂供应国，2016年氨基酸总产量达201.8万t，氨基酸饲料添加剂已成为我国一个主要的产业，也为畜禽低蛋白质日粮的推广和应用奠定了良好的物质基础。

参考文献

陈宁，范晓光，2017. 我国氨基酸产业现状及发展对策 [J]. 发酵科技通讯，46 (4)：193-197.

楚丽翠，2012. 低蛋白日粮添加亮氨酸对成年大鼠和育肥猪生长性能及蛋白周转的影响 [D]. 北京：中国农业大学.

范沛昕，2016. 低蛋白质日粮对断奶仔猪和育肥猪肠道微生物区系的影响 [D]. 北京：中国农业大学.

冯定远，2001. 降低养猪生产所造成环境污染的营养措施 [J]. 饲料广角 (20)：1-3.

胡琴，2012. 生长育肥猪玉米和豆粕净能值测定 [D]. 北京：中国农业大学.

刘德稳，2014. 生长猪常用七种饲料原料净能预测方程 [D]. 北京：中国农业大学.

刘明，2006. 赖氨酸硫酸盐在猪日粮中生物学效价的研究 [D]. 北京：中国农业大学.

刘莹莹，2016. 日粮、品种和生长阶段对猪肉品质的影响及机制研究 [D]. 北京：中国科学院大学.

鲁宁，2010. 低蛋白日粮下生长猪标准回肠可消化赖氨酸需要量的研究 [D]. 北京：中国农业大学.

马文锋，2015. 猪育肥后期低氮日粮限制性氨基酸平衡模式的研究 [D]. 北京：中国农业大学.

秦玉昌，张建东，潘宝海，等，2004. 饲料级L-赖氨酸硫酸盐在断奶仔猪日粮中的应用效果研究 [J]. 中国饲料，17 (9)：19-20.

谢春元，2013. 育肥猪低蛋白日粮标准回肠可消化苏氨酸、含硫氨基酸和色氨酸与赖氨酸适宜比例的研究 [D]. 北京：中国农业大学.

易学武，2009. 生长育肥猪低蛋白日粮净能需要量的研究［D］. 北京：中国农业大学.
岳隆耀，2010. 低蛋白氨基酸平衡日粮对断奶仔猪肠道功能的影响［D］. 北京：中国农业大学.
张桂杰，2011. 生长猪色氨酸、苏氨酸及含硫氨基酸与赖氨酸最佳比例的研究［D］. 北京：中国农业大学.
郑春田，2000. 低蛋白质日粮补充异亮氨酸对猪蛋白质周转和免疫机能的影响［D］. 北京：中国农业大学.
中华人民共和国国家质量监督检验检疫总局，2009. 仔猪、生长育肥猪配合饲料：GB/T 5915—2008）［S］. 北京：中国标准出版社，2009-02-01.
中华人民共和国农业部，2004. 猪饲养标准：NY/T 65—2004［S］. 北京：中国农业出版社.
Aarnink A J A，Hoeksma P，van Ouwerkerk E N J，1993. Factors affecting ammonium concentration in slurry from fattening pigs［M］//Verstegen M W A，den Hartog L A，van Kempen G J M，et al. Nitrogen flow in pig production and environmental consequences，Pudoc-DLO. Wageningen，The Netherlands：EAAP-Publication：413-420.
Alonso V，Campo M D M，Provincial L，et al，2010. Effect of protein level in commercial diets on pork meat quality［J］. Meat Science，85：7-14.
Apple J K，2010. Nutritional effects on pork quality in swine production［M］//National Swine Nutrition Guide. U. S. Pork Center of Excellence（USPCE），Iowa State University，Ames，IA，USA：288-299.
Bidner B S，Ellis M，Witte D P，et al，2004. Influence of dietary lysine level，pre-slaughter fasting，rendement napole genotype on fresh pork quality［J］. Meat Science，68：53-60.
Bikker P，Dirkzwager A，Fledderus J，et al，2007. Dietary protein and fermentable carbohydrates contents influence growth performance and intestinal characteristics in newly weaned pigs［J］. Livestock Science，108：194-197.
Blanes-Vidal V，Hansen M N，Adamsen A P S，et al，2009. Characterization of odor released during handling of swine slurry：part II. Effect of production type，storage and physicochemical characteristics of the slurry［J］. Atmospheric Environment，43：3006-3014.
Canh T T，Aarnink A J A，Schutte J B，et al，1998. Dietary protein affects nitrogen excretion and ammonia emission from slurry of growing-finishing pigs［J］. Livestock Production Science，56：181-191.
Carter S D，Cromwell G L，Lindemann M D，et al，1996. Reducing N and P excretion by dietary manipulation in growing and finishing pigs［J］. Journal of Animal Science，74（Suppl 1）：59.（Abstr.）
Chung T K，Baker D H，1992. Ideal amino acid pattern for 10-kilogram pigs［J］. Journal of Animal Science，70（10）：3102-3111.
Cole D J A，1980. The amino acid requirements of pigs-the concept of an ideal protein［J］. Pig News and Information，1（3）：201-205.
de Lange C F M，Pluske J，Gong J，et al，2010. Strategic use of feed ingredients and feed additives to stimulate gut health and development in young pigs［J］. Livestock Science，134：124-134.
Doran O，Moule S K，Teye G A，et al，2006. A reduced protein diet induces stearoyl-CoA desaturase protein expression in pig muscle but not in subcutaneous adipose tissue：relationship with intramuscular lipid formations［J］. British Journal of Nutrition，95：609-617.
Dourmad J Y，Noblet J，Etienne M，1998. Effect of protein and lysine supply on performance，nitrogen balance，and body composition changes of sows during lactation［J］. Journal of Animal Science，76（2）：542-550.

Eriksen J, Adamsen A P S, Nørgaard J V, et al, 2010. Emissions of sulfur containing odorants, ammonia, and methane from pig slurry: effects of dietary methionine and benzoic acid [J]. Journal of Environmental Quality, 39: 1097-1107.

Figueroa L, Lewis A, Miller P S, et al, 2002. Nitrogen metabolism and growth performance of gilts fed standard corn-soybean meal diets or low-crude protein, amino acid-supplemented diets [J]. Journal of Animal Science, 80: 2911-2919.

Guay F, Donovan S M, Trottier N L, 2006. Biochemical and morphological developments are partially impaired in intestinal mucosa from growing pigs fed reduced-protein diets supplemented with crystalline amino acids [J]. Journal of Animal Science, 84: 1749-1760.

Ha S H, Park B C, Son S W, et al, 2012. Effects of the low-crude protein and lysine (low CP/lys) diet and a yeast culture supplemented to the low CP/lys diet on growth and carcass characteristics in growing-finishing pigs [J]. Journal of Animal Science and Technology, 54: 427-433.

Hansen M J, Nørgaard J V, Adamsen A P S, et al, 2014. Effect of reduced crude protein on ammonia, methane, and chemical odorants emitted from pig houses [J]. Livestock Science, 169: 118-124.

Hayes E T, Leek A B G, Curran T P, et al, 2004. The influence of diet crude protein level on odour and ammonia emissions from finishing pig houses [J]. Bioresource Technology, 91: 309-315.

He L, Han M, Qiao S, et al, 2015. Soybean antigen proteins and their intestinal sensitization activities [J]. Current Protein and Peptide Science, 16: 613-621.

Heo J M, Kim J C, Hansen C F, et al, 2008. Effects of feeding low protein diets to piglets on plasma urea nitrogen, faecal ammonia nitrogen, the incidence of diarrhea and performance after weaning [J]. Archives of Animal Nutrition, 62: 343-358.

Heo J M, Kim J C, Hansen C F, et al, 2009. Feeding a diet with decreased protein content reduces indices of protein fermentation and the incidence of postweaning diarrhea in weaned pigs challenged with an enterotoxigenic strain of *Escherichia coli* [J]. Journal of Animal Science, 87: 2833-2843.

Howard H W, Monson W J, Bauer C D, et al, 1958. The nutritive value of bread flour proteins as affected by practical supplementation with lactalbumin, nonfat dry milk solids, soybean proteins, wheat gluten and lysine [J]. Journal Nutrition, 64: 151-165.

Jeaurond E A, Rademacher M, Pluske J R, et al, 2008. Impact of feeding fermentable proteins and carbohydrates on growth performance, gut health and gastrointestinal function of newly weaned pigs [J]. Canadian Journal of Animal Science, 88: 271-281.

Jha R, Berrocoso J F D, 2016. Dietary fiber and protein fermentation in the intestine of swine and their interactive effects on gut health and on the environment: a review [J]. Animal Feed Science and Technology, 212: 18-26.

Jin C F, Kim J H, Han I K, et al, 1998. Effects of supplemental synthetic amino acids to low protein diets on the performance of growing pigs [J]. Asian-Australasian Journal of Animal Sciences, 11: 1-7.

Kajimura S, Seale P, Spiegelman B M, et al, 2010. Transcriptional control of brown fat development [J]. Cell Metabolism, 11: 257-262.

Kellogg T F, Hays V W, Catron D V, et al, 1964. Effect of level and source of dietary protein on performance and fecal flora of baby pigs [J]. Journal of Animal Science, 23: 1089-1094.

Kephart K B, Sherritt G W, 1990. Performance and nutrient balance in growing swine fed low-protein diets supplemented with amino acid and potassium [J]. Journal of Animal Science, 68: 1999-2008.

Kerr B J, Easter R A, 1995. Effect of feeding reduced protein, amino acid-supplemented diets on nitrogen and energy balance in grower pigs [J]. Journal of Animal Science, 73 (10): 3000-3008.

Kerr B J, Ziemer C J, Trabue S L, et al, 2006. Manure composition of swine as affected by dietary protein and cellulose concentrations [J]. Journal of Animal Science, 84 (6): 1584-1592.

le Bellego L, Noblet J, 2002. Performance and utilization of dietary energy and amino acids in piglets fed low protein diets [J]. Livestock Production Science, 76: 45-58.

le Bellego L, van Milgen J, Dubois S, et al, 2001. Energy utilization of low-protein diets in growing pigs [J]. Journal of Animal Science, 79: 1259-1271.

le P D, Aarnink A J A, Jongbloed A W, 2009. Odour and ammonia emission from pig manure as affected by dietary crude protein level [J]. Livestock Science, 121: 267-274.

le P D, Aarnink A J A, Jongbloed A W, et al, 2007. Effects of dietary crude protein level on odor from pig manure [J]. Animal, 1: 734-744.

lebret B, 2008. Effects of feeding and rearing systems on growth, carcass composition and meat quality in pigs [J]. Animal, 2: 1548-1558.

Leek A, Hayes E, Curran T, et al, 2007. The influence of manure composition on emissions of odour and ammonia from finishing pigs fed different concentrations of dietary crude protein [J]. Bioresource Technology, 98: 3431-3439.

Liu M, Qiao S Y, Wang X, et al, 2007. Bioefficacy of lysine from L-lysine sulfate and L-lysine. HCl for 10 to 20kg pigs [J]. Asian-Australasian Journal of Animal Sciences, 20: 1580.

Liu S, Ni J, Radcliffe J S, et al, 2017. Mitigation of ammonia emissions from pig production using reduced dietary crude protein with amino acid supplementation [J]. Bioresource Technology, 233: 200-208.

Liu Y Y, Li F N, He L Y, et al, 2015. Dietary protein intake affects expression of genes for lipid metabolism in porcine skeletal muscle in a genotype dependent manner [J]. British Journal of Nutrition, 113: 1069-1077.

Lordelo M M, Gaspar A M, le Bellego L, et al, 2008. Isoleucine and valine supplementation of a low-protein corn-wheat-soybean meal-based diet for piglets: growth performance and nitrogen balance [J]. Journal of Animal Science, 86: 2936-2941.

Lynch M B, Sweeney T, Callan B F J, et al, 2007. The effect of high and low dietary crude protein and inulin supplementation on nutrient digestibility, nitrogen excretion, intestinal microflora and manure ammonia emissions from finisher pigs [J]. Animal, 1: 1112-1121.

Macfarlane S, Macfarlane G T, 1995. Proteolysis and amino acid fermentation [M] //Gibson G R, Macfarlane G T. Human colonic bacteria: role in nutrition, physiology and pathology. Boca Raton, Florida, USA: CRC Press.

Miller D N, Varel V H, 2003. Swine manure composition affects the biochemical origins, composition, and accumulation of odorous compounds [J]. Journal of Animal Science, 81: 2131-2138.

Mitchell H H, Block R J, 1946. Some relationships between the amino acid contents of proteins and their nutritive values for the rat [J]. Journal of Biological Chemistry, 163: 599-620.

Mitchell J R, Becker D E, Jensen A H, et al, 1968. Determination of amino acid needs of the young pig by nitrogen balance and plasma-free amino acids [J]. Journal of Animal Science, 27: 1327-1331.

Monteiro A N T R, Bertol T M, de Oliveira P A V, et al, 2017. The impact of feeding growing-finishing pigs with reduced dietary protein levels on performance, carcass traits, meat quality and environmental impacts [J]. Livestock Science, 198: 162-169.

Noblet J, Fortune H, Shi X S, et al, 1994. Prediction of net energy value of feeds for growing pigs [J]. Journal of Animal Science, 72: 344-354.

NRC, 1988. Nutrient requirements of swine [S]. Washington, DC: National Academy Press.

NRC, 2012. Nutrient requirements of swine [S]. Washington, DC: National Academy Press.

Nyachoti C M, Omogbenigun F O, Rademacher M, et al, 2006. Performance responses and indicators of gastrointestinal health in early weaned pigs fed low protein amino acid supplemented diets [J]. Journal of Animal Science, 84: 125-134.

O' Connell J M, Callan J J, O' Doherty J V, 2006. The effect of dietary crude protein level, cereal type and exogenous enzyme supplementation on nutrient digestibility, nitrogen excretion, faecal volatile fatty acid concentration and ammonia emissions from pigs [J]. Animal Feed Science and Technology, 127: 73-88.

Opapeju F O, Krause D O, Payne R L, et al, 2009. Effect of dietary protein level on growth performance, indicators of enteric health, and gastrointestinal microbial ecology of weaned pigs induced with postweaning colibacillosis [J]. Journal of Animal Science, 87: 2635-2643.

Opapeju F O, Rademacher M, Blank G, et al, 2008. Effect of low-protein amino acid-supplemented diets on the growth performance, gut morphology, organ weights and digesta characteristics of weaned pigs [J]. Animal, 2: 1457-1464.

O' Shea C J, Lynch M B, Callan J J, et al, 2010. Dietary supplementation with chitosan at high and low crude protein concentrations promotes *Enterobacteriaceae* in the caecum and colon and increases manure odour emissions from finisher boars [J]. Livestock Science, 134: 198-201.

Otto E R, Yokoyama M, Ku P K, et al, 2003. Nitrogen balance and ileal amino acid digestibility in growing pigs fed diets reduced in protein concentration [J]. Journal of Animal Science, 81: 1743-1753.

Pfeiffer A, Henkel H, 1991. The effect of different dietary protein levels on water intake and water excretion of growing pigs [C] //EAAP - Congress On Digestive Physiology In The Pigs, 5: 126-131.

Pieper R, Kröger S, Richter J F, et al, 2012. Fermentable fiber ameliorates fermentable protein-induced changes in microbial ecology, but not the mucosal response, in the colon of piglets [J]. Journal of Nutrition, 142: 661-667.

Portejoie S, Dourmad J Y, Martinez J, et al, 2004. Effect of lowering dietary crude protein on nitrogen excretion, manure composition and ammonia emission from fattening pigs [J]. Livestock Production Science, 91: 45-55.

Portune K J, Beaumont M, Davila A M, et al, 2016. Gut microbiota role in dietary protein metabolism and health-related outcomes: the two sides of the coin [J]. Trends Food Science and Technology, 57: 213-232.

Prandini A, Sigolo S, Morlacchini M, et al, 2013. Microencapsulated lysine and low-protein diets: effects on performance, carcass characteristics and nitrogen excretion in heavy growing-finishing pigs [J]. Journal of Animal Science, 91: 4226-4234.

Relandeau C, van Cauwenberghe S, le Tutour L, 2000. Prevention of nitrogen pollution from pig husbandry through feeding measures [J]. Ajinomoto Eurolysine: Technical Information, 22: 1-12.

Rist V T S, Weiss E, Eklund M, et al, 2013. Impact of dietary protein on microbiota composition and activity in the gastrointestinal tract of piglets in relation to gut health: a review [J]. Animal, 7: 1067-1078.

Ruusunen M, Partanen K, Pösö R, et al, 2007. The effect of dietary protein supply on carcass composition, size of organs, muscle properties and meat quality of pigs [J]. Livestock Science, 107: 170-181.

Shriver J A, Carter S D, Sutton A L, et al, 2003. Effects of adding fiber sources to reduced crude protein, amino acid-supplemented diets on nitrogen excretion, growth performance, and carcass traits of finishing pigs [J]. Journal of Animal Science, 81: 492-502.

Suárez-Belloch J, Latorre M A, Guada J A, 2016. The effect of protein restriction during the growing period on carcass, meat and fat quality of heavy barrows and gilts [J]. Meat Science, 112: 16-23.

Teye G A, Sheard P R, Whittington F M, et al, 2006. Influence of dietary oils and protein level on pork quality. 1. Effects on muscle fatty acid composition, carcass, meat and eating quality [J]. Meat Science, 73: 157-165.

Urbain B, Gustin P, Prouvost J F, et al, 1994. Quantitative assessment of aerial ammonia toxicity to the nasal mucosa by use of the nasal lavage method in pigs [J]. American Journal of Veterinary Research, 55: 1335-1340.

Wang Y M, Zhou J Y, Wang G, et al, 2018. Advances in low-protein diets for swine [J]. Journal of Animal Science Biotechnology, 9: 60.

Wang Y M, Yu H T, zhou J Y, et al, 2019. Effects of feeding growing finishing pigs with low crude protein diets on growth performance, carcass characteristics, meat quality and mtrient digestilitity in different areas of china [J]. Animal Feed Science and Technology, 256: 114256.

Webb J, Broomfield M, Jones S, et al, 2014. Ammonia and odour emissions from UK pig farms and nitrogen leaching from outdoor pig production [J]. Science of the Total Environment, 470: 865-875.

Wellock I J, Fortomaris P D, Houdijk J G M, et al, 2008a. Effects of dietary protein supply, weaning age and experimental enterotoxigenic *Escherichia coli* infection on newly weaned pigs: performance [J]. Animal, 2: 825-833.

Wellock I J, Fortomaris P D, Houdijk J G M, et al, 2008b. Effects of dietary protein supply, weaning age and experimental enterotoxigenic *Escherichia coli* infection on newly weaned pigs: health [J]. Animal, 2: 834-842.

Wellock I J, Houdijk J G M, Fortomaris P D, et al, 2006. Too much of a good thing-protein, gut health and performance [J]. Pig Journal, 57: 158-172.

Williams B A, Bosch M W, Awati A, et al, 2005. *In vitro* assessment of gastrointestinal tract (GIT) fermentation in pigs: fermentable substrates and microbial activity [J]. Animal Research, 54: 191-201.

Windey K, de Preter V, Verbeke K, 2012. Relevance of protein fermentation to gut health [J]. Molecular Nutrition and Food Research, 56: 184-196.

Witte D P, Ellis M, McKeith F K, et al, 2000. Effect of dietary lysine level and environmental temperature during the finishing phase on the intramuscular fat content of pork [J]. Journal of Animal Science, 78: 1272-1276.

Wood J D, Lambe N R, Walling G A, et al, 2013. Effects of low protein diets on pigs with a lean genotype. 1. Carcass composition measured by dissection and muscle fatty acid composition [J]. Meat Science, 95: 123-128.

Wood J D, Richardson R I, Nute G R, et al, 2003. Effect of fatty acids on meat quality: a review [J]. Meat Science, 66: 21-32.

Yi X, Zhang S, Yang Q, et al, 2010. Influence of dietary net energy content on performance of growing pigs fed low crude protein diets supplemented with crystalline amino acids [J]. Journal of Swine Health and Production, 18: 294-300.

Yue L Y, Qiao S Y, 2008. Effects of low protein diets supplemented with crystalline amino acids on performance and intestinal development in piglets over the first 2 weeks after weaning [J]. Livestock Science, 115: 144-152.

Zervas S, Zijlstra R T, 2002. Effects of dietary protein and fermentable fiber on nitrogen excretion patterns and plasma urea in grower pigs [J]. Journal of Animal Science, 80: 3247-3256.

Zhang Q, Reed M, 2008. Examining the impact of the world crude oil price on China's agricultural commodity prices: The case of corn, soybean, and pork [C] //The Southern Agricultural Economics Association Annual Meetings, Dallas, TX.

Zhang Y, Tanaka A, Dosman J A, et al, 1998. Acute respiratory responses of human subjects to air quality in a swine building [J]. Journal of Agricultural Engineering Research, 70: 367-373.

第二章 猪低蛋白质日粮的理论基础——能量转化与净能体系

研究和应用低蛋白质日粮的目的之一是做到氮的高效利用，日粮蛋白质是三大供能物质之一。尽管近年来的研究表明，某些情况下氨基酸比碳水化合物能更有效地为机体提供化学能（Hosios 等，2016），但一般来说，蛋白质氨基酸比较昂贵，尽量避免由日粮蛋白质氨基酸提供能量是动物营养学研究的内容之一。能量在体内的转化过程与机体蛋白质的合成效率密切相关，碳水化合物、蛋白质和脂类在动物机体的转化效率差别很大（Noblet 等，1994）。养猪生产的主要目的是为人类提供优质蛋白质产品，在能量的转化过程中，净能与产品能最为紧密（杨凤，2000）。因此，能量的转化与净能体系是配制猪低蛋白质日粮的理论基础，深入认识日粮养分的能量转化过程，深刻理解净能体系的内涵，对低蛋白质日粮的合理配制具有重要作用。本章在描述猪饲料能量转化的基础上，讨论了不同饲料成分代谢能转化为净能的效率、饲料净能的测定与估测、能氮平衡的重要性，并给出了猪常用饲料原料的净能值。

第一节 猪饲料能量的转化

根据能量在体内的转化过程与利用规律，猪饲料能量价值评定体系主要包括总能（gross energy，GE）、消化能（digestible energy，DE）、代谢能（metabolizable energy，ME）和净能（net energy，NE）。

一、总能

总能是指饲料中有机物质（organic matter，OM）完全氧化燃烧生成二氧化碳、水和其他氧化物时释放的全部能量，主要为碳水化合物能量、粗蛋白质能量和粗脂肪能量的总和。总能可用氧弹式测热仪测定（Ewan，2001）。总能的测定是评价饲料能值的第一步，也是研究饲料能量转化和测定消化能、代谢能和净能的重要手段。总能的大小与饲料中所含碳水化合物、粗蛋白质和粗脂肪的含量及比例密切相关，因为三者在氧弹式测热仪中完全燃烧释放的热量不相同，平均值依次为 17.36kJ/g、23.64kJ/g 和

39.33kJ/g（李德发，2003）。因此，也可以通过化学分析方法，分别测定其中的碳水化合物、粗脂肪和粗蛋白质的数量，再分别乘以各自的化学产热系数，得出总产热量。而这三大养分能量含量的不同与其分子中碳/氢值和氧、氮含量不同有关，因为有机物质氧化释放能量主要取决于碳和氢同外来氧的结合，分子中碳和氢含量越高，氧含量越低，则能量越高。同时由于每克碳氧化成 CO_2 释放的能量（33.81kJ）小于每克氢氧化成 H_2O 释放的热量（144.3kJ），因此碳/氢值越小，氧化释放的能量越多（杨凤，2000）。脂肪平均含77%的碳、12%的氢和11%的氧，蛋白质平均含52%的碳、7%的氢和22%的氧，碳水化合物含44%的碳、6%的氢和50%的氧。脂肪含氧含量最低、蛋白质其次、碳水化合物最高、因此总能以碳水化合物最低、粗脂肪最高、粗蛋白质居中。同类化合物中不同养分产热量差异的原因同样可用元素组成解释。例如，淀粉产热量（17.35kJ/g）高于总糖（16.8kJ/g），主要是每克淀粉的含碳量高于每克糖的含碳量（杨凤，2000）。NRC（2012）推荐使用 Ewan（1989）根据粗脂肪（ether extract，EE）、粗蛋白质（crude protein，CP）和粗灰分（Ash）含量估测总能的公式，即：GE（kcal*/kg DM）$=4\,143+56\,EE+15\,CP-44\,Ash$（$R^2=0.98$）。

二、消化能

消化能是动物采食饲料的总能减去粪便能量后剩余的能量，是饲料可消化养分所含的能量（Ewan，2001）。由于动物粪便中除未消化的饲料外，还含有微生物及其产物、肠道分泌物及脱落的细胞等代谢产物。一般情况下，消化能并没有考虑机体的内源能量损失，因此常称之为表观消化能（Reynolds，2000）。日粮消化能可以直接通过消化代谢试验，利用猪采食的总能减去粪能得到，不同国家的饲养标准和饲料营养价值成分表（INRA，2004；《猪饲养标准》，NY/T 65—2004；NRC，2012）中，饲料原料消化能值基本上是通过这种方法获得的，然后取平均数。这种方法比较耗时，饲料厂常直接利用饲料成分表中饲料原料对应的数值。但通过表中查阅的消化能值局限于具有相同的化学组成成分的饲料原料，当饲料原料化学组成不同时，可以利用化学成分与其消化能值建立的推测方程获得（Noblet 和 Perez，1993）。表 2-1 总结了 Ewan（1989）及 Noblet 和 Perez（1993）根据总能、可溶性碳水化合物（soluble carbohydrate，SCHO）、粗纤维（crude fiber，CF）、酸性洗涤纤维（acid detergent fiber，ADF）和中性洗涤纤维（neutral detergent fiber，NDF）建立的消化能推测公式。

表 2-1　生长猪消化能（MJ/kg DM）推测方程

推测方程	决定系数 R^2	资料来源
$DE=17.27-0.051\,Ash+0.010\,CP+0.016\,EE-0.027\,CF$	0.89	Noblet 和 Perez（1993）
$DE=17.44-0.038\,Ash+0.008\,CP+0.016\,EE-0.015\,NDF$	0.92	Noblet 和 Perez（1993）
$DE=-0.72+0.003\,GE+0.008\,SCHO-0.066\,ADF$	0.87	Ewan（1989）

注：Ash，粗灰分；CP，粗蛋白质；EE，粗脂肪；CF，粗纤维；NDF，中性洗涤纤维；ADF，酸性洗涤纤维；SCHO，可溶性碳水化合物。

* “cal”为非法定计量单位，1cal≈4.184J。——编者注

许多因素会影响营养物质的消化率，进而影响日粮或饲料原料的消化能。日粮中的纤维含量是影响饲料消化率的主要因素（King 和 Taverner，1975；Fernández 和 Jørgensen，1986）。Shi 和 Noblet（1993）在猪上的研究表明，日粮中 NDF 每增加 1 个百分点，干物质消化率会降低 0.8～1 个百分点。纤维降低日粮的消化能主要有两个原因：一是纤维使营养物质通过小肠的速度增加，从而使营养物质在小肠中的消化时间缩短（Kass 等，1980）；二是通过增加后肠道发酵产热从而使能量损失增加。不同纤维类型也会影响动物的营养物质消化率。Chabeauti 等（1991）研究了不同纤维来源对猪日粮营养物质消化率的影响，结果发现添加甜菜渣和豆皮的日粮营养物质消化率高于小麦麸日粮，小麦秸日粮的营养物质消化率最低。这主要是由纤维原料中的非淀粉多糖含量不同造成的。此外，日粮中矿物质的含量、猪的采食水平、饲料的加工工艺（Just，1982a），以及猪品种、性别、日龄和体重均会影响所测日粮的消化能值（Shi 和 Noblet，1993；Noblet 和 van Milgen，2004）。

三、代谢能

代谢能指饲料消化能减去尿能和消化道可燃气体的能量后剩余的能量。消化道气体能来自动物消化道微生物发酵产生的气体，主要是甲烷，1L 甲烷能量含量约为 39.54kJ（Brouwer，1965）。猪体内甲烷能占总能的 0.2%～1.2%（Christensen 和 Thorbek，1987），由于其所占比例很小，因此通常可以忽略不计。与消化能相比，代谢能可更准确反映日粮可利用的能值，这是因为代谢能排除了能量在尿中的损失。尿能与尿中氮含量存在一定的相关性，而尿氮水平会随着日粮中粗蛋白质含量的变化而变化，因此尿能受日粮粗蛋白质含量的影响（Just，1982b）。与消化能相同，除利用消化代谢试验直接测定外，饲料原料的代谢能也可以通过查阅饲养标准和饲料营养成分表，如 NRC（1998）、Sauvant 等（2004）和《猪饲养标准》（NY/T 65—2004）获得。Noblet 和 Perez（1993）提出的日粮代谢能的推测方程为：ME（kcal/kg DM）$=4\ 344-8.1\ Ash+4.1\ EE-3.7\ NDF$。（$R^2=0.91$）。由于粗蛋白质在体内氧化分解产热较多，即热增耗高（Noblet 等，1994），而纤维通过后肠道发酵产热损失较大，因此消化能和代谢能高估了蛋白质和纤维饲料原料的能值，而低估了脂肪和淀粉的能值。

四、净能

净能是饲料中用于动物维持生命和生产产品的能量，即饲料的代谢能扣除饲料在动物体内的热增耗（heat incremet，HI）后剩余的那部分能量（杨凤，2000）。热增耗是机体用来消化、吸收和代谢营养物质的能量，该部分能量通常被认为是一种能量的浪费（Ewan，2001）；然而在冷应激环境中，热增耗是有益的，可用于维持体温（杨凤，2000）。在试验条件下，很难将热增耗从动物总产热中分离出来，因此热增耗通常用总产热（total heat production，THP）减去维持净能（net energy for maintenance，NE_m）计算获得。但遗憾的是，目前尚没有直接测定维持净能的方法，多数情况下是通过测定绝食状态下动物的产热量，即绝食产热量（fasting heat production，FHP）来获得净能的近似值（Just，1982a；Noblet 等，1994；Kil 等，2013）。因此，在实际测定条件下，热增耗为总产热与绝食产热的差值。对于生长猪，净能通常分为维持净能和沉积净能（retention energy，RE），其中沉积净能为代谢能与总产热的差值。沉积净能一般分为蛋白质沉积能量（retention as protein energy，RE_P）和脂肪沉积能量（retention as fat energy，RE_L）。蛋白质沉积通过氮沉积来获得（Chwalibog 等，2005），脂肪沉积为沉积净能与蛋白质沉积能量的差值（具体计算公式见图 2-1）。

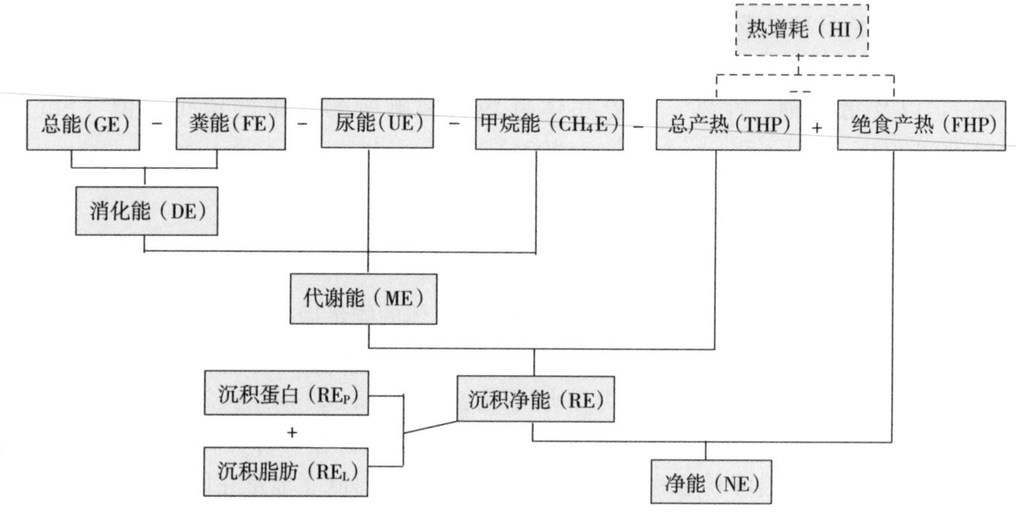

图 2-1　猪能量利用规律

注：消化能（DE）=总能（GE）－粪能（FE）；

代谢能（ME）=消化能（DE）－尿能（UE）－甲烷能（CH_4E）；

沉积净能（RE）=代谢能（ME）－总产热（THP）=沉积蛋白（RE_P）+沉积脂肪（RE_L）；

热增耗（HI）=总产热（THP）－绝食产热（FHP）；

净能（NE）=沉积净能（RE）+绝食产热（FHP）=代谢能（ME）－热增耗（HI）=代谢能（ME）－总产热（THP）+绝食产热（FHP）；

产热（kJ）$=16.18\times O_2$（L）$+5.02\times CO_2$（L）$-2.17\times CH_4$（L）$-5.99\times N$（尿氮，g）。

过去的 20 年中，对猪饲料原料能值的研究主要集中在 DE 和 ME 上，相对于 DE 和 ME 体系，NE 体系可更准确地评估动物对能量的利用情况，但是由于测定方法复杂、设备造价昂贵等原因，目前公布的饲料原料价值表，包括《猪饲养标准》（NY/T 65—2004）、INRA（2004）、NRC（2012）和荷兰（CVB）等饲料营养价值表中均缺乏饲料原料净能的实测值。因此，农业部饲料工业中心（MAFIC）数据库研究小组近些年利用间接测热法测定了多种饲料原料的净能值，为养殖业推广应用净能，尤其是低蛋白质日粮的配制提供了基础数据。

五、各能量体系之间的比较和转化

对猪的能量代谢而言，饲料从总能到消化能再到代谢能最终到净能（沉积净能与维持净能的和），每一步都存在能量损失。表 2-2 总结了农业部饲料工业中心的多个净能试验，得到了包括采食量、总能摄入量、氧气消耗量、粪和尿排泄量、二氧化碳和甲烷产生量及产热量等数据。虽然试验过程中，猪饲喂于代谢笼内，采食量会略低于自由采食，但这些数据作为环境保护的参考数值仍十分有意义。该总结数据显示摄入总能的一半用来产热，只有 1/3 被沉积下来，大约有 14%和 3%分别通过粪和尿排出，1%通过甲烷损失（图 2-2）。

表 2-2　生长猪采食与排泄数据

项　目	样品数	平均体重（kg）	采　食		排　出								气体（L/d）		
			日　粮（kg/d）	总能（MJ/d）	粪		尿		甲烷能（MJ/d）	产热（MJ/d）			O_2	CH_4	CO_2
					重量（g/d）	总能（MJ/d）	体积（L/d）	总能（MJ/d）		总产热	绝食产热	热增耗			
玉米-豆粕型日粮	30	45.53	1.46	24.31	380.4	2.57	2.64	0.57	0.19	12.73	7.66	5.07	606	4.9	660
杂粕类日粮	66	44.78	1.45	24.51	576.6	3.80	3.19	0.81	0.14	12.26	7.50	4.76	587	3.6	619
高纤维日粮	24	44.70	1.54	24.62	766.6	4.47	2.33	0.74	0.16	12.04	7.22	4.82	593	4.1	634
玉米干酒精糟及其可溶物（DDGS）日粮	36	47.08	1.68	28.09	622.1	4.09	3.08	1.02	0.26	13.69	7.78	5.91	651	6.6	735
平均值	168	45.07	1.50	25.22	558.2	3.62	2.89	0.78	0.18	12.61	7.53	5.08	604	4.5	654

注：DDGS，distillers dried grains with solubles。猪饲养于代谢笼中，采食量略低于自由采食；杂粕类包括菜籽粕、花生粕、葵花粕和棉籽粕；高纤维日粮包括米糠、玉米胚芽粕、玉米麸质饲料和麦麸；平均值除包括玉米-豆粕型日粮、杂粕类、高纤维日粮和 DDGS 外，还含有小麦和玉米日粮。

资料来源：农业部饲料工业中心净能试验。

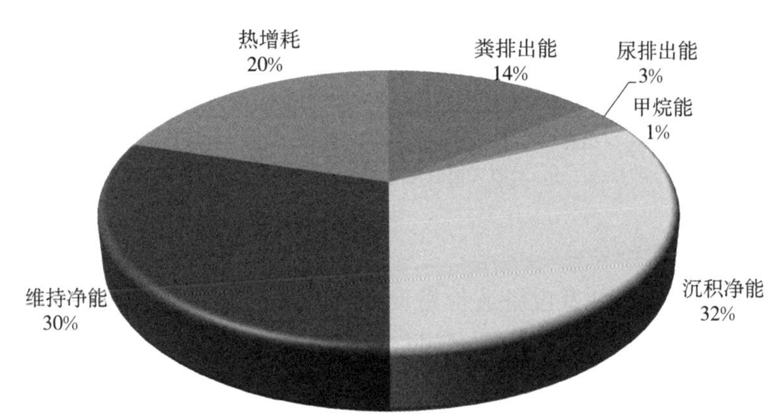

图 2-2　猪各能量体系之间的转化

注：绝食产热（THP）＝维持净能（30%）；总产热（50%）＝热增耗（20%）＋绝食产热（30%）；净能（62%）＝维持净能（30%）＋沉积净能（32%）。

第二节　不同饲料成分代谢能转化为净能的效率

代谢能是能量代谢的基础，也是研究净能的基础，因此了解每类饲料原料代谢能转化为净能的效率对净能的应用有很重要的指导意义。

法国国家农业科学研究院（Institut Nationale de la Recherche Agronomigue，INRA）公布的猪常用饲料原料与对照日粮的相对消化能、代谢能和净能值数据（Sauvant 等，2004）见表 2-3。从表 2-3 中可以看出，高淀粉（玉米、小麦和大麦）和高脂肪（动物脂肪）饲料原料相对净能值高于其相对消化能和代谢能值。而高蛋白质（大豆粕和菜籽粕）和高纤维（小麦麸，干酒精糟及其可溶物）饲料原料相对净能值低于其相对消化能和代谢能值，并且蛋白质原料代谢能转化为净能的效率仅为 60%。因此，DE 和 ME 体系高估了蛋白质和纤维的有效能量含量（de Goey 和 Ewan，1975；Just，1982b），低估了脂肪和淀粉的有效能量含量（Noblet 和 van Milgen，2004）。

表 2-3　生长猪不同饲料原料相对消化能、代谢能和净能值（%）

原　料	消化能	代谢能	净　能	净能/代谢能
对照日粮	100	100	100	75
动物脂肪	243	252	300	90
玉米	103	105	112	80
小麦	101	102	106	78
大麦	94	94	96	77
豌豆	101	100	98	73
小麦麸	68	67	63	71
干酒精糟及其可溶物	82	80	71	67
大豆粕	107	102	82	60
菜籽粕	84	81	64	60

注：对照日粮的原料组成为：小麦 67.4%，大豆粕 16%，脂肪 2.5%，小麦麸 5%，豌豆 5%，矿物质和维生素复合预混料 4%，赖氨酸盐酸盐 0.1%；对照日粮消化能、代谢能和净能值分别为 13.71MJ/kg、13.16MJ/kg 和 9.94MJ/kg。

资料来源：Sauvant 等（2004）。

由于净能测定的复杂性及设备造价昂贵等原因，2009—2018 年国内外关于饲料原料净能和代谢能转化为净能效率的研究相对较少，表 2-4 总结了 2009—2018 年发表的有关饲料原料净能值和代谢能转化为净能效率（NE/ME）的数据。

表 2-4　2009—2018 年文献报道的猪饲料原料净能值和代谢能转化为净能效率数据

原　料	猪生长阶段	NE (MJ/kg DM)	NE/ME (%)	方　法	资料来源
豆粕	生长阶段	7.66	—	比较屠宰法	Hinson（2009）
	育肥阶段	10.08	—		
低聚糖豆粕	生长阶段	9.14	—		
	育肥阶段	11.73	—		
甘油（工业乙醇生产副产物）	生长阶段	13.44	—		
	育肥阶段	16.98	—		

（续）

原 料	猪生长阶段	NE（MJ/kg DM）	NE/ME（%）	方 法	资料来源
豆油	生长阶段	20.19	—	比较屠宰法	Kil 等（2011）
	育肥阶段	19.33	—		
猪油	生长阶段	25.05	—		
	育肥阶段	24.99	—		
玉米	生长阶段	9.06	—	比较屠宰法	Kil 等（2013）
	育肥阶段	11.08	—		
菜籽粕（甘蓝型）	生长阶段	8.80	69.8	比较屠宰法	Heo 等（2014）
菜籽粕（芥菜型）		9.80	72.6		
高油 DDGS（脂肪 12.1%）*	育肥阶段	12.99	81.7	生长性能反推法	Graham 等（2014）
高油 DDGS（脂肪 9.6%）		11.85	74.7		
高油 DDGS（脂肪 9.4%）		11.60	71.0		
中油 DDGS（脂肪 7.6%）		10.61	75.3		
低油 DDGS（脂肪 5.4%）		9.61	66.0		
低油 DDGS（脂肪 2.6%）	生长阶段	8.78	—	比较屠宰法	Gutierrez 等（2014）
	育肥阶段	8.46	—		
高油 DDGS（脂肪 13.0%）	生长阶段	9.10	—		
	育肥阶段	11.57	—		
高蛋白 DDG	生长阶段	9.68	—		
	育肥阶段	9.17	—		
大豆皮	生长阶段	1.67	—	比较屠宰法	Stewart 等（2013）
	育肥阶段	4.01	—		
次粉	生长阶段	4.46	—		
	育肥阶段	4.72	—		
玉米	生长阶段	13.21	81.0	间接测热法	Liu 等（2014，2015）
豆粕		10.62	64.3		
小麸皮		7.78	71.6		
小麦		11.44	74.6		
高油 DDGS（脂肪 10.6%）		10.21	66.5		
菜籽粕		8.38	72.0		
棉籽粕		7.32	72.9		
高油 DDGS（脂肪 11.2%）		10.47	70.0	间接测热法	Li 等（2015）
高油 DDGS（脂肪 10.7%）		10.98	77.0		
中油 DDGS（脂肪 7.6%）		10.96	70.8		
低油 DDGS（脂肪 4.7%）		9.49	67.7		
低油 DDGS（脂肪 3.6%）		9.28	69.0		

（续）

原　料	猪生长阶段	NE (MJ/kg DM)	NE/ME (%)	方　法	资料来源
挤压膨化豆粕	生长阶段	10.64	75.7	间接测热法	Velayudhan 等 (2015)
全脂米糠		12.33	77.9		Li 等（2018）
玉米胚芽粕		8.75	72.4		
玉米麸质饲料		7.51	78.5		
花生粕		10.75	75.3		
葵花粕		6.49	67.2		
菜籽饼		10.14	72.2		Li 等（2017）
菜籽饼		11.46	80.1		
菜籽粕		7.98	65.3		
菜籽粕		9.47	75.1		
菜籽粕		7.91	72.7		
玉米		12.46	78.3		Li 等（2017）
大豆粕		11.34	70.2		
菜籽饼		11.71	74.7		
菜籽粕		8.83	76.5		
玉米（n=7）	生长阶段	12.95	79.25	间接测热法	李亚奎（2018）
裸燕麦		14.05	80.65		
糙米		13.81	80.20		
小麦		12.43	78.82		
高粱		11.69	78.93		
粟		11.59	79.44		
大麦		11.37	79.45		
部分脱壳大麦		12.67	81.27		
脱壳粟		14.63	82.28		
豆油	生长阶段	34.05	91.41	间接测热法	李恩凯（2018）
棕榈油		32.42	90.58		
禽油		33.21	90.84		
鱼油		33.77	91.47		
玉米油		34.00	90.11		
亚麻油		34.12	89.53		

注：* DDGS 中油的含量为饲喂基础，“—”表示，数据不详。

从表 2-4 的数据可以看出，油脂的代谢能转化为净能的效率最高（约为 90%）；而淀粉含量较高的谷物籽实饲料原料（玉米、燕麦、糙米、小麦、高粱、大麦、粟等）代谢能转化为净能的效率次之（80%左右），玉米的代谢能转化为净能的效率接近 80%；

而蛋白质含量较高的蛋白质饲料原料（豆粕、菜籽粕、菜籽饼、棉籽粕、花生粕和DDGS等）及纤维含量较高的纤维类原料（小麦麸、玉米麸质饲料）的代谢能转化为净能的效率较低（范围在64%～78%），且这一数值比法国公布的数据（Sauvant等，2004）高。因此，在应用净能配制日粮时需要注意所用的数据库中各种饲料原料代谢能转化为净能的效率的差异，从而避免代谢能对含蛋白质和纤维较高饲料原料有效能值的高估，以及对含淀粉和脂肪较高饲料原料有效能值的低估。

第三节 猪饲料原料净能的测定

目前，测定猪饲料原料净能最常用的方法有比较屠宰法、间接测热法、数学方程预测法和生长性能反推法4种。需要注意的是，猪采食的是日粮而不是饲料原料，因此一般是先测定出日粮的净能含量，然后再通过公式计算得到饲料原料的净能值。

一、比较屠宰法

比较屠宰法是通过屠宰动物分析其体成分及体内各能量物质的变化情况，进行动物能量需要量评定的一种方法。该方法最早由Bath等（1965）提出，用于测定牛的增重净能。采用比较屠宰法可分别测定猪的维持净能和沉积净能（Möhn和de Lange，1998；Oresanya等，2008）。目前，北美地区常用比较屠宰法对猪的饲料净能值和净能需要量进行评估，如Kil等（2011）利用比较屠宰法测定了生长猪和育肥猪豆油及猪油的净能值。

比较屠宰法的测定程序是将实验动物至少分为2组，在试验开始时屠宰其中一组，测定其能量含量，并按试验要求于不同的体重阶段再分别对其他各组进行屠宰，采用同样的方法对屠体进行分析测定，试验组所增加的部分即视为能量存留量（李坤等，2011）。由于比较屠宰试验饲养时间长，实验动物数量多，可以减小体内组成误差（Boisen和Verstegen，2000），因此在规模化养猪场中应用比较屠宰试验比间接测热法更有代表性（Reynolds，2000）。但是由于工作量和试验成本高，因此比较屠宰法在猪饲料净能值测定中受到了阻碍。

二、间接测热法

间接测热法与直接测热法合称测热法，是测定动物产热量较普遍的方法。根据净能定义可知，饲料净能评价就是在测定代谢能的基础上，再测定动物产热量。由于动物在体内沉积的能量可以利用食入代谢能减去总产热而获得，因此可以通过测定动物的产热量来测定饲料净能值（Adeola，2001）。早在16世纪末，Lavoisier及其同事就发现了机体产热与气体交换（氧气消耗、二氧化碳产生）的关系，开创了间接测热法的先河。他们发现，机体在消耗一定量的蛋白质、脂肪和碳水化合物时，会产生一定量的热量，并相应地消耗一定量的氧气，产生一定量的二氧化碳。间接测热法以能量代谢的基本理论为依据，根据能量守恒定律和化学反应的等比定律（任建安等，2001），借助开放式呼吸测热室等主要仪器装置，测定动物在一定时间内的 O_2 消耗量及 CO_2 和 CH_4 的产生量，同时进行 N 平衡试验，根据 Brouwer（1965）公式：产热量（kJ）$=16.1753\ O_2$（L）$+5.0208\ CO_2$（L）$-2.1673\ CH_4$（L）-5.9873 N（尿氮，g），间接地计算出供能物质在动物体内代谢转化和氧化利用量。

三、数学方程预测法

数学方程预测法主要是通过对待测饲料的化学成分分析，借助已发表的净能预测方程，估测饲料原料的净能值（Ayoade 等，2012）。

（一）早期的净能预测方程

早期的猪饲料净能预测方程有：德国的 Schiemann 等（1972）对 95～175kg 体重阶段的阉公猪进行比较屠宰试验，得到了一套适用于育肥猪的净能预测方程；丹麦 Just（1982a）对体重阶段为 20～90kg 的猪利用比较屠宰试验得出了一套适用于生长猪的预测方程（表 2-5）。目前，使用较为广泛的净能预测方程，是法国国家农业科学研究院（INRA）建立的（Noblet 等，1994）。他们测定了 61 种不同营养组成日粮的净能，然后通过净能值与日粮化学组分和（或）可消化组分的相关关系建立了 11 个净能预测方程（Ayoade 等，2012；NRC，2012；Rojas 和 Stein，2013；Sotak-Peper 等，2015）（表 2-6）。荷兰的 CVB 对 Noblet 等（1994）的净能预测方程进行了改进，改进后的净能预测方程为：$NE=2.80\ DCP+8.54\ DEE_{acid}+3.38\ ST_{ame}+3.05\ SUe+2.33\ FCH$。式中，$DCP$ 为可消化粗蛋白质，ST_{ame} 为酶消化淀粉，DEE_{acid} 为可消化酸解脂肪，SUe 为总糖中酶消化部分，FCH 为可发酵碳水化合物部分（可发酵淀粉＋可发酵糖＋$DNSP$，$DNSP$＝可消化有机物－可消化粗蛋白－可消化酸解脂肪－酶消化淀粉－0.95×总糖）。上述预测方程主要是通过评价典型日粮得到的，其优点是考虑了日粮各组分的互作关系，但无法适应日粮配方的千变万化，只能针对一些常用饲料原料的典型日粮，因此在应用这些方程预测饲料原料的净能值时需要谨慎（NRC，2012）。

表 2-5　早期建立的生长育肥猪饲料净能值预测方程（kcal/kg DM）

方　程	资料来源
$NE=0.75\ ME-1.88$	Just（1982a）
$NE=2.61\ DCP+8.63\ DEE+2.15\ DCF+2.98\ DRes1$	Schiemann 等（1972）
$NE=2.80\ DCP+8.54\ DEE_{acid}+3.38\ ST_{ame}+3.05\ SUe+2.33\ FCH$	荷兰（CVB）

注：DCP，digestible crude protein，可消化粗蛋白质；DEE，digestible ether extract，可消化粗脂肪；DCF，digestible crude fiber，可消化粗纤维；DRes1，digestible residue 1，可消化剩余物质 1，即可消化有机物－可消化粗蛋白质－可消化粗脂肪－可消化粗纤维；DEE_{acid}，digestible ether extract using acid hydrolysis，可消化酸解脂肪；STame，enzymatically digestible starch，可消化酶解淀粉；SUe，enzymatically digestible sugar，总糖中酶消化部分；FCH，fermentable carbohydrate，可发酵碳水化合物部分，即可发酵淀粉＋可发酵糖＋DNSP；DNSP，digestible non-starch polysaccharidddes，可消化非淀粉多糖，即可消化有机物－可消化粗蛋白质－可消化酸解脂肪－酶消化淀粉－0.95×总糖。

表 2-6 法国国家农业科学研究院的生长猪饲料净能预测方程（kcal/kg DM）

编 号	方 程	决定系数 R^2	残差标准差
1	$NE=2.73\ DCP+8.37\ DEE+3.40\ ST+2.93\ DRes2$	0.96	0.48
2	$NE=2.69\ DCP+8.36\ DEE+3.44\ ST+2.89\ DRes3$	0.96	0.51
3	$NE=0.843\ DE-463$	0.91	0.72
4	$NE=0.703\ DE+1.58\ EE+0.47\ ST-0.97\ CP-0.98\ CF$	0.97	0.43
5	$NE=0.70\ DE+1.61\ EE+0.48\ ST-0.91\ CP-0.87\ ADF$	0.97	0.42
6	$NE=0.87\ ME-442$	0.94	0.57
7	$NE=0.73\ ME+1.31\ EE+0.37\ ST-0.67\ CP-0.97\ CF$	0.97	0.40
8	$NE=0.726\ ME+1.33\ EE+0.39\ ST-0.62\ CP-0.83\ ADF$	0.97	0.40
9	$NE=2\ 796+4.15\ EE+0.81\ ST-7.07\ Ash-5.38\ CF$	0.89	0.82
10	$NE=2\ 790+4.12\ EE+0.81\ ST-6.65\ Ash-4.72\ ADF$	0.90	0.80
11	$NE=2\ 875+4.38\ EE+0.67\ ST-5.50\ Ash-2.01\ (NDF-ADF)-4.02\ ADF$	0.93	0.65

注：DCP，digestible crude protein，可消化粗蛋白质；DEE，digestible ether extract，可消化粗脂肪；ST，starch，淀粉；DRes2，digestible residue 2，可消化剩余物质 2，即可消化有机物－可消化粗蛋白质－可消化粗脂肪－淀粉－可消化酸性洗涤纤维；DRes3，digestible residue 3，可消化剩余物质 3，即可消化有机物－可消化粗蛋白质－可消化粗脂肪－淀粉－可消化粗纤维；NE，net energy，净能；ME，metabolizable energy，代谢能；CP，crude protein，粗蛋白质；EE，ether extract，粗脂肪；DE，digestible energy，消化能；ADF，acid detergent fiber，酸性洗涤纤维；NDF，neutral-detergent fiber，中性洗涤纤维；Ash，灰分。

资料来源：Noblet 等（1994）。

（二）农业部饲料工业中心的净能预测方程

预测法的优点是可以相对快速地估测饲料的净能值。目前，欧洲的净能体系基本上是通过该方法得到的，且各大饲料公司及数据库分析公司也基本上是通过预测法来获得饲料原料的净能值。但预测法的缺点是过度依赖于原始的预测方程，特别是随着时代的发展，当新的饲料原料出现时，很难用之前的预测方程对新饲料原料进行准确预测。因此，为了真实评价我国丰富的饲料资源的净能值，农业部饲料工业中心用 3 年的时间（2010—2012）建立了猪专用开放式呼吸测热室，2013 年起开始用这套设施评价单个饲料原料净能，并在此基础上分类型建立了一系列净能预测方程（表 2-7）。其中，张桂凤（2013）通过评价 5 种常规豆粕和 5 种人工豆粕的营养价值，建立了一套豆粕的净能预测方程；刘德稳（2014）通过测定玉米、豆粕、小麦麸、玉米 DDGS、菜籽粕、棉粕和小麦的净能，建立了针对这 7 种原料的净能预测方程，同时总结其试验用的 16 种日粮得到了基于这 16 种日粮的净能预测方程；李忠超（2017）通过测定豆粕（$n=2$）、DDGS（$n=6$）、菜籽饼粕（$n=8$）、棉籽粕（$n=1$）、花生粕（$n=1$）和葵花粕（$n=1$）的净能，建立了生长猪蛋白质饲料原料的净能预测方程；李亚奎（2018）通过测定 9 种谷物原料，包括玉米（$n=8$）、裸燕麦（$n=1$）、糙米（$n=1$）、小麦（$n=1$）、高粱（$n=1$）、粟（$n=1$）、大麦（$n=1$）、部分脱壳大麦（$n=1$）和脱壳粟（$n=1$）的净能，建立了生长猪谷物饲料原料净能预测方程。这些前期工作为我国猪饲料净能体系的研究和应用奠定了良好基础。

表 2-7　农业部饲料工业中心的生长猪净能预测方程（MJ/kg DM）

项　目	方　程	决定系数 R^2	P 值
豆粕[1]	$NE=10.09-0.15\,CF$	0.90	<0.01
	$NE=12.19-0.05\,NEF-0.14\,CF$	0.95	<0.01
	$NE=0.91\,DE-5.96$	0.87	<0.01
	$NE=0.96\,ME-6.07$	0.85	<0.01
常用 7 种饲料原料[2]	$NE=0.84\,ME-0.47$	0.94	<0.01
16 种日粮	$NE=1.07\,DE+0.28\,ADF-6.81$	0.60	<0.01
	$NE=0.97\,DE+0.08\,ST+0.55\,ADF-10.19$	0.84	<0.01
蛋白质类饲料原料[3]	$NE=0.75\,DE+0.043\,ADF-2.18$	0.89	<0.01
	$NE=0.68\,ME+0.52$	0.85	<0.01
	$NE=0.88\,GE-0.11\,NDF-4.79$	0.67	<0.01
	$NE=0.23\,EE-0.12\,NDF+12.18$	0.68	<0.01
谷物类饲料原料[4]	$NE=0.85\,DE-1.18$	0.96	<0.01
	$NE=0.88\,ME-1.33$	0.96	<0.01
	$NE=0.86\,GE+0.12\,CP-0.27\,ADF-3.68$	0.75	<0.01
	$NE=12.15+0.14\,CP-0.25\,ADF$	0.64	<0.01

注：[1]豆粕含 5 个常规豆粕和 5 个人工豆粕；
[2]包括玉米、豆粕、小麦麸、DDGS、菜籽粕、棉籽粕和小麦；
[3]包括豆粕（n=2）、DDGS（n=6）、菜籽饼粕（n=8）、棉籽粕（n=1）、花生粕（n=1）和葵花粕（n=1）；
[4]包括玉米（n=8）、裸燕麦（n=1）、糙米（n=1）、小麦（n=1）、高粱（n=1）、粟（n=1）、大麦（n=1）、部分脱壳大麦（n=1）和脱壳粟（n=1）。
资料来源：张桂凤（2013）；刘德稳（2014）；李忠超（2017）；李亚奎（2018）。

（三）实测值与数学方程预测值的对比

近年来，一些研究者对用数学方程预测饲料净能值的准确性进行了验证。Ayoade 等（2012）用比较屠宰法和间接测热法测定了玉米小麦混合型 DDGS 的净能值，并将其与 Noblet 等（1994）的数学方程预测值进行了比较，结果表明用比较屠宰法和间接测热法测定的玉米小麦混合型 DDGS 的净能值与预测值之间并无显著性差异。Li 等（2015）报道，用间接测热法测定的 5 种不同油脂含量的玉米 DDGS 的净能值与 Noblet 等（1994）的数学方程预测值之间也无显著差异。然而 Kil（2008）报道，用 Noblet 等（1994）和荷兰 CVB 的数学方程预测的 16 种混合日粮，以及豆粕、豆油、大豆皮和次粉 4 种不同类型饲料原料的净能值高于用比较屠宰法测得的净能值，且生长猪和育肥猪表现一致，育肥猪两者差距较小。然而需要注意的是，在 Kil（2008）的测定过程中，其对每日维持需要估计值（536kJ/kg $BW^{0.6}$）低于 Noblet 等（1994）的维持需要（749kJ/kg $BW^{0.6}$）。维持能量需要的估测值会影响饲料净能的绝对值，因此在比较实测值和预测值的差异时，应当谨慎考虑其测定方法的差异。

刘德稳（2014）和 Li 等（2015）用同样的设备和程序测定了 7 种饲料原料的 12 个样品（玉米、豆粕、小麦麸、菜籽粕、棉籽粕和小麦各 1 个样品，6 个玉米 DDGS 样品）的净能值。图 2-3 和图 2-4 分别比较了上述 12 个样品和所用 22 个日粮的实测值与用 Noblet 等（1994）和 Just（1982a）的数学方程预测值之间的差异。结果表明，除一些纤维含量较高的饲料原料（菜籽粕和棉籽粕）外，其他饲料原料的净能值与用 Noblet 等（1994）的数学方程预测值比较接近，而 Just（1982a）数学方程则低估了 12 个饲料原料样品和 22 个日粮的净能值。

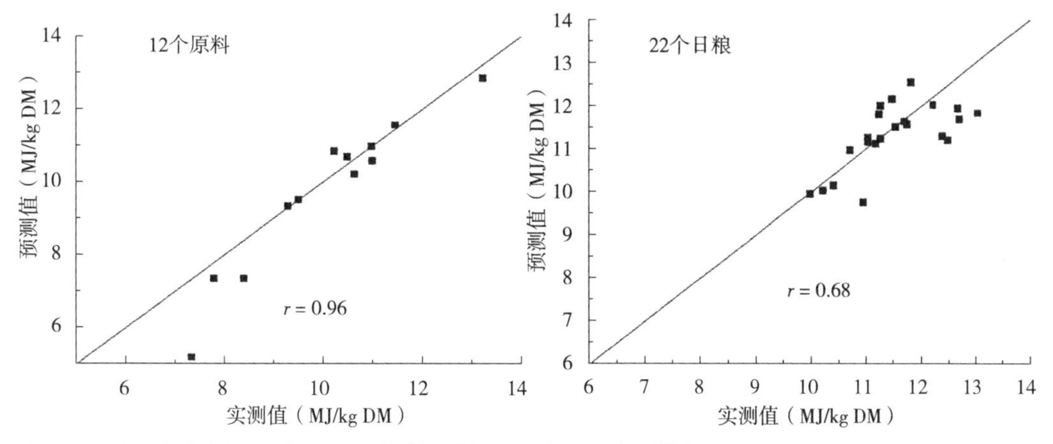

图 2-3　农业部饲料工业中心 12 个饲料原料和 22 个日粮实测值与用 INRA 预测方程（Noblet 等，1994）预测值的对比

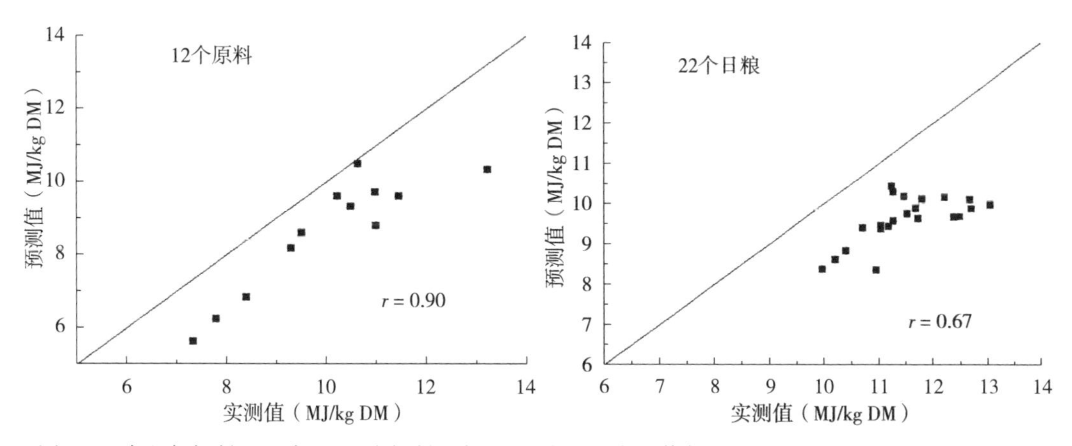

图 2-4　农业部饲料工业中心 12 个饲料原料和 22 个日粮实测值与用 Just（1982a）预测方程预测值的对比

从目前的研究情况看来，在缺乏更多实测值的情况下，Noblet 等（1994）的预测方程可以用来预测饲料原料的净能值。但是在应用这些数学方程的时候要十分小心，这些方程不太适合预测纤维含量较高的饲料原料或日粮的净能值。未来的研究应针对特定饲料原料特点，至少是按照原料类型，如谷物类饲料原料、蛋白质类饲料原料、纤维类饲料原料、油脂类饲料原料，来建立净能的预测方程。当然，如果能建立起每种饲料原料的预测方程，则预测值更加可靠，但这需要极大的工作量。

四、生长性能反推法

在没有呼吸测热设备且不使用比较屠宰法的情况下，有些研究单位通过生长性能来反推饲料原料净能（Graham 等，2014），即通过大群生长试验测定的净能效率（net energy efficency，NEE，为净能摄入量与平均日增重之比）来估算净能值。使用这种估算方法的假设前提是不同处理组（基础日粮和试验日粮）的猪采食的净能用于增重的效率是一致的。基础日粮一般采用玉米-豆粕型日粮，而玉米和豆粕的净能值根据文献数据获得，这样就能计算出基础日粮的净能值，然后根据基础日粮组的平均日增重（average daily gain，ADG）来计算基础日粮的净能效率。由于假设试验日粮的净能效率与基础日粮一致，因此通过试验日粮的 ADG 即可反推出试验日粮的净能值，最后可根据待测饲料原料在试验日粮中所占的比例来计算其净能值。Wu 等（2016）报道了一种通过 NRC（2012）生长模型反推 DDGS 净能的方法。该方法选择 NRC（2012）生长育肥猪模型中的用户观测值作为模型输入和特定的平均蛋白质沉积与性别选项，输入利用前期在相同试验条件下（猪的遗传背景、性别、饲喂方案和环境条件）的大群饲养试验得到的平均日采食量（average daily feed intake，ADFI）、起始体重、最终体重和平均的蛋白质沉积量等数据，首先得到玉米-豆粕型基础日粮的标准生长曲线，其中玉米和豆粕净能值参考《猪营养需要》（NRC，2012）；然后给猪饲喂含 40%DDGS 的日粮 12 周，每 2 周测定一次生长性能（ADFI、ADG 和饲料转化效率），通过调整输入日粮净能值，直到预测的饲料转化效率和观测的饲料转化效率吻合，此时输入的净能值即为该日粮的净能值；最后由日粮净能值减去玉米、豆粕的净能值，除以日粮中 DDGS 的含量（40%）得到 DDGS 的净能值，DDGS 最终的净能值为 6 期试验的平均值。

第四节　日粮蛋白质水平与能量利用的同步性和能氮平衡

动物的一切活动都离不开能量，为能而食是动物的本能反应。当日粮中的蛋白质水平变化时，如果能量水平过高，动物就会通过降低采食量来实现摄取的总的能量不变，而此时如果降低日粮蛋白质水平，则会使动物采食的蛋白质，特别是氨基酸不能满足实际需求，这就是能量和氨基酸利用的同步性。

一、采用净能体系配制低蛋白质日粮的原因

补充必需氨基酸的低蛋白质日粮可以降低氮排放量，可以很好地缓解畜牧业造成的环境污染问题，但是胴体变肥是目前推广低蛋白质日粮需要解决的问题。添加合成氨基酸，如赖氨酸、蛋氨酸、苏氨酸及色氨酸等，降低了日粮蛋白质原料的使用量，相应地提高了能量原料的含量。采用消化能体系或代谢能体系没有考虑代谢过程中的能量损耗，高估了高蛋白质和高纤维日粮的有效能值，低估了高脂肪和高淀粉日粮的有效能值

(Noblet 等，1994)，导致了低蛋白质日粮的实际净能增加。此外，低蛋白质日粮补充必需氨基酸减少了多余氨基酸的脱氨基作用、尿素的连续合成和排泄，降低了体蛋白质周转和动物产热，使能量在体内的利用率增加，因此多余的能量以脂肪的形式沉积下来，导致猪胴体变肥（表 2-8）。Noblet 等（1987）研究低蛋白质水平（从 17.8%降为 15.3%）日粮对猪的生长和能量沉积的影响时发现，采食低蛋白质日粮组的猪能量沉积多了5.1%～11.2%。le Bellego 等（2001）也做了类似研究，结果表明降低 1 个百分点的粗蛋白质水平，平均日采食量为 1kg 的猪每天可多摄入 0.025 Mcal 的净能用于生长，这相当于间接提高了日粮的能量水平，采用净能体系配制低蛋白质日粮能很好地解决这一问题。正如本章第一节的猪饲料能量转化所述（图 2-1），总能扣除粪能得到消化能，消化能扣除尿能和气体能得到代谢能，而代谢能扣除热增耗得到的是净能。降低日粮蛋白质水平在降低氮排放量的同时，也降低了尿能损失，le Bellego 等（2001）报道，每降低 1g 尿氮，尿能损失降低 28.4kJ；每降低 1g 蛋白质，尿能损失降低 3.5kJ。由于蛋白质的热增耗要高于淀粉，因此低蛋白质日粮的热增耗也会降低。le Bellego 等（2001）的研究表明，每降低 1g 蛋白质，热增耗降低 7kJ。同时由于补充了合成氨基酸，因此低蛋白质日粮中的氨基酸更加平衡，这样就使得低蛋白质日粮中的氨基酸脱氨基的过程减少，从而减少了一部分能量支出。综合上述的能量转化过程，低蛋白质日粮的实际能量需求要低于高蛋白质日粮。由于净能体系考虑到了热增耗，因此净能是最接近动物真实需求的能量体系，用净能体系能更合理地配制低蛋白质日粮。le Bellego 等（2001）通过 3 个试验验证了这一结论，试验中他们发现，当育肥猪（平均体重约 65kg）每日采食同样的消化能（2.508MJ/kg $BW^{0.6}$）或同样的代谢能（2.419MJ/kg $BW^{0.6}$）时，显著增加了低蛋白质日粮的能量沉积；而当采食同样的净能（1.819MJ/kg $BW^{0.6}$）时，低蛋白质日粮的能量沉积和高蛋白质日粮组没有显著差异。

表 2-8 日粮低蛋白质水平对育肥猪胴体品质的影响

蛋白降低水平（%）	屠宰体重（kg）	胴体品质变化百分比（%）			资料来源
		第 10 肋背膘厚	眼肌面积	瘦肉率	
3.10	102	−0.68	−5.65	−0.20	Knowles 等（1998）
3.50	120	6.75	−3.34	−1.84	Knowles 等（1998）
3.80	110	0.55	−2.02	0.29	Knowles 等（1998）
4.00	113	1.34	−4.81	−1.49	Shriver 等（2003）
4.10	50	—	−2.97	—	Figueroa 等（2002）
4.40	50	—	0.65	—	Figueroa 等（2003）
5.00	108	3.90	—	−1.53	Cromwell 等（1990）
5.50	50	—	−12.90	—	Figueroa 等（2003）
6.20	50	—	−18.62	—	Figueroa 等（2002）
9.00	108	10.24	—	−1.70	Cromwell 等（1990）
12.00	108	18.05	—	−4.94	Cromwell 等（1990）

注："—"表示数据不详。

当降低日粮蛋白质水平，特别是通过降低豆粕用量来降低日粮蛋白质水平时，应当注意配方中能量体系的选择。因为不同的能量体系影响饲料原料的排序，特别是在玉米-豆粕型日粮中，由于玉米的代谢能和豆粕很相近（NRC，2012）（表 2-9）：玉米代谢能为 3 395kcal/kg，豆粕（43%CP）代谢能为 3 382kcal/kg）；而在净能体系中，玉米的净能则远高于豆粕（玉米为 2 672kcal/kg，豆粕为 2 148kcal/kg）。通过降低豆粕的用量来降低日粮蛋白质水平时，如果仅考虑增加玉米的用量，此时蛋白质降低的同时，日粮的代谢能几乎没有变化，但是净能则相应升高，从而造成低蛋白质日粮的净能过高、蛋白质过低，理论上就会造成能量和蛋白质，特别是氨基酸利用的不同步，从而使猪利用过多的能量沉积脂肪，表现为胴体变肥。因此，采用净能体系是配制低蛋白质日粮的关键技术之一。le Bellego 等（2001）通过计算证明了上述结论。淀粉的总能比蛋白质低约 6.5kJ/g，假设两者的总能消化率分别为 100%和 90%，每降低 1g 蛋白质，降低的尿能损失和热增耗分别为 3.5kJ 和 7kJ，因此在每降低 1g 蛋白质（同时增加 1g 淀粉）的情况下，就会多出 4.65kJ 的能量，用于体内脂肪的沉积。此外，Acosta 等（2016）报道，在玉米-豆粕型基础日粮中添加 DDGS 时，用代谢能体系会降低育肥猪的胴体增重，而用净能体系的胴体增重和基础日粮没有显著差异。

表 2-9　代谢能和净能体系配制低蛋白质日粮案例

项　目	高蛋白质日粮	降低豆粕的低蛋白质日粮	NRC（2012）中原料的营养成分		
			ME（kcal/kg）	NE（kcal/kg）	CP（%）
原料（%）					
玉米	71.7	76.7	3 395	2 672	8.2
豆粕（43%）	25.0	20.0	3 382	2 148	43.9
豆油	0.3	0.3	8 527	7 504	0
预混料	3.0	3.0			
合计	100	100			
计算成分					
ME（kcal/kg）	3 305	3 306			
NE（kcal/kg）	2 475	2 502			
CP（%）	16.85	15.07			

二、能氮平衡

日粮中的能量和蛋白质应保持适宜的平衡比例，即能氮平衡。如果两者不平衡，则会影响营养物质利用效率，并会产生营养问题。例如，育肥猪日粮能量水平正常而蛋白质水平过高时，就会表现出较差的日增重。相对于碳水化合物，蛋白质的热增耗较高，增加日粮蛋白质水平会降低能量利用率（Noblet 等，1994；le Bellego 等，

2001)。而当蛋白质水平较低，不能满足动物机体最低需要时，单纯提高能量供给，机体就会出现负氮平衡，能量利用率同样会下降。因此，为保证能量利用率的提高和避免日粮蛋白质的浪费，必须使日粮的能量和蛋白质保持合理的比例。蛋白质营养实际上是氨基酸的营养，因此日粮中氨基酸种类和水平也会影响能量的利用。当苏氨酸、亮氨酸和缬氨酸缺乏时，会降低能量代谢水平；而赖氨酸缺乏时，单位增重所消耗的能量增加。保持氨基酸与能量的适宜比例对提高饲料利用效率十分重要(杨凤，2000)。

随着动物营养研究的不断深入，能氮平衡从最初的能量和粗蛋白质的平衡发展到能量和总赖氨酸、能量及标准回肠可消化赖氨酸（Standardized ileal digestible lysine，SID Lys）的平衡，其中能量体系也从最初的消化能和代谢能体系发展到净能体系。由于赖氨酸是猪玉米-豆粕型日粮中的第一限制性氨基酸，与猪的生长性能密切相关，因此目前一般用 SID Lys 与净能的比值来作为能氮平衡的指标。净能测定复杂性，所以目前关于 SID Lys 与净能比值的研究少有报道。易学武（2009）通过 6 个试验研究确定了生长猪和育肥猪的净能需要量分别为 2 360kcal 和 2 400kcal，其确定的赖氨酸与净能的比值分别为 4.7g/Mcal 和 3.5 g/Mcal。需要注意的是，易学武（2009）试验中的饲料净能值是通过 Noblet 等（1994）的数学方程估测的，在实际使用过程中应根据所用数据库中饲料原料的净能值进行调整。

在商业饲料，特别是玉米-豆粕型日粮生产中，增加日粮的赖氨酸含量对生长育肥猪生长性能的影响通常是性价比最优配方的核心基础（Main 等，2008）。同时，赖氨酸的需要量通常也表示为赖氨酸和代谢能的比值。这样的表达方式可在一定的能量范围内灵活应用，且对不同环境下猪采食的能量不超过其最大蛋白质沉积量的情况下更加合适(Chiba 等，1991；Campbell 和 Taverner，1988；Möhn 等，2000；de La Llata 等，2001)。因为，当日粮能量过高时或者环境温度过高时，猪的实际采食量会降低，如果赖氨酸以日粮中赖氨酸的浓度（%）来表示的话，就会造成实际采食的赖氨酸不足；而以赖氨酸和能量比值表示，则不会出现上述问题。

关于赖氨酸和代谢能比值的研究报道较多，但在参考其研究结果时需要注意的是，文献报道中计算日粮代谢能的数据库是否与现在用的一样，如果不一样，则需要将其矫正成符合目前使用的数据库。

在生长育肥猪的能氮平衡方面，堪萨斯州立大学的 Goodband 教授团队做了大量研究。他们在 2008 年通过 7 个大群饲养试验（3 个阉公猪和 4 个小母猪试验），在商业条件下开展了7 801头生长育肥猪的一系列的关于赖氨酸和代谢能比值的研究（Main 等，2008）。考虑商业目的，在测定指标中，除常用的日增重、采食量和饲料转化效率等生长性能指标、屠宰性能指标和血浆尿素氮以外，他们还使用了诸如每千克肉的生产成本、每头猪的利润等经济指标(表2-10)。在此试验的基础上，他们还得出了阉公猪和小母猪赖氨酸与代谢能的比值预测公式：阉公猪最佳 Lys/ME=－0.013 3 BW（kg）+3.699 4；小母猪最佳 Lys/ME=－0.016 4 BW+4.004。

在保育猪方面，Goodband 教授团队于 2010 年通过 4 个试验共用了 1 411 头平均体重为 9.1kg 的猪，研究了赖氨酸与代谢能比值对保育期间仔猪生产性能的影响(Schneider 等，2010)。试验一，选取 360 头初始体重为 10.2kg 的仔猪，研究了日粮相

表 2-10　商业条件下最佳赖氨酸和代谢能比值研究

试　验	体重范围(kg)	Lys/ME 范围(g/Mcal)	饲养天数(d)	每栏猪头数(头)	试验用猪总头数（头）	最优 Lys/ME(g/Mcal)	最优 Lys 含量(%)
阉公猪							
试验一	43～70	2.21～3.91	28	26～28	1 166	2.89	1.04
试验二	69～93	1.53～2.78	27	25～28	1 147	2.65	0.96
试验三	102～120	1.40～2.40	21	22～24	968	2.20	0.80
小母猪							
试验一	35～60	2.55～4.25	28	28	1 176	3.23	1.16
试验二	60～85	1.96～3.36	28	27～28	1 163	2.80	1.01
试验三	78～103	1.53～2.78	28	27～28	1 160	2.53	0.91
试验四	100～120	1.40～2.40	25	21～25	1 021	2.20	0.80

注：生长育肥猪品种为 PIC337×C22，n=7 801；所有日粮都是玉米-豆粕型+6%油脂的日粮，且日粮中没有添加合成氨基酸；赖氨酸为总赖氨酸。

同代谢能水平（3.52Mcal/kg）下，不同 SID Lys 水平（0.99%、1.07%、1.15%、1.22%和 1.30%），以及相同 SI DLys 水平（1.30%）但不同代谢能水平（2.95 Mcal/kg、3.09Mcal/kg、3.24Mcal/kg、3.38Mcal/kg 和 3.52Mcal/kg）对保育猪生长性能的影响。结果表明，随着日粮 SID Lys 的增加，日增重和饲料转化效率线性增加（表 2-11），同时随着日粮代谢能浓度的增加，饲料转化效率二次曲线增加（表 2-12）。因此，要想达到最佳饲料转化效率，赖氨酸和代谢能的比值至少要在 4.1g Lys/Mcal ME 以上。试验二，选取 351 头初始体重 9.3kg 的仔猪，重复了上述试验。结果表明，随着日粮 SID Lys 的增加，日增重和饲料转化效率线性增加（表 2-13），同时随着日粮代谢能水平的增加，饲料转化效率线性增加（表 2-14），最佳赖氨酸和代谢能的比为 4.0g Lys/Mcal ME。试验三，选取 350 头起始体重为 7.5kg 的仔猪，在两个日粮代谢能水平（2.95Mcal/kg 和 3.29Mcal/kg）下，测定不同 SID Lys/ME 水平对保育猪生长性能的影响。结果表明，在低代谢能水平下，最佳日增重的 SID Lys/ME 为 3.60g/Mcal，高代谢能水平下该比值稍低（3.35g/Mcal）；最佳饲料转化效率下的 SID Lys/ME 为 3.60g/Mcal（表 2-15）。试验四，选取 350 头起始体重为 7.5kg 的仔猪，重复了试验三。结果表明，为获得最佳的饲料转化效率，日粮 SID Lys/ME 至少应为 4.50g/Mcal，高代谢能水平下该比值稍低（4.29g/Mcal）（表 2-16）。

表 2-11　相同代谢能（3.52Mcal/kg）条件下，不同 SID Lys 水平对保育猪生长性能的影响（试验一）

日粮 SID Lys 水平（%）	0.99	1.07	1.15	1.22	1.30
ADG（g）	547	556	574	587	586
ADFI（g）	909	887	900	912	896
增重：耗料	0.6	0.63	0.64	0.65	0.66
SID 采食量（g/d）	8.98	9.45	10.31	11.15	11.66

注：共 360 头初始均重为 10.2kg 的仔猪，21d 生长试验，CP 水平 19.8%。

表 2-12 相同 SID Lys 水平（1.30%）条件下，不同代谢能水平对保育猪生长性能的影响（试验一）

日粮 ME 水平（Mcal/kg）	2.95	3.09	3.24	3.38	3.52
ADG（g）	573	607	597	585	596
ADFI（g）	1 058	1 019	966	923	896
增重：耗料	0.55	0.61	0.63	0.64	0.66
SID 采食量（g/d）	13.65	13.17	12.52	11.98	11.66

注：共 360 头初始均重为 10.2kg 的仔猪，21d 生长试验，CP 水平 19.8%。

表 2-13 相同代谢能（3.56Mcal/kg）水平下，不同 SID Lys 水平对保育猪生长性能的影响（试验二）

日粮 SID Lys 水平（%）	1.11	1.19	1.26	1.34	1.42
ADG（g）	555	573	573	588	598
ADFI（g）	805	800	805	783	795
增重：耗料	0.70	0.72	0.73	0.76	0.76
SID 采食量（g/d）	8.93	9.53	10.14	10.49	11.29

注：共 351 头初始均重为 9.3kg 的仔猪，21d 生长试验，CP 水平 21.6%。

表 2-14 相同 SID Lys 水平（1.42%）条件下，不同代谢能水平对保育猪生长性能的影响（试验二）

日粮 ME 水平（Mcal/kg）	2.95	3.10	3.25	3.40	3.55
ADG（g）	621	619	613	604	598
ADFI（g）	929	885	872	820	795
增重：耗料	0.69	0.72	0.71	0.75	0.76
SID 采食量（g/d）	13.1	12.48	12.38	11.64	11.29

注：共 351 头初始均重为 9.3kg 的仔猪，21d 生长试验，CP 水平 21.6%。

表 2-15 不同 SID Lys/ME 在不同代谢能水平下对保育猪生长性能的影响（试验三）

日粮 SID Lys/ME 水平（g/Mcal）	3.10	3.35	3.60	3.85	4.10
2.95Mcal/kg ME；18.3%CP					
ADG（g）	538	558	598	573	591
ADFI（g）	1 001	994	1 035	966	1 027
增重：耗料	0.54	0.57	0.59	0.60	0.59

（续）

3.29Mcal/kg ME；21.1%CP					
ADG（g）	547	594	589	565	570
ADFI（g）	923	930	940	891	879
增重：耗料	0.60	0.65	0.64	0.65	0.66

注：共350头初始均重为7.5kg的仔猪。

表2-16　不同SIDLys/ME在不同代谢能水平下对保育猪生长性能的影响（试验四）

日粮SIDLys/ME水平（g/Mcal）	3.50	3.75	4.05	4.29	4.50
2.95Mcal/kg ME；20.2%CP					
ADG（g）	449	455	470	503	509
ADFI（g）	729	719	751	773	744
增重：耗料	0.62	0.64	0.63	0.66	0.70
3.29Mcal/kg ME；22.8%CP					
ADG（g）	466	482	478	504	479
ADFI（g）	686	681	671	676	652
增重：耗料	0.68	0.71	0.72	0.75	0.74

注：共350头初始均重为7.5kg的仔猪。

再次强调，每个研究结果给出的能氮平衡的指标都是在特定试验条件下得到的，在参考这些结果时，需要注意将其换算成自己目前正在使用的能量和氨基酸数据库，这样才具有实际的参考意义。同时，猪的遗传背景、性别、饲养环境、健康状态和测定指标等都会影响最佳能量和氨基酸比（Main等，2008）。因此，后续的研究应当综合考虑上述指标，根据实际情况有针对性地对实际生长中的能氮平衡作出估计。

第五节　猪常用饲料原料净能值的汇总

如前所述，虽然代谢能是能量代谢的基础，但净能体系有许多优点，其规避了消化能和代谢能对蛋白质和纤维的能量的高估，以及对淀粉和脂肪的能量的低估的问题，是饲料有效能值的真实体现。采用净能体系是配制低蛋白质日粮的关键技术之一，因此准确估测饲料原料的净能值，是正确配制低蛋白质日粮的基础之一。

近年来，农业部饲料工业中心采用呼吸测热装置，测定了猪常用饲料原料的净能值。表2-17总结了农业部饲料工业中心近年来测定的88种常用饲料原料的生长育肥猪和母猪的有效能值，包括消化能、代谢能和净能值，供读者参考。

表 2-17 猪常用饲料原料的有效能值（饲喂基础）

饲料原料	干物质（%）	生长猪								母猪							
		总能		消化能		代谢能		净能		总能		消化能		代谢能		净能	
		MJ/kg	kcal/kg	MJ/kg	kcal/kg	MJ/kg	kcal/kg	MJ/kg	kcal/kg	MJ/kg	kcal/kg	MJ/kg	kcal/kg	MJ/kg	kcal/kg	MJ/kg	kcal/kg
菜籽饼	92.40	19.43	4 644	13.34	3 188	12.04	2 878	9.17	2 192	19.43	4 644	13.61	3 252	12.24	2 925	9.32	2 228
菜籽粕	90.03	17.33	4 142	11.50	2 749	10.43	2 493	7.57	1 809	17.33	4 142	12.19	2 913	11.06	2 643	8.02	1 917
大豆粕（43%≤CP<46%）	89.49	17.43	4 166	15.52	3 709	14.99	3 583	9.64	2 303	17.43	4 166	16.45	3 932	15.66	3 742	10.06	2 405
大豆粕（CP≥46%）	89.67	17.55	4 195	15.64	3 738	14.94	3 571	9.60	2 295	17.55	4 195	16.58	3 962	15.78	3 771	10.14	2 424
大豆分离蛋白	93.71	22.54	5 386	17.36	4 150	14.95	3 573	9.15	2 187	22.54	5 386	17.36	4 150	14.95	3 573	9.15	2 187
大豆浓缩蛋白	92.64	19.27	4 605	17.82	4 260	15.97	3 817	9.94	2 376	19.27	4 605	17.82	4 260	15.97	3 817	9.94	2 376
大豆皮	90.44	16.70	3 991	11.19	2 674	11.05	2 641	8.00	1 912	16.70	3 991	12.87	3 076	12.71	3 037	9.20	2 199
发酵大豆粕	90.50	17.95	4 290	15.46	3 695	14.95	3 573	9.61	2 297	17.95	4 290	16.39	3 917	15.59	3 727	10.03	2 396
膨化大豆	92.36	22.08	5 277	17.54	4 193	16.48	3 938	12.02	2 874	22.08	5 277	19.05	4 554	17.89	4 277	13.58	3 245
裸大麦	89.58	16.56	3 959	13.66	3 266	13.30	3 179	10.31	2 464	16.56	3 959	14.03	3 354	13.49	3 223	10.36	2 476
皮大麦	88.73	16.49	3 941	13.01	3 109	12.75	3 047	9.79	2 340	16.49	3 941	13.36	3 193	13.09	3 129	9.85	2 400
去皮大麦	89.03	16.23	3 879	13.90	3 322	13.66	3 265	10.42	2 490	16.23	3 879	14.27	3 411	14.02	3 352	10.76	2 571
稻谷	86.00	17.89	4 276	11.25	2 689	10.63	2 541	8.10	1 936	17.89	4 276	11.94	2 853	11.47	2 742	8.81	2 106
糙米	87.00	15.70	3 752	14.39	3 439	13.57	3 243	11.21	2 679	15.70	3 752	14.43	3 450	14.09	3 367	11.27	2 693
大米蛋白	91.33	21.35	5 103	18.13	4 333	16.44	3 929	10.57	2 527	21.35	5 103	18.49	4 420	16.77	4 008	10.78	2 577
米糠粕	89.12	15.66	3 742	9.84	2 353	9.22	2 204	6.82	1 631	15.66	3 742	10.92	2 612	10.23	2 446	7.57	1 810
全脂米糠（EE<15%）	88.88	18.25	4 362	14.09	3 368	13.70	3 274	10.67	2 550	18.25	4 362	15.13	3 617	14.71	3 517	11.46	2 739
全脂米糠（EE≥15%）	90.04	18.94	4 527	14.34	3 427	13.97	3 339	10.88	2 600	18.94	4 527	15.40	3 681	15.00	3 586	11.69	2 793

（续）

饲料原料	干物质（%）	生长猪								母猪							
		总能		消化能		代谢能		净能		总能		消化能		代谢能		净能	
		MJ/kg	kcal/kg	MJ/kg	kcal/kg	MJ/kg	kcal/kg	MJ/kg	kcal/kg	MJ/kg	kcal/kg	MJ/kg	kcal/kg	MJ/kg	kcal/kg	MJ/kg	kcal/kg
碎米	88.00	15.58	3 724	15.06	3 599	14.14	3 380	11.41	2 727	15.58	3 724	15.11	3 610	14.74	3 524	11.79	2 819
番茄渣	88.53	20.88	4 990	14.15	3 382	13.99	3 344	9.79	2 341	20.88	4 990	14.90	3 561	14.30	3 419	10.01	2 393
甘薯	87.00	15.50	3 705	12.58	3 007	11.95	2 856	9.48	2 265	15.50	3 705	12.77	3 052	12.48	2 982	9.89	2 364
甘蔗糖蜜	74.10	17.67	4 223	9.90	2 366	9.76	2 333	6.82	1 631	17.67	4 223	10.20	2 437	10.05	2 403	7.07	1 689
高粱（单宁＜0.5%）	87.91	16.22	3 877	14.47	3 458	14.18	3 389	11.19	2 674	16.22	3 877	14.73	3 521	14.30	3 419	11.29	2 697
高粱（0.5%≤单宁＜1.0%）	87.71	16.29	3 893	13.53	3 234	13.30	3 179	10.49	2 508	16.29	3 893	13.77	3 292	13.37	3 196	10.55	2 522
高粱（单宁≥1.0%）	87.88	16.37	3 913	13.12	3 136	12.86	3 074	10.15	2 426	16.22	3 877	13.35	3 192	12.96	3 100	10.23	2 446
谷	86.50	18.71	4 472	12.93	3 090	12.18	2 911	9.71	2 321	18.71	4 472	13.28	3 174	12.76	3 050	9.80	2 342
花生饼	92.00	20.53	4 907	16.30	3 896	15.04	3 595	9.96	2 380	20.53	4 907	16.79	4 013	15.49	3 702	10.26	2 452
花生粕	89.80	17.12	4 092	14.06	3 360	12.46	2 978	9.37	2 239	17.12	4 092	14.44	3 451	12.80	3 058	9.62	2 300
白酒糟	89.13	16.65	3 979	6.81	1 628	6.18	1 477	3.70	884	16.65	3 979	7.49	1 791	6.80	1 625	4.07	972
啤酒糟	92.00	20.10	4 804	8.79	2 101	8.03	1 919	4.81	1 150	20.10	4 804	9.67	2 311	8.83	2 111	5.29	1 265
啤酒酵母	93.30	18.48	4 417	16.80	4 015	15.48	3 700	9.66	2 309	18.48	4 417	17.19	4 108	15.84	3 785	10.14	2 422
棉籽粕（CP＜46%）	89.38	17.18	4 106	9.42	2 251	8.83	2 110	6.44	1 539	17.18	4 106	9.87	2 360	9.25	2 212	6.75	1 613
棉籽粕（CP≥46%）	90.51	17.78	4 250	11.09	2 651	10.31	2 464	7.52	1 797	17.78	4 250	11.62	2 778	10.80	2 582	7.88	1 883
脱酚棉籽蛋白	92.01	17.94	4 288	14.24	3 403	13.64	3 260	8.20	1 959	17.94	4 288	14.92	3 567	14.29	3 417	8.72	2 084
木薯粉	85.96	14.71	3 516	13.54	3 236	13.36	3 193	10.88	2 599	14.71	3 516	13.84	3 307	13.53	3 235	10.95	2 617
苜蓿草粉	92.30	16.38	3 915	6.09	1 456	5.83	1 393	4.13	987	16.38	3 915	7.20	1 722	6.90	1 648	4.89	1 168

（续）

饲料原料	干物质（%）	生长猪								母猪							
		总能		消化能		代谢能		净能		总能		消化能		代谢能		净能	
		MJ/kg	kcal/kg	MJ/kg	kcal/kg	MJ/kg	kcal/kg	MJ/kg	kcal/kg	MJ/kg	kcal/kg	MJ/kg	kcal/kg	MJ/kg	kcal/kg	MJ/kg	kcal/kg
甜菜糖蜜	72.20	12.74	3 045	9.90	2 366	9.62	2 299	6.60	1 577	12.74	3 045	10.20	2 437	9.91	2 368	6.79	1 622
甜菜渣	86.94	16.22	3 877	12.63	3 019	12.22	2 921	8.65	2 067	16.22	3 877	14.26	3 408	13.80	3 297	9.77	2 334
土豆蛋白	93.39	22.76	5 440	17.32	4 140	15.05	3 597	8.88	2 122	22.76	5 440	17.44	4 169	15.16	3 622	9.06	2 166
向日葵饼	90.79	19.42	4 641	11.46	2 739	11.28	2 696	7.90	1 888	19.42	4 641	12.35	2 953	12.16	2 906	8.51	2 034
向日葵粕	91.56	17.63	4 214	10.41	2 488	9.95	2 378	6.69	1 599	17.63	4 214	11.22	2 682	10.73	2 564	7.22	1 725
小麦	89.71	16.46	3 934	14.90	3 561	14.40	3 442	10.74	2 568	16.46	3 934	15.23	3 640	14.62	3 494	11.21	2 680
小麦麸皮	89.57	17.11	4 089	11.38	2 719	11.03	2 635	7.90	1 888	17.11	4 089	12.56	3 001	12.18	2 910	8.72	2 084
次粉	88.56	16.12	3 853	14.03	3 353	13.69	3 272	10.13	2 421	16.12	4 094	14.63	3 497	14.28	3 413	10.57	2 525
饲用小麦面粉	87.99	16.85	4 027	15.98	3 819	15.56	3 719	12.01	2 871	16.85	4 027	16.19	3 869	15.76	3 767	12.17	2 908
亚麻籽饼	90.20	18.32	4 379	13.13	3 138	12.26	2 930	7.97	1 905	18.32	4 379	13.68	3 270	12.77	3 053	8.47	2 024
燕麦	89.90	17.87	4 272	10.99	2 627	10.67	2 551	7.92	1 893	17.87	4 272	11.68	2 793	11.12	2 658	8.29	1 981
去壳燕麦	85.60	16.10	3 848	13.40	3 203	13.00	3 107	10.00	2 390	16.10	3 848	13.70	3 274	13.20	3 155	10.10	2 414
椰子粕	92.00	17.57	4 199	12.59	3 010	11.97	2 861	7.31	1 747	—	—	—	—	—	—	—	—
玉米	87.46	16.24	3 881	14.74	3 523	14.30	3 418	11.58	2 768	16.24	3 881	15.33	3 664	14.89	3 559	11.85	2 833
玉米蛋白粉（CP＜50%）	91.33	19.62	4 689	18.48	4 417	17.64	4 216	11.91	2 847	19.62	4 689	18.48	4 417	17.64	4 216	11.91	2 847
玉米蛋白粉（50%≤CP＜60%）	91.40	20.51	4 902	18.92	4 522	17.77	4 247	11.86	2 835	20.51	4 902	19.68	4 703	18.48	4 417	14.23	3 401
玉米蛋白粉（CP≥60%）	92.63	21.61	5 165	19.69	4 706	18.61	4 448	12.07	2 885	21.61	5 165	19.69	4 706	18.61	4 448	12.07	2 885

（续）

饲料原料	干物质（%）	生长猪								母猪							
		总能		消化能		代谢能		净能		总能		消化能		代谢能		净能	
		MJ/kg	kcal/kg	MJ/kg	kcal/kg	MJ/kg	kcal/kg	MJ/kg	kcal/kg	MJ/kg	kcal/kg	MJ/kg	kcal/kg	MJ/kg	kcal/kg	MJ/kg	kcal/kg
玉米淀粉渣	90.99	20.06	4 795	15.42	3 686	15.01	3 588	10.66	2 548	20.06	4 795	16.19	3 870	15.76	3 768	11.19	2 675
玉米干酒精糟	90.82	20.58	4 919	14.04	3 355	13.21	3 158	8.82	2 109	20.58	4 919	15.66	3 744	14.40	3 441	9.75	2 329
玉米酒精糟及其可溶物	88.68	19.00	4 541	13.67	3 267	13.12	3 136	9.30	2 223	19.00	4 541	15.84	3 787	15.21	3 634	10.78	2 577
玉米酒精糟及其可溶物（EE<6%）	87.44	18.34	4 383	13.11	3 133	12.58	3 007	8.83	2 110	18.34	4 383	15.19	3 632	14.58	3 485	10.23	2 446
玉米酒精糟及其可溶物（6%≤EE<9%）	88.58	19.23	4 596	13.75	3 286	13.20	3 155	9.34	2 232	19.23	4 596	15.94	3 809	15.30	3 657	10.83	2 587
玉米酒精糟及其可溶物（EE≥9%）	88.75	19.50	4 661	14.16	3 384	13.59	3 248	9.67	2 312	19.50	4 661	16.41	3 922	15.76	3 765	11.21	2 679
玉米胚	90.87	20.58	4 919	15.36	3 670	14.93	3 569	11.74	2 807	20.58	4 919	15.97	3 818	15.53	3 711	11.96	2 858
玉米胚芽饼	93.54	19.27	4 606	11.86	2 835	10.86	2 596	8.36	1 999	19.27	4 606	12.33	2 948	11.74	2 806	9.04	2 161
玉米胚芽粕	91.74	17.77	4 247	11.55	2 761	11.01	2 631	7.93	1 895	17.77	4 247	12.01	2 893	11.45	2 755	8.24	1 984
玉米皮	92.94	17.90	4 278	9.64	2 304	8.86	2 118	6.72	1 605	17.90	4 278	11.09	2 650	10.19	2 435	7.73	1 847
柠檬酸渣	92.36	20.88	4 990	15.33	3 664	14.57	3 482	10.34	2 472	20.88	4 990	16.10	3 847	15.30	3 656	10.86	2 596
膨化玉米	90.00	16.70	3 991	14.65	3 501	14.48	3 461	11.73	2 804	16.70	3 991	15.24	3 641	15.06	3 599	12.20	2 916
喷浆玉米胚芽粕	91.24	17.04	4 073	12.27	2 933	11.68	2 792	8.41	2 010	17.04	4 073	12.86	3 073	12.24	2 926	8.81	2 106
喷浆玉米皮	91.83	17.23	4 118	10.82	2 586	9.97	2 383	7.83	1 871	17.23	4 118	11.90	2 845	10.97	2 621	8.61	2 058
苎麻粉	92.37	18.86	4 508	12.54	2 997	12.27	2 933	8.59	2 053	18.86	4 508	14.42	3 447	14.11	3 372	10.02	2 394
棕榈仁粕	91.51	17.40	4 158	12.38	2 959	11.93	2 851	8.53	2 039	17.40	4 159	14.76	3 527	14.22	3 399	10.17	2 430
酪蛋白	91.72	23.72	5 670	17.30	4 135	14.77	3 530	8.74	2 088	23.72	5 670	17.30	4 135	14.77	3 530	8.74	2 088

（续）

饲料原料	干物质（%）	生长猪								母猪							
		总能		消化能		代谢能		净能		总能		消化能		代谢能		净能	
		MJ/kg	kcal/kg	MJ/kg	kcal/kg	MJ/kg	kcal/kg	MJ/kg	kcal/kg	MJ/kg	kcal/kg	MJ/kg	kcal/kg	MJ/kg	kcal/kg	MJ/kg	kcal/kg
肉粉	96.12	18.82	4 497	14.44	3 452	12.84	3 068	8.41	2 010	18.82	4 497	14.44	3 452	12.84	3 068	8.41	2 010
肉骨粉	95.16	15.92	3 806	13.82	3 303	12.40	2 963	8.20	1 961	15.92	3 806	13.82	3 303	12.40	2 963	8.20	1 961
禽肉粉	96.20	20.53	4 907	17.41	4 161	15.46	3 694	12.12	2 896	20.53	4 907	17.41	4 161	15.46	3 694	12.12	2 896
全鸡蛋粉	96.23	27.41	6 551	20.43	4 883	19.27	4 606	14.45	3 454	27.41	6 551	20.43	4 883	19.27	4 606	14.45	3 454
蛋清粉	93.37	22.90	5 473	17.02	4 068	16.00	3 824	11.20	2 677	22.90	5 473	17.02	4 068	16.00	3 824	11.20	2 677
全脂猪肠膜蛋白	98.17	22.69	5 423	18.15	4 338	16.34	3 905	11.44	2 733	22.69	5 423	18.15	4 338	16.34	3 905	11.44	2 733
脱脂猪肠膜蛋白	94.48	15.17	3 626	12.13	2 899	10.92	2 610	7.65	1 828	15.17	3 626	12.13	2 899	10.92	2 610	7.65	1 828
乳清粉	97.15	15.26	3 647	14.62	3 494	14.29	3 415	11.31	2 704	15.26	3 647	14.62	3 494	14.29	3 415	11.31	2 704
低蛋白乳清粉	96.00	14.33	3 426	13.29	3 177	13.19	3 153	10.79	2 579	14.33	3 426	13.29	3 177	13.19	3 153	10.79	2 579
乳糖	95.00	17.33	4 143	14.75	3 525	14.75	3 525	12.23	2 923	17.33	4 143	14.75	3 525	14.75	3 525	12.23	2 923
水解羽毛粉	94.24	22.87	5 467	14.23	3 400	11.92	2 850	7.28	1 740	22.87	5 467	14.23	3 400	11.92	2 850	7.28	1 740
脱脂奶粉	94.60	18.56	4 437	16.65	3 980	15.61	3 730	11.28	2 695	18.56	4 437	16.65	3 980	15.61	3 730	11.28	2 695
血粉	92.23	22.30	5 330	18.31	4 376	15.79	3 773	9.54	2 279	22.30	5 330	18.31	4 376	15.79	3 773	9.54	2 279
猪血浆蛋白粉	91.97	19.80	4 733	19.02	4 546	16.81	4 017	10.49	2 506	19.80	4 733	19.02	4 546	16.81	4 017	10.49	2 506
鱼粉（CP=53.5%）	90.00	—	—	12.93	3 090	11.00	2 629	7.63	1 824	—	—	12.93	3 090	11.00	2 629	7.63	1 824
鱼粉（CP=60.2%）	90.00	—	—	12.55	3 000	10.54	2 519	7.40	1 769	—	—	12.55	3 000	10.54	2 519	7.40	1 769
鱼粉（60%＜CP≤65%）	90.00	18.14	4 336	16.10	3 848	14.57	3 482	9.47	2 264	18.14	4 336	16.10	3 848	14.57	3 482	9.47	2 264
鱼粉（CP＞65%）	92.13	19.77	4 725	16.48	3 939	14.91	3 565	9.69	2 317	19.77	4 725	16.48	3 939	14.91	3 565	9.69	2 317

注："—"表示数据不详。

参考文献

李德发，2003. 猪的营养［M］. 北京：中国农业科学技术出版社：43-77.

李恩凯，2018. 间接测热法测定生长猪油脂净能的研究［D］. 北京：中国农业大学.

李坤，孙国强，宋恩亮，等，2011. 牛能量需要量测定方法研究进展［J］. 家畜生态学报，32（1）：5-8.

李亚奎，2018. 生长猪谷物类原料净能预测方程的构建［D］. 北京：中国农业大学.

李忠超，2017. 生长猪植物蛋白原料净能推测方程的构建［D］. 北京：中国农业大学.

刘德稳，2014. 生长猪常用七种饲料原料净能预测方程［D］. 北京：中国农业大学.

任建安，李宁，黎介寿，2001. 能量代谢监测与营养物质需要量［J］. 中国实用外科杂志，21（10）：631-637.

杨凤，2000. 动物营养学［M］. 2版. 北京：中国农业出版社：96-97.

易学武，2009. 生长育肥猪低蛋白日粮净能需要量的研究［D］. 北京：中国农业大学.

张桂凤，2013. 生长猪豆粕净能预测方程的构建［D］. 北京：中国农业大学.

中华人民共和国农业部，2004. 猪饲养标准：NY/T 65—2004［S］. 北京：中国农业出版社.

Acosta J，Patience J F，Boyd R D，2016. Comparison of growth and efficiency of dietary energy utilization by growing pigs offered feeding programs based on the metabolizable energy or the net energy system［J］. Journal of Animal Science，94：1520-1530.

Adeola O，2001. Digestion and balance techniques in pigs［M］//Lewis A J，Southern L. Swine Nutrition，2nd ed. Washington，DC：CRC Press.

Ayoade D I，Kiarie E，Trinidade Neto M A，et al，2012. Net energy of diets containing wheat-corn distillers dried grains with solubles as determined by indirect calorimetry，comparative slaughter，and chemical composition methods［J］. Journal of Animal Science，90：4373-4379.

Bath D L，Ronning M，Meyer J H，et al，1965. Caloric equivalent of live weight loss of dairy cattle［J］. Journal of Dairy Science，48：374-380.

Boisen S，Verstegen M W A，2000. Developments in the measurement of the energy content of feeds and energy utilisation in animals［M］//Moughan P，Visser-Reyneveld M. Feed evaluation：principles and practice. Wageningen，the Netherlands：Wageningen Press.

Brouwer E，1965. Report of sub-committee on constants and factors［C］//Energy Metabolism：Proceedings of the 3rd Symposium of the European Association for Animal Production. Troon，Scotland：Academic Press：441-443.

Campbell R G，Taverner M R，1988. Genotype and sex effects on the relationship between energy intake and protein deposition［J］. Journal of Animal Science，66：676-686.

Chabeauti E，Noblet J，Carre B，1991. Digestion of plant cell walls from four different sources in growing pigs［J］. Animal Feed Science and Technology，32：207-213.

Chiba L I，Lewis A J，Peo E R，1991. Amino acid and energy interrelationships in pigs weighing 20 to 50 kilograms：I. Rate and efficiency of weight gain［J］. Journal of Animal Science，69：694-707.

Christensen K，Thorbek G，1987. Methane excretion in the growing pig［J］. British Journal of Nutrition，57：355-361.

Chwalibog A，Jakobsen K，Tauson A H，2005. Energy metabolism and nutrient oxidation in young pigs and rats during feeding，starvation and re-feeding［J］. Comparative Biochemistry and Physiology A Molecular & Integrative Physiology，140：299-307.

Cromwell G L，Stahly T S，Monegue H J，1990. Performance and carcass traits of finishing barrows and gilts fed high dietary protein levels [J]. Journal of Animal Science, 68: 382.

de Goey L, Ewan R, 1975. Effect of level of intake and diet dilution on energy metabolism in theyoung pig [J]. Journal of Animal Science, 40: 1045-1051.

de la Llata M, Dritz S S, Langemeier M R, et al, 2001. Economics of increasing lysine: calorie ratio and adding dietary fat for growing-finishing pigs reared in a commercial environment [J]. Journal of Swine Health and Production, 9: 215-223.

Ewan R C, 1989. Predicting the energy utilization of diets and feed ingredients by pigs [M] //van der Honing Y, Close W H. Energy metabolism, European Association of Animal Production. Wageningen, Netherlands: Pudoc: 271-274.

Ewan R C, 2001. Energy utilization in swine nutrition [M] //Lewis A J, Shouthern L L. Swine Nutrition. 2nd ed. Washington, DC: CRC Press.

Fernández J A, Jørgensen J N, 1986. Digestibility and absorption of nutrients as affected by fibre content in the diet of the pig [J]. Livestock Production Science, 15: 53-71.

Figueroa J L, Lewis A J, Miller P S, et al, 2002. Nitrogen metabolism and growth performance of gilts fed standard corn-soybean meal diets or low-crude protein, amino acid-supplemented diets [J]. Journal of Animal Science, 80: 2911-2919.

Figueroa J L, Lewis A J, Miller P S, et al, 2003. Growth, carcass traits, and plasma amino acid concentrations of gilts fed low-protein diets supplemented with amino acids including histidine, isoleucine, and valine [J]. Journal of Animal Science, 81: 1529-1537.

Graham A B, Goodband R D, Tokach M D, et al, 2014. The effects of low-, medium-, and high-oil distillers dried grains with solubles on growth performance, nutrient digestibility, and fat quality in finishing pigs [J]. Journal of Animal Science, 92: 3610-3623.

Gutierrez N A, Nestor A, Kil D Y, 2014. Effects of co-products from the corn-ethanol industry on body composition, retention of protein, lipids and energy, and on the net energy of diets fed to growing or finishing pigs [J]. Journal of the Science of Food and Agriculture, 94: 3008-3016.

Heo J M, Adewole D, Nyachoti M, 2014. Determination of the net energy content of canola meal from *Brassica napus* yellow and *Brassica juncea* yellow fed to growing pigs using indirect calorimetry [J]. Animal Science Journal, 85: 751-756.

Hinson R B, 2009. Net energy content of soybean meal and glycerol for growing and finishing pigs [D]. Columbia: University of Missouri-Columbia.

Just A, 1982a. The net energy value of balanced diets for growing pigs [J]. Livestock Production Science, 8: 541-555.

Just A, 1982b. The net energy value of crude (catabolized) protein for growth in pigs [J]. Livestock Production Science, 9: 349-360.

Kass M L, van Soest P J, Pond W G, 1980. Utilization of dietary fiber from alfalfa by growing swine. Apparent digestibility of diet components in specific segments of the gastrointestinal tract [J]. Journal of Animal Science, 50: 175-191.

Kil D Y, 2008. Digestibility and energetic utilization of lipids by pigs [D]. Urbana, IL: University of Illinois.

Kil D Y, Ji F, Stewart L L, et al, 2011. Net energy of soybean oil and choice white grease in diets fed to growing and finishing pigs [J]. Journal of Animal Science, 89: 448-459.

Kil D Y, Ji F, Stewart L L, et al, 2013. Effects of dietary soybean oil on pig growth performance, retention of protein, lipids, and energy, and the net energy of corn in diets fed to growing or finishing pigs [J]. Journal of Animal Science, 91: 283-3290.

King R，Taverner M，1975. Prediction of the digestible energy in pig diets from analyses of fibre contents [J]. Animal Production，21：275-284.

Knowles T A，Southern LL，Bidner T D，et al，1998. Effect of dietary fiber or fat in low-crude protein，crystalline amino acid-supplemented diets for finishing pigs [J]. Journal of Animal Science，76：2818-2832.

le Bellego L，van Milgen J，Dubois S，et al，2001. Energy utilization of low-protein diets in growing pigs [J]. Journal of Animal Science，79：1259-1271.

Li Y K，Li Z C，Liu H，et al，2018. Net energy content of rice bran，corn germ meal，corn gluten feed，peanut meal，and sunflower meal in growing pigs [J]. Asian-Australasian Journal of Animal Science，31：1481-1490.

Li Z C，Li P，Liu D W，et al，2015. Determination of the energy value of corn distillers dried grainswith solubles containing different oil levels in growing pigs [J]. Journal of Animal Physiology and Animal Nutrition，101：339-348.

Li Z C，Li Y K，Lyu Z Q，et al，2017. Net energy of corn，soybean meal and pressed rapeseed meal in growing pigs [J]. Journal of Animal Science and Biotechnology，8：44.

Liu D W，Jaworski N W，Zhang G F，et al，2014. Effect of experimental methodology on fasting heat production and the net energy content of corn and soybean meal fed to growing pigs [J]. Archives of Animal Nutrition，68：281-295.

Liu D W，Li D F，Wang F L，2015. Determination and prediction of net energy content from the chemical composition of seven ingredients fed to growing pigs [J]. Animal Production Science，55：1151-1163.

Main R G，Dritz S S，Tokach M D，et al，2008. Determining an optimum lysine：calorie ratio for barrows and gilts in a commercial finishing facility [J]. Journal of Animal Science，86：2190-2207.

Möhn S，de Lange C F M，1998. The effect of body weight on the upper limit to protein deposition in a defined population of growing gilts [J]. Journal of Animal Science，76：124-133.

Möhn S，Gillis A M，Moughan P H，et al，2000. Influence of dietary lysine and energy intakes on body protein deposition and lysine utilization in the growing pig [J]. Journal of Animal Science，78：1510-1519.

Noblet J，Fortune H，Shi X S，et al，1994. Prediction of net energy value of feeds for growing pigs [J]. Journal of Animal Science，72：344-354.

Noblet J，Henry Y，Dubois S，1987. Effect of protein and lysine levels in the diet on body gain composition and energy utilization in growing pigs [J]. Journal of Animal Science，65：717-726.

Noblet J，Perez J，1993. Prediction of digestibility of nutrients and energy values of pig diets from chemical analysis [J]. Journal of Animal Science，71：3389-3398.

Noblet J，van Milgen J，2004. Energy value of pig feeds：effect of pig body weight and energy evaluation system [J]. Animal Science，82 (Suppl 1)：229-238.

NRC，1998. Nutrient requirements of swine [S]. Washington，DC：National Academy Press.

NRC，2012. Nutrient requirements of swine [S]. Washington，DC：National Academy Press.

Oresanya T F，Beaulieu A D，Patience J F，2008. Investigations of energy metabolism in weanling barrows：The interaction of dietary energy concentration and daily feed (energy) intake [J]. Journal of Animal Science，86：348-363.

Reynolds C K，2000. Measurement of energy metabolism [M] //Theodorou M K，France J. Feeding systems and feed evaluation models. Oxon，UK：CAB International.

Rojas O J, Stein H H, 2013. Concentration of digestible, metabolizable, and net energy and digestibility of energy and nutrients in fermented soybean meal, conventional soybean meal, and fish meal fed to weanling pigs [J]. Journal of Animal Science, 91: 4397-4405.

Sauvant D, Perez J M, Tran G, 2004. Tables of composition and nutritional value of feed materials: pigs, poultry, cattle, sheep, goats, rabbits, horses and fish [M]. Wageningen: Wageningen Academic Publishers.

Schiemann R K, Nehring L H, Jentsch W, 1972. Energestische futterbevertung und Energienorinen [M]. Berlin: VEB Deutscher Landwirtschatsverlag.

Schneider J D, Tokach M D, Dritz S S, et al, 2010. Determining the effect of lysine: calorie ratio on growth performance of ten-to twenty-kilogram of body weight nursery pigs of twodifferent genotypes [J]. Journal of Animal Science, 88 (1): 137-146.

Shi X, Noblet J, 1993. Digestible and metabolizable energy values of ten feed ingredients in growing pigs fed ad libitum and sows fed at maintenance level: comparative contribution of the hindgut [J]. Animal Feed Science and Technology, 42: 223-236.

Shriver J A, Carter S D, Sutton A L, et al, 2003. Effects of adding fiber sources to reduced-crude protein, amino acid-supplemented diets on nitrogen excretion, growth performance, and carcass traits of finishingpigs [J]. Journal of Animal Science, 81: 492-502.

Sotak-Peper K M, Gonzalez-Vega J C, Stein H H, 2015. Concentrations of digestible, metabolizable, and net energy in soybean meal produced in different areas of the United States and fed to pigs [J]. Journal of Animal Science, 93: 5694-5701.

Stewart L L, Kil D Y, Ji F, et al, 2013. Effects of dietary soybean hulls and wheat middlings on body composition, nutrient and energy retention, and the net energy of diets and ingredients fed to growing and finishing pigs [J]. Journal of Animal Science, 91: 2756-2765.

Velayudhan D E, Heo J M, Nyachoti C M, 2015. Net energy content of dry extruded-expelled soybean meal fed with or without enzyme supplementation to growing pigs as determined by indirect calorimetry [J]. Journal of Animal Science, 93: 3402-3409.

Wu F, Johnston L J, Urriola P E, et al, 2016. Evaluation of NE predictions and the impact of feeding maize distillers dried grains with solubles (DDGS) with variable NE content on growth performance and carcass characteristics of growing-finishing pigs [J]. Animal Feed Science and Technology, 215: 105-116.

第三章 猪低蛋白质日粮的理论基础——氨基酸营养代谢与重分配

猪摄入的日粮蛋白质被消化成氨基酸吸收后，相当部分的氨基酸首先被肠道利用，剩余的部分进入肝肾代谢，或用于供能，或用于合成骨骼肌蛋白质、免疫球蛋白或其他组织蛋白质。因此，来自日粮蛋白质的氨基酸或添加的晶体氨基酸进入体内后，经过一系列的代谢和重分配过程。理论上来讲，我们希望这些日粮蛋白质或氨基酸能最高效率地合成骨骼肌蛋白质。就目前的研究来看，理想蛋白质及其氨基酸平衡模式是氨基酸营养代谢与重分配的最好体现。低蛋白质日粮的实质是在更高程度上对氨基酸合理分配的追求，是更高程度上的氨基酸平衡。因此，氨基酸的营养代谢与重分配是低蛋白质日粮的理论基础。本章重点讨论了氨基酸营养代谢最重要的三方面内容，即日粮蛋白质的可消化性、氨基酸在肠道的首过代谢及骨骼肌蛋白质合成，以期加强对低蛋白质日粮的理解。

第一节 猪理想蛋白质氨基酸平衡模式

猪对日粮蛋白质的利用效率取决于蛋白质的消化率，以及相对于动物需要量的日粮氨基酸组成、含量和氨基酸之间的平衡。过量氨基酸脱氨基造成尿素氮排放量增加。因此，氨基酸供给与氨基酸需要间的平衡尤为重要。理想蛋白质及其氨基酸平衡模式的提出极大地推动了蛋白质氨基酸营养理论的发展，提高了蛋白质的利用效率，可消化氨基酸则使氨基酸平衡模式更加准确。

一、可消化氨基酸

可消化氨基酸是指氨基酸摄入量与粪或者食糜中氨基酸排放量的差值。基于是否扣除内源氨基酸损失，可消化氨基酸分为真可消化氨基酸和表观可消化氨基酸。按照测定部位，可分为回肠末端可消化氨基酸和全消化道可消化氨基酸。氨基酸消化率则指可消化氨基酸含量与氨基酸摄入量的比值。虽然少数研究认为，给大肠灌注或在低蛋白质日粮中添加非蛋白氮，会提高猪的增重（Columbus 等，2014；Mansilla 等，2015，

2017)，但目前被普遍接受的看法是，未被小肠消化吸收的蛋白质和氨基酸到达大肠后，被微生物代谢为胺和氨，对机体氮沉积没有贡献。由于后肠微生物对蛋白质的利用，绝大多数必需氨基酸的回肠氨基酸消化率要低于相应的全消化道消化率，因此采用回肠氨基酸消化率比全肠道氨基酸消化率更准确。但蛋白质和氨基酸回肠表观消化率也受氨基酸内源损失的影响，变异较大，不具有可加性。因此，采用扣除氨基酸内源损失的回肠真可消化（true ileal digestible，TID）氨基酸能更准确地反映氨基酸的可消化性和平衡状况。

氨基酸的内源损失包括基础内源损失（非特异性内源损失）和特异性内源损失两部分（Souffrant，1991)。非特异性内源损失（g/kg，干物质）是指基本的损失或肠道最小损失，只与干物质采食量有关，不受日粮和试验条件的影响。非特异性内源氨基酸损失在不同日粮氨基酸水平或不同氨基酸采食量情况下相对恒定。与非特异性蛋白质和氨基酸内源损失不同，特异性内源损失变异较大，并受饲料中纤维和抗营养因子，如蛋白酶抑制因子、非淀粉多糖、单宁等的影响。蛋白质和氨基酸回肠真消化率较表观消化率有优势，因为它考虑了饲料自身的特性。也就是说，真消化率包括了与饲料本身有关的内源部分的所有变异（图 3-1)。从图 3-1 可以看出，氨基酸回肠真消化率不受氨基酸摄入量和试验日粮中氨基酸含量的影响，而回肠表观消化率则随氨基酸摄入量的增加呈指数上升，这是因为随着日粮氨基酸含量增加，总的内源损失占回肠食糜氨基酸流量的比例下降。

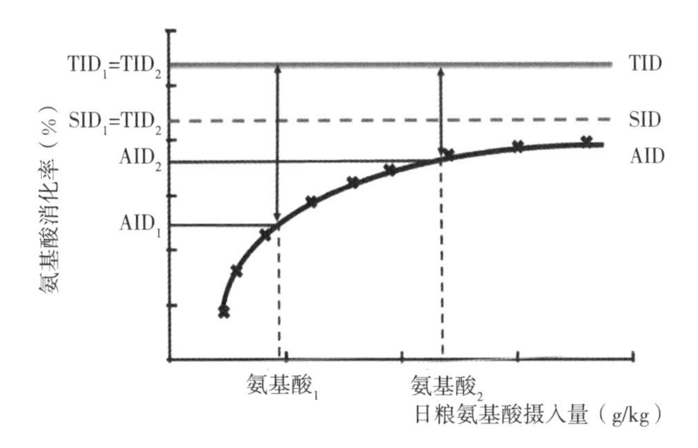

图 3-1 氨基酸回肠末端消化率与氨基酸摄入量的关系

（资料来源：Stein 等，2007)

从图 3-1 可进一步看出，真消化率不受日粮氨基酸含量的影响，能真正地体现饲料氨基酸的可消化性和平衡性。但是特异性内源损失的定量测定比较复杂，导致常用猪饲料原料真回肠末端氨基酸消化率数据匮乏，未在世界上达成共识。为了既能使数据相对准确，又能在世界范围内做到氨基酸消化率数据的相互参考或借用，标准回肠可消化（standardized ileal digestible，SID）氨基酸的概念被提出。而氨基酸标准回肠消化率和真消化率的区别主要在于，回肠真消化率排除了氨基酸基础内源损失和特异性内源损失，而标准回肠消化率仅矫正了氨基酸基础内源损失，其能体现饲料氨基酸的消化率，并且具有可加性（图 3-1)。因此，在氨基酸利用率评价研究和生产实践中，多采用回肠瘘管技术结合无氮日粮法测定氨基酸 SID。目前，世界上养猪业比较发达和生猪养殖量比较大的国家均采用标准回肠可消化氨基酸配制猪日粮。采用标准回肠可消化氨基酸有利于：①准确评定原料的价格与效益比；②实现低成本配方中氨基酸消化率数据的可加性；③能有效利用非常规饲料原料；④提高蛋白质（氮）和氨基酸用于维持和蛋白质沉积的效率；⑤能较准确地预测猪的生长性能。

2005年以来，在农业行业公益性专项“畜禽营养需要及饲料营养价值”的支持下，在农业部饲料工业中心的带领下，全国许多单位开展了猪饲料营养价值的评定工作。以这些工作为基础，笔者及其研究团队收集了其他相关数据，包括猪常用饲料的粗蛋白质和氨基酸含量、标准回肠消化率（共82个）和标准回肠可消化氨基酸含量（共82个），分别列于表3-1、表3-2和表3-3（共85个），供读者参考使用。

二、理想蛋白质的概念

理想蛋白质是指所含氨基酸的组成和比例与动物所需氨基酸的组成和比例完全一致的蛋白质，动物对理想蛋白质的利用率是100%。理想蛋白质的所有氨基酸都同等限制动物生长，它们都可能成为第一限制性氨基酸，添加或减少任何一种氨基酸都会影响氨基酸之间的平衡。理想蛋白质氨基酸需要量通常表达为相对于赖氨酸的需要（即赖氨酸=100%），这种表达方式非常实用。因为赖氨酸通常情况下是猪日粮的第一限制性氨基酸，同时也是最受关注的氨基酸，有大量的研究集中在生长、妊娠和泌乳等不同生理时期的赖氨酸需要量的变化。理想蛋白质模型的理论假设基础是一定条件下动物机体用于蛋白质沉积的氨基酸构成相对恒定，即如果其他氨基酸的需要量是由蛋白质合成需要驱动的，那么这些氨基酸的需要量应该相对不变（其他氨基酸与赖氨酸的比值）。只需要明确一段时间内赖氨酸需要量的变化，再结合理想蛋白质的氨基酸平衡模式，就可以配制猪最佳蛋白质和氨基酸需要的日粮。

三、理想蛋白质的表达形式

理想蛋白质模型中最重要的是必需氨基酸之间的比例。为了便于推广和应用，通常把赖氨酸作为基准氨基酸，将其需要量定为100，其他必需氨基酸的需要量表示成与赖氨酸的百分比，这就是所谓的必需氨基酸模式。对于生长猪，蛋白质沉积与水沉积和骨骼发育显著相关，每增加1kg蛋白质体重会增加4.4kg（Boisen和Verstegen，2000）。因此，生长性能和饲料利用效率是氨基酸需要量研究中的重要参考指标。但诸多因素影响这些衡量指标，尤其是影响到猪实际生长所需的氨基酸需要量。日粮能量水平是限制蛋白质沉积的最基本的因素，因此氨基酸需要量应表示为日粮中有效氨基酸含量组成与日粮中有效能值的比例。从世界范围来看，饲料营养价值评价通常以不同的能量评价体系为基础，并且影响实际试验日粮中有效能值的因素有很多。此外，还有必要考虑随着生长阶段的延长，氨基酸与能量比值下降速度非常快。因此，为了简化确定每种氨基酸与参考氨基酸比例试验的假设，利用理想氨基酸模型能够最大限度地提高氨基酸需要量试验结果的有效性。

表 3-1 猪常用饲料原料粗蛋白质和氨基酸含量（饲喂基础，%）

项目	干物质	粗蛋白质	必需氨基酸										非必需氨基酸							
			赖氨酸	蛋氨酸	苏氨酸	色氨酸	异亮氨酸	亮氨酸	缬氨酸	精氨酸	组氨酸	苯丙氨酸	丙氨酸	天冬氨酸	半胱氨酸	谷氨酸	甘氨酸	脯氨酸	丝氨酸	酪氨酸
菜籽饼	92.40	36.13	1.70	0.85	1.44	0.41	1.33	2.46	1.83	1.97	0.92	1.28	1.52	2.26	0.83	6.02	1.70	2.04	1.39	0.68
菜籽粕	90.03	37.35	1.87	0.76	1.55	0.44	1.31	2.36	1.88	2.13	0.96	1.35	1.60	2.46	0.99	6.24	1.90	2.09	1.48	0.78
大豆粕（43%≤CP<46%）	89.49	43.82	2.95	0.63	1.82	0.55	1.97	3.43	2.17	3.34	1.28	2.21	2.06	5.20	0.63	7.50	1.93	2.13	2.32	1.71
大豆粕（CP≥46%）	89.67	46.82	3.10	0.60	1.96	0.57	2.14	3.69	2.31	3.56	1.39	2.45	2.18	5.58	0.63	7.91	2.02	2.30	2.45	1.78
大豆分离蛋白	93.71	84.78	5.19	1.11	3.09	1.13	3.83	6.76	4.02	6.14	2.19	4.40	3.54	9.64	0.98	16.00	3.54	4.45	4.37	3.08
大豆浓缩蛋白	92.64	65.20	4.09	0.87	2.52	0.81	2.99	5.16	3.14	4.75	1.70	3.38	2.82	7.58	0.90	12.02	2.75	3.58	3.33	2.26
大豆皮	90.44	11.70	0.59	0.11	0.35	0.09	0.37	0.61	0.43	0.47	0.41	0.33	0.41	0.90	0.20	1.08	0.80	0.52	0.57	0.44
发酵大豆粕	90.50	49.88	2.84	0.67	1.87	0.41	2.14	3.63	2.24	3.19	1.29	2.38	2.23	4.83	0.68	8.23	2.02	2.59	2.47	1.61
膨化大豆	92.36	37.56	2.23	0.55	1.42	0.49	1.60	2.67	1.73	2.45	0.88	1.74	1.59	3.89	0.59	6.05	1.52	1.65	1.67	1.20
裸大麦	89.58	12.77	0.51	0.20	0.37	0.13	0.35	0.74	0.55	0.68	0.40	0.54	0.58	0.64	0.23	3.61	0.71	0.97	0.63	0.25
皮大麦	88.73	11.41	0.46	0.15	0.43	0.13	0.44	0.93	0.66	0.62	0.23	0.64	0.58	0.75	0.23	2.78	0.51	1.38	0.53	0.32
去皮大麦	89.03	12.46	0.40	0.18	0.39	0.16	0.44	0.91	0.65	0.57	0.22	0.64	0.53	0.61	0.25	2.74	0.46	1.44	0.49	0.27
稻谷	86.00	7.23	0.27	0.16	0.24	0.06	0.28	0.55	0.56	0.52	0.38	0.38	0.44	0.63	0.20	1.13	0.36	0.34	0.35	0.30
糙米	87.00	8.80	0.31	0.20	0.32	0.06	0.33	0.65	0.43	0.64	0.32	0.44	0.52	0.83	0.25	1.48	0.42	0.23	0.44	0.35
大米蛋白	91.33	62.52	2.24	2.10	2.16	0.79	2.31	4.46	3.02	4.63	1.59	2.83	3.27	5.02	—	10.52	2.50	7.66	2.92	—
米糠粕	89.12	14.99	0.59	0.29	0.53	0.16	0.44	0.89	0.72	0.93	0.32	0.43	0.81	1.21	0.29	1.75	0.69	0.64	0.58	0.38
全脂米糠(EE<15%)	88.88	13.54	0.60	0.24	0.46	0.14	0.44	0.89	0.67	0.66	0.26	0.61	0.58	1.08	0.40	1.52	0.60	0.50	0.51	0.39
全脂米糠(EE≥15%)	90.04	14.70	0.65	0.25	0.51	0.16	0.49	0.98	0.72	0.68	0.30	0.74	0.65	1.16	0.42	1.69	0.69	0.58	0.56	0.50
碎米	88.00	8.46	0.27	0.19	0.25	0.05	0.28	0.60	0.38	0.56	0.23	0.39	0.39	0.70	0.22	1.36	0.33	0.19	0.39	0.27
番茄渣	88.53	16.87	1.03	0.31	0.60	0.11	0.49	1.09	0.66	1.22	0.41	0.57	0.59	1.47	0.24	2.86	0.76	0.84	0.69	0.71
甘薯	87.00	4.14	0.17	0.06	0.18	0.04	0.17	0.25	0.23	0.19	0.15	0.22	0.24	0.63	0.09	0.50	0.16	0.12	0.20	0.14

（续）

项　目	干物质	粗蛋白质	必需氨基酸										非必需氨基酸							
			赖氨酸	蛋氨酸	苏氨酸	色氨酸	异亮氨酸	亮氨酸	缬氨酸	精氨酸	组氨酸	苯丙氨酸	丙氨酸	天冬氨酸	半胱氨酸	谷氨酸	甘氨酸	脯氨酸	丝氨酸	酪氨酸
甘蔗糖蜜	74.10	4.80	0.02	0.02	0.05	0.01	0.04	0.06	0.11	0.02	0.01	0.03	0.20	0.89	0.04	0.41	0.07	0.05	0.07	0.03
高粱（单宁<0.5%）	87.91	9.27	0.22	0.13	0.30	0.07	0.44	1.33	0.54	0.31	0.20	0.57	0.86	0.63	0.28	2.27	0.31	0.72	0.39	0.29
高粱（0.5%≤单宁<1.0%）	87.71	9.14	0.22	0.14	0.30	0.07	0.43	1.27	0.53	0.32	0.19	0.53	0.84	0.61	0.21	2.20	0.30	0.67	0.36	0.30
高粱（单宁≥1.0%）	87.88	9.60	0.23	0.16	0.32	0.07	0.48	1.42	0.55	0.32	0.21	0.55	0.92	0.67	0.14	2.42	0.31	0.74	0.40	0.35
谷	86.50	9.70	0.15	0.25	0.35	0.17	0.36	1.15	0.42	0.30	0.20	0.49	1.07	1.09	0.20	2.84	0.42	0.80	0.64	0.26
花生饼	92.00	44.23	1.55	0.50	1.16	0.33	1.46	2.65	1.75	5.20	1.04	2.12	2.29	5.62	0.60	9.54	2.82	0.41	2.13	1.74
花生粕	89.80	50.54	1.77	0.54	1.43	0.52	1.75	3.35	2.17	5.93	1.31	2.60	2.16	6.12	0.62	9.48	3.16	2.30	2.52	1.60
白酒糟	89.13	14.36	0.29	0.41	0.47	0.13	0.61	1.40	0.61	0.53	0.30	0.83	1.08	0.93	—	2.97	0.58	2.58	0.58	0.65
啤酒糟	92.00	26.50	1.08	0.45	0.95	0.26	1.02	2.08	1.26	1.53	0.53	1.22	1.43	1.94	0.49	5.13	1.10	2.36	1.20	0.88
啤酒酵母	93.30	46.52	3.22	0.72	2.14	0.53	2.19	3.04	2.37	2.20	1.02	1.80	3.09	3.89	0.44	6.07	1.98	3.05	2.00	1.37
棉籽粕（CP<46%）	89.38	41.81	1.70	0.59	1.29	0.47	1.19	2.32	1.73	4.39	1.06	2.30	1.51	3.55	0.69	7.74	1.60	1.42	1.66	0.99
棉籽粕（CP≥46%）	90.51	50.95	2.10	0.68	1.52	0.58	1.46	2.87	2.13	5.65	1.33	2.85	1.85	4.41	0.75	9.17	1.94	1.42	2.03	1.16
脱酚棉籽蛋白	92.01	51.24	2.41	0.64	1.77	0.65	1.55	2.94	2.17	6.19	1.62	2.74	2.00	4.89	0.80	10.15	2.11	2.19	2.39	1.39
木薯粉	85.96	2.93	0.07	0.02	0.06	0.06	0.04	0.07	0.08	0.25	0.11	0.05	0.09	0.11	0.04	0.49	0.05	0.04	0.06	0.04
苜蓿草粉	92.30	16.25	0.74	0.25	0.70	0.24	0.68	1.21	0.86	0.71	0.37	0.84	0.87	1.93	0.18	1.61	0.81	0.89	0.73	0.55
苹果渣	86.96	6.64	0.35	0.34	0.20	—	0.37	0.51	0.36	0.05	0.16	0.20	0.19	0.65	—	0.92	0.31	0.21	0.20	0.17
甜菜糖蜜	72.20	10.00	0.10	0.03	0.08	0.05	0.24	0.24	0.15	0.06	0.04	0.06	0.23	0.62	0.05	4.75	0.20	0.10	0.21	0.24
甜菜渣	86.94	9.66	0.52	0.07	0.38	0.10	0.31	0.53	0.45	0.32	0.23	0.30	0.43	0.73	0.06	0.89	0.38	0.41	0.44	0.40
土豆蛋白	93.39	79.80	6.18	1.74	4.61	1.10	5.36	4.18	8.14	4.14	1.76	5.10	4.02	9.99	1.13	8.65	4.08	4.06	4.35	3.93
向日葵饼	90.79	27.88	1.23	0.60	1.06	0.32	1.11	1.63	1.62	2.11	0.75	1.16	1.37	2.51	0.44	5.53	1.73	1.04	1.23	0.53
向日葵粕	91.56	30.96	1.37	0.70	1.15	0.34	1.24	1.94	1.61	2.43	0.86	1.28	1.49	2.78	0.52	6.30	1.84	1.10	1.31	0.71

（续）

项目	干物质	粗蛋白质	必需氨基酸										非必需氨基酸							
			赖氨酸	蛋氨酸	苏氨酸	色氨酸	异亮氨酸	亮氨酸	缬氨酸	精氨酸	组氨酸	苯丙氨酸	丙氨酸	天冬氨酸	半胱氨酸	谷氨酸	甘氨酸	脯氨酸	丝氨酸	酪氨酸
小麦	89.71	13.23	0.37	0.20	0.37	0.15	0.48	0.88	0.63	0.61	0.33	0.76	0.48	0.64	0.31	4.37	0.53	1.42	0.55	0.42
小麦麸皮	89.57	17.17	0.71	0.25	0.54	0.25	0.51	1.07	0.82	1.08	0.44	0.61	0.78	1.14	0.39	3.23	0.85	1.43	0.70	0.49
次粉	88.56	14.59	0.56	0.21	0.50	0.26	0.51	1.06	0.72	0.86	0.39	0.72	0.67	0.95	0.39	3.69	0.71	1.31	0.67	0.42
饲用小麦面粉	87.99	12.90	0.43	0.25	0.47	0.25	0.57	1.11	0.71	0.74	0.37	0.88	0.56	0.78	0.35	4.41	0.67	1.71	0.72	0.54
亚麻籽饼	90.20	33.90	1.19	0.77	1.13	0.51	1.33	1.91	1.55	3.00	0.67	1.49	1.45	2.80	0.59	6.15	1.84	1.45	1.39	0.72
燕麦	89.90	11.16	0.49	0.18	0.42	0.14	0.41	0.79	0.63	0.73	0.24	0.52	0.46	0.81	0.36	2.14	0.48	0.54	0.47	0.41
去壳燕麦	85.60	10.60	0.44	0.19	0.37	0.13	0.40	0.78	0.56	0.73	0.23	0.54	0.50	0.92	0.34	1.87	0.53	0.66	0.52	0.38
椰子粕	92.00	21.90	0.58	0.35	0.67	0.19	0.75	1.36	1.07	2.38	0.39	0.84	0.83	1.58	0.29	3.71	0.83	0.69	0.85	0.58
玉米	87.46	8.01	0.25	0.18	0.28	0.06	0.25	0.94	0.42	0.32	0.22	0.32	0.56	0.49	0.20	1.31	0.29	0.92	0.36	0.18
玉米蛋白粉（CP＜50%）	91.33	46.02	0.65	1.10	1.40	0.19	1.65	7.26	1.90	1.23	0.81	2.69	3.62	2.45	0.88	8.62	0.97	4.16	2.08	1.96
玉米蛋白粉（50%≤CP＜60%）	91.40	55.55	0.82	1.32	1.68	0.23	1.92	8.54	2.22	1.45	0.97	3.14	4.24	2.89	1.07	10.08	1.14	4.69	2.50	2.41
玉米蛋白粉（CP≥60%）	92.63	64.43	1.01	1.62	1.96	0.29	2.22	9.58	2.58	1.74	1.17	3.56	4.98	3.38	1.37	11.71	1.44	5.34	2.92	2.72
玉米淀粉渣	90.99	27.67	0.99	3.58	1.04	0.20	0.77	0.63	1.46	1.21	0.88	1.35	2.03	1.68	0.56	5.22	1.01	2.66	1.29	0.82
玉米干酒精糟	90.82	28.89	0.87	0.62	1.13	0.21	1.19	4.03	1.56	1.22	0.78	1.62	2.33	1.94	0.57	5.14	1.09	2.54	1.39	1.31
玉米酒精糟及其可溶物	88.68	28.29	0.80	0.49	1.04	0.16	0.97	3.46	1.38	0.98	0.76	1.37	2.10	1.81	0.42	2.64	1.02	2.38	3.65	0.80
玉米酒精糟及其可溶物（EE＜6%）	87.44	30.55	0.81	0.49	1.05	0.16	0.98	3.50	1.38	0.97	0.76	1.39	2.12	1.82	0.42	2.67	1.02	2.40	3.69	0.81
玉米酒精糟及其可溶物（6%≤EE＜9%）	88.58	27.67	0.75	0.47	1.02	0.14	0.95	3.46	1.35	0.93	0.72	1.37	2.07	1.78	0.40	2.59	1.01	2.33	3.61	0.83
玉米酒精糟及其可溶物（EE≥9%）	88.75	27.15	0.76	0.47	1.01	0.15	0.92	3.32	1.33	0.94	0.73	1.33	2.01	1.76	0.41	2.57	1.00	2.32	3.49	0.78

（续）

项目	干物质	粗蛋白质	必需氨基酸										非必需氨基酸							
			赖氨酸	蛋氨酸	苏氨酸	色氨酸	异亮氨酸	亮氨酸	缬氨酸	精氨酸	组氨酸	苯丙氨酸	丙氨酸	天冬氨酸	半胱氨酸	谷氨酸	甘氨酸	脯氨酸	丝氨酸	酪氨酸
玉米胚	90.87	14.79	0.78	0.26	0.52	0.10	0.43	1.05	0.72	1.11	0.42	0.57	0.91	1.10	0.32	1.94	0.77	0.95	0.59	0.41
玉米胚芽饼	93.54	21.72	0.79	0.40	0.83	0.16	0.71	1.77	1.19	1.13	0.67	0.96	1.49	1.37	0.40	2.70	1.09	1.22	0.91	0.41
玉米胚芽粕	91.74	18.93	0.87	0.36	0.82	0.16	0.70	1.79	1.18	1.12	0.70	0.97	1.49	1.37	0.41	2.78	1.07	1.35	0.90	0.40
玉米皮	92.94	15.99	0.50	0.24	0.62	0.07	0.46	1.41	0.84	0.70	0.57	0.53	0.99	0.89	0.40	2.47	0.72	1.54	0.65	0.33
膨化玉米	90.00	7.90	0.25	0.17	0.27	0.06	0.32	1.18	0.34	0.37	0.25	0.38	0.51	0.51	0.21	1.33	0.33	0.89	0.30	0.35
喷浆玉米胚芽粕	91.24	27.90	0.85	0.46	1.02	0.12	0.87	2.40	1.51	1.09	0.80	1.07	2.31	1.56	0.53	3.53	1.33	2.10	1.07	0.45
喷浆玉米皮	91.83	20.51	0.59	0.31	0.77	0.09	0.62	1.86	1.05	0.78	0.63	0.67	1.50	1.13	0.43	3.09	0.89	1.86	0.83	0.39
棕榈仁粕	91.51	15.01	0.90	0.79	1.07	0.29	1.37	2.15	1.81	3.12	0.76	1.38	1.41	2.76	0.41	5.19	1.44	1.02	1.37	1.09
酪蛋白	91.72	88.95	6.87	2.52	3.77	1.33	4.49	8.24	5.81	3.13	2.57	4.49	2.58	5.93	0.45	18.06	1.60	9.82	4.55	4.87
肉粉	96.12	56.40	3.20	0.83	1.89	0.40	1.82	3.70	2.61	3.65	1.24	1.98	3.82	4.28	0.56	7.03	5.98	3.92	1.99	1.35
肉骨粉	95.16	50.05	2.59	0.69	1.63	0.30	1.47	3.06	2.19	3.53	0.91	1.65	3.87	3.74	0.46	6.09	7.06	4.38	1.89	1.08
禽肉粉	96.20	64.72	3.99	1.15	2.55	0.62	2.50	4.63	3.07	4.46	1.69	2.64	4.18	5.71	0.87	8.80	5.79	4.23	3.67	1.84
全鸡蛋粉	96.23	42.76	2.68	0.87	1.68	0.51	1.94	3.34	2.12	2.91	0.95	2.15	1.96	4.44	0.76	6.40	1.59	1.92	2.42	1.43
蛋清粉	93.37	73.23	8.73	0.92	2.54	0.74	3.10	5.26	3.14	4.84	1.66	3.47	2.86	7.40	0.94	11.43	2.66	3.35	3.51	2.42
全脂猪肠膜蛋白	98.17	48.53	3.60	0.86	2.27	0.60	2.23	4.10	2.61	2.74	1.24	2.28	2.79	5.03	0.65	7.64	2.99	2.70	2.22	1.85
脱脂猪肠膜蛋白	94.48	52.06	3.45	0.92	2.27	0.66	2.43	4.64	2.91	3.45	1.29	2.57	2.85	5.03	0.32	7.03	2.96	2.67	2.31	2.17
乳清粉	97.15	11.55	0.88	0.17	0.71	0.20	0.64	1.11	0.61	0.26	0.21	0.35	0.54	1.16	0.26	1.95	0.20	0.66	0.54	0.27
水解羽毛粉	94.24	80.90	2.00	0.59	3.27	0.60	3.63	6.59	5.75	5.63	0.82	3.95	3.90	4.95	4.32	8.40	7.08	10.16	8.18	2.12
脱脂奶粉	94.60	36.77	2.42	0.82	1.44	0.44	1.45	3.02	1.85	1.17	0.94	1.51	1.19	2.67	0.33	7.05	0.76	3.17	1.81	1.48
血粉	92.23	88.65	8.60	1.18	4.36	1.34	0.97	11.45	7.96	3.83	5.39	6.15	7.29	7.78	1.26	7.18	3.69	5.03	4.64	2.66
猪血浆蛋白粉	91.97	77.84	6.90	0.79	4.47	1.41	2.69	7.39	5.12	4.39	2.53	4.25	4.01	7.39	2.60	10.92	2.75	4.30	4.15	3.89
鱼粉（CP=53.5%）	90.00	53.50	3.87	1.39	2.51	0.60	2.30	4.30	2.77	3.24	1.29	2.22	—	—	—	—	—	—	—	—

（续）

项 目	干物质	粗蛋白质	必需氨基酸										非必需氨基酸							
			赖氨酸	蛋氨酸	苏氨酸	色氨酸	异亮氨酸	亮氨酸	缬氨酸	精氨酸	组氨酸	苯丙氨酸	丙氨酸	天冬氨酸	半胱氨酸	谷氨酸	甘氨酸	脯氨酸	丝氨酸	酪氨酸
鱼粉（CP=60.2%）	90.00	60.20	4.72	1.64	2.57	0.70	2.68	4.80	3.17	3.57	1.71	2.35	—	—	—	—	—	—	—	—
鱼粉（60%＜CP≤65%）	90.00	62.59	4.62	1.69	2.51	0.55	2.57	4.39	3.06	3.37	1.44	2.35	3.88	5.43	0.49	7.73	3.93	2.44	2.29	1.70
鱼粉（CP＞65%）	92.13	67.88	5.43	1.87	2.90	0.69	2.94	5.03	3.49	4.03	1.82	2.71	4.18	6.21	0.54	8.54	4.07	2.63	2.70	2.06

注：“—”表示数据不详；CP，粗蛋白质；EE，粗脂肪。

表 3-2 猪常用饲料原料粗蛋白质和标准回肠氨基酸消化率（%）

项 目	粗蛋白质	必需氨基酸										非必需氨基酸							
		赖氨酸	蛋氨酸	苏氨酸	色氨酸	异亮氨酸	亮氨酸	缬氨酸	精氨酸	组氨酸	苯丙氨酸	丙氨酸	天冬氨酸	半胱氨酸	谷氨酸	甘氨酸	脯氨酸	丝氨酸	酪氨酸
菜籽饼	71	69	89	69	80	77	82	73	88	84	83	77	71	72	84	73	68	72	79
菜籽粕	65	68	80	64	65	71	73	68	77	77	73	68	62	64	76	56	55	64	71
大豆粕（43%≤CP＜46%）	84	89	90	86	85	87	87	85	95	90	82	84	86	81	86	80	89	86	88
大豆粕（CP≥46%）	84	88	90	86	86	88	87	85	95	89	82	84	85	83	86	78	91	86	88
大豆分离蛋白	89	91	86	83	87	88	89	86	94	88	88	90	92	79	94	89	113	93	88
大豆浓缩蛋白	89	91	92	86	88	91	91	90	95	91	90	89	88	79	91	88	102	91	93
大豆皮	62	60	71	61	63	68	70	61	84	58	72	56	69	62	74	38	54	59	65
发酵大豆粕	85	84	91	85	86	89	90	89	93	90	90	85	87	87	89	79	78	87	90
膨化大豆	79	81	80	76	82	78	78	77	87	81	79	79	80	76	84	81	100	79	81
裸大麦	69	65	73	70	—	75	75	75	77	77	75	66	70	72	80	77	112	73	74
皮大麦	77	82	74	80	79	83	86	79	82	86	86	77	78	84	86	76	86	78	87
去皮大麦	81	80	73	86	81	86	88	77	75	85	87	80	79	89	87	70	90	81	89
稻谷	—	76	81	70	—	76	83	79	88	86	83	75	80	—	84	77	73	81	83
糙米	94	77	85	76	77	81	83	78	89	84	84	89	93	80	95	93	66	96	83

（续）

项 目	粗蛋白质	必需氨基酸										非必需氨基酸							
		赖氨酸	蛋氨酸	苏氨酸	色氨酸	异亮氨酸	亮氨酸	缬氨酸	精氨酸	组氨酸	苯丙氨酸	丙氨酸	天冬氨酸	半胱氨酸	谷氨酸	甘氨酸	脯氨酸	丝氨酸	酪氨酸
米糠粕	—	73	90	77	72	75	76	78	85	71	83	78	80	77	81	61	85	81	81
全脂米糠（EE<15%）	75	80	76	74	74	78	78	79	92	84	73	77	75	74	83	75	70	76	79
全脂米糠（EE≥15%）	75	75	80	69	71	74	75	76	89	81	71	74	71	76	82	69	65	71	83
碎米	94	89	87	85	77	81	83	86	93	85	80	74	88	77	89	77	86	92	84
甘薯	81	76	74	87	—	81	83	82	77	76	90	82	76	59	86	77	75	66	89
甘蔗糖蜜	—	86	90	86	86	88	89	87	92	90	90	95	95	84	95	95	95	95	91
高粱（单宁<0.5%）	77	67	79	76	74	41	96	94	81	74	95	86	64	63	85	67	74	81	69
高粱（0.5%≤单宁<1.0%）	69	62	79	76	74	45	96	96	70	66	99	92	62	59	84	67	74	80	70
高粱（单宁≥1.0%）	61	48	79	71	74	33	96	92	52	57	78	73	59	63	82	67	74	76	66
谷	88	83	75	86	97	89	91	87	89	90	91	91	86	88	92	84	95	90	86
花生饼	87	76	83	74	76	81	81	78	93	81	88	76	89	81	90	84	47	85	92
花生粕	83	75	88	75	79	85	82	84	94	82	77	79	82	87	86	69	80	80	83
白酒糟	47	15	70	53	37	48	46	37	54	57	52	55	49	—	56	57	17	69	55
啤酒糟	—	80	87	80	81	87	86	84	93	83	90	74	74	76	74	74	74	74	93
啤酒酵母	79	78	73	67	69	75	75	70	83	79	72	77	76	60	80	77	98	68	73
棉籽粕（CP<46%）	77	66	81	70	81	75	78	74	91	81	84	71	80	73	86	71	69	76	85
棉籽粕（CP≥46%）	79	63	79	70	79	75	80	73	92	81	85	70	79	75	86	72	67	76	92
脱酚棉籽蛋白	95	88	88	91	93	89	90	91	98	94	93	92	93	93	95	98	99	94	93
木薯粉	—	64	82	69	—	29	75	74	91	76	62	—	—	76	—	—	—	—	66
苜蓿草粉	—	56	71	63	46	68	71	64	74	59	70	59	68	37	58	51	74	59	66
甜菜糖蜜	—	86	90	86	86	88	89	87	92	90	90	95	95	84	95	95	95	95	91
甜菜渣	—	54	61	29	47	55	54	42	54	56	49	47	26	46	59	46	46	34	52

（续）

项　目	粗蛋白质	必需氨基酸										非必需氨基酸							
		赖氨酸	蛋氨酸	苏氨酸	色氨酸	异亮氨酸	亮氨酸	缬氨酸	精氨酸	组氨酸	苯丙氨酸	丙氨酸	天冬氨酸	半胱氨酸	谷氨酸	甘氨酸	脯氨酸	丝氨酸	酪氨酸
土豆蛋白	87	88	91	85	79	88	87	89	92	88	82	87	85	67	87	89	100	87	85
向日葵饼	74	69	68	82	71	72	71	77	89	78	77	72	66	73	56	63	65	72	76
向日葵粕	78	78	72	83	76	76	75	86	89	80	79	73	72	74	64	70	73	73	89
小麦	95	88	92	95	93	93	94	91	94	94	89	89	90	94	97	92	97	94	95
小麦麸皮	72	80	86	83	79	82	86	68	88	91	82	74	76	80	88	68	75	79	89
次粉	92	87	92	87	89	91	93	90	93	93	93	88	87	88	96	98	95	90	91
饲用小麦面粉	94	94	96	93	93	95	90	93	95	93	90	93	92	93	98	99	97	93	92
亚麻籽饼	78	78	91	77	85	85	85	83	92	82	87	79	82	79	87	72	75	80	82
燕麦	—	76	83	71	75	81	83	80	90	85	84	76	76	75	84	77	86	81	82
去壳燕麦	—	79	85	80	82	83	83	81	86	83	83	77	83	85	87	80	—	85	85
椰子粕	—	64	77	67	69	72	73	71	88	70	75	58	58	65	58	58	58	58	72
玉米	88	69	90	71	63	77	86	77	84	85	85	78	74	81	83	69	74	79	92
玉米蛋白粉（CP＜50%）	88	84	97	87	69	92	96	91	88	93	95	93	89	88	95	71	72	92	96
玉米蛋白粉（50%≤CP＜60%）	88	85	94	87	69	92	94	90	91	92	94	92	89	87	93	77	80	91	94
玉米蛋白粉（CP≥60%）	87	85	92	86	75	90	92	89	90	90	92	89	88	87	91	78	81	90	93
玉米淀粉渣	81	85	91	80	85	79	75	85	86	88	88	84	91	91	89	62	53	86	90
玉米干酒精糟	76	78	89	78	71	83	86	81	83	84	87	82	74	81	87	66	55	82	80
玉米酒精糟及其可溶物	73	65	84	71	62	79	86	77	84	76	85	79	69	77	69	70	85	92	87
玉米酒精糟及其可溶物（EE＜6%）	71	63	83	69	60	77	84	75	82	73	84	77	67	75	65	67	80	92	85
玉米酒精糟及其可溶物（6%≤EE＜9%）	75	70	86	73	65	81	87	79	86	78	86	82	71	78	71	73	89	93	87

（续）

项目	粗蛋白质	必需氨基酸										非必需氨基酸							
		赖氨酸	蛋氨酸	苏氨酸	色氨酸	异亮氨酸	亮氨酸	缬氨酸	精氨酸	组氨酸	苯丙氨酸	丙氨酸	天冬氨酸	半胱氨酸	谷氨酸	甘氨酸	脯氨酸	丝氨酸	酪氨酸
玉米酒精糟及其可溶物（EE≥9%）	76	69	86	73	66	82	89	80	86	79	87	83	72	79	76	75	92	93	89
玉米胚	56	64	72	57	63	61	69	67	87	72	66	64	60	66	72	76	84	65	61
玉米胚芽饼	71	68	75	59	30	67	76	70	82	78	75	73	60	66	75	66	90	67	76
玉米胚芽粕	64	66	73	63	61	72	81	75	87	78	77	70	61	71	71	66	68	68	62
玉米皮	65	61	79	52	77	70	80	71	81	78	69	72	63	71	75	55	89	73	73
膨化玉米	87	84	93	61	69	78	71	73	88	81	75	67	55	77	72	48	80	77	82
喷浆玉米胚芽粕	71	70	79	70	34	78	85	81	83	84	83	84	69	75	79	66	99	75	76
喷浆玉米皮	64	54	80	57	75	71	81	72	76	76	73	78	66	72	75	67	82	67	60
棕榈仁粕	60	46	68	60	88	62	66	67	81	61	69	61	53	46	68	57	88	75	53
酪蛋白	94	97	98	93	96	95	97	96	95	97	96	92	94	85	96	87	99	92	97
肉粉	76	78	82	74	76	78	77	76	84	75	79	80	71	62	77	79	86	76	78
肉骨粉	72	73	84	69	62	73	76	76	83	71	79	79	65	56	75	78	81	71	68
禽肉粉	67	61	75	63	70	66	65	64	79	63	65	75	48	55	65	67	76	71	66
全鸡蛋粉	81	80	67	76	73	77	76	73	86	79	92	73	79	74	81	89	97	88	93
蛋清粉	92	95	87	88	83	90	89	88	98	93	92	86	92	86	91	95	96	88	93
全脂猪肠膜蛋白	93	99	99	93	92	98	98	93	97	85	98	97	99	86	99	99	45	95	90
脱脂猪肠膜蛋白	84	93	99	82	87	94	96	86	95	87	94	92	95	63	96	98	86	86	90
乳清粉	102	97	98	89	97	96	98	96	98	96	90	90	91	93	90	99	100	85	97
水解羽毛粉	68	56	73	71	63	76	77	75	81	56	79	71	48	73	76	80	87	77	79
脱脂奶粉	90	94	92	92	88	91	94	92	95	93	95	90	91	86	90	99	100	85	93
血粉	89	93	88	87	91	73	93	92	92	91	92	90	88	86	87	88	88	89	88

（续）

项　目	粗蛋白质	必需氨基酸										非必需氨基酸							
		赖氨酸	蛋氨酸	苏氨酸	色氨酸	异亮氨酸	亮氨酸	缬氨酸	精氨酸	组氨酸	苯丙氨酸	丙氨酸	天冬氨酸	半胱氨酸	谷氨酸	甘氨酸	脯氨酸	丝氨酸	酪氨酸
猪血浆蛋白粉	81	87	84	80	92	85	87	82	91	87	86	85	86	85	87	85	99	87	76
鱼粉（CP=53.5%）	—	86	85	85	88	86	84	84	86	82	86	—	—	—	—	—	—	—	—
鱼粉（CP=60.2%）	—	89	89	88	86	90	90	89	92	87	87	—	—	—	—	—	—	—	—
鱼粉（60%<CP≤65%）	85	86	87	81	76	83	83	83	86	84	82	80	73	64	80	75	86	75	74
鱼粉（CP>65%）	86	87	90	86	87	88	89	87	94	85	90	89	81	78	82	84	99	83	88

注：“—”表示数据不详；CP，粗蛋白质；EE，粗脂肪。

表 3-3　猪常用饲料原料标准回肠可消化粗蛋白质和氨基酸含量（饲喂基础，%）

项　目	粗蛋白质	必需氨基酸										非必需氨基酸							
		赖氨酸	蛋氨酸	苏氨酸	色氨酸	异亮氨酸	亮氨酸	缬氨酸	精氨酸	组氨酸	苯丙氨酸	丙氨酸	天冬氨酸	半胱氨酸	谷氨酸	甘氨酸	脯氨酸	丝氨酸	酪氨酸
菜籽饼	25.65	1.17	0.76	0.99	0.33	1.02	2.02	1.34	1.73	0.77	1.06	1.17	1.60	0.60	5.06	1.24	1.39	1.00	0.54
菜籽粕	24.28	1.27	0.61	0.99	0.29	0.93	1.72	1.28	1.64	0.74	0.99	1.09	1.53	0.63	4.74	1.06	1.15	0.95	0.55
大豆粕（43%≤CP<46%）	36.81	2.63	0.57	1.57	0.47	1.71	2.98	1.84	3.17	1.15	1.81	1.73	4.47	0.51	6.45	1.54	1.90	2.00	1.50
大豆粕（CP≥46%）	39.33	2.73	0.54	1.69	0.49	1.88	3.21	1.96	3.38	1.24	2.01	1.83	4.74	0.52	6.80	1.58	2.09	2.11	1.57
大豆分离蛋白	75.45	4.72	0.95	2.56	0.98	3.37	6.02	3.46	5.77	1.93	3.87	3.19	8.87	0.77	15.04	3.15	5.03	4.06	2.71
大豆浓缩蛋白	58.03	3.72	0.80	2.17	0.71	2.72	4.70	2.83	4.51	1.55	3.04	2.51	6.67	0.71	10.94	2.42	3.65	3.03	2.10
大豆皮	7.25	0.35	0.08	0.21	0.06	0.25	0.43	0.26	0.39	0.24	0.24	0.23	0.62	0.12	0.80	0.30	0.28	0.34	0.29
发酵大豆粕	42.40	2.39	0.61	1.59	0.35	1.90	3.27	1.99	2.97	1.16	2.14	1.90	4.20	0.59	7.32	1.60	2.02	2.15	1.45
膨化大豆	29.67	1.81	0.44	1.08	0.40	1.25	2.08	1.33	2.13	0.71	1.37	1.26	3.11	0.45	5.08	1.23	1.65	1.32	0.97
裸大麦	8.81	0.33	0.15	0.26	—	0.26	0.56	0.41	0.52	0.31	0.41	0.38	0.45	0.17	2.89	0.55	1.09	0.46	0.19
皮大麦	8.79	0.38	0.11	0.34	0.10	0.37	0.80	0.52	0.51	0.20	0.55	0.45	0.59	0.19	2.39	0.39	1.19	0.41	0.28
去皮大麦	10.09	0.32	0.13	0.34	0.13	0.38	0.80	0.50	0.43	0.19	0.56	0.42	0.48	0.22	2.38	0.32	1.30	0.40	0.24
稻谷	—	0.21	0.13	0.17	—	0.21	0.46	0.44	0.46	0.33	0.32	0.33	0.50	—	0.95	0.28	0.25	0.28	0.25

（续）

项目	粗蛋白质	必需氨基酸										非必需氨基酸							
		赖氨酸	蛋氨酸	苏氨酸	色氨酸	异亮氨酸	亮氨酸	缬氨酸	精氨酸	组氨酸	苯丙氨酸	丙氨酸	天冬氨酸	半胱氨酸	谷氨酸	甘氨酸	脯氨酸	丝氨酸	酪氨酸
糙米	8.27	0.24	0.17	0.24	0.05	0.27	0.54	0.34	0.57	0.27	0.37	0.46	0.77	0.20	1.41	0.39	0.15	0.42	0.29
米糠粕	—	0.43	0.26	0.41	0.12	0.33	0.68	0.56	0.79	0.23	0.36	0.63	0.97	0.22	1.42	0.42	0.54	0.47	0.31
全脂米糠（EE＜15%）	10.16	0.48	0.18	0.34	0.10	0.34	0.69	0.53	0.61	0.22	0.45	0.45	0.81	0.30	1.26	0.45	0.35	0.39	0.31
全脂米糠（EE≥15%）	11.03	0.49	0.20	0.35	0.11	0.36	0.74	0.55	0.61	0.24	0.53	0.48	0.82	0.32	1.39	0.48	0.38	0.40	0.42
碎米	7.95	0.24	0.17	0.21	0.04	0.23	0.50	0.33	0.52	0.20	0.31	0.29	0.62	0.17	1.21	0.25	0.16	0.36	0.23
甘薯	3.35	0.13	0.04	0.16	—	0.14	0.21	0.19	0.15	0.11	0.20	0.20	0.48	0.05	0.43	0.12	0.09	0.13	0.12
甘蔗糖蜜	—	0.02	0.02	0.04	0.01	0.04	0.05	0.10	0.02	0.01	0.03	0.19	0.85	0.03	0.39	0.07	0.05	0.07	0.03
高粱（单宁＜0.5%）	7.14	0.15	0.10	0.23	0.05	0.18	1.28	0.51	0.25	0.15	0.54	0.74	0.40	0.18	1.93	0.21	0.53	0.32	0.20
高粱(0.5%≤单宁＜1.0%)	6.31	0.14	0.11	0.23	0.05	0.19	1.22	0.51	0.22	0.13	0.52	0.77	0.38	0.12	1.85	0.20	0.50	0.29	0.21
高粱（单宁≥1.0%）	5.86	0.11	0.13	0.23	0.05	0.16	1.36	0.51	0.17	0.12	0.43	0.67	0.40	0.09	1.98	0.21	0.55	0.30	0.23
谷	8.54	0.12	0.19	0.30	0.16	0.32	1.05	0.37	0.27	0.18	0.45	0.97	0.94	0.18	2.61	0.35	0.76	0.58	0.22
花生饼	38.48	1.18	0.42	0.86	0.25	1.18	2.15	1.37	4.84	0.84	1.87	1.74	5.00	0.49	8.59	2.37	0.19	1.81	1.60
花生粕	41.95	1.33	0.48	1.07	0.41	1.49	2.75	1.82	5.57	1.07	2.00	1.71	5.02	0.54	8.15	2.18	1.84	2.02	1.33
白酒糟	6.75	0.04	0.29	0.25	0.05	0.29	0.64	0.23	0.29	0.17	0.43	0.59	0.46	—	1.66	0.33	0.44	0.40	0.36
啤酒糟	—	0.86	0.39	0.76	0.21	0.89	1.79	1.06	1.42	0.44	1.10	1.06	1.44	0.37	3.80	0.81	1.75	0.89	0.82
啤酒酵母	36.75	2.51	0.53	1.43	0.37	1.64	2.28	1.66	1.83	0.81	1.30	2.38	2.96	0.26	4.86	1.52	2.99	1.36	1.00
棉籽粕（CP＜46%）	32.19	1.12	0.48	0.90	0.38	0.89	1.81	1.28	3.99	0.86	1.93	1.07	2.84	0.50	6.66	1.14	0.98	1.26	0.84
棉籽粕（CP≥46%）	40.25	1.32	0.54	1.06	0.46	1.10	2.30	1.55	5.20	1.08	2.42	1.30	3.48	0.56	7.89	1.40	0.95	1.54	1.07
脱酚棉籽蛋白	48.68	2.12	0.56	1.61	0.60	1.38	2.65	1.97	6.07	1.52	2.55	1.84	4.55	0.74	9.64	2.07	2.17	2.25	1.29
木薯粉	—	0.04	0.02	0.04	—	0.01	0.05	0.06	0.23	0.08	0.03	—	—	0.03	—	—	—	—	0.03
苜蓿草粉	—	0.41	0.18	0.44	0.11	0.46	0.86	0.55	0.53	0.22	0.59	0.51	1.31	0.07	0.93	0.41	0.66	0.43	0.36
甜菜糖蜜	—	0.09	0.03	0.07	0.04	0.21	0.21	0.13	0.06	0.04	0.05	0.22	0.59	0.04	4.51	0.19	0.10	0.20	0.22

（续）

项　目	粗蛋白质	必需氨基酸										非必需氨基酸							
		赖氨酸	蛋氨酸	苏氨酸	色氨酸	异亮氨酸	亮氨酸	缬氨酸	精氨酸	组氨酸	苯丙氨酸	丙氨酸	天冬氨酸	半胱氨酸	谷氨酸	甘氨酸	脯氨酸	丝氨酸	酪氨酸
甜菜渣	—	0.28	0.04	0.11	0.05	0.17	0.29	0.19	0.17	0.13	0.15	0.20	0.19	0.03	0.53	0.17	0.19	0.15	0.21
土豆蛋白	69.43	5.44	1.58	3.92	0.87	4.72	3.64	7.24	3.81	1.55	4.18	3.50	8.49	0.76	7.53	3.63	4.06	3.78	3.34
向日葵饼	20.63	0.85	0.41	0.87	0.23	0.80	1.16	1.25	1.88	0.59	0.89	0.99	1.66	0.32	3.10	1.09	0.68	0.89	0.40
向日葵粕	24.15	1.07	0.50	0.95	0.26	0.94	1.46	1.38	2.16	0.69	1.01	1.09	2.00	0.38	4.03	1.29	0.80	0.96	0.63
小麦	12.57	0.33	0.18	0.35	0.14	0.45	0.83	0.57	0.57	0.31	0.68	0.43	0.58	0.29	4.24	0.49	1.38	0.52	0.40
小麦麸皮	12.36	0.57	0.22	0.34	0.20	0.42	0.92	0.56	0.95	0.40	0.50	0.58	0.87	0.31	2.84	0.58	1.07	0.55	0.44
次粉	13.42	0.49	0.19	0.44	0.23	0.46	0.99	0.65	0.80	0.36	0.67	0.59	0.83	0.34	3.54	0.70	1.24	0.60	0.38
饲用小麦面粉	12.13	0.40	0.24	0.44	0.23	0.54	1.00	0.66	0.70	0.34	0.79	0.52	0.72	0.33	4.32	0.66	1.66	0.67	0.50
亚麻籽饼	26.44	0.93	0.70	0.37	0.43	1.13	1.62	1.29	2.76	0.55	1.30	1.15	2.30	0.47	5.35	1.32	1.09	1.11	0.59
燕麦	—	0.37	0.15	0.30	0.11	0.33	0.66	0.50	0.66	0.20	0.44	0.35	0.62	0.27	1.80	0.37	0.46	0.38	0.34
去壳燕麦	—	0.35	0.16	0.30	0.11	0.33	0.65	0.45	0.63	0.19	0.45	0.39	0.76	0.29	1.63	0.42	—	0.44	0.32
椰子粕	—	0.37	0.27	0.45	0.13	0.54	0.99	0.76	2.09	0.27	0.63	0.48	0.92	0.19	2.15	0.48	0.40	0.49	0.42
玉米	7.05	0.17	0.16	0.20	0.04	0.19	0.81	0.32	0.27	0.19	0.27	0.44	0.36	0.16	1.09	0.20	0.68	0.28	0.17
玉米蛋白粉（CP<50%）	40.50	0.55	1.07	1.22	0.13	1.52	6.97	1.73	1.08	0.75	2.56	3.37	2.18	0.77	8.19	0.69	3.00	1.91	1.88
玉米蛋白粉（50%≤CP<60%）	48.88	0.70	1.24	1.46	0.16	1.77	8.03	2.00	1.32	0.89	2.95	3.90	2.57	0.93	9.37	0.88	3.75	2.28	2.27
玉米蛋白粉（CP≥60%）	56.05	0.86	1.49	1.69	0.22	2.00	8.81	2.30	1.57	1.05	3.28	4.43	2.97	1.19	10.66	1.12	4.33	2.63	2.53
玉米淀粉渣	22.41	0.84	3.26	0.83	0.17	0.61	0.47	1.24	1.04	0.77	1.19	1.71	1.53	0.51	4.65	0.63	1.41	1.11	0.74
玉米干酒精糟	21.96	0.68	0.55	0.88	0.15	0.99	3.47	1.26	1.01	0.66	1.41	1.91	1.44	0.46	4.47	0.72	1.40	1.14	1.05
玉米酒精糟及其可溶物	20.65	0.52	0.41	0.74	0.10	0.77	2.98	1.06	0.82	0.58	1.16	1.66	1.25	0.32	1.82	0.71	2.02	3.36	0.70
玉米酒精糟及其可溶物（EE<6%）	21.69	0.51	0.41	0.72	0.10	0.75	2.94	1.04	0.80	0.55	1.17	1.63	1.22	0.32	1.74	0.68	1.92	3.39	0.69
玉米酒精糟及其可溶物（6%≤EE<9%）	20.75	0.53	0.40	0.74	0.09	0.77	3.01	1.07	0.80	0.56	1.18	1.70	1.26	0.31	1.84	0.74	2.07	3.36	0.72
玉米酒精糟及其可溶物（EE≥9%）	20.63	0.52	0.40	0.74	0.10	0.75	2.95	1.06	0.81	0.58	1.16	1.67	1.27	0.32	1.95	0.75	2.13	3.25	0.69

（续）

项目	粗蛋白质	必需氨基酸										非必需氨基酸							
		赖氨酸	蛋氨酸	苏氨酸	色氨酸	异亮氨酸	亮氨酸	缬氨酸	精氨酸	组氨酸	苯丙氨酸	丙氨酸	天冬氨酸	半胱氨酸	谷氨酸	甘氨酸	脯氨酸	丝氨酸	酪氨酸
玉米胚	8.28	0.50	0.19	0.30	0.06	0.26	0.72	0.48	0.97	0.30	0.38	0.58	0.66	0.21	1.40	0.59	0.80	0.38	0.25
玉米胚芽饼	15.42	0.54	0.30	0.49	0.05	0.48	1.35	0.83	0.93	0.52	0.72	1.09	0.82	0.26	2.03	0.72	1.10	0.61	0.31
玉米胚芽粕	12.12	0.57	0.26	0.52	0.10	0.50	1.45	0.89	0.97	0.55	0.75	1.04	0.84	0.29	1.97	0.71	0.92	0.61	0.25
玉米皮	10.39	0.31	0.19	0.32	0.05	0.32	1.13	0.60	0.57	0.44	0.37	0.71	0.56	0.28	1.85	0.40	1.37	0.47	0.24
膨化玉米	6.87	0.21	0.16	0.16	0.04	0.25	0.84	0.25	0.33	0.20	0.29	0.34	0.28	0.16	0.96	0.16	0.71	0.23	0.29
喷浆玉米胚芽粕	19.81	0.60	0.36	0.71	0.04	0.68	2.04	1.22	0.90	0.67	0.89	1.94	1.08	0.40	2.79	0.88	2.08	0.80	0.34
喷浆玉米皮	13.13	0.32	0.25	0.44	0.07	0.44	1.51	0.76	0.59	0.48	0.49	1.17	0.75	0.31	2.32	0.60	1.53	0.56	0.23
棕榈仁粕	9.01	0.41	0.54	0.64	0.26	0.85	1.42	1.21	2.53	0.46	0.95	0.86	1.46	0.19	3.53	0.82	0.90	1.03	0.58
酪蛋白	83.61	6.66	2.47	3.51	1.28	4.27	7.99	5.58	2.97	2.49	4.31	2.37	5.57	0.38	17.34	1.39	9.72	4.19	4.72
肉粉	42.86	2.50	0.68	1.40	0.30	1.42	2.85	1.98	3.07	0.93	1.56	3.06	3.04	0.35	5.41	4.72	3.37	1.51	1.05
肉骨粉	36.04	1.89	0.58	1.12	0.19	1.07	2.33	1.66	2.93	0.65	1.30	3.06	2.43	0.26	4.57	5.51	3.55	1.34	0.73
禽肉粉	43.36	2.43	0.86	1.61	0.43	1.65	3.01	1.96	3.52	1.06	1.72	3.14	2.74	0.48	5.72	3.88	3.21	2.61	1.21
全鸡蛋粉	34.64	2.14	0.58	1.28	0.37	1.49	2.54	1.55	2.50	0.75	1.98	1.43	3.51	0.56	5.18	1.42	1.86	2.13	1.33
蛋清粉	67.37	8.29	0.80	2.24	0.61	2.79	4.68	2.76	4.74	1.54	3.19	2.46	6.81	0.81	10.40	2.53	3.22	3.09	2.25
全脂猪肠膜蛋白	45.13	3.56	0.85	2.11	0.55	2.19	4.02	2.43	2.66	1.05	2.23	2.71	4.98	0.56	7.56	2.96	1.22	2.11	1.67
脱脂猪肠膜蛋白	43.73	3.21	0.91	1.86	0.57	2.28	4.45	2.50	3.28	1.12	2.42	2.62	4.78	0.20	6.75	2.90	2.30	1.99	1.95
乳清粉	11.78	0.85	0.17	0.63	0.19	0.61	1.09	0.59	0.25	0.20	0.32	0.49	1.06	0.24	1.76	0.20	0.66	0.46	0.26
水解羽毛粉	55.01	1.12	0.43	2.32	0.38	2.76	5.07	4.31	4.56	0.46	3.12	2.77	2.38	3.15	6.38	5.66	8.84	6.30	1.67
脱脂奶粉	33.09	2.27	0.75	1.32	0.39	1.32	2.84	1.70	1.11	0.87	1.43	1.07	2.43	0.28	6.35	0.75	3.17	1.54	1.38
血粉	78.90	8.00	1.04	3.79	1.22	0.71	10.65	7.32	3.52	4.90	5.66	6.56	6.85	1.08	6.25	3.25	4.43	4.13	2.34
猪血浆蛋白粉	63.05	6.00	0.66	3.58	1.30	2.29	6.43	4.20	3.99	2.20	3.66	3.41	6.36	2.21	9.50	2.34	4.26	3.61	2.96
鱼粉（CP=53.5%）	—	3.33	1.18	2.13	0.53	1.98	3.61	2.33	2.79	1.06	1.91	—	—	—	—	—	—	—	—
鱼粉（CP=60.2%）	—	4.20	1.46	2.26	0.60	2.41	4.32	2.82	3.28	1.49	2.04	—	—	—	—	—	—	—	—
鱼粉（60%<CP≤65%）	53.20	3.97	1.47	2.03	0.42	2.13	3.64	2.54	2.90	1.21	1.93	3.10	3.96	0.31	6.18	2.95	2.10	1.72	1.26
鱼粉（CP>65%）	58.38	4.72	1.68	2.49	0.60	2.59	4.48	3.04	3.79	1.55	2.44	3.72	5.03	0.42	7.00	3.42	2.60	2.24	1.81

注：“—”表示数据不详；CP，粗蛋白质；EE，粗脂肪。

四、理想蛋白质的发展历程

20世纪50年代后期，美国伊利诺伊大学的Mitchell和Scott首次提出了家禽理想蛋白质日粮的概念（Glista等，1951；Fisher和Scott，1954）。家禽理想蛋白质模式的研究为生长猪理想蛋白质模式的研究奠定了基础。英国营养学家Cole于1980年提出了基于猪胴体氨基酸组成可配制包含所有必需氨基酸理想比例的日粮（以赖氨酸为参比）。英国ARC于1981年首次采纳Cole提出的必需氨基酸理想配比的概念，随后NRC于1988年也相继采纳。精氨酸、组氨酸和所有可以合成的氨基酸都没有被ARC理想蛋白质模式采纳。然而仅仅依赖动物体必需氨基酸组成的日粮理想蛋白质模式是存在缺陷的。首先，日粮的氨基酸组成不能反映机体的氨基酸组成，因为日粮氨基酸在肠道内会进行大量的分解代谢和转化；其次，血液氨基酸组成与日粮氨基酸组成差异极大，血液的不同氨基酸在动物不同组织有不同的代谢命运，导致体组织的氨基酸组成与日粮的氨基酸组成存在巨大差异（Wu等，2010）。1990年前的理想蛋白质模式没有考虑氨基酸的维持需要量。1990—2000年，Baker等做了大量关于10～20kg猪必需氨基酸需要量的研究，同时日粮中也考虑了精氨酸、甘氨酸、组氨酸和脯氨酸等，但没有考虑其他的可以合成的氨基酸，包括丙氨酸、天冬氨酸、天冬酰胺、半胱氨酸、谷氨酰胺、丝氨酸、酪氨酸等（Chung和Baker，1992）。NRC（1998）总结了大量文献，对各个氨基酸进行剖分，将影响氨基酸评估的因子设置为模型参数，从而形成了一套较为灵活的动态数学模型。NRC（1998）对氨基酸营养的推荐量主要基于真回肠可消化基础，在综合分析一些文献数据后认为，每千克猪代谢体重大约需要35mg赖氨酸用以满足维持需要，但没有提供用于单位体重蛋白质沉积的赖氨酸需要，仅仅提出了无脂瘦肉生长的概念，根据无脂瘦肉生长速率将猪分为高、中和低3个瘦肉生长型，分别提供相应的赖氨酸需要量。《猪营养需要》（NRC，1998）也没有考虑脯氨酸和甘氨酸。《猪营养需要》（NRC，2012）在之前的基础上进行了发展，采用标准回肠可消化氨基酸来表达猪的氨基酸需要。以赖氨酸为例，它把用于维持的赖氨酸需要量剖分为两部分，即表皮的赖氨酸损失和肠道的基础赖氨酸损失，推算每千克代谢体重产生约4.5mg的表皮赖氨酸损失，每千克干物质摄入造成回肠约0.417g的基础赖氨酸损失。同时计算出，猪机体每沉积100g蛋白质约沉积7.1g赖氨酸。通过监测乳腺生长、体氨基酸组成变化、产奶量等（Kim等，1999，2001），建立了妊娠母猪、泌乳母猪、哺乳仔猪和育肥猪的日粮精氨酸（Mateo等，2007，2008；Yao等，2008；Tan等，2009），谷氨酰胺（Jiang等，2009，Manso等，2012），谷氨酸（Wu等，2012；Rezaei等，2013；Zhang等，2013），脯氨酸（Wu等，2011；Brunton等，2012）和甘氨酸（Fickler等，1994；Powell等，2011）的需要模型。研究表明，必需氨基酸和非必需氨基酸在调控基因表达、细胞信号、营养物质转运、肠道微生物、抗氧化反应和免疫调节过程中都发挥着重要的作用（Wu，2009，2013a）。因此，现代理想蛋白质氨基酸模式应统筹考虑必需氨基酸、非必需氨基酸和条件性必需氨基酸的平衡。

五、理想蛋白质氨基酸平衡模式

目前，猪理想蛋白质氨基酸平衡模式主要有英国《猪营养需要》(British Society of Animal Science，BSAS，2003)，德国赢创工业集团发布的氨基酸需要推荐量(Rademacher等，2009)，美国《猪营养指南》(NSNG，2010）和美国《猪营养需要》(NRC，2012）及InraPorc猪理想蛋白质模式（2015)。各种个人或机构推荐的生长育肥猪理想蛋白质氨基酸模式见表3-4。这里主要介绍NRC（2012）和InraPorc（2015）的2种猪理想蛋白质氨基酸模式。

表3-4　生长育肥猪的理想氨基酸模式（%）

项　目	ARC (1981)	Fuller等 (1989)	Wang和Fuller (1989)	Chung和Baker (1992)	NRC (1998)	BSAS (2003)	NRC (2012)	InraPorc (2015)
赖氨酸	100	100	100	100	100	100	100	100
蛋+胱氨酸	50	59	63	60	55	59	58	60
苯丙氨酸+酪氨酸	96	122	120	95	93	100	95	95
苏氨酸	60	75	72	65	60	65	66	65
亮氨酸	100	110	110	100	102	100	102	100
异亮氨酸	55	61	60	60	54	58	53	55
缬氨酸	70	75	75	54	68	70	67	70
色氨酸	15	19	18	18	18	19	17	18
精氨酸	—	—	—	42	48	—	45	42
组氨酸	33	32	—	32	32	34	95	—

注：表中各氨基酸占赖氨酸需要量的百分比均根据总氨基酸需要量计算所得；"—"表示数据不详。

（一）InraPorc模型中生长猪氨基酸需要量

对生长猪而言，蛋白质沉积是其主要的氨基酸需要。采食量和蛋白质沉积共同决定日粮中的氨基酸需要量。InraPorc模型中假定赖氨酸的沉积效率是72%，即机体沉积1g赖氨酸至少需要1.39g日粮赖氨酸。也就是说，即使赖氨酸是第一限制性氨基酸，也有0.39g的赖氨酸被用于分解代谢。不同氨基酸的最大利用效率不同（表3-5），如在InraPorc模型中苏氨酸的最大转化效率经计算是61%。此模型中每日赖氨酸的维持需要为36mg/$BW^{0.75}$，其基础内源损失需要为33mg/$BW^{0.75}$。InraPorc模型的赖氨酸维持需要和内源损失需要比其他模型的略高。生长猪的内源损失、维持需要及蛋白质沉积的需要随生长而波动，因此其理想蛋白质氨基酸模式不是固定不变的。体重为30～110kg的生长育肥猪，其内源性分泌物中苏氨酸和缬氨酸含量很高，且随生长逐渐增多，SID Thr/SID Lys及SID Val/SID Lys的比值，大约增加2个百分点。

表 3-5 InraPorc 模型中氨基酸代谢和沉积

项　目	基础内源损失 (g/kg DM)	每日表皮损失 (mg/kg BW$^{0.75}$)	每日最低周转率 (mg/kg BW$^{0.75}$)	体蛋白质组分 (%)	理想蛋白质水平 (%)	最大转化效率 (%)
赖氨酸	0.313	4.5	23.9	6.96	100	72
蛋氨酸	0.087	1.0	7.0	1.88	30	64
半胱氨酸	0.140	4.7	4.7	1.03	30	37
苏氨酸	0.330	3.3	13.8	3.70	65	61
色氨酸	0.117	0.9	3.5	0.95	18	57
缬氨酸	0.357	3.8	16.4	4.67	70	71
异亮氨酸	0.257	2.5	12.4	3.46	55	67
亮氨酸	0.427	5.3	27.1	7.17	100	76
苯丙氨酸	0.273	3.0	13.7	3.78	50	82
酪氨酸	0.223	1.9	9.0	2.86	45	67
组氨酸	0.130	1.3	10.2	2.79	32	93
精氨酸	0.280	0	0	6.26	42	154
蛋白质	8.517	104.4	361.1	—	—	85

注：最大转化效率是由理想蛋白质氨基酸模型、体蛋白质组分和组分的维持计算得出；“—”表示数据不详。

(二) NRC 模型中生长猪的氨基酸需要量

《猪营养需要》(NRC，2012) 提出的生长猪理想蛋白质氨基酸模式与 InraPorc 模式相似。这 2 个模式的主要区别在于氨基酸的利用效率。NRC 默认赖氨酸最佳利用效率的 75%用于维持需要。基于动物间的个体差异，采用来源于严格控制的一系列屠宰试验获得的数据建立预测模型，校正蛋白质沉积的效率值。赖氨酸用于蛋白质沉积的最佳效率值在 20kg 体重时下调为 68.2%，120kg 体重时为 56.8%。这与 InraPorc 不同，后者将整个生长期赖氨酸用于蛋白质沉积的效率默认为一个常量 72%。

InraPorc 和 NRC (2012) 2 种理想蛋白质氨基酸模型都是动态预测模型，因此生长期的理想蛋白质模式也是动态变化的，但这 2 种模型预测的赖氨酸需要量是相似的。在 InraPorc 模型里，理想蛋白质氨基酸模式的动态变化对苏氨酸和缬氨酸的需要尤其重要；而在 NRC 模型里，其动态变化对苏氨酸、蛋氨酸+胱氨酸、缬氨酸和异亮氨酸的需要尤为重要。20～140kg 体重阶段，InraPorc 模型预测的 SID 苏氨酸/SID 赖氨酸比值从 64%上升到 65%，而 NRC 模型预测的 SID 苏氨酸/SID 赖氨酸比值从 61%上升到 67% (表 3-6)。随着体重的增加，SID 氨基酸/SID 赖氨酸的比例是变化的，但 2 种模型下平均理想蛋白质氨基酸模式是可以计算的。

表 3-6 基于 InraPorc 和 NRC (2012) 模型确定的平均理想蛋白质模型 (%)

项　目	生长育肥猪 20～140kg		妊娠母猪		泌乳母猪	
	InraPorc	NRC	InraPorc	NRC	InraPorc	NRC
蛋氨酸	30	29	28	28	30	26

（续）

项　目	生长育肥猪 20～140kg		妊娠母猪		泌乳母猪	
	InraPorc	NRC	InraPorc	NRC	InraPorc	NRC
蛋氨酸＋半胱氨酸	60	56	65	69	60	53
苏氨酸	65	61	72	76	66	63
色氨酸	18	17	20	20	19	19
缬氨酸	70	65	75	74	85	85
异亮氨酸	55	52	65	55	60	56
亮氨酸	100	101	100	95	115	113
苯丙氨酸	50	60	60	57	60	54
苯丙氨酸＋酪氨酸	95	94	100	98	115	112
组氨酸	32	34	30	32	42	40
精氨酸	42	46	—	53	—	56

注：以可消化赖氨酸需要量的百分数表示；“—”表示数据不详。

（三）InraPorc 模型中妊娠母猪和泌乳母猪氨基酸需要量

InraPorc 母猪理想蛋白质氨基酸模型是基于妊娠和泌乳期的能量和氨基酸利用率提出的，包括孕体生长、母体增重、泌乳期产奶量和体储备动用的能量和氨基酸需要。InraPorc 模型采用经验关系式来表达妊娠期蛋白质需求，包括孕体蛋白质沉积、孕期母体蛋白质沉积和超过维持需要的能量摄入量 3 个变量。泌乳期产奶的蛋白质需求也采用经验关系式来表达，每天产奶的蛋白质需求根据窝增重和窝产仔数来计算。泌乳期体蛋白动用可根据第一限制性氨基酸摄入量和乳中氮输出量来估算。InraPorc 模型中，对于初产妊娠母猪，大量的赖氨酸会沉积在其肌肉组织中。因为初产妊娠母猪还未达到体成熟，适宜的赖氨酸有利于发挥母猪的最大生长潜力，而过量的赖氨酸则会脱氨基。妊娠 60d 以后，胎儿生长需要的赖氨酸急剧增加会削弱母体肌肉生长，而妊娠 85d 以后，赖氨酸的供给不足以维持母猪最佳生长潜力的发挥，在这种情况下，妊娠的最后 1 周给母猪提供 SID 赖氨酸水平较高的泌乳期日粮，会使母体赖氨酸沉积潜力得以发挥。泌乳期采食量增加有利于满足泌乳对赖氨酸的需求，然而来自日粮的赖氨酸不足以维持泌乳的需求，因此需要动用体组织的蛋白质。

（四）NRC 模型中妊娠母猪和泌乳母猪氨基酸需要量

NRC 模型采用析因法来估测妊娠及泌乳母猪的氨基酸需要量。妊娠期蛋白质需要包括胎儿、乳腺组织、胎盘、羊水、子宫、时间依赖性的母体蛋白质沉积和能量依赖性的母体蛋白质沉积几部分。在前四个部分，胎儿蛋白质沉积是最重要的。每部分的氨基酸需要量是通过每部分蛋白质沉积量乘以相应的氨基酸组成，再除以氨基酸利用效率而得到的。

由于母体增重或失重及背膘厚的差异，因此为母猪设定一个确切的氨基酸需要量非常困难。此外，窝产仔数和窝重也会影响氨基酸需要量。InraPorc 模型对妊娠及泌乳母猪都采用固定的理想蛋白质模式。但是 NRC 模型不同，其中每部分蛋白质需求都有对应的理想蛋白质模式，因此 NRC 总的理想蛋白质模式在妊娠及泌乳期是不断变化的，但是变化较小。除异亮氨酸和含硫氨酸外，2 种模型的理想蛋白质模式都很相近。2 种模式中，泌乳期（蛋氨酸＋胱氨酸）/赖氨酸的比例低于妊娠期的比例（表 3-6）。

生长育肥猪和母猪目前都有相应的理想蛋白质氨基酸模式。基于动态化模型建立的模式将会更具有实用价值，因为动态模式考虑了氨基酸利用的各个方面，以及实际动物生产过程中的动态变化。

第二节　氨基酸在肠道的首过代谢

小肠是一个高度分化和复杂的器官，其重量占体重的 2%～3%。过去人们认为，小肠仅是消化和吸收日粮中营养物质的部位。但随着研究工作的深入及插管技术的发展，越来越多的研究表明，饲料中被消化吸收的营养物质，并不是全部进入了门静脉，而是有相当一部分首先在肠道及其他门静脉引流组织（portal-drained viscera，PDV）中进行代谢利用（Agyekum 等，2016），称之为氨基酸在肠道的首过代谢。

氨基酸是肠道优先利用的重要营养物质。早在 20 世纪 70 年代的研究就已经证实，小鼠小肠内存在广泛的谷氨酰胺、谷氨酸和天冬氨酸的分解代谢（Jahan-Mihan 等，2011）。在仔猪上也有研究表明，日粮谷氨酰胺、谷氨酸和天门冬氨酸的 90%为肠道所利用，其中 50%～70%用于氧化供能。同时，日粮中部分必需氨基酸，如赖氨酸、蛋氨酸、支链氨基酸和苯丙氨酸，也有 30%～60%被肠道利用，而氧化供能占其中的 20%～30%（Dai 等，2013）。苏氨酸占小肠黏液蛋白的 15%，是被小肠利用最多的必需氨基酸，可高达采食日粮苏氨酸的 65%。近年来，开展了许多氨基酸在小肠首过代谢方面的研究。测定日粮或从消化道消失的氨基酸的量和组成模式能否准确反映到达门静脉的氨基酸的量及组成模式也越来越受到人们的关注。

一、小肠中的氨基酸代谢

日粮中的蛋白质被消化酶降解为小肽和游离氨基酸。这些产物被肠上皮细胞和肠道内微生物摄取，一部分在小肠黏膜内参与代谢，另一部分没有被小肠利用的氨基酸进入体循环（He 等，2013）（表 3-7）。近 20 年来的研究表明，一些氨基酸是肠道黏膜的主要供能物质，并参与肠黏膜分泌蛋白质的合成，以及通过脱氨基和转氨基作用转变成其他氨基酸，从而对进入门静脉的氨基酸模式进行有选择的修饰（Wu，2013）（图 3-2）。

表 3-7　氨基酸在小肠黏膜上皮细胞中的代谢途径

项　目	氨基酸
既不合成也不降解	天冬酰胺、半胱氨酸、组氨酸、赖氨酸、蛋氨酸、苯丙氨酸、色氨酸和苏氨酸
合成但不降解	酪氨酸
降解但不合成	支链氨基酸（异亮氨酸、亮氨酸和缬氨酸）
既降解又合成	丙氨酸、精氨酸、天冬氨酸、瓜氨酸、谷氨酸、谷氨酰胺、甘氨酸、鸟氨酸、脯氨酸和丝氨酸

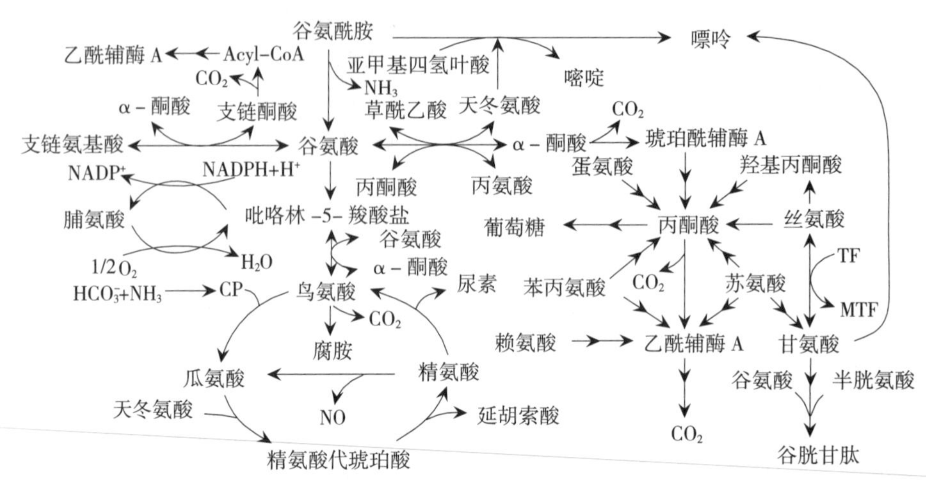

图 3-2 肠道内氨基酸代谢

（资料来源：Wu，1998）

（一）小肠内必需氨基酸的代谢

由于早期研究发现小肠黏膜并不存在必需氨基酸分解酶，因此尽管必需氨基酸分解代谢具有明显的营养意义，但是多年来并没有引起人们的注意（Dai 等，2011）。近年来，许多研究发现，由门静脉流出的氨基酸代谢终产物（如丙氨酸、精氨酸和瓜氨酸）中氮的含量要高于日粮中天冬氨酸、谷氨酸、谷氨酰胺、甘氨酸和丝氨酸分解产生的量，表明小肠黏膜会氧化一些日粮必需氨基酸（Muncan 等，2011）。在仔猪上的研究表明，部分日粮氨基酸不是吸收入血供全身利用，平均有 30%～60%的必需氨基酸被门静脉引流组织利用（Bergen，2015）。这些必需氨基酸，除用于合成肠黏膜蛋白质外，还通过不同途径在肠上皮细胞内代谢。它们不仅是小肠黏膜的供能物质，同时还参与肠道内氨基酸、谷胱甘肽和多胺等多种生物活性物质的合成，对维持肠黏膜完整性和肠道功能有重要意义，对整个机体的代谢产生重要的影响（Ren 等，2015）。

亮氨酸、异亮氨酸和缬氨酸被统称为支链氨基酸。在机体首过代谢中，支链氨基酸被肠道组织不同程度地利用。有研究表明，成人摄取的亮氨酸中，肠道组织利用量可达 42%～48%。犬日粮中的亮氨酸，通过肠道黏膜时约 30%被利用，其中 45%用于合成蛋白质，55%进入转氨基代谢途径（Ren 等，2015）。对于哺乳仔猪，约 40%的亮氨酸、30%的异亮氨酸和 40%的缬氨酸在肠道首过代谢中被利用，其中 20%用于合成小肠黏膜蛋白质。除用于蛋白质合成外，大部分被利用的支链氨基酸通过转氨基和脱羧基途径进行分解代谢（Haenen 等，2013）。肠黏膜支链氨基酸代谢有 5 个方面的作用。第一，为丙氨酸和谷氨酰胺合成提供氮源。支链氨基酸通过特殊载体进入细胞后，在支链氨基酸转氨酶、支链氨基酸 α-酮酸脱氢酶、谷氨酰胺合成酶、谷丙转氨酶和谷草转氨酶催化作用下，可代谢生成丙氨酸和谷氨酸。第二，产生支链氨基酸 α-酮酸，可抑制肠道细胞蛋白质水解，此作用类似于支链氨基酸 α-酮酸在骨骼肌中的作用。第三，调节进入门静脉和血液循环中的氨基酸水平。由于支链氨基酸在肝脏中降解很少，小肠可能在调节机体血浆支链氨基酸含量上起重要作用。第四，可能调控 NO 介导的局部和全身血流量。高水平支链氨基酸可能通过抑制 NO 合成，从而导致内皮细胞功能异常。第五，介导哺乳动物雷帕霉素标靶（mammalian target of rapamycin，mTOR）信号通路。大量研究表明，亮氨酸能激活肠上皮细胞 mTOR 信号通路（Wang 等，2015）。

成人和仔猪摄入的蛋氨酸分别有 33%和 39%被肠道组织利用，其中大部分进行了分解代谢（Wu，2013b）。利用稳定性同位素技术在羊体内发现了蛋氨酸在肠道内甲基转移、再次甲基化和转硫作用的动态过程（Kraft 等，2011）。仔猪日粮中 20%的蛋氨酸可被肠道组织代谢，其中 31%转化为高半胱氨酸，40%转化为 CO_2，29%用于合成组织蛋白，生成的高半胱氨酸进入门静脉循环系统，参与体内高半胱氨酸的循环（Bertolo 和 Mcbreairty，2013）。Bertolo 和 Mcbreairty（2013）在分离出的猪肠上皮细胞中发现了有活性的胱硫醚-β-合成酶及其 mRNA 的表达。蛋氨酸代谢产物对肠道健康有重要影响。通过甲基转移作用，蛋氨酸可生成 S-腺苷蛋氨酸，从而生成高半胱氨酸。S-腺苷蛋氨酸是体内主要的甲基基团供体，也是一种去甲基化抑制因子，可能逆转低甲基化引起的促癌基因表达。高半胱氨酸可导致肠炎和肠道上皮功能异常。蛋氨酸转氨丙基作用产生的多胺对小肠黏膜生长、发育及损伤后修复有重要的作用。转硫作用产生的半胱氨酸是合成谷胱甘肽（glutathione，GSH）的底物。在肠道中，GSH 具有保护肠上皮细胞免受亲电子试剂和脂肪酸羟化物引起的损伤、除去肠内氢过氧化物、参与调控细胞生长等作用（Mcbreairty，2016）。半胱氨酸是合成 GSH 的主要限制性氨基酸，食物中的蛋氨酸可替代半胱氨酸支持谷胱甘肽的合成。在氧化剂刺激下，肠道细胞可能通过激活蛋氨酸转硫作用来增加半胱氨酸产量，以促进 GSH 的合成（Allen，2012）。通过测定胱硫醚合成和 ^{35}S 标记蛋氨酸结合到 GSH 的量表明，氧化剂刺激可促进转硫作用（Lapierre 等，2012）。同时，在抗氧化剂存在的条件下，通过转硫作用生成的高半胱氨酸减少，从而影响 GSH 合成（Soltan 等，2012）。因此，促进蛋氨酸转硫作用，可提高肠上皮细胞中的 GSH 含量，对维持肠道功能和肠道健康有重要意义。

肠内赖氨酸可利用量对赖氨酸代谢具有调节作用。有研究表明，肠内赖氨酸可利用量越多，PDV 组织对赖氨酸的摄入量越高。赖氨酸在肠道组织中既可用来合成黏膜蛋白质，也可进行分解代谢（Chen 和 Reimer，2009）。仔猪日粮赖氨酸在首过代谢中有 35%被利用，其中仅有 18%用于合成肠黏膜蛋白质。当日粮中赖氨酸含量较低时，肠道组织对赖氨酸的氧化作用也会受到抑制（Kim 等，2013）。虽然体内试验表明，赖氨酸可在肠道组织中发生氧化代谢（Li 等，2011），但是 Chen 和 Reime（2009）研究发现，赖氨酸在小肠黏膜中既不能氧化生成 CO_2，也不能代谢产生三羧酸循环中间产物。他们在小肠上皮细胞中未能检测到有活性的赖氨酸 α-酮戊二酸还原酶，因此推测肠道内赖氨酸的分解代谢可能与肠道微生物作用有关（Maurício 等，2014）。

苏氨酸是肠道组织利用率最高的必需氨基酸，约有 60%的仔猪日粮苏氨酸在首过代谢中被利用，但分解代谢并不是苏氨酸代谢的主要途径（Liu 等，2015）。苏氨酸在肠道中主要用于合成黏膜蛋白质，尤其是合成黏蛋白，对肠道免疫应答有重要作用。

目前，关于苯丙氨酸在肠道组织代谢和功能影响方面的研究较少。仅有研究表明，仔猪日粮中 35%的苯丙氨酸在机体首过代谢中被利用，其中 18%用于合成肠道黏膜蛋白质。苯丙氨酸虽然可以在猪小肠黏膜细胞中发生分解代谢，但是代谢量很低，几乎可以忽略不计，在小肠上皮细胞中也未检测到有活性的苯丙氨酸羟化酶（Ku 等，2013）。

因此，关于苯丙氨酸在肠道组织中的首过代谢还有待进一步研究。

（二）小肠内非必需氨基酸的代谢

非必需氨基酸在小肠内的代谢主要是作为肠道的供能底物。早期研究发现，小肠黏膜组织能够氧化非必需氨基酸和支链氨基酸，随后又进一步证实肠黏膜组织能大量利用谷氨酸和谷氨酰胺，其中大量的谷氨酰胺来源于动脉血（Bravo 等，2011）。仔猪摄入的日粮谷氨酸和谷氨酰胺 50%以上在肠道中完全氧化生成 CO_2，其产生的 CO_2 高于消化道氧化葡萄糖产生的 CO_2 量（Oliveira 等，2016）。用 U-^{13}C 标记的谷氨酸、谷氨酰胺和葡萄糖灌注并直接测定门静脉血中的 CO_2 发现，小肠黏膜氧化产生的 50% CO_2 来自日粮谷氨酸和天冬氨酸在小肠内的氧化，表明天冬氨酸也是小肠内重要的供能物质（Yi 等，2013）。Wu 等（2013a）研究发现，0～58 日龄仔猪小肠细胞中存在大量线粒体脯氨酸氧化酶，因此大约有 38%的日粮脯氨酸在肠道被氧化而不是被肠外组织利用。

非必需氨基酸既能在肠道内降解又能进行部分合成。小肠脯氨酸可从日粮精氨酸、鸟氨酸、谷氨酰胺、谷氨酸、天冬氨酸及动脉来源的谷氨酰胺合成，猪的小肠是合成的主要场所（图 3-3）。但是哺乳仔猪细胞中通过精氨酸合成的脯氨酸较少，仔猪断奶后肠道精氨酸酶诱导精氨酸合成显著增加（Dai 等，2012a），这也从生化机制上解释了为什么脯氨酸是哺乳仔猪的必需氨基酸，而不是断奶后生长猪的必需氨基酸。

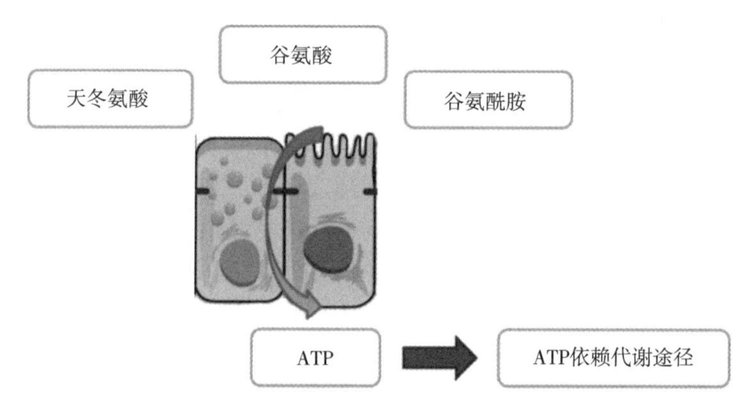

图 3-3　作为肠道供能氨基酸 ATP 依赖代谢途径

二、小肠对氨基酸的感应

蛋白质在消化道可被分解成多种化合物，包括二肽、三肽和氨基酸混合物。这些消化产物需要大量的黏膜细胞刷状缘和基底膜转运系统，具有不同底物特性和离子依赖性。刷状缘上的氨基酸转运载体主要负责从肠腔中吸收各种氨基酸，而基底膜上的氨基酸转运载体则用来加速氨基酸在肠细胞和体内循环间的转移。蛋白质感应机制有以下几种：一是通过表达和激活 G 蛋白偶联受体（G protein-coupled receptors，GPCRs）促进胃肠激素的释放；二是氨基酸和二肽转运载体作为生电性转运感受体，诱导膜去极化和激素分泌；三是通过味觉感受体 1/3（type 1 receptor 1/3，T1R1/T1R3）介导脂肪族氨基酸感应的信号转导（Chantranupong 等，2015）（图 3-4）。

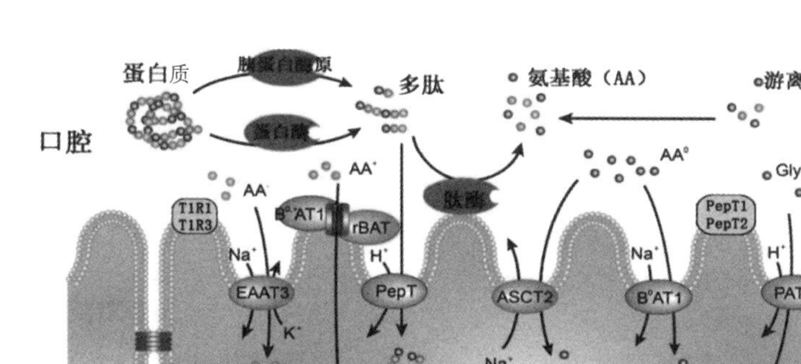

图 3-4 小肠蛋白质的消化、氨基酸的转运和感应

注：GPSR、GPRC6A、GPR93、GPCRs、PepT1、PepT2 和 T1R1/T1R3，氨基酸感受体；$B^{0,+}$ AT1、ASCT2、PAT1、EAAT3、LAT2 和 TAT1，氨基酸转运载体；PepT，肽转运载体；4E-BP1，真核翻译起始因子 4E 结合蛋白 1；4F2hc，4F2 重链；Asp，天冬氨酸；$B^{0,+}$ AT1，B^{0} 中性氨基酸转运载体 1；EAAT3，兴奋性氨基酸转运载体 3；Glu，谷氨酸；Gly，甘氨酸；LAT，L 型氨基酸转运载体；Pep T，肽转运载体家族；Pro，脯氨酸；rBAT，b^{0} 相关氨基酸转运载体；SLC，溶质转运蛋白；β-Ala，β-丙氨酸。

钙敏感受体（Calcium-sensing receptor，CaSR）能感应 L-氨基酸，尤其对 L-芳香族氨基酸敏感。Mace 等（2012）研究发现，大鼠小肠 L 细胞和 K 细胞可通过 CaSR 受体识别 L-氨基酸，调节 GLP-1、PYY 和 GIP 等脑肠肽的分泌。进一步研究发现，CaSR 受体介导脑肠肽的分泌需要钙离子的参与。Chantranupong 等（2015）利用小鼠 STC-1 细胞系对 CaSR 介导的脑肠肽分泌机制作了更深入的研究，结果表明 CaSR 通过激活磷脂酶 C（phospholipase C，PLC）和三磷酸肌醇（inositol triphosphate，IP3）信号通路，引起内质网钙离子释放；同时，胞膜 TRPC 和 L 型 VDCC 被激活，引导胞外钙离子进入胞内；胞内钙离子浓度升高，促进了胞内 CCK 和 GLP-1 的胞吐作用（Efeyan 等，2015）。以上研究表明，L-氨基酸结合 CaSR 受体后，激活下游信号通路和离子通道，引起胞内钙离子浓度上升，进而调节脑肠肽分泌。

G 蛋白偶联受体 C 家族 6 组 a 亚型受体（G protein coupled receptor family C group 6 subtype a，GPRC6a）可识别肠腔内 L-精氨酸、L-赖氨酸和 L-鸟氨酸。与 CaSR 不同的是，GPRC6a 对 L-芳香族氨基酸不敏感，其基因在动物空肠和结肠中的表达量最高（Chantranupong 等，2015）。GPRC6a 通过识别感应 L-氨基酸，促进细胞脑肠肽的表达和分泌。此外，在饲喂高脂日粮下，与正常小鼠相比，*GPRC6a* 基因敲除小鼠采食量与体增重显著升高，同时伴随葡萄糖代谢紊乱，表明 *GPRC6a* 基因能够介导机体能量代谢（Alfa 和 Kim，2016）。然而最新研究发现，肠道 GPRC6a 并不介导高蛋白质日粮饲喂小鼠的采食、饱感和体增重的调控（Efeyan 等，2015）。因此，肠道 GPRC6a 感应氨基酸介导机体能量代谢的机制还不明确，需要进一步的研究。

小肽转运蛋白（peptide transporter 1，PepT1）广泛分布于小肠和结肠 L 细胞表面，可识别肠腔内的蛋白质，促进 GLP-1 的分泌。Diakogiannaki 等（2013）研究发现，蛋白能同时激活小鼠 L 细胞 PepT1 和 GaSR 信号通路，促进细胞分泌 GLP-1。因此推测，PepT1 和 CaSR 受体存在协同机制，共同调节脑肠肽的分泌。

鲜味受体——1 型味觉受体 1/3（type 1 taste receptor 1/3，T1R1/T1R3）能够识别 L-脂肪族氨基酸，尤其对 L-谷氨酰胺和 L-天冬酰胺敏感，其主要分布于肠道 I 细胞、K 细胞和 L 细胞表面（Chantranupong 等，2015）。目前，关于 T1R1/T1R3 在肠道中感应氨基酸的机制还未明晰，而对胰腺 β 细胞中的氨基酸感应有较深入的研究。Wauson 等（2012）研究发现，胰腺 β 细胞上的 T1R1/T1R3 与 L-氨基酸结合后，可通过激活细胞下游 ERK1/2 和哺乳动物雷帕霉素靶蛋白复合体 1（mammalian target of rapamycin complex 1，mTORC1）信号通路，介导胰岛素的分泌，维持机体葡萄糖稳态。此外，有研究发现 T1R3 缺失会引起 β 细胞自噬，并促进其他氨基酸感应转运载体的表达，提示机体氨基酸感应转运存在补偿机制，以应对 T1R1/T1R3 的功能缺失。

根据氨基酸感应受体在肠道中的分布和对氨基酸敏感性的差异，研究推测肠道氨基酸感应受体之间存在交互作用，从而协同识别感应肠道内各类氨基酸。然而目前有关氨基酸感应受体协同机制的研究较少，因此深入了解肠道各类氨基酸感应受体间的信号传导网络，将有助于阐明肠道氨基酸感应的机制。

三、小肠微生物与氨基酸代谢

单胃动物的肠道中定植着大量的微生物，其数量大约是宿主机体细胞总数的 10 倍。Dai 等（2010）利用厌氧培养技术，研究了猪小肠微生物对游离氨基酸的代谢。结果表明，十二指肠、空肠和回肠微生物能大量代谢必需氨基酸。同时，通过对肠道食糜微生物的继代培养发现，猪小肠微生物可快速并大量利用赖氨酸、苏氨酸、精氨酸和谷氨酸。然而，这些被微生物利用的氨基酸代谢去路并不清楚（Alfa 和 Kim，2016）。氨基酸的发酵产物主要包括氨类物质、生物胺、酚及吲哚类物质。产生这些代谢物的微生物主要有拟杆菌、丙酸杆菌、链球菌属和梭菌属。对猪小肠中氨基酸代谢菌群进行分析发现，小肠代谢氨基酸的优势菌群包括克雷伯菌、大肠埃希菌、链球菌、发酵氨基酸球菌等。这些小肠氨基酸代谢菌可以分泌多种蛋白酶和肽酶，可能与单胃动物消化道中蛋白质的消化与吸收有关（Dai 等，2012b）。

蛋白质被宿主和微生物来源的酶分解成小肽和氨基酸后，经氨基酸转运载体进入微生物细胞内。Russell 和 Rychlik（2001）在瘤胃微生物的氨基酸转运及机制方面进行了大量深入的研究，结果发现钠依赖转运载体及协助扩散是氨基酸代谢菌内主要的氨基酸转运系统。另外，氨基酸的转运还在受到微生物细胞内 pH 的影响，pH 在 6.0～7.0 时氨基酸的转运达到最大，pH 大于 7.0 时急剧降低。这些研究表明，氨基酸的转运模式受到微生物细胞外环境的影响。转运的氨基酸可用于微生物蛋白质的合成。然而在单胃动物上，肠道微生物蛋白质合成所需的氨基酸主要来源于日粮及宿主氨基酸的吸收同化。小肠是氨基酸吸收的主要部位，而大肠对氨基酸的吸收有限。因此，传统营养学往往认为对单胃动物而言，小肠微生物对肠道中氨基酸的利用可能是营养上的浪费。

目前，对于氨基酸在小肠微生物中的代谢去路及可能参与的代谢途径的研究还很缺乏。Dai 等（2012b）利用同位素标记技术测定了在体外条件下，不同氨基酸在不同肠段的小肠微生物中的代谢去路，结果发现回肠肠腔微生物降解脯氨酸和亮氨酸产生 CO_2 的量很少，微生物对赖氨酸、苏氨酸和精氨酸的脱羧代谢只占相对氨基酸净利用的 10%，而赖氨酸脱羧代谢只占小肠混合微生物对赖氨酸净利用的 15%。然而，在蛋白质合成方面，用于合成菌体蛋白的氨基酸占相应氨基酸净利用比例较高的有亮氨酸（50%～70%）、苏氨酸、脯氨酸和蛋氨酸（25%）、赖氨酸和精氨酸（15%）及谷氨酰胺（10%）。结合猪小肠微生物对氨基酸净利用的数据，50%以上被微生物利用的氨基酸既没有被氧化产生 CO_2，也没有用来合成菌体蛋白，而是进入了其他代谢途径。肠道微生物参与并调节氨基酸的吸收和利用，揭示小肠微生物在小肠蛋白质和氨基酸代谢过程中有作用，且有助于理解肠道微生物对宿主营养和健康的重要影响。

氨基酸在肠道的首过代谢对整个机体健康具有重要意义。由于肠道组织优先利用消化吸收的氨基酸，肠道组织内氨基酸的代谢会影响日粮氨基酸进入门静脉循环的模式，从而影响整个机体对日粮氨基酸的利用和氨基酸功能的发挥。因此，研究肠道氨基酸首过代谢及其调控，有助于机体更好地利用日粮中的氨基酸，从而促进动物的健康和生长。

第三节 日粮蛋白质水平与骨骼肌蛋白质合成

一、肌肉蛋白质稳态

肌肉蛋白质稳态调控是复杂且动态的，需要数年或数月才能看到显著的表型（Anthony，2016）。蛋白质生产或降解的每一步都能影响蛋白质稳态。蛋白质稳态调控对家畜整个生命周期都很重要，在快速生长时期和环境应激状态下，如温度、湿度和营养应激尤其如此。深入理解不同类型骨骼肌肌纤维中蛋白质稳态的调控，有助于肌肉生长和动物生产性能的最大化（Rivera-Ferre 等，2005）。

在啮齿动物和猪上的研究表明，出生后骨骼肌的生长主要是通过肌肉蛋白质的合成增加实现的，这一过程主要是通过调控 mRNA 翻译的起始（Jefferson 和 Kimball，2001；Davis 等，2008）。翻译起始有两个重要事件，一个是起始复合物的形成［包括甲硫氨酰 tRNA、真核起始因子 2（eukaryotic initiation factor 2，eIF2）和 GTP］；另一个是真核起始因子 4（eukaryotic initiation factor 4，eIF4）核糖体复合物（Kimball 等，2000；Wilson 等，2009）。这两个事件都受到特殊的真核起始因子磷酸化的调控。这些真核起始因子可以通过免疫印迹检测，并可用作响应环境因子时肌肉蛋白质合成的生物标记分子。营养因子是众多环境因子主要的影响因子。饲喂可通过增加 eIF4 复合物的形成增加肌肉蛋白质的合成，而在饥饿或低蛋白质条件下会减少 eIF4 复合物的形成，从而降低肌肉蛋白质的合成。分解代谢刺激因子，如感染、炎症反应和老年痴呆等会降低起始复合物和 eIF4 复合物的形成（Goodman 等，2011；Laufenberg 等，2014；You 等，2015）。

二、蛋白质降解通路对肌肉蛋白质沉积的调控

在生命的各个阶段，骨骼肌细胞的质量受蛋白质周转/降解的影响。降解增强不仅降低肌肉质量，还改变肌肉的纤维组成类型（Greising 等，2012）。禁食、糖皮质激素、败血症和衰老使红肌纤维（Ⅱ型）转变为白肌纤维（Ⅰ型），而缺乏运动和去神经支配导致慢肌纤维向快肌纤维转换（Pasiakos 等，2014）。不同的蛋白质水解系统如何调节不同肌纤维类型的生长能力和效率，特别是在环境压力下的生长能力和效率，是需要进一步深入研究的重要问题。回答这些问题的困难在于蛋白质水解的复杂性。任何一种单一蛋白质的稳定性或半衰期都是由体内各种各样重叠的降解系统的活性调节的。影响骨骼肌质量的主要蛋白质水解过程有：①自噬溶酶体系统；②泛素蛋白酶体途径；③钙依赖性钙蛋白酶；④半胱氨酸蛋白酶联酶（Pasiakos 和 Carbone，2014）。这些过程在确定肌肉质量方面的相对贡献是根据遗传学、生命阶段、激素和环境刺激而波动的。此外，这些分解过程通过相关的质量控制信号网络和相互调节的基因表达相互作用（Milan 等，2015）。因此，更深入了解调控这些蛋白质水解模式激活的途径是一个研究热点。自噬溶酶体系统和泛素蛋白酶体途径是最影响肌肉蛋白质周转过程的 2 种途径（Sandri，2013）。自噬溶酶体系统在细胞质和细胞器的大规模降解和循环中起着重要的作用，与肌肉代谢和质量相关的自噬不同类型或形式，包括微自噬、大自噬和分子伴侣介导自噬（chaperone mediated autophagy，CMA）（Arndt 等，2010；Bonaldo 和 Sandri，2013；Boya 等，2013；Sanchez 等，2014a；Vainshtein 等，2014；Fan 等，2016）。微自噬直接吞噬一小部分细胞质（如糖原）到溶酶体中，其对正常骨骼肌代谢的贡献没有明确定义。大自噬被认为是肌肉质量的主要调节因子，而大自噬的激活对应于肌肉萎缩。在大自噬过程中，“自噬”的过程是通过高度调节膨胀的双膜囊泡，包埋细胞质物质。伴随成熟和膜封闭会产生自噬液泡，随后与溶酶体融合。虽然细胞质的降解可以是非选择性的，但靶向性的大自噬确实存在，并且越来越被认为是维持肌肉稳态的重要因素。在 CMA 期间也指定了目的底物的选择性，含有靶向结构域的可溶性胞浆蛋白被穿梭到溶酶体表面，而不需要囊泡转移。CMA 在苍蝇、啮齿动物和人类中的正常肌肉稳态维持中起重要作用，并且某些肌肉萎缩疾病状态下也有 CMA 参与（Arndt 等，2010）。

小鼠骨骼肌自噬机制组分的靶向突变表明，大自噬是肌肉重塑及肉质控制的关键。尤其是具有选择性的大自噬，如线粒体自噬，其在细胞衰老过程中的线粒体功能变化及氧化应激防御中具有重要作用（Leduc-Gaudet 等，2015）。空腹后喂食可以抑制自噬体的生物标志物的形成，从而说明大自噬可由营养状态调节（Fan 等，2016）。对于初生仔猪而言，胰岛素和氨基酸都能起到抑制大自噬的作用，而 CMA 则没有变化（Suryawan 和 Davis，2014）。值得注意的是，对自噬的功能进行评估是十分复杂的，目前关于自噬体成熟的有效生物标志物还存在一些争议。骨骼肌中另一个重要的蛋白水解系统是泛素蛋白酶体途径（Sandri，2013）。泛素蛋白酶体途径用聚泛素链标记目的蛋白，并通过 ATP 水解来选择性地降解蛋白。在由 E1（泛素激活酶）、E2（泛素结合酶）和 E3（泛素连接酶）这些酶介导的一系列协同催化反应

中，4 个泛素单体通过 26S 蛋白酶体，被共价连接到所选择的用于破坏降解的蛋白质上。由于 E3 连接酶所催化的泛素化级联是该系列反应的最终和限速步骤，因此目前研究工作多集中在确定底物选择的决定因素上。然而，目前只有不到一半的已知的 E3 连接酶自身具有酶活性，大多数 E3 连接酶需要与适当的 E2 结合酶相互作用以正确地靶向降解底物。这些 E2-E3 在骨骼肌的发育或萎缩中的作用关系大部分是未知的。许多分解代谢的条件与许多 E3 连接酶的表达或活动的增加相对应，其中一些是在不同的细胞类型中广泛存在的，而另一些则在骨骼肌中特异表达。目前已广泛研究了肌肉环状指基因 1 及肌肉萎缩盒 *F* 基因/atrogin-1 2 种肌肉特异性 E3 泛素连接酶在肌肉分解代谢和萎缩的各种状态中的表达水平。其他 E3 连接酶，如 NEDD4-1、TIMI 32 和肿瘤坏死因子受体相关因子-6 在不同的肌肉萎缩模型和肌肉发育的不同阶段中起着关键作用（Sandri，2013）。

三、调控肌肉蛋白质沉积的信号通路

调节骨骼肌蛋白质合成的关键细胞内信号通路是胰岛素信号通路，而 mTORC1 是胰岛素信号通路的核心组成部分，主要通过 2 种机制来调控机体蛋白质合成和 mRNA 的翻译：①使 mRNA 翻译的抑制因子 eIF4E-BP1 失活；②激活 p70 核糖体蛋白质 S6 激酶（p70S6K）（Glass，2010）。这些关键信号分子磷酸化水平的变化将影响翻译的起始和延伸，因而直接影响蛋白质的合成速率。调控肌肉生长发育的关键是蛋白激酶 B/Akt 激酶的值。胰岛素/IGF-1 Linsulin-like growth factor-1，胰岛素样生长因子-1-Akt 通路通过抑制糖原合成酶激酶 3b（eIF2 复合物形成的抑制因子）和激活 mTORC1 信号通路增加肌肉蛋白质合成（Schiaffino 和 Mammucari，2011）。Akt 通过使 FOXO 转录因子磷酸化降低蛋白质降解（Sanchez，2014b）。mTORC1 主要由 mTOR、Raptor 和 mLST8 组成，也包括 Rag A-D、Deptor、PRAS40 和 Rheb-GTP（Laplante 和 Sabatini，2012）。另外一个复合物是 mTORC2，其是 Akt 和 FOXO 间信号传递所必需，但关于其在肌肉生长中的功能尚且未知（Wang 等，2014）。增加 mTORC1 会促进翻译起始进而增加肌肉蛋白质合成，抑制自噬；而减少 mTORC1 会减少肌肉蛋白质合成，增加自噬（Bar-Peled 和 Sabatini，2014）。总体来说，合成代谢刺激因子，如生长激素、胰岛素/IGF-1、氨基酸、睾酮和 beta 兴奋剂，会激活 mTORC1 信号通路；而分解代谢刺激因子，如炎性细胞因子、糖皮质激素、肌肉生长抑制素、饥饿和低蛋白质，会抑制 mTORC1 信号通路（Orellana 等，2007；Braun 和 Marks，2015）。营养，尤其是支链氨基酸是肌肉中 mTORC1 不依赖于胰岛素/IGF-1-Akt 的有效激活剂（Columbus 等，2015a；Duan 等 2016a）。此外，生长因子可不依赖氨基酸营养激活骨骼肌 mTORC1 信号（O' Connor 等，2003）。植物甾酮也可激活 Akt 信号通路，增加蛋白质的合成（Gorelick-Feldman 等，2008，2010）。

关键转录因子控制基因表达，在调节肌肉品质中起着重要的作用。其中的许多蛋白质，如 FOXO 家族，可以通过提高 E3 泛素连接酶的表达量，同时诱导自噬体膜成分来促进肌肉萎缩（Milan 等，2015）。这些研究成果表明，泛素蛋白酶体和自噬溶酶体途径通常是相互作用而不是相互分离的。此外，激素和其他生长因子可以同时改变

mTORC1 和转录因子的活性和功能（Bonaldo 和 Sandri，2013；Schakman 等，2013）。例如，胰岛素/IGF-1 处理可以促进 AKT 信号增加，这能增加 mTORC1 的表达以促进肌肉蛋白质合成，但同时也减少 FOXO 转录因子控制下的蛋白质水解基因表达来抑制肌肉蛋白质分解（Glass，2010；Schiaffino 和 Mammucari，2011）。肌肉生长抑制素处理会阻断 AKT，将减少 mTORC1 复合蛋白的表达以抑制肌肉蛋白质合成，并通过激活 FOXO 转录因子及其他转录调节因子，如 SMAD 家族成员（Han 等，2013），来促进肌肉蛋白质降解。肌肉沉积调控的一个新途径是对激活转录因子 4（activating transcription factor 4，ATF4）的调节（Ebert 等，2010）。非肌原纤维的早期研究表明，ATF4 是综合应激反应的一部分，通过改变基因特异性的翻译和转录来调节营养和氧化应激的信号通路（Harding 等，2003；Dey 等，2010）。在研究啮齿动物时进行基因敲除和转基因时发现，在禁食和衰老过程中，ATF4 是肌肉萎缩所必需（Ebert 等，2015）。作为 ATF4 活性的小分抑制剂的 2 种天然化合物——熊果酸和番茄碱，可以防止与年龄相关的肌肉萎缩。作为天然存在的化合物，它们具有作为日粮添加剂的潜力（Kunkel 等，2011，2012；Dyle 等，2014）。

四、日粮蛋白质水平对骨骼肌蛋白质合成的调控

肌肉组织是动物机体的重要组成部分，也是氮营养素沉积的主要靶组织。肌肉组织的生长依赖蛋白质的沉积，其本质是蛋白质合成和蛋白质降解动态平衡的结果。动物机体蛋白质合成速率对日粮中蛋白质水平低于需要量时的反应特别敏感。Tawa 和 Goldberg（1992）研究发现，与高蛋白质日粮组相比，给生长大鼠饲喂蛋白质极度缺乏的日粮时，大鼠骨骼肌和心肌蛋白质合成和降解的速度都明显下降（下降 30%～40%），但当重新饲喂高蛋白质日粮 3d 后，蛋白质合成速度会提高 60%。给大鼠长期饲喂高蛋白质或低蛋白质日粮，当蛋白质摄入量高于某一阈值时，对大鼠体蛋白质合成不再具有促进作用；低于该阈值时，体蛋白质合成速率则随蛋白质摄入量的减少而降低（Waterlow 和 Jackson，1981）。在人上的研究表明，与低蛋白质和适中蛋白质水平的食物相比，长时间运动后摄入高蛋白质将加速蛋白质氧化，降低肌肉蛋白质合成速率（Bolster 等，2005）。前期大量研究结果已表明，猪日粮蛋白质水平降低后会降低整个机体蛋白质合成的速率，并且随着降低程度的增加直线下降，尤其是影响骨骼肌蛋白质的合成（Rivera-Ferre 等，2006）。但日粮蛋白质水平在 NRC（1998）推荐量的基础上降低 3 个百分点以内，并补充 4 种必需氨基酸（赖氨酸、苏氨酸、蛋氨酸和色氨酸）后并不会显著影响猪肌肉组织的蛋白质周转和氨基酸合成（Deng 等，2009；Duan 等，2016b）；而进一步降低时，其他必需氨基酸甚至某些非必需氨基酸的缺乏成为新的限制性因素（Soumeh 等，2015；Zhang 等，2016）。因此，在降低日粮蛋白质水平的同时，需要通过添加外源性的必需氨基酸保证氨基酸的平衡以满足肌肉蛋白质的合成需要。

日粮蛋白质水平能够刺激肌肉组织蛋白质代谢，其可能的机制在于循环系统中可利用的氨基酸浓度发生了变化，其作为信号启动了肌细胞内的蛋白质合成过程，而肌肉组织游离氨基酸库的大小和组成往往直接反映出日粮蛋白质的利用度和血液循环中氨基酸

的可用性（Davis 和 Fiorotto，2009）。日粮蛋白质水平显著影响各生长阶段猪肌肉组织中游离氨基酸的浓度，并且对各生长阶段猪背最长肌和股二头肌中同种氨基酸浓度的影响大体上一致，这说明日粮蛋白质水平和肌肉组织中游离氨基酸浓度之间有着直接而密切的关联（Qin 等，2015；Li 等，2016a）。多数研究表明，肌肉组织中大部分游离氨基酸浓度会随着日粮蛋白质水平的下降而降低，尤其是必需氨基酸，这是由于低蛋白质日粮中蛋白质浓度降低，当氨基酸含量不能满足动物需要时，往往会导致血液中必需氨基酸含量偏低（Duan 等，2016c）。而向日粮中添加某种外源氨基酸后，则血液中该氨基酸浓度随日粮中氨基酸额外添加水平的升高而升高（Figueroa 等，2002）。这是因为外源添加的氨基酸以晶体形式存在，与在饲料原料中存在的形式相比，有着更高的生物利用率。除此之外，Li 等（2017a）研究发现，与标准蛋白质日粮相比，低蛋白质日粮整体上会提高猪肌肉组织中非必需氨基酸的总量。这很可能是由于低蛋白质日粮中一些必需氨基酸的不足和各种氨基酸的不平衡引起了机体的一系列营养素缺乏反应，包括肌肉组织中蛋白质合成代谢受限，从而造成了肌肉组织中大量游离的非必需氨基酸的残留（Deng 等，2009；Yin 等，2010）。另一个合理的解释是，当日粮蛋白质水平降低到某种程度以至于无法满足胴体蛋白质沉积的需求时，可能引发各种内源蛋白质的分解代谢，于是生成更大的氨基酸库以重新分配氨基酸的代谢去向，来确保某些关键蛋白质用以维持基本生存（Du 等，2000）。

从本质上说，肌肉蛋白质合成与氨基酸调控的信号通路息息相关。近十多年来的研究已证实，肌肉组织蛋白质合成过程中涉及多个细胞信号通路，其中哺乳动物 mTOR 信号通路在肌细胞蛋白质合成中的关键作用备受关注。Deng 等（2009）研究发现，长期采食低蛋白质日粮的猪，可以通过 mTOR 信号通路抑制翻译起始的活化，减少肌肉蛋白质的合成；而在低蛋白质日粮中补充合成氨基酸满足猪对必需氨基酸的需求后，mTOR 信号通路被激活，对肌肉蛋白质的合成起到促进作用（Yin 等，2010；Deng 等，2014）。可见，氨基酸对于 mTOR 的激活是必需的。有研究表明，日粮对蛋白质合成的影响 80%是由日粮氨基酸引起的（Bennet 等，1990）。氨基酸的种类、数量和平衡状态，氨基酸的生物利用率，氨基酸调控蛋白质周转的潜伏时间、持续时间及剂量关系等均是影响肌肉蛋白质合成的重要因素（罗钧秋，2011）。Zoncu 等（2010）研究发现，氨基酸不足时能够对 mTOR 信号通路产生抑制作用，添加其他激活因子也无法消除缺乏氨基酸所产生的对 mTOR 信号分子的这种抑制作用。mTOR 包括 mTOR 复合物 1（mTORC1）和 mTOR 复合物 2（mTORC2）2 种蛋白形式，但只有 mTORC1 参与氨基酸感应过程，其是调节细胞生长的主要控体，能根据细胞营养供给状况的改变来控制蛋白质合成。mTORC1 的激活导致其效应底物 S6K1 和 4E-BP1 的磷酸化，进而从翻译水平上调节基因表达，促进蛋白质的合成和肌肉生长（Wullschleger 等，2006；Bhaskar 和 Hay，2007）。邓敦（2007）发现，将日粮蛋白质水平从 20.7%降低到 12.7%时，显著降低了断奶仔猪肌肉组织中 4E-BP1 的磷酸化水平。Li 等（2016b）证实，极低蛋白质日粮（降低 6 个百分点）显著抑制了不同阶段猪肌肉组织 mTORC1 信号通路上关键蛋白的磷酸化水平，而低蛋白质日粮（降低 3 个百分点）仅抑制了 mTORC1 信号通路上的部分蛋白磷酸化水平，其受抑制程度与不降低日粮相比也几乎不显著，低蛋白质平衡氨基酸日粮能维持猪的肌肉重量和生长性能，极低蛋白质日粮却严重抑制了猪的肌肉生长，但日粮蛋白质和氨基酸的浓度也不能过高。Frank 等（2005）研究表明，4E-BP1 磷酸化并未随日粮蛋白质浓度的增加而进一步增加。在他们的试验中，日粮蛋白质浓度分别为 21%、33%和 45%，由于 21%的日粮蛋白质就已经能满足仔猪的营养需要，4E-BP1 磷酸化已经处于高磷酸化状态，在此基础上继续提高日粮蛋白质浓度，并未增加 4E-BP1 的磷酸化水平。因此，确保适宜的氨基酸生理浓度能刺激肌肉组织中 mTOR 信号通路的活化，提高 S6K1 和 4E-BP1 的磷酸化，从而促进肌肉蛋白质的合成（Hayt 和 Sonenberg，2004）。越来越多的研究认为，部分氨基酸转运载体在氨基酸调节 mTORC1 信号通路的过程中发挥着极其重要的作用。这些氨基酸转运载体不仅是体内营养物质的转运体，调节和平衡细胞内外氨基酸浓度，还可以作为营养信号组件介导信号通路，调控蛋白质生成。鉴于这些转运载体扮演着载体和受体的双重角色，因此它们又被称为“氨基酸转运感受体”（Hyde 等，2007）。在猪上的研究表明，低蛋白质日粮可以提高猪氨基酸转运感受体基因的表达，断奶仔猪的 SNAT2、LAT1、PAT1 和 PAT2这 4 种氨基酸转运感受体基因受日粮蛋白质水平的影响更为显著（Li 等，2017b）。

此外，一些激素，如生长激素、胰岛素和胰岛素样生长因子-1 被普遍认为是促生长因子。其中 IGF-1 是调控体蛋白质代谢的一个重要参数，主要对肌肉组织蛋白质合成代谢起促进作用（Liu 等，2006）。作为 mTOR 的上游信号分子，IGF-1 能提高蛋白质合成中氨基酸的利用率并抑制蛋白质降解，从而参与肌肉生长发育的调节（Otto 和 Patel，2010）。在哺乳动物中，血清 IGF-1 浓度的变化是反映机体代谢和生长状态的一个关键指标，一直以来被认为是调节蛋白质合成和肌肉生长的正调控子（Owens 等，1999）。在小鼠或较大个体的动物（猪、羊甚至是高等动物人）上的研究均表明，蛋白质水平摄入过低会导致生长受阻、体重降低，并且会显著降低体内 IGF-1 的分泌（van de Haar 等，1991；Pell 等，1993；Levine 等，2014；荆园园等，2016）。当血清 IGF-1 浓度降低时，会抑制肌肉生长，从而限制机体的整体生长发育。在猪上的研究表明，日粮蛋白质水平过低且氨基酸不平衡会显著降低断奶仔猪、生长猪和育肥猪血清中 IGF-1 的含量，因此 IGF-1 很可能是低蛋白质氨基酸不平衡日粮影响猪肌肉组织蛋白质合成的一个重要调控因子（李颖慧，2017）。

综上所述，低蛋白质日粮是否影响肌肉蛋白质的合成，决定于日粮蛋白质降低的程度，以及日粮氨基酸是否平衡。

五、日粮氨基酸对骨骼肌蛋白质合成的调控

（一）精氨酸与骨骼肌蛋白质合成

精氨酸是幼龄仔猪的必需氨基酸。由于猪乳中精氨酸浓度较低，且肠道中精氨酸有效前体物瓜氨酸的释放也较少，因此哺乳仔猪精氨酸是严重缺乏的（Wu 等，2004）。研究表明，通过促进精氨酸的内源合成或日粮中添加精氨酸均可以增加哺乳仔猪骨骼肌蛋白质的沉积，提示精氨酸可以促进肌肉蛋白质合成（Kim 和 Wu，2004）。日粮中添加精氨酸可激活新生仔猪骨骼肌 mTOR 信号通路，并可影响仔猪肌肉 4E-BP1 的磷酸化（Yao 等，2008）。当 4E-BP1 磷酸化时，它会从没有活性的 eIF4E · 4E-BP1 复合物

上脱离，释放 eIF4E，并与 eIF4G 结合形成 eIF4G・eIF4E 复合物；给新生仔猪日粮中添加精氨酸，可降低 eIF4E・4E-BP1 复合物浓度，增加 eIF4G・eIF4E 复合物的浓度，有助于 43S 复合物的形成，进而启动肌肉蛋白质的合成（Yao 等，2008）。

体外试验表明，精氨酸可激活肌细胞 mTOR 信号通路相关蛋白磷酸化（Wang 等，2018）。精氨酸能增加 C2C12 骨骼肌细胞 p70S6K（Thr 389）的磷酸化，上调 mTOR（Thr 2446）的磷酸化水平，促进蛋白质合成（Wang 等，2018）。在加入一氧化氮合成酶抑制剂 L-NAME 时，上述效果被抑制（Wang 等，2018）。而加入 NO 供体 SNP 则会上调 p70S6K（Thr 389）和 mTOR（Thr 2446）的磷酸化水平，增加蛋白质合成（Wang 等，2018）。加入雷帕霉素抑制 p70S6K 磷酸化，将抑制精氨酸或 SNP 促进 C2C12 骨骼肌细胞蛋白质合成的效果（Wang 等，2018）。上述研究表明，精氨酸-NO 通过 mTOR（Thr 2446）/p70S6K 信号通路调节骨骼肌蛋白质的合成。

此外，有研究表明，日粮中添加精氨酸的内源激活剂 N-氨甲酰谷氨酸（N-carbamylglutamate，NCG）可显著增加仔猪血浆精氨酸和生长激素的水平，促进背最长肌和腓肠肌蛋白质的合成速率（Frank 等，2007）。给育肥猪饲喂添加 NCG 的低蛋白质日粮，可促进精氨酸的内源合成，增加育肥猪的眼肌面积，降低第 10 肋背膘厚（Ye 等，2017）。

（二）谷氨酰胺与骨骼肌蛋白质合成

当支链氨基酸浓度较低时，通过增加灌注液中谷氨酰胺的浓度可以显著改变肌肉中谷氨酰胺的浓度，通过这种方式发现腓肠肌蛋白质合成速率与肌肉谷氨酰胺浓度呈显著正相关（Maclennan 等，1987）。当灌注液中胰岛素和高浓度谷氨酰胺同时存在时，上述支链氨基酸浓度可进一步降低 75%，而蛋白质合成速率并没有受到影响，这提示谷氨酰胺可以刺激蛋白质合成（MacLennan 等，1987）。谷氨酰胺对蛋白质合成速率可能有直接的刺激效应，加入谷氨酰胺合成酶的抑制剂氨基亚砜蛋氨酸可抑制腓肠肌蛋白质的合成速率（MacLennan 等，1987）。当小鼠进行小肠局部切除手术时，日粮中添加谷氨酰胺可增加骨骼肌蛋白质合成速率（Smith 和 Wilmore，1990）。肌肉谷氨酰胺浓度降低，可显著降低大鼠肌肉蛋白质合成速率（Jepson 等，1988）。由此可见，谷氨酰胺对骨骼肌蛋白质的合成速率具有促进作用。

（三）亮氨酸与骨骼肌蛋白质合成

支链氨基酸在调节骨骼肌蛋白质合成中具有重要作用。亮氨酸是 3 种支链氨基酸中最高效的，而异亮氨酸和缬氨酸次之。亮氨酸对骨骼肌和肌细胞中的蛋白质代谢有重要影响。亮氨酸能够增强体外培养的幼鼠骨骼肌细胞的蛋白质合成，但对蛋白质降解无明显作用（Hong 和 Layman，1984）。饥饿状态下，给大鼠注射亮氨酸、葡萄糖和胰岛素，可增强大鼠肌肉多核糖体聚合，增加肌肉蛋白质合成（Buse 等，1979）。运动会降低大鼠肌肉骨骼肌蛋白质合成，日粮中添加亮氨酸可使大鼠肌肉蛋白质合成水平恢复至未运动前（Anthony 等，1999）。Bataa 等（2011）也发现，每天给大鼠口服亮氨酸（0.7g/kg BW）可提高肌肉蛋白质合成，增加肌肉重量，进而缓解由于后肢固定所造成的骨骼肌肌肉萎缩。亮氨酸可抑制由肥胖症、糖尿病或癌症等疾病状态引起的骨骼肌蛋白质合成降低，缓解体重下降等（Anthony 等，2000；Ventrucci 等，2004；Eley 等，2007）。

亮氨酸促进机体蛋白质合成主要是通过 mTOR 信号通路提高翻译起始水平来实现的（Anthony 等，1999，2000；Du 等，2007）。具体为：亮氨酸激活 mTORC1，使其从无活性状态转变为活性状态（Avruch 等，2009；Kim，2009）。激活后的 mTORC1 可调节其下游的真核起始因子和核糖体蛋白 S6 激酶 1（ribosomal protein S6 kinase 1，S6K1）的磷酸化程度，进而调控 mRNA 的翻译起始，即磷酸化的 4E-BP1 使 4E-BP1 与 eIF4E 结合受到抑制，eIF4G 与 eIF4E 结合增强（Kimball，2001）；而磷酸化的 S6K1 具有活性，能够调节核糖体蛋白 S6 的磷酸化程度，S6 磷酸化在调控核糖体蛋白和延长蛋白的合成时起着重要作用（Lynch，2001）。

亮氨酸不仅可以作为合成蛋白质所必需的底物，更重要的是通过本身或其代谢产物 α-酮异己酸和 β-羟基-β-甲基丁酸激活蛋白质翻译起始信号，介导摄食诱导的骨骼肌蛋白质合成的增加（Escobar 等，2010；Wheatley 等，2014）。给羔羊腹腔注射 α-酮异己酸钠或饲喂过瘤胃保护的和非保护的 α-酮异己酸对羔羊日增重和饲料转化率均具有提高作用，并能促进肌肉生长，降低脂肪沉积（Flakoll 等，1987）。Flakoll 等（2004）研究发现，76 岁的老年妇女连续 12 周给予 β-羟基-β-甲基丁酸（2g/d），能够促进体内蛋白质合成。此外，SD 大鼠日粮中添加 β-羟基-β-甲基丁酸能显著提高骨骼肌蛋白质合成（Holecek 等，2009）。

正因为亮氨酸在激活蛋白质翻译起始中的重要作用，才将其作为一种功能性氨基酸被添加到仔猪低蛋白质日粮中用以促进骨骼肌蛋白质的合成。这一点已被许多研究结果所证实（Torrazza 等，2010；Yin 等，2010；Suryawan 等，2012）。值得注意的是，尽管在低蛋白质日粮中添加亮氨酸提高了蛋白质翻译起始信号的活性和蛋白质合成速率，但骨骼肌重量并没有得到显著的提高（Columbus 等，2015b）。单独添加亮氨酸没有改善骨骼肌重量，其原因主要是其他 2 种支链氨基酸（异亮氨酸和缬氨酸）缺乏，导致合成蛋白质所需的底物浓度不足（Manjarín 等，2016）。因为缬氨酸不足会降低仔猪采食量，从而使骨骼肌生长受阻；同时，亮氨酸过量添加会加剧缬氨酸不足导致的采食量降低。由此可见，在低蛋白质日粮（粗蛋白含量为 17%）平衡前 4 个必需氨基酸的基础上，同时补充支链氨基酸可提高并使仔猪骨骼肌重量恢复到饲喂蛋白质含量为 20% 日粮的水平。

（四）异亮氨酸和缬氨酸与骨骼肌蛋白质合成

大鼠口服异亮氨酸后，其 4E-BP1 和 S6K1 磷酸化水平比只口服亮氨酸的大鼠低，且整体蛋白质合成速率没有提高（Anthony 等，2000）。此外，eIF4G 与 eIF4E 复合物水平也显著低于口服亮氨酸的大鼠（Anthony 等，2000）。缬氨酸对饥饿大鼠骨骼肌蛋白质合成、4E-BP1 磷酸化和 S6K1 都没有显著影响（Yoshizawa，2004）。而在新生仔猪上的研究发现，异亮氨酸和缬氨酸均不能激活翻译起始因子和骨骼肌蛋白质合成（Escobar 等，2006）。由此可见，异亮氨酸和缬氨酸不具有与亮氨酸类似的提高骨骼肌蛋白质翻译起始信号活性及蛋白质合成速率的功能（Escobar 等，2006）。

参考文献

邓敦，2007. 低蛋白日粮补充必需氨基酸对猪营养生理效应的研究［D］. 长沙：中国科学院亚热带农业生态研究所.

荆园园，邢孔萍，蔡兴才，等，2016. 氨基酸平衡低蛋白日粮对仔猪血清生理生化指标及肝脏关键代谢标志物的影响[J]. 中国畜牧杂志，52：39-44.

李颖慧，2017. 猪肌肉组织对低蛋白日粮的相应及其机制研究［D］. 长沙：中国科学院亚热带农业生态研究所.

罗钧秋，2011. 猪饲粮不同来源蛋白质营养代谢效应的比较研究［D］. 雅安：四川农业大学.

Agyekum A K, Walsh M C, Kiarie E, et al, 2016. Dietary D-xylose effects on growth performance and portal-drained viscera nutrient fluxes, insulin production, and oxygen consumption in growing pigs [J]. Journal of Animal Science, 94: 146-146.

Alfa R W, Kim S K, 2016. Using drosophila to discover mechanisms underlying type 2 diabetes [J]. Disease Models and Mechanisms, 9: 365-376.

Allen P J, 2012. Creatine metabolism and psychiatric disorders: does creatine supplementation have therapeutic value [J]. Neuroscience and Biobehavioral Reviews, 36: 1442-1462.

Anthony J C, Anthony T G, Layman D K, 1999. Leucine supplementation enhances skeletal muscle recovery in rats following exercise [J]. Journal of Nutrition, 129: 1102-1106.

Anthony J C, Yoshizawa F, Anthony T G, et al, 2000. Leucine stimulates translation initiation in skeletal muscle of postabsorptive rats via a rapamycin-sensitive pathway [J]. Journal of Nutrition, 130: 2413-2419.

Anthony T G, 2016. Mechanisms of protein balance in skeletal muscle [J]. Domestic Animal Endocrinology, 56: 23-32.

ARC, 1981. Thenutrient requirements of pigs: technical review [M]. Slough, UK: Commonwealth Agricultural Bureaux.

Arndt V, Dick N, Tawo R, et al, 2010. Chaperone-assisted selective autophagy is essential for muscle maintenance [J]. Current Biology, 20: 143-148.

Avruch J, Long X, Ortiz-Vega S, et al, 2009. Amino acid regulation of TOR complex 1 [J]. American Journal of Physiology Endocrinology and Metabolism, 296: 592-602.

Bar-Peled L, Sabatini D M, 2014. Regulation of mTOR C1 by amino acids [J]. Trends in Cell Biology, 24: 400-406.

Bataa M, Kalleny N K, Hamam G G, 2011. Effect of amino acid L-leucine on the musculo-skeletal changes during cast-immobilization in adult male albino rats. Physiological and histological study [J]. Life Science Journal, 8: 976-992.

Bennet W M, Connacher A A, Scrimgeour C M, et al, 1990. Euglycemic hyperinsulinemia augments amino acid uptake by human leg tissues during hyperaminoacidemia [J]. Journal of Applied Physiology, 259: 185-194.

Bergen W G, 2015. Small-intestinal or colonic microbiota as a potential amino acid source in animals [J]. Amino Acids, 47: 251.

Bertolo R F, Mcbreairty L E, 2013. The nutritional burden of methylation reactions [J]. Current Opinion in Clinical Nutrition and Metabolic Care, 16: 102-108.

Bhaskar P T, Hay N, 2007. The two TORCs and AKT [J]. Developmental Cell, 12: 487-502.

Boisen S, Verstegen M W A, 2000. Developments in the measurement of the energy content of feeds and energy utilisation in animals [J]. Feed Evaluation: Principles and Practice: 57-76.

Bolster D R, Pikosky M A, Gaine P C, et al, 2005. Dietary protein intake impacts human skeletal muscle protein fractional synthetic rates after endurance exercise [J]. American Journal of Physiology-Endocrinology and Metabolism, 289: E678-E683.

Bonaldo P, Sandri M, 2013. Cellular and molecular mechanisms of muscle atrophy [J]. Disease Models and Mechanisms, 6: 25-39.

Boya P, Reggiori F, Codogno P, 2013. Emerging regulation and functions of autophagy [J]. Nature Cell Biology, 15: 713-720.

Braun T P, Marks D L, 2015. The regulation of muscle mass by endogenous glucocorticoids [J]. Frontiers in Physiology, 6: 12.

Bravo J A, Forsythe P, Chew M V, et al, 2011. Ingestion of *Lactobacillus* strain regulates emotional behavior and central GABA receptor expression in a mouse via the vagus nerve [J]. Proceedings of the National Academy of Sciences, 108: 16050-16055.

Brunton J A, Baldwin M P, Hanna R A, et al, 2012. Proline supplementation to parenteral nutrition results in greater rates of protein synthesis in the muscle, skin, and small intestine in neonatal Yucatan miniature piglets [J]. Journal of Nutrition, 142: 1004-1008.

BSAS, 2003. Nutrient requirement standards for pigs [M]. Midlothian, UK: British Society of Animal Science.

Buse M G, Atwell R, Mancusi V, 1979. *In vitro* effect of branched chain amino acids on the ribosomal cycle in muscles of fasted rats [J]. Hormone and Metabolic Research, 11: 289-292.

Chantranupong L, Wolfson R L, Sabatini D M, 2015. Nutrient-sensing mechanisms across evolution [J]. Cell, 161: 67.

Chen Q, Reimer R A, 2009. Dairy protein and leucine alter GLP-1 release and mRNA of genes involved in intestinal lipid metabolism *in vitro* [J]. Nutrition, 25: 340-349.

Chung T K, Baker D H, 1992. Ideal amino acid pattern for ten kilogram pigs [J]. Journal Animal Science, 70: 3102-3111.

Cole D J A, 1980. The amino acid requirements of pigs: the concept of an ideal protein [J]. Pig News and Information, 1: 201-205.

Columbus D A, Fiorotto M L, Davis T A, 2015a. Leucine is a major regulator of muscle protein synthesis in neonates [J]. Amino Acids, 47: 259-270.

Columbus D A, Lapierre H, Htoo J K, et al, 2014. Nonprotein nitrogen is absorbed from the large intestine and increases nitrogen balance in growing pigs fed a valine-limiting diet [J]. Journal Nutrition, 144: 614-620.

Columbus D A, Steinhoff-Wagner J, Suryawan A, et al, 2015b. Impact of prolonged leucine supplementation on protein synthesis and lean growth in neonatal pigs [J]. American Journal of Physiology-Endocrinology and Metabolism, 309: 601-610.

Dai Z L, Li X L, Xi P B, et al, 2012a. Regulatory role for L-arginine in the utilization of amino acids by pig small-intestinal bacteria [J]. Amino Acids, 43: 233-244.

Dai Z L, Li X L, Xi P B, et al, 2012b. Metabolism of select amino acids in bacteria from the pig small intestine [J]. Amino Acids, 42: 1597-1608.

Dai Z L, Li X L, Xi P B, et al, 2013. L-glutamine regulates amino acid utilization by intestinal bacteria [J]. Amino Acids, 45: 501.

Dai Z L, Wu G Y, Zhu W Y, 2011. Amino acid metabolism in intestinal bacteria: links between gut ecology and host health [J]. Frontiers in Bioscience-Landmark, 16: 1768.

Dai Z L, Zhang J, Wu G, et al, 2010. Utilization of amino acids by bacteria from the pig small intestine [J]. Amino Acids, 39: 1201-1215.

Davila A M, Blachier F, Gotteland M, et al, 2013. Re-print of "Intestinal luminal nitrogen metabolism: Role of the gut microbiota and consequences for the host" [J]. Pharmacological Research, 69: 114-126.

Davis T A, Fiorotto M L, 2009. Regulation of muscle growth in neonates [J]. Current Opinion in Clinical Nutrition and Metabolic Care, 12: 78.

Davis T A, Suryawan A, Orellana R A, et al, 2008. Postnatal ontogeny of skeletal muscle protein synthesis in pigs [J]. Journal Animal Science, 86: 13-18.

Deng D, Yao K, Chu W Y, et al, 2009. Impaired translation initiation activation and reduced protein synthesis in weaned piglets fed a low-protein diet [J]. Journal of Nutritional Biochemistry, 20: 544-552.

Deng H, Zheng A, Liu G, et al, 2014. Activation of mammalian target of rapamycin signaling in skeletal muscle of neonatal chicks: effects of dietary leucine and age [J]. Poultry Science, 93: 114-121.

Dey S, Baird T D, Zhou D, et al, 2010. Both transcriptional regulation and translational control of ATF4 are central to the integrated stress response [J]. Journal of Biological Chemistry, 285: 33165-33174.

Diakogiannaki E, Pais R, Tolhurst G, et al, 2013. Oligopeptides stimulate glucagon-like peptide-1 secretion in mice through proton-coupled uptake and the calcium-sensing receptor [J]. Diabetologia, 56: 2688-2696.

Du F, Higginbotham D A, White B D, 2000. Food intake, energy balance and serum leptin concentrations in rats fed low-protein diets [J]. Journal of Nutrition, 130: 514-521.

Du M, Shen Q W, Zhu M J, et al, 2007. Leucine stimulates mammalian target of rapamycin signaling in C2C12 myoblasts in part through inhibition of adenosine monophosphate-activated protein kinase [J]. Journal of Animal Science, 85: 919-927.

Duan Y, Li F, Li Y, et al, 2016a. The role of leucine and its metabolites in protein and energy metabolism [J]. Amino Acids, 48: 41-51.

Duan Y H, Guo Q P, Wen C Y, et al, 2016b. Free amino acid profile and expression of genes related to protein metabolism in skeletal muscle of growing pigs fed low-protein diets supplemented with branched-chain amino acids [J]. Journal of Agriculture and Food Chemistry, 64: 9390-9400.

Duan Y H, Zeng L M, Li F N, et al, 2016c. Effects of different dietary branched-chain amino acid ratio on growth performance and serum amino acid pool of growing pigs [J]. Journal of Animal Science, 94: 129-134.

Dyle M C, Ebert S M, Cook D P, et al, 2014. Systems-based discovery of tomatidine as a natural small molecule inhibitor of skeletal muscle atrophy [J]. Journal of Biological Chemistry, 289: 14913-14924.

Ebert S M, Dyle M C, Bullard S A, et al, 2015. Identification and small molecule inhibition of an ATF4-dependent pathway to age-related skeletal muscle weakness and atrophy [J]. Journal of Biological Chemistry, 290: 25497-25511.

Ebert S M, Monteys A M, Fox D K, et al, 2010. The transcription factor ATF4 promotes skeletal myofiber atrophy during fasting [J] . Molecular Endocrinology, 24: 790-799.

Efeyan A, Comb W C, Sabatini D M, 2015. Nutrient sensing mechanisms and pathways [J] . Nature, 517: 302.

Eley H L, Russell S T, Tisdale M J, 2007. Effects of branched-chain amino acids on muscle atrophy in cancer cachexia [J] . Biochemical Journal, 407: 113-120.

Escobar J, Frank J W, Suryawan A, et al, 2006. Regulation of cardiac and skeletal muscle protein synthesis by individual branched chain amino acids in neonatal pigs [J] . American Journal of Physiology-Endocrinology and Metabolism, 290: 612-621.

Escobar J, Frank J W, Suryawan A, et al, 2010. Leucine and α-ketoisocaproic acid, but not norleucine, stimulate skeletal muscle protein synthesis in neonatal pigs [J] . Journal of Nutrition, 140: 1418-1424.

Fan J, Kou X, Jia S, et al, 2016. Autophagy as a potential target for sarcopenia [J] . Journal of Cellular Physiology, 231: 1450-1459.

Fickler J, Roth F X, Kirchgessner M, 1994. Use of a chemically-defined amino acid diet in a N-balance experiment with piglets. 1. Communication on the importance of nonessential amino acids for protein retention [J] . Journal of Animal Physiology and Animal Nutrition, 72: 207-214.

Figueroa J L, Lewis A J, Miller P S, et al, 2002. Nitrogen metabolism and growth performance of gilts fed standard corn-soybean meal diets or low-crude protein, amino acid-supplemented diets [J] . Journal of Animal Science, 80: 2911-2919.

Fisher H, Scott H M, 1954. The essential amino acid requirements of chicks as related to their proportional occurrence in the fat-free carcass [J] . Archives of Biochemistry and Biophysics, 51: 517-519.

Flakoll P, Sharp R, Baier S, et al, 2004. Effects of β-hydroxy-β-methylbutyrate, arginine, and lysine supplementation on strength, functionality, body composition, and protein metabolism in elderly women [J] . Nutrition, 20: 445-451.

Flakoll P J, Vande-Haar M J, Kuhlman G, et al, 1987. Evaluation of steer growth, immune function and carcass composition in response to oral adminis tration of ruminally protected 2-ketoisocaproate [J] . Journal of Animal Science, 65 (1): 476.

Frank J W, Escobar J, Nguyen H V, et al, 2007. Oral N-carbamylglutamate supplementation increases protein synthesis in skeletal muscle of piglets [J] . Journal of Nutrition, 137: 315-319,

Frank J W, Escobar J, Suryawan A, et al, 2005. Protein synthesis and translation initiation factor activation in neonatal pigs fed increasing levels of dietary protein [J] . Journal of Nutrition, 135: 1374-1381.

Fuller M F, McWilliam R, Wang T C, et al, 1989. The optimum dietary amino acid pattern for growing pigs: 2. Requirements for maintenance and for tissue protein accretion [J] . British Journal of Nutrition, 62: 255-267.

Glass D J, 2010. PI3 kinase regulation of skeletal muscle hypertrophy and atrophy [J] . Current Topics in Microbiology and Immunology, 346: 267-278.

Glista W A, Mitchell H H, Scott H M, 1951. The amino acid requirements of the chick [J] . Poultry Science, 30: 915.

Goodman C A, Mayhew D L, Hornberger T A, 2011. Recent progress toward understanding the molecular mechanisms that regulate skeletal muscle mass [J] . Cellular Signalling, 23: 1896-1906.

Gorelick-Feldman J, Cohick W, Raskin I, 2010. Ecdysteroids elicit a rapid Ca2p flux leading to Akt activation and increased protein synthesis in skeletal muscle cells [J]. Steroids, 75: 632-637.

Gorelick-Feldman J, Maclean D, Ilic N, et al, 2008. Phytoecdysteroids increase protein synthesis in skeletal muscle cells [J]. Journal of Agricultural and Food Chemistry, 56: 3532-3537.

Greising S M, Gransee H M, Mantilla C B, et al, 2012. Systems biology of skeletal muscle: Fiber type as an organizing principle [J]. Wiley Interdisciplinary Reviews: Systems Biology and Medicine, 4: 457-473.

Haenen D, Zhang J, da Silva S, et al, 2013. A diet high in resistant starch modulates microbiota composition, SCFA concentrations, and gene expression in pig intestine [J]. Journal of Nutrition, 143: 274-283.

Han H Q, Zhou X, Mitch W E, et al, 2013. Myostatin/activin pathway antagonism: molecular basis and therapeutic potential [J]. The International Journal of Biochemistry and Cell Biology, 45: 2333-2347.

Harding H P, Zhang Y, Zeng H, et al, 2003. An integrated stress response regulates amino acid metabolism and resistance to oxidative stress [J]. Molecular Cell, 11: 619-633.

Hay N, Sonenberg N, 2004. Upstream and downstream of mTOR [J]. Genes and Development, 18: 1926.

He Q H, Yin Y L, HouY Q, et al, 2013. Factors that affect amino acid metabolism in pigs [M]. Nutritional and physiological functions of amino acids in pigs. Springer, Vienna: 123-140.

Holecek M, Muthny T, Kovarik M, et al, 2009. Effects of beta-hydroxy-beta- methylbutyrate (HMB) on protein metabolism in whole-body and in selected tissues [J]. Food and Chemical Toxicology, 47: 255-259.

Hong S C, Layman D K, 1984. Effects of leucine on *in vitro* protein synthesis and degradation in rat skeletal muscles [J]. Journal of Nutrition, 114: 1204-1212.

Hyde R, Cwiklinski E L, Macaulay K, et al, 2007. Distinct sensor pathways in the hierarchical control of SNAT2, a putative amino acid transceptor, by amino acid availability [J]. Journal of Biological Chemistry, 282: 19788-19798.

Jahan-Mihan A, Luhovyy B L, El Khoury D, et al, 2011. Dietary proteins as determinants of metabolic and physiologic functions of the gastrointestinal tract [J]. Nutrients, 3: 574-603.

Jefferson L S, Kimball S R, 2001. Translational control of protein synthesis: implications for understanding changes in skeletal muscle mass [J]. International Journal of Sport Nutrition and Exercise Metabolism, 11 (1): 143.

Jepson M M, Bates P C, Broadbent P, et al, 1988. Relationship between glutamine concentration and protein synthesis in rat skeletal muscle [J]. American Journal of Physiology-Endocrinology and Metabolism, 255: 166-172.

Jiang Z Y, Sun L H, Lin Y C, et al, 2009. Effects of dietary glycyl-glutamine on growth performance, small intestinal integrity, and immune responses of weaning piglets challenged with lipopolysaccharide [J]. Journal of Animal Science, 87: 4050-4056.

Kim E, 2009. Mechanisms of amino acid sensing in mTOR signaling pathway [J]. Nutrition Research and Practice, 3: 64-71.

Kim J, Song G, Wu G, et al, 2013. Arginine, leucine, and glutamine stimulate proliferation of porcine trophectoderm cells through the MTOR-RPS6K-RPS6-EIF4EBP1 signal transduction pathway [J]. Biology of Reproduction, 88: 113.

Kim S W, Baker D H, Easter R A, 2001. Dynamic ideal protein and limiting amino acids for lactating sows: the impact of amino acid mobilization [J]. Journal of Animal Science, 79: 2356-2366.

Kim S W, Osaka I, Hurley W L, et al, 1999. Mammary gland growth as influenced by litter size in lactating sows: Impact on lysine requirement [J]. Journal of Animal Science, 77: 3316-3321.

Kim S W, Wu G Y, 2004. Dietary arginine supplementation enhances the growth of milk-fed young pigs [J]. Journal of Nutrition, 134: 625-630.

Kimball S R, 2001. Regulation of translation initiation by amino acids in eukaryotic cells [M]. Signaling pathways for translation. Springer, Berlin, Heidelberg: 155-184.

Kimball S R, Jefferson L S, Nguyen H V, et al, 2000. Feeding stimulates protein synthesis in muscle and liver of neonatal pigs through an mTOR-dependent process [J]. American Journal of Physiology-Endocrinology and Metabolism, 279: 1080-1087.

Kraft G, Ortigues-Marty I, Durand D, et al, 2011. Adaptations of hepatic amino acid uptake and net utilisation contributes to nitrogen economy or waste in lambs fed nitrogen- or energy-deficient diets [J]. Animal, 5: 678-690.

Ku Y, Ingale S L, Kim J S, et al, 2013. Effects of origins of soybean meal on growth performance, nutrient digestibility and fecal microflora of growing pigs [J]. Journal of Animal Science and Technology, 55: 263-272.

Kunkel S D, Elmore C J, Bongers K S, et al, 2012. Ursolic acid increases skeletal muscle and brown fat and decreases diet-induced obesity, glucose intolerance and fatty liver disease [J]. PLoS ONE, 7: 39332.

Kunkel S D, Suneja M, Ebert S M, et al, 2011. mRNA expression signatures of human skeletal muscle atrophy identify a natural compound that increases muscle mass [J]. Cell Metabolism, 13: 627-638.

Lapierre H, Holtrop G, Calder A G, et al, 2012. Is D-methionine bioavailable to the dairy cow [J]. Journal of Dairy Science, 95: 353-362.

Laplante M, Sabatini D M, 2012. mTOR signaling in growth control and disease [J]. Cell, 149: 274-293.

Laufenberg L J, Pruznak A M, Navaratnarajah M, et al, 2014. Sepsisinduced changes in amino acid transporters and leucine signaling via mTOR in skeletal muscle [J]. Amino Acids, 46: 2787-2798.

Leduc-Gaudet J P, Picard M, St-Jean Pelletier F, et al, 2015. Mitochondrial morphology is altered in atrophied skeletal muscle of aged mice [J]. Oncotarget, 6: 17923-17937.

Levine M E, Suarez J A, Brandhorst S, et al, 2014. Low protein intake is associated with a major reduction in IGF-1, cancer, and overall mortality in the 65 and younger but not older population [J]. Cell Metabolism, 19: 407-417.

Li F L, Yin Y L, Tan B E, et al, 2011. Leucine nutrition in animals and humans: mTOR signaling and beyond [J]. Amino Acids, 41: 1185-1193.

Li Y, Li F, Duan Y, et al, 2017. The protein and energy metabolic response of skeletal muscle to the low-protein diets in growing pigs [J]. Journal of Agriculture and Food Chemistry, 65: 8544-8551.

Li Y H, Li F N, Wu L, et al, 2016b. Effects of dietary protein restriction on muscle fiber characteristics and mTORC1 pathway in the skeletal muscle of growing-finishing pigs [J]. Journal of Animal Science and Biotechnology, 7: 47.

Li Y H, Li F N, Wu L, et al, 2017. Reduced dietary protein level influences the free amino acid and gene expression profiles of selected amino acid transceptors in skeletal muscle of growing pigs [J]. Journal of Animal Physiology and Animal Nutrition, 101: 96-104.

Li Y H, Wei H K, Li F N, et al, 2016a. Regulation in free amino acids profile and protein synthesis pathway of growing pig skeletal muscles by low protein diets for different time periods [J]. Journal of Animal Science, 94: 5192-5205.

Liu H, Ji H F, Zhang D Y, et al, 2015. Effects of lactobacillus brevis, preparation on growth performance, fecal microflora and serum profile in weaned pigs [J]. Livestock Science, 178: 251-254.

Liu Z, Long W, Fryburg D A, et al, 2006. The regulation of body and skeletal muscle protein metabolism by hormones and amino acids [J]. Journal of Nutrition, 136: 212-217.

Lynch C J, 2001. Role of leucine in the regulation of mTOR by amino acids: Revelations from structure-activity studies [J]. Journal of Nutrition, 131: 861S-865S.

Mace O J, Schindler M, Patel S, 2012. The regulation of K-and L-cell activity by GLUT2 and the calcium-sensing receptor CaSR in rat small intestine [J]. The Journal of Physiology, 590: 2917-2936.

MacLennan P A, Brown R A, Rennie M J, 1987. A positive relationship between protein synthetic rate and intracellular glutamine concentration in perfused rat skeletal muscle [J]. FEBS Letters, 215: 187-191.

Manjarín R, Columbus D A, Suryawan A, et al, 2016. Leucine supplementation of a chronically restricted protein and energy diet enhances mTOR pathway activation but not muscle protein synthesis in neonatal pigs [J]. Amino Acids, 48: 257-267.

Mansilla W D, Columbus D A, Htoo J K, et al, 2015. Nitrogen absorbed from the large intestine increases whole-body nitrogen retention in pigs fed a diet deficient in dispensable amino acid nitrogen [J]. Journal of Nutrition, 145: 1163-1169.

Mansilla W D, Htoo J K, de Lange C F M, 2017. Nitrogen from ammonia is as efficient as that from free amino acids or protein for improving growth performance of pigs fed diets deficient in nonessential amino acid nitrogen [J]. Journal of Animal Science, 95: 3093-3102.

Manso H E, Filho H C, Carvalho L E D, et al, 2012. Glutamine and glutamate supplementation raise milk glutamine concentrations in lactating gilts [J]. Journal of Animal Science and Biotechnology, 3: 2.

Mateo R D, Wu G, Moon H K, et al, 2008. Effects of dietary arginine supplementation during gestation and lactation on the performance of lactating primiparous sows and nursing piglets [J]. Journal of Animal Science, 86: 827-835.

Mateo R D, Wu G Y, Bazer F W, et al, 2007. Dietary L-arginine supplementation enhances the reproductive performance of gilts [J]. Journal of Nutrition, 137: 652-656.

Maurício T V, Souza M F D, Ferreira A S, 2014. Relationship between threonine and lysine in diets for pigs weaned at 28 days of age [J]. Revista Brasileira de Saúde e Produção Animal, 15: 679-688.

Mcbreairty L E, 2016. Methionine metabolism in Yucatan miniature swine [J]. Applied Physiology Nutrition and Metabolism, 41: 691.

Milan G, Romanello V, Pescatore F, et al, 2015. Regulation of autophagy and the ubiquitin-proteasome system by the FOXO transcriptional network during muscle atrophy [J]. Nature

Communications, 6: 6670.

Muncan V, Heijmans J, Krasinski S D, et al, 2011. Blimp regulates the transition of neonatal to adult intestinal epithelium [J] . Nature Communications, 2: 452.

NRC, 1998. Nutrient requirements of swine [S] . Washington, DC: National Academy Press.

NRC, 2012. Nutrient requirements of swine [S] . Washington, DC: National Academy Press.

NSNG, 2010. National Swine Nutrition Guide. Tables on nutrient recommendations, ingredient composition, and use rates [M] . Ames IA, US: Pork Center of Excellence.

O' Connor P M, Kimball S R, Suryawan A, et al, 2003. Regulation of translation initiation by insulin and amino acids in skeletal muscle of neonatal pigs [J] . American Journal of Physiology-Endocrinology and Metabolism, 285: 40-53.

Oliveira D C D, Lima F D S, Sartori T, et al, 2016. Glutamine metabolism and its effects on immune response: molecular mechanism and gene expression [J] . Nutrire, 41: 14.

Orellana R A, Jeyapalan A, Escobar J, et al, 2007. Amino acids augment muscle protein synthesis in neonatal pigs during acute endotoxemia by stimulating mTOR-dependent translation initiation [J] . American Journal of Physiology-Endocrinology and Metabolism, 293: 1416-1425.

Otto A, Patel K, 2010. Signaling and the control of skeletal muscle size [J] . Experimental Cell Research, 316: 3059-3066.

Owens P, Gatford K, Walton P, et al, 1999. The relationship between endogenous insulin-like growth factors and growth in pigs [J] . Journal of Animal Science, 77: 2098-2103.

Pasiakos S M, Carbone J W, 2014. Assessment of skeletal muscle proteolysis and the regulatory response to nutrition and exercise [J] . IUBMB Life, 66: 478-484.

Pell J, Saunders J, Gilmour R, 1993. Differential regulation of transcription initiation from insulin-like growth factor-I (IGF-I) leader exons and of tissue IGFI expression in response to changed growth hormone and nutritional status in sheep [J] . Endocrinology, 132: 1797-1807.

Powell S, Bidner T D, Payne R L, et al, 2011. Growth performance of 20- to 50- kilogram pigs fed low-crude-protein diets supplemented with histidine, cystine, glycine, glutamic acid, or arginine [J] . Journal of Animal Science, 89: 3643-3650.

Qin C, Huang P, Qiu K, et al, 2015. Influences of dietary protein sources and crude protein levels on intracellular free amino acid profile in the longissimus dorsi muscle of finishing gilts [J] . Journal of Animal Science and Biotechnology, 6: 1.

Rademacher M, Sauer W C, Jansman A J M, 2009. Standardized ileal digestibility of amino acids in pigs [M] . Hanau-Wolfgang, Germany: Evonik Degussa GmbH.

Ren M, Zhang S H, Zeng X F, et al, 2015. Branched-chain amino acids are beneficial to maintain growth performance and intestinal immune-related function in weaned piglets fed protein restricted diet [J] . Asian-Australas Journal of Animal Sciences, 28: 1742-1750.

Rezaei R, Knabe D A, Tekwe C D, et al, 2013. Dietary supplementation with monosodium glutamate is safe and improves growth performance in postweaning pigs [J] . Amino Acids, 44: 911-923.

Rivera-Ferre M G, Aguilera J F, Nieto R, 2005. Muscle fractional protein synthesis is higher in Iberian than in landrace growing pigs fed adequate or lysine-deficient diets [J] . Journal of Nutrition, 135: 469-478.

Rivera-Ferre M G, Aguilera J F, Nieto R, 2006. Differences in whole-body protein turnover between Iberian and Landrace pigs fed adequate or lysine-deficient diets [J] . Journal of Animal Science, 84: 346-3355.

Russell J B, Rychlik J L, 2001. Factors that alter rumen microbial ecology [J]. Science, 292: 1119-1122.

Sanchez A M, Bernardi H, Py G, et al, 2014a. Autophagy is essential to support skeletal muscle plasticity in response to endurance exercise [J]. American Journal of Physiology-Regulatory, Integrative and Comparative Physiology, 307: 956-969.

Sanchez A M, Candau R B, Bernardi H, 2014b. FOXO transcription factors: their roles in the maintenance of skeletal muscle homeostasis [J]. Cellular and Molecular Life Sciences, 71: 1657-1671.

Sandri M, 2013. Protein breakdown in muscle wasting: role of autophagy-lysosome and ubiquitin-proteasome [J]. International Journal of Biochemistry and Cell Biology, 45: 2121-2129.

Schakman O, Kalista S, Barbe C, et al, 2013. Glucocorticoid-induced skeletal muscle atrophy [J]. International Journal of Biochemistry and Cell Biology, 45: 2163-2172.

Schiaffino S, Mammucari C, 2011. Regulation of skeletal muscle growth by the IGF1-Akt/PKB pathway: insights from genetic models [J]. Skeletal Muscle, 1: 4.

Smith R J, Wilmore D W, 1990. Glutamine metabolism and its physiologic importance [J]. Journal of Parenteral and Enteral Nutrition, 14: 40-44.

Soltan M A, Mujalli A M, Mandour M A, et al, 2012. Effect of dietary rumen protected methionine and/or choline supplementation on rumen fermentation characteristics and productive performance of early lactating cows [J]. Pakistan Journal of Nutrition, 11: 221-230.

Souffrant W B, 1991. Endogenous nitrogen losses during digestion in pigs [C] //Proceedings of the 5th International Symposium on Digestive Physiology in Pigs. Pudoc, Wageningen, the Netherlands: 147-166.

Soumeh E A, van Milgen J, Sloth N M, et al, 2015. The optimum ratio of standardized ileal digestible leucine to lysine for 8 to 12kg female pigs [J]. Journal of Animal Science, 93: 2218-2224.

Stein H H, Seve B, Fuller M F, et al, 2007. Invited review: amino acid bioavailability and digestibility in pig feed ingredients: terminology and application [J]. Journal of Animal Science, 85 (1): 172-180.

Suryawan A, Davis T A, 2014. Regulation of protein degradation pathways by amino acids and insulin in skeletal muscle of neonatal pigs [J]. Journal of Animal Science and Biotechnology, 5: 8.

Suryawan A, Torrazza R M, Gazzaneo M C, et al, 2012. Enteral leucine supplementation increases protein synthesis in skeletal and cardiac muscles and visceral tissues of neonatal pigs through mTORC1-dependent pathways [J]. Pediatric Research, 71: 324-331.

Tan B E, Li X G, Kong X F, et al, 2009. Dietary L-arginine supplementation enhances the immune status in early-weaned piglets [J]. Amino Acids, 37: 323-331.

Tawa N E, Goldberg A L, 1992. Suppression of muscle protein turnover and amino acid degradation by dietary protein deficiency [J]. American Journal of Physiology, 263: 317-325.

Torrazza R M, Suryawan A, Gazzaneo M C, et al, 2010. Leucine supplementation of a low-protein meal increases skeletal muscle and visceral tissue protein synthesis in neonatal pigs by stimulating mTOR-dependent translation initiation [J]. Journal of Nutrition, 140: 2145-2152.

Vainshtein A, Grumati P, Sandri M, et al, 2014. Skeletal muscle, autophagy, and physical activity: the menage a trois of metabolic regulation in health and disease [J]. Journal of Molecular

Medicine, 92: 127-137.

van de Haar M, Moats-Staats B, Davenport M, et al, 1991. Reduced serum concentrations of insulin-like growth factor-I (IGF-I) in protein-restricted growing rats are accompanied by reduced IGF-I mRNA levels in liver and skeletal muscle [J]. Journal of Endocrinology, 130: 305-312.

van Milgen J, Dourmad J Y, 2015. InraPorc: concept and application of ideal protein for pigs [J]. Journal of Animal Science and Biotechnology, 6: 15.

Ventrucci G, Mello M A R, Gomes-Marcondes M C C, 2004. Proteasome activity is altered in skeletal muscle tissue of tumour-bearing rats fed a leucine-rich diet [J]. Endocrine-Related Cancer, 11: 887-895.

Wang P, Drackley J K, Stamey-Lanier J A, et al, 2014. Effects of level of nutrient intake and age on mammalian target of rapamycin, insulin, and insulin-like growth factor-1 gene network expression in skeletal muscle of young Holstein calves [J]. Journal of Dairy Science, 97: 383-391.

Wang R, Jiao H, Zhao J, et al, 2018. L-Arginine enhances protein synthesis by phosphorylating mTOR (Thr 2446) in a nitric oxide-dependent manner in C2C12 cells [J]. Oxidative Medicine and Cellular Longevity: 7569127.

Wang S, Tsun Z Y, Wolfson R L, et al, 2015. Lysosomal amino acid transporter SLC38A9 signals arginine sufficiency to mTORC1 [J]. Science, 347: 188.

Wang T C, Fuller M F, 1989. The optimum dietary amino acid pattern for growing pigs: 1. Experiments by amino acid deletion [J]. British Journal of Nutrition, 62: 77-89.

Waterlow J C, Jackson A A, 1981. Nutrition and protein turnover in man [J]. British Medical Bulletin, 37: 5.

Wauson E M, Zaganjor E, Lee A Y, et al, 2012. The G protein-coupled taste receptor T1R1/T1R3 regulates mTORC1 and autophagy [J]. Molecular Cell, 47: 851-862.

Wheatley S M, El-Kadi S W, Suryawan A, et al, 2014. Protein synthesis in skeletal muscle of neonatal pigs is enhanced by administration of β-hydroxy-β-methylbutyrate [J]. American Journal of Physiology-Endocrinology and Metabolism, 306: 91-99.

Wilson F A, Suryawan A, Orellana R A, et al, 2009. Feeding rapidly stimulates protein synthesis in skeletal muscle of neonatal pigs by enhancing translation initiation [J]. Journal of Nutrition, 139: 1873-1880.

Wu G, Bazer F W, Burghardt R C, et al, 2010. Functional amino acids in swine nutrition and production [M]. The Netherlands: Wageningen Academic Publishers.

Wu X, Zhang Y, Liu Z, et al, 2012. Effects of oral supplementation with glutamate or combination of glutamate and N-carbamylglutamate on intestinal mucosa morphology and epithelium cell proliferation in weanling piglets [J]. Journal of Animal Science, 90 (14): 337-339.

Wu F, Ott T L, Knabe D A, et al, 1999. Amino acid composition of the fetal pig [J]. Journal of Nutrition, 129: 1031-1038.

Wu G, 2009. Amino acids: Metabolism, functions, and nutrition [J]. Amino Acids, 37: 1-17.

Wu G, 2013a. Functional amino acids in nutrition and health [J]. Amino Acids, 45: 407-411.

Wu G, 2013b. Amino acids: biochemistry and nutrition [M]. Boca Raton: CRC Press.

Wu G, Bazer F W, Burghardt R C, et al, 2011. Proline and hydroxyproline metabolism: implications for animal and human nutrition [J]. Amino Acids, 40: 1053-1063.

Wu G, Knabe D A, Kim S W, 2004. Arginine nutrition in neonatal pigs [J]. Journal of Nutrition, 134: 2783-2790.

Wu G, Wu Z, Dai Z, et al, 2013a. Dietary requirements of 'nutritionally non-essential amino acids' by animals and humans [J]. Amino acids, 44 (4): 1107-1113.

Wu G Y, 1998. Intestinal mucosal amino acid catabolism [J]. Journal of Nutrition, 128: 1249-1252.

Wullschleger S, Loewith R, Hall M N, 2006. TOR signaling in growth and metabolism [J]. Cell, 124: 471-484.

Yao K, Yin Y L, Chu W, et al, 2008. Dietary arginine supplementation increases mTOR signaling activity in skeletal muscle of neonatal pigs [J]. Journal of Nutrition, 138: 867-872.

Ye C C, Zeng X Z, Zhu J L, et al, 2017. Dietary N-carbamylglutamate supplementation in a reduced protein diet affects carcass traits and the profile of muscle amino acids and fatty acids in finishing pigs [J]. Journal of Agricultural and Food Chemistry, 65: 5751-5758.

Yi J Q, Piao X S, Li Z C, et al, 2013. The effects of enzyme complex on performance, intestinal health and nutrient digestibility of weaned pigs [J]. Asian-Australas Journal of Animal Sciences, 26: 1181-1188.

Yin Y, Yao K, Liu Z, et al, 2010. Supplementing L-leucine to a low-protein diet increases tissue protein synthesis in weanling pigs [J]. Amino Acids, 39: 1477-1486.

Yoshizawa F, 2004. Regulation of protein synthesis by branched-chain amino acids *in vivo* [J]. Biochemical and Biophysical Research Communications, 313: 417-422.

You J S, Anderson G B, Dooley M S, et al, 2015. The role of mTOR signaling in the regulation of protein synthesis and muscle mass during immobilization in mice [J]. Disease Models and Mechanisms, 8: 1059-1069.

Zhang J, Yin Y L, Shu X G, et al, 2013. Oral administration of MSG increases expression of glutamate receptors and transporters in the gastrointestinal tract of young piglets [J]. Amino Acids, 45: 1169-1177.

Zhang S, Yang Q, Ren M, et al, 2016. Effects of isoleucine on glucose uptake through the enhancement of muscular membrane concentrations of GLUT1 and GLUT4 and intestinal membrane concentrations of Na^+/glucose co-transporter 1 (SGLT-1) and GLUT2 [J]. British Journal of Nutrition, 116: 593.

Zoncu R, Sabatini D M, Efeyan A, 2010. mTOR: from growth signal integration to cancer, diabetes and ageing [J]. Nature Reviews Molecular Cell Biology, 12: 21-35.

第四章 猪低蛋白质日粮与肠道健康

肠道不仅是猪的消化吸收器官，也是阻止有毒有害物质和病原微生物进入体内其他脏器的重要机械屏障和免疫屏障。因此，肠道健康对猪的生长，尤其是对仔猪的生长发育具有重要的作用。健康的肠道包括完整的肠道形态、良好的免疫功能和平衡的肠道微生物菌群等。猪日粮中蛋白质水平和功能性氨基酸对肠道健康具有重要的调控作用。近年来，大量研究发现，许多氨基酸在肠道具有特殊的生理功能。例如，精氨酸或N-氨甲酰谷氨酸可调节血管生成，苏氨酸可调节肠道黏液蛋白合成，异亮氨酸可调节肠道免疫屏障，亮氨酸可调节肠道氨基酸转运等。此外，日粮蛋白质的来源与水平与进入后肠道的可发酵蛋白质密切相关。后肠可发酵蛋白质过多通常会导致有害微生物的增殖及其代谢产物富集，最终导致肠道损伤。本章在阐述一些功能性氨基酸与肠道健康关系的基础上，重点探讨猪日粮中不同蛋白质和氨基酸添加水平对肠道健康和肠道微生物的影响。

第一节 功能性氨基酸与肠道健康

猪功能性氨基酸是指除用于蛋白质沉积外，对繁殖、肠道健康、免疫机能和肉品质等同样具有重要的作用，继而可以获得最大的饲料转化效率。提高生长性能并提高健康水平的氨基酸，包括谷氨酰胺、谷氨酸、精氨酸、N-氨甲酰谷氨酸（N-carbamylglutamate，NCG）、含硫氨基酸及其代谢产物、甘氨酸、赖氨酸、苏氨酸、支链氨基酸（缬氨酸、亮氨酸、异亮氨酸）、蛋氨酸和脯氨酸等。

一、谷氨酰胺

在传统观念中，谷氨酰胺被当做动物体内大量存在的非必需氨基酸。但现在大量研究表明，在断奶、外界损伤和感染等应激条件下，谷氨酰胺是一种条件性必需氨基酸（Li等，2007；Wang等，2008）。谷氨酰胺也是小肠上皮细胞和白细胞的重要供能底物，在体内参与许多重要代谢活动，包括蛋白质合成、糖异生、器官间氮的周转、核酸的生物合成、免疫反应和细胞的氧化还原反应等（Wu等，2007）。在日粮中添加谷氨酰胺可以减少肠细胞和淋巴细胞的凋亡（Domeneghini等，2006），增加小肠的抗氧化功能和细胞增殖功能（Wang等，2008）。通过肠腔或日粮补充谷氨酰胺均可促进肠道功能和黏膜功能的完整性，而在体内注射谷氨酰胺酶可以引起动物腹泻、轻度绒毛萎缩、黏膜溃疡和肠道坏死等（Baskervile 等，1980）。同样，延长全肠道肠外营养时间会破坏肠道上皮细胞的完整性，抑制免疫功能（Thomas 等，2005）。而在全胃肠外营养液中额外加入谷氨酰胺，可以维持肠道绒毛高度，增加黏液层和肠上皮细胞厚度（Long 等，1996）。在日粮中添加谷氨酰胺可以防止仔猪在断奶后第 1 周空肠萎缩，提高仔猪的生长性能（Wu 等，1996），同时增强空肠上皮细胞对氨基酸的转运能力（Frankel 等，1993）。

二、谷氨酸

谷氨酸是肠道中谷氨酰胺酶代谢谷氨酰胺的产物（Wu 和 Morris，1998）。通过日粮摄入的谷氨酸在仔猪肠道的吸收过程中几乎被全部代谢（Reeds 等，1996）。此外，日粮中的谷氨酸是肠道合成谷胱甘肽、精氨酸和脯氨酸的前体物质（Reeds 等，1997；Wu 和 Morris，1998）。因此，肠道内的谷氨酸对于肠道细胞代谢和生理具有重要作用。目前，有关谷氨酸对肠道疾病影响的研究还很有限。在使用烧伤模型的小鼠中（谷氨酰胺酶缺乏），日粮中额外添加的谷氨酸可以作为肠道重要的供能物质（Hasebe 等，1999）。但是否可以在日粮中使用谷氨酸替代谷氨酰胺，目前还不明确。

三、精氨酸与 N-氨甲酰谷氨酸

精氨酸是体内重要信号分子（包括一氧化氮、多胺和肌酸）的合成底物（Wu 和 Morris，1998）。大量证据表明，精氨酸可以激活肠道中 mTOR 信号通路（Corl 等，2008）。因此，精氨酸在细胞代谢和生理方面具有重要作用。在断奶动物中，小肠是精氨酸的重要代谢场所（Wu，1998）。大多数哺乳动物（猪、大鼠和人）的肠道细胞都参与精氨酸合成，精氨酸在肠道稳态中扮演着重要角色（Wu 等，2004a）。此外，精氨酸还参与肠道的免疫调节（Li 等，2007）。

近年来的研究发现，一氧化氮（NO）是精氨酸调节肠道作用的核心代谢产物。精氨酸通过生成 NO 调节肠道功能（Alican 和 kubes，1996）。抑制 NO 合成酶可以抑制肠液分泌，导致肠道出血（Kanwar 等，1994）。在肠道中，诱导性 NO 合成酶远比结构性 NO 合成酶（包括内皮细胞 NO 合成酶和原生细胞 NO 合成酶）能产生更多的 NO（Alican 和 kubes，1996）。由结构性 NO 合成酶产生的 NO 在维持肠道黏膜屏障功能上具有重要作用（Kanwar 等，1994）。诱导性 NO 合成酶在调控肠道炎症方面具有一定作用。研究发现，在缺乏诱导性 NO 合成酶的大鼠结肠炎模型中，诱导性 NO 合成酶具有重要调控作用，缺乏诱导性 NO 合成酶可以导致肠道黏膜大面积损伤（McCafferty 等，1997，1999）。此外，精氨酸可以通过生成 NO（Rhoads 等，2004），来激活 p70S6 激酶，进而调控肠道细胞的迁移（Rhoads 等，2008）。但是，过量的 NO 会导致肠道上皮细胞损伤。

精氨酸对肠道屏障和血管生成具有重要作用，可以修复肠道形态多样性，促进肠道细胞增殖，缓解由脂多糖引起的黏膜损伤（Sukhotnik 等，2004）。同时，精氨酸也可以在肠道局部性缺血后增强肠道黏膜的活性（Schleiffer 和 Raul，1996）。用大鼠肠道移植模型的研究发现，精氨酸处理可以预防肠道基膜损伤（Mueller 等，1998）。同时，精氨酸也可以预防肠道炎症，防止微生物移位和体重损失（Gurbuz 等，1998；Ersin 等，2000）。精氨酸的作用与其使用剂量有关。研究发现，日粮中添加 0.7%的 L-精氨酸可以促进仔猪肠道微血管发育，但添加 1.2%的精氨酸却可以引起负面效果，包括断奶应激和肠道功能紊乱（Zhan 等，2008）。这进一步表明，日粮中精氨酸和其他氨基酸的适宜比例是精氨酸发挥生理作用的重要保证（Wu 等，2007）。

新生仔猪内源精氨酸合成降低主要是因为 N-乙酰谷氨酸合成酶活性降低，导致 N-乙酰谷氨酸合成不足，从而造成内源精氨酸合成受阻。新生仔猪肠道内源精氨酸合成途径见图 4-1。N-氨甲酰谷氨酸（NCG）作为乙酰谷氨酸的类似物，能够稳定地促进精氨酸的内源合成。因此，NCG 可作为精氨酸替代物，在仔猪日粮中应用。研究表明，仔猪日粮中补充 500mg/kg 的 NCG 可以显著提高回肠分泌型免疫球蛋白 A（secretory immunoglobulin A，sIgA）水平和 $CD4^+$ T 淋巴细胞水平（Zhang 等，2013a）。Zeng 等（2015）研究发现，仔猪日粮中添加 500mg/kg 的 NCG，可增加回肠中乳糖酶的含量，并显著增加后肠道中乳酸菌（*Lactobacillus* spp.）的数量。这些证据都表明，NCG 在改善仔猪肠道健康方面具有重要作用。

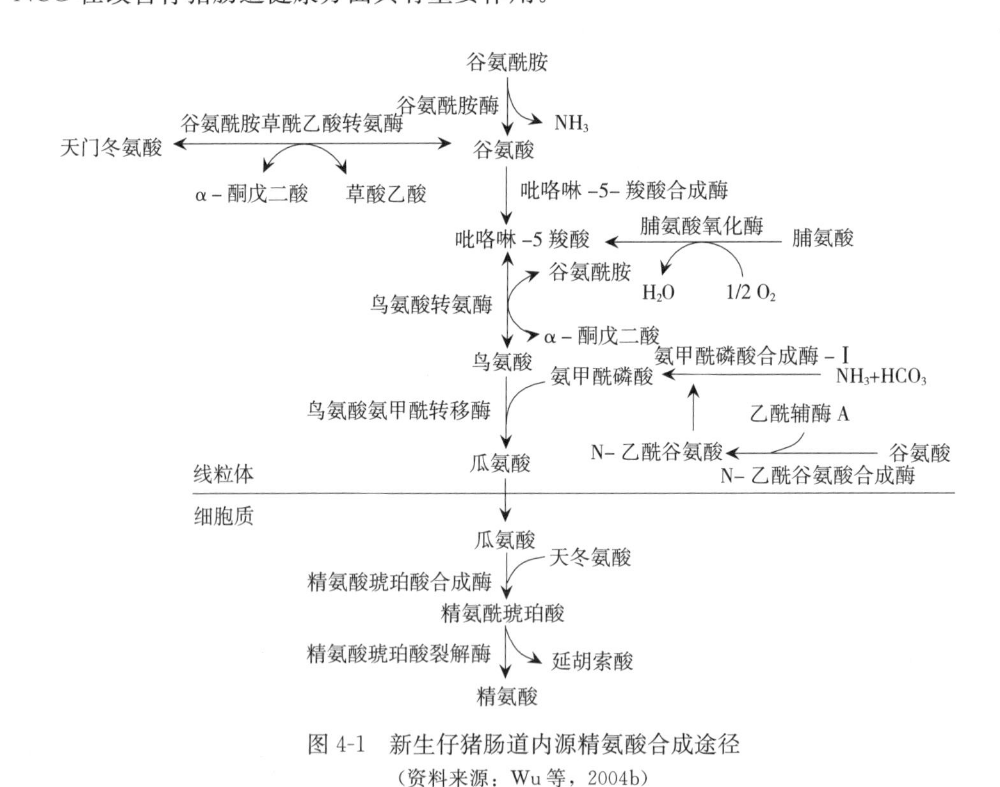

图 4-1　新生仔猪肠道内源精氨酸合成途径

（资料来源：Wu 等，2004b）

四、含硫氨基酸及其代谢产物

含硫氨基酸及其代谢产物对动物的生长和健康具有重要作用。蛋氨酸属于必需氨基酸，而 L-半胱氨酸属于半必需氨基酸，因为新生动物缺乏将蛋氨酸转化为胱氨酸的酶（Finkelstein，2000）。蛋氨酸和半胱氨酸最重要的代谢产物是谷胱甘肽、同型半胱氨酸和牛磺酸，这些物质在肠道免疫中发挥重要作用（Grimble，2006）。值得注意的是，有研究发现，2-羟基-4-甲硫基丁酸（蛋氨酸的代谢产物）可以调控内源性NO合成酶的表达、血流量及仔猪肠道氨基酸的转运和吸收（Fang等，2009）。

日粮中蛋氨酸参与营养物质吸收的首过代谢，其中最重要的代谢组织是肠道（Shoveller等，2003）。肠道可直接利用日粮中52%的蛋氨酸。此外，大量的半胱氨酸也在肠道中被利用，门静脉血中胱氨酸的含量有限（小于日粮采食量的20%）（Stoll等，1998）。目前，肠道中参与胱氨酸代谢的细胞尚不明确。胱氨酸参与谷胱甘肽的合成，谷胱甘肽在抗氧化、营养代谢和细胞保护方面具有重要作用。谷胱甘肽在肠道和肠上皮细胞中对肠道正常功能的维持具有重要作用（Wu等，2004c），可以防止电子和氢过氧化物对肠道造成损伤（Aw等，1992）。增殖细胞中含有较高浓度的谷胱甘肽，而静止细胞中谷胱甘肽的浓度相对较低（Shaw和Chou，1986）。此外，在Caco-2细胞中也包含大量谷胱甘肽的氧化产物（Nkabyo等，2002）。细胞中还原型谷胱甘肽浓度越高，细胞密度越大；而细胞内氧化型谷胱甘肽浓度越高，细胞密度越低（Hutter等，1997）。因此，谷胱甘肽在调控细胞增殖方面具有重要作用。缺乏谷胱甘肽会抑制丁硫氨酸亚砜亚胺合成，导致黏膜不完整、线粒体降解和绒毛损伤，而口服谷胱甘肽和谷胱甘肽单酯可以防止肠道受到损伤（Martensson等，1990）。此外，谷胱甘肽还是细胞内重要的抗氧化剂，可以促进肠道过氧化物的移除，同时减少淋巴管过氧化物的转运（Wingler等，2000）。因此，在日粮中提供谷胱甘肽的底物或前体物质是调控肠道健康的一个重要手段，可以预防或者治疗肠道疾病（Wu等，2004c）。

牛磺酸是含硫氨基酸的代谢终产物，参与许多生理活动，如调节渗透压、抗氧化、解毒、调节细胞膜稳定、调控视网膜和心脏功能（Huxtable，1992）。在淋巴细胞的游离氨基酸库中，有50%的游离氨基酸是牛磺酸，这表明牛磺酸在免疫和促进炎症修复中具有重要的作用（Redmond等，1998）。此外，人肠上皮细胞牛磺酸的浓度是血浆中的90～100倍，这表明牛磺酸在肠道细胞中大量聚集（Ahlman等，1993）。相关研究还表明，牛磺酸可以阻止脂质过氧化物对Caco-2肠道细胞渗透压的影响（Roig-Pérez等，2004）。

五、甘氨酸和赖氨酸

甘氨酸和赖氨酸在肠道保护中具有重要作用。甘氨酸的一个重要生理功能是合成小肠中的谷胱甘肽（Reeds等，1997）。在局部出血和再灌注的模型中，局部注射甘氨酸可以减少小肠黏膜的局部出血损伤，增强肠组织的蛋白质含量、黏膜DNA水平和肠道谷氨酰胺酶活性（Alican和Kubes，1996）。甘氨酸在仔猪营养中的应用直到最近才引起人们的重视。仔猪日粮中添加甘氨酸可以激活AMPK和mTOR信号通路，促进蛋白质的合成，同时也可以抑制TLR4和NOD通路，缓解由脂多糖（lipopolysaccharides，LPS）引起的肠道损伤（Xu等，2018）。在肠道上皮细胞模型中，甘氨酸可以促进肠道紧密连接蛋白的表达，并在肌肉蛋白质合成的调节中发挥重要作用（Li等，2016）。

赖氨酸可用于肠道蛋白质合成和其他代谢途径（Stoll等，1998）。在高蛋白质日粮中，30%的赖氨酸可直接被肠道氧化（Goudoever等，2000）。因此，赖氨酸可能参与肠道功能和完整性的调节。另外，赖氨酸也可用于合成肠道黏液蛋白和免疫球蛋白。Wang等

(2012) 发现，生长育肥猪日粮中添加赖氨酸可以促进肠道碱性氨基酸转运载体的表达。Gu (2000) 证实，日粮中添加赖氨酸可以增强仔猪空肠和回肠的长度。但也有研究发现，肠道上皮细胞并不能代谢赖氨酸 (Chen 等，2007)。因此，肠道微生物可能是参与赖氨酸代谢的重要因素。目前，有关赖氨酸对肠道功能的报道还相对较少，有待进一步研究。

六、苏氨酸

在必需氨基酸中，苏氨酸对于肠道黏液蛋白的合成和保持肠道黏膜屏障的完整性具有重要作用 (Bertolo 等，1998)。日粮中 60% 的苏氨酸可以被肠道利用 (Stoll 等，1998)。日粮苏氨酸缺乏可导致肠道上皮细胞的严重损伤和肠绒毛萎缩，并显著减少黏液蛋白的合成 (彩图 1)。黏膜蛋白是保护肠上皮细胞不被损伤的重要糖蛋白。在肠道黏膜中，大多数苏氨酸都被用于合成黏膜蛋白 (Le Sève，2005)。

在大鼠上的研究表明，日粮中苏氨酸缺乏可以导致小肠全肠段黏液蛋白减少，其中十二指肠黏液蛋白的表达量可减少 40% (Faure 等，2005)。Wang 等 (2007) 的研究发现，苏氨酸和其他氨基酸可以促进肠道黏液的合成，保护肠道黏膜免受损伤。分别给断奶仔猪饲喂含 0.37% (不足)、0.74% [NRC (1998) 推荐量] 和 1.11% (过量) 的真可消化苏氨酸的日粮发现，苏氨酸不足或过量均会导致空肠黏膜蛋白和黏液蛋白表达量显著下降。Wang 等 (2010) 给断奶仔猪饲喂含 0.37%、0.74%、0.89% 或 1.11% 的真可消化苏氨酸的日粮，结果发现与饲喂含 0.74% 和 0.89% 的真可消化苏氨酸组日粮相比，0.37% 和 1.11% 的真可消化苏氨酸可以显著破坏肠道绒毛形态，并显著降低酸性黏液蛋白的表达量，同时小肠中 MUC2 的含量也显著降低。在仔猪感染大肠埃希菌的情况下，日粮中充足的苏氨酸可以保证肠道屏障功能的完整，提高肠道的免疫屏障功能 (Ren 等，2014；彩图 2)。除仔猪外，在育肥猪日粮中额外添加 0.2% 的苏氨酸可以增强肠道紧密连接蛋白的表达，改善肠道健康 (Liu 等，2017)。

七、支链氨基酸

近年来的研究发现，除谷氨酰胺和天冬酰胺外，大量的支链氨基酸 (branched-chain amino acids，BCAA) 也在仔猪肠道中被利用。在支链氨基酸转氨酶的帮助下，支链氨基酸在空肠细胞中大量被代谢。许多研究发现，支链氨基酸参与肠道氨基酸转运载体的表达。给仔猪饲喂亮氨酸 (每千克体重 1.4g L-亮氨酸) 可以促进肠道发育，增强肠道氨基酸转运载体的表达 ($ATB^{0,+}$、B^0AT1 和 $b^{0,+}AT$) (Sun 等，2015)。在 17% 的低蛋白质日粮中添加 BCAA (0.1%L-亮氨酸、0.34%L-缬氨酸和 0.19%L-异亮氨酸) 对于维持肠道功能和氨基酸转运载体的表达具有重要作用 (Zhang 等，2013c)。这可能是因为，支链氨基酸通过激活 PI3K/Akt/mTOR 和 ERK 信号通路对肠道功能进行了调控 (Zhang 等，2014)。有趣的是，亮氨酸不仅调节中性氨基酸转运载体的表达，也调节碱性氨基酸转运载体的表达，这表明支链氨基酸在调控肠道对营养物质吸收方面的重要性。除参与氨基酸转运载体调节外，支链氨基酸在调控肠道功能的其他方面也有重要作用。Mao 等 (2015) 的研究表明，日粮中添加 1% 的亮氨酸可以减少黏液蛋白的产生和空肠杯状细胞的数目，这可能也与 mTOR 信号通路的激活有关。Ren 等（2015）发现，日粮中补充足够的 BCAA，可以促进仔猪小肠中 sIgA 的分泌，增强肠道免疫屏障功能。Ren 等（2016）还发现，BCAA 可以通过激活*Sirt1/ERK/90RSK* 信号通路，促进肠道*pBD114* 和*pBD129* 等 β-防御素的表达，提高仔猪的先天性免疫力（图 4-2）。同时，在鱼上研究也发现，将日粮亮氨酸的水平从 0.71%提高到 1.33%，可以增强肠道紧密连接蛋白的表达，调控肠道健康。Dai 等（2010）通过体外培养 24h 肠道食糜试验，研究氨基酸在培养基中的消失速率时发现，亮氨酸的消失速度最快，而缬氨酸和异亮氨酸次之，表明肠道微生物也参与了支链氨基酸在肠道中的代谢。

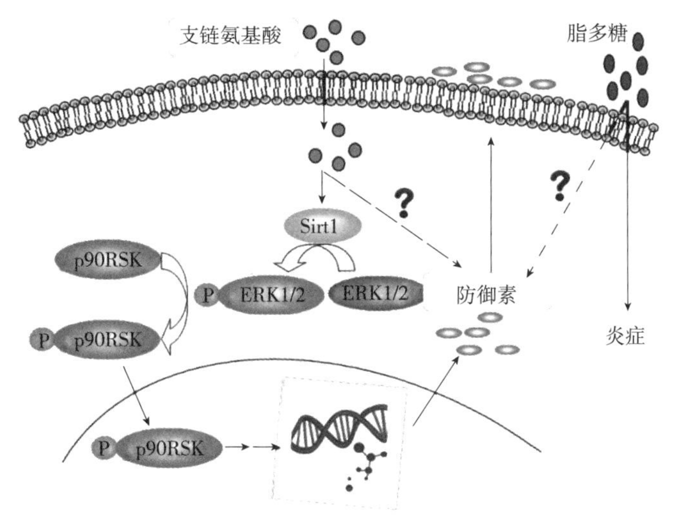

图 4-2 BCAA 通过激活 Sirt1/ERK/90RSK 信号通路促进肠道 β-防御素表达的信号通路
（资料来源：Ren 等，2016）

第二节 猪日粮蛋白质水平与肠道健康

肠道是动物体内各种营养物质消化和吸收的主要场所。日粮蛋白质水平的高低对仔猪的肠道健康起着至关重要的作用。仔猪肠道功能受损，会出现腹泻和生长速度减慢等现象。蛋白质水平过高或过低都会影响肠道健康，适宜的蛋白质水平能够促进肠道的健康发育。

一、日粮蛋白质水平与断奶仔猪的过敏反应

植物蛋白质是猪饲料蛋白质的主要来源。早在 1934 年，Duke 就发现大豆蛋白质可引起婴儿腹泻、虚脱和肠道炎症反应。1936 年，Lippard 等认识到了动物吸收日粮抗原及由此引起的过敏反应。随后，人们对日粮抗原致敏机制展开了研究，肠道免疫系统受到了特殊的关注，并逐渐认识到分泌性抗体（Swarbrick 等，1979；Challacombe 和 Tomasi，1980），血清抗体（Rothberg 等，1967；Peri 和 Rothberg，1967）及细胞介导的免疫反应（Mowat 等，1984）在日粮抗原过敏反应中的作用。迄今为止，人们对日粮抗原过敏反应认识最清楚、研究最深入的是大豆蛋白质和花生蛋白质。

（一）大豆致过敏蛋白的种类与免疫原性

Castimpoolas 等（1968，1969）从大豆种子中分离鉴定出了 4 种球蛋白：Glycinin、α-Conglycinin、β-Conglycinin 和 γ-Conglycinin。并证明它们是大豆蛋白质中主要的抗原成分。Glycinin 是一种 11S 球蛋白，其相对分子质量为 350 000；α-Conlycinin 是一种 2S 球蛋白，相对分子质量为 26 000（Castimpoolas 等，1969）；γ-Conglycinin 是一种没有典型聚合作用的 7S 球蛋白，其相对分子质量为 210 000（Koshiyama 和 Fukushima，1976a），并可以从 Glycinin 和 β-Conglycinin 分离得到（Catsimpoolas 和 Ekenstam，1969）；β-Conglycinin 为另一种 7S 球蛋白，相对分子质量为 330 000，它在 0.1 个离子强度的作用下能聚合成 9S 沉淀（Koshiyama 和 Fukushima，1976b）。Thanh 和 Shibasaki（1976）发现，β-Conglycinin 由 6 种电泳成分组成，并将它们命名为 β1-Conglycinin、β2-Conglycinin、β3-Conglycinin、β4-Conglycinin、β5-Conglycinin 和 β6-Conglycinin，但它们在免疫学上的特点则是一致的。目前的研究已经很清楚，对断奶仔猪来说，大豆蛋白中引起过敏反应的主要抗原成分为大豆球蛋白（Glycninn）和 β-伴大豆球蛋白（β-Conglycinin）（Smith 和 Sissons，1975；Sissons 和 Smith，1976；Kilshaw 和 Sissons，1979a，1979b；Sissons 等，1982；Wilson 等，1989）。

大豆作为日粮抗原所引起的过敏反应和抗营养因子的有害作用是两个不同的概念，主要的依据有 4 个方面，一是它们作用的方式不同。抗营养因子主要引起胰脏萎缩和抑制胰蛋白酶活性，大豆蛋白质作为过敏原引起的过敏反应主要导致血浆蛋白质漏入肠腔、绒毛虚脱和隐窝肥大等肠道损伤。二是两者作用持续的时间不同。抗营养因子作用的时间一般是持续的，而由于免疫耐受性的形成和免疫排斥的发生，大豆蛋白质作为过敏原所引起的过敏反应的作用时间一般是短暂的。三是作用对象的年龄有差异。抗营养因子可作用于不同年龄的动物，而成年动物和人则一般不会对大豆蛋白质产生过敏反应，60 日龄仔猪已不再吸收具有免疫原性的完整大分子蛋白质（Wilson 等，1989）。四是经过抗营养因子加工和处理的全脂大豆仍有较强的免疫原性（Newby 等，1984）。

（二）断奶仔猪对日粮抗原的过敏反应与仔猪断奶后腹泻

随着断奶，仔猪小肠表现严重的绒毛脱落，肠黏膜淋巴细胞增生和隐窝细胞有丝分裂速度加快（Kenworthy 和 Allen，1966；Kenworthy，1976；Heppell 等，1982）。同时，肠上皮细胞刷状缘的蔗糖酶、乳糖酶、异麦牙糖酶和海藻糖酶浓度及活性下降，导致仔猪吸收不良甚至出现临床腹泻（Kenworthy 和 Allen，1966；Kenworthy，1976；Kenworthy 等，1967）。这些变化发生在断奶后的 3～4d，7～10d 即部分恢复（Miller 等，1985，Stokes 等，1986）。由于大肠埃希菌在这些断奶初期的形态学变化上不起作用（Kenworthy 和 Allen，1966；Miller，1984a），轮状病毒感染多在小肠上部繁殖，而肠道的最大损伤在小肠下部，且给断奶前仔猪引入日粮抗原也会导致同样的形态学上的变化（Stokes 等，1981）。因此，断奶后仔猪肠道形态学变化的原因在于断奶日粮内由抗原成分引起的短暂的过敏反应。目前的研究已经很清楚，大豆抗原蛋白引起断奶仔猪过敏反应的症状表现为：肠绒毛萎缩，上皮细胞通透性增加，体液渗入肠腔，产生过敏性腹泻；同时，机体免疫功能显著下降，易受到大肠埃希菌等病原微生物的攻击，继发细菌性或病毒性腹泻。

对大豆诱发断奶仔猪过敏反应的研究，主要集中在过敏反应的发生时间、持续时间、反应剂量和作用机制。关于过敏反应的发生时间和持续时间，主要的研究方法是免疫诱导和免疫耐受。Wilson 等（1989）指出，饲料中抗原蛋白的吸收与年龄有关，3 周龄仔猪可大量吸收饲料中的抗原物质，并随着年龄的增长，吸收能力逐渐减弱，到 6 周龄时仔猪对其不再发生过敏反应或反应很弱。给 7 日龄的仔猪灌服大豆蛋白质提取液，每天 6g，连续 5d，21 日龄断奶后，喂以含有相应大豆蛋白质的断奶日粮，在血清中测出了较高效价的 Glycinin 和 β-cong1ycinin 的抗体；饲喂 6d 后皮下注射该大豆蛋白质提取液，皮褶厚度显著增加。这些变化与绒毛结构的变化一致，并与生产性能有较大的相关性（Li 等，1990）。Miller 等（1984b）以控制饲喂制度的方法成功地诱导出断奶仔猪对日粮抗原的耐受性，断奶前饲喂少量的大豆蛋白质日粮，免疫系统处于应答状态；断奶后再次接触这种日粮时，断奶仔猪立即产生严重腹泻，并伴有病原性大肠埃希菌的增生。例如，断奶前喂大量的大豆蛋白质日粮，免疫系统产生耐受性；断奶后再次接触这种日粮时，没有腹泻发生；断奶前不饲喂大豆蛋白，则腹泻仔猪头数介于两者之间。Miller 等（1984c）又用低致过敏性日粮（以水解酪蛋白为日粮蛋白质来源）和致过敏性日粮（以天然酪蛋白为日粮蛋白质来源）饲喂断奶仔猪，结果表明饲喂天然酪蛋白的仔猪有腹泻现象，饲喂水解酪蛋白日粮的仔猪未见腹泻现象。该试验还发现，在饲喂以天然酪蛋白的表现为腹泻的仔猪体内未见大肠埃希菌的增殖。该研究表明，断奶仔猪肠道的损伤及腹泻的产生是由断奶日粮的过敏反应引起的。Hampson（1983）指出，断奶仔猪喂饲高抗原性日粮会使滤泡增生和蔗糖酶活性下降，而饲喂低抗原性日粮则两个参数无显著变化。给断奶仔猪饲喂经抗营养因子处理的全脂大豆为唯一蛋白质来源的日粮，仔猪对大肠埃希菌性肠炎高度敏感。给这些仔猪口服 D-木糖的测定结果表明，断奶后第 9 天吸收不良，到第 11 天时基本恢复。仔猪对大豆蛋白质的过敏反应同时发生，在第 5 天最为强烈，到第 13 天时这种过敏反应基本消失。

关于大豆球蛋白或 β-伴大豆球蛋白引起断奶仔猪过敏反应的剂量，目前已有定量研究结果。大豆球蛋白或 β-伴大豆球蛋白分离纯化技术和检测技术的突破为实现这两个抗原蛋白的定量研究打下了基础。孙鹏（2008）用系列试验研究了纯度大于 85%的大豆球蛋白诱发断奶仔猪过敏反应的剂量及其机制。试验选取 24 头 18 日龄断奶的大白×长白去势公猪，初始体重（4.98±0.67）kg，随机分配到 4 个处理中，各处理组仔猪分别饲喂含 0、2%、4%和 8%的大豆球蛋白日粮；仔猪经肠道致敏、激发后建立过敏反应模型。结果表明，饲喂含 4%和 8%大豆球蛋白日粮的仔猪，生长性能显著下降（$P<0.05$），外周血淋巴细胞刺激指数和淋巴细胞亚群 $CD4^+/CD8^+$ 的值显著升高（$P<0.01$）；与未饲喂大豆球蛋白的对照组仔猪相比，过敏仔猪空肠黏膜细胞因子白细胞介素-4（interleukin-4，IL-4）和白细胞介素-6（interleukin-6，IL-6）及免疫球蛋白（Immunoglobulin，Ig）A 浓度均显著升高（$P<0.01$），而 IgG 和 IgM 水平无显著差异（$P>0.05$）；Glycinin 诱发断奶仔猪的过敏反应为 Th2 型免疫反应，此反应是由 IgE 介导的速发型过敏反应，过敏仔猪皮肤试敏反应呈阳性，血清和肠道匀浆液中 IgE 抗体浓度升高；血清中大豆球蛋白特异性抗体 IgG1 及 Th2 型细胞因子 IL-4 和白细胞介素-10（interleukin-10，IL-10）水平升高，小肠肥大细胞数量和组胺释放增加，导致过敏仔猪生长性能下降并发生过敏性腹泻。郝月（2010）将 18 头 10 日龄初始体重为（3.84±0.06）kg 的仔猪，按体重随机分为 3 个处理，分别饲喂含 0、1%和 3%的 β-伴大豆球蛋白的日粮，建立过敏反应模型。结果表明，1%的 β-伴大豆球蛋白可使仔猪生产性能下降，出现皮肤瘙痒、湿疹和腹泻等过敏症状，引起血清中总 IgE、抗原特异性 IgE 和空肠组胺含量的升高（$P<0.01$），并造成空肠形态损伤，仔猪空肠中 IL-4 和 γ-干扰素（interferon-γ，IFN-γ）的含量显著升高（$P<0.01$）。总结上述试验和其他试验结果来看，日粮中含 4%的大豆球蛋白或 1%的 β-伴大豆球蛋白即可引起断奶仔猪的过敏反应，2 种抗原蛋白引起的过敏反应症状相似。其作用机制是：大豆球蛋白和 β-伴大豆球蛋白特异性地结合胃黏膜和小肠绒毛后，小部分被机体吸收，吸收的抗原蛋白刺激特异性 IgE 的产生，进而使肥大细胞脱颗粒和释放组胺，导致肠绒毛萎缩，上皮细胞通透性增加，体液渗入肠腔，产生过敏性腹泻。Nabuurs 等（1982）报道，在初次饲喂日粮抗原的同时，皮下注射 1mL 免疫佐剂（一种水油乳剂）能增加仔猪免疫抑制细胞的生成数量，加速免疫耐受的形成。

（三）大肠埃希菌、大豆抗原蛋白与仔猪断奶后腹泻

大肠埃希菌是 Theobaled Eschecich 于 1935 年在乳婴粪便中发现的一种细菌。起初人们并没有去区分有致病力和没有致病力的菌株，随着细菌学和血清学的发展，人们根据其抗原结构，将其分为许多血清型。与猪有关系的大肠埃希菌病主要有 3 种，即新生仔猪大肠埃希菌性肠炎、断奶仔猪大肠埃希菌性肠炎和仔猪水肿病，引起这些疾病的大多数菌株都有溶血性。其致病情况：一是病原性大肠埃希菌感染；二是这些病原菌在小肠前段和后段繁殖，病原菌株产生毒素，毒素作用于仔猪引起损伤（Nielsen 等，1968）。

与新生仔猪大肠埃希菌性肠炎不同，断奶后腹泻的死亡率较低。但也有报道表明，在某些畜群中，其发病率可达 100%，死亡率可达 20%（Miller，1984a）。许多研究也已表明，大肠埃希菌在仔猪断奶后腹泻中有重要作用（Anon，1960；Sojka 等，1960）。Nielsen 等（1968）总结了与断奶后腹泻有关的大肠埃希菌，主要是 O 抗原的 O18∶K87、O138∶K81、O139∶K82 和 O141∶K85。Miller 等（1984b）用 O149∶K91 做标准菌株研究病原性大肠埃希菌与日粮和断奶后腹泻的关系。1989 年，中国农业科学院哈尔滨兽医研究所主编的《家畜传染病学》一书指出，随着时间的推移，在 20 世纪 50 年代和 60 年代，最常见的 O8 已不多见，而 O149 则已成为美国和加拿大等国家的主要致病性大肠埃希菌。在大多数表现断奶后腹泻和某些健康仔猪中，最常见的致病性大肠埃希菌为 O149∶K91 和 O149∶K85（谯仕彦和李德发，1996）。

断奶后腹泻虽然与大肠埃希菌有着密切关系，但大肠埃希菌本身并不能单独引起这种疾病（Miller 等，l984c）。已知在健康仔猪的胃肠道中存在着大量的病原性大肠埃希菌（Sojka 等，1960；Smith，1963）。MiIler 等（1984b）用 1 000 株 O149∶K91 攻毒 5 日龄乳猪发现，到 21 日龄断奶时，所有受 O149∶K91 攻毒的仔猪均无腹泻的临床表现，断奶后喂蛋白质水解酶水解的酪蛋白日粮的仔猪也无临床腹泻的表现，但断奶后喂天然酪蛋白的所有仔猪都出现临床腹泻。据此他们提出，日粮抗原的过敏原性是断奶后腹泻发生的关键。笔者（1992）的研究表明，仔猪断奶后第 8 天肠道中致病性大肠埃希菌与大豆蛋白质的抗原性有关。陈代文（1994）认为，仔猪断奶后腹泻的直接原因是养

分消化率下降，而根本原因是机体对日粮抗原发生了过敏反应。

事实上，人们早就认识到，大肠埃希菌性肠炎在其发生发展之前，肠道一定经过了某种预先的变化（Goodwin，1957；Jennings，1959；Richards 等，1961；Stevens，1963），这种变化即后来所说的断奶后肠道损伤。其原因一方面来自于断奶应激（Kenworthy，1976），而更重要的另一方面则来自于仔猪对断奶日粮的短暂过敏反应。两方面的作用导致大肠埃希菌在肠道的附着和增殖及对肠毒素（包括热稳定的肠毒素和热不稳定的肠毒素）敏感性的提高，从而使仔猪产生腹泻。应用日粮抗原过敏反应的理论和迄今对大肠埃希菌的认识，可以很好地解释在许多试验中观察到的 3 种断奶后腹泻的临床表现。第一，断奶仔猪能携带致病性大肠埃希菌，但不发生腹泻，因为它在肠道中保留了足够的吸收力来抵消肠毒素的作用；第二，由于过敏反应造成肠道分泌力和吸收力失调，仔猪可能在无病原性大肠埃希菌存在的条件下发生轻微的腹泻；第三，过敏反应导致的肠道分泌力和吸收力的失调正好与致病性大肠埃希菌的增殖同时发生，仔猪产生严重腹泻。

（四）加工方法对大豆蛋白质过敏原性的影响

从抗营养因子的角度来讲，热处理法是目前大豆产品加工的最佳方法（李德发，1986）。但许多研究表明，普通热处理的大豆产品仍会引起断奶仔猪和犊牛消化过程异常，包括消化物的运动和肠道黏膜的炎症反应，且这种变异是由于胃肠道对热处理的大豆产品的过敏反应引起的（Smith 和 Sissons，1975；Sissons 和 Smith，1976；Kilshaw 和 Sissons，1979a，1979b；Kilshaw 和 Slade，1982；Newby 等，1984）。Smith 和 Sissons（1975）指出，大豆球蛋白对胃蛋白酶比较敏感。胃蛋白酶的作用受到 pH 的限制，β-伴大豆球蛋白几乎不受消化酶的影响。Kilshaw 等（1979b）研究表明，用热乙醇（65～80℃）提取的大豆蛋白质中测不出大豆球蛋白和 β-伴大豆球蛋白。Sissons 和 Thurston（1984）又报道，用热乙醇提取的大豆蛋白质中仍残留少量有过敏原性的大豆球蛋白和 β-伴大豆球蛋白，但不引起消化障碍。因此他们推测，热乙醇处理能增加大豆抗原对胃蛋白酶和胰蛋白酶的敏感性。Li 等（1991）和笔者等（1995）对断奶仔猪的试验除进一步证实了 Sissons 和 Thurston（1984）的结论外，还发现膨化加工的大豆饼粕能降低血清中抗大豆球蛋白和 β-伴大豆球蛋白 IgG 的效价，并能减轻仔猪对大豆蛋白质引起的过敏反应的程度。余伟明（1991）对 25 日龄断奶仔猪的试验表明，膨化加工的熟豆粕能减轻过敏反应造成肠道损伤的程度。

近年来，人们对用酶解技术和微生物发酵技术处理大豆蛋白质进行了大量研究，并且这些技术在生产中的应用发展非常迅速。酶解技术通过外切酶和内切酶的共同作用，将大分子大豆蛋白质降解为小分子蛋白质或肽，不仅能破坏大豆球蛋白和 β-伴大豆球蛋白的过敏原性，提高其消化利用率，可能还会产生部分活性肽。微生物发酵技术在微生物产生酶的作用下，在将大分子大豆蛋白质降解为小分子蛋白质或肽的同时，还能积累包括有机酸在内的、有助于动物健康的有益物质。关于微生物发酵或酶解豆粕在断奶仔猪日粮中的应用效果，已开展了许多研究，读者可查阅相关文献。表 4-1 是农业部饲料工业中心近些年来对一些大豆加工产品中的大豆球蛋白、β-伴大豆球蛋白和胰蛋白酶抑制因子含量测定结果的总结。已如上述，日粮中含 4%的大豆球蛋白或含 1%的 β-伴大豆球蛋白即可引起断奶仔猪的过敏反应，因此可从测定的大豆加工产品中大豆球蛋白和 β-伴大豆球蛋白的含量来判定大豆加工产品诱发断奶仔猪过敏反应的风险。

表 4-1 大豆加工产品中大豆球蛋白、β-伴大豆球蛋白和胰蛋白酶抑制因子的含量范围（mg/g）

大豆加工产品	产地	样品个数	抗营养因子含量范围								
			大豆球蛋白			β-伴大豆球蛋白			胰蛋白酶抑制因子		
			最小值	最大值	平均值	最小值	最大值	平均值	最小值	最大值	平均值
去皮豆粕	北京和河北	3	85.5	—	119.5±21.0	66.8	93.1	94.4±4.6	10.1	107.1	24.6±6.1
	黑龙江	3	118	—		139.2	—		0.4	14.1	
	辽宁	1	95.3	—		118.0	—		—	—	
	山东	1	172.9	—		132.6	—		—	—	
	浙江	17	—	—		36.8	128.1		14.9	27.5	
带皮豆粕	天津	2	135.2	204.4	129.0±45.0	158.5	185.9	165.0±10.6	56.8	61.7	59.2±2.4
	黑龙江	1	47.4	—		150.8	—		—	—	
发酵豆粕	北京、天津、河北	116	0.4	163.6	52.4±3.1	2.4	194.3	50.0±3.0	0	18.7	8.5±0.9
	江苏、浙江、上海	15	0.5	88.3		0.1	111.0		3.1	7.7	
	黑龙江	8	48.4	112.5		41.0	92.1		—	—	
	辽宁	5	2.9	158.0		47.6	136.5		9.5	34.1	
	内蒙古	1	29.3	—		63.2	—		—	—	
	山东	11	2.4	88.4		3.0	48.8		1.7	23.4	
	河南	5	52.1	114.3		19.3	147.2		—	—	
	湖北	4	0.1	11.4		7.0	33.2		5.7	10.8	
	江西	2	90	94.2		30.1	35.3		2.9	6.2	
	四川	8	1.6	124.6		3.7	130.3		0	6.8	
	福建	5	66.1	126.8		35.2	154.3		6.7	28.0	
	广东	8	24.1	122.0		19.9	122.8		1.7	22.2	

（续）

大豆加工产品	产　地	样品个数	抗营养因子含量范围								
			大豆球蛋白			β-伴大豆球蛋白			胰蛋白酶抑制因子		
			最小值	最大值	平均值	最小值	最大值	平均值	最小值	最大值	平均值
去皮膨化豆粕	北京和天津	11	111.4	191.7	140.0±5.0	116.7	171.4	140.9±4.0	13.2	32.7	27.1±1.5
	黑龙江	2	121.1	154.5		126.6	142.8		23.7	30.5	
	山东	2	100.5	142.0		113.0	160.4		14.3	23.1	
	河南	5	116.0	132.2		115.6	145.4		22.1	29.1	
	浙江	1	155.2	—		138.2	—		31.5	—	
膨化大豆	北京	4	4.1	20.8	20.9±30.8	1.8	15.6	11.4±1.4	0.9	—	21.6±3.3
	黑龙江	6	3.4	30.9		7.0	14.2		17.4	30.5	
	河南	1	44.2	—		22.5	—		36.3	—	
	广西	1	38.4	—		14.8	—		24.1	—	
大豆浓缩蛋白	山东	5	1.2	4.8	2.4±0.7	2.4	5.6	3.9±0.7	0.8	12.0	7.3±1.7
	广西	1	0	—		1.3	—		5.1	—	
大豆分离蛋白	北京	2	0.02	24.0	12.0±12.0	1.0	24.0	12.1±11.5	0.01	—	0.01

注：“—”表示数据不详。

从上述讨论可以看出，配制低蛋白质氨基酸平衡日粮，降低断奶仔猪日粮中豆粕的用量，是减少断奶仔猪过敏反应发生、防止断奶后发生腹泻综合征的有效方法。

二、日粮蛋白质水平与小肠健康

（一）日粮蛋白质在小肠的代谢

日粮中的蛋白质在被动物摄入后首先在胃蛋白酶和胰腺蛋白酶的作用下被降解为寡肽（2～6 个氨基酸），随后在肠壁顶端刷状缘处肽酶的作用下被进一步降解为二肽、三肽及游离氨基酸，然后被运输至肠细胞内。在细胞内进一步代谢生成游离氨基酸，并通过基底外侧膜进入门静脉循环，被运输至机体的各个器官供代谢使用。除少量的二肽和三肽外，还没有明确的证据证实日粮中的其他多肽可直接穿过肠壁进入门静脉循环。目前的理论认为，机体对氨基酸的有益吸收在肠道食糜通过回肠末端进入盲肠和结肠前就已经完成。

（二）日粮蛋白质水平与小肠健康

日粮蛋白质主要在小肠进行化学性（酶）消化，虽有少部分的微生物代谢，但贡献率很低。因此，日粮蛋白质水平对小肠健康的调节主要包括小肠形态结构、消化酶活性、电解质平衡（离子浓度）、肠液 pH 及肠道屏障功能等。

1. 日粮蛋白质水平与小肠形态　绒毛高度、隐窝深度和绒毛高度与隐窝深度比是研究肠道形态的常用指标。迄今为止的多数研究表明，适当降低日粮蛋白质水平，并合理补充氨基酸，可改善小肠的形态结构。将 3 周龄断奶仔猪的日粮蛋白质水平从 21%降低到 17%，补充适宜的支链氨基酸是保证仔猪小肠绒毛形态的必要条件（Zhang 等，2012，2013b）。Guay 等（2006）研究表明，与高蛋白质日粮相比，低蛋白质日粮对猪十二指肠、空肠和回肠重量及各肠段的黏膜重量无明显影响，但低蛋白质日粮可以有效提高小肠的消化和吸收功能。当猪日粮蛋白质水平下降 4 个百分点时，十二指肠和空肠的肠绒毛高度无显著变化，但隐窝深度显著减小，肠绒毛高度与隐窝深度的比值具有增加的趋势（Guay 等，2006；Opapeju 等，2008）。当仔猪经产肠毒素大肠埃希菌（enterotoxigenic *Escherichia coli*，ETEC）攻毒后，与饲喂 22.5%高蛋白质日粮的仔猪相比，饲喂 17.6%低蛋白质日粮的仔猪回肠肠绒毛高度较高，隐窝深度较浅，肠绒毛高度与隐窝深度比值显著增加（Opapeju 等，2009）。表明低蛋白质日粮能够缓解病原菌对仔猪肠道形态的炎性损伤，有利于维持肠道细胞正常的消化吸收能力。但是，当日粮蛋白质水平降低 6 个百分点时，断奶仔猪小肠肠绒毛高度则有下降趋势（Yue 和 Qiao，2008），表明日粮蛋白质水平下降幅度过大不利于肠道形态结构的维护。Nyachoti 等（2006）发现，降低日粮蛋白质水平对早期断奶仔猪空肠的绒毛高度、隐窝深度及绒毛高度与隐窝深度比值分别呈二次性、三次性及双重影响。

2. 消化酶活性、离子浓度和肠液 pH　猪小肠液中消化酶主要来源于胃和胰腺分泌的淀粉酶、蛋白酶、脂肪酶及少量由肠腺分泌的肠肽酶、二糖酶等（Lewis 和 Southern，2001），而其中的几种主要消化酶（淀粉酶、胰蛋白酶、糜蛋白酶和脂肪酶）是动物消化养分最主要、消化力最强的酶系，其活性高低与动物消化机能直接相关。在动物肠液中，消化酶的活性受品种、生长阶段、日粮养分等诸多因素的影响。Yue 和 Qiao（2008）研究发现，断奶仔猪日粮的蛋白质水平从 23.1%降低到 18.9%，仔猪肠道绒毛高度、绒毛高度与隐窝深度的比值无显著差异，但日粮蛋白质水平从 23.1%降低到 17.2%，肠道食糜中麦芽糖酶的活性显著降低。降低生长猪日粮蛋白质水平会抑制肠道中胰蛋白酶、糜蛋白酶和二肽酶等消化酶的 mRNA 表达（He 等，2016），但消化酶基因表达的降低并不意味着消化酶活性的下降。Aumaitre 和 Corring（1978）指出，60 日龄后的生长猪体内各消化器官逐渐发育成熟，消化道内消化酶活性趋于稳定。胡光源等（2010）的试验结果表明，日粮的蛋白质来源（豆粕、菜籽粕和棉籽粕）和水平（降低 2.5 个百分点）均不会影响生长猪小肠食糜中胰蛋白酶、糜蛋白酶、脂肪酶和淀粉酶的活性，以及 Na^{+}、K^{+}、Cl^{-}、Ca^{2+} 和 Mg^{2+} 的浓度。

肠液 pH 是肠道酸碱平衡的综合反映，也是消化酶发挥活性的必要条件。研究表明，猪胃蛋白酶原水解为胃蛋白酶的速度与 pH 的大小有密切关系，当 pH 为 4.0 时水解速度较慢，当 pH 为 2.0 时水解速度较快，并且胃蛋白酶本身在 pH 为 2.0 或 3.5 时活性最大（胡延春和贾艳，1999）。断奶前，仔猪来自母乳的乳糖在乳酸菌作用下可转变为乳酸，尚能维持胃内的低 pH。但断奶后，乳糖来源被切断，加上常用的断奶饲料（pH 5.8～6.5）又会中和大量本来就很缺乏的胃酸，结果使胃内 pH 高于 4.0。这既不利于胃蛋白酶原的激活，也不利于充分发挥胃蛋白酶的水解活性（徐海军和黄利权，2001）。与低蛋白质日粮相比，高蛋白质日粮具有较高的系酸力，会提高胃和小肠的 pH，进而为病原菌在肠道中的增殖提供有利环境。这主要是因为豆粕的系酸力显著高于玉米和小麦等能量饲料（Bolduan 等，1988）。Nyachoti 等（2006）发现，降低日粮蛋白质水平对猪回肠的 pH 有降低作用，但在十二指肠和空肠未见变化。但也有研究指出，不同生长阶段及日粮类型对猪肠道 pH 无显著影响，说明肠道中的碳酸盐缓冲液具有良好的缓冲作用；并且肠黏膜中存在机械和化学感受器，对食糜的局部刺激会作出快速的反应，并及时调整，从而保证肠道内环境中 pH 的稳定性（陈杰，2003）。

3. 肠道屏障功能 肠道屏障的完整性为动物吸收营养和保持健康所必须。肠道屏障由物理屏障（上皮细胞和紧密连接）、化学屏障（黏液层）、微生物屏障和免疫屏障（免疫细胞，如淋巴细胞、巨噬细胞等，以及某些上皮细胞产生的 sIgA）组成（Arrieta 等，2006）。其中最重要的是紧密连接，它由一些特殊的蛋白质分子组成，包括黏附分子、跨膜蛋白 Occludin 和 Claudin 家族及连接蛋白等。紧密连接位于肠道上皮细胞外膜顶端，其通透性决定着整个肠上皮细胞的屏障功能（Peterson 和 Artis，2014）。Chen 等（2018）将生长猪日粮蛋白质水平降低 3 个百分点，结果发现日粮蛋白质水平不影响回肠紧密连接蛋白的表达，而回肠 Claudin-3 从细胞质到细胞膜的转移表明了回肠紧密连接的完整性；当日粮蛋白质降低幅度达到 6 个百分点时，回肠中 Claudin-3 和 Claudin-7 的表达量显著降低，表明肠道的屏障功能受到损伤。在育肥猪的试验中也观察到类似的现象，当日粮蛋白质水平下降 3 个百分点时，育肥猪回肠紧密连接蛋白 Occludin 和 Claudin-1 的表达量均显著提高，但随着日粮蛋白质水平的进一步降低，紧密连接蛋白的表达量又呈下降趋势；日粮蛋白质水平在一定范围内的下降还会促进回肠有益菌乳酸杆菌的增殖，维持育肥猪回肠微生物区系的稳定，进而有利于改善回肠屏障功能（Fan 等，2017）。此外，低蛋白质日粮还可提高大鼠回肠黏膜中过氧化物酶的活性，增加基因和蛋白质水平上黏蛋白 Muc2 的表达（Lan 等，2015）。

哺乳动物肠腔中存在大量的细菌和 LPS，在肠道屏障受到损伤后，LPS 会先于分子质量较低的细菌通过肠黏膜而进入血液循环，从而对宿主产生毒性作用，因此小肠液中 LPS 的水平也可以用于表征肠道的通透性（Arrieta 等，2009）。适度降低日粮蛋白质水平，有利于小肠液中 LPS 水平的稳定，而高蛋白质或极低蛋白质日粮均会导致猪肠液中 LPS 水平的上升（Chen 等，2018）。

三、日粮蛋白质与大肠健康

虽然小肠中的酶会降解日粮中的蛋白质，但仍有相当数量的蛋白质、多肽及游离氨基酸和其他含氮代谢物进入大肠（van der wielen 等，2017；图 4-3）。进入大肠的蛋白质或氮的数量取决于日粮蛋白质的摄入量、蛋白质质量与氨基酸组成、抗营养因子和纤维含量等。Chacko 和 Cummings（1988）通过对 6 种不同哺乳动物的研究发现，正常蛋白质日粮回肠末端氮的流失量为 0.9g/d，而未经加工的全大豆型低蛋白质日粮增加到 2.2g/d（50%为完整蛋白质），但将大豆磨浆后回肠末端氮的流失量又降至 1.42g/d。在进入大肠的含氮物质中，尿素、氨和游离氨基酸所占比例为 10%～15%，48%～51%是完整的蛋白质，还有 20%～30%的是多肽。这些含氮化合物的来源不同，可能是内源性的，包括黏蛋白、消化酶、脱落的黏膜细胞和微生物肽（非日粮来源，但也并非严格意义上的内源分泌）；也可能是日粮来源，进入猪大肠的氮有 25%～54%来源于日粮（Grala 等，1998；Miner-Williams 等，2012）。

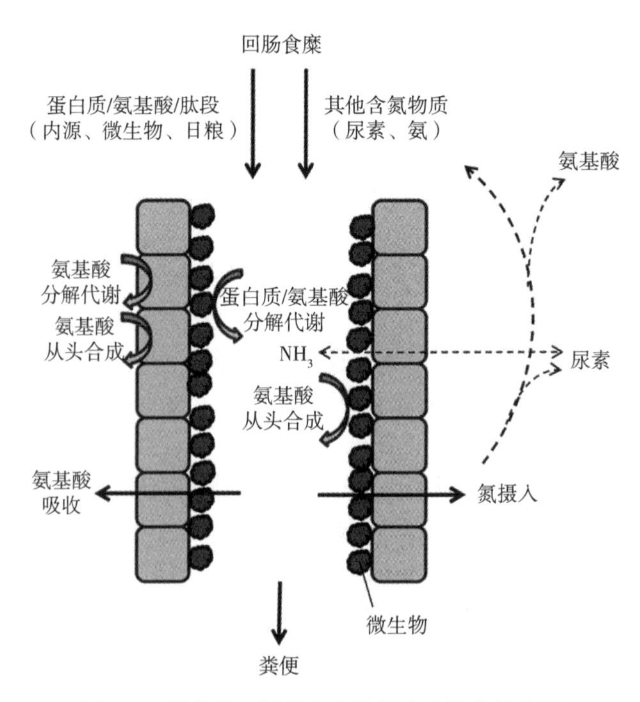

图 4-3　蛋白质、氨基酸和肽段在大肠中的代谢
（资料来源：van der Wielen 等，2017）

（一）大肠中蛋白质的消化

进入大肠的蛋白质、氨基酸和多肽混合物及其他含氮物质可被肠道微生物产生的酶消化和发酵。蛋白质在大肠的降解位置主要在远端，这可能与不同区域的 pH 有关（Davila 等，2013）。这些被消化的蛋白质可被微生物利用产生多种代谢产物，如氨基酸、短链脂肪酸（short-chain fattg acids，SCFAs）、氨和胺等。这些代谢物与机体健康相关。

1. 短链脂肪酸和支链脂肪酸 哺乳动物大肠中产生的最主要的 SCFAs 是乙酸、丙酸和丁酸。尽管 SCFAs 主要来源于日粮中的纤维和抗性淀粉（Laparra 和 Sanz，2010），但以蛋白质作为唯一碳架来源的结肠细菌体外培养试验证明，蛋白质发酵也可以产生 SCFAs（Neis 等，2015），微生物对甘氨酸、丙氨酸、苏氨酸、谷氨酸、赖氨酸和天冬氨酸发酵后生成乙酸，对苏氨酸、谷氨酸和赖氨酸发酵后生成丁酸，微生物对丙氨酸和苏氨酸的发酵产物中还包括少量的丙酸（Davila 等，2013）。尽管如此，氨基酸来源生成 SCFAs 的具体分子机制还不太明确。支链脂肪酸（branched-chain fatty acids，BCFAs）主要来源于支链氨基酸（缬氨酸、异亮氨酸和亮氨酸）的脱氨基作用，包括异丁酸盐、2-丁酸甲酯和异戊酸盐（Liu 等，2014）。这些产物主要由拟杆菌属、丙酸菌属、链球菌属和梭菌属代谢产生，如 BCFAs 可由梭状芽孢杆菌属通过斯提柯兰氏反应产生，这些化学反应包括偶联氧化和氨基酸到有机酸的还原反应。因此，肠道中 BCFAs 的浓度可以被当做蛋白质发酵程度的标志物。

2. 甲硫醇和硫化氢 甲硫醇和硫化氢（H_2S）是微生物发酵含硫氨基酸后的代谢产物，其中甲硫醇是蛋氨酸的发酵产物，H_2S 是微生物通过半胱氨酸脱巯基酶降解半胱氨酸的副产物（Davila 等，2013）。由于其亲脂性，因此可以穿过生物膜。如果 H_2S 过量，会通过类似于氰化物的结合可逆地抑制线粒体细胞色素 c 的氧化特性（Leschelle 等，2005）。在浓度不高的情况下，H_2S 可以通过线粒体的硫化单元促进细胞呼吸和 ATP 的生成（Bouillaud 和 Blachier，2011）。尽管许多研究表明，肠道中过量的硫化物与溃疡性结肠炎有关，并有引起炎症复发的风险（Jowett 等，2004）；但也有研究指出，肠黏膜中一定浓度的 H_2S 有利于黏膜免疫的修复（Flannigan 等，2015）。体外结肠细胞培养和体内灌注毫克级 H_2S 的前体物硫氢化钠（NaHS）的试验证明，H_2S 可以可逆地降低结肠细胞的耗氧量，提高缺氧诱导因子-1 及一些炎症相关基因（诱导型一氧化氮合成酶 iNOS、白介素-6）的表达（Beaumont 等，2016）。更重要的是，动物大肠发酵产生的内源性 H_2S 会促进结肠肿瘤细胞的生长（Szabo 等，2013）。

3. 胺类 一些消化道微生物，如拟杆菌属、梭菌属、双歧杆菌、肠杆菌、乳酸杆菌和链球菌均可通过氨基酸的脱羧基作用产生有机胺类，因此如果猪消化残渣和粪便中胺类浓度高，表明这些细菌活动能力加强。胺类物质包括一元胺（酪胺和二甲胺）和多胺（尸胺、胍基丁胺、组胺、亚精胺、腐胺和精胺）。肠道中的多胺来源于微生物发酵日粮、内源蛋白质及肠道上皮细胞脱落物的产物（Davila 等，2013）。胍基丁胺来源于结肠细胞的分解产物，对结肠细胞的增殖具有抑制作用（Mayeur 等，2005）。腐胺则来源于肠道细菌代谢精氨酸或者鸟氨酸及胍基丁胺的中间产物（Nakada 和 Itoh，2003）。体外培养试验表明，革兰氏阴性菌，如大肠埃希菌可在培养基中产生腐胺和亚精胺（Tabor 和 Tabor，1985）。

大部分胺类（包括多胺）在肠道中的浓度可呈微克级到毫克级的变化（Osborne 和 Seidel，1990）。肠道上皮细胞可以从肠腔中摄取多胺（Blachier 等，1992）。这些胺类对于动物机体有不同的生理作用，如多胺类的亚精胺和精胺对于体细胞的增殖是必不可少的；亚精胺和精胺是多阳离子胺类，参与多种代谢途径，如降低氧化应激、诱导细胞自我吞噬功能、提高细胞寿命（Eisenberg 等，2009；Yamamoto 等，2012）；尸胺是赖氨酸脱羧酶分解赖氨酸的产物，可以降低肠道中的 pH，从而抑制大肠埃希菌的增殖（le Gall 等，2011）。不过消化道中胺类的浓度超过一定的阈值时就会产生毒性作用，从而危害动物的健康，如腹泻。此外，胺类在结肠中会被快速吸收，也可以被肠黏膜或肝脏中的一元胺氧化酶和二元胺氧化酶降解，或者通过尿液排出体外（Aschenbach 等，2006）。

4. 氨气 氨气是猪肠道中微生物对所有氨基酸脱氨基作用的有毒副产物，肠道中氨气的产生有 2 种途径：一是微生物代谢氨基酸的产物；二是微生物通过脲酶降解尿素的产物（Mosenthin 等，1992）。氨气可以快速地被门静脉吸收，从而在肝脏中转变为尿素随尿液排出。另一种途径是被微生物吸收合成微生物蛋白质，作为碳水化合物发酵的能量来源，这种由尿氮到粪便氮的转化可以降低氨气的排放量。氨气会抑制线粒体氧化，导致结肠中能量代谢发生紊乱（Andriamihaja 等，2010），从而显著抑制结肠细胞中短链脂肪酸的氧化（Cremin 等，2003）。另外，氨气还是猪粪便中最主要的大气气体污染源（Otto 等，2003）。大肠中氨气的浓度取决于脱氨基作用和微生物蛋白质合成的平衡。因此，降低日粮蛋白质水平可以减少猪粪中氨气的排放量。

5. 酚类和吲哚类物质 酚类和吲哚类化合物是由芳香族氨基酸苯丙氨酸、酪氨酸和色氨酸经过微生物发酵生成的，主要的微生物是拟杆菌属、梭菌属和双歧杆菌。肠道中酚类物质的吸收部位主要是结肠，然后经过结肠黏膜或肝脏中的葡萄糖苷酸和硫酸的解毒，以 p-甲酚的形式随尿液排出。对猪的研究发现，尿酚的排出量同日粮蛋白质的摄入量呈正相关，但微生物对芳香族氨基酸的代谢主要还是受到可利用碳水化合物含量的影响，碳水化合物的发酵可以抑制芳香族化合物的酵解（Smith 和 Macfarlane，1996），而低蛋白质日粮中碳水化合物的含量较高，可显著降低酚类和吲哚类物质的产生。

酪氨酸酚裂解酶可分解酪氨酸产生苯酚。体外试验证明，当苯酚浓度大于 1.25mmol/L 时，可损害结肠屏障功能的完整性（Hughes 等，2008），并破坏结肠上皮细胞的生存能力（Pedersen 等，2002）。微生物通过酪氨酸-4-羟基乙酸苯酯的两步转化发酵芳香族氨基酸产生对甲酚或 4-甲酚（Meyer 和 Hostetter，2012），但目前具体的分子机制还不明确。这些酚类物质首先通过肠腔中的结肠细胞吸收进入门静脉循环，然后通过肝脏代谢，最后通过肾脏随尿液排出，大约有 90% 的尿液酚类物质是对甲酚（Hughes 等，2000）。毫克分子级别的对甲酚就会抑制结肠细胞增殖和细胞呼吸，并促进超氧化物的产生（Andriamihaja 等，2015）。更严重的是，对甲酚可以结合在结肠上皮细胞和肝脏中，产生 p-葡萄糖苷酸和甲苯基硫酸，进而对生物体的结肠细胞具有基因毒性（Evenepoel 等，2009）。

吲哚是由微生物分泌的色氨酸酶分解色氨酸的产物（Meyer 和 Hostetter，2012）。吲哚通过肠上皮进入肝脏，经羟基化转变为 3-羟基吲哚，然后通过磺基转移酶磺化为一种尿毒素硫酸吲哚酚（Meijers 和 Evenepoel，2011）。但吲哚对宿主也有有益的作用，如可以降低肠道中炎症因子的浓度等（Bansal 等，2010）。

（二）大肠中氨基酸的吸收

进入大肠中的食糜黏度高，且混合不均匀，会限制氨基酸与肠壁的接触。有研究表明，新生仔猪结肠紧密连接蛋白发育不完善，可以吸收游离的氨基酸，但几天后随着肠道的发育这种吸收能力会迅速减弱（James 和 Smith，1976；James 等，1976）。给生长猪结肠或盲肠中灌注游离氨基酸或蛋白质，尽管可通过尿氮回收灌注的氮，然而很难得出结肠是否通过游离氨基酸的形式吸收氮的结论（Columbus 等，2014）。

Darragh 等（1994）以仔猪为对象，通过交叉试验确定赖氨酸或蛋氨酸是否会在近端结肠被吸收。该试验中，日粮设计为缺乏赖氨酸或蛋氨酸和半胱氨酸，其他氨基酸均满足需要。结果表明，试验组仔猪即使通过结肠近端灌注了含有缺乏氨基酸的生理盐水，但尿氮排放量仍没有改变，说明大肠未吸收缺乏的氨基酸。Wünsche 等（1982）采用^{15}N和^{14}C分别标记赖氨酸和异亮氨酸，然后通过盲肠灌注补充相应日粮氨基酸的缺乏，结果表明标记的氨基酸中有 1%～2%可在体蛋白质中检测到。目前大多数的研究都表明，猪结肠可吸收非蛋白氮，并最终通过尿液排出。体外试验也得出了类似的结果（Niiyama 等，1979）。

目前在人上只有一项直接评估人体大肠是否可吸收氨基酸的试验（Heine 等，1987）。该试验对象为 6 名 1～5 月龄的婴儿，这些婴儿由于希尔施普龙病（先天性巨结肠）或坏死性小肠结肠炎均接受了结肠瘘手术。其中，2 例手术位于横结肠中部，1 例手术位于乙状结肠区，3 例手术位于肝区。结果发现，经结肠远端或近端导管注入^{15}N标记的酵母蛋白，24h 后检测到其中很大一部分^{15}N被吸收用于体蛋白质的合成。然而吸收的是完整的氨基酸还是氨，目前还很难确定。

（三）日粮蛋白质水平与大肠健康

上面已经提到日粮蛋白质经微生物发酵可能会产生一些有害的代谢产物，从而影响机体健康，而直接受冲击的就是肠道健康。在大鼠模型中，与等能的低蛋白质日粮相比，饲喂高蛋白质日粮 15d 可导致大鼠结肠细胞刷状缘的高度显著降低，这种形态的变化可造成结肠细胞线粒体内膜能量转化效率的降低（Andriamihaja 等，2010）。

与高蛋白质日粮相比，适度降低日粮蛋白质水平还可减少结肠细胞的 DNA 损伤，并降低毒性物质对甲酚的产生（Toden 等，2005），微生物降解蛋白质产生的对甲酚会影响结肠的癌变过程（McIntosh 和 le Leu，2001）。此外，由于对黏膜免疫应答及维持上皮屏障功能的作用，H_2S、吲哚化合物、5-羟色胺和组胺等会参与肠道黏膜的炎症反应（Halmos 和 Gibson，2015）。因此，减少日粮蛋白质的摄入可降低动物结肠炎的发病风险（Jantchou 等，2010）。多数研究表明，低蛋白质日粮是否有益于大肠健康，决定于日粮蛋白质降低的程度。以猪为动物模型的研究表明，当猪日粮蛋白质水平降低 3 个百分点时，结肠的屏障功能不会受到影响；但进一步降低 6 个百分点时，结肠中紧密连接蛋白的表达量显著降低，紧密连接蛋白的分布也被改变，进而减弱了结肠的紧密连接功能（Fan 等，2017；Chen 等，2018）。但也有研究发现，蛋白质摄入量的减少与溃疡性结肠炎没有任何联系（Hart 等，2008）。因为尽管日粮蛋白质水平会改变紧密连接蛋白的表达，但结肠的屏障功能并未受到影响（Richter 等，2014），因此不会参与肠道的炎症反应。这些研究结果的不一致可能与所使用的动物模型所处的状态（正常与攻毒或应激状态）有关。另一项研究表明，半胱氨酸发酵产生的 H_2S 会驱动黏液层变形，并增加血红素（一种细胞毒性和基因毒性的化合物）进入结肠上皮细胞的量（Ijssennagger 等，2015）。

综合文献报道，降低日粮蛋白质在大肠中有害发酵的措施有：①降低日粮蛋白质水平并平衡氨基酸，选用优质蛋白质原料；②增加低蛋白质日粮中可发酵碳水化合物的摄入，如日粮中添加抗性淀粉可抑制氨和苯酚的产生（Birkett 等，1996）；③补充益生菌；④添加可结合蛋白质发酵产生的有害化合物的物质，如锌可结合 H_2S。

第三节　猪日粮蛋白质水平与肠道微生物及其代谢

成年猪的胃肠道中存在着大量微生物，它们构成了稳定的肠道微生物区系。在肠道数以亿计的微生物中，既有对动物体有益的微生物，如乳酸杆菌和双歧杆菌；也有对动物具有潜在危害的微生物，如大肠埃希菌和沙门氏菌（Gaskins，2001）。在断奶时期，仔猪的肠道微生物菌群会随着肠道组织形态和生理功能等的变化发生剧烈的变化。这是由于对于仔猪断奶期不但是由液体饲料到固体饲料转变的时期，而且也是仔猪生活环境发生重大改变的一个时期（Etheridge 等，1984；Pluske 等，1997），这些改变都会引起肠道微生物菌群的变化。在此阶段，仔猪通常会发生由大肠埃希菌丰度异常而引起的仔猪断奶性腹泻（Hampson，1994）。成年猪肠道微生物区系就相对稳定，是维持肠道稳态的重要因素之一。

近年来的大量研究表明，猪肠道微生物及其代谢产物对胃肠道健康具有重要的调控作用（Klose 等，2010），而日粮的组成又是影响猪肠道微生物组成及其功能的最重要因素（Mosenthin 等，2001）。因此，通过改变日粮配方和营养组成来调控猪肠道微生物区系是改善肠道健康的重要手段。在此理论基础上，研究者首先想到的是如何增加肠道中的有益微生物菌群数量。目前，通过在日粮中添加特定的有效组分来调节肠道有益微生物及其代谢产物是营养调控的重要策略（Bauer 等，2006）。研究表明，可发酵碳水化合物，如抗性淀粉、非淀粉多糖（non-starch polysaccharides，NSP）及不可消化的单糖，可以促进小肠有益微生物增殖（Bikker 等，2007）。这些物质可以被肠道微生物分解成短链脂肪酸（乙酸、丙酸和丁酸）为宿主供能。同时，这些短链脂肪酸对有害微生物也具有一定的抵抗作用（Dongowski 等，2002）。后肠道中蛋白质的异常发酵是一个弊大于利的过程，因为其发酵产物氨、多胺和酚类都对肠道有潜在危害（Jensen，2010），这些代谢产物通常都和上皮细胞的病变具有强烈相关性（Gaskins，2001）。同时，蛋白质的异常发酵通常伴随拟杆菌和梭菌等病原微生物的增殖（Macfarlane 等，1995），这些微生物的增殖都可能会增加肠道感染疾病的风险。日粮中蛋白质原料的来源和使用比例均会影响后肠可发酵蛋白质的数量（Etheridge 等，1984）。选择回肠消化率较高的蛋白质饲料原料可以减少蛋白质进入大肠的数量，从而减少后肠道微生物的发酵底物（Pluske 等，2002），这样可以减少大肠中利用蛋白质发酵的病原菌及其代谢产物的水平。除选择易消化的蛋白质外，降低日粮蛋白质水平是另一个减少后肠道异常发酵的方法（Heo 等，2008）。虽然从理论上讲，该方法可以促进猪群健康，改善猪的生产性能（Williams 等，2005），但是在实际过程中会受到动物氨基酸最小需要量的影响和局限（Nyachoti 等，2006）。

一、肠道微生物组成和宿主的关系

和绝大多数单胃动物一样，猪肠道中存在着复杂的微生物区系（Macfarlane 和 Macfarlane，2007），包括大量的革兰氏阳性菌，如链球菌等耐氧菌，乳酸杆菌等厌氧菌，双歧杆菌等严格厌氧菌，消化链球菌、梭菌和瘤胃球菌等严格需氧菌，大肠埃希菌等兼性厌氧菌，以及梭菌、拟杆菌、月形单胞菌属、丁酸弧菌属和普氏菌属等革兰氏阴性菌。目前，大量研究已经系统阐述了猪消化道中微生物菌群的结构（Gaskins，2001）。值得注意的是，微生物菌群在猪不同肠道部位的组成和数量存在较大差异（Savage，1977）。肠道微生物的数量从前肠道到后肠道呈数量级递增。微生物除在不同肠段存在差异外，在每一个肠道的纵轴线上（从绒毛到隐窝）也存在一定差异。简言之，每一个胃肠道部位都可以分成 4 个小生态环境，包括肠腔、外层黏液层、深层黏液层和肠黏膜（Pluske 等，2002）。因此，目前广泛研究的消化道和粪便中的微生物并不能完全代表肠道微生物菌群（Richards 等，2005）。

在人、大鼠和猪上的研究都已发现，宿主和肠道微生物之间存在着紧密联系（Collinder 等，2003；Hopwood 和 Hampson，2003）。首先，肠道微生物的组成和代谢受宿主免疫的影响；同时，微生物也通过直接和肠道受体接触，进而调控肠道免疫屏障的应答。其次，来源于环境中的部分外源微生物会进入肠道与宿主竞争碳水化合物、氨基酸和矿物质元素等营养物质（Stewart 和 Costerton，2001）。肠道中的常驻菌群可以抵御外来微生物的定植，并通过竞争性占位和分泌杀菌物质来抵御病原菌（Rolfe，1997）。Roselli 等（2007）研究表明，乳酸杆菌可以减少产肠毒素大肠埃希菌对猪肠道上皮细胞黏膜屏障的损害。同时，肠道微生物可以为宿主提供大量支链脂肪酸为大肠供能。此外，微生物还可以直接调控肠道的基因编码，如刷状缘的消化酶基因（Willing van Kessel，2009）。当然，这些肠道微生物的增殖和代谢也会消耗日粮中的部分营养物质（Columbus 等，2010）。

（一）碳水化合物发酵

碳水化合物是肠道微生物的主要供能物质。微生物可利用的碳水化合物种类丰富、结构复杂，主要包括抗性淀粉、非淀粉多糖和不可消化单糖等。猪后肠道是碳水化合物发酵的主要场所，因此后肠道中存在大量短链脂肪酸，具有较低的 pH。值得一提的是，一些碳水化合物也可以在前肠道发酵，如淀粉、可溶性 β-葡聚糖、单糖和短链菊粉等。微生物对碳水化合物的发酵通常被认为是有益发酵（Geboes 等，2006）。碳水化合物的发酵产物主要是短链脂肪酸（乙酸、丙酸和丁酸等）、甲烷、二氧化碳和氢气等（Varel 等，1997）。短链脂肪酸对肠道具有重要功能，它们可以给后肠道营造酸性环境

(Rist 等，2013)，抑制有害菌的繁殖，促进有益菌的增殖（Wells 等，2005），使有益微生物在肠道中占有一席之地，并与有害菌形成竞争关系（van der Waaij，1991）。同时，短链脂肪酸作为重要的能源物质可以在后肠道被快速吸收，为猪提供约 30%的能量（Morita 等，2004）。此外，由乳酸菌生成的乳酸也可以被肠道中的巨型球菌、月形单胞菌和韦荣球菌代谢生成乙酸、丙酸和丁酸（Duncan 等，2004），否则大量乳酸进入肠道后会引起仔猪腹泻（Ushida 和 Hoshi，2002）。因此，肠道微生物的这种共生作用也是调节肠道微生物菌群和肠道健康的重要手段。

（二）蛋白质发酵

除碳水化合物外，无论外源蛋白质还是内源蛋白质都可以作为肠道微生物发酵的底物（Macfarlane 和 Macfarlane，1995）。对于猪来说，相当一部分的日粮碳水化合物主要在消化道近端被降解，而蛋白质降解多位于远端，在只有少量可发酵的碳水化合物的情况下尤其如此。然而当不可降解和内源性蛋白质贯穿整个胃肠道时，其中的一些氨基酸和肽会在大肠中发酵。蛋白质的发酵不同于碳水化合物，除会生成少部分的短链脂肪酸外，还会产生额外的代谢物，如支链脂肪酸及一些潜在的有毒物质，包括甲硫醇、H_2S、胺类、氨、酚类和吲哚等（Williams 等，2005；Bikker 等，2007），这些物质被猪排出体外会对环境和人体健康造成影响。因此，降低日粮蛋白质水平、减少多余蛋白质进入大肠可显著降低这些有害物质的生成和排放。

二、后肠道蛋白质发酵与肠道微生物和断奶仔猪腹泻

仔猪在断奶期间，经历了从母乳到固体饲料的重大转变（Kluess 等，2010），仔猪在适应固体饲料之前对饲料的采食量会显著下降。从母乳到固体配合日粮的剧烈变化，也会伴随着肠道微生物的相应变化（Kluess 等，2010），这个时期通常会发生断奶性腹泻（Aherne 等，1987）。仔猪断奶性腹泻是因为肠道中存在大量难以被消化的蛋白质，导致后肠道微生物对蛋白质的异常发酵，从而使仔猪出现水样腹泻，并伴随着生长受阻、发病，甚至死亡（Wellock 等，2008）。大量研究已经证明了肠道蛋白质的异常发酵对于猪的负面影响。与低蛋白质日粮相比，高蛋白质日粮会提高仔猪血浆尿素氮水平，同时仔猪也会出现更高的腹泻率。Bikker 等（2007）研究表明，与低蛋白质日粮组（15%）相比，高蛋白质日粮（21%）会显著提高仔猪小肠中氨气的水平。此外，肠道中氨气的浓度过高会导致肠道受到相应的损伤，氨气的浓度与肠道上皮细胞的生长呈负相关（Gaskins，2001），这也可能会改变断奶后肠道微生物的分布（Bertschinger 等，1979）。这些研究都表明，降低日粮蛋白质水平可减少肠道中蛋白质的发酵，促进肠道健康。

肠道蛋白质的异常发酵通常和潜在病原菌的生长有密切关系（Ball 等，1987），如产肠毒素大肠埃希菌，但这些关系可能更多是间接关系。断奶后，肠道中乳酸菌的比例也会出现一定下降。因此，与乳酸菌发酵相关的有益发酵产物会受到一定程度的抑制(Jensen，1998)。肠道中有益菌数量的减少也会促进大肠埃希菌的增殖。此外，蛋白质水平较高的日粮有相对较强的缓冲能力（Partanen 等，1999），可以使肠道 pH 处于较

高水平，促进病原菌增殖（Li 等，1990）。

三、日粮蛋白质水平、来源和质量与后肠道蛋白质发酵

日粮中蛋白质逃离了前肠道的消化之后成为后肠道微生物的发酵底物。随着日粮中蛋白质消化率的降低和蛋白质水平的提高，更多蛋白质将成为肠道中微生物的食物（Libao-Mercado 等，2009）。日粮中蛋白质的来源、质量和水平都可能会影响后肠发酵。通常来说，比较容易被消化的蛋白质（如酪蛋白在小肠中几乎被完全消化）不会成为大肠微生物的发酵底物。但是，植物源的蛋白质通常并不能完全被消化，因此可以抵达肠道远端被微生物利用，尤其是在日粮中蛋白质水平较高的情况下。给仔猪饲喂不同来源的蛋白质（大豆蛋白质和酪蛋白）对肠道双歧杆菌、乳酸菌和梭菌并没有显著影响，但是饲喂大豆蛋白质的总细菌数有所增加，这样的情况在给仔猪饲喂高蛋白质日粮之后更为明显，说明高蛋白质日粮为后肠微生物发酵提供了更多的底物。植物性蛋白质中可发酵碳水化合物含量相对较高，有助于后肠微生物的生长（Rist 等，2014）。此外，蛋白质的质量还会影响发酵的位点。Scott 等（2013）对人的研究发现，加热的豌豆蛋白质不利于宿主消化，而成为后肠道发酵的底物。总之，不同肠道部位发酵代谢产物的组成和成分主要取决于日粮蛋白质的消化率，而蛋白质的消化率又受到日粮蛋白质水平、来源和质量的影响（Windey 等，2012）。因此，调节日粮蛋白质水平是减少后肠道异常发酵的重要手段。

（一）日粮蛋白质来源和质量

用酪蛋白饲喂仔猪（消化率接近 100%），可以使其在抵达大肠之前完全被消化吸收。因此，给仔猪饲喂消化率较高的蛋白质原料可以减少进入后肠道供微生物发酵的底物，从而降低仔猪的腹泻率。大量研究表明，日粮蛋白质来源会影响猪肠道中有害代谢产物的比例，如氨和多酚（Blasco 等，2005）。目前，有关不同日粮蛋白质来源对仔猪腹泻的影响已有一定探索，但相关试验结果还不一致。Owusu-Asiedu（2003）发现，在大肠埃希菌攻毒情况下，饲喂大豆蛋白质的仔猪比饲喂血浆蛋白粉日粮的仔猪具有更高的腹泻率和死亡率。但 Wellock 等（2007）研究却发现，分别饲喂含大豆蛋白质和脱脂奶粉日粮的仔猪，其粪便评分没有显著差异。两个试验得出的结果不同，可能的原因有：①Owusu-Asiedu 的试验是在大肠埃希菌攻毒的情况下完成的；②大豆蛋白质中的抗营养因子增加了仔猪肠道的敏感性。Li 等（1990）研究发现，饲喂富含大豆蛋白质的日粮会导致仔猪肠绒毛变短，免疫球蛋白水平升高。大量研究表明，植物蛋白质中的抗营养因子，如可溶性的非淀粉多糖，均可能导致仔猪腹泻率的增加（Choct 等，2010）。

肠道中蛋白质的异常发酵会促进有害微生物的增殖。表 4-2 总结了有关日粮蛋白质来源和组成对肠道微生物菌群影响的研究文献。Etheridge 等（1984）发现，与饲喂母乳的仔猪相比，饲喂玉米-豆粕型和燕麦-酪蛋白型日粮的仔猪其粪便中具有更高的微生物总数和更低的霉菌及酵母总数，燕麦-酪蛋白型日粮组仔猪粪便大肠埃希菌的数量显著高于其他 2 组。并且饲喂玉米-豆粕型日粮的 7 日龄仔猪，腹泻率高于饲喂燕麦-酪蛋白型日粮或者饲喂母乳的仔猪。后肠道微生物对未消化蛋白质的发酵可能是导致仔猪腹

泻的主要因素。已如本节前半段所述，由大豆蛋白质导致的过敏反应是仔猪断奶后腹泻的重要因素。许多研究表明，不同蛋白质来源和组成的日粮处理间，断奶仔猪肠道微生物菌群的差别不大，大肠埃希菌可能并不是影响断奶仔猪腹泻的核心因素。还有研究认为，植物来源的蛋白质可能提高了仔猪肠道中微生物菌群的多样性，使肠道具有更稳定的微生物区系来抵御外源病菌感染（Konstantinov 等，2004）。Kellogg 等（1964）对不同日粮蛋白质来源（大豆蛋白质、乳清粉、鱼粉、肉粉和棉籽粕）对仔猪肠道微生物菌群影响的研究发现，与试验开始时仔猪粪便微生物相比，饲喂 28d 后植物蛋白质可以显著减少粪便中潜在病原微生物（大肠埃希菌和葡萄球菌）的数量，大豆蛋白质和乳清粉可以增加肠道总好氧微生物和总厌氧微生物的数量，但其他蛋白质来源的饲料会降低肠道微生物菌群的数量。Wellock 等（2007）发现，与饲喂大豆蛋白质日粮相比，饲喂脱脂乳清粉日粮可提高仔猪采食量、日增重和饲料转化效率，但是 2 种蛋白质来源日粮对于仔猪粪便和肠道中大肠埃希菌和乳酸菌及两者的比例没有显著影响。Manzanilla 等（2009）的研究也发现，给仔猪饲喂玉米-鱼粉型日粮或者玉米-鱼粉-全脂膨化大豆型日粮，对肠道中肠杆菌和乳酸菌的数量没有显著影响。从上述这些研究结果可以看出，日粮蛋白质来源对猪肠道微生物组成影响的研究不一致，但总体看来，给仔猪饲喂消化率较低的植物蛋白质会提高其发生腹泻的概率。

表 4-2　日粮蛋白质来源对肠道和粪便微生物组成的影响

对照组	试验组蛋白质来源	采样位点	效　果	资料来源
试验第 28 天与试验开始时仔猪粪便微生物比较	大豆蛋白质	粪便	乳酸菌、总厌氧菌、总需氧菌和链球菌↑；大肠埃希菌和葡萄球菌↓	Kellogg 等（1964）
	脱脂奶粉		乳酸菌、总厌氧菌、总需氧菌和链球菌↑；大肠埃希菌和葡萄球菌↓	
	鱼粉		乳酸菌、总厌氧菌和链球菌↑；大肠埃希菌、葡萄球菌和总需氧菌↓	
	肉粉		乳酸菌、总厌氧菌、总需氧菌、大肠埃希菌和链球菌↑；葡萄球菌↓	
	棉籽粕		乳酸菌、总厌氧菌、总需氧菌、大肠埃希菌和链球菌↑；葡萄球菌↓	
试验第 28 天与试验开始时仔猪粪便微生物比较	大豆浓缩蛋白质	粪便	链球菌和总需氧菌↑；乳酸菌、总厌氧菌、大肠埃希菌和葡萄球菌↓	Kellogg 等（1964）
	酪蛋白		链球菌和总需氧菌↑；乳酸菌、总厌氧菌、大肠埃希菌和葡萄球菌↓	
母乳	大豆蛋白质	粪便	总细菌↑；酵母和霉菌↓	Etheridge 等（1984）
	酪蛋白		总细菌↑；酵母和霉菌↓；大肠埃希菌↑	
大豆	脱脂奶粉	回肠、结肠和粪便	大肠埃希菌、乳酸菌和乳酸菌与大肠埃希菌比值↔	Wellock 等（2007）
鱼粉	鱼粉＋全脂膨化大豆	空肠远端	肠杆菌和乳酸菌↔	Manzanilla 等（2009）

注：“↑”表示增加，“↓”表示下降，“↔”表示没有差异。

（二）日粮蛋白质水平

以大鼠为动物模型的研究表明，日粮中总蛋白质摄入量对后肠道微生物组成和代谢的影响要远大于蛋白质来源的影响（Leu 等，2007）。多数研究发现，给仔猪饲喂低蛋白质日粮可以降低小肠中氨的浓度、减少后肠道中蛋白质的异常发酵、降低血浆中尿素氮和肠道中挥发性脂肪酸的浓度。但目前有关不同日粮蛋白质水平对猪肠道微生物影响的研究结果还存在较大差异（表 4-3）。Rist 等（2012）研究发现，与较低水平的日粮蛋白质相比，饲喂较高水平的日粮蛋白质显著增加断奶仔猪回肠食糜中乳酸杆菌的数量，显著减少拟杆菌属和球形梭菌属细菌的数量。Kellogg 等（1964）研究了 5 个蛋白质水平（10%、15%、20%、25%、30%）日粮对断奶仔猪肠道微生物菌群的影响，结果发现当日粮蛋白质水平从 10%提高到 15%时，粪便中乳酸杆菌数量显著增加；当日粮蛋白质水平进一步提高到 20%时，粪便中总厌氧菌和总需氧菌的数量显著增加；与 10%粗蛋白质日粮相比，其他日粮蛋白质水平降低了肠道中总厌氧菌、总需氧菌和乳酸菌的数量；该研究还发现，当肠道中乳酸菌数量增加时，大肠埃希菌和葡萄球菌的数量会出现下降；当日粮蛋白质水平超过 20%时，肠道中有害微生物菌群的数量会显著增加。还有研究表明，当日粮蛋白质水平从 23%降低到 13%时，粪便的含水量显著下降，粪便中的病原菌含量，如大肠埃希菌数量也显著降低，乳酸杆菌与大肠埃希菌的比例降低（Wellock 等，2006）。饲喂蛋白质水平为 17%和 19%日粮的断奶仔猪，其全期腹泻指数显著低于蛋白质水平为 21%的日粮（Opapeju 等，2008）。这些证据都表明，低蛋白质日粮可以减少仔猪发生腹泻的概率。Rist 等（2014）研究还发现，随着豆粕作为蛋白源时日粮蛋白质水平的增加（从 8.5%增加至 33.5%），断奶仔猪（16～17 日龄断奶）回肠食糜中乳酸杆菌属和双歧杆菌属细菌数量呈线性增加，拟杆菌属细菌和梭菌群数量（XIVa）细菌呈线性减少；而粪便中拟杆菌属和双歧杆菌属细菌数量呈线性增加，梭菌群（IV）细菌数量呈线性减少。表明蛋白质水平的大幅度剧烈变化会改变肠道部分细菌的数量，且小肠和大肠微生物的响应程度不同。

表 4-3 日粮蛋白质水平对猪肠道微生物的影响

日粮蛋白质水平（饲喂基础，%）	采样位点	效 果	资料来源
10、15、20、25 和 30	粪便	总厌氧菌和总需氧菌：在 10%～20%时↑，在 20%～30%时↓；乳酸杆菌：在 10%～15%时↑，在 15%～30%时↓；大肠埃希菌：超过 20%时↑	Kellogg 等（1964）
17、19、21 和 23	回肠	厌氧和需氧芽孢杆菌、肠杆菌、肠球菌、大肠埃希菌↔	Nyachoti 等（2006）
13、18 和 23	结肠	从 23%下降到 13%：大肠埃希菌↑；乳酸菌/大肠埃希菌↓；乳酸菌↔	Wellock 等（2006）
15 和 22	空肠、结肠	乳酸菌和大肠埃希菌↔	Bikker 等（2007）
13 和 23	结肠	相对于 23%，13%组乳酸菌↓	Wellock 等（2008）
19.7 和 21.7	结肠	大肠埃希菌、梭菌、乳酸菌、乳酸菌/大肠埃希菌↔	Jeaurond 等（2008）

（续）

日粮蛋白质水平（饲喂基础，%）	采样位点	效 果	资料来源
17.6、22.5	结肠	相对于22.5%，17.6%组梭菌↑，乳酸菌和大肠埃希菌↔	Opapeju等（2009）
15.4、19.4	粪便	大肠埃希菌、肠球菌、肠杆菌和乳酸杆菌↔	Hermes等（2009）
14.7、20	回肠	相对于14.7%，20%组柔嫩梭菌↑，总菌、乳酸菌、大肠埃希菌、拟杆菌和梭菌↔	Pieper等（2012）
8.5、13.5、18.5、23.5、28.5、33.5	回肠	从8.5%上升到33.5%，双歧杆菌和乳酸菌属细菌线性↑；拟杆菌属和梭菌群（XIVa）细菌线性↓	
	粪便	从8.5%上升到33.5%，拟杆菌属和双歧杆菌属细菌线性↑；梭菌群（IV）细菌线性↓	Rist等（2014）

注："↑"表示增加，"↓"表示下降，"↔"表示没有差异。

也有少数研究发现，日粮蛋白质水平可以减少仔猪后肠蛋白质发酵及其代谢产物含量，但是对肠道微生物菌群的影响较小。Nyachoti等（2006）给仔猪饲喂蛋白质水平为17%～23%的日粮时，不同蛋白质水平组猪粪便中的细菌总数，以及厌氧芽孢菌、需氧芽孢菌、肠杆菌、肠球菌和大肠埃希菌数量没有显著差异。然而，饲喂低蛋白质日粮可以减少回肠中氨气的含量。这表明降低日粮蛋白质水平可以在不影响肠道微生物菌群的情况下，减少肠道微生物的发酵程度。这样的研究在Pieper等（2012）的试验上也得到了验证。Pieper等给仔猪分别饲喂15%和20%蛋白质水平日粮，检测肠道微生物菌群的变化情况。结果表明，高蛋白质日粮水平可以增加结肠中梭菌的数量，但是对结肠中总细菌数，以及乳酸菌、肠杆菌、拟杆菌和梭菌的数量无明显影响。Bikker等（2007）研究发现，饲喂蛋白质含量为22%或15%日粮后，仔猪空肠和结肠食糜中乳酸菌和大肠埃希菌的数量没有显著差异，但饲喂15%的低蛋白质日粮的仔猪后肠道氨气的浓度降低，但是氨气浓度的变化还不足以改变肠道微生物菌群组成，这可能是因为肠道微生物已经适应了日粮的变化。Hermes等（2009）证实，给35日龄仔猪分别饲喂15.4%或19.4%蛋白质水平的日粮后，肠道中大肠埃希菌、肠球菌、肠杆菌和乳酸菌数量没有显著差异。以上研究均表明，在正常生理状态下仔猪肠道微生物对于日粮的蛋白质水平变化具有一定的适应性和调节能力。

不同生理状态的仔猪，其肠道微生物菌群对日粮蛋白质水平变化的响应不同。仔猪被病原菌感染后，日粮蛋白质水平对肠道微生物菌群的影响更明显。Opapeju等（2009）发现，在满足仔猪氨基酸需要的前提下，给仔猪分别饲喂22.5%或17.6%蛋白质水平的日粮8d后，用大肠埃希菌K88对仔猪进行攻毒，1d、3d和7d对仔猪屠宰取样。结果发现，攻毒后的第3天，在饲喂17.6%蛋白质日粮组的仔猪回肠中检测不到大肠埃希菌K88，但是80%的饲喂22.5%蛋白质水平日粮的仔猪依然会感染大肠埃希菌K88；此外，给仔猪饲喂低蛋白质日粮，可增加结肠中与碳水化合物发酵和丁酸产生相关细菌的数量，抑制病原微生物的异常发酵；此时，肠道微生物菌群组成会向着有利于碳水化合发酵的优势菌群转变。在其他的攻毒试验中也发现了类似结果。在仔猪受到大肠埃希菌攻毒后，日粮蛋白质水平从23%降低到13%时，粪便中大肠埃希菌的数量显著降低。但是为了满足仔猪对氨基酸的基本需求，在降低日粮蛋白质水平的同时，需要在日粮中添加一定比例的晶体氨基酸，以减少未消化蛋白质进入后肠道的数量，抑制有害菌在猪肠道的增殖及相关毒素的产生，使其能更加充分地利用日粮养分发挥最大生长潜力（van Kol 等，2000）。虽然目前在猪日粮中添加晶体氨基酸已经在生产中得到了广泛应用，但并不代表可以无限制地降低日粮蛋白质水平。研究表明，降低日粮蛋白质水平除了会降低仔猪必需氨基酸的摄入外，也可能因非必需氨基酸的缺乏导致仔猪生长性能下降（Opapeju 等，2008）。Nyachoti 等（2006）也发现，日粮蛋白质水平由23%降低到17%时，断奶仔猪的生长性能显著降低。

上述研究低蛋白质日粮对肠道菌群的影响主要基于培养依赖方法和非培养依赖的传统分子生物学方法。近年来，高通量测序为深入了解肠道菌群结构提供了可能。Zhou 等（2016）通过测定微生物 16S rRNA 的 V1～V3 可变区，研究了低蛋白质日粮对生长猪和育肥猪盲肠和结肠微生物的影响。结果表明，日粮蛋白质水平降低 3 个百分点，猪盲肠内容物中的乳酸杆菌属比例下降，而普氏菌属比例上升；结肠中链球菌属比例下降，而八叠球菌属、*Peptostreptococcaceae sedis*、*Mogibacterium*、*Subdoligranulum* 和粪球菌属的比例有所上升。范沛昕（2016）将断奶仔猪的日粮蛋白质水平分别降低 3 个百分点和 6 个百分点后，随着日粮蛋白质水平的降低，回肠中厚壁菌门比例下降，有害菌蓝藻细菌比例上升；结肠菌群多样性随日粮蛋白质水平的下降而降低，厚壁菌门比例上升，拟杆菌门比例下降，蛋白质降解菌考拉杆菌属比例下降，瘤胃球菌属、普氏菌属和理研菌科等比例也明显下降，而糖酵解细菌毛罗菌科和乳杆菌属等比例上升。范沛昕（2016）对育肥猪的试验表明，日粮蛋白质水平下降 3 个百分点，回肠菌群丰度和多样性提高，有益菌乳杆菌属比例升高，结肠有益菌巨型球菌属的比例也明显升高；但进一步降低 6 个百分点时，育肥猪回肠和结肠菌群多样性下降，其中回肠梭菌科比例明显降低，潜在有害菌肠杆菌科埃希菌属和志贺菌属数量明显升高。因此，日粮粗蛋白质水平在一定范围内的下降会提高肠道有益菌的比例，但降低过多会造成肠道微生物区系紊乱。

生长育肥猪粪便中总挥发性脂肪酸的含量和氨态氮的含量随着日粮蛋白质水平的降低而显著降低（Leek 等，2005）。将生长猪日粮蛋白质水平从 18%降低到 12%，可以增加肠道有益微生物的数量，减少有害微生物的数量，同时肠上皮紧密连接蛋白表达提高（Chen 等，2018）。将育肥猪日粮蛋白质水平由 16%降低到 13%，可以促进有益微生物在回肠和结肠的定植，增强肠道屏障，但是进一步降低到 10%会导致肠道微生物的定植和代谢紊乱（Fan 等，2017）。O’Shea 等（2010）给育肥猪分别饲喂 15%或20%蛋白质水平的日粮后，回肠和粪便中乳酸菌和肠杆菌数量均没有显著差异。也有研究发现，将育肥猪日粮蛋白质水平降低到 13%会减少肠道中乳酸菌的数量（Zhou 等，2016）。目前，有关日粮蛋白质水平在生长育肥猪的研究主要集中在肌肉发育、脂肪沉积和胴体品质等相关领域，对肠道微生物的研究还有待进一步深入。

总结目前关于日粮蛋白质水平对仔猪肠道微生物组成影响的研究结果，尚不能得出一致的结论。饲喂高蛋白质日粮会增加肠道中蛋白降解菌的数量；降低日粮蛋白质水平，减少肠道蛋白质的发酵产物，降低氨气的水平，对肠道健康有益。当猪受到病原菌感染时，降低日粮蛋白质水平可以减少肠道中病原菌的比例。在不良环境中，降低日粮蛋白质水平可以减少猪被病原菌感染的风险。

四、低蛋白质日粮中碳水化合物对肠道微生物的影响

在仔猪日粮中添加可发酵碳水化合物是调节肠道微生物最有效的办法之一（de Lange等，2010）。有研究者建议，在仔猪日粮中添加可发酵碳水化合物来降低日粮蛋白质水平（Awati等，2006；Jeaurond等，2008），这样可以把肠道中的蛋白质发酵向碳水化合物发酵的方向转化（Kim等，2008）。使肠道的发酵产物从氨气和支链脂肪酸转变为短链脂肪酸。目前，许多可发酵的碳水化合物已经广泛应用于猪日粮中，尤其是仔猪日粮中，如纤维素、半纤维素、果胶和抗性淀粉等。在断奶仔猪日粮中，可以使用甜菜渣、菊粉、果乳糖和小麦淀粉等作为备选的可发酵碳水化合物。Awati等（2006）研究发现，可发酵碳水化合物可显著降低肠道中氨气和支链脂肪酸等有害代谢产物的含量。表4-4总结了日粮中添加碳水化合物对肠道微生物菌群影响的研究文献。Konstantinov等（2003）研究发现，在仔猪日粮中添加不可消化但可发酵的碳水化合物（菊粉、甜菜渣等），可增加小肠中乳酸菌的发酵，提高结肠微生物菌群的多样性和稳态，最终抑制病原微生物的生长。Houdijk等（2002）研究表明，在断奶仔猪日粮中添加低聚果糖和低聚半乳糖，可有效减少肠道需氧菌和肠球菌数量；但是随着低聚糖添加水平的提高，肠道中总厌氧菌和乳酸菌数量减少，而大肠埃希菌数量增加。Lynch等（2009）也发现，添加菊粉和乳糖可增加断奶仔猪粪便中乳酸菌和粪肠球菌数量，随着日粮中菊粉和乳糖添加量的提高，蛋白质发酵产物支链脂肪酸水平也出现进一步下降。还有研究发现，日粮中添加小麦麸和甜菜渣，增加了结肠的拟杆菌、柔嫩梭菌和球形梭菌的数量，降低了蛋白质发酵产物支链脂肪酸、氨气和腐胺的含量（Pieper等，2012）。以上研究均表明，给仔猪日粮中添加可发酵的碳水化合物可以促进肠道健康，因为它可以将肠道中的蛋白质发酵转变为碳水化合物发酵。

表4-4　碳水化合物对猪肠道和粪便微生物菌群的影响

碳水化合物种类	采样部位	微生物菌群变化	资料来源
低聚果糖和低聚半乳糖	回肠	肠球菌↓；总需氧菌↓；大肠埃希菌、总厌氧菌、拟杆菌、乳酸菌和双歧杆菌↔	Houdijk等（2002）
	粪便	无显著变化	
菊粉、小麦淀粉、甜菜渣和乳糖	结肠	乳酸杆菌↑	Konstantinov等（2003）
菊粉和乳糖	粪便	乳酸菌↑ 肠道菌群总数↑；肠杆菌↓	Lynch等（2009）
麦麸和甜菜渣	粪便	大肠埃希菌↓；乳酸菌/肠杆菌↑	Hermes等（2009）
小麦麸和甜菜渣	结肠	拟杆菌、柔嫩梭菌和球形梭菌↑；总细菌、乳杆菌和肠杆菌↔	Pieper等（2012）

注：“↑”表示增加，“↓”表示下降，“↔”表示没有差异。

同时，也有少量研究探索了碳水化合物与蛋白质水平对肠道微生物影响的相互作用。Hermes等（2009）研究了低蛋白质日粮（16%）和高蛋白质日粮（20%）中添加2种不同非淀粉多糖（小麦麸和甜菜渣）对肠道菌群的影响，结果发现与其他研究相

似，2种非淀粉多糖的添加显著减少了粪便中大肠埃希菌数量，显著提高了乳酸菌和肠杆菌的比例；有意思的是，蛋白质水平和碳水化合物对粪便微生物数量的影响没有相互作用，但是高蛋白质日粮中添加非淀粉多糖可缓解仔猪腹泻，低蛋白质日粮中添加非淀粉多糖却使仔猪的腹泻现象更加严重。Lynch等（2009）也发现，日粮蛋白质水平（16%或20%）与菊粉和乳糖添加对粪便微生物数量的影响不存在互作。然而，Pieper等（2012）发现，在低蛋白质（14.7%）和高蛋白质（20%）日粮中添加小麦麸和甜菜渣使低蛋白质组猪结肠乳酸菌的数量显著降低，但对高蛋白质组猪乳酸菌的数量没有显著影响。以上试验结果的差异可能是由蛋白质来源、碳水化合物的种类及碳水化合物与蛋白质比例的不同造成的，因此碳水化合物与蛋白质水平对微生物影响的互作还有待系统研究。

在单胃动物中，日粮是影响微生物和微生物代谢产物的重要因素之一。因此，了解宿主、日粮和微生物三者之间的关系十分必要。虽然目前还未取得一致的研究结果，但绝大多数试验证实，降低日粮蛋白质水平可以减少蛋白质在猪后肠的发酵，抑制病原微生物的增殖，在营养和环境条件较差的情况下尤其如此。适当降低日粮蛋白质水平，虽然不能完全改变微生物菌群结构，但可显著减少蛋白质代谢产物的产生（如氨气）。此外，在高蛋白质日粮中添加可发酵的碳水化合物，可以减少多余蛋白质的发酵，抑制蛋白质降解菌的生长。然而，目前关于蛋白质水平、来源和可发酵碳水化合物对肠道微生物的系统研究还相对较少。由于研究手段和方法不同，因此许多研究之间很难进行直接比较。目前，大多数研究主要使用细菌培养技术，而只有少数研究使用分子生物学手段对微生物数量进行评估。使用更加敏感的非培养技术，可以减少不同试验结果的差异。此外，研究不同日粮蛋白质来源、水平对肠道微生物组成和代谢活动的影响，应充分考虑日粮养分组成、日粮能量和氨基酸平衡的影响，以便于不同研究结果之间进行比较。

参考文献

陈代文，1994. 日粮抗原与早期断奶仔猪腹泻的关系 [J]．国外畜牧科技，21 (1)：37-40.

陈杰，2003. 家畜生理学 [D]．北京：中国农业出版社．

范沛昕，2016. 低蛋白日粮对断奶仔猪和育肥猪肠道微生物区系的影响 [D]．北京：中国农业大学．

郝月，2010. 大豆抗原蛋白β-Conglycinin诱发过敏反应及中草药缓解机制的研究 [D]．北京：中国农业大学．

胡光源，赵峰，张宏福，等，2010. 饲粮蛋白质来源与水平对生长猪空肠液组成的影响[J]．动物营养学报，22 (5)：1220-1225.

胡延春，贾艳，2000. 柠檬酸在仔猪饲料中的应用效果研究进展[J]．四川畜牧兽医，2：21-22.

李德发，1986. 生大豆粉和大豆粕对母猪的营养价值 [D]．北京：中国农业大学．

谯仕彦，1992. 不同加工处理的大豆产品对早期断奶仔猪过敏反应、腹泻及粪中大肠杆菌的影响 [D]．北京：中国农业大学．

谯仕彦，李德发，1996. 不同加工处理大豆产品对早期断奶仔猪的过敏反应、腹泻和粪中大肠杆菌影响的研究 [J]．动物营养学报，8 (3)：1-8.

谯仕彦，李德发，杨胜，1995. 不同加工处理的大豆蛋白日粮对早期断奶仔猪断奶后腹泻影响的研究 [J]. 动物营养学报，7 (4)：1-6.

佘伟明，1991. 膨化加工大豆饼对仔猪肠道内膜形态、消化吸收能力及生产性能的影响 [D]. 昆明：云南农业大学.

孙鹏，2008. 大豆抗原蛋白 Glycinin 诱发仔猪过敏反应的机理及其缓解机制的研究 [D]. 北京：中国农业大学.

徐海军，黄利权，2001. 仔猪早期断乳发生日粮抗原过敏反应的机理[J]. 中国兽医杂志，37 (2)：41-44.

中国农业科学院哈尔滨兽医研究所，1989. 家畜传染病学 [M]. 北京：农业出版社：135-147.

Ahlman B, Leijonmarck C E, Wernerman J, 1993. The content of free amino acids in the human duodenal mucosa [J]. Clinical Nutrition, 12: 266-271.

Alican I, Kubes P, 1996. A critical role for nitric oxide in intestinal barrier function and dysfunction [J]. American Journal of Physiology-Gastrointestinal and Liver Physiology, 270: 225-237.

Andriamihaja M, Davila A M, Eklou-Lawson M, et al, 2010. Colon luminal content and epithelial cell morphology are markedly modified in rats fed with a high-protein diet [J]. American Journal of Physiology-Gastrointestinal and Liver Physiology, 299: 1030-1037.

Andriamihaja M, Lan A, Beaumont M, et al, 2015. The deleterious metabolic and genotoxic effects of the bacterial metabolite p-cresol on colonic epithelial cells [J]. Free Radical Biology and Medicine, 85: 219-227.

Anon, 1960. A survey of the incidence and causes of mortality in pigs, findings in post-mortem examination of pigs [J]. Veterinary Record, 72: 1240-1247.

Arrieta M C, Bistritz L, Meddings J B, 2006. Alterations in intestinal permeability [J]. Gut, 55: 1512-1520.

Arrieta M C, Madsen K, Doyle J, et al, 2009. Reducing small intestinal permeability attenuates colitis in the IL10 gene-deficient mouse [J]. Gut, 58: 41-48.

Aschenbach J R, Schwelberger H G, Ahrens F, et al, 2006. Histamine inactivation in the colon of pigs in relationship to abundance of catabolic enzymes [J]. Scandinavian Journal of Gastroenterology, 41: 712-719.

Aumaitre A, Corring T, 1978. Development of digestive enzymes in the piglet from birth to 8 weeks [J]. Annals of Nutrition and Metabolism, 22: 244-255.

Aw T Y, Williams M W, Gray L, 1992. Absorption and lymphatic transport of peroxidized lipids by rat small intestine *in vivo*: role of mucosal GSH [J]. American Journal of Physiology-Gastrointestinal and Liver Physiology, 262: 99-106.

Awati A, Williams B A, Bosch M W, et al, 2006. Effect of inclusion of fermentable carbohydrates in the diet on fermentation end-product profile in feces of weanling piglets [J]. Journal of Animal Science, 84: 2133-2140.

Ball R O, Aherne F X, 1987. Influence of dietary nutrient density, level of feed intake and weaning age on young pigs. II. Apparent nutrient digestibility and incidence and severity of diarrhea [J]. Canadian Journal of Animal Science, 67: 1105-1115.

Bansal T, Alaniz R C, Wood T K, et al, 2010. The bacterial signal indole increases epithelial-cell tight-junction resistance and attenuates indicators of inflammation [J]. Proceedings of the National Academy of Sciences, 107: 228-233.

Baskerville A, Hambleton P, Benbough J E, 1980. Pathologic features of glutaminase toxicity [J].

British Journal of Experimental Pathology, 61: 132-138.

Bauer E, Williams B A, Smidt H, et al, 2006. Influence of dietary components on development of the microbiota in single-stomached species [J]. Nutrition Research Reviews, 19: 63-78.

Beaumont M, Andriamihaja M, Lan A, et al, 2016. Detrimental effects for colonocytes of an increased exposure to luminal hydrogen sulfide: the adaptive response [J]. Free Radical Biology and Medicine, 93: 155-164.

Bertolo R F, Chen C Z, Law G, et al, 1998. Threonine requirement of neonatal piglets receiving total parenteral nutrition is considerably lower than that of piglets receiving an identical diet intragastrically [J]. Journal of Nutrition, 128: 1752-1759.

Bertschinger H U, Eggenberger E, Jucker H, et al, 1979. Evaluation of low nutrient, high fibre diets for the prevention of porcine *Escherichia coli* enterotoxaemia [J]. Veterinary Microbiology, 3: 281-290.

Bikker P, Dirkzwager A, Fledderus J, et al, 2007. Dietary protein and fermentable carbohydrates contents influence growth performance and intestinal characteristics in newly weaned pigs [J]. Livestock Science, 108: 194-197.

Birkett A, Muir J, Phillips J, et al, 1996. Resistant starch lowers fecal concentrations of ammonia and phenols in humans [J]. The American Journal of Clinical Nutrition, 63: 766-772.

Blachier F, M'Rabet-Touil H, Posho L, et al, 1992. Polyamine metabolism in enterocytes isolated from newborn pigs [J]. Biochimica et Biophysica Acta (BBA) -Molecular Cell Research, 1175: 21-26.

Blasco M, Fondevila M, Guada J A, 2005. Inclusion of wheat gluten as a protein source in diets for weaned pigs [J]. Animal Research, 54 (4): 297-306.

Bolduan G, Jung H, Schnabel E, et al, 1988. Recent advances in the nutrition of weaner piglets [J]. Pig News and Information, 9: 381-385.

Bouillaud F, Blachier F, 2011. Mitochondria and sulfide: a very old story of poisoning, feeding, and signaling? [J]. Antioxidants and Redox Signaling, 15: 379-391.

Catsimpoolas N, Ekenstam C, 1969. Isolation of alpha, beta, and gamma conglycinins [J]. Archives of Biochemistry and Biophysics, 129 (2): 490-497.

Chacko A, Cummings J H, 1988. Nitrogen losses from the human small bowel: obligatory losses and the effect of physical form of food [J]. Gut, 29: 809-815.

Challacombe S J, Tomasi T B, 1980. Systemic tolerance and secretory immunity after oral immunization [J]. Journal of Experimental Medicine, 152 (6): 1459-1472.

Chen L, Yin Y L, Jobgen W S, et al, 2007. *In vitro* oxidation of essential amino acids by jejunal mucosal cells of growing pigs [J]. Livestock Science, 109 (1): 19-23.

Chen X Y, Song P X, Fan P X, et al, 2018. Moderate dietary protein restriction optimized gut microbiota and mucosal barrier in growing pig model [J]. Frontiers in Cellular and Infection Microbiology, 8: 246.

Choct M, Dersjant-Li Y, McLeish J, et al, 2010. Soy oligosaccharides and soluble non-starch polysaccharides: a review of digestion, nutritive and anti-nutritive effects in pigs and poultry [J]. Asian-Australasian Journal of Animal Sciences, 23: 1386-1398.

Collinder E, Björnhag G, Cardona M, et al, 2003. Gastrointestinal host-microbial interactions in mammals and fish: comparative studies in man, mice, rats, pigs, horses, cows, elks, reindeers, salmon and cod [J]. Microbial Ecology in Health and Disease, 15: 66-78.

Columbus D，Cant J P，Lange C F M D，et al，2010. Estimating fermentative amino acid losses in the upper gut of pigs [J]. Livestock Science，133：124-127.

Columbus D A，Lapierre H，Htoo J K，et al，2014. Nonprotein nitrogen is absorbed from the large intestine and increases nitrogen balance in growing pigs fed a valine-limiting diet [J]. Journal of Nutrition，144：614-620.

Corl B A，Odle J，Niu X，et al，2008. Arginine activates intestinal p70（S6k）and protein synthesis in piglet rotavirus enteritis [J]. Journal of Nutrition，138：24-29.

Corring T，1980. The adaptation of digestive enzymes to the diet：its physiological significance [J]. Reproduction Nutrition Développement，20（4B）：1217-1235.

Cremin Jr J D，Fitch M D，Fleming S E，2003. Glucose alleviates ammonia-induced inhibition of short-chain fatty acid metabolism in rat colonic epithelial cells [J]. American Journal of Physiology-Gastrointestinal and Liver Physiology，285：105-114.

Dai Z L，Zhang J，Wu G，et al，2010. Utilization of amino acids by bacteria from the pig small intestine [J]. Amino Acids，39（5）：1201-1215.

Darragh A J，Cranwell P D，Moughan P J，1994. Absorption of lysine and methionine fromthe proximal colon of the piglet [J]. British Journal of Nutrition，71：739-752.

Davila A M，Blachier F，Gotteland M，et al，2013. Re-print of 'Intestinal luminal nitrogen metabolism：role of the gut microbiota and consequences for the host' [J]. Pharmacological Research，69：114-126.

de Lange C F M，Pluske J，Gong J，et al，2010. Strategic use of feed ingredients and feed additives to stimulate gut health and development in young pigs [J]. Livestock Science，134：124-134.

Domeneghini C，Di Giancamillo A，Bosi G，et al，2006. Can nutraceuticals affect the structure of intestinal mucosa? Qualitative and quantitative microanatomy in L-glutamine diet-supplemented weaning piglets [J]. Veterinary Research Communications，30：331-342.

Dongowski G，Huth M，Gebhardt E，et al，2002. Dietary fiber-rich barley products beneficially affect the intestinal tract of rats [J]. Journal of Nutrition，132：3704-3714.

Duke W W，1934. Soy bean as a possible important source of allergy [J]. Journal of Allergy，5：300-302.

Duncan S H，Louis P，Flint H J，2004. Lactate-utilizing bacteria，isolated from human feces，that produce butyrate as a major fermentation product [J]. Applied and Environmental Microbiology，70：5810-5817.

Eisenberg T，Knauer H，Schauer A，et al，2009. Induction of autophagy by spermidine promotes longevity [J]. Nature Cell Biology，11：1305-1314.

Ersin S，Tuncyurek P，Esassolak M，et al，2000. The prophylactic and therapeutic effects of glutamine-and arginine-enriched diets on radiation-induced enteritis in rats [J]. Journal of Surgical Research，89：121-125.

Etheridge R D，Seerley R W，Wyatt R D，1984. The effect of diet on performance，digestibility，blood composition and intestinal microflora of weaned pigs [J]. Journal of Animal Science，58：1396-1402.

Fan P X，Liu P，Song P X，et al，2017. Moderate dietary protein restriction alters the composition of gut microbiota and improves ileal barrier function in adult pig model [J]. Scientific Reports，7.

Fang Z F，Luo J，Qi Z L，et al，2009. Effects of 2-hydroxy-4-methylthiobutyrate on portal plasma flow and net portal appearance of amino acids in piglets [J]. Amino Acids，36：501-509.

Faure M, Moënnoz D, Montigon F, et al, 2005. Dietary threonine restriction specifically reduces intestinal mucin synthesis in rats [J]. Journal of Nutrition, 135: 486-491.

Finkelstein J D, 2000. Pathways and regulation of homocysteine metabolism in mammals [J]. Seminars in Thrombosis and Hemostasis, 26: 219-226.

Flannigan K L, Agbor T A, Motta J P, et al, 2015. Proresolution effects of hydrogen sulfide during colitis are mediated through hypoxia-inducible factor-1 α [J]. The FASEB Journal, 29: 1591-1602.

Frankel W L, Zhang W, Afonso J, et al, 1993. Glutamine enhancement of structure and function in transplanted small intestine in the rat [J]. Journal of Parenteral and Enteral Nutrition, 17: 47-55.

Gaskins H R, 2001. Intestinal bacteria and their influence on swine growth [M] //Lewis A J, Southern L L. Swine nutrition. 2nd ed. Boca Raton, FL: CRC Press: 585-608.

Geboes K P, de Hertogh G, de Preter V, et al, 2006. The influence of inulin on the absorption of nitrogen and the production of metabolites of protein fermentation in the colon [J]. British Journal of Nutrition, 96: 1078-1086.

Goodwin R F W, 1957. Some diseases of suckling pigs [J]. Veterinary Record, 69: 1290-1298.

Grala W, Verstegen M W A, Jansman A J M, et al, 1998. Ileal apparent protein and amino acid digestibilities and endogenous nitrogen losses in pigs fed soybean and rapeseed products [J]. Journal of Animal Science, 76 (2): 557-568.

Grimble R F, 2006. The effects of sulfur amino acid intake on immune function in humans [J]. Journal of Nutrition, 136: 1660-1665.

Gu X H, 2000. Effects of weaning day, dietary protein and lysine levels on digestive organ structure and function in early-weaned piglets [D]. Beijing: China Agricultural University.

Guay F, Donovan S M, Trottier N L, 2006. Biochemical and morphological developments are partially impaired in intestinal mucosa from growing pigs fed reduced-protein diets supplemented with crystalline amino acids [J]. Journal of Animal Science, 84 (7): 1749-1760.

Gurbuz A T, Kunzelman J, Ratzer E E, 1998. Supplemental dietary arginine accelerates intestinal mucosal regeneration and enhances bacterial clearance following radiation enteritis in rats [J]. Journal of Surgical Research, 74: 149-154.

Halmos E P, Gibson P R, 2015. Dietary management of IBD-insights and advice [J]. Nature Reviews Gastroenterology and Hepatology, 12: 133-146.

Hampson D J, 1983, Post-weaning changes in the piglet small intestine in relation to growth-checks and diarrhea [D]. Bristol, England: University of Bristol.

Hampson D J, 1994. Postweaning *Escherichia coli* diarrhoea in pigs [C]. *Escherichia coli* in Domestic Animals and Humans Cab International.

Hart A R, Luben R, Olsen A, et al, 2008. Diet in the aetiology of ulcerative colitis: a European prospective cohort study [J]. Digestion, 77: 57-64.

Hasebe M, Suzuki H, Mori E, et al, 1999. Glutamate in enteral nutrition: can glutamate replace glutamine in supplementation to enteral nutrition in burned rats? [J]. Journal of Parenteral and Enteral Nutrition, 23: 78-82.

He L Q, Wu L, Xu Z Q, et al, 2016. Low-protein diets affect ileal amino acid digestibility and gene expression of digestive enzymes in growing and finishing pigs [J]. Amino Acids, 48: 21-30.

Heine W, Wutzke K D, Richter I, et al, 1987. Evidence for colonic absorption of protein nitrogen in

infants [J] . Acta Pædiatrica, 76: 741-744.
Heo J M, Kim J C, Hansen C F, et al, 2008. Effects of feeding low protein diets to piglets on plasma urea nitrogen, faecal ammonia nitrogen, the incidence of diarrhoea and performance after weaning [J] . Archives of Animal Nutrition, 62: 343-358.
Hermes R G, Molist F, Ywazaki M, et al, 2009. Effect of dietary level of protein and fiber on the productive performance and health status of piglets [J] . Journal of Animal Science, 87: 3569-3577.
Hopwood D E, Hampson D J, 2003. Interactions between the intestinal microflora, diet and diarrhoea, and their influences on piglet health in the immediate post-weaning period [M] . Weaning the pig: concepts and consequences. Wageningen, Netherlands: Wageningen Academic Publishers.
Houdijk J G, Hartemink R, Verstegen M W, et al, 2002. Effects of dietary non-digestible oligosaccharides on microbial characteristics of ileal chyme and faeces in weaner pigs [J] . Archives of Animal Nutrition, 56: 297-307.
Hughes R, Kurth M J, McGilligan V, et al, 2008. Effect of colonic bacterial metabolites on Caco-2 cell paracellular permeability *in vitro* [J] . Nutrition and Cancer, 60: 259-266.
Hughes R, Magee E A, Bingham S, 2000. Protein degradation in the large intestine: relevance to colorectal cancer [J] . Current Issues in Intestinal Microbiology, 1: 51-58.
Hutter D E, Till B G, Greene J J, 1997. Redox state changes in density-dependent Regulation of proliferation [J] . Experimental Cell Research, 232: 435-438.
Huxtable R J, 1992. Physiological actions of taurine [J] . Physiological Reviews, 72: 101-163.
Ijssennagger N, Belzer C, Hooiveld G J, et al, 2015. Gut microbiota facilitates dietary heme-induced epithelial hyperproliferation by opening the mucus barrier in colon [J] . Proceedings of the National Academy of Science, 112: 10038-10043.
James P S, Smith M W, 1976. Methionine transport by pig colonic mucosa measured during early post-natal development [J] . Journal of Physiology, 262: 151-168.
James P S, Smith M W, Wooding F B P, 1976. Time-dependent changes in methionine transport across the helicoidal colon of the new-born pig [J] . Journal of Physiology, 257: 38-39.
Jantchou P, Morois S, Clavel-Chapelon F, et al, 2010. Animal protein intake and risk of inflammatory bowel disease: the E3N prospective study [J]. American Journal of Gastroenterology, 105: 2195-2201.
Jeaurond E A, Rademacher M, Pluske J R, et al, 2008. Impact of feeding fermentable proteins and carbohydrates on growth performance, gut health and gastrointestinal function of newly weaned pigs [J] . Canadian Journal of Animal Science, 88: 271-281.
Jennings A R, 1959. Gastro-enteritis in the pig [J] . Veterinary Record, 71: 766-771.
Jensen B B, 1998. The impact of feed additives on the microbial ecology of the gut in young pigs [J] . Journal of Animal and Feed Science, 7: 45-64.
Jensen B B, 2000. Possible ways of modifying type and amount of products from microbial fermentation in the gut [C] //Possible ways of modifying type and amount of products from microbial fermentation in the gut: 12-14.
Jowett S L, Seal C J, Pearce M S, et al, 2004. Influence of dietary factors on the clinical course of ulcerative colitis: a prospective cohort study [J] . Gut, 53: 1479-1484.
Kanwar S, Wallace J L, Befus D, et al, 1994. Nitric oxide synthesis inhibition increases epithelial

permeability via mast cells [J] . American Journal of Physiology-Gastrointestinal and Liver Physiology, 266: 222-229.

Kellogg T F, Hays V W, Catron D V, et al, 1964. Effect of level and source of dietary protein on performance and fecal flora of baby pigs [J] . Journal of Animal Science, 23: 1089-1094.

Kenworthy R, 1976. Observations on the effects of weaning in the young pig. Clinical and histopathological studies of intestinal function and morphology [J] . Research in Veterinary Science, 21 (1): 69-75.

Kenworthy R, Allen W D, 1966. Influence of diet and bacteria on small intestinal morphology, with special reference to early weaning and *Escherichia coli*. Studies with germfree and gnotobiotic pigs [J] . Journal of Comparative Pathology, 76: 291-296.

Kenworthy R, Stubbs J M, Syme G, 1967. Ultrastructure of small-intestinal epithelium in weaned and unweaned pigs and pigs with post-weaning diarrhoea [J] . The Journal of Pathology and Bacteriology, 93 (2): 493-498.

Kilshaw P J, Sissons J W, 1979a. Gastrointestinal allergy to soyabean protein in preruminant calves. Antibody production and digestive disturbances in calves fed heated soyabean flour [J] . Research in Veterinary Science, 27 (3): 361-365.

Kilshaw P J, Sissons J W, 1979b. Gastrointestinal allergy to soyabean protein in preruminant calves. Allergenic constituents of soyabean products [J] . Research in Veterinary Science, 27 (3): 366-371.

Kilshaw P J, Slade H, 1982. Villus atrophy and crypt elongation in the small intestine of preruminant calves fed with heated soyabean flour or wheat gluten [J] . Research in Veterinary Science, 33 (3): 305-308.

Kim J C, Mullan B P, Hampson D J, et al, 2008. Addition of oat hulls to an extruded rice-based diet for weaner pigs ameliorates the incidence of diarrhoea and reduces indices of protein fermentation in the gastrointestinal tract [J] . British Journal of Nutrition, 99: 1217-1225.

Klose V, Bayer K, Bruckbeck R, et al, 2010. *In vitro* antagonistic activities of animal intestinal strains against swine-associated pathogens [J] . Veterinary Microbiology, 144: 515-521.

Kluess J, Schoenhusen U, Souffrant W B, et al, 2010. Impact of diet composition on ileal digestibility and small intestinal morphology in carly-weaned pigs fitted with a T-cannula [J] . Animal, 4: 586-594.

Konstantinov S R, Favier C F, Zhu W Y, et al, 2004. Microbial diversity studies of the porcine gastrointestinal ecosystem during weaning transition [J] . Animal Research, 53: 317-324.

Konstantinov S R, Zhu W Y, Williams B A, et al, 2003. Effect of fermentable carbohydrates on piglet faecal bacterial communities as revealed by denaturing gradient gel electrophoresis analysis of 16S ribosomal DNA [J] . FEMS Microbiology Ecology, 43: 225-235.

Koshiyama I, Fukushima D, 1976a. Identification of the 7S globulin with β-conglycinin in soybean seeds [J] . Phytochemistry, 15 (1): 157-159.

Koshiyama I, Fukushima D, 1976b. Purification and some properties of γ-conglycinin in soybean seeds [J] . Phytochemistry, 15 (1): 161-164.

Lan A, Andriamihaja M, Blouin J M, et al, 2015. High-protein diet differently modifies intestinal goblet cell characteristics and mucosal cytokine expression in ileum and colon [J] . Journal of Nutritional Biochemistry, 26: 91-98.

Laparra J M, Sanz Y, 2010. Interactions of gut microbiota with functional food components and nutraceuticals [J] . Pharmacological Research, 61: 219-225.

le F H N, Sève B, 2005. Catabolism through the threonine dehydrogenase pathway does not account for the high first-pass extraction rate of dietary threonine by the portal drained viscera in pigs [J] . British Journal Nutrition, 93: 447-456.

le Gall G, Noor S O, Ridgway K, et al, 2011. Metabolomics of fecal extracts detects altered metabolic activity of gut microbiota in ulcerative colitis and irritable bowel syndrome [J] . Journal of Proteome Research, 10: 4208-4218.

Leek A B G, Callan J J, Henry R W, et al, 2005. The application of low crude protein wheat-soyabean diets to growing and finishing pigs: 2. The effects on nutrient digestibility, nitrogen excretion, faecal volatile fatty acid concentration and ammonia emission from boars [J] . Irish Journal of Agricultural and Food Research, 44: 247-260.

Leschelle X, Goubern M, Andriamihaja M, et al, 2005. Adaptative metabolic response of human colonic epithelial cells to the adverse effects of the luminal compound sulfide [J] . Biochimica et Biophysica Acta (BBA) -General Subjects, 1725: 201-212.

Leu R K L, Brown I L, Ying H, et al, 2007. Effect of dietary resistant starch and protein on colonic fermentation and intestinal tumourigenesis in rats [J] . Carcinogenesis, 28: 240-245.

Lewis A J, Southern L L, 2000. Swine nutrition [M] . Washington, DC: CRC Press.

Li D F, Nelssen J L, Reddy P G, et al, 1990. Transient hypersensitivity to soybean meal in the early-weaned pig [J] . Journal of Animal Science, 68: 1790-1799.

Li D F, Nelssen J L, Reddy P G, et al, 1991. Interrelationship between hypersensitivity to soybean proteins and growth performance in early-weaned pigs [J] . Journal of Animal Science, 69 (10): 4062-4069.

Li P, Yin Y L, Li D, et al, 2007. Amino acids and immune function [J] . British Journal of Nutrition, 98: 237-252.

Li W, Sun K, Ji Y, et al, 2016. Glycine regulates expression and distribution of claudin-7 and zo-3 proteins in intestinal porcine epithelial Cells, 2 [J] . Journal of nutrition, 146 (5): 964-969.

Libao-Mercado A J O, Zhu C L, Cant J P, et al, 2009. Dietary and endogenous amino acids are the main contributors to microbial protein in the upper gut of normally nourished pigs [J] . Journal of Nutrition, 139: 1088-1094.

Lippard V W, Schloss O M, Johnson P A, 1936. Immune reactions induced in infants by intestinal absorption of incompletely digested cow's milk protein [J] . American Journal of Diseases of Children, 51 (3): 562-574.

Liu W, Mi S, Ruan Z, et al, 2017. Dietary tryptophan enhanced the expression of tight junction protein ZO-1 in intestine [J] . Journal of Food Science, 82: 562-567.

Liu X, Blouin J M, Santacruz A, et al, 2014. High-protein diet modifies colonic microbiota and luminal environment but not colonocyte metabolism in the rat model: the increased luminal bulk connection [J] . American Journal of Physiology-Gastrointestinal and Liver Physiology, 307: G459-G470.

Long Q H, Gui C H, Hua Z C, 1996. Effects of glutamine on structure and function of gut in endotoxemic rats [J] . China National Journal of New Gastroenterology, 2: 69-72.

Lynch B, Callan J J, O'Doherty J V, 2009. The interaction between dietary crude protein and fermentable carbohydrate source on piglet post weaning performance, diet digestibility and selected faecal microbial populations and volatile fatty acid concentration [J] . Livestock Science, 124:

93-100.

Macfarlane G T, Macfarlane S, 2007. Models for intestinal fermentation: association between food components, delivery systems, bioavailability and functional interactions in the gut [J] . Current Opinion in Biotechnology, 18: 156-162.

Macfarlane S, Macfarlane G T, 1995. Proteolysis and amino acid fermentation [M] . Human colonic bacteria: role in nutrition, physiology and pathology. Boca. Raton, Florida, USA: CRC Press.

Manzanilla E G, Pérez J F, Martín M, et al, 2009. Dietary protein modifies effect of plant extracts in the intestinal ecosystem of the pig at weaning [J] . Journal of Animal Science, 87: 2029-2037.

Mao X, Liu M, Tang J, et al, 2015. Dietary leucine supplementation improves the mucin production in the jejunal mucosa of the weaned pigs challenged by porcine rotavirus [J] . PLoS ONE, 10 (9): e0137380.

Martensson J, Jain A, Meister A, 1990. Glutathione is required for intestinal function [J] . Proceedings of the National Academy of Sciences, 87: 1715-1719.

Mayeur C, Veuillet G, Michaud M, et al, 2005. Effects of agmatine accumulation in human colon carcinoma cells on polyamine metabolism, DNA synthesis and the cell cycle [J] . Biochimica et Biophysica Acta (BBA) - Molecular Cell Research, 1745: 111-123.

McCafferty D, Miampamba M, Sihota E, et al, 1999. Role of inducible nitric oxide synthase in trinitrobenzene sulphonic acid induced colitis in mice [J] . Gut, 45 (6): 864-873.

McCafferty D M, Mudgett J S, Swain M G, et al, 1997. Inducible nitric oxide synthase plays a critical role in resolving intestinal inflammation [J] . Gastroenterology, 112: 1022-1027.

McIntosh G H, le Leu R K, 2001. The influence of dietary proteins on colon cancer risk [J] . Nutrition Research, 21: 1053-1066.

Meijers B K I, Evenepoel P, 2011. The gut-kidney axis: Indoxyl sulfate, p-cresyl sulfate and CKD progression [J] . Nephrology Dialysis Transplantation, 26: 759-761.

Meyer T W, Hostetter T H, 2012. Uremic solutes from colon microbes [J] . Kidney International, 81: 949-954.

Miller B G, Newby T J, Stokes C R, et al, 1984a. Creep feeding and post weaning diarrhoea in piglets [J] . Veterinary Record, 114 (12): 296-297.

Miller B G, Newby T J, Stokes C R, et al, 1984b. Influence of diet on postweaning malabsorption and diarrhoea in the pig [J] . Research in Veterinary Science, 36 (2): 187-193.

Miller B G, Newby T J, Stokes C R, et al, 1984c. The importance of dietary antigen in the cause of postweaning diarrhea in pigs [J] . American Journal of Veterinary Research, 45 (9): 1730-1733.

Miller B G, Newby T J, Stokes C R, et al, 1985. A transient hypersensitivity to dietary antigens in the early weaned pig: A factor in the aetiology of post weaning diarrhoea (PWD) [C] //Proc. 3rd Int. Seminar on digestive physiology in the pig (National Institute of Animal Science, Danmark), 65-69.

Miner-Williams W, Deglaire A, Benamouzig R, et al, 2012. Endogenous proteins in terminal ileal digesta of adult subjects fed a casein-based diet [J] . American Journal of Clinical Nutrition, 96: 508-515.

Morita T, Kasaoka S, Kiriyama S, 2004. Physiological functions of resistant proteins: Proteins and peptides regulating large bowel fermentation of indigestible polysaccharide [J] . Journal of AOAC International, 87: 792-796.

Mosenthin R, Hambrecht E, Sauer W C, et al, 2001. Utilisation of different fibres in piglet feeds

[M] . Nottingham, UK: Nottingham University Press.

Mosenthin R, Sauer W C, Henkel H, et al, 1992. Tracer studies of urea kinetics in growing pigs: Ⅱ. The effect of starch infusion at the distal ileum on urea recycling and bacterial nitrogen excretion [J] . Journal of Animal Science, 70: 3467-3472.

Mowat A M. 1984. Induntion of cell-midiated immunity to a dietary antigen [M] . Local immune response of the gut. Boca Rotan Florida: CRC Press: 199-225.

Mueller A R, Platz K P, Heckert C, et al, 1998. L-arginine application improves mucosal structure after small bowel transplantation [C] //Transplantation proceedings. Elsevier Science Publishing Company, Incorporation, 30 (5): 2336-2338.

Nabuurs M J A, Bokhout B A, van der Heijden P J, 1982. Intraperitoneal injection of an adjuvant for the prevention of post-weaning diarrhoea and oedema disease in piglets: a field study [J] . Preventive Veterinary Medicine, 1 (1): 65-76.

Nakada Y, Itoh Y, 2003. Identification of the putrescine biosynthetic genes in *Pseudomonas aeruginosa* and characterization of agmatine deiminase and N-carbamoylputrescine amidohydrolase of the arginine decarboxylase pathway [J] . Microbiology, 149: 707-714.

Neis E P J G, Dejong C H C, Rensen S S, 2015. The role of microbial amino acid metabolism in host metabolism [J] . Nutrients, 7: 2930-2946.

Newby T J, Miller B, Stokes C R, et al, 1984. Local hypersensitivity response to dietary antigens in early weaned pigs [J] . Recent Advances in Animal Nutrition, 88-121.

Nielsen N O, Moon H W, Roe W E, 1968. Enteric colibacillosis in swine [J] . Journal of the American Veterinary Medical Association, 153 (12): 1590-1606.

Niiyama M, Deguchi E, Kagota K, et al, 1979. Appearance of ^{15}N-labeled intestinal microbial amino acids in the venous blood of the pig colon [J] . American Journal of Veterinary Research, 40: 716-718.

Nkabyo Y S, Ziegler T R, Gu L H, et al, 2002. Glutathione and thioredoxin redox during differentiation in human colon epithelial (Caco-2) cells [J] . American Journal of Physiology-Gastrointestinal and Liver Physiology, 283: 1352-1359.

NRC, 1998. Nutrient requirements of swine [S] . Washington, DC: National Academy Press.

Nyachoti C M, Omogbenigun F O, Rademacher M, et al, 2006. Performance responses and indicators of gastrointestinal health in early-weaned pigs fed low-protein amino acid-supplemented diets [J] . Journal of Animal Science, 84: 125-134.

Opapeju F, Krause D, Payne R, et al, 2009. Effect of dietary protein level on growth performance, indicators of enteric health, and gastrointestinal microbial ecology of weaned pigs induced with postweaning colibacillosis [J] . Journal of Animal Science, 3: 2635-2643.

Opapeju F, Rademacher M, Blank Q, et al, 2008. Effect of low-protein amino acid-supplemented diets on the growth performance, gut morphology, organ weights and digesta characteristics of weaned pigs [J] . Animal, 20: 1457-1464.

Osborne D L, Seidel E R, 1990. Gastrointestinal luminal polyamines: cellular accumulation and enterohepatic circulation [J] . American Journal of Physiology-Gastrointestinal and Liver Physiology, 258: 576-584.

O'shea C J, Lynch M B, Callan J J, et al, 2010. Dietary supplementation with chitosan at high and low crude protein concentrations promotes *Enterobacteriaceae* in the caecum and colon and increases manure odour emissions from finisher boars [J] . Livestock Science, 134: 198-201.

Otto E R, Yokoyama M, Hengemuehle S, et al, 2003. Ammonia, volatile fatty acids, phenolics, and odor offensiveness in manure from growing pigs fed diets reduced in protein concentration [J]. Journal of Animal Science, 81: 1754-1763.

Partanen K H, Mroz Z, 1999. Organic acids for performance enhancement in pig diets [J]. Nutrition Research Reviews, 12: 117-145.

Pedersen G, Brynskov J, Saermark T, 2002. Phenol toxicity and conjugation in human colonic epithelial cells [J]. Scandinavian Journal of Gastroenterology, 37: 74-79.

Peri B A, Rothberg R M, 1986. Transmission of maternal antibody prenatally and from milk into serum of neonatal rabbits [J]. Immunology, 57 (1): 49.

Peterson L W, Artis D, 2014. Intestinal epithelial cells: regulators of barrier function and immune homeostasis [J]. Nature Reviews Immunology, 14: 141-153.

Pieper R, Kröger S, Richter J F, et al, 2012. Fermentable fiber ameliorates fermentable protein-induced changes in microbial ecology, but not the mucosal response, in the colon of piglets [J]. Journal of Nutrition, 142 (4): 661-667.

Pluske J R, Hampson D J, Williams I H, 1997. Factors influencing the structure and function of the small intestine in the weaned pig: a review [J]. Livestock Production Science, 51: 215-236.

Pluske J R, Pethick D W, Hopwood D E, et al, 2002. Nutritional influences on some major enteric bacterial diseases of pig [J]. Nutrition Research Reviews, 15: 333-371.

Redmond H P, Stapleton P P, Neary P, et al, 1998. Immunonutrition: the role of taurine [J]. Nutrition, 14: 599-604.

Reeds P J, Burrin D G, Jahoor F, et al, 1996. Enteral glutamate is almost completely metabolized in first pass by the gastrointestinal tract of infant pigs [J]. American Journal of Physiology-Endocrinology and Metabolism, 270: 413-418.

Reeds P J, Burrin D G, Stoll B, et al, 1997. Enteral glutamate is the preferential source for mucosal glutathione synthesis in fed piglets [J]. American Journal of Physiology-Endocrinology and Metabolism, 273: 408-415.

Ren M, Liu X T, Wang X, et al, 2014. Increased levels of standardized ileal digestible threonine attenuate intestinal damage and immune responses in *Escherichia coli* K88$^+$ challenged weaned piglets [J]. Animal Feed Science and Technology, 195: 67-75.

Rcn M, Zhang S H, Liu X T, et al, 2016. Different lipopolysaccharide branched-chain amino acids modulate porcine intestinal endogenous β-defensin expression through the Sirt1/ERK/90RSK pathway [J]. Journal of Agricultural and Food Chemistry, 64: 3371-3379.

Ren M, Zhang S H, Zeng X F, et al, 2015. Branched-chain amino acids are beneficial to maintain growth performance and intestinal immune-related function in weaned piglets fed protein restricted diet [J]. Asian-Australasian Journal of Animal Sciences, 28: 1742-1750.

Rhoads J M, Chen W, Gookin J, et al, 2004. Arginine stimulates intestinal cell migration through a focal adhesion kinase dependent mechanism [J]. Gut, 53: 514-522.

Rhoads J M, Liu Y, Niu X, et al, 2008. Arginine stimulates cdx2-transformed intestinal epithelial cell migration via a mechanism requiring both nitric oxide and phosphorylation of p70 S6 kinase [J]. Journal of Nutrition, 138: 1652-1657.

Richards J D, Gong J, de Lange C F M, 2005. The gastrointestinal microbiota and its role in monogastric nutrition and health with an emphasis on pigs: current understanding, possible modulations, and new technologies for ecological studies [J]. Canadian Journal of Animal Science,

85：421-435.

Richards W P，Fraser C M，1961. Coliform enteritis of weaned pigs. A description of the disease and its association with hemolytic *Escherichia coli* [J]. Cornell Veterinarian，51：245-257.

Richter J F，Pieper R，Zakrzewski S S，et al，2014. Diets high in fermentable protein and fibre alter tight junction protein composition with minor effects on barrier function in piglet colon [J]. British Journal of Nutrition，111：1040-1049.

Rist V S T，Eklund M，Bauer E，et al，2012. Effect of feeding level on the composition of the intestinal microbiota in weaned piglets [J]. Journal of Animal Science，90：19-21.

Rist V S T，Weiss E，Sauer N，et al，2014. Effect of dietary protein supply originating from soybean meal or casein on the intestinal microbiota of piglets [J]. Anaerobe，25：72-79.

Rist V T S，Weiss E，Eklund M，et al，2013. Impact of dietary protein on microbiota composition and activity in the gastrointestinal tract of piglets in relation to gut health：a review [J]. Animal，7（7）：1067-1078.

Roig-Pérez S，Guardiola F，Moretó M，et al，2004. Lipid peroxidation induced by DHA enrichment modifies paracellular permeability in Caco-2 cells protective role of taurine [J]. Journal of Lipid Research，45：1418-1428.

Rolfe R D，1997. Colonization resistance，in gastrointestinal microbiology [M] //Mackie R I，White B A，Isaacson R E，Chapman and Hall Microbiology Series. New York.

Roselli M，Finamore A，Britti M S，et al，2007. The novel porcine Lactobacillus sobrius strain protects intestinal cells from enterotoxigenic *Escherichia coli* K88 infection and prevents membrane barrier damage [J]. Journal of Nutrition，137：2709-2716.

Rothberg R M，Kraft S C，Farr R S，1967. Similarities between rabbit antibodies produced following ingestion of bovine serum albumin and following parenteral immunization [J]. Journal of Immunology，98（2）：386-395.

Savage D C，1977. Microbial ecology of the gastrointestinal tract [J]. Annual Review of Microbiology，31：107-133.

Schleiffer R，Raul F，1996. Prophylactic administration of L-arginine improves the intestinal barrier function after mesenteric ischaemia [J]. Gut，39：194-198.

Scott K P，Gratz S W，Sheridan P O，et al，2013. The influence of diet on the gut microbiota [J]. Pharmacological Research，69：52-60.

Shaw J P，Chou I N，1986. Elevation of intracellular glutathione content associated with mitogenic stimulation of quiescent fibroblasts [J]. Journal of Cellular Physiology，129：193-198.

Shoveller A K，Brunton J A，House J D，et al，2003. Dietary cysteine reduces the methionine requirement by an equal proportion in both parenterally and enterally fed piglets [J]. Journal of Nutrition，133：4215-4224.

Sissons J W，Smith R H，1976. The effect of different diets including those containing soya-bean products，on digesta movement and water and nitrogen absorption in the small intestine of the preruminant calf [J]. British Journal of Nutrition，36（3）：421-438.

Sissons J W，Smith R H，Hewitt D，et al，1982. Prediction of the suitability of soya-bean products for feeding to preruminant calves by an in-vitro immunochemical method [J]. British Journal of Nutrition，47（2）：311-318.

Sissons J W，Thurston S M，1984. Survival of dietary antigens in the digestive tract of calves intolerant to soyabean products [J]. Research in Veterinary Science，37（2）：242-246.

Smith E A, Macfarlane G T, 1996. Enumeration of human colonic bacteria producing phenolic and indolic compounds: effects of pH, carbohydrate availability and retention time on dissimilatory aromatic amino acid metabolism [J]. Journal of Applied Bacteriology, 81 (3): 288-302.

Smith H W, 1963. The haemolysins of *Escherichia coli* [J]. The Journal of Pathology and Bacteriology, 85 (1): 197-211.

Smith R H, Sissons J W, 1975. The effect of different feeds, including those containing soya-bean products, on the passage of digesta from the abomasum of the preruminant calf [J]. British Journal of Nutrition, 33 (3): 329-349.

Sojka W J, Lloyd M K, Sweeney E J, 1960. *Escherichia coli* serotypes associated with certain pig diseases [J]. Research in Veterinary Science, 1 (1): 17-27.

Stevens A J, 1963. Coliform infections in the young pig and a practical approach to the control of enteritis [J]. Veterinary Record, 75: 1241-1246.

Stewart P S, Costerton J W, 2001. Antibiotic resistance of bacteria in biofilms [J]. The Lancet, 358 (9276): 135-138.

Stokes A, 1981. The mucosal immune system [M] //Bourne F J. Current topics in veterinary medicine and animal science. The Hague: Martinus Nijhoff: 724-739.

Stokes C R, Miller B G, Bourne F J, 1986. Animal models of food sensitivity [M] //Food allergy and intolerance. England, Bailliere Tindell: 286-300.

Stoll B, Henry J, Reeds P J, et al, 1998. Catabolism dominates the first-pass intestinal metabolism of dietary essential amino acids in milk protein-fed piglets [J]. Journal of Nutrition, 128: 606-614.

Sukhotnik I, Mogilner J, Krausz M M, et al, 2004. Oral arginine reduces gut mucosal injury caused by lipopolysaccharide endotoxemia in rat [J]. Journal of Surgical Research, 122: 256-262.

Sun Y L, Wu Z L, Li W, et al, 2015. Dietary L-leucine supplementation enhances intestinal development in suckling piglets [J]. Amino Acids, 47: 1517-1525.

Swarbrick E T, Stokes C R, Soothill J F, 1979. Absorption of antigens after oral immunisation and the simultaneous induction of specific systemic tolerance [J]. Gut, 20 (2): 121-125.

Szabo C, Coletta C, Chao C, et al, 2013. Tumor-derived hydrogen sulfide, produced by cystathionine-β-synthase, stimulates bioenergetics, cell proliferation, and angiogenesis in colon cancer [J]. Proceedings of the National Academy of Sciences, 110: 12474-12479.

Tabor C W, Tabor H, 1985. Polyamines in microorganisms [J]. Microbiological Reviews, 49: 81-99.

Thanh V H, Shibasaki K, 1976. Major proteins of soybean seeds. A straightforward fractionation and their characterization [J]. Journal of Agricultural and Food Chemistry, 24 (6): 1117-1121.

Thomas S, Prabhu R, Balasubramanian K A, 2005. Surgical manipulation of the intestine and distant organ damage-protection by oral glutamine supplementation [J]. Surgery, 137: 48-55.

Toden S, Bird A R, Topping D L, et al, 2005. Resistant starch attenuates colonic DNA damage induced by higher dietary protein in rats [J]. Nutrition and Cancer, 51: 45-51.

Ushida K, Hoshi S, 2002. ^{13}C-NMR studies on lactate metabolism in a porcine gut microbial ecosystem [J]. Microbial Ecology in Health and Disease, 14: 242-247.

van der Waaij D, 1991. The microflora of the gut: recent findings and implications [J]. Digestive Diseases, 9: 36-48.

van der Wielen N, Moughan P J, Mensink M, 2017. Amino acid absorption in the large intestine of humans and porcine models [J]. Journal of Nutrition, 147: 1493-1498.

van Kol E M R, 2000. Organic acid application in feeds without antibiotics [J]. Feed Mix, 8: 15-19.

Varel V H, Yen J T, 1997. Microbial perspective on fiber utilization by swine [J]. Journal of Animal Science, 75: 2715-2722.

Wang J, Chen L, Li P, et al, 2008. Gene expression is altered in piglet small intestine by weaning and dietary glutamine supplementation [J]. Journal of Nutrition, 138: 1025-1032.

Wang W W, Zeng X F, Mao X B, et al, 2010. Optimal dietary true ileal digestible threonine for supporting the mucosal barrier in small intestine of weanling pigs [J]. Journal of Nutrition, 140: 981-986.

Wang X, Qiao S, Yin Y, et al, 2007. A deficiency or excess of dietary threonine reduces protein synthesis in jejunum and skeletal muscle of young pigs [J]. Journal of Nutrition, 137: 1442-1446.

Wang X Q, Zeng P L, Feng Y, et al, 2012. Effects of dietary lysine levels on apparent nutrient digestibility and cationic amino acid transporter mRNA abundance in the small intestine of finishing pigs, Sus scrofa [J]. Animal Science Journal, 83 (2): 148-155.

Wellock I J, Fortomaris P D, Houdijk J G M, et al, 2006. The effect of dietary protein supply on the performance and risk of post-weaning enteric disorders in newly weaned pigs [J]. Animal Science, 82: 327-335.

Wellock I J, Fortomaris P D, Houdijk J G M, et al, 2007. Effect of weaning age, protein nutrition and enterotoxigenic *Escherichia coli* challenge on the health of newly weaned piglets [J]. Livestock Science, 108: 102-105.

Wellock I J, Fortomaris P D, Houdijk J G M, et al, 2008. Effects of dietary protein supply, weaning age and experimental enterotoxigenic *Escherichia coli* infection on newly weaned pigs: health [J]. Animal, 2: 834-842.

Wellock I J, Houdijk J G M, Kyriazakis I, 2008a. Effects of dietary protein supply, weaning age and experimental enterotoxigenic *Escherichia coli* infection on newly weaned pigs: performance [J]. Animal, 2: 825-833.

Wells J E, Yen J T, Miller D N, 2005. Impact of dried skim milk in production diets on *Lactobacillus* and pathogenic bacterial shedding in growing-finishing swine [J]. Journal of Applied Microbiology, 99: 400-407.

Williams B A, Bosch M W, Awati A, et al, 2005. *In vitro* assessment of gastrointestinal tract (GIT) fermentation in pigs: fermentable substrates and microbial activity [J]. Animal Research, 54: 191-201.

Willing B P, van Kessel A G, 2009. Intestinal microbiota differentially affect brush border enzyme activity and gene expression in the neonatal gnotobiotic pig [J]. Journal of Animal Physiology and Animal Nutrition, 93: 586-595.

Wilson A D, Stokes C R, Bourne F J, 1989. Effect of age on absorption and immune responses to weaning or introduction of novel dietary antigens in pigs [J]. Research in Veterinary Science, 46 (2): 180-186.

Windey K, de Preter V, Verbeke K, 2012. Relevance of protein fermentation to gut health [J]. Molecular Nutrition and Food Research, 56: 184-196.

Wingler K, Müller C, Schmehl K, et al, 2000. Gastrointestinal glutathione peroxidase prevents transport of lipid hydroperoxides in CaCo-2 cells [J] . Gastroenterology, 119: 420-430.

Wu G, 1998. Intestinal mucosal amino acid catabolism [J] . Journal of Nutrition, 128: 1249-1252.

Wu G, Bazer F W, Davis T A, et al, 2007. Important roles for the arginine family of amino acids in swine nutrition and production [J] . Livestock Science, 112: 8-22.

Wu G, Fang Y Z, Yang S, et al, 2004c. Glutathione metabolism and its implications for health [J] . Journal of Nutrition, 134: 489-492.

Wu G, Jaeger L A, Bazer F W, et al, 2004a Arginine deficiency in preterm infants: biochemical mechanisms and nutritional implications [J] . Journal of Nutritional Biochemistry, 15: 442-451.

Wu G, Knabe D A, Kim S W, 2004b. Arginine nutrition in neonatal pigs [J] . Journal of Nutrition, 134: 2783-2790.

Wu G, Meier S A, Knabe D A, 1996. Dietary glutamine supplementation prevents jejunal atrophy in weaned pigs [J] . Journal of Nutrition, 126: 2578-2584.

Wu G, Morris S M, 1998. Arginine metabolism: nitric oxide and beyond [J] . Biochemical Journal, 336: 1-17.

Wünsche J, Hennig U, Meinl M, et al, 1982. The absorption and utilization of amino acids infused into the cecum of growing pigs. 1. Measurement of N-balance for utilization of lysine and isoleucine, isoleucine requirement for growing pigs [J] . Archives of Animal Nutrition, 32: 337-348.

Xu X, Wang X, Wu H, et al, 2018. Glycine relieves intestinal injury by maintaining mTOR signaling and suppressing AMPK, TLR4, and NOD signaling in weaned piglets after lipopolysaccharide challenge [J] . International Journal of Molecular Sciences, 19 (7): 1980.

Yamamoto T, Hinoi E, Fujita H, et al, 2012. The natural polyamines spermidine and spermine prevent bone loss through preferential disruption of osteoclastic activation in ovariectomized mice [J] . British Journal of Pharmacology, 166: 1084-1096.

Yue L Y, Qiao S Y, 2008. Effects of low-protein diets supplemented with crystalline amino acids on performance and intestinal development in piglets over the first 2 weeks after weaning [J] . Livestock Science, 115: 144-152.

Zebrowska T, Low A G, 1987. The influence of diets based on whole wheat, wheat flour and wheat bran on exocrine pancreatic secretion in pigs [J] . Journal of Nutrition, 117 (7): 1212-1216.

Zeng X F, Huang Z M, Zhang F R, et al, 2015. Oral administration of N-carbamylglutamate might improve growth performance and intestinal function of suckling piglets [J] . Livestock Science, 181: 242-248.

Zhan Z, Ou D, Piao X, et al, 2008. Dietary arginine supplementation affects microvascular development in the small intestine of early-weaned pigs [J] . Journal of Nutrition, 138: 1304-1309.

Zhang F R, Zeng X F, Yang F, et al, 2013a. Dietary N-carbamylglutamate supplementation boosts intestinal mucosal immunity in *Escherichia coli* challenged piglets [J] . PLoS ONE, 8: e66280.

Zhang G J, Song Q L, Xie C Y, et al, 2012. Estimation of the ideal standardized ileal digestible tryptophan to lysine ratio for growing pigs fed low crude protein diets supplemented with crystalline amino acids [J] . Livestock Science, 149: 260-266.

Zhang G J, Xie C Y, Thacker P A, et al, 2013b. Estimation of the ideal ratio of standardized ileal digestible threonine to lysine for growing pigs (22-50kg) fed low crude protein diets supplemented with crystalline amino acids [J] . Animal Feed Science and Technology, 180: 83-91.

Zhang S H, Qiao S Y, Ren M, 2013c. Supplementation with branched-chain amino acids to a low-protein diet regulates intestinal expression of amino acid and peptide transporters in weanling pigs [J] . Amino Acids, 45: 1191-1205.

Zhou L P, Fang L D, Sun Y, et al, 2016. Effects of the dietary protein level on the microbial composition and metabolomic profile in the hindgut of the pig [J] . Anaerobe, 38: 61-69.

Zhang S, Ren M, Zeng X, et al, 2014. Leucine stimulates ASCT2 amino acid transporter expression in porcine jejunal epithelial cell line (IPEC-J2) through PI3K/Akt/mTOR and ERK signaling pathways [J] . Amino Acids, 46: 2633-2642.

第五章 猪低蛋白质日粮与生产性能

广义的生产性能包括猪的生长性能（生长速度、采食量、饲料转化效率）、产肉性能（胴体性状、肉品质）和繁殖性能（产仔性能、泌乳性能等）。日粮蛋白质水平与猪生产性能之间的关系一直是研究者和生产者广泛关注的问题。本章总结了自低蛋白质日粮概念提出以来，日粮蛋白质水平对猪生长、繁殖、胴体品质和肉品质影响的研究资料，力求梳理出可实际应用的低蛋白质日粮与猪生产性能的关系，为理解和掌握猪低蛋白质日粮配制技术体系奠定基础。此外，本章还讨论了日粮蛋白质水平与猪热应激之间的关系，以期为实际生产中热应激条件下低蛋白质日粮的合理应用提供参考。

第一节 日粮蛋白质水平与氮利用和氮沉积

衡量猪对日粮氮或粗蛋白质利用的主要指标是氮在机体内的沉积。最大限度地利用日粮氮或粗蛋白质并将其沉积到瘦肉组织，一直是养猪生产者追求的目标。猪对日粮蛋白质的沉积有其自身的规律，与猪的遗传性能密切相关。氮的利用率和沉积是评价饲料蛋白质生物学效价的主要指标，几乎所有的研究都表明，猪对氮的利用与日粮蛋白质水平关系密切，日粮氮或粗蛋白质含量是影响氮利用效率的主要因素之一。

一、猪对日粮氮的沉积规律

养猪生产的本质是将日粮中摄入的营养物质转化为猪肉的过程。日粮组分与胴体组成之间存在一定的转换速率和沉积规律（Degreef 等，1994；Mohn 等，2000）。其中，瘦肉沉积是养猪生产者追求的目标，决定了养猪生产的效率。在养猪生产中，可以通过调整日粮蛋白质水平影响猪对氮素的利用效率，实现瘦肉的蛋白质沉积最大化。

一些学者和研究机构通过数学模型模拟了猪的体蛋白质沉积规律（Schinckel 和 de Lange，1996）。在数学模型中，包含一些常用的模型参数，如最高蛋白质沉积速率、体重阶段、体内脂肪和体蛋白质的比例、用于体成分沉积的能量和氨基酸需要量等（NRC，2012）。这些因子使模型更为灵活，可以推测猪氮素沉积曲线的变化。研究表明，在 50kg 体重之前，猪的蛋白质沉积速率有明显上升趋势；当体重增长至 50～80kg 后，育肥猪蛋白质沉积速率则趋于平稳（NRC，1998）。因此，在确定猪最佳屠宰体重和出栏时间的时候，应选择在其满足最大化蛋白质沉积的日期范围之后（NRC，2012），尽可能发挥猪的最大遗传潜力。然而，试验所处的环境因子是否会限制猪的最大氮沉积量较难判定，在目前可供参考的数学模型中，仅将环境温度和饲养面积作为评估因子进行考虑（NRC，2012）。

建立猪的体蛋白质沉积曲线后，可以观察猪从出生到出栏整个生长周期氮素的沉积变化规律（Thompson等，1996）。为了反映不同品种和不同生长阶段猪之间的氮沉积效率之间的差异，一些文献依据无脂瘦肉增重作为评价指标进行总结和分析。美国国家猪肉生产商委员会（National Pork Producer Council，NPPC，1994）为胴体无脂瘦肉的估测提供了一个比较合理的预测方程。NRC（1998）进一步将猪的瘦肉生长曲线转化为体蛋白质的沉积曲线，推导出每100g的体蛋白质沉积相当于225g的无脂瘦肉增重。另外，在NRC（1998）模型的基础上，总结近20年的相关文献之后，NRC（2012）也绘制了猪的体蛋白质沉积曲线。图5-1和图5-2显示了NRC（1998）与NRC（2012）发布的高-中瘦肉生长型生长育肥猪体蛋白质的沉积曲线。从这两个图可以看出，经过近15年的发展，猪的体蛋白质沉积量明显增加，当体重为50～80kg时，体蛋白质沉积量下降趋势减缓。

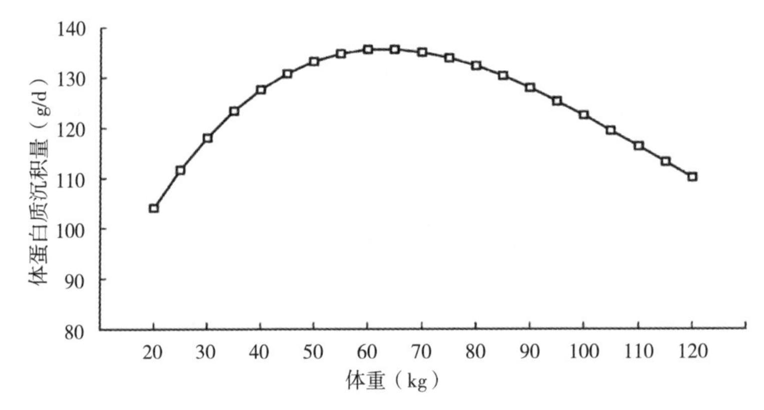

图5-1　高-中瘦肉生长型20～120kg猪体蛋白质沉积曲线
（资料来源：NRC，1998）

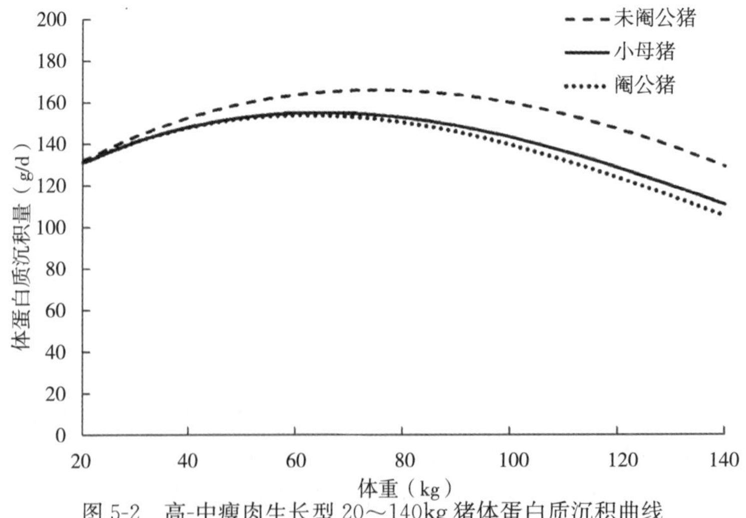

图5-2　高-中瘦肉生长型20～140kg猪体蛋白质沉积曲线
（资料来源：NRC，2012）

不同性别因子也可以影响猪的体蛋白质沉积效率（Thompson 等，1996；Unruh 等，1996）。研究表明，未阉公猪的体蛋白质沉积速率最高，小母猪次之，阉公猪的体蛋白质沉积效率最低。在生长育肥猪阶段，阉公猪和小母猪的体蛋白质沉积速率的差距在 5%左右（Moughan 和 Verstegen，1988；Thompson 等，1996）。未阉公猪和母猪的蛋白质沉积速度从 30kg 开始出现差异，随着体重的升高，差距逐渐拉大。阉公猪出现体蛋白质沉积速率下降时的体重时间较小母猪更早（Thompson 等，1996）。

二、日粮蛋白质水平与氮的沉积效率

猪对日粮氮或粗蛋白质的利用效率受到日粮蛋白质水平的影响，氮排放的数量与日粮蛋白质的利用效率密切相关。过高的日粮蛋白质含量加剧了内脏的代谢负担，而未消化的蛋白质不能被机体利用，由此产生的营养性排泄对环境保护造成了很大压力。因此，提高日粮蛋白质的利用效率极为关键，其中最为有效的方法是通过添加合成氨基酸的方法替代部分日粮蛋白质原料，从源头减少氮的摄入量，在不影响猪生长的前提下，提高猪的氮沉积效率。

氮平衡试验是目前评价猪对日粮氮或粗蛋白质沉积和利用效率的主要方法。岳隆耀（2010）测定了不同日粮蛋白质水平补充合成氨基酸对断奶仔猪（初始平均体重为 6.8kg）氮排放量的影响，日粮蛋白质水平分别为 23.1%、21.2%、18.9%和 17.2%，试验期 14d，其中适应期 9d、正式收集粪尿期为 5d。结果发现，与 23.1%日粮粗蛋白质组相比，蛋白质水平降至 18.9%时，氮的摄入量降低了 3.9g/d，粪氮排放量降低了 0.2g/d，尿氮排放量降低了 1.9g/d，氮沉积量降低了 1.6g/d，氮沉积效率提高 5.7%。然而，当日粮蛋白质水平由 18.9%进一步降至 17.2%时，氮的沉积效率降低了 3 个百分点。上述研究结果表明，适度降低日粮蛋白质水平（4 个百分点）可以提高断奶仔猪对日粮氮的沉积效率，当蛋白质水平进一步降低至 17%时（6 个百分点），氮的摄入量可能不足以满足仔猪的营养需要，导致氮的沉积效率下降。

猪对氮的利用效率与遗传性能有关，而猪体重在 60kg 左右时体蛋白质的沉积效率最高（图 5-1 和图 5-2）。目前认为，可以此体重来划分猪的生长期和育肥期。因此，在研究生长育肥猪对日粮氮的沉积效率时，一般应至少设计 2 个不同生长阶段的试验进行探讨。张桂杰（2011）和楚丽翠（2012）分别研究了降低日粮蛋白质水平对生长猪（初始平均体重为 23.1kg）和育肥猪（初始平均体重为 75.4kg）氮沉积效率的影响。在生长猪上的试验结果表明，当日粮蛋白质水平由 18.3%降至 14.5%时，氮的摄入量降低了 8.7g/d，粪氮排放量降低了 2.6g/d，尿氮排放量降低了 5.8g/d，氮沉积量降低了 0.3g/d，相应的氮沉积效率比高蛋白质日粮组提高了 10.9%（表 5-2）。在育肥猪上的试验结果显示，相较于 14.5%蛋白质水平组，2 个低蛋白质日粮组（10%CP＋Ala 和 10%CP＋Leu）育肥猪氮的摄入量分别降低了 17.47g/d 和 17.05g/d，粪氮排放量分别降低了 0.52g/d 和 0.85g/d，尿氮排放量分别降低了 13.66g/d 和 16.91g/d，低蛋白质组 10%＋Ala 氮沉积量 10%＋Ala 降低了 3.3g/d、10%＋Leu 增加了 0.71g/d，相应的氮沉积效率分别比高蛋白质日粮组提高 9.25%和 18.93%。表明，与正常蛋白质日粮（14.5%CP）相比，在低蛋白质日粮中添加合成氨基酸，提高了氮的利用率；而继续添加少量亮氨酸时，进一步提高了氮的利用效率。因此，结合猪不同生长阶段试验发现，当日粮蛋白质水平在适度范围内降低，并合理补充晶体氨基酸时，猪总氮和尿氮的排放量显著下降，粪氮排放量下降幅度较低，这说明总氮排放量的降低主要是来源于尿氮排放量的下降，低蛋白质日粮的氮利用效率得到提高。

表 5-1　低氮排放日粮对生长猪氮排放的影响

项　目	对照组（18.3% CP）	低氮排放日粮（14.5% CP）	SEM	P 值
摄入氮量（g/d）	47.45	38.74	0.14	0.04
粪氮排放量（g/d）	8.71	6.14	0.35	0.03
尿氮排放量（g/d）	13.89	8.08	0.73	0.02
总氮排放量（g/d）	22.61	14.23	0.69	0.02
氮沉积量（g/d）	24.85	24.51	0.37	0.19
氮沉积放率（%）	52.37	63.27	0.16	0.03
氮消化率（%）	81.64	84.15	0.84	0.04
血清尿素氮（mmol/L）	5.62	3.66	0.09	0.03

资料来源：张桂杰（2011）。

表 5-2　低蛋白质日粮对成年育肥猪氮平衡的影响

项　目	14.5%CP（14.67% CP）	10%CP＋Ala（10.12% CP）	10%CP＋Leu（10.23% CP）	SEM	P 值
氮摄入量（g/d）	56.34^{a}	38.87^{b}	39.29^{b}	2.45	＜0.01
尿氮排放量（g/d）	28.74^{a}	15.08^{b}	11.83^{b}	1.08	＜0.01
粪氮排放量（g/d）	5.37	4.85	4.52	0.56	0.59
氮排出量（g/d）	34.11^{a}	19.93^{b}	16.35^{b}	1.17	＜0.01
氮沉积量（g/d）	22.24^{ab}	18.94^{b}	22.95^{a}	1.17	0.04
氮沉积放率（%）	39.47^{c}	48.72^{b}	58.40^{a}	2.38	＜0.01
血清尿素氮（mmol/L）	4.25^{a}	2.99^{b}	2.46^{b}	0.46	＜0.01

注：同行上标不同小写字母表示差异显著（$P<0.05$），相同小写字母表示差异不显著（$P>0.05$）。

资料来源：楚丽翠（2012）。

血清尿素氮水平的变化被证明与机体氮利用效率关系密切。血清尿素氮是动物体内蛋白质、氨基酸代谢的终产物，通过鸟氨酸循环合成，其含量与体内氮沉积效率、蛋白质或氨基酸利用率呈显著负相关，可以较为准确地反映动物体内蛋白质氨基酸代谢的平衡状况（Ma 等，2015）。当日粮蛋白质组成越接近于理想蛋白质时，血清尿素氮的含量就越低。张桂杰（2011）和楚丽翠（2012）也发现，补充合成氨基酸的低蛋白质日粮组猪的血清尿素氮含量显著低于高蛋白质日粮组（表 5-1 和表 5-2）。目前，围绕日粮蛋白质降低对血清尿素氮的影响已开展了大量研究（Zhang 等，2013a；Xie 等 2014；Ma 等，2015），血清尿素氮被认为是目前快速、高效地评价猪氮沉积效率的检测指标之一。

第二节 日粮蛋白质水平与猪的生长性能

在确定猪适宜的日粮蛋白质水平时，通常使用体蛋白质沉积速率或生长速度作为评价指标。一般来讲，前者要求的日粮蛋白质含量更高（Ma 等，2015）。生长速度对日粮蛋白质水平的反应更加敏感。研究表明，猪对日粮蛋白质数量具有一定的耐受度，在一定范围内适度降低日粮的粗蛋白质水平，在降低氮排放和节约日粮成本的基础上，不影响猪的正常生长性能（Kerr 等，1995）。

在降低日粮的粗蛋白质含量时，工业氨基酸的补充必不可少。一些研究认为，在补充适宜水平的氨基酸后，日粮蛋白质水平降低 2～3 个百分点，对不同阶段猪的生产性能无负面影响（Russell 等，1983；Tuitoek 等，1997a）。另外一些报道中，猪日粮蛋白质含量降低超过 3 个百分点时，仍然不会对平均日增重和饲料转化效率产生不利影响（Russell 等，1987；Hahn 等，1995；Kerr 等，2003）；而进一步降低日粮蛋白质水平时，不同试验结果差异较大。

一、日粮蛋白质水平与断奶仔猪生长性能

由母乳向植物性饲料的转变是仔猪断奶期间受到的最大应激。大量研究表明，植物性蛋白质原料会造成仔猪过敏反应，日粮中植物蛋白质含量越高，过敏反应的程度就越大。目前的研究已充分表明，大豆球蛋白（glycinin）、β-伴大豆球蛋白（β-conglycinin）和花生蛋白质都会引起断奶仔猪的过敏反应。降低日粮蛋白质水平和日粮中豆粕的用量，不仅可减轻日粮抗原过敏反应，还可缓解机体内环境对高含量蛋白质的代谢负担，有效降低日粮应激，减少有害微生物的定植。目前，降低日粮蛋白质水平是有效降低断奶仔猪腹泻发生率的有效手段。

在仔猪断奶阶段，降低日粮的蛋白质水平时，关键必需氨基酸的补充极为重要。王旭（2006）研究发现，断奶仔猪肠道黏膜蛋白和黏液蛋白合成均受到日粮苏氨酸水平的调控。苏氨酸还可缓解大肠埃希菌 $K88^+$ 感染造成的肠绒毛损伤，并可通过 Th2 细胞途径显著提高大肠埃希菌 $K88^+$ 感染断奶仔猪的肠道道黏膜免疫功能。王薇薇（2008）研究证实，日粮中苏氨酸可通过影响小肠黏膜形态、黏膜上皮细胞通透性和细胞凋亡，进而影响小肠上皮细胞的屏障功能。此外，苏氨酸还可调节断奶仔猪肠道黏液蛋白的基因表达，改变黏液蛋白的类型，从而影响小肠黏液屏障功能。任曼（2014）研究证实，断奶仔猪日粮粗蛋白质水平为 17%时，补充支链氨基酸可增加小肠免疫球蛋白和防御素的表达，提高肠道免疫屏障功能，最终提高仔猪的生长性能；补充异亮氨酸可刺激肠上皮细胞防御素的表达，提高断奶仔猪小肠免疫防御能力，降低大肠埃希菌的感染和引起的炎症反应。张世海（2016）认为，低蛋白质日粮（17.5%）中补充异亮氨酸可以促进仔猪肠道和肌肉中葡萄糖转运载体的表达。

Nyachoti 等（2006）发现，将日粮蛋白质水平由 23%下降为 17%，补充适宜比例的合成氨基酸时，有助于降低仔猪回肠的 pH，且对生产性能无显著影响，直至日粮蛋

白质水平降低约 6 个百分点时，仔猪生长才受到抑制。

岳隆耀（2010）的研究结果显示，当断奶仔猪日粮蛋白质水平由 23.1%降至 18.9%时，在补充必需氨基酸的基础上，可以显著提高仔猪对日粮氮的沉积效率，同时生长性能与高蛋白质组仔猪无明显差异；然而当日粮蛋白质水平进一步降低至 17.2%时，日粮氮的沉积效率出现一定程度的下降，生长性能也明显低于对照组，进一步补充支链氨基酸和谷氨酰胺等必需氨基酸或非必需氨基酸时，仍然不能获得与高蛋白质组仔猪一样的生长性能，这与一些报道的结果一致（Zhang 等，2013b；Ren 等，2014）。造成这一结果的原因可能是当日粮蛋白质水平过低时，仅依靠添加氨基酸不能完全弥补仔猪氮摄入量的不足。许多其他的研究也发现，过度降低断奶仔猪的日粮蛋白质水平，会导致其生长性能明显下降。例如，Brudevold 和 Southern（1994）研究发现，将 10～20kg 仔猪的日粮蛋白质水平由近 22%降至 12%时，仔猪日增重降低 10%～30%。

近年来日粮蛋白质水平降低的幅度与断奶仔猪生长性能关系的研究资料见表 5-3。从表 5-3 中可以看出，不同研究者的试验结果差异很大。造成这种差异的影响因素有很多，可能与饲养环境、包括蛋白质来源在内的日粮结构、断奶日龄与体重、日粮氨基酸的平衡程度等都有关系。从目前的研究看来，21 日龄或更早日龄仔猪断奶时，日粮蛋白质水平不宜低于 18%。虽然很多试验都发现，20%以上的日粮蛋白质可提高早期断奶仔猪的生长性能，但已如第一章所阐述，绝大部分试验都发现，氨基酸平衡的低蛋白质日粮可改善断奶仔猪的肠道健康。今后需要有更多从断奶到育肥的全程试验研究。

表 5-3　日粮蛋白质降低水平对断奶仔猪生长性能的影响

蛋白质降低水平（%）	体重（kg）	生长性能变化百分比*（%）			资料来源
		平均日增重	平均日采食量	饲料转化效率	
1.70（23.00～21.30）	6.8～10.5	3.38	3.64	−0.74	Yue 和 Qiao（2008）
2.00（23.00～21.00）	6.2～12.6	−3.69	−1.14	3.08	Nyachoti 等（2006）
2.00（20.40～18.40）	12～27	4.39	2.12	−3.08	le Bellego 等（2002）
3.00（18.00～15.00）	14.2～27.3	0.62	1.66	0.01	Jin 等（1998）
3.05（20.90～17.85）	8～12	−5.61	4.64	10.74	Ren 等（2014）
3.80（20.90～17.10）	8～12	−5.61	−4.64	10.74	Zhang 等（2013a）
4.00（19.00～15.00）	8.6～21.1	−11.90	6.94	20.83	Kerr 等（1995）
5.70（19.20～13.50）	8.8～18.5	−1.99	3.67	5.78	Mavromichalis 等（1998）
4.80（17.40～12.60）	10～20	−6.67	5.74	−11.86	Gloaguen 等（2014）
5.50（22.40～16.90）	12～27	3.27	9.28	−5.97	le Bellego 和 Noblet（2002）
5.70（19.20～13.50）	9.0～19.1	−11.37	−1.01	11.73	Mavromichalis 等（1998）
5.70（19.20～13.50）	8.9～18.7	2.44	9.28	6.67	Mavromichalis 等（1998）
6.00（23.00～17.00）	6.2～12.6	−34.28	−21.59	19.25	Nyachoti 等（2006）
7.37（19.37～12.0）	10～20	2.04	1.92	−0.12	Brudevold 和 Southern（1994）
9.54（21.54～12.0）	10～20	−30.00	−5.88	34.31	Brudevold 和 Southern（1994）
9.81（21.81～12.0）	10～20	−10.53	9.62	22.47	Brudevold 和 Southern（1994）

注：* 生长性能变化百分比（%）＝（低蛋白质组生长性能－对照组生长性能）/对照组生长性能。

二、低蛋白质日粮与生长猪生长性能

有研究表明，在20～50kg这一生长阶段，当日粮蛋白质水平降低3.6个百分点并且添加合成氨基酸后，猪的生长没有受到影响（Tuitoek等，1997a）。le Bellego等（2002）的研究表明，日粮蛋白质水平降低3.9个百分点时，添加赖氨酸、蛋氨酸、苏氨酸、色氨酸、缬氨酸和异亮氨酸的低蛋白质日粮能够提高27～64kg生长猪的平均日增重。Figueroa等（2002）也证实了这一点，即日粮蛋白质水平降低4个百分点时，猪的生长性能与对照组相比差异不显著；而日粮蛋白质水平降低约5个百分点时，猪的生长性能有下降趋势（Figueroa等，2003）。

近年来日粮蛋白质降低水平对生长猪（20～60kg）生长性能影响的研究文献总结情况见表5-4。从表5-4中可以发现，当生长猪日粮蛋白质水平降低至14%、降低幅度小于4个百分点时，生长猪的平均日增重、平均日采食量和饲料转化效率受影响的程度很小。部分研究结果显示，在添加适当种类和数量的合成氨基酸后，生长猪的生长性能还有所提高（Shriver等，1999；le Bellego等，2002；Zhang等，2013b）。当生长猪日粮蛋白质水平降至14%以下、降低幅度大于4个百分点时，大部分研究结果显示，生长猪的生长性能明显或比较明显地下降。目前，在比较相关研究文献时差异较大，原因也比较复杂，主要与所采用的能量体系、补充氨基酸的种类与数量有关，也与是否将补充氨基酸本身的粗蛋白质含量计算在内有关。一般来说，日粮蛋白质水平降低幅度越大，合成氨基酸的添加量也越多。

表5-4 日粮蛋白质降低水平对生长猪生长性能的影响

蛋白质降低水平（%）	体重（kg）	生长性能变化百分比*（%）			资料来源
		平均日增重	平均日采食量	饲料转化效率	
2.90（17.20～14.30）	23～60	−1.35	1.42	−2.73	Madrid等（2013）
3.50（20.70～17.20）	25～41	−0.14	2.40	2.54	Kerr等（2003）
3.60（16.60～13.00）	20～55	−1.25	−1.04	0.21	Tuitoek等（1997a）
3.60（15.90～12.30）	31～54	−8.65	−1.40	8.89	Gómez等（2002）
3.90（20.10～16.20）	27～64	2.04	−5.12	−7.02	le Bellego等（2002）
3.90（20.10～16.20）	27～64	2.04	−2.13	−4.08	le Bellego等（2002）
4.00（18.00～14.00）	15～43	−0.38	1.44	1.49	鲁宁等（2011）
4.00（18.60～14.60）	20～50	1.02	−1.05	1.70	Zhang等（2013a）
4.00（17.00～13.00）	27～50	2.94	−14.00	−16.46	Shriver等（1999）
4.00（18.00～14.00）	30～68	−0.12	−3.69	3.71	Qiu等（2016）
4.10（16.30～12.20）	20～50	5.98	4.65	−1.26	Figueroa等（2002）
4.40（18.40～14.00）	23～51	−1.80	−2.02	0.00	易学武（2009）
4.50（20.10～15.60）	27～64	−0.19	−4.45	−4.27	le Bellego等（2002）
4.50（20.10～15.60）	27～64	−2.89	−0.21	2.77	le Bellego等（2002）
4.80（18.20～13.40）	20～50	−11.57	−4.62	−8.13	Powell等（2011）

（续）

蛋白质降低水平（%）	体重（kg）	生长性能变化百分比*（%）			资料来源
		平均日增重	平均日采食量	饲料转化效率	
5.20（20.50～15.30）	20～50	−3.97	19.57	24.52	Fabian 等（2002）
5.50（20.00～14.50）	24～40	−12.40	−4.73	8.76	Cromwell 等（1990）
5.50（17.10～11.60）	20～50	−14.49	−2.92	13.53	Figueroa 等（2003）
5.50（16.00～10.50）	20～50	−17.07	−12.64	5.34	Cervantes 和 Cromwell（1992）
6.00（18.00～12.00）	36～60	−25.11	−12.62	−14.57	He 等（2016）
6.20（16.30～10.10）	20～50	−23.67	−5.58	23.70	Figueroa 等（2002）
6.70（14.50～7.80）	37～62	−30.51	−2.33	40.55	Kerr 等（2006）
7.90（20.50～12.60）	20～50	−12.05	26.36	43.69	Fabian 等（2002）

注：* 生长性能变化百分比（%）＝（低蛋白质组生长性能－对照组生长性能）/对照组生长性能。

从目前已有的文献报道和生产实践经验来看，在补充赖氨酸、苏氨酸、蛋氨酸、色氨酸和缬氨酸的情况下，20～50kg 体重阶段生长猪的日粮粗蛋白质水平可降至 14%。也有一些研究认为，猪在生长育肥期间存在补偿生长效应，当日粮蛋白质水平较低引起的生长猪短期生长性能的下降可以在育肥阶段得到弥补。如果考虑到这一因素，生长猪日粮蛋白质水平还可进一步降低。

对 50～75kg 阶段生长猪的研究资料比较少，也难以从有些体重阶段交叉的试验中加以剥离。Portejoie 等（2004）研究发现，将日粮蛋白质水平从 19.5%降至 15.5%、再从 15.5%降至 11.2%时，50～70kg 生长猪的平均日增重、采食量和饲料转化效率都没有受到影响。Kerr（2003）在猪 58.8～82.3kg 的体重阶段也得到了相似的结果，发现高蛋白质日粮组和低蛋白质日粮组猪的生长性能没有显著差异。

三、低蛋白质日粮与育肥猪生长性能

Knowles 等（1998）的研究结果表明，当日粮蛋白质水平降低 3.5～4 个百分点时，74～117kg 育肥猪的平均日增重、平均日采食量和饲转化效率不受影响。Galassi 等（2010）报道，将日粮蛋白质水平由 12.2%降到 9.8%时，80～170kg 育肥猪的日增重提高了 1.41%。朱立鑫（2009）将日粮蛋白质水平由 13.2%降至 9.2%时，80～110kg 育肥猪的日增重提高了 3.52%，饲料转化效率提高了 9.7%。Gallo 等（2014）将日粮蛋白质水平由 13.3%降至 10.8%时，在合理补充合成氨基酸的前提下，不影响 130～165kg 育肥猪的生产性能。

近年来日粮蛋白质降低水平对育肥猪生长性能影响的研究文献总结情况见表 5-5。从表 5-5 中可以看出，将 70kg 体重以上的育肥猪日粮蛋白质水平降低至 10%，降低的幅度与 NRC（1998）对日粮蛋白质的推荐量相比不大于 4 个百分点时，育肥猪在生长性能上受到的影响很小。从表 5-5 也可以看出，不同研究者的试验结果仍有差异。其原因与上述断奶仔猪和生长猪的情况相似，即所采用的有效能体系、补充氨基酸的种类与数量、是否将补充氨基酸本身的粗蛋白质含量计算在内等因素都会影响试验结果。

表 5-5 日粮蛋白质降低水平对育肥猪生长性能的影响

蛋白质降低水平（%）	体重（kg）	生长性能变化百分比（%）			资料来源
		平均日增重	平均日采食量	饲料转化效率	
2.00（14.00～12.00）	105～155	10.49	2.66	−7.09	Kerr 等（2006）
2.20（15.70～13.50）	58～82	0.84	1.43	0.58	Kerr 等（2003）
2.00（14.00～12.00）	90～113	0.58	2.20	−1.62	Qin 等（2015）
2.40（12.20～9.80）	80～170	1.41	2.27	1.71	Galassi 等（2010）
2.90（14.30～11.40）	55～110	0.57	0.51	0.06	Myer 等（1996）
3.20（15.00～11.80）	55～110	1.72	−1.39	−3.06	Myer 等（1996）
3.50（13.50～10.00）	90～120	2.52	2.02	3.00	Ma 等（2015）
3.60（15.60～12.00）	70～100	7.81	9.12	−1.50	Xie 等（2013）
3.80（15.50～11.70）	70～110	−2.06	2.78	4.94	Knowles 等（1998）
4.00（19.50～15.50）	50～70	0.03	0.00	−0.06	Portejoie 等（2004）
4.01（13.23～9.22）	80～110	3.52	−6.18	−9.76	朱立鑫（2009）
4.20（17.50～13.30）	64～100	−8.49	−10.57	−2.26	le Bellego 等（2002）
4.47（16.06～11.59）	60～80	9.62	−1.64	−9.00	朱立鑫（2009）
4.50（16.00～11.50）	82～110	−6.10	−1.02	5.40	Kerr 等（2003）
4.80（16.00～11.20）	70～95	1.74	−2.52	−0.64	易学武（2009）
5.00（23.00～18.00）	73～108	15.19	4.52	−9.26	Cromwell 等（1990）
6.00（16.00～10.00）	62～100	−18.89	−9.64	−10.45	He 等（2016）
8.30（19.50～11.20）	50～70	−0.04	0.00	0.01	Portejoie 等（2004）

一般认为，育肥猪采食量较生长前期更高，因此对日粮蛋白质水平的耐受范围也相应增加。当日粮蛋白质或氨基酸的含量差异较大时，育肥猪可以通过调控采食量的方式来保证机体对营养素的摄入浓度。Ma 等（2015）研究了日粮补充合成氨基酸对育肥后期 90～120kg 猪生长性能的影响时发现，由于合成氨基酸补充数量的差异，在相同低蛋白质日粮（粗蛋白质含量为 10.1%）水平下，5 个不同氨基酸添加量的低蛋白质日粮组育肥猪的生长性能差异较大，其中与最佳生长性能组相比，最低生长性能组平均日采食量、平均日增重和饲料转化效率的差距分别为 6%、8%和 14%。Ma 等（2015）的试验表明，在探讨育肥猪日粮蛋白质的可降低范围时，需要保证日粮氨基酸的平衡，否则可能会造成生长性能的较大差异，进而影响育肥猪日粮蛋白质需要量的评定结果。因此，引起表 5-5 结果差异的原因可能是在这些研究中，试验日粮（包括高蛋白质和低蛋白质日粮）的配制主要参照了权威机构发布的理想蛋白质氨基酸模式，这些模式主要基于数学模型推导所得，基础数据多来自权威机构推荐的较高日粮粗蛋白质水平条件下的试验结果。然而，在配制低蛋白质日粮时，需要补充大量合成氨基酸以替代部分蛋白质原料，这种日粮氨基酸来源的较大变化可能会引起猪对氨基酸利用效率及理想蛋白质氨基酸模式的变化。

谢春元（2013）、马文锋（2015）和刘绪同（2016）以 60～90kg 和 90～120kg 育肥猪为研究对象，系统评价了低蛋白质日粮条件下的可消化赖氨酸、苏氨酸、色氨酸、含硫氨基酸和缬氨酸之间的平衡关系。在获得基于低蛋白质日粮条件下的氨基酸平衡模式后，评估了60～90kg和90～120kg育肥猪的日粮蛋白质水平应分别不低于10.5%和9%，同时探讨了低蛋白质日粮氨基酸平衡性对育肥猪生长性能的影响，进一步验证了所建立的上述5个限制性氨基酸的平衡模式。谢春元（2013）选用平均初始体重的69.3kg去势公猪为研究对象，试验日粮包括1个高蛋白质氨基酸平衡日粮（粗蛋白质含量为13.9%）、1个低蛋白质氨基酸平衡日粮和3个低蛋白质氨基酸不平衡日粮（粗蛋白质含量为10.2%），其中氨基酸平衡组可消化苏氨酸、含硫氨基酸和色氨酸与赖氨酸的比值分别为0.67、0.60和0.20；在此基础上，其余3组苏氨酸、含硫氨基酸和色氨酸与赖氨酸的比值分别降低10%。结果显示，低色氨酸组的育肥猪平均日增重和平均日采食量均显著下降，低苏氨酸和低含硫氨基酸组育肥猪的生产性能与高蛋白质组无显著差异。这些研究结果提示，色氨酸可能是育肥猪低蛋白质日粮的第二限制性氨基酸。马文锋（2015）选择初始体重为93.8kg的杜洛克×长白×大白三元较健康小母猪为研究对象，试验日粮包括1个高蛋白质氨基酸平衡日粮（粗蛋白质含量为13.6%）、1个低蛋白质氨基酸不平衡日粮和3个低蛋白质氨基酸平衡日粮（粗蛋白质含量为10.5%）。1低蛋白质氨基酸不平衡日粮组仅满足育肥猪赖氨酸、苏氨酸和含硫氨基酸需要量，3个低蛋白质氨基酸平衡日粮组则进一步分别逐级补充色氨酸、缬氨酸和异亮氨酸。结果显示，低蛋白质基础日粮中添加色氨酸和缬氨酸组育肥猪获得最佳平均日增重。关于低蛋白质日粮中氨基酸之间的平衡关系将在本书第六章中详细讨论。

第三节　日粮蛋白质水平与脂质代谢和胴体品质

许多试验研究表明，降低日粮蛋白质水平可能影响动物机体的脂质代谢状态（Canh等，1998；Figueroa等，2002；Zervas和Zijlstra，2002）。因为低蛋白质日粮的使用可以减少动物能量损失，减少多余氨基酸的脱氨基作用、尿素的连续合成和排泄所需要的能量，降低体蛋白质周转和动物产热，使能量在体内的利用效率增加（Kerr等，1995；Figueroa等，2003）。因此，以消化能和代谢能为有效能体系配制低蛋白质日粮时，不能对上述代谢过程作出合理估计，使多余的能量以脂肪形式沉积下来，胴体变肥，这是2005年以前开展低蛋白质日粮研究所遇到的共同问题。

蛋白质沉积和能量代谢是相伴而行的。在日粮中无限制生长的额外因子时，猪未达到体蛋白质沉积最大速率之前，机体的蛋白质沉积速率与能量摄入量呈线性关系（Campbell和Tavemer，1988；Quiniou等，1996）。但不同基因型猪种之间，沉积单位蛋白质的能量需求存在较大差距（Unruh等，1996）。当日粮中的能量不能满足体蛋白质沉积需要时，猪的生长性能就受到明显抑制，仅有的能量摄入被优先用于机体蛋白质的沉积，直至体蛋白质沉积和体内脂肪沉积形成平衡状态时才趋于缓和（Quinious和Noblet，1995）。而日粮能量水平过高时，多余的能量就以脂肪的形式沉积下来。以大白×长白公猪为例，由于对高瘦肉率的定向改良，在其体重达到90～100kg之后，自由采食也不能满足其体蛋白质最大沉积的能量需要，因此也限制了猪对日粮蛋白质的利用。另外一些猪种，如大白×皮特兰公猪，在能量摄入比较低的前提下即可满足其蛋白质沉积的最大化，多余的能量极易使胴体增肥。因此，在研究不同基因型猪的日粮蛋白质水平与脂肪沉积的关系时，更多的是为找寻适宜的日粮蛋白质水平与能量的比值（Bikker 等，1995）。

一、日粮蛋白质水平与脂质代谢

（一）猪肌内脂肪沉积规律

提高肌内脂肪含量是近年来瘦肉型猪育种的目标之一，也是养猪生产者追求的目标之一。脂肪沉积是能量贮存的主要方式，动物的体内脂肪沉积是脂肪酸合成、分解和转运的一种平衡状态。研究发现，脂肪前体细胞数量在猪出生时已基本固定，到了幼龄时期主要以脂肪细胞的分裂增长为主（田志梅等，2017），到生长后期变为以脂肪细胞体积的膨大为主，从而共同构成了猪脂肪组织的增长。

猪的皮下脂肪主要成分为甘油三酯、胆固醇、甘油二酯、甘油一酯和游离脂肪酸等，而肌内脂肪主要由肌内脂肪组织和肌纤维中的脂肪组成。近年来遗传育种向瘦肉型的定向改良，使得猪的肌内脂肪含量逐渐降低。遗传、环境及日粮养分含量和组成等许多因素都影响猪肌内脂肪的沉积。一些研究发现，降低日粮蛋白质水平可以影响肉的风味和多汁性，同时提高肌内脂肪含量（Wood 等，2004；吴超等，2009）。生产者期望在不增加皮下脂肪含量的含量基础上，适度提高肌内脂肪含量。

然而，肌内脂肪沉积是一个复杂的生理过程，受到多种代谢酶类及肌肉生长相关基因的调节，如过氧化物酶体增殖物激活受体 γ（peroxisome proliferator activated receptor gamma，*PPARγ*），过氧化物酶体增殖物激活受体 α（peroxisome proliferator activated receptor alpha，*PPARα*），脂肪酸合成酶（fatty acid synthetase，*FAS*），胆固醇调节元件结合蛋白（sterol regulatory element binding protein，*SREBP*），脂肪酸结合蛋白（fatty acid binding protein，*FABP*），肉毒碱棕榈酰转移酶（carnitine palmityl transferase，*CPT*），硬脂酰辅酶 A 去饱和酶（stearoyl-CoA desaturase，*SCD*），乙酰辅酶 A 羧化酶（acetyL-CoA carboxylase，*ACC*）等。脂肪沉积相关基因的表达具有组织特异性，与皮下脂肪相比，肌内脂肪细胞中脂质代谢相关基因 mRNA 表达水平相对较低（章杰和李学伟，2015）。

一些研究表明，降低日粮蛋白质水平，可以提高猪肌内脂肪合成相关基因（*ACC*、*FAS*、*SREBP-1c*、*PPARα*）的表达，降低脂肪分解基因（激素敏感脂肪酶和 *CPT-1*）的表达，通过将纤维代谢性质由糖酵解转变为氧化过程，进而促进猪肌内脂肪的沉积。

（二）日粮蛋白质水平调控脂质代谢

Doran 等（2006）以杜洛克×长白×大白三元杂交公猪为研究对象发现，降低日粮的粗蛋白质和赖氨酸含量，可以提高猪的肌内脂肪含量及肌肉中 SCD 的表达量，但是对皮下脂肪组织 SCD 的表达无明显影响，这可能是由该脂肪合成酶的表达组织特异性决定的，同时提高了脂肪酸从头合成的能力。

田志梅等（2017）研究了长期饲喂不同蛋白质水平日粮对猪肉脂肪代谢相关基因表达的影响，试验选用初始平均体重为 9.5kg 的杜洛克×长白×大白三元杂交健康仔猪，分别于保育期、生长期和育肥期饲喂3种不同蛋白质水平的日粮，2个低蛋白质组的日粮粗蛋白质含量分别较高蛋白质组降低3个百分点和6个百分点。结果表明，日粮蛋白质水平降低6个百分点时，降低了肝脏脂质合成调节因子（SREBP、FAS和ACC）和脂质氧化调节因子（PPARα和CPT）的表达，提高了肝脏中脂质转运因子（PPARγ和FABP）的表达，说明长期饲喂极低蛋白质日粮抑制了肝脏脂肪酸的合成，日粮蛋白质水平降低3个百分点对肝脏脂质代谢无明显影响。

也有日粮蛋白质水平对不同基因型猪脂质代谢影响的报道。Madeira等（2013）选用初始体重为59.9kg的西班牙黑毛猪（脂肪型）和大白×长白×皮特兰三元杂交公猪（瘦肉型）为研究对象，分为3个组，即高蛋白质组、低蛋白质低赖氨酸组和低蛋白质高赖氨酸组，试验为2×3因子设计。结果发现，当日粮蛋白质水平由17.5%降至13.1%时，在赖氨酸缺乏的前提下，瘦肉型猪的肌内脂肪含量提高了25%；补充赖氨酸后，肌内脂肪含量与高蛋白质组无明显差异，但不同粗蛋白质与赖氨酸水平对西班牙黑毛猪（脂肪型）肌内脂肪含量无影响。Madeira等（2013）的研究显示，当通过降低日粮蛋白质水平来提高肌内脂肪含量时，瘦肉型猪比脂肪型猪更敏感；在降低日粮蛋白质水平的前提下，进一步降低日粮赖氨酸水平，更易提高瘦肉型猪的肌内脂肪含量。对脂质代谢相关基因表达的检测发现，对于瘦肉型猪来说，降低日粮蛋白质水平，可以上调脂肪形成酶SCD和转录因子PPARγ的表达，进而提高肌内脂肪的含量。

二、日粮蛋白质水平与胴体品质

猪体蛋白质的45%～60%沉积在瘦肉中，约15%沉积在内脏器官中（Bikker等，1995，1996）。猪胴体粗蛋白质的含量为17%～20%，脂肪含量约为8%，水分约占70%，其余部分则为灰分（Bikker等，1995，1996）。其中，瘦肉蛋白质和肌内脂肪含量是评价肉品质最具价值的指标（Hendriks和Moughan，1993）。研究认为，调整日粮中蛋白质与能量的比例关系，可以改善机体的蛋白质与脂肪沉积效率，改善胴体品质。

近年来随着遗传育种工作的有序进行，育肥猪的眼肌面积逐渐增大，背膘厚度逐渐变薄，瘦肉率逐渐提高，但是肌内脂肪含量有所减少（Wood等，2004）。Cromwell等（1996）的研究表明，通过补充合成氨基酸、日粮蛋白质降低4个百分点可使猪获得最佳的生产性能，但胴体瘦肉率降低，这与其之前的报道（Cromwell等，1990）相吻合。Tuitoek等（1997b）将日粮蛋白质水平降低4个百分点，并补充赖氨酸、苏氨酸、色氨酸、异亮氨酸和缬氨酸满足理想蛋白质氨基酸比例，发现饲喂低蛋白质日粮猪的胴体脂肪含量增加。Kerr等（1995）和Tuitoek等（1997b）的研究也证明，饲喂添加合成氨基酸的低蛋白质日粮时，猪的胴体出现增肥趋势。

然而，并非所有试验都检测到低蛋白质日粮对猪胴体品质的负面效应。Knowles等（1998）将日粮蛋白质水平由15.5%降至11.7%（降低了3.8个百分点）时发现，猪在110kg体重屠宰时对第10肋背膘厚、背最长肌面积和瘦肉率无负面影响。Kerr等（2003）也获得了相似的研究结果，日粮蛋白质水平降低4个百分点时，胴体品质与饲喂高蛋白质日粮猪相比无显著差异。Dean等（2007）研究了低蛋白质日粮补充赖氨酸、苏氨酸和色氨酸对育肥公猪的影响，推测支链氨基酸的缺乏也会造成胴体品质的变化。

Ma 等（2015）探讨了低蛋白质日粮对 90～120kg 猪胴体品质的影响，发现日粮蛋白质水平由 13.5%低至 10%（降低 3.5 个百分点）时，高剂量的赖氨酸水平可以线性地提高育肥小母猪的眼肌面积，有效缓解胴体品质的下降趋势。Gallo 等（2014）也选用平均体重为 90kg 的育肥猪为研究对象，试验包含了 2 个生长时期（90～130kg 和 130～165kg），每个体重阶段的日粮蛋白质水平降低约 3 个百分点，在补充合成氨基酸的前提下，育肥猪的胴体品质无明显变化。从目前的研究文献看来，在日粮蛋白质水平降低幅度不超过 NRC（1998）推荐量 4 个百分点的情况下，对育肥猪胴体品质的影响很小。

近年来有关日粮蛋白质水平与生长育肥猪胴体品质关系的文献报道总结情况见表 5-6。从表 5-6 中可以看出，不同研究者的试验结果有较大差异，同一研究者不同批次的试验结果也有差异。这与日粮氨基酸的平衡程度有关，更与配制低蛋白质日粮时采用的有效能体系有关。这在第二章中已作了一些阐述。事实上，一些学者早已从蛋白质氨基酸代谢的能量消耗方面作了阐述。Kerr 等（1995）认为，饲喂低蛋白质氨基酸平衡日粮后，动物代谢日粮过剩，氨基酸脱氨基所需能量支出减少，且尿能排出量减少，从而减少了低蛋白质氨基酸平衡日粮的能量需要量。Chen 等（1999）研究发现，长期采食低蛋白质日粮的动物，氮代谢负担减轻，代谢氨基酸的器官——胰脏的重量减轻，相应的代谢器官所需要的维持能量需要降低，从而增加了日粮的有效能值，进而导致胴体变肥。因而，提出用净能体系配制猪低蛋白质日粮的思路（易学武，2009）。易学武（2009）、张桂杰（2012）、谢春元（2013）和马文锋（2014）的研究发现，用净能作为有效能体系配制低蛋白质氨基酸平衡日粮，不影响生长猪和育肥猪的屠宰率、背膘厚、眼肌面积和瘦肉率等胴体品质指标。第六章将对猪低蛋白质日粮的净能需要量等进行详细讨论。

表 5-6 日粮蛋白质降低水平对猪胴体品质的影响

蛋白质降低水平（%）	屠宰体重（kg）	胴体品质变化百分比（%）			资料来源
		第 10 肋背膘厚	眼肌面积	瘦肉率	
0.80（10.60～9.80）	112	3.30	—	−1.21	Tous 等（2014）
2.00（14.00～12.00）	110	−2.17	−1.66	—	Qin 等（2016）
2.40（12.20～9.80）	170	13.57	—	−0.97	Galassi 等（2010）
3.10（15.50～12.40）	102	−0.68	−5.65	−0.20	Knowles 等（1998）
3.50（15.50～12.00）	120	6.75	−3.34	−1.84	Knowles 等（1998）
3.50（13.50～10.00）	120	−9.12	4.94	2.63	Ma 等（2015）
3.80（15.50～11.70）	110	0.55	−2.02	0.29	Knowles 等（1998）
3.89（13.88～9.99）	101	5.26	−1.39	2.14	谢春元（2013）
4.00（17.70～13.70）	98	−0.67	−1.66	—	Jiao 等（2016）
4.00（18.00～14.00）	113	1.34	−4.81	−1.49	Shriver 等（2003）
4.00（18.00～14.00）	45	−5.96	11.43	6.01	张桂杰等（2012）
4.10（16.00～11.90）	65	−2.06	0.66	2.25	易学武（2009）
4.10（18.10～10.00）	50	—	−2.97	—	Figueroa 等（2002）

（续）

蛋白质降低水平（%）	屠宰体重（kg）	胴体品质变化百分比（%）			资料来源
		第10肋背膘厚	眼肌面积	瘦肉率	
4.40（16.00～11.60）	50	—	0.65	—	Figueroa 等（2003）
5.00（16.70～11.70）	108	3.90	—	−1.53	Cromwell 等（1990）
5.50（16.50～11.00）	50	—	−12.90	—	Figueroa 等（2003）
6.20（18.00～11.80）	50	—	−18.62	—	Figueroa 等（2002）

注："—"表示数据不详。

三、日粮蛋白质水平与肉品质

日粮蛋白质水平和氨基酸组成是影响猪肉品质的重要因素。适宜的日粮蛋白质水平和氨基酸组成除对动物的生长性能、胴体瘦肉率和饲料成本起关键作用外，还对肉品质产生影响（易学武，2009）。评价猪肉品质的指标主要包括肉的 pH、滴水损失、肉色和大理石纹，以及肉的风味、嫩度和多汁性等，相关文献多选择测定生猪背最长肌或皮下脂肪的特性进行比较。一些研究认为，降低日粮中的粗蛋白质水平并补充氨基酸，可以改善背最长肌大理石花纹评分（Blanchard 等，1999；Wood 等，2004；Teye 等，2006），提高生猪背最长肌肌内脂肪的含量（Bidner 等，2004；Thomke 等，1995），影响背最长肌的肌肉色度（Goerl 等，1995；Teye 等，2006）。

（一）日粮蛋白质水平与肌肉品质

一些报道分别以 30～60kg、60～90kg 和 90～120kg 生猪为对象，研究了降低日粮蛋白质水平对生长育肥猪肌肉品质的影响。张桂杰（2012）的研究发现，日粮蛋白质水平由 18%降至 14%时，生长猪（屠宰体重 45kg）背最长肌肌肉亮度值明显增加；而马文锋（2015）也发现了类似的试验结果，当日粮蛋白质水平由 13.5%降至 10%时，在补充适宜比例的氨基酸后，育肥猪（屠宰体重为 120kg）的背长肌肌肉亮度值也有增加的趋势，肌肉氨基酸含量无明显变化，但背最长肌多不饱和脂肪酸的含量有所提高。关于日粮蛋白质水平与肉色的关系，Teye 等（2006）发现，日粮蛋白质水平降低时，肌肉亮度值的升高与肌内脂肪含量的增加有关。Goerl 等（1995）也得到了相似的结果，其报道了 25%、22%、19%、16%、13%和 10% 6 个日粮蛋白质水平下肉色的变化规律时发现随着日粮蛋白质水平的下降，背最长肌"a"和"b"值呈线性下降，"L"值呈线性增加。这一变化可能表明饲喂低蛋白质日粮的育肥猪的肌内脂肪增加（Karlsson 等，1993）。然而，易学武（2009）和谢春元（2013）将 60～90kg 猪的日粮蛋白质水平降低 4 个百分点至 12%或 10%，未发现育肥猪背最长肌肉色的明显变化。

滴水损失也是低蛋白质日粮在实际应用中人们普遍关心的问题（Goerl 等，1995；Teye 等，2006；易学武，2009），但目前的研究结果不一致。鲁宁（2010）和 Cheng 等（2017）报道，低蛋白质氨基酸平衡日粮可减少肌肉滴水损失。Chen 等（1995）研究发现，日粮蛋白质水平降低后，猪肉的滴水损失也相应增加。Ruusunen 等（2007）研究发现，饲喂低蛋白质日粮时，育肥猪的背最长肌 pH_{45min} 较低，滴水损失较高，而

pH_{24h}差异不大，并得出背最长肌的滴水损失与pH_{45min}存在一定的相关性。谢春元（2013）对屠宰体重为101kg育肥猪的研究也发现，饲喂低蛋白质日粮育肥猪肌肉滴水损失的增加与pH_{45min}有关。易学武（2009）和鲁宁（2010）的研究发现，饲喂低蛋白质日粮时，屠宰体重分别为65kg和45kg的生长猪，其猪肉失水率显著增加，但是pH_{45min}十分接近。楚丽翠（2012）和马文锋（2015）的研究中也未发现饲喂低蛋白质日粮的育肥猪的背最长肌滴水损失与pH_{45min}有明显关系。

近年来日粮蛋白质降低水平与猪背最长肌pH、肌肉色度和滴水损失关系的研究文献总结情况见表5-7。与生产性能和胴体品质一样，日粮能量蛋白质平衡、氨基酸组成等都会影响猪肉品质，这将在第六章加以详细讨论。

表5-7 日粮蛋白降低水平对猪背最长肌肉品质的影响

蛋白质降低水平（%）	屠宰体重（kg）	背最长肌肌肉品质变化百分比（%）						资料来源
		肌肉pH		肌肉色度			滴水损失率	
		pH_{45min}	pH_{24h}	亮度L*	红度a*	黄度b*		
3.50（13.50～10.00）	120	1.64	−3.51	0.73	13.41	17.95	5.53	Ma等（2015）
3.89（13.88～9.99）	101	−3.02	−1.65	−2.05	−4.76	8.33	7.96	谢春元（2013）
4.00（18.00～14.00）	45	−0.16	−1.97	−6.02	−5.17	−9.83	6.78	张桂杰等（2012）
4.10（16.00～11.90）	65	−1.02	−0.36	−1.81	1.19	−6.36	6.10	易学武（2009）
2.00（15.60～13.60）	105	−0.31	−3.37	2.63	6.68	6.77	−1.61	Cheng等（2017）
4.00（18.00～14.00）	45	0.33	0.56	15.27	18.85	25.91	−4.28	鲁宁（2010）
4.50（14.50～10.00）	66	−0.77	0.00	2.20	−6.59	−9.51	7.59	楚丽翠（2012）
1.70（18.00～16.30）	50	—	—	—	—	—	4.06	Hong等（2016）
3.20（18.00～14.80）	130	−1.10	−0.18	0.65	3.58	2.93	6.16	Monteiro等(2017)

注："—"表示数据不详。

（二）日粮蛋白质水平与火腿生产

用屠宰生猪制作火腿是我国的文化传统之一。在世界上，西班牙、意大利、法国和希腊等多个国家具有制作火腿的传统，并形成了很多著名的品牌，如著名的帕尔玛火腿（Bava等，2017）。意大利每年生产大约1 250万个标记为保护原产地（PDO）的干腌火腿（Moro等，2011）。欧洲火腿的生产要求猪体重大、出栏时间晚、至少饲养到9月龄、体重在160kg以上。由于对130kg以上体重猪的营养需求研究很少，很多年对95～165kg生产火腿的猪的日粮蛋白质水平定为13%～15%，赖氨酸含量定为0.65%～0.70%（Bava等，2017）。近年来，一些研究探讨了日粮蛋白质和氨基酸组成对火腿感官及其品质的影响，逐渐倾向于采用降低原来的日粮蛋白质水平、补充合成氨基酸的方法，来调节生猪机体的能量和蛋白质沉积，以获得较好的火腿感官和品质。

Gallo等（2016）选用平均体重为90kg的育肥猪为研究对象，探讨了降低日粮蛋白质水平对干腌火腿肉质性状的影响。其将日粮蛋白质水平由14.0%降至11.3%，赖氨酸水平相应由0.54%降至0.44%，其余必需氨基酸与赖氨酸的比例保持不变，将猪饲养至平均体重为165kg时进行胴体分割。结果表明，饲喂11.3%低蛋白质日粮组猪的皮下脂肪厚度增加约15%，皮下脂肪中多不饱和脂肪酸含量下降约5%，同时调味过程中的火腿质量损失降低约7%。表明适度降低日粮蛋白质水平，可以明显改善火腿品质。

Grassi等（2017）选用平均体重为45kg的生长猪（意大利杜洛克×大白）为研究对象，试验包含了3个生长育肥阶段（45～80kg、80～120kg和120～175kg），其对应的对照组日粮蛋白质水平分别为16.2%、14.5%和12.8%，以此基础分别降低粗蛋白质水平为2%～4%，同时补充适宜比例的合成氨基酸，经过17个月的火腿干腌加工过程后，研究不同处理之间火腿品质的差异。结果表明，当试验全期日粮蛋白质水平降低4个百分点时，对干腌火腿的蛋白质含量、水分、盐度、感官品质和氧化指标均无明显影响，但增加了火腿制品的皮下脂肪厚度和肌内脂肪含量。

一般认为，提高肌内脂肪含量可以改善肉的感官品质，如芳香味、多汁性和柔软度等。当肌内脂肪含量在2.5%以上时，猪肉的感官指标大大改善。在干腌火腿的制作过程中，适度提高皮下脂肪厚度和肌内脂肪含量，可以一定程度地改善火腿的加工品质，肌内脂肪含量的提高可以改善肉质风味，皮下脂肪厚度的增加可以减少干腌过程中外皮脱落的发生概率。

第四节　日粮蛋白质水平与种猪繁殖性能

种猪饲养是养猪生产的关键环节之一，提供适宜的营养素对种猪发情、精液生成、胚胎发育及仔猪初生重和断奶重等繁殖性能的发挥起重要作用，其中以日粮蛋白质与能量之间的平衡最为关键。近年来，随着遗传育种的定向选择，种猪的蛋白质沉积和周转率上升，体内脂肪和背膘出现不同程度地下降，发情率及产仔性能更佳，因此把握种猪日粮营养与繁殖性能的关系极为重要。

一、日粮蛋白质水平与公猪繁殖性能

在规模化养猪生产中，人工授精技术的普及提高了公猪精液的利用效率。当种公猪的繁殖性能出现问题时，不仅降低母猪的配种率，甚至影响后代仔猪的健康。一般来讲，评价种公猪繁殖性能的优劣大体可分为3个指标：公猪性欲、精液数量和精子质量。广义上也可扩大至精子活力、精子质量、精液产量和公猪的使用年限等。种公猪的繁殖性能可以受到遗传、环境、营养和管理等因素的影响，其中营养是影响繁殖潜力发挥的主要因素。在生产中，种公猪的饲养主要采取限饲的方法，以维持种公猪适宜的体况。

迄今为止对公猪营养需求的研究十分有限，已有的一些研究大多围绕日粮蛋白质和能量水平进行。与成年公猪相比，青年公猪对蛋白质和能量的反应更为敏感。研究表明，种公猪的性成熟时间存在差异，大部分国外品种公猪的性成熟时间在200日龄左右，我国大多数不含外品种猪血缘的地方品种公猪的性成熟时间一般为100日龄。在公猪达到体成熟和性成熟之前，当日粮能量和蛋白质缺乏，不能满足其维持机体正常发育的需要时会对生殖系统产生负面影响，延缓公猪外生殖器的出现并抑制精子生成（王金

全等，2000）。日粮蛋白质缺乏时间较长时，会抑制青年公猪多肽类激素的分泌，造成性腺和神经组织的发育受阻。然而，当种公猪生长至成年时期，短期的能量和蛋白质缺乏对公猪的性冲动和精液质量的影响较小（王金全等，2000），只有营养水平长期处于维持需要以下时才会降低公猪的繁殖性能。在大多数情况下，恢复其适宜的日粮营养浓度后，在一定时间内公猪的生殖功能可以恢复到正常或接近正常的状态。

目前，关于日粮蛋白质水平如何影响公猪繁殖性能，还存在比较大的争议。一般认为，日粮蛋白质需要量受公猪射精频率、年龄和体重的影响。由于不同品种公猪达到性成熟时的体重不同，因此公猪用于维持的蛋白质需要量差异较大。目前，围绕日粮蛋白质与公猪繁殖性能的研究较少，主要集中在影响精液生成的日粮蛋白质水平和某些必需氨基酸含量，如赖氨酸和蛋氨酸含量方面（Ovchinnikov，1984）。

一些研究表明，种公猪采食不同粗蛋白质水平的日粮时，在低蛋白质水平下，公猪的精子细胞数量减少，似乎日粮蛋白质是维持公猪正常精液细胞数量所必需的。Kemp 和 den Hartog（1989）的研究发现，能量或蛋白质摄入水平对成年公猪的性欲和精子数量无明显影响。当营养浓度降低时，精液体积明显下降，但是精子密度并没有明显变化，日粮蛋白质和能量的减少似乎仅仅对精液体积有明显作用，只有长期提供营养缺乏的日粮时，公猪的体重才会出现较大幅度的下降，才能引起繁殖性能的下降。因此，成年公猪可以耐受一定程度的营养缺乏，直到引起体况变化才会造成繁殖效率的变化。

Yen 和 Yu（1985）研究了 4 种日粮蛋白质浓度对 96 头 1～2 岁种公猪精液生成的影响，结果表明当日粮蛋白质浓度较低时，公猪的精子细胞数量下降，而在满足其蛋白质需要量的前提下，进一步提高日粮蛋白质水平不能增加精子数量。然而，并非所有试验都观测到这一现象，在 Kerk 和 Willems（1985）的试验中，未发现日粮蛋白质水平与精子生成之间的关系。

对比之前的相关报道发现，不同试验的公猪射精频率存在较大差异。这可能是造成不同研究者的试验中，日粮蛋白质水平对精液生成结果不一致的原因。研究发现，在低射精频率（每周 1～2 次）条件下，不同日粮蛋白质水平对公猪精子产生的数量无明显作用；然而在较高使用频率（每周≥3～4 次）条件下，低蛋白质组公猪表现出精子细胞数量的线性减少，而高蛋白质组公猪的精子产量保持稳定（Poppe 等，1974）。因此，当公猪的使用频率提高时，对日粮蛋白质和氨基酸浓度的变化更为敏感。

二、日粮蛋白质水平与妊娠母猪繁殖性能

蛋白质是一切生命活动的基础，提供适宜水平的日粮蛋白质对母猪繁殖性能的发挥具有十分重要的作用。在妊娠期间，母体胎儿和乳腺组织快速发育，体重也得到迅速积累（McPherson 等，2004），营养的供给主要用于支持机体维持和满足胎儿生长需要（Kim 等，2005）。与经产母猪相比，青年母猪和初产母猪所需要的日粮蛋白质和氨基酸水平更高，初产母猪获取的蛋白质或氨基酸主要用于满足自身体增长，而经产母猪摄取的蛋白质或氨基酸主要用于机体的维持需要（Kusina 等，1999）。日粮蛋白质水平不足或氨基酸不平衡，可以造成母猪乳腺组织发育受阻，引起成年母猪产后乏情或延长产后再发情的时间（Wu 等，2004）；同时，造成母猪繁殖效率降低，如产程延长、窝内

均匀度降低、窝产活仔数减少和仔猪出生重减少等（Ji 等，2005）。

析因法的估测表明，在妊娠 70d 之前，母猪每天的蛋白质需要量约为 148g；而 70d 之后至分娩这段时间，母猪每天的蛋白质需要量约为 330g。由于母体和胎儿的维持需要在妊娠期间呈增加趋势，因此日粮蛋白质和氨基酸水平也要随之变化，应依据母猪妊娠前、后期对蛋白质和氨基酸需求分别配制 2 种不同营养浓度的日粮（Ji，2004）。McPherson 等（2004）的研究表明，以胎儿发育为指标时，在母猪妊娠 70d 之前，胎儿每天的蛋白质沉积量变化不大，约为 0.25g，之后由于内脏快速发育，每天的蛋白质沉积量达到 4.63g（McPherson 等，2004；Kim 等，2009）；以乳腺发育为指标时，在妊娠 80d 之前，腺体组织每天的蛋白质沉积量为 0.41g 左右；之后乳腺快速发育，每天的蛋白质沉积量达到 3.41g（Ji 等，2006）。因此，母猪妊娠后期的蛋白质和氨基酸需要量比妊娠前期高。

（一）妊娠母猪蛋白质需要量剖分

妊娠母猪对日粮蛋白质的需要可以划分为胎儿生长、乳腺组织生长，以及母体自身维持和增重 3 个方面。McPherson 等（2004）以瘦肉型母猪为研究对象，检测了妊娠不同时期胎儿器官的蛋白质含量（表 5-8）。

表 5-8　不同妊娠时间胎儿器官的蛋白质含量变化（g）

项　目	妊娠时间（d）					
	45	60	75	90	102	110
胴体	2.48	17.39	33.46	109.01	156.93	164.09
肠道	—	0.60	1.51	5.94	7.08	15.31
肝脏	0.39	1.87	2.39	6.38	4.99	7.57
心脏	—	0.18	0.27	1.14	1.35	2.39
肺	0.10	0.70	1.70	3.48	4.17	9.30
肾	—	0.41	0.71	1.87	1.56	2.87
脑	—	0.36	0.55	1.11	1.94	2.67

注：“—”表示数据不详。
资料来源：McPherson 等（2004）。

在妊娠期间，母猪的乳腺组织也得到了快速发育。Kim 等（1999）和 Ji（2004）测定了母猪不同妊娠时间乳腺组织蛋白质和氨基酸的沉积速率（表 5-9）。表明在妊娠 80d 之前，单个腺体组织每天的蛋白质沉积量为 0.14g 左右，之后乳腺快速发育，单个腺体组织每天的蛋白质沉积量达到 3.41g。

表 5-9　妊娠母猪单个乳腺组织蛋白质和氨基酸沉积分析

妊娠时间	沉积速率（g/d）								
	蛋白质	赖氨酸	苏氨酸	色氨酸	蛋氨酸	缬氨酸	亮氨酸	异亮氨酸	精氨酸
0～80d	0.14	0.011	0.006	0.002	0.003	0.008	0.012	0.006	0.009
80d 至配种	3.41	0.256	0.145	0.040	0.068	0.194	0.286	0.141	0.209

资料来源：Kim 等（1999）和 Ji（2004）。

母体的维持和生长也是影响妊娠母猪蛋白质和氨基酸需要量的关键因素。一般认为，用于维持的蛋白质水平与母猪体蛋白质含量相关，妊娠母猪的体蛋白质占体重的15%～17%，由初产到第5胎妊娠母猪的体蛋白质增量累积约25kg，用以维持的蛋白质水平也随妊娠母猪胎次的增加而增加。同时，母体在妊娠期间自身的生长也需要消耗蛋白质，然而不同品种妊娠母猪的理想体增重尚不确定，相对应的蛋白质需要量还需进一步的研究。

（二）日粮蛋白质水平与妊娠母猪繁殖性能

日粮蛋白质水平对维持妊娠母猪体况和胚胎发育具有重要作用，过高或过低均可对妊娠母猪的繁殖性能造成不良影响。Tydlitat等（2008）研究认为，在满足妊娠母猪适宜的日粮蛋白质含量时，进一步提高蛋白质水平对窝产仔猪数无显著影响，但提高了初生仔猪的死胎率。因此，维持妊娠母猪适宜的日粮蛋白质水平极为关键。

Jang等（2014）研究了不同日粮蛋白质水平对初产妊娠母猪繁殖性能的影响，试验选用约克夏×长白二元杂交母猪为研究对象，日粮蛋白质水平分别为11.4%、12.9%、15.0%和17.1%，赖氨酸含量均设置为0.74%，妊娠期间采食量设置为2kg/d，哺乳期使用同一日粮进行饲喂。结果表明，妊娠期和泌乳期母猪体况及背膘厚度未出现显著变化，母猪采食量和断奶后发情间隔也未有明显差异，但11.4%蛋白质组仔猪的初生重和21d断奶重均低于其余各组，同时泌乳期仔猪日增重的变化与妊娠期母猪日粮蛋白质的增加趋势相一致。说明适度增加妊娠期日粮蛋白质含量可以改善泌乳期仔猪的平均日增重，并推测这种现象在初产母猪中更易发生，该试验建议初产母猪日粮的蛋白质水平应不低于12.9%。

崔家军等（2016）也研究了降低日粮蛋白质水平对妊娠母猪生产性能的影响，其试验选取胎次和体重接近的妊娠母猪进行试验，设对照组（粗蛋白质水平为14.5%）、试验Ⅰ组（粗蛋白质水平为12.5%）和试验Ⅱ组（粗蛋白质水平为10.5%），各处理组日粮氨基酸水平保持一致，试验期为配种后20d至产仔结束。结果表明，当日粮蛋白质水平由14.5%降为12.5%和10.5%时，母猪妊娠期增重分别降低了12.50%和9.16%；当日粮蛋白质水平由14.5%降为10.5%时，母猪产活仔数提高了7%，死胎率也有下降趋势，然而弱仔数出现了一定程度的上升，但差异不显著。

（三）极低蛋白质日粮对妊娠母猪繁殖性能的影响

关于极低蛋白质日粮与母猪繁殖性能的关系研究报道的不多。Wu和Morris（1998）研究了不同蛋白质水平日粮对青年母猪的影响，结果发现与采食13%粗蛋白质日粮的母猪相比，0.5%蛋白质水平的日粮可以降低母猪胎盘和子宫内膜的氨基酸含量，其中碱性氨基酸（精氨酸、赖氨酸和鸟氨酸）和几种中性氨基酸的比例下降16%～30%；胎盘和子宫内膜中一氧化氮合成酶活力下降约30%，精氨酸和鸟氨酸脱羧酶的活力分别降低约34%和44%。表明极低蛋白质日粮可能会抑制母体向胎儿传送营养和氧气的能力，从而对仔猪的均匀度产生负面影响。也有研究表明，大幅降低妊娠母猪的日粮蛋白质水平有可能抑制胎盘和子宫内膜血管的生长，引起胎盘与胎儿间血流量减少，造成母体宫内发育迟缓，抑制仔猪生长活力（Pond等，1992；Schoknecht等，1994；Wu等，2006），进而对猪的生长全期产生影响。

三、日粮蛋白质水平与泌乳母猪繁殖性能

营养供给可以影响母猪的产仔数、仔猪成活率和断奶重、使用年限等。经过长期的遗传改良，现代母猪具有高产仔数和高泌乳量的特性，母猪通过动员机体组织中的养分来满足泌乳需要，导致母猪断奶时体重损失增加，母体蛋白质动员过度甚至引起繁殖障碍（Sui 等，2014）。因此，适宜的日粮蛋白质水平对哺乳母猪非常重要。在泌乳时期，母猪处于分解代谢状态，其采食的蛋白质和氨基酸主要用于乳蛋白质的合成（Kirkwood 等，1987）。据统计，母猪泌乳高峰期每天产乳量达到 10～12kg，每千克体重产乳量为 60g 左右，高于奶牛每千克体重产乳量 50g 的水平。

（一）泌乳母猪蛋白质需要量剖分

由于受泌乳期母体失重、乳腺生长和产乳等因素的影响，母猪的蛋白质需要由维持与泌乳两部分构成，泌乳部分主要用于支持乳腺组织发育和乳汁分泌。乳腺是母猪泌乳的主要组织，产乳量与仔猪增重速度呈正相关。日粮中蛋白质或氨基酸含量可以影响乳腺的发育状态。据 Trottier 等（1997）的研究发现，母猪在泌乳期间，乳腺每天吸收的必需氨基酸量约 189g，其中用于乳蛋白质合成的约 140g，另外 49g 用于维持乳腺的正常生理活动。在泌乳的 7～21d，乳蛋白质的氨基酸组成十分相似（Kim 等，2004）。猪乳中含有一定比例的尿素和氨氮，以脱脂后计算，分别占比为 6.0mmol/L 和 1.4mmol/L（Wu 和 Knabe，1994）。因此，为了更好地反映猪乳的营养价值，一般以单位体积真蛋白质或氨基酸的浓度来表述（Wu 和 Knabe，1994；Kim 等，2004）。

哺乳母猪可以动员机体蛋白质来满足泌乳需要，因此适度降低日粮的粗蛋白质水平，对其产奶量无明显影响（Revell 等，1998），只有在极低日粮蛋白质条件下泌乳量才减少（Knabe 等，1996；Jones 和 Stahly，1999）。研究认为，泌乳母猪适宜的蛋白质水平受其体况影响。一般认为，猪乳中的粗蛋白质含量在 5.2%～5.5%（Tilton 等，1999；Renaudeau 和 Noblet，2001），同时估测日粮蛋白质用于猪乳蛋白质合成的效率为 70%，分泌 1kg 猪乳所需要的可消化粗蛋白质为 81g，或者以总蛋白质计算时需要消耗 100g 的粗蛋白质。因此推算，一头体重约 165kg 的母猪，当每天泌乳量为 8kg 时，约需要采食 940g 日粮蛋白质，其中 140g 用于维持需要，另外 800g 用于生长需要。假设一头母猪每天采食 5.5kg 的饲料，则日粮粗蛋白质水平应不低于 17.1%（Patience，1996）。

（二）泌乳母猪体况与关键氨基酸

当母猪没有摄入足够含量的氨基酸时，哺乳母猪的体蛋白质（尤其是骨骼肌蛋白质）会被大量动员用以支持乳汁分泌，动员过度时造成体重损失较大。因此，在确定哺乳母猪的营养需要时，不能局限于乳汁的最大分泌量，还需要维持较好的体况，为下一次配种做准备（NRC，1998；Kim 和 Easter，2003）。Dourmad 等（1998）的研究表明，高产母猪每天至少需要 55g 的赖氨酸摄入才能维持最小体重损失。因此，泌乳母猪日粮配制的首要目标是满足其对氨基酸和蛋白质的需求，从而尽可能减少母体损失。

在没考虑泌乳母猪体组织动员和体重损失的情况下，NRC（1998）确定的泌乳母

猪的第一限制性氨基酸为赖氨酸，第二限制性氨基酸为苏氨酸或缬氨酸。对于初产和二胎母猪，其采食量较经产母猪低，当其在泌乳期间体重损失达到75～80kg时，此时苏氨酸是第一限制性氨基酸；对于经产母猪，其已适应产仔过程，采食量较高，可维持在泌乳期间合理的体重范围，此时缬氨酸与赖氨酸具有同等的限制性（Kim等，2005）。因此，在生产中可根据泌乳期间预期的体况动员程度，设计泌乳母猪日粮中应补充的氨基酸种类和浓度。

（三）日粮蛋白质水平与泌乳母猪生产性能

唐春艳等（2005）选用长白×大白二元杂交经产母猪为研究对象，按体重和胎次随机分为2个处理组，试验期28d，对照组和试验组日粮蛋白质水平分别为18.5%和17.10%。结果发现，与对照组相比，17.10%日粮蛋白质组母猪的体况损失较大，这可能与其采食量较低有关。因此，适宜水平的日粮蛋白质可以通过维持泌乳母猪的合理体况，来改善母猪的繁殖性能。Greiner等（2018）则以1～3胎PIC母猪为研究对象，探讨降低日粮蛋白质水平对泌乳母猪生产性能的影响，日粮蛋白质水平分别为21.1%、19.9%、18.9%、17.8%和16.7%，日粮标准回肠可消化含硫氨基酸、苏氨酸、色氨酸和缬氨酸与赖氨酸的比值分别不低于0.49、0.65、0.16和0.64。结果发现，在补充适宜水平的合成氨基酸后，适度调整日粮蛋白质水平对母猪采食量、产仔数和哺乳仔猪的生长性能无明显影响。

也有研究认为，适当降低泌乳母猪的日粮蛋白质水平并合理补充氨基酸，可通过改善机体的蛋白质沉积效率，进而影响哺乳母猪的乳蛋白质组成。Huber等（2015）选取纯种、多胎约克夏母猪为研究对象，日粮蛋白质水平由16.0%降至14.3%，在合理补充氨基酸的前提下，泌乳前期母猪平均日采食量提高了5.11%，仔猪窝平均日增重提高了3.88%，乳中酪蛋白含量提高了4.09%；而在泌乳高峰期，乳中真蛋白含量提高了9.51%，酪蛋白含量提高了8.54%。张金枝等（2000）选用DⅢ系经产母猪为研究对象，日粮蛋白质水平分别为20.2%、18.0%、15.9%、13.8%和11.5%，发现当日粮蛋白质水平由20.2%降至13.8%时，母猪平均日采食量增加了4.64%，但泌乳量降低了7.63%；而日粮蛋白质水平由20.2%降至18.0%时，母猪平均日采食量增加了11.83%，泌乳量增加了6.56%，而且泌乳中期的乳蛋白质含量增加了5.41%，泌乳后期乳脂肪含量增加了5.12%，但对乳糖和灰分含量无明显影响。研究者认为，当日粮蛋白质水平为18.0%时，哺乳母猪的采食量、泌乳量及乳成分的结果较好。

第五节　日粮蛋白质水平与种猪热应激

遗传选育的定向选择，在提高种猪生产性能的同时，也削弱了其对环境的适应能力，其中以热应激带来的危害较为严重（王明威等，2017）。猪属于恒温动物，在不同环境温度下，可通过产热和散热平衡将体温维持在一定范围内。当受到高温环境刺激时，猪可以通过其自身复杂的生理机制，最大限度地通过减少产热量和增加散热量来降低热应激所带来的危害（高航等，2017）。然而猪的皮下脂肪厚，汗腺功能不发达，当猪舍环境温度过高时，仅通过呼吸蒸发和辐射热量不能有效地释放自身产热，易引起机体体温上升，从而造成猪的热应激，出现咬尾、呼吸急促和采食量下降等行为，引起种猪生理机能异常。

一般将动物仅依靠物理调节即可维持适宜体温的温度范围称为等热区，在此温度区间内，动物无明显调节体温的压力，可以维持比较好的健康状态和生产性能。在评估热应激的作用效果时，主要通过等热区上限临界温度和蒸发临界温度进行判断。当环境温度高于蒸发临界温度时，猪皮肤表面与环境温度之间的温度差减小，猪的散热量减少，此时倾向于通过提高呼吸频率来增加散热量（高航等，2017）。而在湿热气候环境中，蒸发散热的效率较低，如我国南方夏季潮湿、炎热且持续时间长，热应激对种猪的危害就更加严重。

一、热应激与种猪繁殖性能

（一）热应激对公猪繁殖性能的影响

大多数哺乳动物的睾丸悬挂在体腔外的阴囊内，因此睾丸内温度略低于核心体温。当环境温度处于等热区时，公猪的睾丸温度始终低于体温 2～3℃（许晋之和郭小权，2017）。在高温环境下，种公猪阴囊和睾丸组织的温度升高，睾丸机能减退。高温刺激使种公猪内分泌发生一系列变化，如热应激时动物的甲状腺机能减弱，甲状腺素分泌量减少；高温抑制了下丘脑-垂体-睾丸轴的功能，使促黄体素分泌量减少，导致睾酮合成量降低，不利于精子的发育及生存。此外，持续高温引起的热应激使精子在附睾内的运行出现阻碍，导致精子数量减少，精子畸形率增加，甚至诱发隐睾（欧秀琼等，2011）。

当环境温度为 30～33℃时，公猪对体温的控制出现紊乱，机体雄性激素的分泌受到抑制，性欲减退，睾丸的生精作用受到抑制，射精量和精子数量降低，公猪出现热应激反应（许晋之和郭小权，2017）。Suriyasomboon 等（2005）的研究显示，在炎热季节，公猪精液体积和精子密度均出现下降，其中精液体积减小出现得更早。Kunavongkrit 等（1995）采集了不同季节饲养下的种公猪精液，分析结果表明，夏季公猪的精液体积最低，同时高温极易诱导精细胞变性，精子畸形率也随之升高。Corcuera 等（2002）对 2～3 岁的长白×大白二元杂交种公猪进行热应激试验，结果表明合理控制环境温度可以显著提高精子活力，降低精子畸形率。

（二）热应激对母猪繁殖性能的影响

由热应激造成的母猪繁殖障碍每年给养猪业带来巨大的经济损失（St-Pierre 等，2003）。热应激对母猪繁殖性能的影响在生产成绩上表现为产仔率低、窝产仔数低、死胎多和胎儿畸形率比例高（夏彩锋等，2006；Bertoldo 等，2009；袁焰平等，2011）。热应激可使后备母猪生长发育缓慢、卵巢机能受损和性成熟时间延后等；使妊娠母猪卵泡发育出现障碍、流产率升高、产程延长，且产后经常伴随“产后三联症”（无乳或少乳、乳房炎、子宫炎）的发生，从而造成猪场生产成本上升；泌乳期母猪采食量明显减少，体重损失增加，内分泌紊乱，容易造成断奶后发情延迟，致使生产周期延长（许晋之和郭小权，2017）。夏彩锋等（2006）分析了长白母猪所产2 236窝仔猪的相关数据，结果发现，2—6 月平均产仔数和平均窝产活仔数在全年最高，7 月以后平均产仔数明显下降，8 月平均窝产活仔数为全年最低。袁焰平等（2011）比较了不同季节大约克夏母猪和杜洛克母猪的繁殖性能，结果发现 6—10 月配种的母猪，窝产活仔数和平均产仔数水平较低；与大约克夏母猪相比，杜洛克母猪更易受到高温环境的负面影响，平均温度每升高 1℃，大约克夏母猪的平均产仔数和平均窝产活仔数分别下降 0.01 头和 0.02 头。

相较于妊娠母猪而言，高温环境对泌乳母猪的影响更大。尽可能地提高采食量是泌乳期母猪饲养的最高目标。环境温度与泌乳期母猪每天采食量高度相关。Vidal 等（1991）的研究表明，在 27d 的泌乳期间，当环境温度由 22℃增加到 30℃时，母猪每天采食量降低 2.77kg，体重损失增加 15.6kg，背膘厚减少 5.2mm，每天泌乳量减少 3.57kg，仔猪平均日增重降低 26.1%，日平均窝增重下降 30.8%。

环境温度影响泌乳母猪性能和仔猪生产性能的研究文献总结见表 5-10。

表 5-10 环境温度对泌乳母猪和仔猪生产性能的影响

泌乳期 (d)	环境温度 (℃)	泌乳母猪				仔猪		资料来源
		采食量 (kg/d)	体重损失 (kg)	背膘变化 (mm)	泌乳量 (kg/d)	日增重 (g)	窝增重 (kg/d)	
27	22	7.72	−6.4	2.2	10.21	226	2.21	Vidal 等（1991）
	30	4.95	−21.0	−3.0	6.64	167	1.53	
26	19	6.38	−14.0	−2.3	—	—	2.11	Johnston（1999）
	28	4.19	−33.7	−3.4	—	—	1.74	
21	18	5.67	−23	−2.1	7.49	244	2.46	Quiniou 和 Noblet（1999）
	29	3.08	−35	−3.5	6.18	189	1.94	
28	20	6.65	−16.3	−3.2	10.43	272	2.91	Renaudeau（2001）
	29	3.83	−33.7	−4.0	7.35	203	2.15	
19	21	7.97	1.8	−2.0	10.10	245	1.75	Spencer 等（2003）
	32	4.83	−16.6	−3.4	6.88	218	1.42	

注："—"表示数据不详。
资料来源：林映才和马现永（2006）。

二、热应激与种猪生理机能

（一）热应激与种猪机体代谢

在热应激的状态下，种猪胰岛素分泌量上升，导致一系列繁殖问题，包括产生卵子的能力降低和妊娠失败率上升，葡萄糖的利用效率明显提高，机体组织生长和碳、氮沉积作用明显减弱，而这种高胰岛素血症可能会影响卵巢功能。Nteeba 等（2015）的研究发现，将母猪暴露在高温环境中，其卵巢中的胰岛素受体基因表达量显著上升，表明在热应激状态下卵巢对胰岛素浓度上升敏感。另外，热应激还会改变卵巢中滤泡液微环境，限制卵母细胞的发育（Gosden 等，1988；Fortune，1994）。母猪在热应激状态下，胰岛素浓度逐渐上升，从而激活胰岛素诱导信号并作用于卵巢，引起受精后有效胚胎数量的减少。

（二）热应激与母猪胚胎发育

由于用体内试验研究热应激对母猪胚胎发育的影响存在诸多困难，因此大多数试验都用体外卵母细胞成熟和胚胎培养模型来研究高温对胚胎发育的影响。一系列的研究表明，热应激对妊娠前期卵母细胞的成熟有一定的抑制作用（Tseng 等，2006；Isom 等，2007）。Ju 和 Tseng（2004）研究发现，热应激可以改变体外培养的猪卵泡细胞核形态，阻止卵泡发育。Isom 等（2007）将胚胎细胞于 42℃条件下培养 5～7d 时发现，热应激组胚胎细胞凋亡率明显高于正常对照组。许多研究证实，猪胚胎细胞发育早期对热应激很敏感，随着发育的继续进行，胚胎的抗热应激能力也逐渐增强。

（三）热应激与种猪肠道健康

在热应激状态下，猪肠道热休克蛋白的表达水平上调，血液更多地流向外周组织，流向内脏的血量相对减少，导致肠道缺氧，肠细胞对氧和营养物质的缺乏特别敏感，进而引起肠道形态结构和渗透性功能发生变化（Lambert，2008）。热应激不仅可使猪小肠绒毛顶端上皮细胞凋亡脱落（贾丹等，2012），而且还可使肠上皮细胞渗透性增加，大量的自由基进入血液循环中，其中包括内毒素脂多糖（Hall 等，2001），最终导致肠道屏障功能受损。

三、日粮蛋白质水平与种猪热应激

（一）热环境对蛋白质代谢的影响

在热应激条件下，种猪机体的蛋白质代谢速度加快，尿液和血浆中的尿素氮含量增加，同时加快了骨骼肌的分解代谢速度。血液中代谢标记物数量的提高显示，热应激可以抑制猪的蛋白质沉积效率。虽然在极端热应激条件下，猪机体代谢的变化和变化程度还不完全清楚，但已有研究表明，在一定范围内降低日粮蛋白质水平可以缓解热应激带来的负面影响。

日粮中的营养物质在消化吸收和代谢的过程中都会产热，这个过程所产生的热量就是所谓的热增耗。与高淀粉含量或高脂肪含量日粮相比，高蛋白质含量日粮会产生更多的热增耗。当日粮蛋白质过剩或者氨基酸不平衡时，机体氮代谢能力增强，部分蛋白质或者氨基酸转化为体内脂肪，另外一些用于氧化供能，这种转化和氧化的过程都需要消耗更多的能量。同时，体蛋白质始终处于分解和合成的过程，一部分氨基酸的损失不可避免，从而导致日粮蛋白质合成体蛋白质的平均利用效率降低。le Bellego 等（2002）研究表明，将饲料中粗蛋白质含量由 18.9％降至 12.3％时，35kg 体重生长猪的总产热下降 7％。Patience（2012）研究发现，脂肪、淀粉和糖类的热增耗分别为代谢能的 10％、18％和 27％，而蛋白质和纤维的热增耗为代谢能的 42％。因此，配制氨基酸平衡的低蛋白质日粮是减少能量损失的有效手段。

（二）降低日粮蛋白质水平缓解热应激

适度降低日粮中的粗蛋白质含量，添加一定数量的氨基酸，可以减少脱氨基作用、降低体蛋白质周转和动物产热，进而缓解热应激的负面作用。Stahly 等（1979）的研究发现，适度使用合成氨基酸代替部分日粮蛋白质，可以减少机体的热增耗，同时对猪的生产性能无不良影响。Frank 等（2003）也发现了相似的结果，降低泌乳母猪的日粮蛋白质水平，并补充合成氨基酸，仔猪生产性能有所改善。史清河（2009）研究表明，将热应激母猪日粮中的精氨酸水平由 0.96%提高到 1.73%（精氨酸与赖氨酸的比值由 1∶1提高到 1.8∶1），降低了泌乳母猪的体重损失，提高了饲料转化效率，但对母猪采食量和仔猪生长性能无显著影响。Johnston 等（1999）研究发现，在 29℃的环境温度下，将泌乳母猪日粮蛋白质水平由 16.5%降为 13.7%，虽然母猪的热应激状态并未得到完全缓解，但每窝哺乳仔猪的日增重提高了 60g 左右。Renaudeau 等（2001）将 29℃环境温度下的泌乳母猪日粮蛋白质水平由 17.6%降低至 14.2%，并补充合成氨基酸，结果发现泌乳母猪采食量提高，体重损失减少，且不影响仔猪的生长性能。张莉（2009）研究证实，在夏季高温条件下，将日粮蛋白质水平由 17%降至 15%，可以有效缓解高温对大约克夏公猪热应激造成的负面影响。

从目前的大多数研究结果看，适当降低日粮蛋白质水平，合理补充合成氨基酸，是减少高温季节热应激对种猪繁殖性能影响的有效手段。

参考文献

楚丽翠，2012. 低蛋白日粮添加亮氨酸对成年大鼠和育肥猪生长性能及蛋白周转的影响[D]. 北京：中国农业大学.

崔家军，张鹤亮，张兆琴，等，2016. 低粗蛋白质补充氨基酸日粮对妊娠母猪繁殖性能和蛋白质代谢的影响[J]. 中国畜牧兽医，43（9）：2310-2316.

高航，姜丽丽，王军军，等，2017. 热应激对猪生长性能、行为、生理的影响及调控措施[J]. 中国畜牧杂志，53（11）：11-15.

贾丹，昝君兰，赵宏，等，2012. 热应激对猪小肠组织形态和细胞凋亡的影响[J]. 北京农学院学报，27：36-38.

林映才，马现永，2006. 热应激对母猪生产的影响与技术对策［C］//中国畜牧兽医学会养猪学分会论文集：284-291.

刘绪同，2016. 生长育肥猪低氮排放日粮标准回肠可消化缬氨酸与赖氨酸适宜比例及对采食量调控的研究[D]. 北京：中国农业大学.

鲁宁，2010. 低蛋白日粮下生长猪标准回肠可消化赖氨酸需要量的研究[D]. 北京：中国农业大学.

鲁宁，易学武，谯仕彦，2011. 低蛋白日粮下赖氨酸水平对生长猪氮平衡和生长性能的影响[J]. 中国畜牧杂志，47（5）：34-38.

马文锋，2015. 猪育肥后期低氮日粮限制性氨基酸平衡模式的研究[D]. 北京：中国农业大学.

欧秀琼，王金勇，钟正泽，等，2011. 热应激对种猪繁殖力的影响及对策[J]. 畜牧与兽医，43（7）：90-93.

任曼，2014. 支链氨基酸调控断奶仔猪肠道防御素表达和免疫屏障功能的研究[D]. 北京：中国农业大学.

史清河，2009. 哺乳母猪热应激及其调控策略[J]. 养猪（3）：11-13.

唐春艳，齐德生，张妮亚，2005. 日粮蛋白、能量水平对哺乳母猪繁殖性能的影响[J]. 饲料工业(26)：8-11.

田志梅，马现永，王丽，等，2017. 长期饲喂不同蛋白质水平饲粮对猪脂肪代谢相关基因表达的影响[J]. 动物营养学报，29 (10)：3761-3772.

王金全，朱德阳，高林，等，2000. 日粮能量蛋白质水平对种公猪繁殖性能的影响[J]. 养猪 (4)：12-15.

王明威，刘远佳，颜欣欣，2017. 热应激对母猪繁殖性能的影响极其作用机制[J]. 中国猪业(12)：29-33.

王薇薇，2008. 日粮苏氨酸影响断奶仔猪小肠黏膜屏障的研究[D]. 北京：中国农业大学.

王旭，2006. 苏氨酸影响断奶仔猪肠黏膜蛋白质合成和免疫功能的研究[D]. 北京：中国农业大学.

吴超，吴跃明，华卫东，等，2009. 营养调控因素对猪肉品质的影响[J]. 中国饲料 (4)：12-17.

夏彩锋，方建新，李菊峰，2006. 高温对母猪产仔数的影响[J]. 养猪 (4)：12-13.

谢春元，2013. 育肥猪低蛋白日粮标准回肠可消化苏氨酸、含硫氨基酸和色氨酸与赖氨酸适宜比例的研究[D]. 北京：中国农业大学.

许晋之，郭小权，2017. 热应激对猪生理机能和行为活动的影响[J]. 中国猪业 (12)：26-18.

易学武，2009. 生长育肥猪低蛋白日粮净能需要量的研究[D]. 北京：中国农业大学.

袁焰平，秦春娥，王振华，等，2011. 温度对母猪产仔性能影响的分析及适宜配种方案的探讨[J]. 养猪 (5)：25-30.

岳隆耀，2010. 低蛋白氨基酸平衡日粮对断奶仔猪肠道功能的影响[D]. 北京：中国农业大学.

张桂杰，2011. 生长猪色氨酸、苏氨酸及含硫氨基酸与赖氨酸最佳比例的研究[D]. 北京：中国农业大学.

张桂杰，鲁宁，谯仕彦，2012. 低蛋白质平衡氨基酸饲粮对生长猪生长性能、胴体品质及肠道健康的影响[J]. 动物营养学报，24 (12)：2326-2334.

张金枝，卢伟，徐来仁，等，2000. 饲粮蛋白质（赖氨酸）水平对高产母猪泌乳行为、泌乳量和乳成分的影响研究[J]. 养猪 (3)：11-13.

张莉，2009. 营养水平对热应激种公猪繁殖性能和血液生化指标的影响[D]. 重庆：西南大学.

张世海，2016. 支链氨基酸调节仔猪肠道和肌肉中氨基酸及葡萄糖转运的研究[D]. 北京：中国农业大学.

章杰，李学伟，2015. 猪皮下脂肪组织的生长发育研究[J]. 遗传育种，51：1-5.

朱立鑫，2009. 低蛋白日粮下育肥猪标准回肠可消化赖氨酸需要量研究[D]. 北京：中国农业大学.

Bava L，Zucali M，Sandrucci A，et al，2017. Environmental impact of the typical heavy pig production in Italy [J]. Journal of Cleaner Production，140：685-691.

Bertoldo M，Grupen C G，Thomson P C，et al，2009. Identification of sow-specific risk factors for late pregnancy loss during the seasonal infertility period in pigs [J]. Theriogenology，72：393-400.

Bidner B S，Ellis M，Witte D P，et al，2004. Influence of dietary lysine level，pre-slaughter fasting，and rendement napole genotype on fresh pork quality [J]. Meat Science，68：53-60.

Bikker P，Karabinas V，Verstegen M W，et al，1995. Protein and lipid accretion in body components of growing gilts（20 to 45 kilograms）as affected by energy intake [J]. Journal of Animal Science，73：2355-2363.

Bikker P，Verstegen M W A，Campbell R G，et al，1996. Performance and body composition of finishing gilts (45 to 85 kilograms) as affected by energy intake and nutrition in earlier life. 2. Protein and lipid accretion in body components [J]. Journal of Animal Science, 74: 817-826.

Blanchard P J, Ellis M, Warkup C C, et al, 1999. The influence of rate of lean and fat tissue development on pork eating quality [J]. Animal Science, 68: 477-485.

Brudevold A B, Southern L L, 1994. Low-protein, crystalline amino acid-supplemented, sorghum-soybean meal diets for the 10-to 20-kilogram pig [J]. Journal of Animal Science, 72: 638-647.

Campbell R G, Taverner M R, 1988. Genotype and sex effects on the relationship between energy-intake and protein deposition in growing-pigs [J]. Journal of Animal Science, 66: 676-686.

Canh T T, Sutton A L, Aarnink A J, et al, 1998. Dietary carbohydrate alter the fecal composition and pH and the aminonia emission from slurry of growing pigs [J]. Journal of Animal Science, 76: 1887-1895.

Cervantes M, Cromwell G L, 1992. Amino acid supplementation of low protein, grain sorghum-soybean meal diets for pigs [J]. Journal of Animal Science, 70 (1): 235.

Chen H Y, Lewis A J, Miller P S, et al, 1999. The effect of excess protein on growth performance and protein metabolism of finishing barrows and gilts [J]. Journal of Animal Science, 77: 3238-3247.

Chen H Y, Miller P S, Lewis A J, et al, 1995. Changes in plasma urea concentration can be used to determine protein requirements of two populations of pigs with different protein accretion rates [J]. Journal of Animal Science, 73: 2631-2639.

Cheng C, Liu Z, Zhou Y, et al, 2017. Effect of oregano essential oil supplementation to a reduced-protein, amino acid-supplemented diet on meat quality, fatty acid composition, and oxidative stability of Longissimus thoracis muscle in growing-finishing pigs [J]. Meat Science, 133: 103-109.

Corcuera B D, Hernandez-Gil R, Romero C D A, et al, 2002. Relationship of environment temperature and boar facilities with seminal quality [J]. Livestock Production Science, 74: 55-62.

Cromwell G L, Lindemann M D, Parker G R, et al, 1996. Low protein, amino acid supplemented diets for growing-finishing pigs [J]. Journal of Animal Science, 74 (1): 174.

Cromwell G L, Stahly T S, Monegue H J, 1990. Performance and carcass traits of finishing barrows and gilts fed high dietary protein levels [J]. Journal of Animal Science, 69 (1): 382.

Dean D W, Southern L L, Bidner T D, 2007. Low crude protein diets for late finishing barrows [J]. Prof Animal Science, 23: 616-624.

Degreef K H, Verstegen M W A, Kemp B, et al, 1994. The effect of body-weight and energy-intake on the composition of deposited tissue in pigs [J]. Animal Production, 58: 263-270.

Doran O, Moule S K, Teye G A, et al, 2006. A reduced protein diet induces stearoyl-CoA desaturase protein expression in pig muscle but not in subcutaneous adipose tissue relationship with intramuscular lipid formation [J]. British Journal of Nutrition, 95: 609-617.

Dourmad J Y, Noblet J, Etienne M, 1998. Effect of protein and lysine supply on performance, nitrogen balance, and body composition changes of sows during lactation [J]. Journal of Animal Science, 76: 542-550.

Fabian J, Chiba L I, Kuhlers D L, et al, 2002. Degree of amino acid restrictions during the grower phase and compensatory growth in pigs selected for lean growth efficiency [J]. Journal of Animal

Science, 80: 2610-2618.

Figueroa L, Lewis A, Miller P S, et al, 2002. Nitrogen metabolism and growth performance of gilts fed standard corn-soybean meal diets or low-crude protein, amino acid-supplemented diets [J]. Journal of Animal Science, 80: 2911-2919.

Figueroa L, Lewis A, Miller P S, et al, 2003. Growth, carcass traits, and plasma amino acid concentrations of gilts fed low-protein diets supplemented with amino acids including histidine, isoleucine, and valine [J]. Journal of Animal Science, 81: 1529-1537.

Fortune J E, 1994. Ovarian follicular growth and development in mammals [J]. Biology of Reproduction, 50: 225.

Frank J W, Carroll J A, Allee G L, et al, 2003. The effects of thermal environment and spray-dried plasma on the acute-phase response of pigs challenged with lipopolysaccharide [J]. Journal of Animal Science, 81: 1166-1176.

Galassi G, Colombini S, Malagutti L, et al, 2010. Effects of high fibre and low protein diets on performance, digestibility, nitrogen excretion and ammonia emission in the heavy pig [J]. Animal Feed Science and Technology, 161: 140-148.

Gallo L, Dalla B M, Carraro L, et al, 2016. Effect of progressive reduction in crude protein and lysine of heavy pigs diets on some technological properties of green hams destined for PDO dry-cured ham production [J]. Meat Science, 121: 135-140.

Gallo L, Montà G D, Carraro L, et al, 2014. Growth performance of heavy pigs fed restrictively diets with decreasing crude protein and indispensable amino acids content [J]. Livestock Science, 161: 130-138.

Gloaguen M, le Floc'h N, Corrent E, et al, 2014. The use of free amino acids allows formulating very low crude protein diets for piglets [J]. Journal of Animal Science, 92: 637-644.

Goerl K F, Eilert S J, Mandigo R W, et al, 1995. Pork characteristics as affected by two populations of swine and six crude protein levels [J]. Journal of Animal Science, 73: 3621-3626.

Gosden R G, Hunter R H F, Telfer E, et al, 1988. Physiological factors underlying the formation of ovarian follicular fluid [J]. Journal of Reproduction and Fertility, 82: 813-825.

Grassi S, Casiraghi E, Benedetti S, et al, 2017. Effect of low-protein diets in heavy pigs on dry-cured ham quality characteristics [J]. Meat Science, 131: 152-157.

Greiner L, Srichana P, Usry J L, et al, 2018. The use of feed-grade amino acids in lactating sow diets [J]. Journal of Animal Science and Biotechnology, 9: 3-12.

Gómez R S, Lewis A J, Miller P S, et al, 2002. Growth performance, diet apparent digestibility, and plasma metabolite concentrations of barrows fed corn-soybean meal diets or low-protein, amino acid-supplemented diets at different feeding levels [J]. Journal of Animal Science, 80: 644-653.

Hahn J D, Biehl R R, Baker D H, 1995. Ideal digestible lysine level for early and late finishing swine [J]. Journal of Animal Science, 73: 773-784.

Hall D M, Buettner G R, Oberley L W, et al, 2001. Mechanisms of circulatory and intestinal barrier dysfunction during whole body hyperthermia [J]. American Journal of Physiology-Heart and Circulatory Physiology, 280: 509-521.

He L Q, Wu L, Xu Z Q, et al, 2016. Low-protein diets affect ileal amino acid digestibility and gene expression of digestive enzymes in growing and finishing pigs [J]. Amino Acids, 48: 21-30.

Hendriks W H, Moughan P J, 1993. Whole-body mineral-composition of entire male and female pigs depositing protein at maximal rates [J] . Livestock Production Science, 33: 161-170.

Hong J S, Lee G I, Jin X H, et al, 2016. Effect of dietary energy levels and phase feeding by protein levels on growth performance, blood profiles and carcass characteristics in growing-finishing pigs [J] . Journal of Animal Science and Technology, 58: 37.

Huber L, de Lange C F, Krogh U, et al, 2015. Impact of feeding reduced crude protein diets to lactating sows on nitrogen utilization [J] . Journal of Animal Science, 93: 5254-5264.

Isom S C, Prather R S, Rucker E B, 2007. Heat stress-induced apoptosis in porcine *in vitro* fertilized and parthenogenetic preimplantation-stage embryos [J] . Molecular Reproduction and Development, 74: 574-581.

Jang Y D, Jang S K, Kim D H, et al, 2014. Effects of dietary protein levels for gestating gilts on reproductive performance, blood metabolites and milk composition [J] . Asian-Australasian Journal of Animal Sciences, 27 (1): 83.

Ji F, 2004. Amino acid nutrition and ideal protein for reproductive sows [D] . Texas, USA: Texas Tech University.

Ji F, Hurley W L, Kim S W, 2006. Characterization of mammary gland development in pregnant gilts [J] . Journal of Animal Science, 84: 579-587.

Ji F, Wu G, Miller M F, et al, 2005. Ideal amino acid formulation in gestating diets to improve gestation and subsequent lactation performance of sows [J] . Journal of Animal Science, 83 (2): 31. (Abstr.)

Jiao X, Ma W F, Chen Y R, et al, 2016. Effects of amino acids supplementation in low crude proteindiets on growth performance, carcass traits and serum parameters in finishing gilts [J] . Animal Science Journal, 87: 1252-1257.

Jin C F, Kim J H, Han I K, et al, 1998. Effects of supplemental synthetic amino acids to low protein diets on the performance of growing pigs [J] . Asian-Australasian Journal of Animal Sciences, 11: 1-7.

Johnston L J, Ellis M, Libal G W, et al, 1999. Effect of room temperature and dietary amino acid concentration on performance of lactating sows [J] . Journal of Animal Science, 77: 1638-1644.

Jones D B, Stahly T S, 1999. Impact of amino acid nutrition during lactation on body nutrient mobilization and milk nutrient output in primiparous sows [J] . Journal of Animal Science, 77: 1513-1522.

Ju J C, Tseng J K, 2004. Nuclear and cytoskeletal alterations of *in vitro* matured porcine oocytes under hyperthermia [J] . Molecular Reproduction and Development, 68: 125-133.

Karlsson A, Enfält A C, Esséngustavsson B, et al, 1993. Muscle histochemical and biochemical properties in relation to meat quality during selection for increased lean tissue growth rate in pigs [J] . Journal of Animal Science, 71: 930-938.

Kemp B, den Hartog L A, 1989. The influence of energy and protein intake on the reproductive performance of the breeding boar: a review [J] . Animal Reproduction Science, 20: 1103-1155.

Kerk P V D, Willems C M T, 1985. Zum Einfluß der rohprotein-, lysin-und methionin + cystin-versorgung auf fruchtbarkeitsmerkmale beim eber [J] . Journal of Animal Physiology and Animal Nutrition, 53: 43-49.

Kerr B J, McKeith F K, Easter R A, 1995. Effect of performance and carcass characteristics of nursery to finisher pigs fed reduced crude protein, amino acid- supplemented diets [J] . Journal of Animal Science, 73: 433-440.

Kerr B J, Southern L L, Bidner T D, et al, 2003. Influence of dietary protein level, amino acid supplementation, and dietary energy levels on growing-finishing pig performance and carcass composition [J]. Journal of Animal Science, 81: 3075-3087.

Kerr B J, Ziemer C J, Trabue S L, et al, 2006. Manure composition of swine as affected by dietary protein and cellulose concentrations [J]. Journal of Animal Science, 84: 1584-1592.

Kim S W, Easter R A, 2003. Amino acid utilization for reproduction in sows [M] //D' Mello J P F' amino acids in animal nutrition [M]. 2nd ed. Wallingford, UK: CAB International.

Kim S W, Hurley W L, Han I K, et al, 1999. Changes in tissue composition associated with mammary gland growth during lactation in the sow [J]. Journal of Animal Science, 77: 2510-2516.

Kim S W, Hurley W L, Wu G, et al, 2009. Ideal amino acid balance for sows during gestation and lactation [J]. Journal of Animal Science, 87 (Suppl 14): 123-132.

Kim S W, McPhearson R L, Wu G, 2004. Dietary arginine supplementation enhances the growth of milk-fed young piglets [J]. Journal of Nutrition, 134: 625-630.

Kim S W, Wu G, Baker D H, 2005. Amino acid nutrition of breeding sows during gestation and lactation [J]. Pig News and Information, 26: 89-99.

Kirkwood R N, Lythgoe E S, Aherne F X, 1987. Effect of lactation feed intake and gonadotrophin-releasing hormone on the reproductive performance of sows [J]. Canadian Journal of Animal Science, 67: 715-719.

Knabe D A, Brendemuhl J H, Chiba L I, et al, 1996. Supplemental lysine for sows nursing large litters [J]. Journal of Animal Science, 74: 1635-1640.

Knowles T A, Southern L L, Bidner T D, et al, 1998. Effect of dietary fiber or fat in low-crude protein, crystalline amino acid-supplemented diets for finishing pigs [J]. Journal of Animal Science, 76: 2818-2832.

Kunavongkrit A, Prateep P, 1995. Influence of ambient temperature on reproductive efficiency in pigs [J]. Pig Journal, 35: 43-47.

Kusina J, Pettigrew J E, Sower A F, et al, 1999. Effect of protein intake during gestation on mammary development of primiparous sows [J]. Journal of Animal Science, 77: 925-930.

Lambert G P, 2008. Intestinal barrier dysfunction, endotoxemia, and gastrointestinal symptoms: the canary in the coal mine during exercise-heat stress? [J]. Thermoregulation and Human Performance, 53: 61-73.

le Bellego L, Noblet J, 2002. Performance and utilization of dietary energy and amino acids in piglets fed low protein diets [J]. Livestock Production Science, 76: 45-58.

le Bellego L, Vanmilgen J, Noblet J, 2002. Effect of high temperature and low-protein diets on the performance of growing-finishing pigs [J]. Journal of Animal Science, 80: 691-701.

Ma W F, Zeng X F, Liu X T, et al, 2015. Estimation of the standardized ileal digestible lysine requirement and the ideal ratio of threonine to lysine for late finishing gilts fed low crude protein diets supplemented with crystalline amino acids [J]. Animal Feed Science and Technology, 201: 46-56.

Madeira M S, Pires V M R, Alfaia C M, et al, 2013. Differential effects of reduced protein diets on fatty acid composition and gene expression in muscle and subcutaneous adipose tissue of Alentejana purebred and Large White×Landrace×Pietrain crossbred pigs [J]. British Journal of Nutrition, 110: 216-229.

Madrid J, Martinez S, López C, et al, 2013. Effects of low protein diets on growth performance, carcass traits and ammonia emission of barrows and gilts [J]. Animal Production Science, 53: 146-153.

Mavromichalis I, Webel D M, Emmert J L, et al, 1998. Limiting order of amino acids in a low-protein corn-soybean meal-whey-based diet for nursery pigs [J]. Journal of Animal Science, 76: 2833-2837.

McPherson R L, Ji F, Wu G, et al, 2004. Growth and compositional changes of fetal tissues in pigs [J]. Journal of Animal Science, 82: 2534-2540.

Mohn S, Gillis A M, Moughan P J, et al, 2000. Influence of dietary lysine and energy intakes on body protein deposition and lysine utilization in the growing pig [J]. Journal of Animal Science, 78: 1510-1519.

Monteiro A N T R, Bertol T M, de Oliveira P A V, et al, 2017. The impact of feeding growing-finishing pigs with reduced dietary protein levels on performance, carcass traits, meat quality and environmental impacts [J]. Livestock Science, 198: 162-169.

Moro S, Restelli G L, Arrighi S, et al, 2011. Genetic and environmental effects on a meat spotting defect in seasoned dry-cured ham [J]. Italian Journal of Animal Science, 10 (1): e7.

Moughan P J, Verstegen M W A, 1988. The modeling of growth in the pig [J]. Netherlands Journal of Agricultural Science, 36: 145-166.

Myer R O, Brendemuh J H, Barnett R D, 1996. Crystalline lysine and threonine supplementation of soft red winter wheat or triticale, low-protein diets for growing-finishing swine [J]. Journal of Animal Science, 74: 577-583.

NPPC, 1994. Procedures to evaluate market hogs [M]. 3th ed. National Pork Producers Council, Des Moines, IA.

NRC, 1998. Nutrient requirements of swine [S]. Washington, DC: National Academy Press.

NRC, 2012. Nutrient requirements of swine [S]. Washington, DC: National Academy Press.

Nteeba J, Sanz-fernandez M V, Rhoads R P, et al, 2015. Heat stress alters ovarian insulin mediated phosphatidylinositol-3kinase and steroidogenic signaling in gilt ovaries [J]. Biology of Reproduction, 92: 148.

Nyachoti C M, Omogbenigun F O, Rademacher M, et al, 2006. Performance responses and indicators of gastrointestinal health in early-weaned pigs fed low-protein amino acid-supplemented diets [J]. Journal of Animal Science, 84: 125-134.

Ovchinnikov A A, 1984. Effect of increased level of feeding on growth and reproductive function of replacement boars [J]. Zhivotnovodstvo, 7: 35-36.

Patience J F, 1996. Meeting the energy and protein requirements of the high producing sow [J]. Animal Feed Science and Technology, 58: 49-64.

Patience J F, 2012. Feed efficiency in swine [M]. Wageningn: Wageningen Academic Publishers.

Pond W G, Maurer R R, Mersmann H J, et al, 1992. Response of fetal and newborn piglets to maternal protein restriction during early or late pregnancy [J]. Growth Development and Aging, 56: 115-127.

Poppe S, Huhn U, Kleeman F, et al, 1974. Untersuchungen zur Nutritiven Beeinflussing bei Jung- und Besamlungs-Ebern [J]. Archiv Fur Tiererna Hrung, 6: 499-512.

Portejoie S, Dourmad J Y, Martinez J, et al, 2004. Effect of lowering crude protein on nitrogen excretion, manure composition and ammonia emission from fattening pigs [J]. Livestock

Production Science，91：45-55.

Powell S，Bidner T D，Payne R L，et al，2011. Growth performance of 20-to 50-kilogram pigs fed low-crude-protein diets supplemented with histidine，cystine，glycine，glutamic acid，or arginine [J]．Journal of Animal Science，89：3643-3650.

Qin C F，Huang P，Qiu K，et al，2015. Influences of dietary protein sources and crude protein levels on intracellular free amino acid profile in the longissimus dorsi muscle of finishing gilts [J]．Journal of Animal Science Biotechnology，6：52.

Qiu K，Qin C F，Luo M，et al，2016. Protein restriction with amino acid-balanced diets shrinks circulating pool size of amino acid by decreasing expression of specific transporters in the small intestine [J]．PLoS ONE，11：e162475.

Quiniou N，Dourmad J Y，Noblet J，1996. Effect of energy intake on the performance of different types of pig from 45 to 100kg body weight. 1. Protein and lipid deposition [J]．Animal Science，63：277-288.

Quiniou N，Noblet J，1995. Prediction of tissular body composition from protein and lipid deposition in growing pigs [J]．Journal of Animal Science，73：1567-1575.

Quiniou N，Noblet J，1999. Influence of high ambient temperatures on performance of multiparous lactating sows [J]．Journal of Animal Science，77：2124-2134.

Ren M，Liu C，Zeng X，et al，2014. Amino acids modulates the intestinal proteome associated with immune and stress response in weaning pig [J]．Molecular Biology Reports，41：3611.

Renaudeau D，Noblet J，2001. Effects of exposure to high ambient temperature and dietary protein level on sow milk production and performance of piglets [J]．Journal of Animal Science，79：1540-1548.

Renaudeau D，Quiniou N，Noblet J，2001. Effects of exposure to high ambient temperature and dietary protein level on performance of multiparous lactating sows [J]．Journal of Animal Science，79：1240-1249.

Revell D K，Williams I H，Mullan B P，et al，1998. Body composition at farrowing and nutrition during lactation affect the performance of primiparous sows：II. Milk composition，milk yield，and pig growth [J]．Journal of Animal Science，76：1738-1743.

Russell L E，Cromwell G L，Stahly T S，1983. Tryptophan，threonine，isoleucine，and methionine supplementation of a 12% protein，lysine-supplemented，corn-soybean meal diet for growing pigs [J]．Journal of Animal Science，56：1115-1123.

Russell L E，Kerr B J，Easter R A，1987. Limiting amino acids in an 11% crude protein corn-soybean meal diet for growing pigs [J]．Journal of Animal Science，65：1266-1272.

Ruusunen M，Partanen K，Pösö R，et al，2007. The effect of dietary protein supply on carcass composition，size of organs，muscle properties and meat quality of pigs [J]．Livestock Science，107：170-181.

Schinckel A P，de Lange C F M，1996. Characterization of growth parameters needed as inputs for pig growth models [J]．Journal of Animal Science，74：2021-2036.

Schoknecht P A，Newton G R，Weise D E，et al，1994. Protein restriction in early pregnancy alters fetal and placental growth and allantoic fluid proteins in swine [J]．Theriogenology，42：217-226.

Shriver J A，Carter S D，Senne B W，et al，1999. Effects of adding wheat midds to low crude protein，amino acid supplemented diets for finishing pigs [J]．Journal of Animal Science，77

(1): 189.

Shriver J A, Carter S D, Sutton A L, et al, 2003. Effects of adding fiber sources to reduced crude protein, amino acid-supplemented diets on nitrogen excretion, growth performance, and carcass traits of finishing pigs [J]. Journal of Animal Science, 81: 492-502.

Spencer J D, Boyd R D, Cabrera R, 2003. Early weaning to reduce tissue mobilization in lactating sows and milk supplementation to enhance pig weaning weight during extreme heat stress [J]. Journal of Animal Science, 81: 2041-2052.

Stahly T S, Cromwell G L, Aviotti M P, 1979. The effect of environmental temperature and dietary lysine source and level on the performance and carcass characteristic of growing swine [J]. Journal of Animal Science, 49: 1242-1251.

St-Pierre N R, Cobanov B, Schnitkey G, 2003. Economic losses from heat stress by US livestock industries [J]. Journal of Dairy Science, 86: 52-77.

Sui S, He B, Jia Y, et al, 2014. Maternal protein restriction during gestation and lactation programs offspring ovarian steroidogenesis and folliculogenesis in the prepubertal gilts [J]. Journal of Steroid Biochemistry and Molecular Biology, 143: 267-276.

Suriyasomboon A, Lundehein N, Kunavongkrit A, et al, 2005. Effect of temperature and humidity on sperm morphology in Duroc boars under different housing systems in Thailand [J]. Journal of Veterinary Medical Science, 67: 777-785.

Teye G A, Sheard P R, Whittington F M, et al, 2006. Influence of dietary oils and protein level on pork quality. 1. Effects on muscle fatty acid composition, carcass, meat and eating quality [J]. Meat Science, 73: 157-165.

Thomke S, Alaviuhkola T, Madsen A, et al, 1995. Dietary energy and protein for growing pigs. 2. Protein and fat accretion and organ weights of animals slaughtered at 20, 50, 80 and 110 kg live weight [J]. Acta Agriculturae Scandinavica A-Animal Sciences, 45: 54-63.

Thompson J M, Sun F, Kuczek T, et al, 1996. The effect of genotype and sex on the patterns of protein accretion in pigs [J]. Animal Science, 63: 265-276.

Tilton S L, Miller P S, Lewis A J, et al, 1999. Addition of fat to the diets of lactating sows. I. Effects on milk production and composition and carcass composition of the litter at weaning [J]. Journal of Animal Science, 77: 2491-2500.

Tous N, Lizardo R, Vilà B, et al, 2014. Effect of reducing dietary protein and lysine on growthperformance, carcass characteristics, intramuscular fat, and fatty acid profile of finishing barrows [J]. Journal of Animal Science, 92: 129-140.

Trottier N L, Shipley C F, Easter R A, 1997. Plasma amino acid uptake by the mammary gland of the lactating sows [J]. Journal of Animal Science, 75: 1266-1278.

Tseng J K, Tang P C, Ju J C, 2006. *In vitro* thermal stress induce sapoptosis and reduces development of porcine parthenotes [J]. Theriogenology, 66: 1073-1082.

Tuitoek J K, Young L G, Delange C F M, et al, 1997a. The effect of reducing excess dietary amino acids on growing-finishing pig performance: an evaluation of the ideal protein concept [J]. Journal of Animal Science, 75: 1575-1583.

Tuitoek J K, Young L G, Delange C F M, et al, 1997b. Body composition and protein and fat accretion in various body components in growing gilts fed diets with different protein levels but estimated to contain similar levels of ideal protein [J]. Journal of Animal Science, 75: 1584-1590.

Tydlitat D A，Czanderlova L，2008. Influence of crude protein intake on the duration of delivery and litter size in sows [J] . Acta Veterinaria Brno，77：25-30.

Unruh J A，Friesen K G，Stuewe S R，et al，1996. The influence of genotype，sex，and dietary lysine on pork subprimal cut yields and carcass quality of pigs fed to either 104 or 127 kilograms [J] . Journal of Animal Science，74：1274-1283.

Vidal J M，Edwards S A，MacPherson O，et al，1991. Effect of environmental temperature on dietary selection in lactating sows [J] . Proceedings of the British Society of Animal Production：122-122.

Wood J D，Nute G R，Richardson R I，et al，2004. Effects of breed，diet and muscle on fat deposition and eating quality in pigs [J] . Meat Science，67：651-667.

Wu G，Bazer F W，Cudd T A，et al，2004. Maternal nutrition and fetal development [J] . Journal of Nutrition，134：2169-2172.

Wu G，Bazer F W，Wallace J M，et al，2006. Board-invited review：intrauterine growth retardation：implications for the animal sciences [J] . Journal of Animal Science，84：2316-2337.

Wu G，Knabe D A，1994. Free and protein-bound amino acids in sow’s colostrum and milk [J] . Journal of Nutrition，124：415-424.

Wu G，Morris S M，1998. Arginine metabolism：nitric oxide and beyond [J] . Biochemical Journal，336：1-17.

Xie C，Zhang S，Zhang G，et al，2013. Estimation of the optimal ratio of standardized ileal digestible threonine to lysine for finishing barrows fed low crude protein diets [J] . Asian-Australasian Journal of Animal Sciences，26：1172-1180.

Xie C Y，Zhang G J，Zhang F R，et al，2014. Estimation of the optimal ratio of standardized ileal digestible tryptophan to lysine for finishing barrows fed low protein diets supplemented with crystalline amino acids [J] . Czech Journal of Animal Science，59：2014-2026.

Yen H Y，Yu I T，1985. Influence of digestible energy and protein feeding on semen characteristics of breeding boars. Efficient animal production for Asian welfare [C] //Proceedings 3rd AAAP Animal Science Congress，2：610.

Yue L Y，Qiao S Y. 2008. Effects of low-protein diets supplemented with crystalline amino acids performance and intestinal development in piglets over the first 2 weeks after weaning [J] . Livestock Science，115：144-152.

Zervas S，Zijlstra R T，2002. Effects of dietary protein and fermentable fiber on nitrogen excretion patterns and plasma urea in grower pigs [J] . Journal of Animal Science，80：3247-3256.

Zhang G J，Xie C Y，Thacker P A，et al，2013a. Estimation of the ideal ratio of standardized ileal digestible threonine to lysine for growing pigs（22-50kg）fed low crude protein diets supplemented with crystalline amino acids [J] . Animal Feed Science and Technology，180：83-91.

Zhang S，Qiao S，Ren M，et al，2013b. Supplementation with branched-chain amino acids to a low-protein diet regulates intestinal expression of amino acid and peptide transporters in weanling pigs [J] . Amino Acids，45：1191-1205.

第六章 猪低蛋白质日粮配制技术体系

低蛋白质日粮的配制不是把日粮蛋白质水平和蛋白质饲料用量降下来，然后把能量饲料用量增加上去的简单操作，而是涉及净能体系、能氮平衡、氨基酸之间的相互平衡等复杂技术，净能体系下能量蛋白质平衡和氨基酸平衡把握不准，会导致日粮中能量过剩，造成猪胴体变肥、氨基酸不平衡或猪生长速度减慢等问题。本书第二章已经详细讨论了饲料净能的测定、净能值和能氮平衡，第三章详细讨论了理想蛋白质的氨基酸平衡模式，在此基础上，本章重点讨论猪的氨基酸需要量、低蛋白质日粮中净能需要量和主要必需氨基酸平衡模式，并阐述低蛋白质日粮中纤维的选择和电解质的平衡问题。

第一节 猪氨基酸营养需要量

一、猪氨基酸需要量的研究方法

（一）综合法

综合法是应用剂量效应模型研究动物机体氨基酸需要量的方法，应用该方法时试验设计应注意：①使用待测氨基酸缺乏的饲料原料配制基础日粮，使基础日粮中待测氨基酸缺乏（这需要在基础日粮中补充其他晶体氨基酸来保证待测氨基酸为第一限制性氨基酸）；②除待测氨基酸外，基础日粮中其他营养素应满足动物机体需要；③待测氨基酸至少设置4个梯度水平（2个梯度水平在需要量之上，2个梯度水平在需要量之下）；④依据效应指标特点，需要设定足够长的试验期；⑤为能客观分析试验结果和确定需要量，需要选择合适的统计模型（NRC，2012）。

应用综合法估测猪的氨基酸需要量，对于仔猪和生长育肥猪，效应指标一般包括生长性能和血液指标［血清氨基酸和血清尿素氮（serum urea nitrogen，SUN）］（Yi等，2006；Kendall等，2008）；对于妊娠母猪，效应指标一般包括氮沉积量、妊娠期增重和产仔数（Dourmad和Ettienne，2002）；对于泌乳母猪，效应指标一般包括产奶量、仔猪断奶体重和泌乳期母猪体重变化（Paulicks等，2003）。在日粮待测氨基酸满足猪生长需要的条件下，待测氨基酸与其他必需氨基酸的比例达到理想状况时，机体蛋白质的合成速度最快。由于沉积1g蛋白质会伴随沉积4g水，当机体蛋白质沉积量最大时，日增重达到最大值。因此，日增重能够比较直观地反映猪适宜的氨基酸需要量。在氨基酸剂量效应试验中，待测氨基酸达到机体需要量、体内蛋白质合成效率最高时，血清中游离氨基酸的水平最低（Lewis 等，1980）。此时机体从日粮中摄取的氨基酸大多数用于蛋白质合成，很少被氧化分解，SUN 的水平最低，因此血清氨基酸和 SUN 能比较客观地反映机体对待测氨基酸的适宜需要量。

在用剂量效应试验研究氨基酸需要量时，统计模型的选择会对氨基酸需要量的确定产生影响。剂量效应统计模型包括多重比较、单斜率折线模型、二次曲线模型、曲线平台模型和渐近线模型（Pesti 等，2009）。不同的模型会对氨基酸需要量的评估造成一定的差异。下文中将详细介绍各模型的优劣，研究者和配方师可根据不同生产目标，选择适宜的评估模型。

（二）析因法

氨基酸通过胃肠道被消化吸收进入猪体内，主要用于维持机体功能和蛋白质沉积。对于仔猪和生长育肥猪，蛋白质沉积主要是体蛋白质的增长；对于妊娠母猪，蛋白质沉积包括母体自身体蛋白质沉积、胎儿蛋白质沉积、乳腺蛋白质沉积、胎盘和羊水蛋白质沉积及子宫蛋白质沉积；对于泌乳母猪，蛋白质沉积包括母体自身体蛋白质变化和乳汁蛋白质产量。维持氨基酸需要主要用于：基础内源肠道氨基酸损失，主要与采食量有关；皮肤和毛发氨基酸损失，主要与代谢体重有关；最低的氨基酸分解代谢损失，主要与机体的体蛋白质更新、用于必需含氮化合物不可逆的合成及尿素氮排放有关（Moughan，1999）。NRC（2012）以 SID 氨基酸为基准，列出了生长育肥猪 SID 赖氨酸的维持需要模型（公式 6-1、公式 6-2 和公式 6-3）。

$$\text{基础内源肠道赖氨酸损失（g/d）}=\text{采食量}\times(0.417/1\,000)\times 0.88\times 0.1 \tag{6-1}$$

式中，数值 0.417 是指每千克干物质采食量基础内源回肠末端赖氨酸损失（单位为 g）；0.88 是指饲料的干物质含量为 88%；0.1 是指大肠的赖氨酸基础内源损失相当于回肠末端的 10%。

$$\text{皮肤赖氨酸损失（g/d）}=0.004\,5\times BW^{0.75} \tag{6-2}$$

$$\begin{matrix}\text{基础内源肠道损失和皮肤}\\ \text{损失 SID 赖氨酸需要（g/d）}\end{matrix}=\frac{\text{（公式 6-1＋公式 6-2）}}{[0.75+0.002\times(\text{最大蛋白质沉积}-147.7)]} \tag{6-3}$$

式中，0.75 是指被机体吸收的 SID 赖氨酸用于基础内源肠道和皮肤损失的氨基酸的利用效率为 75%，剩余的 25%用于必然和最小的分解代谢；0.002 是指最大蛋白质沉积每增加 1g，最小和必然的 SID 赖氨酸分解代谢降低 0.2%（Moehn 等，2004）。

对于生长育肥猪，消化吸收氨基酸的一部分用于上述的维持需要，另一部分主要用于体蛋白质合成，体蛋白质沉积的 SID 赖氨酸需要量见公式 6-4。考虑猪个体之间的差异，超过维持用于蛋白质沉积的 SID 赖氨酸边际效率随着猪体重的增加而递减。在公式 6-4 中，随着猪体重的增加，用于每克蛋白质沉积的 SID 赖氨酸需要量增加。对于 20kg 的生长猪，SID 赖氨酸用于蛋白质沉积的效率为 68.2%，每克蛋白质沉积需要 0.104g 的 SID 赖氨酸；对于 120kg 的育肥猪，SID 赖氨酸用于蛋白质合成的效率为

56.8%，每克蛋白质沉积需要 0.125g 的 SID 赖氨酸（NRC，2012）。生长育肥猪总的 SID 赖氨酸需要量见公式 6-5，依据赖氨酸和其他必需氨基酸的比例，应用上述公式可以计算其他必需氨基酸和总氮的需要量。

$$\text{体蛋白质沉积的 SID 赖氨酸需要量（g/d）}=\frac{\text{沉积到蛋白质中的赖氨酸}}{0.75+0.002\times(\text{最大蛋白质沉积}-147.7)}\times(1+0.0547+0.002215\,BW) \quad (6\text{-}4)$$

$$\text{总 SID 赖氨酸需要量（g/d）}=\text{公式 6-3}+\text{公式 6-4} \quad (6\text{-}5)$$

表 6-1 将 NRC（2012）中生长育肥猪用于维持和蛋白质沉积的理想氨基酸比例与 NRC（1998）进行了比较。从表 6-1 中可以看出，用于维持的含硫氨基酸（蛋氨酸＋胱氨酸）、苏氨酸与赖氨酸的比例要显著高于用于蛋白质沉积的比例，而用于维持的氨基酸需要主要与代谢体重和采食量有关，随着生长育肥猪体重的增加和采食量的提高，日粮中 SID 含硫氨基酸（蛋氨酸＋胱氨酸）、SID 苏氨酸与赖氨酸的比例也会提高。NRC（2012）中生长育肥猪维持的缬氨酸与赖氨酸比例显著高于 NRC（1998）。

表 6-1 生长育肥猪用于维持和蛋白质沉积的理想氨基酸比例

氨基酸	NRC（1998）中赖氨酸比例		NRC（2012）中赖氨酸比例	
	维持[1]	蛋白质沉积[2]	维持[3]	蛋白质沉积[4]
精氨酸	−200	48	54.4	90.2
组氨酸	32	32	35.2	45.2
异亮氨酸	75	54	87.7	50.8
亮氨酸	70	102	124.9	100.0
赖氨酸	100	100	100.0	100.0
蛋氨酸	28	27	27.7	27.9
蛋氨酸＋胱氨酸	123	55	102.4	41.8
苯丙氨酸	50	60	90.5	52.2
苯丙氨酸＋酪氨酸	121	93	147.7	89.9
苏氨酸	151	60	137.0	53.1
色氨酸	26	18	38.0	12.8
缬氨酸	67	68	118.1	66.2

注：[1]维持需要氨基酸的理想比例是根据 Baker 等（1966a，1966b）、Wang 和 Fuller 等（1989）的研究结果计算而来，负值反映精氨酸合成超过维持需要。

[2]蛋白质沉积所需氨基酸的理想比例引自 Fuller 等（1989）的研究结果，并将其调整为维持和蛋白质沉积所需氨基酸的理想比例。

[3]维持所需氨基酸的理想比例根据体重为 50kg、每天干物质采食量为 2kg 的生长猪计算而来。

[4]蛋白质沉积所需氨基酸比例根据每 100g 蛋白质沉积 7.1g 赖氨酸体蛋白质组成所得。

二、影响氨基酸需要量的因素

（一）动物因素

动物因素包括品种、体重、性别和健康状态等。不同遗传背景的动物在采食量、沉积瘦肉和脂肪方面的遗传潜力有差异，生长育肥期体增重的速率和成分也将影响氨基酸的需要量。欧美常见瘦肉型品种和基因型猪的生长性能见表 6-2。其中，最低采食量、最高平均日增重和饲料转化效率分别为丹麦猪、SPF 杜洛克猪和 Newsham 杂交猪，SPF 杜洛克猪和 Newsham 杂交猪日均瘦肉增重最佳（NPPC，1995）。在采食量方面，Baumung 等（2006）比较了大白猪、长白猪和皮特兰猪的采食行为发现，大白猪和长白猪在采食行为上各有特点，但采食量差异不大，其中皮特兰猪的采食量明显较低。一般来说，瘦肉率高、脂肪含量低的品种，氨基酸需要量也较高。荣昌猪作为我国知名地方品种之一，其 35～55kg 的后备母猪表观回肠可消化（apparent ileal digestible，AID）赖氨酸需要量仅为 0.43%（汪超等，2010），而类似体重外种猪的 AID 赖氨酸需要量为 0.94%（NRC，2012），约是荣昌猪的 2.2 倍。

表 6-2　欧美主要瘦肉型品种和基因型猪的生长性能

猪品种	日均采食量（kg）	平均日增重（g）	耗料增重比	瘦肉日增重（g）
巴克夏猪	2.66^{cd}	840^{c}	3.07^{c}	286^{c}
丹麦猪	2.47^{a}	831^{c}	2.88^{ab}	327^{a}
杜洛克猪	2.61^{c}	885^{a}	2.91^{b}	318^{ab}
汉普夏猪	2.57^{bc}	849^{ab}	2.92^{b}	322^{a}
NGT 大白猪	2.53^{ab}	849^{bc}	2.94^{b}	295^{c}
SPF 杜洛克猪	2.62^{c}	894^{a}	2.89^{ab}	331^{a}
Newsham 杂交猪	2.51^{ab}	863^{ab}	2.83^{a}	331^{a}
Spot 花猪	2.68^{d}	835^{c}	3.14^{d}	285^{c}
约克夏猪	2.53^{b}	835^{c}	2.93^{b}	309^{b}

注：生长期体重为 29.5～113.5kg；同列上标不同小写字母表示差异显著（$P<0.05$），相同小写字母表示差异不显著（$P>0.05$）。

资料来源：美国国家猪肉生产商委员会（NPPC，1995）。

母猪和公猪在瘦肉和脂肪沉积模式上也存在差异，母猪的瘦肉沉积率较高（Schinckel 和 de Lange，1996），并且消耗的饲料通常比公猪要少，相应单位日粮的氨基酸需要量往往高于公猪（Main 等，2008）。同一性别而日增重不同时氨基酸需要量也存在较大差异，如体重约为 110kg 的去势公猪，在采食量相近的情况下，当平均日增重为 657g 和 880g 时，赖氨酸需要量分别为 0.54%（de la Llata 等，2007）和 0.80%（Main 等，2008）。

（二）日粮因素

目前大多数发表的文献是以玉米-豆粕型日粮作为猪的标准日粮评估猪的营养需要量，但是不同饲料原料氨基酸消化率之间存在差异，如采用小麦型日粮的总氨基酸需要量明显高于玉米-豆粕型日粮，但是两者之间 AID 氨基酸的需要量差异不大（Schutte 等，1997）。Quant 等（2012）研究了美国典型玉米-豆粕型日粮和非美国典型日粮饲喂条件下，SID 色氨酸与 SID 赖氨酸的适宜比例发现，以 SID 为基础评定时，氨基酸的需要量与日粮类型无关。Guzik 等（2005）以总氨基酸和真回肠可消化（true ileal digestible，TID）氨基酸为基础评估育肥猪色氨酸需要量的研究时发现，采用 TID 为基础配制日粮并没有减少试验之间色氨酸需要量的差异。因此，以可消化氨基酸配制日粮来评估猪的氨基酸需要量时，可消除不同原料氨基酸消化率之间的差异。

日粮的能量、蛋白质水平和氨基酸平衡状况等因素也影响猪对氨基酸的需要量。能量是一切生命活动的基础，其与赖氨酸需要量有着一定的比例关系。de la Llata 等（2007）研究了 2 个能量水平下育肥猪氨基酸的需要量时发现，氨基酸需要量随日粮能量水平的提高而提高，但是保持一定的比例。日粮蛋白质对氨基酸需要量的影响取决于动物对氮的最大利用效率，当蛋白质超过动物需要或不平衡时，未被利用的氨基酸将被代谢，此过程需要消耗多余的能量，从而影响氨基酸需要量。早期的研究表明，18kg 体重仔猪日粮粗蛋白质水平为 16%～12%时，粗蛋白质水平每降低 1 个百分点，赖氨酸需要量下降 0.02%（Baker 等，1975）。但低蛋白质日粮条件下，达到氨基酸平衡的其他氨基酸与赖氨酸比例的变化比较复杂。首先，与蛋白质中的氨基酸相比，晶体氨基酸很容易与日粮中其他化合物发生反应，如在日粮存储过程中色氨酸和蛋氨酸就极易被日粮中的不饱和脂肪酸产生的自由基所氧化（Boisen，2003）；其次，Quant（2008）在评估低蛋白质日粮条件下，育肥猪 SID 色氨酸与 SID 赖氨酸的适宜比例时发现，该比值随着其他必需氨基酸补充量的提高而提高。这一研究结果表明，平衡低蛋白质日粮中氨基酸之间的比例时，氨基酸与其他化合物，以及氨基酸之间的相互作用将对其最佳比例产生一定影响。

日粮中的营养成分和添加剂对氨基酸的需要量也有着重要的影响。Mahan 和 Newton（1993）研究了日粮中添加乳清粉对断奶仔猪赖氨酸需要量的影响，结果表明乳清粉的添加提高了仔猪的生产性能，因而提高了仔猪的赖氨酸需要量。由于某些营养成分与氨基酸有着类似的生理功能，如含硫氨基酸和胆碱均可作为甲基供体，烟酰胺和色氨酸可以相互转化。当这一类营养成分，如胆碱和烟酰胺不能满足动物需求时将影响相关氨基酸的需要量。

（三）效应指标

效应指标的选择也是引起动物营养需要量评估值变异的重要因素之一。总体来说，按照被测氨基酸采食量与动物呈现的效应之间的关系，效应指标可以分为三类（Pencharz 和 Ball，2003）。第一类包括氮平衡和生产性能等，这一类效应指标随着氨基酸采食量的增加而提高，直至氨基酸采食量满足动物需要量时，氮平衡和生产性才能达到平台期；第二类包括血浆氨基酸和被测氨基酸直接氧化法（direct amino acid oxidation，DAAO），这类指标在氨基酸采食量满足动物需要量之前变化不大，一旦氨基酸采食量达到甚至超过动物需要量时，其血浆浓度（Wiltafsky 等，2009）或代谢的二氧化碳（Pencharz 和 Ball，2003）呈线性升高；第三类包括血浆尿素氮和标记氨基酸氧化法（indicator amino acid oxidation，IAAO），这类指标在氨基酸采食量较低时表现出与第一类指标相反的趋势，即随着采食氨基酸量的增加而降低，当氨基酸采食量满足动物需要时达到平台期（图 6-1）。

在剂量效应试验中，生产性能和氮沉积量作为第一类效应指标在氨基酸需要量评估中最为常用，也最容易被理解。然而，这类指标仅能用于处于快速生长期的动物，且需要的动物数量相对较大、评估时间较长。在育肥期动物营养需要量的评估中，研究者更加关注胴体性状和猪肉品质（Knowle 等，1998；Loughmiller 等，1998；Kendall 等，

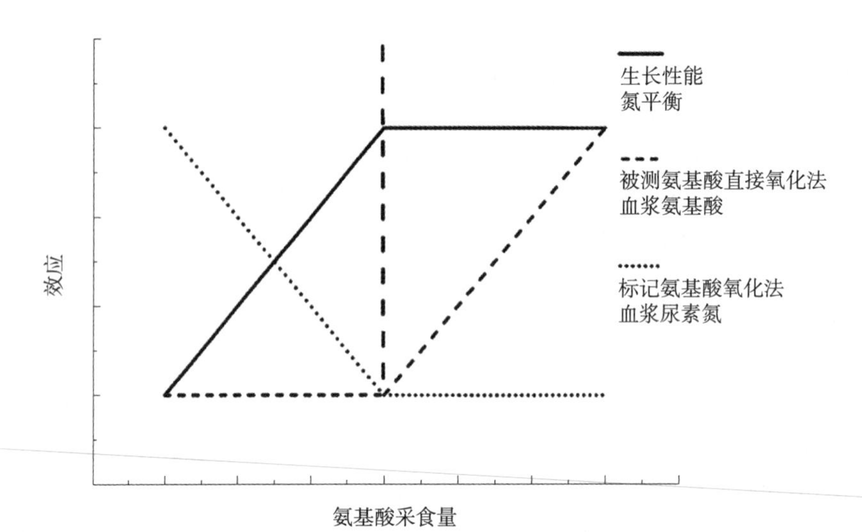

图 6-1　三类效应指标与氨基酸采食量之间的关系
（资料来源：Pencharz 和 Ball，2003）

2007；Plitzner 等，2007）。然而，一部分胴体或品质指标，如胴体长度、NPPC 瘦肉率和所有肉品质指标，都对待测养分的剂量或梯度没有反应；另一部分胴体性状，如屠宰率、脂肪厚度、眼肌面积和火腿重量等，常表现出没有平台期的线性反应。

第二类效应指标以被测氨基酸直接氧化法中代谢产生的 C14 标记的二氧化碳和血浆氨基酸浓度最为常用。氨基酸直接氧化法所使用的示踪氨基酸与被测氨基酸相同，仅能用于那些碳架经代谢后可以直接释放到体内的碳酸盐池，并最终可以出现在呼出的二氧化碳中的氨基酸。在 24 h 氨基酸氧化率对应不同水平测试氨基酸的效应曲线中，曲线拐点被看做是氨基酸的需要量水平。氨基酸摄入量在需要量之下时，氨基酸氧化率最低，且维持不变，当超过需要量时氨基酸氧化率会显著升高（Pencharz 和 Ball，2003）。氨基酸直接氧化法的缺点在于标记氨基酸是氨基酸摄入量的一部分。氨基酸直接氧化法分为禁食和进食两个阶段，一半的标记氨基酸在禁食阶段注入动物体内，由于没有其他营养素来源，标记氨基酸在禁食阶段即被氧化（刘志友等，2010）。血浆必需氨基酸最早用于人色氨酸需要量的研究（Young 等，1971），在畜禽氨基酸需要量的研究中应用并不多。Wiltafsky 等（2009）用该效应指标评估了仔猪的缬氨酸需要量。但值得注意的是，这种效应可能取决于采血时间。一些研究所用的采血时间为动物采食后 2.5h；而另一些研究所采用的采血时间多为动物禁食较长时间后，此时被测氨基酸的血浆浓度与日粮中该氨基酸的浓度仅表现出线性关系，并不出现明显的拐点（Loughmiller 等，1998；Kendall 等，2007）。

第三类效应指标主要有标记氨基酸氧化法中代谢产生的 C14 标记的二氧化碳和血浆尿素氮等。不同于氨基酸直接氧化法，标记氨基酸氧化法中所使用的示踪氨基酸与被测氨基酸不同，避免了氨基酸直接氧化法的一些问题。在直接氨基酸氧化法中，随着日粮中氨基酸水平的增加，待测氨基酸的代谢反应库体积也会增加，相应地会造成待测氨基酸浓度降低。在标记氨基酸氧化法中，指示剂与氨基酸（标记和未标记）的浓度都不会发生变化（Pencharz 和 Ball，2003；刘志友等，2010）。标记氨基酸氧化法最初由

Ball 和 Bayley（1986）提出，用于幼龄猪氨基酸需要量的研究。氨基酸不能在动物体内存储，必须在合成蛋白质和氧化之间进行分配。随着限制性氨基酸摄入量的增加，必需氨基酸的氧化率下降，合成蛋白质的能力会增强。当限制性氨基酸满足机体需要时，指示剂的氧化率不再改变（Kim 等，1983；Ball 和 Bayley，1986）。血浆尿素氮是一种重要的氨基酸代谢终产物，当动物体内氨基酸的总量超过动物需要或平衡性较差时，多余的氨基酸被代谢成尿素氮（D' Mello D' Mello ，2003）。越来越多的研究表明，血液中尿素氮的水平与动物氨基酸的需要量高度相关（Whang 和 Easter，2000；Pedersen 和 Boisen，2001；Pedersen 等，2003）。Coma 等（1995）比较了单斜率折线模型、双斜率折线模型、二次曲线模型和曲线平台模型对血浆尿素氮数据的拟合效果，结果表明采用双斜率折线模型拟合曲线时，模型的决定系数最大，均方误差最小。因此，以血浆尿素氮作为效应变量时，建议选用双斜率折线模型评估氨基酸的需要量。

相对于第一类效应指标，血液相关效应指标（第二类和第三类）需要的评估时间往往较短，如采用血浆尿素氮和标记氨基酸氧化法只需要 3d（Coma 等，1995），包括 2d 的适应期和 1d 的效应试验期（Moehn 等，2004）。因此，用一批动物在同一个生长周期能开展多次评估试验，同时这类指标也适用于动物个体需要量的研究。但是，被测氨基酸氧化法和标记氨基酸氧化法对设备和技术要求较高（Moehn 等，2004），标记的氨基酸也相对较为昂贵，因此在畜禽营养需要量的测定上仍处于探索阶段。

此外，血浆必需氨基酸浓度也被作为辅助效应指标来评估氨基酸的需要量，其原理为当限制性必需氨基酸（被测必需氨基酸）接近动物的需要量时，机体蛋白质合成量达到最大值，此时其余非限制性的必需氨基酸血浆浓度将达到最低值；而当氨基酸低于或超出动物的需要量时，这些必需氨基酸的浓度变化不大（Loughmiller 等，1998）。

（四）评估模型

在剂量效应试验中，模型和统计方法的选择是影响需要量评估的关键因素之一。常用的评估模型有多重比较（又称均值比较），线性模型和非线性模型等（图 6-2）。在先前的研究中，多重比较常被误用于剂量效应试验需要量的评估，然而多重比较要求自变量是离散的、结构化的数据类型，故不适用于连续的数据类型（Shearer，2000）。此外，多重比较没有相应的函数对应，其评估值为某一个设定值的剂量水平，但是动物的需要量可能在两个设置的水平之间，因此也不能得到精确的需要量（Pesti 等，2009）。

线性模型广义上包括一次线性模型和二次曲线模型。一次线性模型用于随着剂量升高、效应指标相应升高（或降低）的数据类型，由于没有平台值或最大值，因此该模型不适用于剂量效应试验中需要量的评估。二次曲线模型用于呈抛物线变化趋势的数据类型，但是其对数据类型和剂量水平（最少 3 个）的要求较为宽泛，同时容易得到最佳评估值（二次函数极值对应的剂量），因此是营养需要量评估最常用的模型。其曲线表示随着日粮营养水平的递增，直至效应表现为“安全的”或“有毒的”。但是，二次曲线模型的评估值极易受到动物实际需要量附近额外剂量水平的影响（Pesti 等，2009）；此外，对于那些对高剂量没有进一步反应的数据类型，用该模型评估需要量存在一定的局限性。

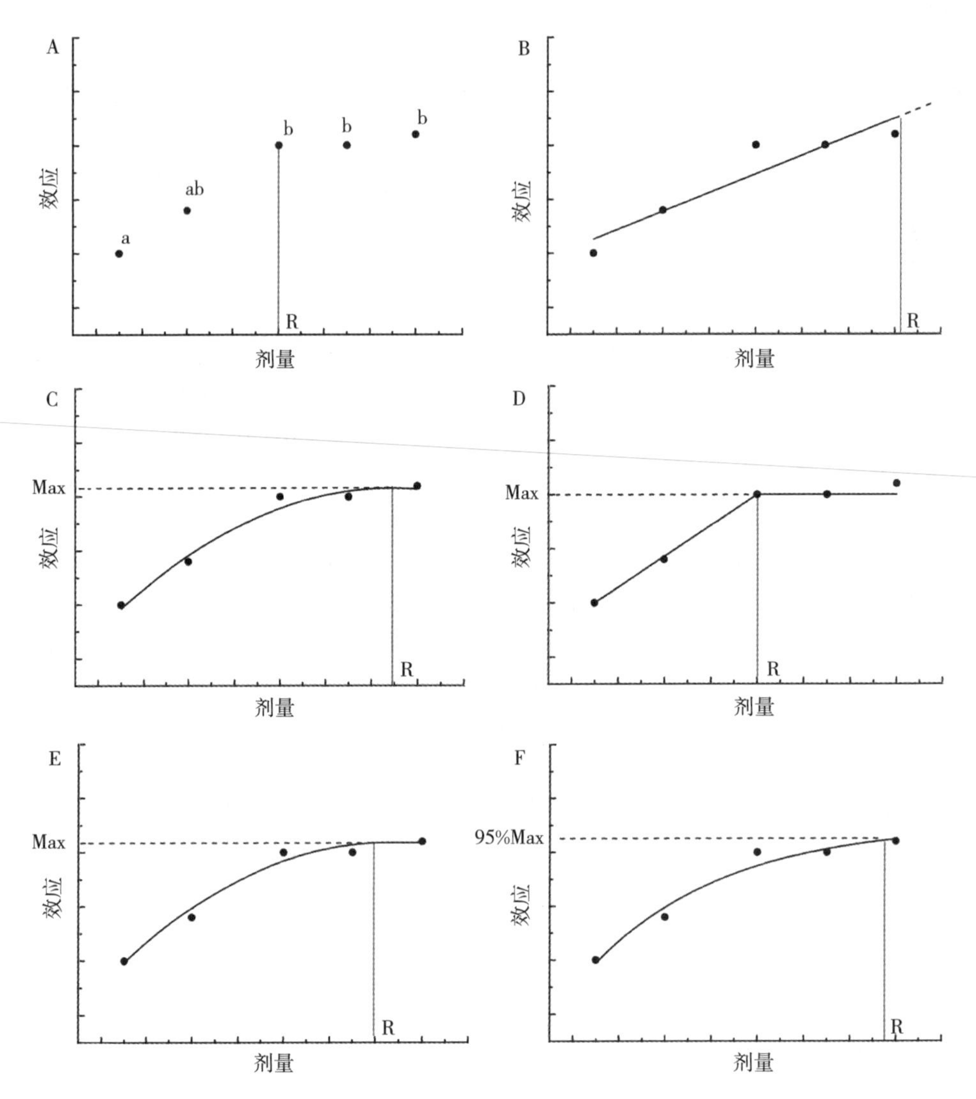

图 6-2　营养需要量常用的评估模型

注：A. 多重比较，^{a,b}（$P<0.05$）；B. 线性模型，$y=ax+b$；C. 二次曲线模型，$y=ax^2+bx+c$，$R=-b/2a$；D. 单斜率折线模型，$x<R$，$y=y_{max}+U(R-x)$；$x\geqslant R$，$y=y_{max}$；E. 曲线平台模型，$x<R$，$y=y_{max}+U(R-x)^2$；$x\geqslant R$，$y=y_{max}$；F. 渐近线模型，$y=y_{max}-ae^{(-bx)}$。

常见的非线性模型有单斜率折线模型、曲线平台模型和指数模型。单斜率折线模型用于拟合随着剂量增加线性升高（或下降），随后呈现出明显平台期的数据类型，需要量为两个直线的拐点。然而，该模型不适用于那些高剂量表现“毒性”或“性能下降”的数据拟合。此外，该模型因没有考虑群体间的变异，其得到的评估值仅代表理论上的“平均动物”（Baker，1986）。为此，Robbins 等（2006）评估了单斜率折线模型在营养需要量研究的应用后，进而推荐了另一种改善型模型——曲线平台模型，其表现为：低剂量时，随着剂量的增加效应呈二次变化，达到二次曲线最大值后以平台表示。与单斜率折线模型相比，二次曲线平台模型在以下 4 个方面有着明显优势（图 6-3）：①考虑了试验群体之间的变异；②兼顾了动物对养分的动态需要；

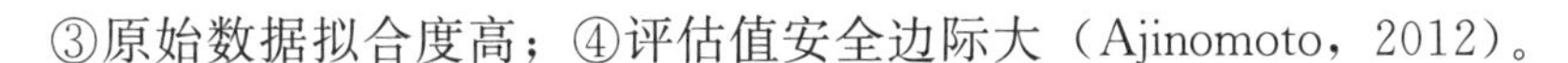
③原始数据拟合度高；④评估值安全边际大（Ajinomoto，2012）。

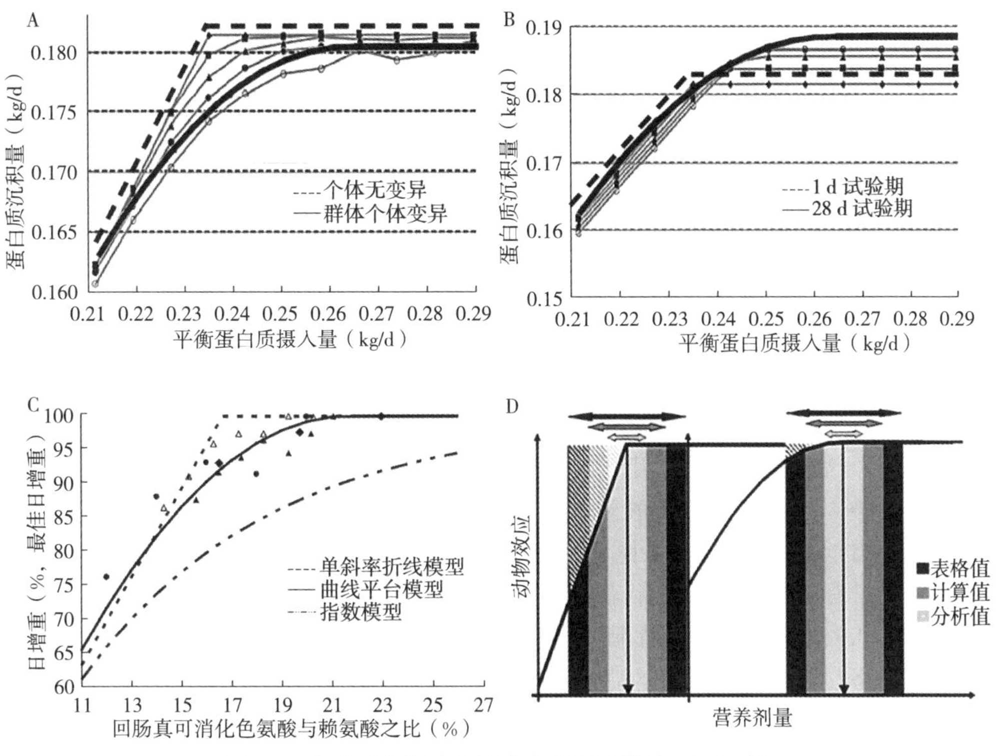

图 6-3 曲线平台模型和折线模型在数据拟合上的对比

A. 个体与群体变异 B. 试验期长短的变异 C. 原始数据拟合差异 D. 安全边际

（资料来源：修改自 Ajinomoto，2012）

渐近线模型（asymoptotic curve model）是指数模型的一种，用于在低剂量时动物效应随着剂量的增加大幅提高（或下降），在高剂量时表现出不断趋近最大值的数据类型。该模型在动物性能达到 95% 效应时，对应的剂量确定为动物的营养需要量（Robbins 等，1979）。

许多综述文章对一些常见的非线性模型进行了介绍和讨论（Gahl 等，1991；Mercer，1992；Pesti 等，2009），包括饱和动力学模型、逻辑模型和房室模型。总之，模型的选择取决于评估值的用途和评估者的工作哲学，经济性、安全性、便利性和拟合度等因素均会影响其选择。鉴于模型选择对评估值带来的变异，在报道需要量评估值时，应给出其所采用的评估模型，这将有利于评估值的风险控制（Ajinomoto，2012）。

三、氨基酸需要量的表示方法

猪的氨基酸需要量可以用日粮氨基酸浓度、每天氨基酸需要量、单位代谢体重的氨基酸需要量、单位蛋白质沉积的氨基酸需要量或单位日粮能量浓度的氨基酸需要量等来表示。在用析因法研究猪氨基酸需要量时，是以每天需要量为基础的，这种表示方法不受日粮能量浓度的影响，能够比较准确地描述猪维持和蛋白质沉积的实际氨基酸需要量。随着体重的增加，猪的采食量也不断增加，氨基酸的需要量也有同样的变化。实际上采食量比氨基酸营养需要量增加得快，因此饲料中氨基酸的浓度逐渐降低。当以日粮氨基酸浓度表示需要量时，不仅要考虑猪体重变化带来的采食量变化对日粮氨基酸浓度的影响，还要考虑日粮能量浓度对氨基酸浓度的影响。日粮氨基酸浓度随能量浓度升高而升高，反之亦然。对仔猪和生长猪来说，能量摄入量通常影响蛋白质沉积，饲料或能量摄入量的增加将促进体蛋白质沉积，结果使氨基酸的需要量增加，因此仔猪和生长猪的氨基酸需要量以单位日粮能量浓度为基础来表示比较确切；对于育肥猪，能量摄入量通常对蛋白质沉积没有影响，体蛋白质的日沉积量与日氨基酸摄取量有关，因此育肥猪的氨基酸需要量以每天氨基酸需要量来表示比较确切。

氨基酸的需要量还可以用理想氨基酸模式来表示，当确定日粮适宜的赖氨酸水平后，日粮中其他必需氨基酸需要量可根据理想氨基酸模式，表示成该种氨基酸与赖氨酸的比例，这也是目前最常用的猪限制性氨基酸需要量的表示模式。一些必需氨基酸（蛋氨酸、苏氨酸、色氨酸和缬氨酸）与赖氨酸的比例随着猪体重的增加而提高，随着瘦肉指数的降低而减小。在理想氨基酸模式下，以回肠末端消化率来表示氨基酸需要量有诸多优势，近年来发布的理想蛋白质氨基酸模式也倾向于以 SID 为基础。目前，几大采用以 SID 为基础的理想蛋白质氨基酸模式中，英国《猪营养需要》（BSAS，2003）发布的营养标准未考虑性别因子的影响；美国《猪营养需要》（NRC，2012）和《猪营养指南》（NSNG，2010）不仅考虑性别因子对猪营养需要量的影响，也针对不同基因型猪设置了相应的理想蛋白质氨基酸模式。NRC（2012）发布的营养需要量推荐值以猪的体蛋白质沉积平均速度为依据，NSNG（2010）则细化为 3 种瘦肉生长型来推荐相应的氨基酸需要量；德国赢创工业集团也发布了以 SID 为基础的氨基酸需要量（Rademacher 等，2009）；农业部饲料工业中心（2018）发布了低蛋白质日粮下生长育肥猪 SID 氨基酸理想模式。

四、猪限制性氨基酸营养需要量研究进展

猪对日粮蛋白质的利用效率取决于日粮中氨基酸的组成与比例（Baker，1997）。Wang 和 Fuller（1989）认为，高质量的蛋白质被认为是其中的氨基酸比例与猪的实际需要相吻合。日粮中氨基酸可利用程度越高，则越接近猪的实际需要。在养猪生产中，采用理想蛋白质氨基酸模式来配制日粮是比较常用的方法（ARC，1981；Wang 和 Fuller，1989；Baker，1997）。理想蛋白质是指日粮提供最佳的氨基酸比例及适宜的氮素含量，满足动物对必需氨基酸和非必需氨基酸的需要，此时猪对氨基酸的有效利用率达到 100%，日粮中的每个必需氨基酸具有同等限制性。目前，猪日粮中主要的限制性氨基酸包括赖氨酸、苏氨酸、含硫氨基酸、色氨酸和支链氨基酸。

（一）赖氨酸

赖氨酸是猪谷实类和饼粕类饲料的第一限制性氨基酸，其生理功能比较简单，主要用于猪机体蛋白质的合成，不会产生具有生物学意义的次级代谢物，因而是构建猪理想

蛋白质氨基酸模型的参比氨基酸。赖氨酸的主要营养生理功能为：①用于机体蛋白质的合成，是形成骨骼肌蛋白和某些多肽类激素的组分；②生酮兼生糖氨基酸之一，当缺乏碳水化合物时可被分解成葡萄糖或酮体；③在禁食情况下，是能量供给的重要来源之一；④作为脂代谢中肉毒碱的前体物质参与脂肪代谢，而肉毒碱是线粒体膜脂肪酶的组成部分，允许长链脂肪酸通过线粒体膜并将其氧化。因此，赖氨酸不仅是合成蛋白质不可缺少的成分，而且参与体内的能量代谢，通过添加晶体赖氨酸来提高日粮的赖氨酸水平，可以提高动物生长速度和饲料转化效率。工业生产的赖氨酸主要以 L 型为主，目前已知的动物都不能有效利用 D-赖氨酸，所以 L-赖氨酸对于猪和家禽是唯一具有生物活性形式的赖氨酸。

NRC（1998）总结了大量文献，对各个氨基酸进行剖分，将影响氨基酸评估的因子设置为模型参数，形成了一套较为灵活的动态数学模型。NRC（1998）的氨基酸需要量推荐值主要基于 TID 氨基酸，在综合分析一些文献数据后认为，猪每千克代谢体重大约需要 35mg 赖氨酸用于满足维持需要。然而，NRC（1998）没有提供用于单位体重蛋白质沉积的赖氨酸需要量，仅提出了无脂瘦肉生长的概念，根据无脂瘦肉生长速率将猪划为高、中和低 3 个瘦肉生长型，分别提供了相应的赖氨酸需要量。NRC（2012）在此基础上进行了发展，采用以 SID 为基础表述猪的氨基酸需要量。以赖氨酸为例，将用于维持的赖氨酸需要划分为外源赖氨酸损失和肠道基础赖氨酸损失两部分，推算每千克代谢体重产生约 4.5 mg 的外源赖氨酸损失，每千克干物质摄入造成回肠末端约 0.417g 的基础赖氨酸损失，同时计算出猪机体每沉积 100g 蛋白质需要约 7.1g 的赖氨酸。

近年来，研究者开展了大量的试验来确定仔猪赖氨酸需要量，但结果差异较大。NRC（1998）推荐的仔猪 TID 赖氨酸需要量为 1.19%（5～10kg）和 1.01%（10～20kg）。Kendall 等（2008）选用3 628头仔猪研究赖氨酸需要量，通过汇总分析 5 个生长试验的数据发现，11～27kg 仔猪的 TID 赖氨酸需要量为 1.30%。Yi 等（2006）报道，TID 赖氨酸含量为 1.28%～1.32%的日粮能够使 11～26kg 仔猪的生长性能达到最佳。Urynek 和 Buraczewska（2003）通过代谢试验发现，日粮中每兆焦代谢能含 AID 赖氨酸为 0.85g 时（日粮 AID 赖氨酸含量约为 1.23%），13～20kg 仔猪可获得最佳氮沉积量。以上研究结果与 NRC（1998）的推荐值存在较大差异。Kendall 等（2008）认为，现代瘦肉型猪的生长能力和蛋白质沉积能力得到改善是造成该差异的主要原因。国内对仔猪的赖氨酸需要量也进行了大量的研究。林映才等（2001）的研究结果表明，4～8kg 断奶仔猪的总赖氨酸需要量为 1.45%。侯永清等（1999）通过试验建议，仔猪在断奶前期（25～35d）、体重为 6.78～8.92kg 时，宜采用较高营养水平，即粗蛋白质水平为 20%、总赖氨酸含量为 1.3%的日粮；在断奶后期（36～53d）、体重达 8.98～17.52kg 时，可采用较低营养水平，即粗蛋白质水平为 18%、总赖氨酸含量为 1.0%的日粮。

de la Llata 等（2007）的研究发现，为达到最佳生长性能，27～45kg 青年母猪日粮每兆卡代谢能中需要含有 3.86g 总赖氨酸，而 34～60kg 阉公猪日粮每兆卡代谢能中需要含有 3.31g 总赖氨酸。Moreira 等（2004）通过氮平衡试验发现，20kg 生长猪在日粮总赖氨酸含量为 1.10%时氮沉积效率最高，而更高的日粮赖氨酸含量会抑制生长猪的氮沉积。Bertolo 等（2005）使用氨基酸氧化法估测生长猪个体的赖氨酸需要量时发现，生长猪的赖氨酸需要量为 0.75%～1.06%。张克英等（2001）的研究表明，当日粮消化能水平为 13.72MJ/kg、可消化赖氨酸含量为 0.90%时，25～35kg 生长猪的平均日增重和饲料转化效率达到最佳值。罗献梅等（2002）发现，35～60kg 生长猪达到最快生长速度的可消化赖氨酸含量为 0.64%，获得最佳饲料转化效率的可消化赖氨酸含量为 0.66%。Yen 等（2005）研究表明，在代谢能水平为 3.4Mcal/kg 的日粮中，发挥84～112kg 育肥猪最佳生长性能的表观可消化赖氨酸含量为 0.44%，达到最大瘦肉沉积的表观可消化赖氨酸含量为 0.62%。Srichana 等（2004）证实，83～98kg 阉公猪和 80～101kg 青年母猪的真回肠可消化赖氨酸含量分别为 0.60%和 0.61%。

表 6-3 汇总了近年来生长育肥猪赖氨酸需要量的研究文献。从表 6-3 中可以看出，20～50kg 体重阶段的生长猪，文献报道的总氨基酸需要量范围为 0.98%～1.38%，平均值为 1.18%；50～75kg 体重阶段的生长猪，文献报道的总赖氨酸需要量范围为 0.85%～1.09%，平均值为 0.99%，TID 赖氨酸和 SID 赖氨酸需要量的平均值分别为 0.89%和 0.90%；75～100kg 体重阶段的育肥猪，文献报道的总赖氨酸需要量为 0.63%～1.04%，平均值为 0.87%，TID 赖氨酸需要量的平均值为 0.87%，SID 赖氨酸需要量的平均值为 0.83%。此外，杨峰（2008）研究在氨基酸补充条件下生长育肥猪的赖氨酸需要量，结果表明 70～100kg 体重的育肥猪 AID 赖氨酸需要量为 0.61%；100kg 以上育肥猪总赖氨酸需要量为 0.51%～0.80%，平均值为 0.69%，TID 赖氨酸的需要量为 0.70%。总结这些文献发现，生长育肥猪各阶段总赖氨酸的需要量分别为：20～50kg，1.18%；50～75kg，0.99%；75～100kg，0.87%；100～110kg，0.69%。

（二）苏氨酸

苏氨酸是以谷实类及其加工副产品为基础日粮的第二或第三限制性氨基酸，在动物体内具有极其重要的生理作用，除参与体蛋白质合成外，苏氨酸还是黏液合成的重要氨基酸，在肠道黏膜屏障功能中起着重要作用（Wang 等，2007），也是维持抗体水平的重要氨基酸。Li 等（1999）研究了日粮苏氨酸对生长猪生长性能、血液指标和免疫功能的影响，结果表明获得最佳抗体水平的苏氨酸需要量高于机体增重的需要。Wang 等（2006）报道，维持 10～25kg 仔猪最佳免疫状态的日粮 TID 苏氨酸/TID 赖氨酸为 75%，获得最佳生产性能的 TID 苏氨酸/TID 赖氨酸为 68%。日粮苏氨酸缺乏时，将优先用于肠道蛋白质的合成（Wang 等，2007）。适度提高日粮苏氨酸水平，小肠上皮黏液蛋白的分泌量增加，肠上皮细胞凋亡速度显著下降（Wang 等，2007）。苏氨酸一般包含 4 个同分异构体，即 D-型、L-型、D-别-型和 L-别-型。在自然界中，仅有 L-苏氨酸具有生物学功能。研究发现，随着猪体重的增加，苏氨酸用于维持需要的比例逐渐提高（Ettle 等，2004），其与赖氨酸的最适比例随体重的增加呈现出逐渐升高的趋势（Hahn 和 Baker，1995）。日粮苏氨酸缺乏时，严重影响育肥猪生长性能及饲料转化效率，损伤机体免疫功能，但对胴体品质的影响似乎并不明显（Plitzner 等，2007）。

表 6-3 生长育肥猪赖氨酸需要量研究文献汇总

指标					日粮相关物质含量			评估方法			资料来源
平均体重（kg）	体重范围（kg）	性别[1]	平均日采食量（kg）	平均日增重（kg）	粗蛋白质（%）	有效能[2]（Mcal/kg）	赖氨酸梯度[3]（g/kg）	指标[4]	模型[5]	最佳值[6]（g/kg）	
36	27～45	G	1.39	0.71	18.20～23.40	ME:3.31 和 3.58	2.96、3.26、3.56 和 3.86g/Mcal ME	GP	LM	3.51～3.86g/Mcal ME	de la Llata 等（2007）
47	34～60	B	1.71	0.75	15.70～20.60	ME:3.31 和 3.58	2.41、2.71、3.01 和 3.31g/Mcal ME	GP	LM	3.01～3.31g/Mcal ME	de la Llata 等（2007）
57	43～70	G	2.09	0.97	15.40～23.80	ME:3.58	TID:6.9、8.0、9.1、10.2、11.3 和 12.4	GP	LM	9.1（10.4）	Main 等（2008）
60	45～75	G	1.92	0.81	15.00～19.10	ME:3.32 和 3.59	2.25、2.50、2.75 和 3.00g/Mcal ME	GP	LM	2.75～3.00g/Mcal ME	de la Llata 等（2007）
67	55～80	G	2.19	0.98	11.70～17.00	ME:3.49	SID:6.6、7.4、8.2、9.0、9.8 和 10.6	GP	1BLM	9.0	Shelton 等（2011）
70	60～80	B	2.07	0.80	12.70～16.70	ME:3.32 和 3.59	1.75、2.00、2.25 和 2.50g/Mcal ME	GP	LM	2.25～2.75g/Mcal ME	de la Llata 等（2007）
72	60～85	B	2.32	0.97	14.20～21.10	ME:3.59	TID:6.1，7.0，7.9，8.8、9.8 和 10.7	GP	LM	8.6（10.1）	Main 等（2008）
75	60～90	G，Bo	2.43	0.98	11.50～22.10	DE:3.30	7.9、8.8、9.7、10.7、11.7 和 12.5	GP	QM	10.9	O' Connell 等（2006）
78	60～97	B	2.83	1.20	16.50	ME:3.25	TID:7.0、8.0、9.0 和 10.0	GP CC	QM	9.0 9.4	de Abreu 等（2007）
80	65～95	G	2.43	0.96	15.60～19.80	ME:3.30	8.0、9.0、10.0 和 11.0	GP ND	QM	9.7 >11.0	Kill 等（2003）
80	60～100	B	2.51	0.92	11.50	NE:2.35、2.49 和 2.50	SID:0.69、0.76 和 0.83g/Mcal NE	GP CC	MC	0.76g/Mcal NE	Zhang 等（2011）

（续）

指标					日粮相关物质含量			评估方法			资料来源
平均体重（kg）	体重范围（kg）	性别[1]	平均日采食量（kg）	平均日增重（kg）	粗蛋白质（%）	有效能[2]（Mcal/kg）	赖氨酸梯度[3]（g/kg）	指标[4]	模型[5]	最佳值[6]（g/kg）	
81	69～93	G	2.35	0.95	12.10～18.30	ME:3.60	TID:4.7、5.5、6.3、7.2、8.0和8.8	GP	LM	8.6 (9.6)	Main等（2008）
85	53～117	G	2.73	0.89	16.00～24.40	ME:3.37	8.0、9.5、11.0、12.5和14.0	GP	MC	>8.0	Cline等（2000）
85	70～100	GF	2.53	0.78	10.40～15.80	DE:3.25	AID:4.7、5.3、5.9、6.5和7.1	GP	QM	6.1	杨峰（2008）
87	75～100	G	2.46	0.78	12.20～15.30	ME:3.33和3.60	1.64、1.84、2.04和2.24g/Mcal ME	GP	LM	2.04～2.24g/Mcal ME	de la Llata等（2007）
90	80～100	B	2.41	0.82	11.00～14.10	ME:3.33和3.60	1.38、1.58、1.78和1.98g/Mcal ME	GP	LM	1.78～1.98g/Mcal ME	de la Llata等（2007）
90	80～100	Bo G GF	2.48 2.43 2.62	0.95 0.80 0.87	11.50～22.10	DE:3.30	7.0～11.7 7.0～11.7 7.9～12.5	GP	QM	11.9 10.0 9.5	O' Connell等（2006）
90	78～103	B	2.55	0.92	12.10～18.30	ME:3.60	TID:4.7、5.5、6.3、7.2、8.0和8.8	GP	LM	7.9 (9.1)	Main等（2008）
97	84～110	G	2.54	0.98	13.50～19.60	ME:3.48	SID:5.4、6.1、6.8、7.5、8.2和8.9	GP	1BLM	8.9	Shelton等（2011）
102	95～110	B	3.26	1.15	13.70	DE:3.37	5.0、6.0、7.0、8.0和9.0	GP CC	1BLM /QM	7.9 7.6	de Oliveira等（2003）
108	95～122	B	3.51	1.09	13.50	ME:3.20	5.0、6.0、7.0、8.0和9.0	GP CC	QM	7.2 7.3	Arouca等（2007）

（续）

指标					日粮相关物质含量			评估方法			资料来源
平均体重（kg）	体重范围（kg）	性别[1]	平均日采食量（kg）	平均日增重（kg）	粗蛋白质（%）	有效能[2]（Mcal/kg）	赖氨酸梯度[3]（g/kg）	指标[4]	模型[5]	最佳值[6]（g/kg）	
110	100～120	G	2.35	0.73	9.90～12.80	ME:3.34 和 3.61	1.64、1.84、2.04 和 2.24g/Mcal ME	GP	LM	1.52～1.72g/Mcal ME	de la Llata 等（2007）
110	100～120	B	2.33	0.66	9.40～12.30	ME:3.34 和 3.61	1.02、1.22、1.42 和 1.62g/Mcal ME	GP	LM	1.42～1.62g/Mcal ME	de la Llata 等（2007）
110	100～120	B	2.47	0.88	11.50～16.50	ME:3.62	TID:4.3、5.0、5.6、6.3、6.9 和 7.6	GP	LM	6.9	Main 等（2008）
111	102～120	G	2.61	0.88	11.50～16.50	ME:3.62	TID:4.3、5.0、5.6、6.3、6.9 和 7.6	GP	LM	7.1	Main 等（2008）

注：[1]G，青年母猪；GF，群饲；B，阉公猪；Bo，公猪。

[2]DE，消化能；ME，代谢能；NE，净能。

[3]除标明 g/Mcal ME 外，其余均为 g/kg；AID，表观回肠可消化；TID，真回肠可消化；SID，标准回肠可消化。

[4]GP，生长性能；CC，胴体品质；ND，氮沉积量。

[5]MC，均值比较；QM，二次曲线模型；LM，线性模型；1BLM，单斜率折线模型。

[6]括号内为相应总氨基酸需要量；此外，如有多个效应指标，则最佳值按先后顺序与效应指标一一对应。

NRC（1998）总结，猪用于维持、蛋白质沉积、乳蛋白合成和体组织蛋白质合成的理想苏氨酸与赖氨酸比例分别为 1.51、0.60、0.58 和 0.58。其中，苏氨酸用于维持的比例最高，说明苏氨酸在维持机体正常生理功能方面具有重要意义。苏氨酸维持需要高并且沉积率低的原因，除苏氨酸在肠道损失（主要用于黏液蛋白的合成）大以外，另一个原因可能是饲料中甘氨酸供给不足，苏氨酸通过其他途径合成甘氨酸。NRC（1998）、我国《猪饲养标准》（NY/T 65—2004）推荐的仔猪和生长育肥猪日粮苏氨酸与赖氨酸的比值为 0.64～0.68。冯杰和许梓荣（2003）研究表明，在保证赖氨酸需要量的基础上，饲料中赖氨酸与苏氨酸比例保持在 0.72 可以促进生长育肥猪的生长，改善胴体品质。郑春田和李德发（2000）报道，综合考虑生长猪平均日增重、饲料转化效率和血清游离氨基酸及 SUN 等指标，赖氨酸与苏氨酸适宜比例应为 0.74。梁福广（2005）的研究表明，综合考虑日增重和增重耗料比，生长猪获得最佳生长性能的可消化苏氨酸与赖氨酸的比例为 0.64。NRC（2012）对仔猪和生长育肥猪 SID 苏氨酸/赖氨酸的推荐值为0.62～0.67。

近年来国内外关于仔猪和生长育肥猪苏氨酸需要量的文献见表 6-4。从表 6-4 可以看出，不同研究者的研究结果有一定差异。猪对苏氨酸的需要量受基因型、品种、生长阶段、性别、体内苏氨酸代谢状况、饲粮氨基酸平衡和饲养管理等诸多因素的影响。Jayaraman 等（2015）通过 2 个试验研究发现，不同卫生条件下，猪对苏氨酸的需要量不同，在相对干净、提前消毒、每周清粪的舍饲条件下，猪获得最佳饲料转化效率的 SID 苏氨酸与 SID 赖氨酸的比值为 0.65；在未对畜舍清洗消毒、试验期间不清粪的舍饲条件下，猪获得最佳饲料转化效率的 SID 苏氨酸与 SID 赖氨酸比值上升为 0.665。这与苏氨酸在维持猪小肠黏膜正常屏障功能、保护肠黏膜免疫功能和完整性的作用有关。在受到应激或攻毒条件下，适当提高日粮中苏氨酸含量可促进猪的肠道健康（王旭，2006；王薇薇，2008）。饲料抗营养因子和纤维含量对肠道黏液分泌和肠道蠕动的影响很大，可导致内源苏氨酸损失增加，减少苏氨酸的吸收，因此苏氨酸需要量受日粮组成的影响很大。Zhu 等（2005）报道，随着日粮中胶质的添加，生长猪用于蛋白质沉积的苏氨酸转化效率降低。Myrie 等（2008）研究发现，高纤维原料（小麦麸及大麦等）可降低氨基酸的消化率，尤其是对苏氨酸消化率降低明显，这主要是由于高水平日粮纤维促进了猪肠道的蠕动，食糜在肠道的停留时间缩短所致。该结果在相关研究中得到了证实。Mathai 等（2016）研究表明，饲喂低纤维日粮（ADF，3.41%；NDF，8.34%）的生长猪，获取最佳生长性能的 SID 苏氨酸与 SID 赖氨酸的比值为 0.66，随着日粮纤维水平的上升，该比值也随之上升；而饲喂高纤维日粮（ADF：10.07%，NDF：16.59%）的生长猪，获取最佳生长性能的 SID 苏氨酸与 SID 赖氨酸的比值为 0.71。从猪对苏氨酸的需要量易受日粮组分影响这一研究结果来看，低蛋白质日粮的组成相比传统日粮发生了很大的变化，确定低蛋白质日粮中 SID 苏氨酸与 SID 赖氨酸的最佳比例变得尤为重要。

表 6-4 仔猪和生长育肥猪苏氨酸需要量的研究进展

指标					日粮相关成分含量				评估方法			资料来源
平均体重（kg）	体重范围（kg）	性别[1]	日均采食量（kg）	日均增重（kg）	赖氨酸[2]（g/kg）	粗蛋白质（%）	有效能[3]（Mcal/kg）	苏氨酸梯度（g/kg）	指标[4]	模型[5]	最佳值（g/kg）	
8	6～10	B	0.26	0.16	TID:11.9	16.20	—	TID:3.9、7.4、8.9和11.1	GP	MC	7.4	王薇薇（2008）
13	7～18	GF	0.74	0.50	SID:11.8	21.00	NE:2.48	SID:6.5、7.0、7.5、7.9、8.4	GP	QM	7.7	Jayaraman 等（2015）
18	10～25	B	0.77	0.48	TID:10.9	20.68	—	TID:5.3、5.8、6.5、7.5、8.5	GP	MC	7.5	Wang 等（2006）
30	20～50	B	1.42	0.58	8.5	16.50	DE:3.20	5.0、5.5、6.0、6.5、7.0	GP	MC	6.5	郑春田和李德发（2000）
36	25～50	G	1.81	0.79	SID:9.0	12.60	NE:3.40	SID:4.0、4.9 5.7、6.5、7.3、8.1	GP	1BLM, QM	6.4	Mathai 等（2016）
77	58～96	—	3.00	0.910	7.0	10.50	DE:3.38	3.0、3.5、4.0、4.5和5.0	GP	1BLM QM	3.9 4.6	Saldana 等（1994）
83	59～106	—	3.28	1.08	SID:6.1	16.10	ME:3.06	SID:5.8、6.2、6.6和7.0	PUN GP CC	QM MC MC	6.6 6.2 6.4	Pedersen 等（2003）
73	50～95	B	3.01	0.80	AID:7.0	14.70和15.10	—	AID:3.2、3.6、4.0和4.4	GP	MC	4.1	Schutte 等（1997）
70	—	B	2.43	—	6.9和9.8	12.60	ME:3.23	5.2～8.8	ND	EM	6.1	Wecke 和 Liebert（2010）
90	—	B	2.32	—	6.4和9.0	11.60	ME:3.23	5.3～8.8	ND	EM	5.9	Wecke 和 Liebert（2010）

（续）

指　标					日粮相关成分含量				评估方法			资料来源
平均体重（kg）	体重范围（kg）	性别[1]	日均采食量（kg）	日均增重（kg）	赖氨酸[2]（g/kg）	粗蛋白质（%）	有效能[3]（Mcal/kg）	苏氨酸梯度（g/kg）	指标[4]	模型[5]	最佳值（g/kg）	
110	—	B	2.41	—	6.4 和 10.7	12.60	ME:3.23	4.4～10.0	ND	EM	6.3	Wecke 和 Liebert（2010）
87	65～110	—	2.63	0.91	SID:6.0 和 6.5	13.50～14.10	ME:3.11	SID:3.2、3.5、3.8 和 4.4	GP	1BLM	4.1	Ettle 等（2004）
90	67～113	—	2.74	1.03	8.0	13.60～14.10	ME:3.28	6.0、6.4、6.8、7.3、7.6 和 8.1	GP	1BLM	SID:6.3	Plitzner 等（2007）

注：[1]B，阉公猪；G，青年母猪；GF，群饲。
[2]AID，表观回肠可消化；SID，标准回肠可消化。
[3]DE，消化能；ME，代谢能；NE，净能。
[4]GP，生长性能；CC，胴体品质；PUN，血浆尿素氮；ND，氮沉积量。
[5]MC，均值比较；QM，二次曲线模型；EM，指数模型；1BLM，单斜率折线模型。
“—”表示无数据。

（三）含硫氨基酸

含硫氨基酸（sulfur-containing amino acid，SAA）包括蛋氨酸（methionine，Met）和胱氨酸（cystine，Cys）。蛋氨酸是必需氨基酸中唯一含有硫元素的氨基酸，胱氨酸可以由蛋氨酸合成，但胱氨酸不能合成蛋氨酸。研究表明，日粮中适当的蛋氨酸与含硫氨基酸之比（0.54）更有利于机体氮沉积（Qiao等，2008）。含硫氨基酸是机体主要的甲基和硫的供体，参与肾上腺素、胆碱和肌酸等生命活性物质的合成（Lewis，2003）。蛋氨酸不是猪常规日粮中的第一限制性氨基酸，常规原料配制的日粮即可以满足猪对蛋氨酸的需要。但随着低蛋白质日粮的发展，以及现代高瘦肉型猪营养需要的增加，蛋氨酸成为猪，尤其是对营养水平需要较高的仔猪和生长猪日粮中必须额外补充的氨基酸。目前，国际市场上蛋氨酸主要有三类，分别为固体DL-蛋氨酸、液体蛋氨酸羟基类似物游离酸和固体羟基蛋氨酸盐。其中，固体DL-蛋氨酸占据国际市场的第一位。

真正按照氨基酸需要量研究方法研究蛋氨酸需要量的文献报道很少，表6-5总结了过去10多年来仔猪和生长育肥猪蛋氨酸（含硫氨基酸）需要量的研究文献。Peak（2005）发现，对于单饲和群饲的生长猪，以ADG为衡量指标，日粮中TID含硫氨基酸最佳浓度分别为1.02%和1.09%，群饲猪对含硫氨基酸的需要量高于单饲猪。对于现代高瘦肉型断奶仔猪和生长猪，SID含硫氨基酸与SID赖氨酸的推荐比值是0.62。Moehn等（2005）利用氨基酸氧化标记技术研究发现，7～10日龄仔猪的SID蛋氨酸需要量为0.34%，变异范围为0.30%～0.38%，高于NRC（1998）对这一体重阶段仔猪蛋氨酸需要量的推荐量（0.32%）。关于猪日粮适宜的胱氨酸与蛋氨酸比例一直存在争议。Chung和Baker（1992b）发现，10～15kg断奶仔猪日粮中胱氨酸占含硫氨基酸的比例不能高于50%。但Curtin等（1952）通过析因法估算的10～20kg断奶仔猪日粮中胱氨酸与含硫氨基酸的适宜比例为0.53。Baker等（1969）认为，在自由采食条件下，体重小于30kg的生长猪获得最佳增重时，日粮中胱氨酸能够占到总含硫氨基酸的56%。Yi等（2006）研究发现，对于11～26kg体重的仔猪，获得最佳ADG和饲料转化效率比的SID含硫氨基酸与SID赖氨酸比值分别为0.577和0.582。这一结果与Gaines等（2005）的报道一致。但是上述研究结论是在没确定赖氨酸限制水平的基础上得到的，所以得出的比值对于高瘦肉率猪而言相对偏低。关于育肥猪蛋氨酸或含硫氨基酸需要量的文献报道更少。Grandhi和Nyachoti（2002）研究发现，育肥期公猪、母猪和去势公猪日粮中蛋氨酸与赖氨酸最佳比值不高于0.31。Loughmiller等（1998）研究了蛋氨酸与赖氨酸的比值对育肥猪生长性能和胴体性状的影响，表明育肥期青年母猪的最适AID蛋氨酸与AID赖氨酸的比值为0.25。Hahn和Baker（1995）研究表明，育肥猪日粮AID含硫氨基酸与AID赖氨酸的适宜比值应为0.65。但Knowles等（1998）和Roth等（2000）在育肥猪上的研究结果均比Hahn和Baker（1995）低，AID含硫氨基酸与AID赖氨酸的比值分别为0.44和0.53。上述研究结果的差异可能与试验所处环境条件或猪的生理状态有关。例如，Kim等（2012）研究发现，处于正常生理状态的猪，获得最大氮沉积和最低血浆尿素氮的含硫氨基酸与赖氨酸比值以0.55为宜，但给猪肌内注射大肠埃希菌脂多糖后，该比值上升至0.75。此外，还有研究表明，育肥猪获得最佳胴体性状的含硫氨基酸含量为0.51%（Santos等，2007）。

表 6-5 仔猪和生长育肥猪含硫氨基酸需要量研究文献汇总

指标					日粮相关物质含量				评估方法			资料来源
平均体重（kg）	体重范围（kg）	性别[1]	日均采食量（kg）	日均增重（kg）	赖氨酸[2]（g/kg）	粗蛋白质（%）	有效能[3]（Mcal/kg）	待测氨基酸梯度[4]（g/kg）	指标[5]	模型[6]	最佳值[7]（g/kg）	
14	8～19	GF	0.70	0.52	TID:13.2	21.80	ME:3.46	TID:6.3、7.0、7.6、8.3和8.9	GP	2BLM QM	7.8 7.6	Gaines等（2005）
18	12～23	GF	0.83	0.53	TID:11.5	19.40	ME:3.42	TID:5.6、6.2、6.8、7.4和7.9	GP	2BLM QM	6.8 6.7	Gaines等（2005）
19	12～25	GF	0.94	0.63	TID:14.0	22.40	ME:3.42	TID:6.3、7.0、7.7、8.3和9.0	GP	1BLM QM	7.7 7.6	Yi等（2006）
20	13～26	GF	1.03	0.63	TID:10.5	17.40	ME:3.42	TID:5.1、5.7、6.2、6.7和7.2	GP	2BLM QM	6.3 6.0	Gaines等（2005）
34	22～46	GF	1.53	7.2	TID:8.3	14.30	NE:2.40	TID:3.9、4.4、4.9、5.4和5.9	GP	MC	4.9	王荣发（2010）
63	50～75	Bo	—	—	SID:8.1	—	DE:3.23	SID:3.6、4.5、5.3和6.1	ND PUN	1BLM	4.5 4.5	Kim等（2012）
73	56～90	B G	3.20	0.96	AID:5.0	10.00	—	AID:6.5、7.0	GP	MC	≤6.5	Hahn和Baker（1995）
77	60～95	B	2.87	1.19	TID:8.0	14.99	ME:3.40	TID:4.4、4.6、4.9、5.1和5.4	GP CC	QM	5.1 5.1	Santos等（2007）
80.5	53～108	—	2.50	0.87	6.2和7.0	13.50	ME:3.08	4.7、5.3、5.9和6.5	GP CC	1BLM/ QM	5.3/6.0 5.3	Roth等（2000）
82.5	60～105	Bo、B和G	2.54	1.01	8.0	14.20	ME:3.39	Met:3.1～4.3	GP	MC	≤3.1	Grandhi和Nyachoti（2002）

（续）

指　标					日粮相关物质含量				评估方法			资料来源
平均体重（kg）	体重范围（kg）	性别[1]	日均采食量（kg）	日均增重（kg）	赖氨酸[2]（g/kg）	粗蛋白质（%）	有效能[3]（Mcal/kg）	待测氨基酸梯度[4]（g/kg）	指标[5]	模型[6]	最佳值[7]（g/kg）	
88	75～100	Bo	—	—	SID 7.4	—	DE:3.23	SID:3.4、4.1、4.8和5.6	ND PUN	1BLM	4.4 4.4	Kim等（2012）
88	72～104	G	2.59	0.89	AID:5.0	8.90	—	AID Met:2.3、2.5、2.8、3.0和3.3	GP	MC	≤2.5	Loughmiller等（1998）
93	74～110	G	3.32	0.78	6.5	9.40	—	3.5、4.3、5.0、5.8和6.5	GP CC	1BLM	4.4 6.5	Knowles等（1998）

注：[1]G，青年母猪；B，阉公猪；Bo，公猪；GF，群饲。

[2]AID，表观回肠可消化；TID，真回肠可消化。

[3]ME，代谢能；NE，净能DE，消化能。

[4]单独标记Met为蛋氨酸含量，无标记则为含硫氨基酸含量。

[5]GP，生长性能；CC，胴体品质；ND，氮沉积量；PUN，血浆尿素氮。

[6]MC，均值比较；QM，二次曲线模型；1BLM，单斜率折线模型；2BLM，双斜率折线模型。

[7]如有多个性别或效应指标，则最佳值按先后顺序与性别或效应指标一一对应。

“—”表示数据不详。

（四）色氨酸

色氨酸（tryptophan，Trp）属于非极性芳香族氨基酸，含有一个特殊的吲哚基团。这一结构上的特殊性，使其代谢途径较其他必需氨基酸复杂，从而在体内产生多种多样的生理功能。色氨酸不仅参与体内蛋白质的合成，同时还是一种具有代谢活性的氨基酸，其代谢产物参与体内免疫调节、行为调节及摄食调节等许多营养生理功能。色氨酸是动物的必需氨基酸，是猪玉米、肉骨粉和鱼粉型日粮的第一限制性氨基酸，以及玉米-豆粕型日粮的第四限制性氨基酸。色氨酸在猪的食欲调节、缓解应激和免疫应答方面都有很重要的作用（le Floc'h 等，2012）。

与苏氨酸情况相似，专门研究猪色氨酸需要量的文献不多，这是猪色氨酸最佳需要量存在争议的主要原因。表 6-6 总结了过去 10 多年来生长育肥猪色氨酸需要量的研究文献。林映才等（2002）研究发现，24～54kg 的生长猪，其玉米-玉米蛋白粉型日粮的 TID 色氨酸需要量为 0.14%，与 TID 赖氨酸的比值为 0.21。Guzik 等（2005）以血浆尿素氮为效应指标发现，在玉米-豆粕-豌豆型基础日粮中，30.9kg 和 51.3kg 体重的生长猪，对日粮 TID 色氨酸的需要量分别为 0.17% 和 0.15%。Kendall 等（2007）证实，90～125kg 育肥阉公猪的 SID 色氨酸与赖氨酸的适宜比值在 0.15～0.17（单斜率折线模型和最大生产性能对应剂量）。在添加 30%DDGS 日粮的条件下，获得最佳生产性能和胴体性状的生长猪和育肥猪对色氨酸需要量的值分别为 0.17 和大于 0.18（Barnes 等，2010）。Nitikanchana 等（2012）给出的育肥猪的评估值为 0.20。上述试验设计的缺陷是，在他们的研究中，均没有限制日粮赖氨酸浓度，因此理论上所得的比值偏低。Eder 等（2003）发现，65kg 生长猪色氨酸的需要量大于 0.127mg/MJ ME，97.5kg 体重育肥猪的色氨酸需要量为 0.062～0.09mg/MJ ME。在日粮色氨酸影响猪胴体性状的研究方面，Guzik 等（2005）认为，提高日粮 TID 色氨酸与赖氨酸的比值，育肥猪屠宰率、眼肌面积、背膘厚和无脂瘦肉增重均有提高趋势。但是也有研究表明，色氨酸对育肥猪胴体性状的影响不大（Pereira 等，2008；Barnes 等，2010）。然而，在色氨酸来源对育肥猪胴体性状影响的研究中，Nitikanchana 等（2012）发现，与豆粕来源的色氨酸相比，补充晶体色氨酸时育肥猪的背膘较厚，屠宰率较低。

NRC（2012）给出的 5 个体重阶段（11～25kg、25～50kg、50～75kg、75～100kg 和 100～135kg）的总色氨酸与总赖氨酸比值分别为 0.16、0.17、0.18、0.18 和 0.18，SID 色氨酸与 SID 赖氨酸的比值也分别为 0.16、0.17、0.18、0.18 和 0.18，生长前期色氨酸与赖氨酸需要量的比值较低，后期均接近 0.18。

（五）支链氨基酸

支链氨基酸包括缬氨酸、异亮氨酸和亮氨酸，是一组在化学结构上具有支链的大分子中性必需氨基酸。支链氨基酸占畜禽肌肉蛋白组织中必需氨基酸总量的 35%，约占哺乳动物所需氨基酸总量的 40%（Harper 等，1984）。

缬氨酸在氧化供能（Campos-Ferraz 等，2013），调控免疫功能（Calder，2006），提高泌乳量（Li 等，2009）和调控采食量（Cota 等，2006）等方面发挥重要的作用。

表 6-6 生长育肥猪色氨酸需要量研究文献汇总

指标					日粮相关物质含量				评估方法			资料来源
平均体重（kg）	体重范围（kg）	性别[1]	日均采食量（kg）	日均增重（kg）	赖氨酸[2]（g/kg）	粗蛋白质（%）	有效能[3]（Mcal/kg）	色氨酸梯度（g/kg）	指标[4]	模型[5]	最佳值（g/kg）	
30	—	B	—	—	TID:8.7（10.1）	—	ME:3.27	TID:1.3、1.5、1.7、1.9 和 2.1	PUN	2BLM	1.8（2.1）	Guzik 等（2005）
39	24～54	GF	1.33	0.40	TID:7.5	14.20	DE:3.30	TID:0.8、1.0、1.1、1.3 和 1.5	GP	QM	1.5	林映才等（2002）
35	20～50	G	1.54	0.66	SID:8.7（10.5）	13.30	ME:3.43	SID:0.8、1.1、1.4、1.7 和 2.0	GP ND	QM	2.0	Eder 等（2003）
54	36～72	GF	2.07	0.88	SID:7.8（9.2）	16.10～18.30	ME:3.36	SID:1.4、1.5、1.7 和 1.8	GP	MC	1.7	Barnes 等（2010）
96	72～120	GF	3.02	0.91	SID: 6.9（8.3）	15.20～17.20	ME:3.36	SID:1.4、1.5、1.7 和 1.8	GP CC	MC	>1.8	Barnes 等（2010）
89	74～104	B	3.30	0.93	TID:5.2（5.9）	<10.00	ME:3.30	TID:0.6、0.8、1.0、1.2 和 1.4	GP	2BLM	1.0	Guzik 等（2005）
107	90～125	B	3.52	1.16	TID: 5.5（6.1）	9.30	ME:3.47	TID:1.1～2.9	GP	1BLM 和 QM	1.5～1.7	Kendall 等（2007）
111	97～125	B	3.89	1.24	TID: 7.5（8.2）	13.60	ME:3.26	TID:1.2、1.3、1.4、1.5 和 1.6	GP	QM	1.4	Pereira 等（2008）
77	60～95	B	3.06	1.19	TID: 8.0（8.5）	16.40	ME:3.25	TID:1.3、1.4、1.45、1.5 和 1.6	GP	—	1.3	Haese 等（2006）

（续）

指标					日粮相关物质含量				评估方法			资料来源
平均体重（kg）	体重范围（kg）	性别[1]	日均采食量（kg）	日均增重（kg）	赖氨酸[2]（g/kg）	粗蛋白质（%）	有效能[3]（Mcal/kg）	色氨酸梯度（g/kg）	指标[4]	模型[5]	最佳值（g/kg）	
79	69～89	G	2.61	0.92	SID:7.9（9.5）	18.10、20.40	ME:3.36	SID:1.6、1.8、2.0和2.2	GP	—	2.0	Nitikanchana等（2012）
99.5	89～110	G	3.02	0.90	SID:6.4（7.9）	16.10、18.00	ME:3.36	SID:1.6、1.8、2.0和2.2	GP	—	2.0	Nitikanchana等（2012）
120	110～130	G	3.08	1.09	SID:8.8（10.1）	17.70、20.30	ME:3.36	SID:1.6、1.8、2.0和2.2	GP	—	2.0	Nitikanchana等（2012）

注：[1]GF，群饲；B，阉公猪；G，青年母猪。
[2]SID，标准回肠可消化；TID，真回肠可消化；括号内为相应总赖氨酸含量。
[3]DE，消化能；ME，代谢能。
[4]GP，生长性能；CC，胴体品质；ND，氮沉积量；PUN，血浆尿素氮。
[5]MC，均值比较；QM，二次曲线模型；1BLM，单斜率折线模型；2BLM，双斜率折线模型。
“—”表示数据不详。

对于仔猪和生长育肥猪，缬氨酸是继赖氨酸、蛋氨酸、苏氨酸和色氨酸之后的第五限制性氨基酸。目前，国内外应用综合法对缬氨酸需要量的研究比较少，而且主要集中在泌乳母猪和断奶仔猪上，对生长育肥猪的研究很少。表6-7总结了1995年以来国内外对仔猪和生长育肥猪缬氨酸需要量的研究文献。表6-7中，对仔猪和生长育肥猪缬氨酸需要量的研究，大多数都设置赖氨酸为限制性水平，当用日粮SID缬氨酸浓度表示其需要量时，会受到日粮限制性赖氨酸水平的影响，在对所得氨基酸需要量进行横向比较时，用SID缬氨酸与SID赖氨酸的比值作为参照比较适宜。从表6-7中可以看出，仔猪和生长育肥猪日粮适宜的SID缬氨酸与赖氨酸的比值在0.65～0.70，与NRC（1998）模型推荐值比较接近，而高于NSNG（2010）和NRC（2012）的推荐值（图6-4）。从图6-4可以看出，随着猪体重的增加，NRC（1998）和NSNG（2010）的SID缬氨酸与赖氨酸的比值变化不大；而NRC（2012）推荐的SID缬氨酸与赖氨酸的比值有线性增加的趋势，这可能是因为NRC（2012）推荐的维持需要的缬氨酸与赖氨酸的比值要显著高于NRC（1998）。

异亮氨酸可能是猪低蛋白质日粮中位于缬氨酸之后的第六或第七限制性氨基酸。在早期的很多研究中，常用血粉研究猪对异亮氨酸的需要量（郑春田，2000；Parr等，2003；Wiltafsky等，2009b），因为血粉中异亮氨酸含量低，便于试验日粮设计。但血粉中亮氨酸含量高，会造成日粮中支链氨基酸的不平衡。Wiltafsky等（2009b）在研究断奶仔猪异亮氨酸需要量时发现，当日粮中添加7.5%的喷雾干燥血粉时，适宜的SID异亮氨酸与SID赖氨酸比值为0.59；当日粮中不添加喷雾干燥血粉时，适宜的SID异亮氨酸与SID赖氨酸比值为0.54。Htoo等（2014）研究发现，为避免日粮配方中亮氨酸的过量，不使用喷雾干燥血粉时，10～22kg猪日粮适宜的SID异亮氨酸与SID赖氨酸的比值为0.51，24～39kg猪日粮适宜的SID异亮氨酸与SID赖氨酸的比值为0.54，该结果与NRC（2012）的推荐值比较接近。

很多研究表明，亮氨酸通过哺乳动物雷帕霉素靶蛋白（mammalian target of rapamycin，mTOR）信号通路调控肌肉蛋白质的合成（Escobar等，2005；Yin等，2010）。过量亮氨酸会增加机体对缬氨酸和异亮氨酸的需要量（Wiltafsky等，2009a）。在一般玉米-豆粕型日粮中，SID亮氨酸与SID赖氨酸的比值通常为1.2～1.3，高于NRC（2012）的推荐量（1.0左右）。Soumeh等（2015）研究发现，8～12kg猪低蛋白质日粮条件下，适宜的SID亮氨酸与SID赖氨酸的比值为0.93，该数值比NRC（2012）的推荐值低。Yin等（2010）在研究亮氨酸促进蛋白质合成的试验中发现，日粮高亮氨酸水平（SID亮氨酸与SID赖氨酸的比值为1.60～1.80）能够促进肌肉蛋白质合成。但是在日粮中添加亮氨酸来促进肌肉蛋白质合成时，要考虑过量亮氨酸会增加机体对缬氨酸和异亮氨酸的需要量，进而可能会影响其生长性能。

NRC（2012）给出11～25kg、25～50kg、50～75kg、75～100kg和100～135kg的总缬氨酸与赖氨酸的比值分别为0.65、0.67、0.67、0.68和0.69，SID缬氨酸与SID赖氨酸的比值分别为0.63、0.65、0.65、0.66、0.67；总异亮氨酸与总赖氨酸的比值分别为0.52、0.53、0.54、0.54和0.55，SID异亮氨酸与SID赖氨酸比值分别为0.51、0.52、0.53、0.53和0.54；总亮氨酸和总赖氨酸的比值分别为1.01、1.01、1.01、1.01和1.00，SID亮氨酸与SID赖氨酸比值分别为1.00、1.01、1.00、1.01和1.02。

表 6-7　仔猪和生长育肥猪缬氨酸需要量研究文献汇总

平均体重（kg）	初始体重（kg）	终末体重（kg）	代谢能（Mcal/kg）	SID 缬氨酸水平（%）	SID 缬氨酸与代谢能比例（g/Mcal）	SID 缬氨酸与赖氨酸比例（%）	资料来源
7.6	5.8	9.4	3.45	0.86	2.48	—	Mavromichalis 等（2001）
14.8	7.9	21.6	3.25	0.66	2.03	66	Wiltafsky 等（2009a）
15.1	10.9	19.2	3.48	0.79	2.11	—	Mavromichalis 等（2001）
17.8	12.8	22.7	3.23	0.66	2.04	70	Barea 等（2009）
18.8	14.1	23.4	3.28	0.64	1.96	65	Wiltafsky 等（2009a）
20.3	13.5	27.0	3.35	0.72	2.14	65	Gaines 等（2011）
27.0	21.4	32.6	3.35	0.72	2.14	65	Gaines 等（2011）
32.0	21.8	42.2	3.21	0.57	1.78	69	Waguespack 等（2012）
36.4	24.2	48.6	—	0.68	—	69	易孟霞等（2014）
73.5	67.0	80.0	3.54	0.45	—	68	Lewis 和 Nishimura（1995）[1]

注：缬氨酸和赖氨酸为日粮中总的含量；“—”表示数据不详。

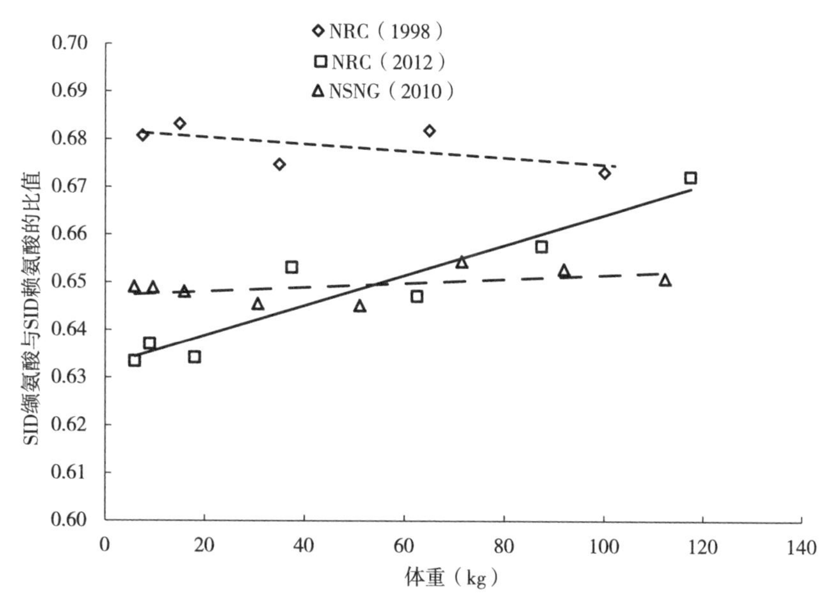

图 6-4 不同营养标准仔猪和生长育肥猪适宜 SID 缬氨酸与 SID 赖氨酸比例的推荐值

第二节 猪低蛋白质日粮的净能需要量与净能赖氨酸平衡

采用净能体系是配制低蛋白质日粮的关键技术之一。本书第二章已详细讨论各能量体系的相互转化，以及采用净能体系配制低蛋白质日粮的原因。

猪对净能的需要分为维持净能和生产净能两个部分。目前，国内外对猪净能需要量的研究尚不多，仅有的研究也主要集中在生长育肥阶段。据国外的研究报道，生长育肥猪的每日维持净能需要量为 0.071Mcal/kg $BW^{0.75}$（Robles 和 Ewan，1982），0.078Mcal/kg $BW^{0.75}$（Just，1982）和 0.179Mcal/kg $BW^{0.60}$（Noblet 等，1994）。国内杨嘉实等（1985）等测得，生长育肥猪全期 5 个体重阶段（20～30kg、30～40kg、50～60kg、70～80kg 和 90～100kg）在环境温度为 20℃条件下每日维持净能需要量分别为 0.11Mcal/kg $BW^{0.75}$、0.10Mcal/kg $BW^{0.75}$、0.08Mcal/kg $BW^{0.75}$、0.075Mcal/kg $BW^{0.75}$ 和 0.075Mcal/kg $BW^{0.75}$，与国外报道的数值较为接近。

关于生长育肥猪生产净能的需要量，国外很少有研究报道。国内杨嘉实等（1985）采用碳氮平衡、呼吸测热和饲养试验等方法的研究结果表明，生长育肥猪每日的生产净能为 0.09～0.13Mcal/kg $BW^{0.75}$。

用综合法研究猪净能需要量的报道很少，本节把仅有的一些关于低蛋白质日粮条件下猪净能需要量的试验研究进行总结，供读者参考。

一、生长猪净能需要量和净能赖氨酸比

易学武（2009）用 2 个动物试验研究了生长猪低蛋白质日粮中的净能需要量。试验

一将 144 头初始体重为（22.96±2.72）kg 的杜洛克×长白×大白三元杂交健康生长猪随机分成 6 个处理组，对照组日粮粗蛋白质水平为 19%，净能水平为 2.50Mcal/kg；5 个试验组的粗蛋白质水平为 14.1%～14.4%，净能水平分别为 2.64Mcal/kg、2.58Mcal/kg、2.50Mcal/kg、2.42Mcal/kg 和 2.36Mcal/kg，并补充赖氨酸、蛋氨酸、苏氨酸和色氨酸。结果表明，与对照组相比，低蛋白质日粮组生长猪的平均日增重、平均日采食量和血清氨基酸含量差异不显著，但血清尿素氮含量显著降低（$P<0.05$）；在低蛋白质日粮中，不同净能处理间的平均日采食量和饲料转化效率没有显著差异（$P>0.05$）；平均日增重随着净能水平的增加呈线性和二次降低（$P<0.05$），以净能水平为 2.36Mcal/kg 组平均日增重最高，达到 791g（$P<0.05$）（表 6-8）。试验二选取了 360 头初始体重为（27.80±3.48）kg 的杜洛克×长白×大白三元杂交健康生长猪，对照组日粮粗蛋白质水平为 18.4%，净能水平为 2.43Mcal/kg；5 个试验组的粗蛋白质水平为 14.0%～14.3%，净能水平分别为 2.45Mcal/kg、2.40Mcal/kg、2.35Mcal/kg、2.30Mcal/kg 和 2.25Mcal/kg。结果表明，与对照组相比，低蛋白质日粮组生长猪的生产性能差异不显著，但血清尿素氮含量显著降低（$P<0.05$）；在低蛋白质日粮中，不同净能处理间的平均日采食量没有显著差异（$P>0.05$）；饲料增重比随着净能水平的增加呈线性和二次降低（$P<0.05$），平均日增重也随着净能水平的增加呈二次降低，以净能水平为 2.35Mcal/kg 组平均日增重最高，达到 716g（$P<0.05$）（表 6-9）。2 个试验结果表明，蛋白质水平降低 4 个百分点不影响生长猪的生产性能；折线模型和二次回归分析显示，日粮净能水平为 2.36Mcal/kg 时，采食低蛋白质日粮的生长猪可获得最佳生产性能。

表 6-8 低蛋白质日粮不同净能水平对生长猪生长性能的影响（试验一）

项 目	对照组	净能水平（Mcal/kg）					SEM	P 值		
		2.64	2.58	2.50	2.42	2.36		处理	线性	二次
CP（%）	19.0	14.30	14.50	14.10	14.10	14.40				
初始体重（kg）	22.96	22.98	22.96	22.99	22.91	22.96	1.23	0.99	0.98	0.99
终末体重（kg）	52.45	50.91	50.13	49.63	51.86	53.00	1.80	0.73	0.30	0.33
ADG（g）	776[ab]	735[abc]	715[bc]	701[c]	762[abc]	791[a]	20	0.02	0.02	<0.01
ADFI（g）	1 585	1 554	1 523	1 494	1 553	1 601	52	0.73	0.30	0.28
饲料转化效率	2.04	2.13	2.13	2.11	2.04	2.03	0.04	0.34	0.09	0.11
血清尿素氮含量（mg/dL）	13.77[a]	8.05[b]	7.23[b]	9.22[b]	8.05[b]	7.70[b]	0.80	<0.01	0.93	0.74

注：SEM 为平均标准误；同行上标不同小写字母表示差异显著（$P<0.05$），相同小写字母表示差异不显著（$P>0.05$）。

表 6-9 低蛋白质日粮不同净能水平对生长猪生长性能的影响（试验二）

项 目	对照组	净能水平（Mcal/kg）					SEM	P 值		
		2.45	2.40	2.35	2.30	2.25		处理	线性	二次
CP（%）	18.40	14.20	14.10	14.00	14.30	14.20				
初始体重（kg）	27.82	27.64	27.93	27.84	27.85	27.69	1.54	0.99	0.99	0.98
终末体重（kg）	51.85	50.69	52.04	52.20	50.94	50.46	1.83	0.97	0.76	0.68

（续）

项 目	对照组	净能水平（Mcal/kg）					SEM	P 值		
		2.45	2.40	2.35	2.30	2.25		处理	线性	二次
ADG（g）	707[abc]	678[bc]	709[ab]	716[a]	679[bc]	670[c]	12	0.04	0.22	<0.01
ADFI（g）	1 467	1 427	1 459	1 471	1 438	1 468	29	0.86	0.40	0.60
饲料转化效率	2.07[b]	2.11[b]	2.06[b]	2.05[b]	2.12[b]	2.19[a]	0.02	<0.01	0.01	<0.01
血浆尿素氮含量（mg/dL）	21.70[a]	15.50[b]	15.56[b]	14.50[b]	14.83[b]	16.30[b]	1.01	<0.01	0.69	0.44

注：SEM为平均标准误；同行上标不同小写字母表示差异显著（$P<0.05$），相同小写字母表示差异不显著（$P<0.05$）。

易学武（2009）将540头初始体重为（22.76±4.74）kg的杜洛克×长白×大白三元杂交生长猪，随机分为9个处理组，研究生长猪低蛋白质日粮中净能赖氨酸比。试验采用3×3两因素设计，日粮粗蛋白质水平为14.04%～14.35%，3个净能水平为2.31Mcal/kg、2.36Mcal/kg和2.41Mcal/kg，每个净能水平下的赖氨酸净能比为4.10g/Mcal、4.40g/Mcal和4.70g/Mcal。结果表明，对20～50kg体重的生长猪，净能水平为2.36Mcal/kg的试验猪平均日增重显著高于日粮净能含量为2.31Mcal/kg的处理组（$P<0.05$），与2.41Mcal/kg的净能组相比差异不显著（$P>0.05$）；随着日粮赖氨酸净能比的增加，猪的平均日增重呈线性提高、饲料转化效率呈线性降低（$P<0.05$），但两者的互作并不影响猪的生产性能（$P>0.05$）。总体来看，20～50kg体重阶段的生长猪，日粮蛋白质水平降低4个百分点，适宜的净能水平和赖氨酸净能比分别为2.36Mcal/kg和4.70g/Mcal（表6-10）。

表6-10 低蛋白质日粮不同净能水平和赖氨酸净能比对生长猪生长性能的影响

项 目	日粮净能水平（Mcal/kg）			赖氨酸净能比（g/Mcal）			SEM	P 值		
	2.31	2.36	2.41	4.10	4.40	4.70		NE	Lys/NE	NE×Lys/NE
初始体重（kg）	22.67	22.97	23.21	22.82	22.99	23.04	2.69	0.97	0.99	0.99
终末体重（kg）	54.59	56.26	55.60	54.86	55.13	56.46	3.14	0.80	0.81	0.92
ADG（g）	709[b]	740[a]	720[ab]	712b	714[b]	743[a]	14	0.04	0.03	0.40
ADFI（g）	1 540	1 543	1 510	1 523	1 523	1 545	36	0.47	0.64	0.36
饲料转化效率	2.17[a]	2.09[b]	2.10[b]	2.14[a]	2.13[a]	2.08[b]	0.02	<0.01	<0.01	0.25
血浆尿素氮含量（mg/dL）	14.33	14.50	15.50	13.75	15.83	14.75	1.37	0.54	0.20	0.14

注：SEM为平均标准误；同行上标不同小写字母表示差异显著（$P<0.05$），相同小写字母表示差异不显著（$P<0.05$）。

二、育肥猪净能需要量和净能赖氨酸比

易学武（2009）以生长性能和胴体品质为指标，用2个动物试验研究了育肥猪低蛋白质日粮的净能需要量。试验一将216头初始体重为（68.83±8.09）kg的杜洛克×长白×大白三元杂交育肥猪随机分为6个处理组，高蛋白质对照组粗蛋白质水平为16%，5个

低蛋白质日粮粗蛋白质水平为11.2%～12.1%，净能水平分别为2.64Mcal/kg、2.58Mcal/kg、2.50Mcal/kg、2.42Mcal/kg和2.36Mcal/kg。结果表明，与高蛋白质对照组相比，各低蛋白质日粮组猪的生长性能和胴体品质没有显著影响（$P>0.05$），但血清尿素氮含量显著下降（$P<0.05$）；各低蛋白质处理组间，随着净能水平的降低，平均日增重呈线性增加（$P<0.05$），无脂瘦肉率显著提高（$P<0.05$），而脂肪率显著下降（$P<0.05$）（表6-11）。试验二将360头初始体重为（61.87±4.64）kg的杜洛克×长白×大白三元杂交育肥猪随机分为6个处理组，高蛋白质对照组粗蛋白质水平为15.9%，5个低蛋白质日粮粗蛋白质水平为11.6%～12.0%，净能水平分别为2.45Mcal/kg、2.40Mcal/kg、2.35Mcal/kg、2.30Mcal/kg和2.25Mcal/kg。结果表明，与高蛋白质对照组相比，除平均日采食量外，各低蛋白质日粮组育肥猪的平均日增重、饲料转化效率均呈显著性差异（$P<0.05$）。平均日增重以净能含量为2.35Mcal/kg的试验组和对照组较高，分别为870g和871g，分别显著高于日粮净能含量为2.30Mcal/kg和2.25Mcal/kg的2个试验组（$P<0.05$）；饲料转化效率以净能含量为2.40Mcal/kg和2.35Mcal/kg的2个试验组较低，显著低于其余3个试验组（$P<0.05$），但与对照组相比差异不显著（$P>0.05$）；对照组育肥猪的无脂瘦肉率显著高于净能含量为2.45Mcal/kg、2.30Mcal/kg和2.25Mcal/kg的3个低蛋白质组（$P<0.05$），脂肪率则以净能含量为2.30Mcal/kg和2.25Mcal/kg的2个低蛋白质组较高（表6-12）。低蛋白质日粮中，随着净能含量的降低，育肥猪平均日增重、屠宰率和无脂瘦肉率呈先增加后降低的二次趋势；饲料转化效率呈先降低后增加的二次趋势（$P<0.05$）；脂肪率则随着日粮净能水平的降低而呈线性增加（$P<0.01$），并呈二次趋势（$P<0.01$）。采用折线模型和二次回归模型，综合生产性能和胴体品质的分析，育肥猪低蛋白质日粮净能需要量以2.40Mcal/kg为宜。

表6-11 低蛋白质日粮不同净能水平对育肥猪生长性能和胴体品质的影响（试验一）

项　目	对照组	日粮净能水平（Mcal/kg）					SEM	P 值		
		2.64	2.58	2.50	2.42	2.36		处理	线性	二次
CP（%）	16.00	12.10	11.20	12.00	11.20	11.90				
初始体重（kg）	69.66	68.33	68.22	68.40	68.99	69.39	3.13	0.99	0.97	0.99
终末体重（kg）	95.07	91.55	92.79	92.40	94.84	95.08	2.30	0.82	0.20	0.43
ADG（g）	747	688	723	706	760	756	29	0.42	0.04	0.13
ADFI（g）	2 342	2 301	2 321	2 329	2 283	2 346	45	0.92	0.08	0.13
饲料转化效率	3.13	3.25	3.15	3.30	3.11	3.17	0.13	0.33	0.07	0.21
血浆尿素氮含量（mg/dL）	16.33^{a}	11.80^{b}	9.92^{b}	10.85^{b}	10.38^{b}	10.62^{b}	1.02	0.02	0.24	0.25
屠宰率（%）	69.37	71.00	70.80	70.50	69.30	69.50	1.22	0.59	0.09	0.18
眼肌面积（cm^{2}）	42.12	39.60	40.10	41.70	41.70	42.40	1.88	0.82	0.21	0.47
第10肋背膘厚（cm）	1.94	2.00	2.05	2.19	1.95	1.90	0.12	0.61	0.38	0.30
无脂瘦肉率（%）	56.04	52.97	53.69	55.44	55.60	57.30	1.21	0.17	0.01	0.04
脂肪率（%）	25.42	28.72	27.75	26.19	25.35	24.85	1.17	0.44	0.03	0.09

注：SEM为平均标准误；同行上标不同小写字母表示差异显著（$P<0.05$），相同小写字母表示差异不显著（$P>0.05$）。

表 6-12 低蛋白质日粮不同净能水平对育肥猪生长性能和胴体品质的影响（试验二）

项 目	对照组	日粮净能水平（Mcal/kg）					SEM	P 值		
		2.45	2.40	2.35	2.30	2.25		处理	线性	二次
CP（%）	15.90	11.70	11.80	11.50	12.00	11.60				
初始体重（kg）	61.79	61.82	61.77	61.92	62.04	61.90	2.04	0.99	0.95	0.99
终末体重（kg）	100.97	98.81	100.62	101.06	98.50	98.17	2.35	0.89	0.64	0.63
ADG（g）	871^{a}	822^{ab}	863^{ab}	870^{a}	810^{b}	806^{b}	18	0.04	0.17	0.03
ADFI（g）	2 382	2 373	2 332	2 359	2 358	2 425	59	0.92	0.48	0.54
饲料转化效率	2.74^{bc}	2.89^{ab}	2.70^{c}	2.71^{c}	2.92^{a}	3.01^{a}	0.06	<0.01	0.06	<0.01
血浆尿素氮含量（mg/dL）	29.44^{a}	21.00^{b}	23.10^{b}	18.90^{b}	22.78^{b}	19.50^{b}	2.05	0.01	0.55	0.78
屠宰率（%）	74.80^{bc}	75.03^{abc}	75.74^{ab}	77.50^{a}	72.97^{c}	73.37^{bc}	0.84	<0.01	0.07	0.03
眼肌面积（cm^2）	38.22	36.81	38.39	38.25	36.16	36.75	0.94	0.43	0.44	0.35
第 10 肋背膘厚（cm）	1.80^{bc}	1.98^{ab}	1.74^{c}	1.77^{c}	2.03^{a}	2.02^{a}	0.07	<0.01	0.12	<0.01
无脂瘦肉率（%）	49.19^{a}	48.14^{bc}	49.36^{a}	49.02^{ab}	47.92^{c}	48.15^{bc}	0.30	<0.01	0.22	0.04
脂肪率（%）	36.94^{b}	37.88^{b}	36.95^{b}	37.13^{b}	40.37^{a}	40.19^{a}	0.52	<0.01	<0.01	<0.01

注：SEM 为平均标准误；同行上标不同小写字母表示差异显著（$P<0.05$），相同小写字母表示差异不显著（$P>0.05$）。

易学武（2009）又将 540 头初始体重为（61.08±4.99）kg 的杜洛克×长白×大白三元杂交育肥猪，随机分为 9 个处理组，研究育肥猪低蛋白质日粮中适的净能赖氨酸比。试验采用 3×3 两因素设计，日粮粗蛋白质水平为 11.28%～12.61%，3 个净能水平分别为 2.35Mcal/kg、2.40Mcal/kg 和 2.45Mcal/kg，每个净能水平下的赖氨酸净能比为 3.20g/Mcal、3.50g/Mcal 和 3.80g/Mcal。结果表明，在 60～100kg 体重阶段，采食日粮净能水平为 2.40Mcal/kg 的试验组育肥猪平均日增重显著高于采食日粮净能含量为 2.35Mcal/kg 的处理组（$P<0.05$），与 2.45Mcal/kg 的试验处理相比差异不显著（$P>0.05$）；日粮赖氨酸净能比为 3.50g/Mcal 的试验组育肥猪平均日增重显著高于 3.20g/Mcal 组（$P<0.05$），两者的互作并不影响育肥猪的生长性能和胴体品质（$P>0.05$）。综合考虑净能水平和赖氨酸净能比对育肥猪生长性能和胴体性状两方面的影响，日粮蛋白质水平降低 4 个百分点，60～100kg 体重育肥猪的净能需要量为 2.40Mcal/kg，净能蛋白质以 3.50g/Mcal 较为合适（表 6-13）。

表 6-13 低蛋白质日粮不同净能水平和赖氨酸净能比对育肥猪生长性能和胴体品质的影响

项 目	日粮净能水平（Mcal/kg）			赖氨酸净能比（g/Mcal）			SEM	P 值		
	2.35	2.40	2.45	3.20	3.50	3.80		NE	Lys/NE	NE×Lys/NE
初始体重（kg）	62.58	62.71	62.64	62.64	62.62	62.66	2.85	0.99	0.99	0.99
终末体重（kg）	96.71	98.85	99.36	96.90	99.23	98.79	2.80	0.48	0.56	0.87
ADG（g）	853^{b}	903^{a}	918^{a}	856^{b}	915^{a}	903^{a}	27	0.03	0.02	0.09
ADFI（g）	2 471	2 433	2 512	2 397	2 541	2 477	90	0.59	0.19	0.12
饲料转化效率	2.90^{a}	2.69^{b}	2.73^{b}	2.81	2.77	2.75	0.06	<0.01	0.53	0.71

（续）

项　目	日粮净能水平（Mcal/kg）			赖氨酸净能比（g/Mcal）			SEM	P 值		
	2.35	2.40	2.45	3.20	3.50	3.80		NE	Lys/NE	NE×Lys/NE
血浆尿素氮含量（mg/dL）	18.50	18.83	16.83	19.25	17.50	17.42	2.85	0.66	0.68	0.73
屠宰率（%）	73.65	71.81	73.75	73.97	73.02	72.22	2.84	0.25	0.63	0.56
眼肌面积（cm^2）	35.81	40.58	39.49	38.87	38.14	38.87	1.58	0.26	0.41	0.89
第10肋背膘厚（cm）	1.62	1.50	1.50	1.54	1.49	1.59	3.38	0.21	0.95	0.95
无脂瘦肉率（%）	51.45	53.40	52.55	52.74	52.39	52.26	0.18	0.65	0.77	0.49
脂肪率（%）	34.03	32.32	33.75	32.84	33.52	33.75	1.60	0.39	0.77	0.67

注：SEM为平均标准误；同行上标不同小写字母表示差异显著（$P<0.05$），相同小写字母表示差异不显著（$P>0.05$）。

在商业生产条件下，易学武（2009）用2个试验对上述试验中得到的低蛋白质日粮适宜的净能含量和净能赖氨酸比进行了验证。试验一将216头初始体重为（31.14±2.71）kg的杜洛克×长白×大白三元杂交生长猪分到高蛋白质和低蛋白质2个日粮处理组中，其粗蛋白质水平分别为18.4%和14.5%，净能含量分别为2.46Mcal/kg和2.36Mcal/kg，SID赖氨酸净能比分别为3.98g/Mcal和4.70g/Mcal。结果表明，2个处理组的平均日增重、平均日采食量和饲料转化效率没有显著差异（$P>0.05$），低蛋白质组每千克增重成本降低了6.80%，差异显著（$P<0.05$）。试验二将216头初始体重为（52.42±3.67）kg的杜洛克×长白×大白三元杂交育肥猪分到高蛋白质和低蛋白质两个日粮处理组中，其粗蛋白质水平分别为15.6%和11.7%，净能含量分别为2.51Mcal/kg和2.40Mcal/kg，SID赖氨酸净能比分别为2.83g/Mcal和3.21g/Mcal。试验结果表明，2个处理组生长猪的平均日增重、平均日采食量和饲料转化效率没有显著差异（$P>0.05$），但低蛋白质组生长猪每千克增重成本降低了9.49%，差异显著（$P<0.05$）；两个处理组生长猪的胴体品质和肉品质也无显著差异（$P>0.05$）。

三、母猪净能需要量

时梦（2017）用2个试验研究了后备母猪在初情启动和配种阶段适宜的日粮净能需要量。试验一将120头起始体重为（84.0±2.4）kg、日龄为（150.4±3.5）d的长白×大白二元杂交后备母猪，按照随机区组设计分为5个处理组，分别饲喂净能水平为2 174kcal/kg、2 274kcal/kg、2 374kcal/kg、2 474kcal/kg和2 574kcal/kg的5个处理日粮。结果表明，后备母猪初情体重和背膘厚度均随日粮能量水平的增加而呈线性增加（$P<0.05$），后备母猪初情日龄（Age）随着日粮能量水平的增加呈线性和二次降低（$P<0.05$）。当母猪达到最低初情日龄时，相对应的日粮净能水平为2 424kcal/kg［$Age=0.000\,2\ (NE)^2-0.969\,5\ (NE)+1\,339.2$，$R^2=0.77$］。5个处理组后备母猪的发情率分别为54%、70%、88%、91%和58%；综合考虑后备母猪初情时的体重、背膘厚度、日龄和发情率，以初情日龄为效应指标，相对应的最适日粮净能水平为2 424 kcal/kg。试验二将120头日龄为（175.0±3.5）d、体重为（99.0±2.5）kg的

初次发情且日龄相近的长白×大白二元杂交后备母猪，随机分为5个处理组，分别饲喂净能水平分别为2 174kcal/kg、2 274kcal/kg、2 374kcal/kg、2 474kcal/kg 和2 574kcal/kg的5个日粮。结果显示，后备母猪的配种体重和背膘厚度随着日粮净能水平的增加而呈线性增加（$P<0.05$）；日粮净能水平对母猪第二次发情日龄和发情间隔没有显著影响；配种日龄随日粮净能水平的增加呈二次降低（$P<0.05$）；发情间隔（第二次发情至配种）呈二次降低（$P<0.05$）；5个日粮处理的配种率分别为60.9%、87.0%、95.8%、87.0%和62.5%，妊娠率分别为78.6%、90.0%、95.7%、90.6%和60.7%；母猪分娩前体重随日粮净能水平的增加而增加（$P<0.05$）；净能水平为2 174kcal/kg和2 574kcal/kg的2个处理组的总产仔数（$P<0.05$）和活仔数（$P<0.01$）均显著低于中间3组；日粮能量水平显著影响仔猪初生窝重（$P<0.05$），净能水平为2 374kcal/kg的处理组最高（17.3kg），其窝内体重变异最小（10.3%）。二次曲线回归分析结果为：母猪最低配种日龄、最高初生窝重和最小窝内变异对应的日粮净能水平分别为2 378kcal/kg、2 435kcal/kg和2 380kcal/kg，3个指标对应净能平均值为2 398kcal/kg。综合考虑后备母猪配种时的体重、背膘厚度、日龄、发情率、妊娠率及产仔性能的最适日粮净能水平为2 398kcal/kg。

第三节 仔猪和生长育肥猪低蛋白质日粮的氨基酸平衡

基于理想蛋白质理论的氨基酸平衡模式是现代动物营养学的主要成就之一，也是低蛋白质日粮的理论基础，这在本书第三章已有详细论述。低蛋白质日粮的氨基酸平衡更是一个复杂的问题，虽然自1995年Kerr等发表第一篇低蛋白质日粮的论文以来，人们对低蛋白质日粮的氨基酸平衡问题给予了极大关注，做了很多研究工作，但仍然很难对低蛋白质日粮的氨基酸平衡给出一个确切的、固定的数字，因为这个数字与蛋白质降低的程度密切相关。本节总结了到目前为止国内外对低蛋白质日粮中氨基酸需要量及主要必需氨基酸平衡关系的研究结果，给出了相应蛋白质水平下，日粮主要必需氨基酸的平衡模式。

一、仔猪低蛋白质日粮氨基酸平衡模式

近20年来，人们对仔猪日粮组成的研究从主要关注生产性能，逐渐转移到同时关注生产性能和肠道健康，发现降低日粮蛋白质水平是缓解仔猪腹泻的有效手段。低蛋白质日粮缓解仔猪腹泻的效应促使人们对氨基酸的补充顺序和平衡关系开展了大量研究工作。

Nyachoti等（2006）以真可消化氨基酸为基础，根据NRC（1998）对氨基酸需要量的推荐值配制日粮，发现日粮蛋白质水平从23%降到21%，按顺序补充赖氨酸、苏氨酸和蛋氨酸时，对仔猪生长性能没有影响；当日粮蛋白质水平从23%降到19%和17%时，即使再补充色氨酸和异亮氨酸，仔猪生长性能也显著下降，但肠道健康得到改善。le Bellego和Noblet（2002）发现，将仔猪日粮蛋白质水平从22.4%降到20.4%，

除赖氨酸外还需补充蛋氨酸和苏氨酸；将日粮蛋白质水平进一步降到18.4%和16.9%时，还需补充色氨酸、异亮氨酸和缬氨酸才能使仔猪生长性能不受影响。郑春田等（2001）证实，在含血浆蛋白粉的低蛋白质日粮中补充赖氨酸、苏氨酸、蛋氨酸和色氨酸，仔猪的生长性能显著下降，进一步补充异亮氨酸可达到与高蛋白质组仔猪相当的生长性能，因此在使用血浆蛋白粉的低蛋白质日粮中必须补充异亮氨酸。对于蛋白质水平降低4个百分点的玉米-豆粕型日粮，补充赖氨酸、苏氨酸、蛋氨酸和色氨酸不会影响仔猪的生长性能，若进一步降低日粮蛋白质含量，则需再补充缬氨酸或异亮氨酸（Kerr等，1995）。

岳隆耀（2010）用4个动物试验系统研究了低蛋白质日粮补充合成氨基酸的种类、顺序和数量对断奶仔猪生产性能和肠道健康的影响。试验一选用（18±1）日龄断奶仔猪，饲喂粗蛋白质水平分别为23.1%、21.2%、18.9%和17.2%的4个处理日粮，并按照NRC（1998）的推荐量对各处理组按顺序补充晶体氨基酸：23.1%粗蛋白质处理组不补充氨基酸；21.2%粗蛋白质处理组补充赖氨酸、苏氨酸和蛋氨酸；18.9%粗蛋白质处理组补充赖氨酸、苏氨酸、蛋氨酸和色氨酸；17.2%粗蛋白质处理组补充赖氨酸、苏氨酸、蛋氨酸、色氨酸、缬氨酸、异亮氨酸、组氨酸和苯丙氨酸。结果表明，当日粮蛋白质水平从23.1%降到21.2%和18.9%时，不影响断奶仔猪生长和肠道发育；而进一步降低至17.2%时，断奶仔猪生长性能显著降低（$P<0.05$）、肠道发育受阻，小肠绒毛受损、二糖酶活性下降。随着日粮蛋白质水平的降低，粪便评分、血浆尿素氮呈显著线性改善（$P<0.01$）（表6-14）。试验二选用196头初始体重为（6.68±0.12）kg的断奶仔猪，以及试验三选用216头初始体重为（7.33±0.15）kg的断奶仔猪，在商业饲养条件下研究低蛋白质日粮中补充必需氨基酸和非必需氨基酸对断奶仔猪生长性能的影响，2个试验采用同样的试验设计和同一批配合日粮。处理1为含21.2%粗蛋白质的高蛋白质日粮组；处理2为含17.2%粗蛋白质的低蛋白质日粮补充赖氨酸、苏氨酸、蛋氨酸、色氨酸、缬氨酸和异亮氨酸组；处理3在处理2的基础上补充1%的谷氨酰胺；处理4在处理2的基础上补充0.3%的精氨酸（表6-15）。结果发现，当日粮蛋白质水平从21.2%降到17.2%时，即使平衡必需氨基酸，仔猪生长性能也有明显降低，补充1%谷氨酰胺并没有表现正效果，反而显著抑制了仔猪的生长，而低蛋白质必需氨基酸平衡日粮补充0.3%的精氨酸对仔猪生长性能有改善的趋势。试验四选用21日龄的断奶仔猪18头，分别饲喂高蛋白质日粮（23.16% CP）、低蛋白质日粮（17.32% CP）添加合成氨基酸和低蛋白质日粮（17.25% CP）不添加氨基酸，旨在从蛋白质组学角度研究低蛋白质日粮对断奶仔猪肠道功能的影响。从蛋白组研究结果来看，氨基酸平衡低蛋白质组，仔猪空肠免疫防御功能增加，但氨基酸营养不足导致了肠上皮细胞生长增殖受限。不添加氨基酸的低蛋白质日粮组，仔猪空肠对脂类的转运加强、耗能增加、空肠纤毛动力蛋白比氨基酸平衡低蛋白质组少。这表明未添加晶体氨基酸的低蛋白质组中氨基酸供给相对不足，抑制了肠绒毛动力蛋白的合成。

支链氨基酸是仔猪生长发育过程中的必需氨基酸。在岳隆耀（2010）系列试验的基础上，张世海（2016）选取108头初始体重为（7.97±0.11）kg的杜洛克×长白×大白三元杂交仔猪（28d断奶），分为3个处理组，分别饲喂粗蛋白质含量为20.9%的高蛋白质组日粮、粗蛋白质含量为17.1%的补充赖氨酸、苏氨酸、蛋氨酸和色氨酸低蛋白质日粮和粗蛋白质含量为17.9%的低蛋白质添加支链氨基酸（亮氨酸、异亮氨酸和缬氨酸）日粮，研究低蛋白质日粮补充支链氨基酸对断奶仔猪生产性能、肠道中氨基酸和葡萄糖转运载体的影响（表6-16）。结果表明，低蛋白质组仔猪的生长性能（平均日增重和平均日采食量）和小肠绒毛高度显著低于高蛋白质组（$P<0.05$），而低蛋白质添加支链氨基酸组，仔猪的平均日增重、平均日采食量、肠绒毛高度与高蛋白质组间无显著差异（$P>0.05$）。与低蛋白质组相比，低蛋白质添加支链氨基酸组仔猪空肠黏膜ASC系统氨基酸转运载体2（ASCT2）、阳离子氨基酸转运载体1（CAT1）、$b^{0,+}$氨基酸转运载体（$b^{0,+}$AT）和4F2重链（4F2hc）的mRNA表达量显著提高（$P<0.05$），但寡肽转运载体1（PepT1）的mRNA和蛋白的表达水平显著降低。在低蛋白质日粮中合理补充支链氨基酸可以提高断奶仔猪的生长性能、促进仔猪肠道发育，同时上调仔猪肠道氨基酸转运载体的表达。

表6-14 低蛋白质日粮补充氨基酸种类和顺序对仔猪生长性能和肠道健康的影响（试验一）

项目	日粮蛋白质水平（%）				SEM	P值		
	23.10	21.20	18.90	17.20		处理	线性	二次
L-赖氨酸盐酸盐	—	0.15	0.31	0.46				
L-苏氨酸	—	0.03	0.06	0.13				
DL-蛋氨酸	—	0.04	0.09	0.13				
L-色氨酸	—	—	0.04	0.07				
L-缬氨酸	—	—	—	0.07				
L-异亮氨酸	—	—	—	0.07				
L-组氨酸	—	—	—	0.01				
L-苯丙氨酸	—	—	—	0.07				
总必需氨基酸	11.26	10.59	9.81	9.4				
总非必需氨基酸	14.5	12.95	11.58	10.2				
总必需氨基酸/总非必需氨基酸	0.78	0.82	0.85	0.92				
ADG（g）	266[a]	275[a]	252[ab]	209[b]	17	0.027	0.012	0.013
ADFI（g）	357	370	342	307	22	0.134	0.026	0.029
F/G	1.35[a]	1.34[a]	1.36[a]	1.49[b]	0.04	0.036	0.009	0.008
粪便评分	0.61[a]	0.49[b]	0.42[c]	0.38[c]	0.02	0.015	0.005	0.081
空肠绒毛高度/隐窝深度	2.21	2.26	2.18	2.16	0.12	0.887	0.753	0.892
空肠乳糖酶活性	39.7[a]	39.7[a]	35.6[a]	29.5[b]	2.0	0.016	<0.01	<0.01
空肠蔗糖酶活性	54.2[a]	55.2[a]	50.7[a]	43.7[b]	2.1	0.015	<0.01	<0.01

注：同行上标不同小写字母表示差异显著（$P<0.05$），相同小写字母表示差异不显著（$P>0.05$）；"—"表示未补充相应氨基酸。

资料来源：岳隆耀（2010）。

表 6-15　低蛋白质日粮补充非必需氨基酸对仔猪断奶后第 1 周生长性能的影响

项　目	日粮处理				P 值
	21.2% CP	17.2% CP	18.6% CP+谷氨酰胺	18.2% CP+精氨酸	
L-赖氨酸盐酸盐	0.15	0.50	0.50	0.50	
L-苏氨酸	0.12	0.27	0.27	0.27	
DL-蛋氨酸	0.14	0.24	0.24	0.24	
L-色氨酸	—	0.05	0.05	0.05	
L-缬氨酸	—	0.13	0.13	0.13	
L-异亮氨酸	—	0.13	0.13	0.13	
L-谷氨酰胺	—	—	1.00	—	
L-精氨酸	—	—	—	0.30	
试验二					
初始体重（kg）	6.71	6.70	6.60	6.70	0.93
终末体重（kg）	8.77[a]	8.51[ab]	8.17[b]	8.66[a]	0.03
ADG（g）	294.3[a]	258.6[b]	224.5[c]	280.0[ab]	0.01
ADFI（g）	380.7[b]	412.1[ab]	339.6[c]	431.4[a]	0.01
F/G	1.29[a]	1.59[b]	1.51[b]	1.54[b]	0.02
试验三					
初始体重（kg）	7.32	7.27	7.42	7.32	0.91
终末体重（kg）	9.36[a]	9.07[b]	8.89[b]	9.17[ab]	0.04
ADG（g）	292.8[a]	257.3[b]	210.4[c]	263.6[ab]	0.01
ADFI（g）	357.5[b]	367.6[a]	278.1[c]	377.9[a]	0.02
F/G	1.22[a]	1.43[b]	1.32[ab]	1.43[b]	0.02

注：同行上标不同小写字母表示差异显著（$P<0.05$），相同小写字母表示差异不显著（$P>0.05$）；“—”表示未补充相应氨基酸。

资料来源：岳隆耀（2010）。

表 6-16　低蛋白质日粮中添加支链氨基酸对断奶仔猪生长性能的影响

项　目	日粮处理			SEM	P 值
	20.9% CP	17.1% CP	17.9% CP+支链氨基酸		
L-赖氨酸盐酸盐	0.42	0.81	0.82		
DL-蛋氨酸	0.07	0.20	0.21		
L-苏氨酸	0.17	0.35	0.36		
L-色氨酸	0.06	0.13	0.13		
L-异亮氨酸	—	—	0.19		
L-亮氨酸	—	—	0.10		
L-缬氨酸	—	—	0.34		
ADG（g）	303[a]	174[b]	286[a]	16.48	<0.01
ADFI（g）	366[a]	300[b]	383[a]	14.55	<0.01

（续）

项　目	日粮处理			SEM	P 值
	20.9% CP	17.1% CP	17.9% CP+支链氨基酸		
F/G	1.21^{a}	1.73^{b}	1.34^{a}	0.07	<0.01
空肠绒毛高度/隐窝深度	2.21	1.91	2.21	0.08	0.19
结肠食糜乙酸含量（μmol/g）	25.38^{a}	15.55^{b}	14.67^{b}	1.42	<0.01
结肠食糜丙酸含量（μmol/g）	9.27^{a}	5.24^{b}	5.24^{b}	0.57	<0.01
结肠食糜丁酸含量（μmol/g）	1.06^{a}	0.41^{b}	0.37^{b}	0.14	0.04
结肠微生物辛普森多样性指数	3.2	3.3	3.3	0.03	0.37

注：108 头 28 日龄断奶仔猪，初始体重为（7.97±0.11）kg；同行上标不同小写字母表示差异显著（$P<0.05$），相同小写字母表示差异不显著（$P>0.05$）；"－"表示未添加相应氨基酸。

资料来源：张世海（2016）。

表 6-17　低蛋白质日粮氨基酸平衡模式对仔猪生长性能的影响

体重（kg）	样本数（头）	CP（%）	Lys(g/kg)	添加氨基酸种类	ADG(g)	G/F	ADFI(g)	资料来源
7～12	108	20.90	14.5S[1]	—	303^{a}	0.83^{a}	366^{a}	张世海（2016）
		17.10		—	174^{b}	0.59^{b}	300^{b}	
		17.90		Ile，Leu，Val	286^{a}	0.75^{a}	383^{a}	
6～11	32	23.1	12.9S	—	266^{a}	0.74	357	岳隆耀（2010）
		21.2		Lys，Thr，Met	275^{a}	0.74	370	
		18.9		Lys，Thr，Met，Trp	252^{ab}	0.74	342	
		17.2		Lys，Thr，Met，Trp，Leu，Ile，Val，Phe，His	209^{b}	0.67	307	
6～13	96	23	14.0S	Lys，Thr，Met	353^{a}	0.67^{a}	528^{a}	Nyachoti 等（2006）
		21		Lys，Thr，Met	340^{a}	0.65^{a}	522^{a}	
		19		Lys，Thr，Met，Trp	288^{b}	0.62^{a}	464^{c}	
		17		Lys，Thr，Met，Trp，Ile	232^{b}	0.56^{b}	414^{b}	
12～27	32	22	10.5S	Met	642	0.67	959^{a}	le Bellego 和 Noblet（2002）
		20		Lys，Thr，Met	661	0.63	1 039^{b}	
		18		Lys，Thr，Met，Trp，Ile，Val	690	0.65	1 061^{b}	
		17		Lys，Thr，Met，Trp，Ile，Val	663	0.63	1 048^{b}	
14～27	120	18	9.5T[2]	—	646	0.51	1 266^{a}	Jin 等（1998）
		15		Lys，Thr，Met	648	0.51	1 285^{b}	
		15		Lys，Thr，Met，Trp	650	0.51	1 287^{b}	
9～19	108	19	11.5T	Lys，Met，Thr	554	0.55	1 007	Mavromichalis 等（1998）
		14		Lys，Met，Thr，Trp，Val，Ile	543	0.52	1 044	
	360	19		Lys，Met，Thr	607^{a}	0.68^{a}	890	
		14		Lys，Thr，Met，Trp，Val，Ile，His，Glu	538^{b}	0.61^{b}	881	
	147	19		Lys，Met，Thr	533	0.58	927	
		14		Lys，Met，Thr，Trp，Val，Ile	546	0.54	1 013	

（续）

体重（kg）	样本数（头）	CP（%）	Lys(g/kg)	添加氨基酸种类	ADG(g)	G/F	ADFI(g)	资料来源
9～21	180	19	10.4T	—	420^{a}	0.58^{a}	720	Kerr 和 Easter（1995）
		15	10.4T	Lys，Thr，Met，Trp	420^{a}	0.55^{a}	750	
		15	7.5T	—	370^{b}	0.48^{b}	770	
7～15	168	21		—	311^{a}	0.59	529^{a}	Hansen 等（1993）
		19		Lys，Thr，Met，Trp	329^{a}	0.58	567^{a}	
		17		Lys，Thr，Met，Trp	336^{a}	0.57	590^{a}	
		15		Lys，Thr，Met，Trp	256^{b}	0.55	470^{b}	
		12		Lys，Thr，Met，Trp，Ile，Val，His，Glu	510	0.44^{b}	1 140	
	108	19		Glu	490	0.47	1 040	
		12		Lys，Thr，Met，Trp，Ile，Val，Glu	500	0.47	1 060	
	45	22		Glu	500^{a}	0.49^{a}	1 020	
		12		Lys，Thr，Met，Trp，Ile，Val，His，Phe，Glu	350^{b}	0.37^{b}	960	
		12	9.5S	Lys，Thr，Met，Trp，Ile，Val，His，Phe，Glu，Gly，二氢氨柠檬酸	330^{b}	0.35^{b}	930	
		14		Lys，Met，Thr，Trp，Val ，Ile	543	0.52	1 044	

注：[1] 表示标准回肠可消化赖氨酸含量；[2]表示总赖氨酸含量；同行上标不同小写字母表示差异显著（$P<0.05$），相同小写字母表示差异不显著（$P>0.05$）；"—"表示未添加氨基酸。

苏有健（2004）、王旭（2006）和王薇薇（2008）研究了低蛋白质日粮中添加色氨酸和苏氨酸对仔猪生产性能、下丘脑5-羟色胺水平、小肠黏膜屏障和免疫功能等的影响。

表6-17总结了近年来不同蛋白质水平的日粮中添加合成氨基酸的种类和数量对仔猪生长性能影响的研究文献。

二、生长猪低蛋白质日粮氨基酸平衡模式

对于生长猪，蛋白质沉积与水沉积和骨骼发育显著相关，每增加1kg蛋白质会导致体重增加4.4kg（Biosen等，2000）。因此，生长性能和饲料利用效率是氨基酸需要量研究中的重要参考指标。但诸多因素影响这些指标的衡量，尤其是影响猪实际生长所需的氨基酸量。日粮能量水平是限制蛋白质沉积的最基本因素，因此氨基酸需要量应表示为日粮中有效氨基酸含量与日粮中有效能值的比例。就世界范围而言，饲料评价通常以不同的能量评价体系为基础，并且影响实际试验日粮中有效能值的因素很多。此外，还有必要考虑随着生长阶段的延长，氨基酸与能量比值下降速度非常快。为了简化确定每种氨基酸与参考氨基酸比例的试验假设，利用理想氨基酸模型能够最大限度地提高氨基酸需要量试验结果的有效性。

Boisen（2003）认为，一个合理的氨基酸需要量试验的设计至少需要5个处理组，

试验日粮中至少需要5种不同待测氨基酸水平，并且赖氨酸需要在整个试验期内应该是限制生长性能的第二因素，而且待测氨基酸需要适度的过量，否则试验中涉及的待测氨基酸与赖氨酸的比例将被低估；随着体重的增长，氨基酸相对能量的比值迅速降低，对于生长猪，这是非常特殊的问题，解决这一问题的有效措施是降低至少10%的赖氨酸供应量和提高10%的待测氨基酸供应量。

1. 赖氨酸 鲁宁（2010）通过3个动物试验研究了低蛋白质日粮下生长猪SID Lys的需要量。试验一选用12头健康去势公猪，采用6×6拉丁方设计研究了低蛋白质日粮对15～43kg生长猪氮平衡的影响。试验日粮包括1个高蛋白质对照组（粗蛋白质水平为18%，SID Lys为0.83%），以及5个低蛋白质日粮处理组（粗蛋白质水平为14%，SID Lys分别为0.63%、0.73%、0.83%、0.93%和1.03%）。结果表明，日粮粗蛋白质水平降低显著减少了生长猪的氮排放（$P<0.01$）；生长猪的氮沉积效率和蛋白质生物学价值随着日粮赖氨酸含量的升高呈线性提高（$P<0.01$），但对生长性能无显著影响（$P>0.05$），与高蛋白质对照组差异也不显著（$P>0.05$）。根据试验一的结果，试验二在商业饲养条件下将648头体重为（27.09±3.88）kg的健康杜洛克×长白×大白三元杂交猪，分为6个日粮处理组研究低蛋白质日粮条件下生长猪对SID Lys的需要量。试验日粮包括1个高蛋白质对照组（粗蛋白质水平为18%，SID Lys为0.95%），以及5个低蛋白质日粮处理组（粗蛋白质水平为14%，SID Lys分别为0.89%、0.96%、1.03%、1.10%和1.17%），试验期为36d。结果表明，在日粮粗蛋白质水平降低4个百分点的条件下，当SID Lys含量为1.03%时，生长猪的平均日增重达到最大值，不仅显著高于SID Lys含量为0.89%和0.96%的低蛋白质日粮组，也显著高于高蛋白质日粮组（$P<0.05$）。当SID Lys含量为1.03%和1.17%时，生长猪的饲料转化效率分别为2.04和2.03，均显著低于其他处理组（$P<0.05$）；生长猪血清尿素氮含量随日粮SID Lys含量的升高表现出极显著的二次下降（$P<0.01$），血清尿素氮含量（y）随日粮SID Lys含量（x）变化的回归方程为$y=151.85x^2-315.78x+175.52$（$R^2=0.93$）；当SID Lys含量为1.03%时，血清尿素氮含量达到最小值（表6-18）。结合试验一和试验二的结果，试验三通过生长猪屠宰试验研究了低蛋白质日粮下最适SID Lys含量对17～44kg生长猪胴体品质和肠道健康的影响。试验日粮包括1个高蛋白质日粮组（粗蛋白质水平为18%，SID Lys为0.93%），以及1个低蛋白质日粮处理组（粗蛋白质水平为14%，SID Lys为1.03%）。结果表明，与高蛋白质日粮组相比，低蛋白质日粮组显著提高了生长猪背最长肌的亮度值和黄度值，有提高空肠绒毛高度和隐窝深度比值的趋势，但对生长猪的生长性能和胴体品质均无显著影响。根据以上研究结果，对于20～50kg体重的生长猪，在14%的日粮粗蛋白质条件下，SID Lys的需要量为1.03%。

表6-18 日粮标准回肠可消化赖氨酸含量对生长猪生长性能和血清尿素氮的影响

项　目	对照组	SID Lys含量（%）					SEM	P 值	
		0.89	0.96	1.03	1.10	1.17		线性	二次
初始体重（kg）	27.09	26.93	26.86	27.68	26.90	27.10	1.68	0.93	0.98
终末体重（kg）	52.26	52.10	52.37	55.94	53.13	53.61	2.02	0.42	0.64
ADG（g）	700[a]	699[a]	709[a]	785[b]	729[ab]	736[ab]	20	0.17	0.09
ADFI（g）	1 485	1 541	1 556	1 600	1 568	1 492	48	0.56	0.27

（续）

项　目	对照组	SID Lys 含量（%）					SEM	P 值	
		0.89	0.96	1.03	1.10	1.17		线性	二次
饲料转化效率	2.12[ab]	2.21[a]	2.19[a]	2.04[b]	2.15[ab]	2.03[b]	0.05	0.02	0.06
血浆尿素氮含量（mg/dL）	19.92[a]	14.83[b]	12.25[b]	11.08[b]	12.33[b]	13.75[b]	1.22	0.48	0.006

注：SEM 表示平均标准误；同行上标不同小写字母表示差异显著（$P<0.05$），相同小写字母表示差异不显著（$P>0.05$）。

资料来源：鲁宁（2010）。

2. 苏氨酸　张桂杰（2011）利用两个商业条件下的饲养试验估测了低蛋白质日粮条件下 20～50kg 生长猪标准回肠可消化苏氨酸（SID Thr）与 SID Lys 的适宜比例。试验一选用 144 头初始体重为（22.14±1.89）kg 的杜洛克×长白×大白三元杂交生长猪，分为 3 个日粮处理组，旨在确定 SID Lys 的限制水平。对照组日粮粗蛋白质水平和 SID Lys 分别为 18.0%和 1.02%；低蛋白质日粮 A 组蛋白质水平在对照组基础上下调 4 个百分点，并补充赖氨酸、苏氨酸、蛋氨酸和色氨酸，保持与高蛋白质对照组一致，低蛋白质日粮 B 组蛋白质水平与 A 组一致，SID Lys 为 0.90%，并按高蛋白质对照组补充蛋氨酸、苏氨酸和色氨酸，使其含量保持一致。试验结果表明，低蛋白质日粮 A 组 ADG 和 FCR 与高蛋白质日粮对照组相比差异不显著，低蛋白质日粮 B 组 ADG 和 FCR 与高蛋白质日粮对照组和低蛋白质日粮 A 组相比显著下降，低蛋白质日粮 A 组与 B 组之间 SUN 浓度差异不显著，但与高蛋白质日粮对照组相比显著下降，由此确定 SID Lys 的限制水平为 0.90%。试验二选取 300 头初始体重为（22.65±2.64）kg 的杜洛克×长白×大白三元杂交生长猪，随机分为 5 个日粮处理组，日粮粗蛋白质和 SID Lys 含量分别为 14%和 0.90%，SID Thr 与 SID Lys 的比值分别为 0.55、0.60、0.65、0.70 和 0.75，并通过补充晶体氨基酸使 5 个日粮处理组的蛋氨酸、色氨酸、异亮氨酸和缬氨酸保持一致。结果表明，ADG 和 FCR 随着 SID SAA 与 SID Lys 比值的升高而显著增加，比例为 0.70 的处理组 ADG 和 FCR 相对其他处理组最佳；SUN 水平也是 0.70 处理组相对其他处理组最低；血清游离氨基酸含量的结果显示，血清中苏氨酸浓度随着日粮中 SID Thr 与 SID Lys 比值的升高而显著升高。结合折线模型和二次回归分析的分析结果，综合考虑生长性能指标和 SUN 浓度，粗蛋白质水平为 14%的 20～50kg 生长猪日粮中的 SID Thr 与 SID Lys 的比值不能低于 0.66。

3. 含硫氨基酸　冯占雨（2006）通过 2 个动物试验以蛋氨酸羟基类似物游离酸（methionine hydroxyl analog-free acid，MHA-FA）作为蛋氨酸源研究生长猪最佳回肠真可消化蛋氨酸（TID Met）与总含硫氨基酸（蛋氨酸加胱氨酸）的比例。试验一旨在研究 MHA-FA 相对于 DL-蛋氨酸（DL-Met）的生物学利用率。通过两项代谢试验，利用非线性指数回归模型进行统计分析，结果表明，以氮沉积为指标，MHA-FA 相对于 DL-Met 的生物学效价为 73.2%；而以血浆尿素氮为指标，MHA-FA 相对于 DL-Met 的生物学效价为 45.6%。试验二根据试验一测定的 MHA-FA 相对于 DL-Met 的生物学效价，以 MHA-FA 为蛋氨酸源研究了猪最佳 TID Met 与总含硫氨基酸的比例。试验选用 42 头 20～30kg 长白×大白二元杂交阉公猪，代谢笼单笼饲养进行代谢试验，分为 7 个日粮处理组。处理组日粮包括 1 个基础日粮，以及 6 个分别添加不同水平 MHA-FA 和胱氨酸的日粮，6

个日粮含有等重量的总含硫氨基酸（0.496%），其 TID Met 占总含硫氨基酸的比例分别为 0.31、0.38、0.44、0.51、0.58 和 0.64。结果表明，与基础日粮处理组相比，其他日粮处理组有更高的平均日增重、更低的饲料转化效率及血浆尿素氮；TID Met 占总含硫氨基酸的比例分别为 0.38、0.44、0.51、0.58 和 0.64，处理组的氮沉积量及氮沉积效率比基础日粮组更高。当 TID Met 与总含硫氨基酸的比例逐级上升至 0.64 时，氮沉积量有所下降。采用二次回归及单、双斜率线性回归分析的结果表明，以氮沉积量为指标，TID Met 与总含硫氨基酸的最佳比例为 0.54；而以血浆尿素氮为指标，这一比例为 0.57。

张桂杰（2011）通过大群生长试验估测了低蛋白质日粮条件下生长猪 SID SAA 与 SID Lys 的适宜比例。试验将 360 头初始体重为（25.67±2.74）kg 的杜克洛×长白×大白三元健康杂交生长猪随机分为 5 个日粮处理组。试验组日粮粗蛋白质水平和 SID Lys 分别为 14%和 0.90%，5 个日粮处理组的 SID SAA 与 SID Lys 的比值分别为 0.50、0.55、0.60、0.65 和 0.70。利用折线模型对日增重（ADG）、饲料转化效率（FCR）和血清尿素氮（SUN）的分析表明，SID SAA 与 SID Lys 的适宜比例分别为 0.60、0.61 和 0.57；利用二次回归模型分析 ADG、FCR 和 SUN，SID SAA 与 SID Lys 的适宜比值为 0.64、0.62 和 0.62。结合折线模型和二次回归模型 2 种分析方法，以及 ADG、FCR 和 SUN 3 种指标，确定当 20～50kg 生长猪日粮蛋白质水平为 14%时，SID SAA 与 SID Lys 的比值应不低于 0.61。

4. 色氨酸 张桂杰（2011）通过大群饲养试验研究了低蛋白质日粮条件下生长猪 SID Trp 与 SID Lys 的适宜比例。试验将 300 头初始体重为（24.74±2.38）kg 的杜洛克×大白×长白三元杂交生长猪随机分为 5 个日粮处理组，试验日粮粗蛋白质和 SID Lys 含量分别为 14%和 0.90%，5 个处理组日粮 SID Trp 与 SID Lys 的比值分别为 0.13、0.16、0.19、0.22 和 0.25，按《猪饲养标准》（NY/T 65—2004）推荐量的 105%补充含硫氨基酸、苏氨酸、异亮氨酸和缬氨酸，使各个处理组的这 5 种氨基酸的含量保持一致。结果表明，各日粮处理之间猪的生长性能差异显著，ADG、ADFI 和 FCR 随 SID Trp 与 SID Lys 比值的升高而增加；SUN 含量随 SID Trp 与 SID Lys 比值的升高而显著降低，其中 0.22 处理组最低，这一结果与生长性能结果相对应；血清游离氨基酸测定结果显示，血清中色氨酸浓度随日粮中 SID Trp 与 SID Lys 比值的升高而显著升高，不同日粮处理组之间血清中支链氨基酸（亮氨酸、异亮氨酸和缬氨酸）、苯丙氨酸和酪氨酸差异显著。结合折线模型和二次回归分析的分析结果，综合考虑生长性能指标和 SUN 浓度，在粗蛋白质水平为 14%的低蛋白质日粮条件下，20～50kg 生长猪日粮中 SID Trp 与 SID Lys 的比值应为 0.22。

5. 缬氨酸 刘绪同（2016）通过饲养试验研究了低蛋白质日粮条件下生长猪回肠标准可消化缬氨酸（SID Val）与 SID Lys 的适宜比例。试验将 150 头初始体重为（26.4±3.2）kg 的杜洛克×长白×大白三元杂交猪（公、母各半），随机分为 5 个日粮处理组，日粮粗蛋白质和 SID Lys 含量分别为 13.5%和 0.90%，5 个处理组日粮 SID Val 与 SID Lys 的比值分别为 0.55、0.60、0.65、0.70 和 0.75，按《猪饲养标准》（NY/T 65—2004）推荐量的 105%补充苏氨酸、含硫氨基酸、色氨酸和异亮氨酸，使各个处理组这几种氨基酸的含量保持一致。结果表明，随着 SID Val 与 SID Lys 比值的提高，ADG 呈线性和二次提高；血清缬氨酸随着日粮缬氨酸添加水平的提高呈线性和二次增加，血清中其他氨基酸，除组氨酸、苯丙氨酸和苏氨酸外，均随日粮中 SID Val

与SID Lys比值的提高呈线性和二次变化。以ADG为效应指标时，单斜率折线模型和二次曲线模型评估的、13.5%粗蛋白质日粮条件下25～50kg生长猪适宜的SID Val与SID Lys的比值应不低于0.67。

6. 异亮氨酸 周相超（2016）通过4个试验研究了20～75kg（分为20～50kg和50～75kg两个阶段）生长猪低蛋白质日粮条件下SID Ile与SID Lys的适宜比例。试验一将108头、体重为（21.5±0.5）kg的杜洛克×长白×大白三元杂交生长猪随机分为3个处理组，每个处理组采用6个重复，每个重复6头猪，参照《猪饲养标准》（NY/T 65—2004）的推荐标准，高蛋白质对照组日粮粗蛋白质和日粮SID Lys分别为18%和0.98%，2个低蛋白质日粮组粗蛋白质水平为14%，SID Lys含量分别为0.98%和0.9%，旨在估测低蛋白质日粮条件下20～50kg生长猪的SID Lys限制水平。结果显示，采食SID Lys水平为0.9%的低蛋白质组饲料转化效率与另外2个处理组相比差异显著（$P<0.05$），确定20～50kg生长猪的SID Lys限制水平为0.9%。在此基础上，试验二将180头体重为（21.5±0.5）kg的杜洛克×长白×大白三元杂交生长猪随机分为5个处理组，每个处理组采用6个重复，每个重复6头猪；分别饲喂粗蛋白质水平为14%，SID Lys为0.9%，SID Ile与SID Lys的比值分别为0.42、0.47、0.52、0.57和0.62的日粮。结果显示，以增重和饲料转化效率为指标，单斜率折线模型和二次曲线模型评估的、14%粗蛋白质日粮条件下20～50kg生长猪适宜的SID Ile与SID Lys的比值应不低于0.48。

三、育肥猪低蛋白质日粮氨基酸平衡模式

1. 赖氨酸 朱立鑫（2010）通过3个试验研究了育肥猪低蛋白质日粮条件下的SID Lys需要量。试验一将324头初始体重为（44.41±4.81）kg的杜洛克×长白×大白三元杂交健康猪，按照体重和性别随机分成6个日粮处理组，包括1个高蛋白质对照日粮组（粗蛋白质水平为15.5%，SID Lys为0.74%），以及5个低蛋白质日粮组（粗蛋白质水平为11.5%，SID Lys分别为0.62%、0.68%、0.74%、0.80%和0.86%）。结果表明，将体重为50～80kg生长阶段的育肥猪日粮粗蛋白质含量降低4个百分点，并补充6种必需氨基酸（赖氨酸、蛋氨酸、苏氨酸、色氨酸、缬氨酸和异亮氨酸），随着日粮赖氨酸水平的增加，猪的生长性能呈升高趋势，在SID Lys含量为0.86%时达到最大值，且不影响猪的胴体品质。试验二将150头初始体重为（59.24±1.59）kg的杜洛克×长白×大白三元杂交健康育肥猪，按照体重和性别随机分成6个日粮处理组，各处理组日粮粗蛋白质和赖氨酸设定的水平同试验一。结果表明，将60～80kg体重育肥猪日粮粗蛋白质水平降低4个百分点，并补充赖氨酸、蛋氨酸、苏氨酸、色氨酸、缬氨酸和异亮氨酸6种必需氨基酸，能够提高猪生长性能，并且改善了血清生化指标，在SID Lys为0.86%时表现最好。试验三研究了低蛋白质日粮条件下80～110kg育肥猪对SID Lys的需要量，该试验将150头初始体重为（83.44±2.14）kg的杜洛克×长白×大白三元杂交健康育肥猪，随机分为6个日粮处理组，包括1个高蛋白质对照日粮组（粗蛋白质水平为13.2%，SID Lys为0.60%），以及5个低蛋白质日粮组（粗蛋白质水平为9.2%，SID Lys分别为0.44%、0.52%、0.60%、0.68%和0.76%）。结果表明，将

80～110kg 育肥猪的日粮粗蛋白质水平降低 4 个百分点，以净能体系配制日粮不影响猪的生长性能，并且能够改善血清生化指标和胴体品质，也不影响肉品质。综合各项指标的回归分析结果，确定 50～80kg 和 80～110kg 育肥猪日粮粗蛋白质水平分别为 11.5%和 9.2%时，SID Lys 的需要量不应低于 0.86%和 0.59%。

谢春元（2013）评估了 70～100 kg 育肥猪低蛋白质日粮条件下 SID Lys 的需要量。试验将 120 头初始体重为（72.8±3.6）kg 的长白×大白二元杂交去势公猪分为 6 个日粮处理组，试验期 35d。日粮处理组包括 1 个高蛋白对照日粮组（15.3% CP，0.71% SID Lys），以及 5 个低蛋白质日粮组（12% CP，SID Lys 分别为 0.51%、0.61%、0.71%、0.81%和 0.91%）。结果表明，随着日粮 SID Lys 含量的提高，ADG 显著提高（线性，P=0.04；二次，P=0.08），FCR 显著改善（线性，P=0.02；二次，P=0.02）。以 ADG 和 FCR 为效应指标时，12%粗蛋白质条件下，70～100kg 去势公猪的 SID Lys 需要量为 0.75%。

马文锋（2015）通过饲养试验研究了 90～120kg 育肥后期猪对 SID Lys 的需要量。试验将 108 头初始体重为（87.8±5.9）kg 的杜洛克×长白×大白三元杂交健康母猪随机分为 6 个日粮处理组，包括 1 个高蛋白质对照日粮组（粗蛋白质水平为 13.5%，SID Lys 为 0.61%），以及 5 个低蛋白质日粮组（粗蛋白质水平为 10%，SID Lys 分别为 0.49%、0.55%、0.61%、0.67%和 0.73%）。结果显示，随着日粮 SID Lys 含量的提高，ADG 和 FCR 显著改善，SUN 显著降低，并且显著影响育肥母猪背最长肌大理石纹评分和肌肉亮度值。以 ADG、FCR 和 SUN 为效应指标时，单斜率折线模型分析所得的育肥猪后期的适宜的 SID Lys 水平分别为 0.57%、0.58%和 0.61%；二次曲线模型分析所得的适宜的 SID Lys 水平分别为 0.65%、0.65%和 0.66%。以无脂瘦肉指数为效应指标时，育肥猪后期的适宜 SID Lys 水平为 0.73%。

2. 苏氨酸 谢春元（2013）通过饲养试验研究 70～100kg 育肥猪低蛋白质日粮 SID Thr 的需要量。试验将初始体重为（72.5±4.4）kg 的长白×大白二元杂交健康阉公猪 138 头随机分为 5 个日粮处理组，试验期 28d。试验日粮粗蛋白质和 SID Lys 含量分别为 10.5%和 0.61%，5 个日粮处理组的 SID Thr 与 SID Lys 的比值分别为 0.56、0.61、0.67、0.72 和 0.77。结果表明，随着 SID Thr 与 SID Lys 比值的提高，ADG 呈二次曲线升高，FCR 得到线性改善。单斜率折线模型分析，70～100 kg 育肥阉公猪获得最大 ADG、最佳 FCR 和最低 SUN 的 SID Thr 与 SID Lys 的比值分别为 0.67、0.71 和 0.64；二次曲线模型分析结果分别为 0.68、0.78 和 0.70。

马文锋（2015）通过饲养试验研究了猪育肥后期 SID Thr 与 SID Lys 的适宜比例。试验将 90 头初始体重为（90.6±5.7）kg 的杜洛克×长白×大白三元杂交健康母猪随机分为 5 个日粮处理组，试验日粮粗蛋白质和 SID Lys 含量分别为 9.6%和 0.51%，5 个处理组日粮 SID Thr 与 SID Lys 的比值分别为 0.54、0.60、0.66、0.72 和 0.78。结果显示，随着日粮 SID Thr 与 SID Lys 比值的升高，ADG 和 FCR 显著改善，SUN 显著降低，并显著提高了背最长肌肌肉亮度值，其余胴体品质无显著影响；血清游离苏氨酸的水平也随着 SID Thr 与 SID Lys 比值的升高而上升，其余血清氨基酸水平无显著影响。以 ADG、FCR 和 SUN 为效应指标时，单斜率折线模型分析所得的 90～120kg 育肥猪适宜的 SID Thr 与 SID Lys 比值分别为 0.61、0.63 和 0.64；二次曲线模型分析结果分别为 0.70、0.75 和 0.74。

3. 含硫氨基酸 谢春元（2013）通过大群饲养试验探讨了65～90 kg猪低蛋白质日粮中SID SAA与SID Lys的适宜比例。试验将150头初始体重为（66.6±3.3）kg的长白×大白二元杂交健康阉公猪随机分为5个日粮处理组，试验日粮粗蛋白质和SID Lys含量分别为10.5%和0.61%，5个日粮处理组SID SAA与SID Lys的比值分别为0.54、0.59、0.66、0.70和0.74。单斜率折线模型分析结果表明，65～90 kg育肥猪获得最大ADG和最佳FCR的SID SAA与SID Lys的比值分别为0.60和0.67；二次曲线模型分析结果分别为0.75和0.73。

马文锋（2015）通过饲养试验研究了95～120 kg猪育肥后期SID SAA与SID Lys的适宜比例。试验将90头初始体重为（96.6±5.6）kg的杜洛克×长白×大白三元杂交健康母猪随机分为5个日粮处理组，试验日粮粗蛋白质和SID Lys含量分别为8.8%和0.51%，5个处理组日粮SID SAA与SID Lys的比值分别为0.48、0.53、0.58、0.63和0.68。结果显示，随着SID SAA与SID Lys比值的提高，ADG显著提高，FCR显著改善，SUN显著下降。单斜率折线模型分析结果表明，95～120 kg育肥猪获得最大ADG、最佳FCR和最低SUN的SID SAA与SID Lys的比值分别为0.57、0.58和0.53；二次曲线模型的分析结果则分别为0.64、0.62和0.61。

4. 色氨酸 谢春元（2013）通过饲养试验研究了65～90kg育肥猪低蛋白质日粮中SID Trp与SID Lys的适宜比例。试验将150头初始体重为（67.3±3.2）kg的长白×大白二元杂交健康阉公猪随机分为5个日粮处理组，试验日粮粗蛋白质和SID Lys含量分别为10.5%和0.61%，5个日粮处理组SID Trp与SID Lys的比值分别为0.13、0.16、0.20、0.23和0.26。结果显示，随着日粮SID Trp与SID Lys比值的提高，ADG显著提高（线性，$P<0.01$；二次，$P<0.01$），ADFI呈现升高趋势（线性，$P=0.07$），SUN浓度显著下降（线性，$P=0.04$；二次，$P=0.08$）。单斜率折线模型的分析结果表明，65～90kg育肥阉公猪获得最大ADG、最佳FCR和最低的SUN时，相应SID Trp于SID Lys的比值分别为0.20、0.20和0.22；二次曲线模型分析结果则分别为0.25、0.22和0.25。

马文锋（2015）通过饲养试验研究了90～120 kg猪育肥后期SID Trp与SID Lys的适宜比例。试验将90头初始体重为（89.1±5.1）kg的杜洛克×长白×大白三元杂交健康母猪随机分为5个日粮处理组，试验日粮粗蛋白质和SID Lys含量分别为9.6%和0.51%，5个处理组日粮SID Trp与SID Lys的比值分别为0.12、0.15、0.18、0.21和0.24。结果显示，随着日粮SID Trp与SID Lys比值的提高，ADG显著提高，FCR显著改善，SUN显著下降，并显著影响背最长肌肌肉亮度及大理石花纹。以ADG、FCR和SUN为效应指标时，单斜率折线模型分析所得，在9.6%日粮蛋白质水平下，90～120 kg育肥母猪适宜的SID Trp与SID Lys的比值分别为0.16、0.17和0.16；二次曲线模型分析结果则分别为0.20、0.20和0.20。

5. 缬氨酸 刘绪同（2016）通过3个大群饲养试验探讨了低蛋白质日粮条件下50～70kg、70～90kg和90～110kg 3个阶段育肥猪SID Val与SID Lys的适宜比例。试验一将150头初始体重为（49.3±6.1）kg的杜洛克×长白×大白三元杂交猪（公、母各半）随机分为5个日粮处理组，试验日粮粗蛋白质和SID Lys含量分别为10.8%和0.73%，5个处理组日粮的SID Val与SID Lys的比值分别为0.55、0.60、0.65、0.70

和0.75，参照《猪饲养标准》（NY/T 65—2004）推荐值的105%补充晶体苏氨酸、含硫氨基酸、色氨酸和异亮氨酸需要量。结果表明，随着日粮SID Val与SID Lys比值的提高，ADG显著提高（线性和二次），SUN浓度显著下降（线性和二次）。以ADG和SUN为效应指标时，单斜率折线模型评估的50～70kg猪SID Val与SID Lys适宜的比值分别为0.67和0.65；二次曲线模型的评估结果则分别为0.72和0.71。试验二将150头初始体重为（71.1±8.6）kg的杜洛克×长白×大白三元杂交猪（公、母各半）随机分为5个日粮处理组，试验日粮粗蛋白质和SID Lys含量分别为9.2%和0.61%，5个处理组日粮SID Val与SID Lys的比值分别为0.55、0.60、0.65、0.70和0.75，参照《猪饲养标准》（NY/T 65—2004）推荐值的105%补充晶体苏氨酸、含硫氨基酸、色氨酸和异亮氨酸需要量。结果表明，随着日粮SID Val与SID Lys比值的提高，ADG显著提高（线性和二次）；SUN浓度显著下降（线性和二次）。以ADG和SUN为效应指标时，单斜率折线模型评估的70～90kg猪SID Val与SID Lys适宜的比值分别为0.67和0.67；二次曲线模型评估结果则分别为0.72和0.74。试验三将90头初始体重为（93.8±7.2）kg的杜洛克×长白×大白三元杂交猪（公、母各半）随机分为5个日粮处理组，试验日粮粗蛋白质和SID Lys含量分别为8.3%和0.51%，5个处理组日粮SID Val与SID Lys的比值分别为0.55、0.60、0.65、0.70和0.75，参照《猪饲养标准》（NY/T 65—2004）推荐值的105%补充晶体苏氨酸、含硫氨基酸、色氨酸和异亮氨酸需要量。结果表明，随着日粮SID Val与SID Lys比值的提高，FCR显著改善（线性和二次）。以FCR为效应指标时，单斜率折线模型和二次曲线模型评估的90～110kg猪低蛋白质日粮条件下适宜的SID Val与SID Lys的比值分别为0.68和0.72。

6. 异亮氨酸 周相超（2016）通过2个试验研究了50～75kg育肥猪低蛋白质日粮条件下SID Ile与SID Lys的适宜比例。试验一将108头初始体重为（51.35±2.1）kg的杜洛克×长白×大白三元杂交猪（公、母各半）分为3个日粮处理组，参照《猪饲养标准》（NY/T 65—2004）的推荐值，高蛋白质对照组日粮的粗蛋白质和SID Lys含量分别为16%和0.85%，2个低蛋白质日粮组粗蛋白质水平都为12.4%，日粮SID Lys分别为0.85%和0.78%，旨在评估低氮日粮条件下50～75kg猪SID Lys的限制性水平。结果显示，采食SID Lys含量为0.78%的低蛋白质日粮组的饲料转化效率与另外2个处理组相比差异显著（$P<0.05$），确定50～75kg体重阶段猪的SID Lys的限制性水平为0.78%。试验二中180头初始体重为（51.32±1.8）kg的杜洛克×长白×大白三元杂交猪（公、母各半）分别饲喂5个处理水平的日粮，日粮粗蛋白质水平为12.4%，SID Lys含量为0.78%，5个处理组日粮SID Ile与SID Lys的比值分别为0.43、0.48、0.53、0.58和0.63。单斜率折线模型和二次曲线模型的分析结果显示，低蛋白质日粮条件下50～75kg体重猪SID Ile与SID lys的适宜比例不应低于0.56。

第四节 种猪低蛋白质日粮配制技术

动物采食过量蛋白质后，血液中氨和尿素含量升高，超出常规水平时可直接损害生殖系统，引起繁殖性能下降。因此，低蛋白质日粮在种猪上的研究非常有价值。

由于生产目标的不一致，生长育肥猪与种猪的营养需要量不同，生长育肥猪日粮配制的原则普遍建立在“能获得最佳增重和饲料转化效率”这一评判标准上，而母猪和种公猪则主要考虑其繁殖性能的发挥。因此，种猪低蛋白质日粮的配制技术相对于生长育肥猪更为复杂，目前的研究工作相对要少得多。笔者在此对有限的研究资料加以总结，供读者参考。

一、母猪低蛋白质日粮配制技术

（一）后备母猪

后备母猪是指备选后尚未参加配种的母猪，主要包括育成、性成熟到配种两个阶段：①育成阶段的饲养目标是使后备母猪在配种年龄和性成熟阶段获得适当的体重和体况，并使其在适宜的时间开始初情期；②性成熟到配种阶段的饲养目标是使后备母猪获得最大的排卵率，并保证达到受孕时所需的最佳体况。如果后备母猪在配种及分娩时体重较轻、背膘过薄，其在泌乳期的采食量也会随之下降，进而影响泌乳量并导致泌乳期体重损失过大。因此，选种和配种时后备母猪的体况对后期的生殖过程有重要影响。没有营养平衡的日粮，后备母猪不可能具有良好的营养储备，进而无法获得持续的高繁殖性能。因此，母猪在后备阶段的营养管理对于整个养猪生产具有深远的影响，是提高整个养猪生产水平的关键。

1. 后备母猪低蛋白质日粮的研究　研究发现，对于后备母猪来说，体蛋白质的储存和代谢比体脂肪更加重要，一定的体蛋白质沉积对于母猪达到最佳的繁殖性能是必需的。随着理想蛋白质和可消化氨基酸的研究进展，保证后备母猪适宜的日粮蛋白质水平有利于其发挥最大的生产效益。卢建富等（2000）在滇陆系 5 世代后备母猪上的研究显示，母猪后备前期日粮适宜的蛋白质含量为 14.13%，后备后期日粮适宜的蛋白质含量为 13.48%。潘天彪等（2010）研究表明，40～70kg 阶段后备母猪最适宜的日粮蛋白质水平为 13.40%。陈辉等（2013）在不同蛋白质水平日粮上对滇陆系后备母猪的研究表明，如果希望滇陆系母猪在第一个发情期就配种成功，建议后备母猪在 30～70kg 阶段自由采食蛋白质含量为 16.44%的日粮，在 70～90kg 阶段时限制饲喂蛋白质含量为 14.54%的日粮，在 90 kg 至配种时自由采食蛋白质含量为 14.40%的日粮。目前，关于商品猪场后备母猪蛋白质需要量的研究相对较少，大部分采用后备前期蛋白质含量 16%～18%、后备后期蛋白质含量14%～16%的日粮。

Cunningham 等（1974）研究发现，饲喂低蛋白质日粮（10%或 14%粗蛋白质）的后备母猪，初情日龄可推迟 18.7d。Yang 等（2000a，2000b）研究表明，降低后备母猪蛋白质摄入水平可引起卵泡液成分的变化，进而影响卵母细胞质量和随后的初情启动。潘天彪等（2010）的研究也表明，增加日粮蛋白质水平能显著提高后备母猪血清促黄体素（LH）和雌二醇（E2）的浓度。由此可见，适宜的日粮蛋白质水平对后备母猪的初情启动是很重要的。但上述试验均是在不合理的氨基酸配比下进行的，未能满足后备母猪对氨基酸的营养需求。董志岩等（2015）基于理想氨基酸模式，在添加低蛋白质日粮的研究发现，长白×大白二元杂交后备母猪在20～40kg、40～70kg、70～100kg和100～125kg体重阶段的日粮可消化赖氨酸水平分别为0.83%、0.78%、0.71%和0.65%时，有利于提高后备母猪生殖激素的浓度、缩短初情期日龄、提高发情率。氨基酸作为内分泌激素释放调节剂，可促进胰岛素及胰岛素样生长因子-1的合成分泌，从而影响后备母猪的生长发育和初情期启动（吴德等，2014）。

2. 后备母猪低蛋白质日粮的配制要点 母猪在后备阶段生产目标的复杂性（合理的生长速度、繁殖器官发育情况、初情期适时启动等），对低蛋白质日粮的配制提出了较高的要求，主要的配制要点如下。

（1）后备母猪对日粮氨基酸平衡的敏感度远高于日粮蛋白质水平，为满足后备母猪良好生长发育的要求，配制低蛋白质日粮时应满足母猪发情前各个阶段对氨基酸的需求，并做到必需氨基酸的平衡。由于目前饲料级氨基酸品种有限，因此后备母猪的日粮蛋白质水平也不应过低。

（2）后备母猪日粮中可适当添加一些与繁殖性能密切相关的功能性氨基酸（精氨酸、缬氨酸）或功能性氨基酸类似物（N-氨甲酰谷氨酸）。

（3）后备母猪日粮中蛋白质水平应与能量水平相匹配，日粮能量的缺乏会导致后备母猪初情期的推迟甚至乏情。因此，低蛋白质日粮中可适宜多添加脂肪或者富含油脂的饲料原料，以提升日粮能量浓度及后备母猪血液中的瘦素浓度，促进后备母猪的健康生长发育。此外，还应将后备母猪的背膘厚度控制在一个合适的范围内，如对于过瘦的母猪可以采用降低蛋白质水平并增加能量的方法，使其背膘快速沉积；而过肥的母猪可适当提高日粮蛋白质水平，降低能量含量。

（4）将生长阶段细分为4个阶段，即20～40kg、40～70kg、70～100kg和100～125kg，配制适合各个体重阶段的低蛋白质日粮。

（二）妊娠母猪

妊娠母猪的营养供给不仅要满足自身的繁殖需求（分娩率、产仔数、断奶到发情间隔、繁殖年限），而且要保证后代仔猪获得高的生长性能（初生重、成活率、健康程度、增重）。母猪的妊娠期可分为妊娠早期、妊娠中期和妊娠后期：①妊娠早期以胚胎的正常附植和生殖激素的适度分泌为主要营养目标。此期母猪黄体组织分泌孕激素的能力较差，高采食量会加大肝脏负担，导致孕激素分泌量减少，进而导致胚胎死亡，因此应在此阶段对母猪进行限饲；②妊娠中期的营养目标是使母猪保持一定的体增重，并储备足够的营养物质。此阶段适当提高母猪采食量有利于黄体组织的生成，促进孕酮分泌，进而保证妊娠效率；③乳腺组织和胎儿骨骼的发育主要在妊娠后期，因此日粮中需要更多的氨基酸和矿物质元素，且后期氨基酸需要量的增幅大于能量需要。此外，由于初产母猪需要一部分氨基酸用于自身生长所需，因此随着胎次的增加妊娠母猪对氨基酸的需要量降低，反映了随着母体的发育成熟，母猪体蛋白质沉积逐渐减少。

1. 妊娠母猪低蛋白质日粮的研究 母猪妊娠期间对蛋白质需求与其所处的妊娠阶段密切相关。妊娠前期特殊的“孕期合成代谢”状态使得母体代谢率较高，因此在这一阶段过量的日粮蛋白质水平会导致浪费，甚至加重母猪代谢负担。而在妊娠后期，胎儿的生长速度明显加快，应适当提升日粮蛋白质水平；但过量的蛋白质会导致泌乳期转化的“双重代谢”浪费，且母猪过肥不利于分娩及哺乳，因此适宜的日粮蛋白质和氨基酸水平在母猪妊娠期极为重要。Pond（1969）的研究表明，给妊娠期母猪饲喂基本不含氨基酸的日粮，母猪仍能够正常产仔，虽然影响产仔窝重，但这些仔猪均能存活并生长。Pond在1973年的另一项研究表明，给妊娠期母猪饲喂低蛋白质日粮，不影响母猪窝产仔数，但会降低哺乳仔猪的生长速度。赵青和钟土木（2009）发现，与饲喂粗蛋白质为12.2%、消化能为12.60MJ/kg的日粮相比，饲喂粗蛋白质为10.8%、消化能为11.36MJ/kg日粮的金华猪妊娠母猪，总产仔数和产活仔数增加。

King等（1993）研究了妊娠母猪的蛋白质、能量摄入及氮沉积量之间的互作关系，结果表明，在整个妊娠期间，氮的沉积可随着日粮中蛋白质水平的增加而到一个稳定水平，因此一个适宜的日粮蛋白质浓度有利于母猪妊娠期氮的沉积和后续仔猪的生长。崔家军等（2016a）从母猪配种后20d开始，饲喂蛋白质含量为14.5%、12.5%和10.5%的日粮发现，日粮蛋白质水平对母猪繁殖性能，如产仔数、活仔数、初生重及背膘厚度无显著影响；但饲喂10.5%蛋白质的日粮组，SUN含量显著低于其余2个处理组，饲料蛋白质消化率随蛋白质水平的下降呈上升趋势。陈军等（2017）给妊娠母猪饲喂蛋白质水平分别为13.50%和9.50%的日粮，结果日粮蛋白质水平对母猪产仔数及仔猪初生重和窝重均无显著影响。

Mahan（1998）研究发现，日粮蛋白质浓度不影响妊娠母猪体重和窝产仔数，但影响母猪尤其是初产母猪的产仔窝重、体内脂肪含量及泌乳期采食量；二胎以后，妊娠期大量采食日粮蛋白质含量为13%的母猪与采食日粮蛋白质含量为16%的母猪，繁殖性能没有差异。

2. 妊娠母猪低蛋白质日粮的配制要点 妊娠母猪的蛋白质和氨基酸需要量包括母体需要和胎儿需要两部分。在需要量估测中，除考虑生长育肥猪用到的有效参数外，还需要记录母猪采食量、受孕第1天和妊娠结束时的母猪体重、出生仔猪数（包括活仔数和死胎数）、仔猪初生重等（NRC，2012）。因此，在配制妊娠母猪低蛋白质日粮中，应注意以下因素。

（1）氨基酸平衡 大量研究显示，母猪对日粮中各种氨基酸是否平衡的敏感性远远超过对日粮蛋白质水平的敏感性。因此，在配制妊娠母猪日粮时，应尽可能满足母猪对各种氨基酸的需求，尤其是那些对胎儿正常生长发育有重要作用的氨基酸。Yang等（2009）和Zhang等（2011）共同发现，在妊娠中期和妊娠后期增加母猪日粮中赖氨酸的含量，可以有效提升母乳中的总干物质和蛋白质含量。支链氨基酸、精氨酸、谷氨酸和色氨酸等功能性氨基酸可提高母猪受孕概率及胚胎着床时期的抗氧化能力，增加母猪的食欲，有利于提高仔猪的出生重（Wu，2013）。

（2）胎次的影响 氨基酸需要量不仅随母猪妊娠阶段的变化而变化，也与母猪的胎次有关。由于初产母猪身体还未发育成熟，体重及繁殖器官尚未满足最佳繁殖性能的要求，因此在配制日粮时不应限制其蛋白质的摄入，否则将对其终生繁殖性能造成不利影响。随着胎次的上升，母猪妊娠期所需要的营养物质的量减少。低蛋白质日粮更多适用于二胎以后的妊娠母猪，此时母猪发育较为充分，适当降低日粮蛋白质水平可提高妊娠母猪的繁殖性能。Samuel等（2010）研究发现，第二胎母猪妊娠前期和妊娠后期的赖氨酸需要量分别为 13.1g/d 和 18.7g/d；第三胎母猪妊娠前期和妊娠后期的赖氨酸需要量显著降低，分别为 8.2g/d 和 13.0g/d。因此，低蛋白质日粮的配制应该随妊娠阶段及胎次的变化而变化。

（3）日粮蛋白质水平与能量水平相匹配　摄入过高的日粮能量和蛋白质，机体代谢旺盛，促使肾上腺激素分泌增加，从而影响孕激素的分泌，导致血浆孕酮含量降低。汪宏云（2000）报道，配种后 3 周内，受精卵形成胚胎几乎不需要额外的营养供给，给妊娠母猪饲喂低消化能、低粗蛋白质（DE≤12.54MJ/kg、CP≤13%）日粮，每天饲喂 1.5～2kg 即可满足妊娠时的营养需要。但大量研究表明，过低日粮蛋白质及能量水平也不利于母猪繁殖性能的发挥。因此，妊娠母猪的日粮蛋白质水平应“适度”和“适量”。

（4）日粮蛋白质与纤维素的关系　Danielsen 等（2001）研究了不同纤维素水平（4.6%、12.7%和 13.5%）日粮对妊娠母猪繁殖性能的影响时发现，日粮中适宜的纤维素水平可以提高挥发性脂肪酸的含量，为胎儿提供生酮基质，增加胎儿的能量储备，并缓解母猪泌乳期体重损失。妊娠母猪日粮中适宜的纤维素水平可提高妊娠早期胚胎存活率、改善母猪肠道健康、调整母猪体况、降低母猪分娩应激等。高纤维素日粮可增加妊娠母猪饱腹感而降低能量摄入，减少背膘沉积。但由于纤维素有较高的热增耗，经常会在炎热的条件下增加母猪的热应激，而低蛋白质日粮因其较低的蛋白质含量，可使母猪的热应激减少。因此，低蛋白质配合高纤维素的日粮对妊娠母猪生产性能的发挥非常有利。

（三）哺乳母猪

与几十年前的母猪相比，现在的母猪瘦肉率更高、繁殖力更强，但与此同时，母猪的采食能力退化，采食量减少。如果泌乳期母猪采食的营养物质不能满足自身泌乳需要，通常会通过分解自身体蛋白质、体内脂肪以满足泌乳功能的需要，从而导致泌乳期体重降低严重，营养不良，并难以再次受孕。因此，泌乳期母猪的营养及管理目标是尽可能多地让母猪采食，并最大限度地摄入营养物质，以满足泌乳期大量的营养物质消耗，提高泌乳能力及乳汁质量，促进仔猪生长发育，并降低泌乳期的体重损失。

1. 哺乳母猪低蛋白质日粮的研究　将泌乳母猪日粮蛋白质水平由 18%降低到 17%和 16%，并补充合成氨基酸对母猪泌乳期的体重变化和仔猪的断奶窝增重无显著影响；但将日粮蛋白质水平进一步降到 14%时，母猪泌乳期的体重损失增加，仔猪的断奶窝增重显著降低（刘钢等，2010）。崔家军等（2016b）将泌乳母猪的日粮蛋白质水平由 17.7%降到 13.7%，并补充合成氨基酸发现，母猪的采食量、泌乳期体重损失、背膘损失和乳成分均无显著差异，并且仔猪在 21 日龄断奶时的窝重、成活率和断奶后的采食量也没有显著差异。董志岩等（2012）在类似的试验中也发现，与 18%粗蛋白质含量的对照组日粮相比，蛋白质含量分别为 17%、16%和 15%的氨基酸平衡日粮对母猪泌乳期失重、平均日采食量、断奶发情间隔、仔猪窝均增重、仔猪平均日增重均无显著影响。Soltwedel 等（2006）证实，在相同的蛋白质水平下，随着哺乳母猪日粮中合成赖氨酸、苏氨酸和缬氨酸水平的增加，血浆尿素氮浓度下降。证明随着日粮各种氨基酸的比例趋于平衡，哺乳母猪对日粮中蛋白质的代谢更加高效。

King 等（1993）研究了不同蛋白质水平和赖氨酸含量的日粮（粗蛋白质含量

6.3%~23.8%，赖氨酸含量0.44%~1.51%）对哺乳母猪乳汁的影响，发现在泌乳前期和泌乳后期，母猪的产奶量、乳脂含量及乳汁中固形物含量随蛋白质水平增加而呈线性增加。Guan等（2004）发现，将日粮蛋白质水平从23.5%降至7.8%，母猪产奶量和仔猪增重及乳汁中真蛋白质浓度和氨基酸水平，随蛋白质水平的降低而呈线性降低；随泌乳天数的增加，乳汁中真蛋白质和乳糖含量下降，但对泌乳量和乳汁中的干物质无影响。蒋守群等（2003）证实，日粮蛋白质水平对泌乳母猪乳汁中的干物质、糖分及灰分的含量影响不大，但显著影响泌乳中期和泌乳后期乳汁中乳蛋白和乳脂肪含量。张涛等（2018）发现，日粮蛋白质水平对哺乳母猪产奶量及乳汁成分有重要影响，母猪摄入充足的氨基酸可使其生产潜力得到充分发挥；采食氨基酸比例适当、蛋白质含量高的日粮有利于泌乳期母猪泌乳量的提升、乳汁成分的改善和仔猪日增重的增加，并可以减少母猪泌乳期体重和背膘的损失。

Yang等（2000b）从初产母猪开始，连续给3个胎次的哺乳母猪饲喂5种不同粗蛋白质含量（14.67%、18.15%、21.60%、25.26%和28.82%）的日粮，结果表明胎次会影响哺乳母猪对日粮蛋白质和氨基酸的需要量，随着日粮蛋白质水平的降低，母猪在前两胎的采食量呈线性增加，对日粮蛋白质水平的变化更敏感，但第三胎之后受影响较小。Yang等（2000a）给初产母猪饲喂高、中、低赖氨酸含量的日粮发现，低赖氨酸处理组母猪的子宫重量、卵泡液体积及卵泡液雌二醇含量明显低于其他2个处理组，初产母猪泌乳期赖氨酸摄入量低会破坏卵泡发育，并降低卵泡支持卵母细胞成熟的能力。

2. 哺乳母猪低蛋白质日粮的配制要点 在评估哺乳母猪日粮的营养需要量时，需要记录的参数包括：泌乳期的天数、母猪哺乳初始和结束的体重及体重变化、背膘厚度变化、仔猪断奶时的窝增重等。泌乳期母猪的氨基酸需要由母体和母乳这两方面的氨基酸需要组成。与泌乳的氨基酸需要相比，母猪自身的氨基酸需要是微不足道的，因此哺乳期间母猪的营养主要以满足泌乳需要为主。

（1）氨基酸平衡 哺乳母猪日粮中的限制性氨基酸顺序可能与生长育肥猪不同，缬氨酸是继赖氨酸、苏氨酸后哺乳母猪的第三限制性氨基酸。缬氨酸可以为合成母乳中的乳糖和脂肪酸提供能量，但在乳腺氨基酸中缬氨酸的氧化率最高，因此需要额外补充缬氨酸才能满足哺乳母猪泌乳的需要。将哺乳母猪日粮缬氨酸含量从0.72%增加到1.07%和1.42%，可以使仔猪窝增重呈线性升高（Lei等，2012）。增加日粮中精氨酸含量也有利于提高母猪的泌乳量和乳汁的质量，并降低母猪泌乳期的体重损失，提高饲料转化效率（Mateo等，2008；刘星达等，2011）。

（2）高温环境下饲喂低蛋白质日粮的优势 Kerr等（2003）发现，高温环境下饲喂氨基酸平衡的低蛋白质日粮，可以降低氨基酸代谢产热，从而降低生长猪的总产热，其改善效果优于通过降低采食量来减少产热。Renaudeau等（2001，2003）证实，在29℃的高温天气下，低蛋白质组哺乳母猪的体重损失、背膘损失更少；而在20℃的正常温度下，各处理组无明显差异。Silva等（2009）发现，在热带潮湿气候下，低蛋白质日粮可以提高哺乳母猪的采食量，降低背膘损失，从而缓解环境带给母猪的不利影响。

（3）电解质平衡 哺乳母猪日平均饮水量为45kg，与妊娠后期相比大幅度增加。

夏季母猪依靠排尿来减少热应激，但随着排泄量的增加，电解质的流失也会增加。因此，在夏季高温天气下，配制低蛋白质日粮时应注意哺乳母猪日粮的电解质平衡问题。

二、种公猪低蛋白质日粮配制技术

种公猪的饲养管理是一个猪场的核心，正如俗话所说“母猪好好一窝，公猪好好一坡”。种公猪的饲养水平与猪场的经济效益是直接相关的，种公猪的影响力远远大于母猪。适宜的营养供给和科学的饲养管理是公猪生产所必需的。评价种公猪的繁殖性能主要包括精液的质量和产量、精子的数目和活力、公猪的性欲和使用年限等。种公猪的繁殖性能受多方面因素影响，如遗传、营养、环境及管理水平等。但在这些影响因素中，营养的影响是最直接的。

1. 种公猪低蛋白质日粮的研究 种公猪对养猪生产虽然很重要，但关于对种公猪需要量的研究报道很少。梁明振等（2002）发现，日粮蛋白质水平过低会对公猪产生不利影响；进一步研究发现，长期饲喂粗蛋白质水平低于10%的日粮，会导致种公猪性欲下降、精液品质下降和使用年限减少等。但过高的日粮蛋白质水平同样不利于种公猪正常繁殖性能的发挥。Louis 等（1994）给种公猪分别饲喂蛋白质水平为18%和22%的日粮发现，日粮高蛋白质水平并不能改善精液品质，反而使公猪体重超标；另外，过高的日粮蛋白质水平还会导致血浆尿素氮上升，进而使公猪精子畸形率增加（梁明振等，2002）。Wilson 等（1987）证实，给种公猪分别饲喂9%、12%和15% 3个粗蛋白质水平的日粮，对种公猪的精液量、精子密度、精子总数及睾丸重量没有显著影响。

NRC（1998）建议性活跃期种公猪日粮中的赖氨酸需要量为0.6%或12g/d（假定采食量为2 kg/d），这一需要量值是建立在对精液量和精子质量分析测试基础上的（Kemp 等，1988）。Rupanova（2006）的研究发现，与0.86%赖氨酸的日粮相比，1.03%的日粮赖氨酸可提高精液质量，但对射精量没有影响。Rupanova（2006）的另一个研究发现是，种公猪日粮赖氨酸的合理含量为0.65%～0.68%；当日粮赖氨酸水平降至0.25%时，在试验第6～7周内公猪产生的精子数量和质量下降，并影响正常性欲（Golushko 等，2010）。O' Shea 等（2010）发现，在日粮赖氨酸水平相同的情况下，改变蛋氨酸、苏氨酸、色氨酸与赖氨酸的比例，种公猪会有不同的繁殖表现。Golushko 等（2010）证实，当日粮中赖氨酸、蛋氨酸、苏氨酸和色氨酸的比例为100∶70∶82∶23时，种公猪可保持最佳繁殖性能。

2. 种公猪低蛋白质日粮的配制要点 由于饲养种公猪的目标是生产尽可能多的高质量精液以满足母猪的配种需要，又由于精液的干物质中蛋白质所占比例约为75%，缺乏足够的蛋白质无法生产大量精液，因此充足的蛋白质摄入量对种公猪极为重要。即便如此，过高的蛋白质摄入量并不利于种公猪繁殖性能的发挥。高蛋白质日粮可能会导致血液中氨和尿素的沉积量增加，进而引起精子畸形率上升。因此，种公猪低蛋白质日粮的配制要点如下。

（1）保证适宜的蛋白质和能量摄入 过高的蛋白质水平会引起种公猪的体重增长速度过快，生长期缩短，从而使种公猪使用期间排出的总精子数降低。体重增长速度过快同样会引起种公猪体重过重、体质过肥，进而导致种公猪不愿运动和肢蹄病发病率上升。因此，适度的蛋白质及能量水平的日粮对种公猪尤为重要。日粮中蛋白质及能量水平应该根据实际情况确定。当种公猪生长速度较慢、体质较差时，应注意提高日粮营养物质水平，满足种公猪的需要；当采精频率较高时，也应注意适当提升日粮蛋白质和能量水平，使种公猪获得足够的营养物质以满足精子生成的需求。

（2）把握好合成氨基酸的使用剂量　种公猪低蛋白质日粮配制要把握好合成氨基酸的使用剂量，否则会对种公猪的精液产生毒性作用。

第五节　猪低蛋白质日粮能量氨基酸平衡模式的建立

已如本章第二节和第三节所述，笔者及其研究团队分别建立了仔猪、生长猪和育肥猪低蛋白质日粮净能赖氨酸平衡和氨基酸平衡模式；通过对这些平衡模式的试验验证，并结合国内外其他研究者的工作，笔者及其研究团队建立了猪养殖全程的低蛋白质能量氨基酸平衡模式。这些平衡模式已在生产中进行了验证。本节对这些模式的试验验证进行介绍，对这些模式的生产验证和应用将在第八章中进行讨论。

一、生长猪日粮氨基酸平衡模式的验证

笔者及其研究团队通过系列试验，在确定 20～50kg 体重生长猪低蛋白质日粮 SID Lys 需要量的基础上，确定该阶段生长猪 SID Thr、SID SAA 和 SID Trp 与 SID Lys 的适宜比例为 0.66：0.61：0.23：1（鲁宁，2011；张桂杰，2011）。张桂杰（2011）用代谢和屠宰试验对这一比例进行了验证。其将 12 头初始体重为（22.85±1.32）kg 的杜洛克×长白×大白三元杂交生长猪，采用单因素完全随机设计，分为高蛋白质对照日粮组（18.3% CP）和低蛋白质日粮组（14.5% CP）。2 个日粮的净能水平为 2.40Mcal/kg，SID Lys 水平为 1.02，对照组 SID Thr、SID SAA、SID Trp 与 SID Lys 的比例参照 NRC(1998) 推荐值设置，低蛋白质日粮组则设置为 0.66：0.61：0.23：1（表 6-19）。结果发现，与高蛋白质日粮对照组相比，采食低蛋白质日粮组生长猪的生长性能无显著差异（$P>0.05$，表 6-20）；粪氮、尿氮和总氮排放量显著减少（$P<0.05$），氮的沉积量差异不显著（$P>0.05$），但氮的沉积效率显著提高（$P<0.05$）；胴体品质和肌肉品质无显著差异（$P>0.05$，表 6-21）。这些结果表明，SID Thr：SID SAA：SID Trp：SID Lys＝0.66：0.61：0.23：1 这一比例适用于 20～50kg 体重生长猪的低蛋白质日粮；18%高蛋白质日粮中的缬氨酸和异亮氨酸已超过了生长猪的营养需求；14.5%的低蛋白质日粮的氨基酸平衡值（苏氨酸、含硫氨酸、色氨酸与赖氨酸的比值）要高于高蛋白质日粮。

表 6-19　生长猪低蛋白质日粮氨基酸平衡模式验证试验的日粮和营养组成（饲喂基础）

项　目	高蛋白质组	低蛋白质组
原料（%）		
玉米	66.00	73.23

（续）

项　目	高蛋白质组	低蛋白质组
豆粕	26.70	13.50
小麦麸	2.65	8.00
大豆油	1.00	0.50
石粉	1.10	1.10
磷酸氢钙	0.63	0.63
食盐	0.40	0.40
预混料	1.00	1.00
L-赖氨酸盐酸盐	0.30	0.66
DL-蛋氨酸	0.11	0.26
L-苏氨酸	0.09	0.29
L-色氨酸	0.02	0.11
L-缬氨酸	0.00	0.17
L-异亮氨酸	0.00	0.15
养分组成		
NE（kcal/kg）	2 390	2 400
CP（%）	18.30	14.46
标准回肠可消化氨基酸水平（%）		
赖氨酸	1.02	1.02
苏氨酸	0.65（0.64）	0.67（0.66）
含硫氨基酸	0.59（0.58）	0.62（0.61）
色氨酸	0.20（0.20）	0.23（0.23）
缬氨酸	0.72（0.71）	0.69（0.68）
异亮氨酸	0.64（0.63）	0.59（0.58）

注：CP 为实测值，其余为计算值；括号内数字为各种标准回肠可消化氨基酸与 SID Lys 的比值。

表 6-20　低蛋白质日粮氨基酸平衡模式对 20～50kg 体重生长猪生长性能的影响

项　目	对照组	低氮排放日粮	SEM	*P* 值
初始体重（kg）	23.40	22.86	0.58	0.53
终末体重（kg）	45.35	44.36	0.54	0.22
平均日增重（g）	803	796	8	0.36
平均日采食量（g）	1 624	1 607	21	0.43
饲料转化效率	0.494	0.495	0.006	0.19

注：SEM 为平均标准误。

表 6-21　低蛋白质日粮基酸平衡模式对 20～50kg 体重生长猪胴体品质和肌肉品质的影响

项　目	高蛋白质组	低蛋白质组	SEM	*P* 值
胴体品质				
热胴体重（kg）	29.62	28.55	0.49	0.15

（续）

项　目	高蛋白质组	低蛋白质组	SEM	P 值
屠宰率（%）	65.31	64.33	0.68	0.34
眼肌面积（cm^2）	19.06	21.52	0.95	0.36
第 10 肋背膘厚（mm）	11.25	10.58	0.36	0.22
瘦肉率（%）	56.65	60.27[a]	1.08	0.03
胴体无脂瘦肉增重（g/d）	406	429	13	0.24
肌肉品质				
眼肌色差				
亮度 L*	43.70	41.07	1.01	0.09
红度 a*	11.99	11.37	1.71	0.80
黄度 b*	5.29	4.77	0.28	0.31
肌肉 pH				
pH_{45min}	6.15	6.14	0.14	0.94
pH_{24h}	5.58	5.47	0.07	0.29
滴水损失（%）	13.13	14.02	0.33	0.14

注：SEM 为平均标准误。

二、育肥前期猪日粮氨基酸平衡模式的验证

与在生长猪上的研究相似，笔者及其研究团队通过系列试验，在确定 70～100 kg 体重育肥猪低蛋白质日粮中 SID Lys 需要量为 0.71%的基础上，确定该阶段 SID Thr、SID SAA 和 SID Trp 与 SID Lys 的适宜比例为 0.67∶0.60∶0.20（朱立鑫，2012；谢春元，2013）。谢春元（2013）在这个平衡模式的基础上，用 120 头初始体重为（69.3±3.6）kg 的去势公猪，按体重相近和遗传基础相似的原则分为 5 个日粮处理组，包括 1 个高蛋白质日粮处理组（13.88% CP）和 4 个低蛋白质日粮处理组（9.99%～10.38% CP），所有日粮处理组的净能含量为 2 400kcal/kg、SID Lys 含量为 0.71%。4 个低蛋白质日粮处理组中，1 个处理组为 SID Thr∶SID SAA∶SID Trp∶SID Lys=0.67∶0.60∶0.20∶1 的氨基酸平衡组，另外 3 个处理组在氨基酸平衡组的基础上分别将日粮 SID Thr、SID SAA 和 SID Trp 的含量减少 10%（表 6-22），研究低蛋白质日粮条件下氨基酸平衡性对育肥前期猪生产性能、胴体性状和肉质的影响（表 6-23 和表 6-24）。结果发现，饲喂低蛋白质氨基酸平衡日粮的育肥猪，比饲喂高蛋白质日粮猪的采食量有增加趋势（$P=0.05$），日增重有数字上的增加，但无统计学上的显著差异；低色氨酸组的育肥猪平均日增重和平均日采食量均显著下降（$P<0.05$），低苏氨酸和低含硫氨基酸处理组猪的生产性能均无显著差异（$P>0.10$）；日粮蛋白质水平和氨基酸平衡性对胴体性状（屠宰率、第 10 肋背膘厚和眼肌面积）和肉质（pH、肌肉色度和滴水损失）无显著影响（$P>0.10$）。综合生产性能、胴体性状和肉品质等指标，氨基酸组成为 70～100kg 体重育肥猪低蛋白质日粮适宜的氨基酸组成为 SID Thr∶SID SAA∶SID Trp∶SID Lys=0.67∶0.60∶0.20∶1。

表 6-22 70～100kg 体重育肥猪低蛋白质日粮氨基酸平衡模式验证试验的日粮和营养组成（饲喂基础）

项　目	不同低蛋白质日粮组				高蛋白质日粮组
	氨基酸平衡组	减少 10%蛋氨酸组	减少 10%苏氨酸组	减少 10%色氨酸组	
原料含量（%）					
玉米（7.8% CP）	79.50	79.55	79.55	79.53	75.00
小麦麸（16.8% CP）	15.00	15.00	15.00	15.00	5.00
豆粕（43.5% CP）	2.00	2.00	2.00	2.00	17.50
石粉	1.00	1.00	1.00	1.00	0.90
磷酸氢钙	0.50	0.50	0.50	0.50	0.50
食盐	0.40	0.40	0.40	0.40	0.40
预混料	0.50	0.50	0.50	0.50	0.50
L-赖氨酸盐酸盐	0.59	0.59	0.59	0.59	0.20
DL-蛋氨酸	0.09	0.04	0.09	0.09	0.00
L-苏氨酸	0.20	0.20	0.15	0.20	0.00
L-色氨酸	0.06	0.06	0.06	0.03	0.00
L-异亮氨酸	0.12	0.12	0.12	0.12	0.00
L-缬氨酸	0.04	0.04	0.04	0.04	0.00
回肠标准可消化氨基酸含量					
粗蛋白质（%）	10.38	10.30	10.11	9.99	13.88
净能（Mcal/kg）	2.40	2.40	2.40	2.40	2.40
赖氨酸（%）	0.71	0.71	0.71	0.71	0.71
含硫氨基酸（%）	0.43	0.38	0.43	0.43	0.43
苏氨酸（%）	0.47	0.47	0.42	0.47	0.47
色氨酸（%）	0.14	0.14	0.14	0.12	0.14

注：CP 为实测值，其余为计算值；括号内数字为各种标准回肠可消化氨基酸与 SID Lys 的比例。

表 6-23　低蛋白质氨基酸平衡日粮模式对 70～100kg 体重育肥猪生长性能的影响

项　目	不同低蛋白质日粮组[1]				高蛋白质日粮组[1]	SEM	P 值[2]				
	氨基酸平衡组	减少 10%蛋氨酸组	减少 10%苏氨酸组	减少 10%色氨酸组			处理	1 和 2	1 和 3	1 和 4	1 和 5
0～14d											
平均日增重（kg）	0.80^{a}	0.73^{ab}	0.78^{a}	0.65^{b}	0.75^{ab}	0.03	0.02	0.09	0.67	<0.01	0.20
平均日采食量（kg）	2.39^{a}	2.21^{ab}	2.37^{a}	2.01^{b}	2.13^{ab}	0.09	0.04	0.20	0.88	<0.01	0.06
饲料转化效率	0.34	0.33	0.33	0.32	0.35	0.01	0.45	0.59	0.66	0.40	0.36
15～28d											
平均日增重（kg）	0.86^{a}	0.81^{a}	0.83^{a}	0.70^{b}	0.79^{a}	0.03	<0.01	0.22	0.49	<0.01	0.08
平均日采食量(kg)	2.65^{a}	2.70^{a}	2.69^{a}	2.32^{b}	2.45^{ab}	0.09	0.02	0.67	0.70	0.01	0.12
饲料转化效率	0.32	0.30	0.31	0.30	0.32	0.01	0.26	0.11	0.28	0.11	0.99
0～28d											
平均日增重（kg）	0.83^{a}	0.77^{a}	0.80^{a}	0.68^{b}	0.77^{a}	0.03	<0.01	0.11	0.55	<0.01	0.10
平均日采食量(kg)	2.52^{a}	2.45^{a}	2.53^{a}	2.16^{b}	2.29^{ab}	0.08	0.01	0.55	0.90	<0.01	0.05
饲料转化效率	0.33	0.31	0.32	0.31	0.34	0.01	0.26	0.20	0.38	0.16	0.62

注：[1] 高蛋白质日粮和低蛋白质日粮的粗蛋白质水平分别为 14.0%和 10.0%。

[2] 氨基酸平衡组，2～4 表示在日粮基础上分别降低蛋氨酸、苏氨酸和色氨酸构建的不平衡日粮。同行上标不同小写字母表示差异显著（$P<0.05$），相同小写字母表示差异不显著（$P>0.05$）。

表 6-24 低蛋白质氨基酸平衡日粮对 70～100kg 体重育肥猪胴体性状和肉品质的影响

项 目	不同低蛋白质日粮组				高蛋白质日粮组	SEM	P 值
	氨基酸平衡组	减少 10%蛋氨酸组	减少 10%苏氨酸组	减少 10%色氨酸组			
胴体性状							
活体重（kg）	101.9	102.8	103.6	101.4	100.5	2.42	0.91
热胴体重（kg）	72.9	73.0	74.2	72.6	70.5	1.94	0.74
体长（cm）	101.6	98.8	101.7	101.6	101.3	1.37	0.53
屠宰率（%）	71.5	71.0	71.7	71.6	70.1	0.60	0.35
第 10 肋背膘厚（mm）	22.4	25.4	25.0	24.0	22.8	1.26	0.39
眼肌面积（cm^2）	41.6	39.4	40.1	42.5	43.1	1.80	0.56
肉质品质							
pH_{45min}	6.02	6.10	6.32	6.09	6.28	0.17	0.68
pH_{24h}	5.43	5.44	5.38	5.38	5.47	0.04	0.57
亮度 L^*	43.4	43.2	43.9	43.0	43.9	1.07	0.96
红度 a^*	6.5	7.0	5.6	6.0	6.3	0.58	0.54
黄度 b^*	0.8	0.8	1.2	1.3	1.2	0.24	0.54
滴水损失（%）	4.40	4.44	4.17	4.27	3.62	0.54	0.81

三、育肥后期猪日粮氨基酸平衡模式的验证

马文锋（2015）通过系列试验，在确定 95～120 kg 体重育肥猪低蛋白质日粮 SID Lys、SID Thr 和 SID SAA 需要量的基础上，将 90 头初始体重为（93.8±5.5）kg 的杜洛克×长白×大白三元杂交健康母猪，随机分为 5 个日粮处理组，包括 1 个高蛋白质日粮组（13.6% CP）和 4 个低蛋白质日粮组（10.5% CP）。5 个处理组的净能含量均为2 480kcal/kg，高蛋白质日粮的 SID Lys、SID Thr、SID SAA、SID Trp、SID Val 和 SID Ile 按 NRC（1998）推荐量供给，分别为 0.64、0.41、0.38、0.13、0.53 和 0.44；4 个低蛋白质日粮组中，1 个为根据前期试验确定的 SID Lys、SID Thr 和 SID SAA 平衡组，另外 3 个为顺序添加色氨酸、缬氨酸和异亮氨酸组，使 SID Thr、SID SAA、SID Trp、SID Val、SID Ile 与 SID Lys 的比值达到 0.63∶0.57∶0.17∶0.67∶0.53∶1（表 6-25），用生产性能、胴体性状和肉品质为效应指标研究育肥后期猪低蛋白质日粮的适宜氨基酸平衡模式。结果表明，在满足 SID Lys、SID Thr、SID SAA 需要量的低蛋白质日粮中添加色氨酸和缬氨酸，育肥猪获得了最佳平均日增重，显著高于未添加组（$P<0.05$），与正常高蛋白质日粮组相当（$P>0.05$，表 6-26）；满足 SID Lys、SID Thr、SID SAA 需要量的低蛋白质日粮中添加色氨酸、缬氨酸和异亮氨酸，可提高育肥猪的平均日增重（线性和二次，$P<0.05$），高蛋白质组育肥猪的血清尿素氮（SUN）水平最高，显著高于 4 个低蛋白质日粮组（$P<0.05$，表 6-26）；满足 SID Lys、SID Thr、SID SAA 需要量的低蛋白质日粮中添加色氨酸、缬氨酸和异亮氨酸，可提高育肥猪无脂瘦肉增重（二次，$P<0.05$），其他指标无显著差异（表 6-27）。综合生产性能、胴体性状和肉品质指标表明，SID Thr∶SID SAA∶SID Trp∶SID Val∶SID Ile∶SID Lys＝0.63∶0.57∶0.17∶0.67∶0.53∶1 的氨基酸组成对 95～120kg 体重育肥猪的低蛋白质日粮是适宜的。

四、养殖全程猪低蛋白质日粮营养需要量推荐值

综合本章所述仔猪、生长育肥猪、种猪低蛋白质日粮的净能需要量、净能赖氨酸比、主要限制性氨基酸需要量、主要限制性氨基酸平衡模式，表 6-28 提出了养殖全程猪低蛋白质日粮的营养需要量参数，供读者参考使用。需要注意的是，在参考使用这些参数时，读者需要使用最新的饲料原料中净能、氨基酸含量和回肠标准可消化氨基酸含量数据。这些数据已在第二章和第三章给出，是农业部饲料工业中心倾十多年之力实际测定的，读者可放心使用，并予以校正。

表 6-25 95～120kg 体重育肥猪低蛋白质日粮氨基酸平衡模式验证试验日粮和营养组成（饲喂基础）

项 目	高蛋白质日粮组*	不同低蛋白质日粮组			
		低蛋白质组*	低蛋白质＋色氨酸组	低蛋白质＋色氨酸＋缬氨酸组	低蛋白质＋色氨酸＋缬氨酸＋异亮氨酸组
原料含量（%）					
玉米（8.0% CP）	77.40	81.81	81.77	81.69	81.61
小麦麸（17.5% CP）	6.00	11.00	11.00	11.00	11.00
豆粕（43.9% CP）	14.00	4.00	4.00	4.00	4.00
石粉	0.40	0.40	0.40	0.40	0.40
磷酸氢钙	1.10	1.10	1.10	1.10	1.10
食盐	0.40	0.40	0.40	0.40	0.40
预混料	0.50	0.50	0.50	0.50	0.50
L-赖氨酸盐酸盐	0.18	0.52	0.52	0.52	0.52
L-苏氨酸	0.02	0.17	0.17	0.17	0.17
DL-蛋氨酸	0.00	0.10	0.10	0.10	0.10
L-色氨酸	0.00	0.00	0.04	0.04	0.04
L-缬氨酸	0.00	0.00	0.00	0.08	0.08
L-异亮氨酸	0.00	0.00	0.00	0.00	0.08
养分组成					
CP（%）	13.62	10.48	10.68	10.61	10.91
NE（kcal/kg）	2 480	2 480	2 480	2 480	2 480
标准回肠可消化氨基酸（%）					
赖氨酸	0.64	0.70	0.70	0.70	0.70
苏氨酸	0.41	0.44	0.44	0.44	0.44
含硫氨基酸	0.38	0.40	0.40	0.40	0.40
色氨酸	0.13	0.08	0.12	0.12	0.12
缬氨酸	0.53	0.39	0.39	0.47	0.47
异亮氨酸	0.44	0.29	0.29	0.29	0.37

注：* 高蛋白质日粮组粗蛋白质水平和 SID Lys 分别为 13.6%和 0.64%；低蛋白质日粮两组粗蛋白质水平和 SID Lys 分别为 10.5%和 0.70%。

表 6-26　低蛋白质日粮氨基酸模式对 95～120kg 体重育肥猪生长性能和血清尿素氮的影响（饲喂基础）

项　目	高蛋白质日粮组	不同低蛋白质日粮组				SEM	P 值		
		低蛋白质组	低蛋白质+色氨酸组	低蛋白质+色氨酸+缬氨酸组	低蛋白质+色氨酸+缬氨酸+异亮氨酸组		处理	线性	二次
平均日增重（kg）	0.96[ab]	0.85[b]	0.90[ab]	0.98[a]	0.94[ab]	0.03	0.04	0.01	0.01
平均日采食量（kg）	3.18	3.01	3.15	3.25	3.13	0.13	0.77	0.30	0.25
饲料转化效率	3.33	3.53	3.52	3.32	3.34	0.12	0.53	0.12	0.30
血清尿素氮含量（mmol/L）	4.36[a]	2.41[b]	1.69[c]	1.45[c]	1.59[c]	0.16	<0.01	<0.01	<0.01

注：同行上标不同小写字母表示差异显著（$P<0.05$），相同小写字母表示差异不显著（$P>0.05$）。

表 6-27　低蛋白质日粮氨基酸模式对 95～120kg 体重育肥猪胴体性状和肉品质的影响

项　目	高蛋白质日粮组	不同低蛋白质日粮组				SEM	P 值		
		低蛋白质组	低蛋白质+色氨酸组	低蛋白质+色氨酸+缬氨酸组	低蛋白质+色氨酸+缬氨酸+异亮氨酸组		处理	线性	二次
胴体品质									
屠宰率(%)	75.1	74.9	75.5	76.5	75.2	2.64	0.99	0.87	0.92
胴体斜长（cm）	86.0	88.3	86.8	87.5	88.8	1.27	0.53	0.70	0.49
第 10 肋背膘厚（cm）	3.0	3.0	3.1	2.8	2.8	0.33	0.94	0.50	0.77
眼肌面积（cm^2）	42.1	38.5	41.4	40.1	39.4	2.14	0.77	0.88	0.72
无脂瘦肉增重（g/d）	324.2	268.4	314.3	338.7	293.8	20.05	0.15	0.28	0.04
肌肉品质									
粗蛋白质（%）	22.3	22.4	21.3	21.9	23.3	0.81	0.99	0.35	0.18
粗脂肪（%）	2.8	2.6	2.9	2.8	2.6	0.49	0.54	0.84	0.88
水分（%）	71.3	70.6	71.3	70.4	70.5	2.60	0.99	0.86	0.97
大理石花纹评分	1.8	1.7	1.9	1.6	1.8	0.20	0.84	0.79	0.96
滴水损失（%）	3.2	3.9	3.2	3.7	3.5	0.43	0.71	0.74	0.77
pH_{45min}	6.0	5.9	6.1	5.9	5.9	0.11	0.62	0.89	0.79
pH_{24h}	5.4	5.5	5.5	5.5	5.4	0.06	0.66	0.85	0.64
亮度 L*	43.2	43.3	42.9	43.2	41.1	0.98	0.49	0.18	0.29
红度 a*	5.6	6.0	6.0	6.8	6.1	0.54	0.64	0.66	0.74
黄度 b*	2.7	2.7	2.6	3.3	2.8	0.42	0.83	0.64	0.81

表 6-28 养殖全程猪低蛋白质日粮营养需要量

生长阶段	CP (%)	净能 (kcal/kg)	标准回肠可消化氨基酸						
			赖氨酸	苏氨酸	色氨酸	含硫氨基酸	缬氨酸	异亮氨酸	亮氨酸
仔猪									
7～20kg	18	2 500	1.30	0.83	0.24	0.73	0.81	0.72	1.30
生长育肥猪									
20～50kg	15	2 420	1.01	0.63	0.18	0.58	0.63	0.57	1.03
50～75kg	13	2 420	0.86	0.54	0.15	0.49	0.54	0.48	0.89
75～100kg	12	2 450	0.75	0.48	0.13	0.42	0.48	0.42	0.77
100～120kg	11	2 450	0.70	0.45	0.12	0.40	0.45	0.39	0.69
妊娠母猪	12.5	2 435	0.58	0.38	0.10	0.34	0.39	—	—
泌乳母猪	16.5	1 600	0.85	0.55	0.16	0.47	0.72	—	—

注："—" 表示未检测。

第六节　猪日粮蛋白质水平与纤维的选择和应用

低蛋白质日粮研究中多数情况下是用玉米或小麦麸替代豆粕来降低日粮粗蛋白质水平的。将20～50kg体重生长猪日粮中粗蛋白质水平由18.4%降至14.4%，小麦麸的用量为5%～7%（易学武，2009；鲁宁，2010）；将50～120kg体重生长育肥猪日粮中粗蛋白质水平由14%～17%降至10%～14%，小麦麸的用量为10%～12%（朱立鑫，2010；谢春元，2013；马文锋，2015）。也就是说，低蛋白质日粮在降低蛋白质含量的同时，提高了纤维含量。低蛋白质日粮研究多集中在标准回肠可消化氨基酸和净能需要量上，以小麦麸为主要纤维来源避免了引入更多纤维源带来的影响。且长期以来，人们一直认为仔猪的消化功能尚不够健全，不能发酵碳水化合物，并会降低采食量和营养物质的消化率（Eggum，1995）。但现在发现，膳食纤维对不同生长阶段的猪都有营养作用。随着以净能-理想氨基酸模式为基础的低蛋白质日粮研究日趋成熟，在推广应用中需要选择合适的纤维源和添加量替代蛋白质原料，以稀释蛋白质水平，填补配方空间。因此，有必要探讨低蛋白质日粮中纤维的来源及用量的选择。

一、猪日粮常用纤维原料的组成分析

猪属于杂食性动物，很早以来人们就认识到猪能在一定程度上利用纤维物质。膳食纤维是一大类物质，既包括纤维素、半纤维素、果胶；也包括一些不能被消化的寡聚糖，如低聚果糖、低聚半乳糖；另外，还包括其他碳水化合物，如抗性淀粉等（彭健，1999）。也可简单、直观地将纤维理解为非淀粉多糖（non-starch polysaccharides，NSP）与木质素的总和（Choct，2015）。可溶性纤维包括寡糖、果胶和部分半纤维素，不可溶性纤维包括纤维素、木质素和部分半纤维素。猪日粮中常用的可溶性纤维包括甜菜籽粕、果胶、魔芋粉等，不可溶性纤维包括小麦麸、大豆皮、燕麦麸皮等。与不可溶性纤维相比，可溶性纤维更易被肠道微生物发酵（de Leeuw 等，2004）。表 6-29 是农业部公益性行业（农业）专项"猪饲料原料营养效价评定"对猪常用纤维原料纤维组成分析的总结。

表 6-29　猪常用纤维源的纤维组成分析

原料名称	干物质	不同纤维含量（%）						
		粗纤维	中性洗涤纤维	酸性洗涤纤维	总膳食纤维	不溶性膳食纤维	可溶性膳食纤维	非淀粉多糖
喷浆玉米皮	91.83	9.74	38.5	11.02	38.91	35.66	3.25	31.82
玉米皮	92.94	15.31	49.17	14.17	54.14	48.14	6	44.27
全脂米糠（EE≥15%）	90.04	8.02	23.69	8.26	—	—	—	—
全脂米糠（EE<15%）	88.88	7.96	23.9	9.38	—	—	—	—
米糠粕	91.35	12.75	33.97	15.07	—	—	—	—
麦麸	89.57	8.57	35.88	10.08	39.98	35.86	4.12	28.33
次粉	88.56	4.35	21.8	4.14	15.15	13.59	1.56	8.11
大豆皮	90.44	36.87	61.01	43.69	54.92	44.78	10.14	57.91
玉米干酒精糟	90.82	9.48	41.86	15.55	43.9	—	—	—
玉米酒精糟及其可溶物（6% ≤EE<9%）	88.58	5.84	29.48	9.46	33.74	30.16	3.58	25.17
玉米酒精糟及其可溶物（EE<6%）	87.44	6.59	34.16	10.39	33.4	29	4	23.94
玉米酒精糟及其可溶物（EE≥9%）	88.75	6.17	31.04	9.78	32.07	27.9	4.17	24.83
玉米胚芽饼	93.54	14.11	45.48	13.2	49.21	39.61	9.6	36.72
玉米胚芽粕	91.74	9.53	46.76	13.3	47.61	41.43	6.18	31.53
喷浆玉米胚芽粕	91.24	6.03	28.97	5.64	33.86	28.58	5.28	22.43
乳酸渣	90.99	10.92	41.71	10.82	—	—	—	—
苜蓿草粉	92.3	27.57	42	32.15	44.87	35.85	9.02	36.57
苹果渣	86.96	15.51	—	—	—	—	—	—
啤酒糟	92	15.11	48.7	20.14	—	—	—	—
白酒糟	89.13	17.69	50.6	43.38	—	—	—	—
番茄渣	88.53	29.41	46.22	35.48	46.71	34.01	12.7	24.63
甜菜渣	86.94	—	37.73	21.16	69.84	42.25	27.39	—
柠檬酸渣	92.36	—	47.49	12.68	—	—	—	—

注："—"表示未检测。

数据来源：国家饲料工程技术研究中心。

二、日粮蛋白质水平与纤维来源和用量对仔猪腹泻、生长性能及养分消化率的影响

近年来，随着抗生素促生长剂禁用和低锌法规的实施，降低日粮粗蛋白质水平并增加膳食纤维成为控制仔猪消化系统紊乱的有效措施（le Bellego等，2002）。一直以来，人们认为纤维会导致断奶仔猪腹泻率的增加。Pluske等（1996）、Pluske和Hampson（2005）的研究认为，可溶性纤维易导致断奶仔猪感染病原菌，建议减少纤维用量。但近年来的研究发现，断奶仔猪日粮中添加适宜的不溶性非淀粉多糖（insoluble non-starch polysaccharides，INSP）可通过改善仔猪肠道微生态平衡来促进仔猪肠道功能的发育，并维持肠道健康（Molist等，2009）。断奶仔猪玉米日粮中使用2%或4%燕麦麸，日粮粗蛋白质水平从20.6%降到20.3%和19%，粗纤维含量从2.27%增加到2.88%和3.41%，可以显著降低仔猪腹泻率（Mateos等，2006）。李雁冰等（2006）在8.5kg仔猪等蛋白质（21%）日粮中添加5%苜蓿草粉替代玉米，将仔猪日粮中粗纤维含量从2.8%提高到5.3%，仔猪腹泻率降低，可能的原因是纤维会通过影响小肠对水的吸收和抑制病原体的生长来减少腹泻。但在8～20kg体重仔猪日粮中分别加入10%的玉米纤维、大豆纤维、小麦麸纤维和豌豆纤维替代玉米，仔猪表现不一；与对照组相比，大豆纤维组和玉米纤维组仔猪腹泻率略有提高，小麦麸纤维组和豌豆纤维组仔猪腹泻率略有降低（尹佳，2012）。Hermes等（2009）在不同蛋白质水平（16%和20%）日粮中同时添加4%麦麸和2%甜菜粕，日粮CF含量从2%增加至2.7%发现，低蛋白质（16%）日粮中加入纤维增加了断奶仔猪的腹泻率，但是高蛋白质（20%）日粮中加入纤维却降低了腹泻率。

表6-30总结了近年来关于日粮蛋白质水平、纤维来源和含量对仔猪生长性能和腹泻影响的研究报道。从表6-30中可以看出，仔猪日粮蛋白质水平为18.5%～21%时，使用燕麦麸、苜蓿草粉、小麦麸、豌豆纤维等不可溶性纤维来源，使日粮粗纤维水平达到5%左右或中性洗涤纤维水平达到12%～14%时，对缓解仔猪腹泻的效果更好。Gerritsen等（2012）在断奶仔猪日粮中加入15% INSP（麦秸和燕麦壳），并将试验组日粮粗蛋白质水平从19.1%降至16.9%、粗纤维含量从2.7%增加至7.4%时发现，低蛋白质高纤维组仔猪采食量和日增重显著增加，可能是因为低蛋白质高纤维组日粮的净能低于对照组（分别为8.5MJ/kg和9.8MJ/kg），这符合动物为能而食的本性。但乔建国和杨玉芬（2008）在等消化能、等蛋白质水平（19.3%）断奶仔猪日粮中添加1%或2%的天然纤维素，日粮粗纤维含量从1.82%增加到2.82%或3.82%时发现，日粮中添加1%的天然纤维素显著提高了断奶仔猪的生长性能，但2%的添加量使仔猪生产性能呈下降趋势。马永喜等（2001）发现，在等蛋白质水平（20%）、等消化能断奶仔猪日粮中加入7.5%的小麦麸或10%的甜菜粕，不影响仔猪的生产性能和日粮总能、有机物及粗蛋白质消化率。Lindberg（2014）指出，纤维的种类和来源决定着纤维在猪日粮中的使用效果。尹佳（2012）研究发现，不同纤维来源的营养物质，其消化率和断奶仔猪采食后表现出的生产性能不一致。能量消化率：

表 6-30　日粮蛋白质水平、纤维源及添加量对仔猪的影响

体重（kg）	样本数（头）	粗蛋白质水平（%）	纤维来源	纤维添加水平（%）	日粮纤维水平（%）	生长性能			腹泻率（%）	资料来源
						ADG（kg）	ADFI（kg）	F/G		
8～20	180	18.4	对照组	0	NDF：11.9	0.440[a]	0.667	1.51[b]	2.98	于藏游（2016）
		18.4	小麦麸	10	NDF：14.7	0.446[a]	0.69	1.54[ab]	2.86	
		18.4	大豆皮	5	NDF：14.7	0.410[ab]	0.653	1.60[ab]	2.86	
		18.4	燕麦麸	7	NDF：14.2	0.402[ab]	0.632	1.57[ab]	2.74	
		18.4	棕榈仁渣	6	NDF：14.2	0.395[b]	0.652	1.65[ab]	2.5	
		18.4	竹子粉	5	NDF：14.2	0.369[b]	0.635	1.72[a]	3.45	
8～20	180	16.3	正对照组	0	CF：2.7	0.209	0.281[b]	1.33[a]	—	Gerritsen 等（2012）
		19.1	负对照组	0	CF：2.9	0.229	0.284[b]	1.23[b]	—	
		16.9	麦秸秆＋燕麦壳	15	CF：7.4	0.240	0.328[a]	1.37[a]	—	
8～20	125	18.61	对照组	0	CF：2.39	0.29	0.48	1.66[a]	11.39[ab]	尹佳（2012）
		18.76	玉米纤维	10	CF：3.45	0.3	0.49	1.60[ab]	12.29[a]	
		19.06	大豆皮	10	CF：3.23	0.33	0.48	1.47[b]	13.29[a]	
		19.06	麦麸	10	CF：3.58	0.34	0.51	1.53[ab]	9.17[b]	
		18.79	豌豆纤维	10	CF：4.6	0.32	0.52	1.62[ab]	9.34[b]	
8～10	50	22.3	对照组	0	NSP：6.5	0.186[c]	0.302[c]	1.72[c]	—	Hedemann（2006）
		21.7	大麦壳	9.6	NSP：8.4	0.166[c]	0.283[c]	1.72[c]	—	
		21.6	果胶	7.1	NSP：8.6	0.1[b]	0.218[b]	2.18[b]	—	
		22.1	大麦壳	19	NSP：11.9	0.204[c]	0.322[c]	1.72[c]	—	
		21.4	果胶＋大麦壳	7.1＋9.6	NSP：12.4	0.058[a]	0.18[a]	3.0[a]	—	

（续）

体重（kg）	样本数（头）	粗蛋白质水平（%）	纤维来源	纤维添加水平（%）	日粮纤维水平（%）	生长性能			腹泻率（%）	资料来源
						ADG（kg）	ADFI（kg）	F/G		
9～20	96	16	负对照组	0	CF：1.9	0.395^{a}	0.835	2.0^{b}	1.5	Hermes 等（2009）
		16	麦麸＋甜菜粕	4＋2	CF：2.6	0.447^{b}	0.769	1.67^{a}	2.6	
		20	正对照组	0	CF：2.1	0.385^{a}	0.742	1.85^{b}	1.8	
		20	麦麸＋甜菜粕	4＋2	CF：2.7	0.466^{b}	0.849	1.75^{a}	1.1	
8～20	240	20.6	对照组	0	CF：2.27	0.307	0.425	1.39	5.4	Mateos 等（2006）
		20.9	燕麦壳	2	CF：2.88	0.301	0.426	1.42	3.5	
		19	燕麦壳	4	CF：3.41	0.3	0.416	1.39	2.8	
8～20	57	21.98	麦麸	10.55	CF：2.8	0.33^{b}	13	2.25	50	李雁冰等（2006）
		21.33	麦麸＋苜蓿	10.55＋5	CF：5.3	0.61^{a}	15	1.59	13.8	
7～15	80	20.75	对照组	0	NDF：8.98	0.32	0.4	1.23	2	马永喜（2001）
		20.84	麦麸	2.5	NDF：9.04	0.33	0.41	1.23	2	
		20.28	麦麸	5	NDF：10.55	0.3	0.37	1.24	2	
		20.58	麦麸	7.5	NDF：11.35	0.32	0.39	1.24	3	
7～15	56	20.19	对照组	0	NDF：8.89	0.17	0.23	1.34	5.36	马永喜（2001）
		20	甜菜粕	5	NDF：10.53	0.22	0.27	1.27	2.38	
		20.25	甜菜粕	7.5	NDF：11.35	0.21	0.28	1.32	8.93	
		20.06	甜菜粕	10	NDF：12.16	0.2	0.27	1.31	0.6	

注："—"表示未检测；同行上标不同小写字母表示差异显著（$P<0.05$），相同小写字母表示差异不显著（$P>0.05$）。

大豆纤维组＞豌豆纤维组＞对照组＞玉米纤维组＞小麦麸纤维组；粗蛋白质消化率：大豆纤维组＞豌豆纤维组＞小麦麸纤维组＞玉米纤维组＝对照组，但大豆纤维组断奶仔猪腹泻率最高，这可能与大豆中抗营养因子含量较高有关。于藏游（2016）在等消化能、等蛋白质水平断奶仔猪日粮中分别添加10%小麦麸、5%大豆皮、7%燕麦麸、6%棕榈仁渣或5%竹子粉表明，对照组和小麦麸处理组仔猪ADG显著高于棕榈仁渣组和竹子粉组，大豆皮处理组和燕麦麸处理组ADG处于中等水平，棕榈仁渣处理组和竹子粉处理组ADG最低。可能是因为日粮中加入棕榈仁渣和竹子粉降低了总能和干物质的消化率，且竹子粉的NSP组分主要为纤维素和木聚糖，小麦麸中的NSP主要是阿拉伯木聚糖。该研究认为，小麦麸中的阿拉伯木聚糖对仔猪肠道健康有益。

综合上述结果建议，断奶仔猪低蛋白质日粮中NDF含量在5%～6%（CF为2%～2.5%）时才能保证仔猪正常生长需要发育，但NDF含量不宜超过12%。

三、日粮蛋白质水平、纤维来源和用量对生长育肥猪生长性能、养分消化率及肉品质的影响

Noblet和le Goff（2001）研究发现，随着日粮纤维水平的增加，生长育肥猪对蛋白质等营养物质的全肠道表观消化率会下降。Wilfart等（2007）在生长猪日粮中分别添加20%和40%的小麦麸发现，与不添加小麦麸的对照组相比，添加小麦麸不影响养分的回肠消化率；但随着添加量的提高，全肠道粗蛋白质、粗脂肪和能量的表观消化率均出现下降。尹佳（2012）报道，在50～100kg体重育肥猪的对照组日粮中添加30%不同来源的纤维，与不添加的对照组相比，大豆纤维组提高了全肠道的养分消化率，却降低了ADG和ADFI；豌豆纤维组的养分消化率不受影响，且降低了猪的背膘厚和肉的滴水损失，提高了背最长肌的粗蛋白质含量，这可能与不同的纤维源影响内源排泄有关。Shriver（2003）在低蛋白质、添加合成氨基酸日粮中使用10%大豆皮发现，使用大豆皮降低了猪的平均背膘厚，且对眼肌面积和无脂瘦肉率无显著影响。翁润等（2007）在等蛋白质生长猪日粮中分别添加20%的甜菜渣和30%的苜蓿草粉，将日粮粗纤维水平从3%分别提高到6.1%和8%。结果表明，6.1%粗纤维组对猪的屠宰率无显著影响，8%粗纤维日粮组降低了养分消化率，且平均背膘厚、腹脂率、脂肪率随粗纤维水平的增加呈下降趋势，但结肠和胰脏占活体比重显著增加（乔建国和杨玉芬，2008）。

表6-31总结了近年来有关日粮蛋白质水平、纤维来源和用量关系的研究文献。从文献数据来看，生长育肥猪日粮中纤维类原料的添加量以15%～20%为宜。此范围的添加量不仅可以降低饲料成本，而且还可提高猪的瘦肉率。

表 6-31 日粮蛋白质水平、纤维源及添加量对生长育肥猪生长性能和营养物质消化率的影响

体重（kg）	样本数（头）	CP（%）	纤维源		日粮纤维水平（%）	生长性能			营养物质消化率（%）				资料来源
			种类	添加水平（%）		ADG（kg）	ADFI（kg）	F/G	GE	OM	CP	NDF	
20～50	125	16.29	对照组	0	CF：2.41	0.52	1.19	2.30	89.78^{a}	91.89^{a}	86.52^{a}	64.51^{b}	尹佳（2012）
		16.6	玉米纤维	20	CF：4.53	0.49	1.11	2.26	81.15^{b}	83.52^{b}	79.17^{ab}	58.30^{b}	
		17.2	大豆皮	20	CF：4.01	0.50	1.14	2.31	91.1^{a}	92.60^{a}	85.51^{a}	81.06^{a}	
		17.2	麦麸	20	CF：4.8	0.48	1.14	2.36	81.33^{b}	82.84^{b}	79.54^{ab}	60.22^{b}	
		16.65	豌豆纤维	20	CF：6.8	0.50	1.18	2.35	88.01^{a}	89.96^{a}	74.82^{b}	82.35^{a}	
50～100	125	14.53	对照组	0	CF：2.43	0.70^{a}	2.32^{a}	3.32^{a}	88.70^{b}	91.40^{a}	81.99^{bc}	54.74^{c}	尹佳（2012）
		14.98	玉米纤维	30	CF：5.61	0.65^{a}	2.13^{ab}	3.28^{ab}	76.31^{c}	78.69^{c}	77.00^{c}	49.59^{c}	
		15.88	大豆皮	30	CF：4.95	0.59^{b}	1.88^{c}	3.2^{ab}	93.93^{a}	95.23^{a}	88.83^{a}	90.06^{a}	
		15.88	麦麸	30	CF：6.03	0.66^{a}	2.02^{bc}	3.05^{bc}	85.64^{b}	85.69^{b}	85.02^{ab}	70.92^{b}	
		15.07	豌豆纤维	30	CF：9.03	0.69^{a}	2.02^{bc}	2.93^{c}	89.75^{ab}	91.60^{a}	78.04^{c}	85.32^{a}	
30～60	60	16.56	麦麸	10	CF：3.0	—	—	—	77.59^{a}	75.82^{a}	68.13^{a}	55.55^{a}	乔建国和杨玉芬（2008）
		16.45	甜菜粕＋苜蓿草粉	13.3＋5.7	CF：6.1	—	—	—	71.36^{b}	70.68^{b}	60.08^{b}	46.48^{b}	
		16.4	甜菜粕＋苜蓿草粉	21＋9	CF：8.0	—	—	—	64.88^{c}	64.65^{c}	54.85^{c}	47.87^{b}	
35～120	72	15	高蛋白质组	0	—	0.76	2.11	2.80	—	—	—	—	Shriver（2003）
		11	低蛋白质组	0	—	0.77	2.18	2.76	—	—	—	—	
		11	大豆皮	10	—	0.77	2.20	2.89	—	—	—	—	
30	6	17.5	对照组	0	NDF：14.6	—	—	—	85^{c}	86.7^{c}	87.3^{c}	46.1^{b}	Wilfart（2007）
		18.5	麦麸	20	NDF：18.8	—	—	—	80.5^{b}	80.4^{b}	84.4^{b}	44.5^{a}	
		19.6	麦麸	40	NDF：23.7	—	—	—	76.6^{a}	76.4^{a}	81.3^{a}	48.3^{c}	
30	60	16.56	对照组	0	CF：3.0	0.771	2.207	2.86^{a}	—	—	—	—	翁润等（2007）
		16.45	甜菜粕＋苜蓿草粉	13.3＋5.7	CF：6.1	0.765	2.075	2.71^{b}	—	—	—	—	
		16.4	甜菜粕＋苜蓿草粉	21＋9	CF：8.0	0.734	2.133	2.91^{a}	—	—	—	—	

注：同行上标不同小写字母表示差异显著（$P<0.05$），相同小写字母表示差异不显著（$P>0.05$）；“—”表示未检测。

四、日粮蛋白质水平与纤维来源和用量对母猪繁殖性能的影响

母猪妊娠期饲喂高纤维低蛋白质日粮，是控制母猪体况、缓解限饲给母猪带来的饥饿应激的有效手段（Slavin，2005）。Miquel 等（2001）研究发现，日粮中添加 22%的甜菜渣或 40%的小麦麸，粗蛋白质水平从 17%降至 15%、NSP 从 14%增加至 24%，与不添加的对照组相比，减缓了妊娠母猪的胃肠排空速度。van Leeuwen 和 Jansman（2007）在等蛋白质水平（16%）基础日粮中添加 36%的纤维源（棕榈粕和大豆皮），日粮 NSP 由 2.6%增加至 16.4%，结果纤维添加组胃肠道排空时间延长了 18h。但 Serena 等（2006）的研究表明，母猪妊娠期日粮中添加 42%甜菜粕和果胶等可溶性纤维或 55%豌豆皮和酒渣等不可溶性纤维，使日粮粗蛋白质含量从 13%增加至 16%～18%，日粮 NSP 从 14%增加至 37%，高纤维日粮组胃肠排空速度加快，时间缩短 13h。这些研究说明，纤维对食糜在胃肠道滞留时间的影响与添加水平相关（Bortolotti 等，2008；Rendon 等，2012）。

Oliviero 等（2008）研究发现，高膳食纤维日粮明显改善围产期母猪便秘，原因在于纤维在肠道吸水膨胀的同时，可增加微生物代谢活动（Pluske 等，2001），母猪连续多个妊娠期增加日粮纤维更有利于增加泌乳期的采食量（Reese 等，2008）。在等蛋白质妊娠日粮中添加 2.1%的可溶性纤维魔芋粉，可显著提高母猪泌乳期采食量和仔猪断奶重（孙海清，2013；谭成全，2015）。研究表明，甜菜粕含量为 20%～50%、粗蛋白质水平为 13%～15%的妊娠日粮可提高哺乳期母猪的采食量和仔猪的生长性能（Danielsen 等，2001；Guillemet 等，2007；Quesnel 等，2009；谭成全，2015）。Renteria-flores 等（2008）在等蛋白质玉米-豆粕型母猪妊娠日粮中添加 21.25%的不溶性纤维大豆皮发现，母猪泌乳期采食量与对照组无显著差异，但数值上高纤维组母猪泌乳期采食量高于对照组。Darroch 等（2008）在母猪妊娠日粮中分别添加 0.3%的车前草和 20%的大豆皮发现，两者没有对断奶前仔猪生长产生显著影响，但大豆皮组在数值上增加了母猪泌乳期采食量和仔猪断奶重。Matte 等（1994）在妊娠母猪日粮中添加 43%小麦麸或 53%燕麦麸证实，在 1 个繁殖周期内并没有对仔猪初生窝重产生显著影响；而在第 2 个繁殖周期，小麦麸组优于对照组和燕麦麸组；但连续 2 个繁殖周期使用纤维的母猪其泌乳期采食量显著提高 5%。Veum 等（2009）在持续 3 个繁殖周期妊娠期母猪日粮中使用 13%的小麦秸秆，日粮粗蛋白质含量降低 2%，发现母猪泌乳期采食量和第 1 个繁殖周期仔猪生长性能在各日粮处理组间没有差异；但随后 2 个妊娠期持续添加高纤维均提高了产活仔数、断奶仔猪数、仔猪初生窝重和仔猪断奶窝重。

表 6-32 总结了近年来关于母猪妊娠期日粮蛋白质水平与纤维来源和用量关系的研究文献。从表 6-32 中可以看出，妊娠日粮中添加可溶性或不可溶性纤维均会提高母猪泌乳期采食量，同时会改善仔猪的生长。不同纤维的发酵速率及其在肠道的发酵位置不同，寡糖等易发酵纤维和可溶性非淀粉多糖（soluble non-starch polysaccharides，SNSP）通常在回肠就开始发酵，而 ISNP 缓慢发酵可以一直为微生物提供生长基质至大肠末端（Freire 等，2000）。因此，建议将妊娠期日粮粗蛋白质水平降至 12.5%～14%，联合使用可溶性和不可溶性的快发酵及慢发酵纤维，妊娠日粮 CF 水平 5%左右，不超过 10%，NDF 水平在 25%左右。

表 6-32 母猪妊娠期日粮中添加纤维对母猪泌乳期采食量和仔猪断奶重的影响

纤维来源	样本数	添加时间	添加水平（%）	CP（%）	日粮纤维水平（%）	泌乳期平均日采食量（kg）	仔猪断奶重（kg）	资料来源
麸皮	90	配种至上产房连续2个周期	30	13.5	ISF：20.81；SF：2.51	5.98^{b}	6.81^{b}	谭成全（2015）
麸皮＋魔芋粉			30＋2.2		ISF：20.86；SF：3.78	6.85^{a}	7.37^{a}	
麸皮＋甜菜粕			7.7＋18.5		ISF：20.99；SF：3.7	6.23^{b}	7.08^{ab}	
对照组	320	配种至上产房连续3个周期	0	14	NDF：9.71；ADF：4.09	5.62	7.15	Veum等（2009）
小麦秸秆			13.35	12.13	NDF：19.76；ADF：10.75	5.99	7.1	
麸皮＋次粉	96	配种至上产房连续2个周期	21＋16	14.4	ISF：18.72；SF：2.12	5.88^{a}	6.24	孙海清（2013）
麸皮＋次粉＋魔芋粉			21＋13＋2.1		ISF：18.54；SF：3.38	6.38^{b}	6.59	
麸皮	140	配种至上产房连续2个周期	30	13.5	ISF：20.81；SF：2.51	5.96	6.18	孙海清（2013）
麸皮＋魔芋粉			30＋0.6		ISF：20.86；SF：2.86	6.26	6.53	
麸皮＋魔芋粉			30＋1.2		ISF：20.86；SF：3.2	6.6	6.81	
麸皮＋魔芋粉			30＋2.2		ISF：20.86；SF：3.78	6.8	7.13	
对照组	29	妊娠106d至分娩	0	13.8	ISF：11.46；SF：1.9	6	6.32	Loisel等（2013）
豆皮＋麸皮＋甜菜粕			8＋8＋8	13	ISF：20.66；SF：2.8	6.1	6.15	
对照组	49	妊娠84d至分娩	0	14.3	CF：4.4	4.05	5.96	Langen和Chen（2013）
燕麦壳＋羽扇豆皮			10.9＋8.1	14.3	CF：10.6	3.48	5.6	
对照组	26	妊娠26d至分娩	0	16.5	NDF：17.2；ADF：3.3	6.25^{a}	6.78	Quesnel等（2009）
麦麸＋甜菜粕＋大豆皮＋玉米胚芽粕			9.75＋19.5＋9.75＋9.75	15.7	NDF：30.7；ADF：11	7.19^{b}	7.49	
对照组	194	配种至产后4d	0	13.31	NDF：9.14	5.91	8.7	Darroch等（2008）
车前草			0.30	13.28	NDF：9.11	5.87	9.06	
大豆皮			20	11.44	NDF：19.34	6.11	9.18	

（续）

纤维来源	样本数	添加时间	添加水平（%）	CP（%）	日粮纤维水平（%）	泌乳期平均日采食量（kg）	仔猪断奶重（kg）	资料来源
对照组	2 716	配种 2d 至分娩	0	13.63	ISF：7.66；SF：1.55	5.7	5.3	Renteria 等（2008）
燕麦壳			30.80	13.76	ISF：7.86；SF：3.19	5.2	4.9	
麦秸秆			13	13.88	ISF：15.35；SF：1.4	6	5.6	
大豆皮			21	13.53	ISF：20.29；SF：3	6.2	5.2	
对照组	239	配种 2d 至妊娠 109d	0	13.8	NDF：7.5；ADF：2.6	7.4	6.4	Holt 等（2006）
大豆皮			40	12.54	NDF：27.5；ADF：17.6	7.5	6.4	
对照组	42	妊娠 35d 至分娩		16.49	NDF：17.2；ADF：3.3	6.2	7.71[a]	Guillemet 等（2007）
麦麸＋甜菜粕＋大豆皮＋玉米胚芽粕			9.75＋19.5＋9.75＋9.75	15.72	NDF：30.7；ADF：11	6.6	8.13[b]	
对照组	120	配种至妊娠 112d	0	—	ISF：13.3；SF：4.3	5.91[a]	8.4	Danielsen 等（2001）
甜菜粕			50	—	ISF：24.3；SF：20.3	6.23[b]	8.1	
草粉＋麦麸＋燕麦壳			15＋15＋20	—	ISF：31.4；SF：3	5.87[a]	8.4	
对照组	99	配种至分娩	0	17.75	CF：2.2	—	6.16[a]	Matte 等（1994）
麦麸			43	13.94	CF：10.1	—	6.02[a]	
燕麦壳			53	11.63	CF：20.4	—	5.74[b]	

注：同行上标不同小写字母表示差异显著（$P<0.05$），相同小写字母表示差异不显著（$P>0.05$）；“—”表示未测相应指标数据。

第七节 猪低蛋白质日粮与电解质平衡

一、电解质平衡

在营养学中，电解质是指在代谢过程中稳定不变的阴离子和阳离子。动物机体体液中的电解质主要参与维持渗透压、调节酸碱平衡、控制水分的代谢，使营养物质代谢处于一个适宜的环境中。同时，体内某些酶又以电解质离子 K^+、Na^+、Ca^{2+} 和 Mg^{2+} 等作为辅助因子，因此电解质是酶保持正常催化活性必不可少的成分，日粮离子水平及其平衡值的变化，可以改变体内的酸碱状态，影响动物体内消化酶活性。在日粮配制中，通常以 7 种常量元素的物质数量之差来表示日粮离子平衡。但在实际情况中，日粮中 Ca^{2+}、P^{3-}、Mg^{2+} 及 S^{2-} 的主要作用并不是参与酸碱平衡。Mongin（1981）认为，对于酸碱平衡，实质上只有 Na^+、K^+、Cl^- 3 种离子起决定性作用，并建议以日粮每千克干物质中主要阳离子（Na^+ 和 K^+）和阴离子（Cl^-）毫克当量的差值作为日粮电解质平衡（dietary electrolyte balance，dEB）的表示方法，即 dEB（mEq/kg）$=Na^+ + K^+ - Cl^-$。这个方法得到了大量研究者的认可。另外，一般认为日粮电解质平衡可以代表日粮离子平衡。

日粮电解质平衡会影响氮基酸的平衡。研究表明，细胞内高浓度电解质是细胞内核糖体蛋白质合成过程所必需的。在日粮中添加高水平的钠和钾能降低精氨酸和赖氨酸间的颉颃作用，这是因为在赖氨酸与精氨酸的颉颃作用中，高含量赖氨酸影响精氨酸酶活性，从而使精氨酸分解速度增加；而金属阳离子可以提高赖氨酸氧化分解过程中 L-赖氨酸-α-酮戊二酸还原酶的活性，从而使过量的赖氨酸部分分解，使赖氨酸与精氨酸比例趋于平衡。大量的 Na^+ 和 K^+ 也可以降低精氨酸酶活性，从而降低精氨酸的分解速度。

二、电解质平衡在低蛋白质日粮配制中的注意事项

在配制低蛋白质日粮时，一般是通过降低日粮中豆粕的含量，并添加工业合成的晶体氨基酸来实现动物机体对氨基酸营养需要的满足。豆粕中 K^+ 含量丰富，降低豆粕添加量的同时也使日粮中的 K^+ 浓度降低。当添加的合成氨基酸为赖氨酸盐酸盐时，日粮中的 Cl^- 浓度升高。而高氯低钾的电解质环境有利于赖氨酸的吸收，使得赖氨酸与精氨酸的颉颃作用愈加严重，日粮中的精氨酸无法满足猪的营养需要。因此，在低蛋白质日粮配制时应尤其注意电解质平衡。

Mongin（1981）研究认为，动物为保持体内的酸碱平衡必须调整酸的摄入量和排出量。净酸(net acidity)摄入量用稳定不变的阴离子和阳离子之差来测量，净酸排出量用排泄到尿中的离子平衡来测量。此外，还应该考虑摄入日粮中的部分蛋白质在体内代谢产生的酸，即内源产酸量。当净酸摄入量与内源产酸量之和等于净酸排出量时，动物处在酸碱平衡之中，此种状态最利于动物的生产及健康。因此，日粮中氨基酸含量会引起动物机体氨基酸代谢的变化，进而影响动物机体酸碱平衡，导致动物生产性能及健康状况随之改变。

保持日粮中电解质的平衡看似容易，但实际操作起来却困难重重。例如，同种原料

的 dEB 变异很大，高蛋白质玉米的 dEB 为 67.44mEq/kg，而普通玉米的 dEB 为 152.61mEq/kg，不同级别豆粕的 dEB 也相差将近 90mEq/kg。在计算日粮电解质平衡值时，尤其是在使用预混料配制日粮时，某些无机矿物质载体的电解质值往往没有被考虑进去。氨基酸、胆碱等富含 Cl^- 的添加剂的 dEB 值往往没有被考虑进去，这些问题使得日粮电解质的平衡值难以确定。

在以往的研究及生产实践中，研究者和生产者往往只关注日粮中电解质含量对机体电解质平衡的影响，而往往忽视饮水造成电解质平衡的变化。猪每天通过饮水获得的大量电解质对机体电解质平衡具有重要影响。此外，不同地区的水质差异极大，其中电解质的种类与含量也显著不同，而饲喂低蛋白质日粮可以降低猪的饮水量。因此，在配制低蛋白质日粮时，应充分考虑饮水获得的电解质，并在设计配方时做到因“水”制宜。

参考文献

陈辉，2013. 日粮的蛋白水平对滇陆后备母猪生长发育的影响 [J]. 当代畜牧 (2): 28-29.

陈军，宋春雷，庄晓峰，等，2017. 低蛋白添加氨基酸日粮饲喂妊娠母猪试验 [J]. 黑龙江畜牧兽医 (24): 60-62.

崔家军，张鹤亮，张兆琴，等，2016a. 低粗蛋白质补充氨基酸日粮对妊娠母猪繁殖性能和蛋白质代谢的影响 [J]. 中国畜牧兽医，43 (9): 2310-2316.

崔家军，张鹤亮，张兆琴，等，2016b. 低蛋白质补充氨基酸日粮对哺乳母猪繁殖性能、背膘厚和乳成分的影响 [J]. 中国畜牧兽医，43 (11): 2945-2950.

董志岩，方桂友，刘亚轩，等，2015. 不同饲粮氨基酸水平对生长期后备母猪生长性能、血清生化指标和氨基酸浓度的影响 [J]. 动物营养学报，27 (5): 1361-1369.

董志岩，林维雄，刘景，等，2012. 不同蛋白质水平的氨基酸平衡日粮对泌乳母猪生产性能、氮排泄量的影响 [J]. 福建农业学报，27 (9): 957-960.

冯杰，许梓荣，2003. 苏氨酸与赖氨酸不同比例对猪生长性能和胴体组成的影响 [J]. 浙江大学学报（农业与生命科学版），29 (6): 14-17.

冯占雨，2006. 以 MHA-FA 为蛋氨酸源对生长猪最佳蛋氨酸与蛋加胱氨酸比的研究 [D]. 北京: 中国农业大学.

侯永清，于明，1999. 早期断奶仔猪日粮中适宜蛋白质及赖氨酸水平的研究 [J]. 动物营养学报，11 (2): 38-44.

侯永清，于明，周毓平，等，1999. 早期断奶仔猪日粮中适宜蛋白质及赖氨酸水平的研究 [J]. 动物营养学报，11 (2): 38-44.

蒋守群，蒋宗勇，林映才，2003. 饲料营养对母猪泌乳力的影响 [C]. 全国猪营养学术研讨会.

李雁冰，张敏，沈桃花，2006. 高纤维日粮对仔猪营养性腹泻及生产性能的影响 [J]. 饲料工业，27 (5): 28-30.

梁福广，2005. 生长猪低蛋白日粮可消化赖、蛋＋胱、苏、色氨酸平衡模式的研究 [D]. 北京: 中国农业大学.

梁明振，梁贤威，梁坤，等，2002. 能量和蛋白质营养对动物繁殖性能的影响 [J]. 西南农业学报，15 (1): 103-105.

林映才，蒋宗勇，肖静英，等，2001. 3.8-8kg 断奶仔猪可消化赖氨酸需要量的研究 [J]. 动物营养学报，13 (1): 14-18.

林映才，刘炎和，蒋宗勇，等，2002. 生长肥育猪可消化色氨酸需求参数研究 [J]. 中国饲料，1 (1)：15-17.

刘钢，董国忠，郝静，2010. 低蛋白质氨基酸平衡饲粮对哺乳母猪生产性能及氮利用的影响 [J]. 中国畜牧杂志，46 (11)：31-35.

刘星达，彭瑛，吴信，等，2011. 精氨酸和精氨酸生素对母猪泌乳性能及哺乳仔猪生长性能的影响 [J]. 饲料工业，32 (8)：14-16.

刘绪同，2016. 生长育肥猪低氮排放日粮标准回肠可消化缬氨酸与赖氨酸适宜比例及对采食量调控的研究 [D]. 北京：中国农业大学.

刘志友，孙海洲，赵存发，2010. 氨基酸需要量测定方法的研究 [J]. 畜牧与饲料科学，31 (6/7)：473-474.

卢建富，孙石林，张国全，等，2000. 不同外来品种猪与滇陆系正交繁殖性能的研究 [J]. 云南畜牧兽医，(3)：8.

鲁宁，2010. 低蛋白日粮下生长猪标准回肠可消化赖氨酸需要量的研究 [D]. 北京：中国农业大学.

罗献梅，陈代文，张克英，2001. 35-60kg 生长猪可消化氨基酸需要量研究 [J]. 动物营养学报，13 (3)：59-59.

马文锋，2015. 猪肥育后期低氮日粮限制性氨基酸平衡模式的研究 [D]. 北京：中国农业大学.

马永喜，李德发，谯仕彦，2001. 日粮纤维对仔猪日粮养分消化和代谢的影响 [J]. 中国农业大学学报，6 (5)：95-102.

潘天彪，张家富，肖正中，等，2010. 不同能量、蛋白对桂科母系猪生长性能及血液生化指标的影响 [J]. 黑龙江畜牧兽医 (19)：71-72.

彭健，1999. 日粮纤维：定义、成分、分析方法及加工影响 [J]. 猪与禽 (4)：8-11.

乔建国，杨玉芬，2008. 日粮纤维对猪营养物质消化率，消化道发育及消化酶活性的影响 [J]. 中国农学通报，23 (2)：18-21.

时梦，2017. 后备母猪适宜净能需要量的研究 [D]. 北京：中国农业大学.

苏有健，2005. 在低蛋白日粮中添加色氨酸对仔猪生产性能和下丘脑 5-羟色胺水平的影响 [D]. 北京：中国农业大学.

孙海清，2013. 母猪妊娠日粮中可溶性纤维调控泌乳期采食量的机制及改善母猪繁殖性能的作用 [D]. 武汉：华中农业大学.

谭成全，2015. 妊娠日粮中可溶性纤维对母猪妊娠期饱感和泌乳期采食量的影响及其作用机理研究 [D]. 武汉：华中农业大学.

汪超，龙定彪，刘雪芹，等. 2010. 后备荣昌母猪适宜消化能和赖氨酸需要量研究 [J]. 中国畜牧杂志，46 (21)：33-37.

汪宏云，2000. 提高母猪年生产力的综合技术措施 [J]. 养猪 (2)：8-9.

王荣发，2010. 生长猪低蛋白日粮中含硫氨基酸和色氨酸需要量的研究 [D]. 长沙：湖南农业大学.

王薇薇，2008. 日粮苏氨酸影响断奶仔猪小肠黏膜屏障的研究 [D]. 北京：中国农业大学.

王旭，2006. 苏氨酸影响断奶仔猪肠黏膜蛋白质合成和免疫功能的研究 [D]. 北京：中国农业大学.

翁润，杨玉芬，卢德勋，2007. 日粮纤维对生长猪生长性能和胴体组成的影响 [J]. 广西农业生物科学，26：293-297.

吴德，卓勇，吕刚，等，2014. 母猪情期启动营养调控分子机制的探讨 [J]. 动物营养学报，26 (4)：3020-3032.

谢春元，2013. 肥育猪低蛋白日粮标准回肠可消化苏氨酸、含硫氨基酸和色氨酸与赖氨酸适宜比例的研究 [D]. 北京：中国农业大学.

杨峰，2008. 理想氨基酸模式下生长肥育猪可消化赖氨酸需要量研究 [D]. 武汉：华中农业大学.

杨嘉实，苏秀霞，赵鸿儒，等，1985. 生长育肥猪基础代谢研究报告［J］. 吉林农业科学，3：88-91.

易孟霞，易学武，贺喜，等，2014. 标准回肠可消化缬氨酸水平对生长猪生长性能、血浆氨基酸和尿素氮含量的影响［J］. 动物营养学报，26（8）：2085-2092.

易学武，2009. 生长肥育猪低蛋白日粮净能需要量的研究［D］. 北京：中国农业大学.

尹佳，2012. 不同纤维源对猪生长性能，养分消化率和肉品质的影响［D］. 雅安：四川农业大学.

于藏游，2016. 不同纤维原料非淀粉多糖组分的测定及其对断奶仔猪生长性能、消化率和粪中菌群的影响［D］. 北京：中国农业大学.

岳隆耀，2010. 低蛋白氨基酸平衡日粮对断奶仔猪肠道功能的影响［D］. 北京：中国农业大学.

张桂杰，2011. 生长猪色氨酸、苏氨酸及含硫氨基酸与赖氨酸最佳比例的研究［D］. 北京：中国农业大学.

张克英，罗献梅，陈代文，2001. 25-35kg 生长猪可消化氨基酸的需要量［J］. 中国畜牧杂志，37（2）：26-27.

张世海，2016. 支链氨基酸调节仔猪肠道和肌肉中氨基酸及葡萄糖转运的研究［D］. 北京：中国农业大学.

张涛，董延，张志博，等，2018. 氨基酸与母猪营养［J］. 中国畜牧杂志，54（1）：19-25.

赵青，钟土木，2009. 不同营养水平对金华猪繁殖性能的影响［J］. 中国畜牧杂志，45（19）：56-57.

郑春田，2000. 低蛋白质日粮补充异亮氨酸对猪蛋白质周转和免疫机能的影响［D］. 北京：中国农业大学.

郑春田，李德发，2000. 生长猪苏氨酸需要量研究［J］. 畜牧与兽医，32（1）：9-11.

郑春田，李德发，谯仕彦，等，2001. 高血球粉低蛋白质日粮补充异亮氨酸对仔猪生产性能和血液生化指标的影响［J］. 动物营养学报，13（2）：20-25.

周相超，2016. 生长肥育猪低氮日粮异亮氨酸与赖氨酸适宜比例的研究［D］. 北京：中国农业大学.

朱立鑫，2010. 低蛋白日粮下肥育猪标准回肠可消化赖氨酸需要量研究［D］. 北京：中国农业大学.

Ajinomoto，2012. Estimating amino acid requirements through dose-response experiments in pigs and poultry. Technical note（Feb.，2012）. Ajinomoto Eurolysine S. A. S.，rue de Courcelles，Paris. pp 1-21.

ARC，1981. The nutrient eequirements of pigs［M］. Farnham Royal，UK：Commonwealth Agricultural Bureau.

Arouca C L C，Fontes D O，Baião N C，et al，2007. Lysine nivels for barrows with high genetic potential for lean gain from 95 to 122 kg［J］. Ciência e Agrotecnologia，31（2）：531-539.

Baker D H，1986. Problems and pitfalls in animal experiments designed to establish dietary requirements for essential nutrients［J］. Journal of Nutrition，116（12）：2339-2349.

Baker D H，1997. Ideal amino acid profiles for swine and poultry and their applications in feed formulation［J］. Biokyowa Technical Review，9：1-24.

Baker D H，Allee G L，1970. Effect of dietary carbohydrate on assessment of leucine need for maintenance of adult swine［J］. Journal of Nutrition，100（3）：277-280.

Baker D H，Becker D E，Norton H W，et al，1966a. Quantitative evaluation of the threonine，isoleucine，valine and phenylalanine needs of adult swine for maintenance［J］. Journal of Nutrition，88（4）：391-396.

Baker D H，Becker D E，Norton H W，et al，1966b. Quantitative evaluation of tryptophan，methionine and lysine needs of adult swine formaintenance［J］. Journal of Nutrition，89（4）：441-447.

Baker D H, Clausing W C, Harmon B G, et al, 1969. Replacement value of cystine for methionine for the young pig [J] . Journal of Animal Science, 29 (4): 581-585.

Baker D H, Katz R S, Easter R A, 1975. Lysine requirement of growing pigs at two levels of dietaryprotein [J] . Journal of Animal Science, 40 (5): 851-856.

Ball R O, Bayley H S, 1986. Influence of dietary protein concentration on the oxidation of phenylalanine by the young pig [J] . British Journal of Nutrition, 55 (3): 651-658.

Barea R, Brossard L, le Floc' H N, et al, 2009. The standardized ileal digestible valine-to-lysine requirement ratio is at least seventy percent in post weaned piglets [J] . Journal of Animal Science, 87 (3): 935-947.

Barnes J A, Tokach M D, Dritz S S, et al, 2010. Effects of standardized ileal digestible tryptophan: lysine ratio in diets containing 30% dried distiller grains with solubles on the growth performance and carcass characteristics of finishing pigs in a commercial environment. In: Kansas State University Swine Day 2010. Report of Progress 1038. USA: Kansas, pp 156-165.

Baumung R, Lercher G, Willam A, et al, 2006. Feed intake behaviour of different pig breeds during performance testing on station [J] . Archives Animal Breeding, 49 (1): 77-88.

Bertolo R F, Moehn S, Pencharz P B, et al, 2005. Estimate of the variability of the lysine requirement of growing pigs using the indicator amino acid oxidation technique [J] . Journal of Animal Science, 83 (11): 2535-2542.

Bikker P, Verstegen M W A, 1993. Effect of protein and energyintake on protein and lysine deposition in female pigs from 20to 45 kg [J] . Journal of Animal Science, 71: 160.

Boisen S, 2003. Ideal dietary amino acid profiles for pigs [M] // D' Mello J P F. Amino acids in animal nutrition. Oxon: CABI Publishing.

Boisen S, Hvelplund T, Weisbjerg M R, 2000. Ideal amino acid profiles as a basis for feed protein evaluation [J] . Livestock Production Science, 2000, 64 (2/3): 239-251.

Bolduan G, Jung H, Schnable E, et al, 1988. Recent advances in the nutrition of weaner piglets [J]. Pig news and Information, 9 (4): 381-385.

Bortolotti M, Levorato M, Lugli A, et al, 2008. Effect of a balanced mixture of dietary fibers on gastric emptying, intestinal transit and body weight [J] . Annals of Nutrition and Metabolism, 52 (3): 221-226.

Bremer J, 1983. Carnitine-metabolism and functions [J] . Physiological Reviews, 63 (4): 1420-1480.

BSAS, 2003. Nutrient requirement standards for pigs [D] . Penicuik, Midlothian, UK: British Society of Animal Science.

Burgoon K G, Knabe D A, Gregg E J, 1992. Digestible tryptophan requirements of starting, growing and finishing pigs [J] . Journal of Animal Science, 70 (8): 2493-2500.

Calder P C, 2006. Branched-chain amino acids and immunity [J] . Journal of Nutrition, 136 (1): 288S-293S.

Campos-Ferraz P L, Bozza T, Nicastro H, et al, 2013. Distinct effects of leucine or a mixture of the branched-chain amino acids (leucine, isoleucine, and valine) supplementation on resistance to fatigue, and muscle and liver-glycogen degradation, in trained rats [J] . Nutrition, 29 (11/12): 1388-1394.

Choct M, 2015. Feed non-starch polysaccharides for monogastric animals: classification and function [J] . Animal Production Science, 55 (12): 1360-1366.

Chung T K, Baker D H, 1992a. Ideal amino acid pattern for 10-kilogrampigs [J] . Journal of Animal Science, 70 (10): 3102-3111.

Chung T K, Baker D H, 1992b. Methionine requirement of pigs between 5 and 20 kilograms body weight [J] . Journal of Animal Science, 70 (6): 1857-1863.

Civitelli R, Villareal D T, Agnusdei D, et al, 1992. Dietary L-lysine and calcium metabolism in humans [J] . Nutrition, 8 (6): 400-405.

Cline T R, Cromwell G L, Crenshaw T D, et al, 2000. Further assessment of the dietary lysine requirement of finishinggilts [J] . Journal of Animal Science, 78 (4): 987-992.

Coma J, Zimmerman D R, Carrion D, 1995. Relationship of rate of lean tissue growth and other factors to concentration of urea in plasma of pigs [J] . Journal of Animal Science, 73 (12): 3649-3656.

Cota D, Proulx K, Smith K A B, et al, 2006. Hypothalamic mTOR signaling regulates food intake [J] . Science, 312 (5775): 927-930.

Cunningham P J, Naber C H, Zimmerman D R, et al, 1974. Influence of nutritional regime on age at puberty in gilts [J] . Journal of Animal Science, 39 (1): 63-67.

Curtin L V, Loosli J K, Abraham J, et al, 1952. The methionine requirement for the growth of swine [J] . Journal of Nutrition, 48 (4): 499-508.

Danielsen V, Margrethe E, 2001. Dietary fiber pregnant sows: effect on performance and behavior [J] . Animal Feed Science and Technology, 90 (1/2): 71-80.

Darroch C, Dove C, Maxwell C, et al, 2008. A regional evaluation of the effect of fiber type in gestation diets on sow reproductive performance [J] . Journal of Animal Science, 86 (7): 1573-1578.

de Abreu M L T, Donzele J L, de Oliveira R F M, et al, 2007. Dietary digestible lysine levels based on the ideal protein concept for barrows with high genetic potential for lean gain in the carcass from 60 to 95 kg [J] . Revista Brasileira de Zootecnia, 36 (1): 54-61.

de La Llata M, Dritz S S, Tokach M D, et al, 2007. Effects of increasing lysine to calorie ratio and added fat for growing-finishing pigs reared in a commercial environment: I. growth performance and carcass characteristics [J] . The Professional Animal Scientist, 23 (4): 417-428.

de Leeuw J A, Jongbloed A W, Verstegen M W, 2004. Dietary fiber stabilizes blood glucose and insulin levels and reduces physical activity in sows (*Sus scrofa*) [J] . Journal of Nutrition, 134 (6): 1481-1486.

de Oliveira A L S, Donzele J L, Oliveira R F M, et al, 2003. Lysine in rations for barrows selected for lean carcass deposition from 110 to 125 kg [J] . Revista Brasileira de Zootecnia, 32 (1): 150-155.

D' Mello J P F, D' Mello J, 2003. An outline of pathways in amino acid metabolism [M] // Amino acids in animal nutrition. Wallingford UK: CABI Publishing.

Dourmad J Y, Etienne M, 2002. Dietary lysine and threonine requirements of the pregnant sow estimated by nitrogen balance [J] . Journal of Animal Science, 80 (8): 2144-2150.

Eder K, Nonn H, Kluge H, et al, 2003. Tryptophan requirement of growing pigs at various body weights [J] . Journal of Animal Physiology and Animal Nutrition, 87 (9/10): 336-346.

Eggum B O, 1995. The influence of dietary fibre on protein digestion and utilization in monogastrics [J] . Archiv für Tierernaehrung, 48 (1/2): 89-95.

Escobar J, Frank J W, Suryawan A, et al, 2005. Physiological rise in plasma leucine stimulates muscle protein synthesis in neonatal pigs by enhancing translation initiation factor activation [J]. American Journal of Physiology-Endocrinology and Metabolism，288 (5)：E914-E921.

Ettle T，Roth-Maier D A，Bartelt J，et al，2004. Requirement of true ileal digestible threonine of growing and finishing pigs [J] . Journal of Animal Physiology and Animal Nutrition，88 (5/6)：211-222.

Freire J P B，Guerreiro A J G，Cunha L F，et al，2000. Effect of dietary fibre source on total tract digestibility，caecum volatile fatty acids and digestive transit time in the weaned piglet [J]. Animal Feed Science and Technology，87 (1-2)：71-83. .

Friesen K G，Nelssen J L，Goodband R D，et al，1994. Influence of dietary lysine on growth and carcass composition of high-lean-growth gilts fed from 34 to 72 kilograms [J] . Journal of Animal Science，72 (7)：1761-1770.

Fuller M F，McWilliam R，Wang T C，et al，1989. The optimum dietary amino acid pattern for growing pigs：2. Requirements for maintenance and for tissue protein accretion [J] . British Journal of Nutrition，62 (2)：255-267.

Gahl M J，Crenshaw T D，Benevenga N J，1994. Diminishing returns in weight，nitrogen，and lysine gain of pigs fed six levels of lysine from three supplemental sources [J] . Journal of Animal Science，72 (12)：3177-3187.

Gaines A M，Kendall D C，Allee G L，et al，2011. Estimation of the standardized ileal digestible valine-to-lysine ratio in 13-to 32-kilogram pigs [J] . Journal of Animal Science，89 (3)：736-742.

Gaines A M，Yi G F，Ratliff B W，et al，2005. Estimation of the ideal ratio of trueileal digestible sulfur amino acids：lysine in 8-to 26-kg nursery pigs [J] . Journal of Animal Science，83 (11)：2527-2534.

Gerritsen R，van der Aar P，Molist F，2012. Insoluble non-starch polysaccharides in diets for weaned piglets [J] . Journal of Animal Science，90 (4)：318-320.

Gloaguen M，Le Floc'h N，Corrent E，et al，2014. The use of free amino acids allows formulating very low crude protein diets for piglets [J] . Journal of Animal Science，92 (2)：637-644.

Golushko V M，Roschin V A，Linkevich S A，2010. Modern norms of energy and amino acid nutrition of breeding boars [J] . Proceedings of the National Academy of Sciences of Belarus，Agrarian Series (2)：84-88.

Grandhi R R，Nyachoti C M，2002. Effect of true ileal digestible dietary methionine to lysine ratios on growth performance and carcass merit of boars，gilts and barrows selected for low backfat [J]. Canadian Journal of Animal Science，82 (3)：399-407.

Guan X，Pettigrew J E，Ku P K，et al，2004. Dietary protein concentration affects plasmaarteriovenous difference of amino acids across the porcine mammary gland [J] . Journal of Animal Science，82 (10)：2953-2963.

Guillemet R，Hamard A，Quesnel H，et al，2007. Dietary fibre for gestating sows：effects on parturition progress，behaviour，litter and sow performance [J] . Animal，1 (6)：872-880.

Guzik A C，Shelton J L，Southern L L，et al，2005. The tryptophan requirement of growing and finishing barrows [J] . Journal of Animal Science，83 (6)：1303-1311.

Gómez R S，Lewis A J，Miller P S，et al，2002. Growth performance，diet apparent digestibility，and plasma metabolite concentrations of barrows fed corn-soybean meal diets or low-protein，amino acid-supplemented diets at different feedinglevel [J] . Journal of Animal Science，80 (3)：644-653.

Haese D，Donzele J L，Oliveira R F M，et al，2006. Dietary digestible tryptophan levels for barrows with of high genetic potential for lean deposition in the carcass from 60 to 95 kg [J]. Revista Brasileira de Zootecnia, 35 (6): 2309-2313.

Hahn J D, Baker D H, 1995. Optimum ratio to lysine of threonine, tryptophan, and sulfur amino acids for finishingswine [J]. Journal of Animal Science, 73 (2): 482-489.

Han Y M, Yang F, ZhouA G, et al, 1997. Supplemental phytases of microbial and cereal sources improve dietary phytate phosphorus utilization by pigs from weaning through finishing [J]. Journal of Animal Science, 75 (4): 1017-1025.

Hansen J A, Knabe D A, Burgoon K G, 1993. Amino acid supplementation of low-protein sorghum-soybean meal diets for 5-to 20-kilogram swine [J]. Journal of Animal Science, 71 (2): 452-458.

HarperA E, Miller R H, Block K P, 1984. Branched-chain amino acid metabolism [J]. Annual Review of Nutrition, 4 (1): 409-454.

Hedemann M S, Eskildsen M, Lærke H N, et al, 2006. Intestinal morphology and enzymatic activity in newly weaned pigs fed contrasting fiber concentrations and fiber properties [J]. Journal of Animal Science, 84 (6): 1375-1386.

Henry Y, Seve B, Mounier A, et al, 1996. Growth performance and brain neurotransmitters in pigs as affected by tryptophan, protein, and sex [J]. Journal of Animal Science, 74 (11): 2700-2710.

Hermes R G, Molist F, Ywazaki M, et al, 2009. Effect of dietary level of protein and fiber on the productive performance and health status of piglets [J]. Journal of Animal Science, 87 (11): 3569-3577.

Htoo J K, Zhu C L, Huber L, et al, 2014. Determining the optimal isoleucine: lysine ratio for ten-to twenty-two-kilogram and twenty-four-to thirty-nine-kilogram pigs fed diets containing nonexcess levels of leucine [J]. Journal of Animal Science, 92 (8): 3482-3490.

Jayaraman B, Htoo J, Nyachoti C M, 2015. Effects of dietary threonine: lysine ratioes and sanitary conditions on performance, plasma urea nitrogen, plasma-free threonine and lysine of weaned pigs [J]. Animal Nutrition, 1 (4): 283-288.

Jin C F, Kim J H, Han I K, et al, 1998. Effects of supplemental synthetic amino acids to the low protein diets on the performance of growing pigs [J]. Asian-Australasian Journal of Animal Sciences, 11 (1): 1-7.

JustA, 1982. The net energy value of balanced diets for growing pigs [J]. Livestock Production Science, 8 (6): 541-555.

Kemp B, Grooten H J G, den Hartog L A, et al, 1988. The effect of a high protein intake on sperm production in boars at two semen collection frequencies [J]. Animal Reproduction Science, 17 (1/2): 103-113.

Kendall D C, Gaines A M, Allee G L, et al, 2008. Commercial validation of the true ileal digestible lysine requirement for eleven-to twenty-seven-kilogram pigs [J]. Journal of Animal Science, 86 (2): 324-332.

Kendall D C, Gaines A M, Kerr B J, et al, 2007. Trueileal digestible tryptophan to lysine ratios in ninety-to one hundred twenty-five-kilogram barrows [J]. Journal of Animal Science, 85 (11): 3004-3012.

Kerr B J, Easter R A, 1995. Effect of feeding reduced protein, amino acid-supplemented diets on nitrogen and energy balance in grower pigs [J]. Journal of Animal Science, 73 (10): 3000-3008.

Kerr B J, McKeith F K, Easter R A, 1995. Effect on performance and carcass characteristics of nursery to finisher pigs fed reduced crude protein, amino acid-supplemented diets [J]. Journal of Animal Science, 73 (2): 433-440.

Kerr B J, Southern LL, Bidner T D, et al, 2003. Influence of dietary protein level, amino acid supplementation, and dietary energy levels on growing-finishing pig performance and carcass composition [J]. Journal of Animal Science, 81 (12): 3075-3087.

Kerr B J, Yen J T, Nienaber J A, et al, 2003. Influences of dietary protein level, amino acid supplementation and environmental temperature on performance, body composition, organ weights and total heat production of growing pigs [J]. Journal of Animal Science, 81 (8): 1998-2007.

Kill J L, Donzele J L, Oliveira R F M, et al, 2003. Lysine levels for gilts with high genetic potential for lean meat gain from 65 to 95 kg [J]. Revista Brasileira de Zootecnia, 32 (6): 1647-1656.

Kim J C, Mullan B P, Frey B, et al, 2012. Whole body protein deposition and plasma amino acid profiles in growing and/or finishing pigs fed increasing levels of sulfur amino acids with and without Escherichia coli lipopolysaccharide challenge [J]. Journal of Animal Science, 90 (4): 362-365.

Kim K I, McMillan I, Bayley H S, 1983. Determination of amino acid requirements of young pigs using an indicator amino acid [J]. British Journal of Nutrition, 50 (2): 369-382.

King R H, Toner M S, Dove H, et al, 1993. The response of first-litter sows to dietary protein level during lactation [J]. Journal of Animal Science, 71 (9): 2457-2463.

Knowles T A, Southern L L, Bidner T D, et al, 1998. Effect of dietary fiber or fat in low-crude protein, crystalline amino acid-supplemented diets for finishing pigs [J]. Journal of Animal Science, 76 (11): 2818-2832.

le Goff G, VanMilgen J, Noblet J, 2002. Influence of dietary fibre on digestive utilization and rate of passage in growing pigs, finishing pigs and adult sows [J]. Animal Science, 74 (3): 503-515.

LeBellego L, Noblet J, 2002. Performance and utilization of dietary energy and amino acids in piglets fed low protein diets [J]. Livestock Production Science, 76 (1/2): 45-58.

LeBellego L, van Milgen J, Noblet J, 2002. Effect of high temperature and low-protein diets on the performance of growing-finishing pigs [J]. Journal of Animal Science, 80 (3): 691-701.

LeFloc'h N, Gondret F, Matte J J, et al, 2012. Towards amino acid recommendations for specific physiological and patho-physiological states in pigs [J]. Proceedings of the Nutrition Society, 71 (3): 425-432.

Lei J, Feng D, Zhang Y, et al, 2012. Nutritional and regulatory role of branched-chain amino acids in lactation [J]. Frontiers in Bioscience-Landmark, 17 (725): 722.

Lewis A J, 2001. Amino acids in swinenutrition [M] //Lewis A J, Southern L L. Swine nutrition. Boca Raton, FL: CRC Press.

Lewis A J, 2003. Methionine-cystine relationships in pig nutrition [M] //D' Mello J P F. Amino Acids in Animal Nutrition. Edinburgh, UK: CABI Publishing.

Lewis A J, Bayley H S, 1995. Bioavailability of nutrients for animals: amino acids, minerals, and vitamins [M]. San Diego: Academic Press.

Lewis A J, Nishimura N, 1995. Valine requirement of the finishing pig [J]. Journal of Animal Science, 73 (8): 2315-2318.

Lewis A J, Peo Jr E R, Moser B D, et al, 1980. Lysine requirement of pigs weighing 5 to 15 kg fed practical diets with and without added fat [J]. Journal of Animal Science, 51 (2): 361-366.

Li D D, Xiao C R, Qiao S Y, et al, 1999. Effects of dietary threonine on performance, plasma parameters and immune function of growing pigs [J] . Animal Feed Science and Technology, 78 (3-4): 179-188.

Li D F, Xiao C T, Qiao S Y, et al, 1999. Effects of dietary threonine on performance, plasma parameters and immune function of growing pigs [J] . Animal Feed Science and Technology, 78: 179-188.

Li P, Knabe D A, Kim S W, et al, 2006. Lactating porcine mammary tissue catabolizes branched-chain amino acids for glutamine and aspartate synthesis [J] . Journal of Nutrition, 139 (8): 1502-1509.

Li P, Knabe D A, Kim S W, et al, 2009. Lactating porcine mammary tissue catabolizes branched-chain amino acids for glutamine and aspartate synthesis [J] . Journal of Nutrition, 139: 1502-1509.

Lindberg J E, 2014. Fiber effects in nutrition and gut health in pigs [J] . Journal of Animal Science and Biotechnology, 5 (1): 15.

Loisel F, Farmer C, Ramaekers P, et al, 2013. Effects of high fiber intake during late pregnancy on sow physiology, colostrum production, and piglet performance [J] . Journal of Animal Science, 91 (11): 5269-5279.

Loughmiller J A, Nelssen J L, Goodband R D, et al, 1998. Influence of dietary total sulfur amino acids and methionine on growth performance and carcass characteristics of finishing gilts [J] . Journal of Animal Science, 76 (8): 2129-2137.

Louis G F, Lewis A J, Weldon W C, et al, 1994. The effect of protein intake on boar libido, semen characteristics, and plasma hormoneconcentrations [J] . Journal of Animal Science, 72 (8): 2038-2050.

Mahan D C, 1998. Relationship of gestation protein and feed intake level over a five-parity period using a high-producing sow genotype [J] . Journal of Animal Science, 76 (2): 533-541.

Mahan D C, Newton E A, 1993. Evaluation of feed grains with dried skim milk and added carbohydrate sources on weanling pigperformance [J] . Journal of Animal Science, 71: 3376-3382.

Main R G, Dritz S S, Tokach M D, et al, 2008. Determining an optimum lysine: calorie ratio for barrows and gilts in a commercial finishing facility [J] . Journal of Animal Science, 86 (9): 2190-2207.

Mateo R D, Wu G, Moon H K, et al, 2008. Effects of dietary arginine supplementation during gestation and lactation on the performance of lactating primiparous sows and nursing piglets [J] . Journal of Animal Science, 86 (4): 827-835.

Mateos G G, Martin F, Latorre M A, et al. Inclusion of oat hulls in diets for young pigs based on cooked maize or cooked rice [J] . Animal Science, 2006, 82 (1): 57-63.

Mathai J K, Htoo J K, Thomson J E, et al, 2016. Effects of dietary fiber on the ideal standardized ileal digestible threonine: lysine ratio for twenty-five to fifty kilogram growing gilts [J] . Journal of Animal Science, 94 (10): 4217-4230.

Matte JJ, Robert S, Girard C L, et al, 1994. Effect of bulky diets based on wheat bran or oat hulls on reproductive performance of sows during their first two parities [J] . Journal of Animal Science, 72 (7): 1754-1760.

Mavromichalis I, Kerr B J, Parr T M, et al, 2001. Valine requirement of nursery pigs [J] . Journal of Animal Science, 79 (5): 1223-1229.

Miquel N, Knudsen K E B, Jørgensen H, 2001. Impact of diets varying in dietary fibre characteristics on gastric emptying in pregnant sows [J] . Archives of Animal Nutrition, 55 (2): 121-145.

Moehn S, Ball R O, Fuller M F, et al, 2004. Growth potential, but not body weight or moderate limitation of lysine intake, affects inevitable lysine catabolism in growing pigs [J] . The Journal of Nutrition, 134 (9): 2287-2292.

Moehn S, Shoveller A, Rademacher M, et al, 2005. The methionine requirement varies between individual weaned pigs fed a corn-soybean meal diet [J] . Journal of Animal Science, 83: 287.

Molist F, de Segura A G, Gasa J, et al, 2009. Effects of the insoluble and soluble dietary fibre on the physicochemical properties of digesta and the microbial activity in early weaned piglets [J] . Animal Feed Science and Technology, 149 (3/4): 346-353.

Mongin P, 1981. Recent advances in dietary anion-cation balance: applications in poultry [J] . Proceedings of the Nutrition Society, 40 (3): 285-294.

Moreira I, Fraga A L, Paiano D, et al, 2004. Nitrogen balance of starting barrow pigs fed on increasing lysine levels [J] . Brazilian Archives of Biology and Technology, 47 (1): 85-91.

Moughan P J, 1999. Protein metabolism in the growing pig [M] // Kyriazakis I. A quantitative biology of the pig. Oxon: CABI Publishing.

Myrie S B, Bertolo R F, Sauer W C, et al, 2008. Effect of common antinutritive factors and fibrous feedstuffs in pig diets on amino acid digestibilities with special emphasis on threonine [J] . Journal of Animal Science, 86 (3): 609-619.

Nitikanchana S, Tokach M D, Dritz S S, et al, 2012. Determining the effects of standardized ileal digestible tryptophan: lysine ratio and tryptophan source in diets containing dried distillers grains with solubles on growth performance and carcass characteristics of finishing pigs [C]. Kansas State University Swine Day 2012. Report of progress 1074. USA, Kansas: 189-203.

Noblet J, le Goff G, 2001. Effect of dietary fibre on the energy value of feeds for pigs [J] . Animal Feed Science and Technology, 90 (1/2): 35-52.

Noblet J, Shi X S, Dubois S, 1994. Effect of body weight on net energy value of feeds for growing pigs [J] . Journal of Animal Science, 72 (3): 648-657.

NRC, 1998. Nutrient requirements of swine [S] . Washington, DC: National Academy Press.

NRC, 2012. Nutrient requirements of swine [S] . Washington, DC: National Academy Press.

NSNG, 2010. National swine nutrition guide tables on nutrient recommendations, ingredient composition, and Use Rates. U. S. Pork Center of Excellence, Ames, IA.

Nyachoti C M, Omogbenigun F O, Rademacher M, et al, 2006. Performance responses and indicators of gastrointestinal health in early-weaned pigs fed low-protein amino acid-supplemented diets [J] . Journal of Animal Science, 84 (1): 125-134.

O' Connell M K, Lynch P B, O' Doherty J V, 2006. Determination of the optimum dietary lysine concentration for boars and gilts penned in pairs and in groups in the weight range 60 to 100 kg [J]. Animal Science, 82 (1): 65-73.

Oliviero C, Kokkonen T, Heinonen M, et al, 2009. Feeding sows with high fibre diet around farrowing and early lactation: impact on intestinal activity, energy balance related parameters and litter performance [J] . Research in Veterinary Science, 86 (2): 314-319.

O' Shea C J, Lynch M B, Callan J J, et al, 2010. Dietary supplementation with chitosan at high and low crude protein concentrations promotes *Enterobacteriaceae* in the caecum and colon and increases manure odour emissions from finisher boars [J] . Livestock Science, 134 (1/3): 198-201.

Parr T M, Kerr B J, Baker D H. Isoleucine requirement of growing (25 to 45 kg) pigs [J] . Journal of Animal Science, 2003, 81 (3): 745-752.

Paulicks B R, Ott H, Roth-Maier D A, 2003. Performance of lactating sows in response to the dietary valine supply [J] . Journal of Animal Physiology and Animal Nutrition, 87 (11/12): 389-396.

Peak, S. 2005. TSAA requirement for nursery and growingpigs [M] //Foxcroft G. Advances in pork production. Alberta: University of Alberta Press.

Pedersen C, Boisen S, 2001. Studies on the response time for plasma urea nitrogen as a rapid measure for dietary protein quality in pigs [J] . Acta Agriculturae Scandinavica, Section A-Animal Science, 51 (4): 209-216.

Pedersen C, Lindberg J E, Boisen S, 2003. Determination of the optimal dietary threonine: lysine ratio for finishing pigs using three different methods [J] . Livestock Production Science, 82 (2/3): 233-243.

Pencharz P B, Ball R O, 2003. Different approaches to define individual amino acid requirements [J]. Annual Review of Nutrition, 23 (1): 101-116.

Pereira AA, Donzele J L, Oliveira R F M, et al, 2008. Dietary digestible tryptophan levels for barrows with high genetic potential in the phase from 97 to 125 kg [J] . Revista Brasileira de Zootecnia, 37 (11): 1984-1989.

Pesti G M, Vedenov D, Cason J A, et al, 2009. A comparison of methods to estimate nutritional requirements from experimental data [J] . British Poultry Science, 50 (1): 16-32.

Plitzner C, Ettle T, Handl S, et al, 2007. Effects of different dietary threonine levels on growth and slaughter performance in finishing pigs [J] . Czech Journal of Animal Science, 52 (12): 447.

Pluske J R, Kim J C, McDonald D E, et al, 2001. Non-starch polysaccharides in the diets of young weaned piglets [M] . The Weaner Pig: Nutrition and management, 81-112.

Pluske J R, Siba P M, Pethick D W, et al, 1996. The incidence of swine dysentery in pigs can be reduced by feeding diets that limit the amount of fermentable substrate entering the large intestine [J] . Journal of Nutrition, 126 (11): 2920-2933.

Pond W G, 1973. Influence of maternal protein and energy nutrition during gestation on progeny performance in swine [J] . Journal of Animal Science, 36: 175-182.

Pond W G, Strachan D N, Sinha Y N, et al, 1969. Effect of protein deprivation of swine during all or part of gestation on birth weight, postnatal growth rate and nucleic acid content of brain and muscle of progeny [J] . Journal of Nutrition, 99 (1): 61-67.

Qiao S, Piao X, Feng Z, et al, 2008. The optimum methionine to methionine plus cystine ratio for growing pigs determined using plasma urea nitrogen and nitrogen balance [J] . Asian-Australasian Journal of Animal Sciences, 21 (3): 434-442.

Quant A D, Lindemann M D, Kerr B J, et al, 2012. Standardized ileal digestible tryptophan-to-lysine ratios in growing pigs fed corn-based and non-corn-based diets [J] . Journal of Animal Science, 90 (4): 1270-1279.

Quesnel H, Meunier-Salaun M C, Hamard A, et al, 2009. Dietary fiber for pregnant sows: Influence on sow physiology and performance during lactation [J] . Journal of Animal Science, 87 (2): 532-543.

Reese D, Prosch A, Travnicek D A, et al, 2008. Dietary fiber in sow gestation diets-an updated review [R] . Nebraska USA: Nebraska Swine Reports, 45.

Renaudeau D, Noblet J, 2001. Effects of exposure to high ambient temperature and dietary protein level on sow milk production and performance of piglets [J] . Journal of Animal Science, 79 (6): 1540-1548.

Renaudeau D, Noblet J, Dourmad J Y, 2003. Effect of ambient temperature on mammary gland metabolism in lactating sows [J] . Journal of Animal Science, 81 (1): 217-231.

Rendón-Huerta J A, Juárez-Flores B, Pinos-Rodríguez J M, et al, 2012. Effects of different sources of fructans on body weight, blood metabolites and fecal bacteria in normal and obese non-diabetic and diabetic rats [J] . Plant Foods for Human Nutrition, 67 (1): 64-70.

Renteria-Flores J A, Johnston L J, Shurson G C, et al, 2008. Effect of soluble and insoluble dietary fiber on embryo survival and sow performance [J] . Journal of Animal Science, 86 (10): 2576-2584.

Robbins K R, Norton H W, Baker D H, 1979. Estimation of nutrient requirements from growthdata [J] . Journal of Nutrition, 109 (10): 1710-1714.

Robbins K R, Saxton A M, Southern L L, 2006. Estimation of nutrient requirements using broken-line regression analysis [J] . Journal of Animal Science, 84 (13): 155-165.

Robles A, Ewan R C, 1982. Utilization of energy of rice and rice bran by young pigs [J] . Journal of Animal Science, 55 (3): 572-577.

Roth F X, Eder K, Rademacher M, et al, 2000. Influence of the dietary ratio between sulphur containing amino acids and lysine on performance of growing-finishing pigs fed diets with various lysine concentrations [J] . Archives of Animal Nutrition, 53 (2): 141-155.

Rupanova M, 2006. Influence of different lysine' s levels in the compound feeds for boars on quantity and quality of the semen [J] . Journal of Animal Science.

Saldana C I, Knabe D A, Owen K Q, et al, 1994. Digestible threonine requirements of starter and finisher pigs [J] . Journal of Animal Science, 72 (1): 144-150.

Samuel R, Moehn S, Pencharz P, et al, 2010. Dietary lysine requirements of sows in early- and late-gestation [C] . 3rd EAAP International Symposium on Energy and Protein Metabolism and Nutrition.

Santos F A, Donzele J L, Oliveira R F M, et al, 2007. Digestible methionine+ cystine requeriment of high genetical potential barrows in the phase from 60 to 95 kg [J] . Revista Brasileira de Zootecnia, 36 (6): 2047-2053.

Schinckel A P, de Lange C F M, 1996. Characterization of growth parameters needed as inputs for pig growth models [J] . Journal of Animal Science, 74 (8): 2021-2036.

Schutte J B, de Jong J, Smink W, et al, 1997. Threonine requirement of growing pigs (50 to 95 kg) in relation to diet composition [J] . Animal Science, 64 (1): 155-161.

Shearer K D, 2000. Experimental design, statistical analysis and modelling of dietary nutrient requirement studies for fish: a critical review [J] . Aquaculture Nutrition, 6 (2): 91-102.

Shelton N W, Tokach M D, Dritz S S, et al, 2011. Effects of increasing dietary standardized ileal digestible lysine for gilts grown in a commercial finishing environment [J] . Journal of Animal Science, 89 (11): 3587-3595.

Shriver J A, Carter S D, Sutton A L, et al, 2003. Effects of adding fiber sources to reduced-crude protein, amino acid-supplemented diets on nitrogen excretion, growth performance, and carcass traits of finishingpigs [J] . Journal of Animal Science, 81 (2): 492-502.

Silva B A N, Noblet J, Donzele J L, et al, 2009. Effects of dietary protein level and amino acid supplementation on performance of mixed-parity lactating sows in a tropical humid climate [J]. Journal of Animal Science, 87 (12): 4003-4012.

Slavin J L, 2005. Dietary fiber and body weight [J] . Nutrition, 21 (3): 411-8.

Soltwedel K T, Easter R A, Pettigrew J E, 2006. Evaluation of the order of limitation of lysine, threonine, and valine, as determined by plasma urea nitrogen, in corn-soybean meal diets of lactating sows with high body weight loss [J] . Journal of Animal Science, 84 (7): 1734-1741.

Soumeh E A, van Milgen J, Sloth N M, et al, 2015. The optimum ratio of standardized ileal digestible leucine to lysine for 8 to 12 kg female pigs [J] . Journal of Animal Science, 93 (5): 2218-2224.

Srichana P, Gaines A M, Ratliff B W, et al, 2004. Evaluation of the true ileal digestible (TID) lysine requirement for 80-100 kg barrows and gilts [J] . Journal of Animal Science, 82 (1): 295.

Urynek W, Buraczewska L, 2003. Effect of dietary energy concentration and apparent ileal digestible lysine: metabolizable energy ratio on nitrogen balance and growth performance of young pigs [J]. Journal of Animal Science, 81 (5): 1227-1236.

van Leeuwen P, Jansman A J M, 2007. Effects of dietary water holding capacity and level of fermentable organic matter on digesta passage in various parts of the digestive tract in growing pigs [J] . Livestock Science, 109 (1/3): 77-80.

Veum T L, Crenshaw J D, Crenshaw T D, et al, 2009. N. North Central Region-42 Committee On Swine, The addition of ground wheat straw as a fiber source in the gestation diet of sows and the effect on sow and litter performance for three successive parities [J] . Journal of Animal Science, 87 (3): 1003-1012.

Waguespack A M, Bidner T D, Payne R L, et al, 2012. Valine and isoleucine requirement of 20-to 45-kilogram pigs [J] . Journal of Animal Science, 90 (7): 2276-2284.

Wang T C, Fuller M F, 1989. The optimum dietary amino acid pattern for growing pigs: 1. Experiments by amino aciddeletion [J] . British Journal of Nutrition, 62 (1): 77-89.

Wang X, Qiao S Y, Liu M, et al, 2006. Effects of graded levels of true ileal digestible threonine on performance, serum parameters and immune function of 10-25 kg pigs [J] . Animal Feed Science and Technology, 129 (3/4): 264-278.

Wang X U, Qiao S, Yin Y, et al, 2007. A deficiency or excess of dietary threonine reduces protein synthesis in jejunum and skeletal muscle of young pigs [J] . Journal of Nutrition, 137 (6): 1442-1446.

Wecke C, Liebert F, 2010. Optimal dietary lysine to threonine ratio in pigs (30-110 kg BW) derived from observed dietary amino acid efficiency [J] . Journal of Animal Physiology and Animal Nutrition, 94 (6): 277-285.

Whang K Y, Easter R A, 2000. Blood urea nitrogen as an index of feed efficiency and lean growth potential in growing-finishing swine [J] . Asian-Australasian Journal of Animal Sciences, 13 (6): 811-816.

Wilfart A, Montagne L, Simmins P H, et al, 2007. Sites of nutrient digestion in growing pigs: Effect of dietary fiber [J] . Journal of Animal Science, 85 (4): 976-983.

Wilson J L, Mcdaniel G R, Sutton C D, 1987. Semen and carcass evaluation of broiler breeder males fed low protein diets [J] . Poultry Science, 66 (9): 1535-1540.

Wiltafsky M K, Schmidtlein B, Roth F X, 2009. Estimates of the optimum dietary ratio of standardized ileal digestible valine to lysine for eight to twenty-five kilograms of body weight pigs [J]. Journal of Animal Science, 87 (8): 2544-2553.

Wu G, 2013. Functional amino acids in nutrition andhealth [J]. Amino Acids, 45: 407-411.

Yang H, Pettigrew J E, Johnston L J, et al, 2000a. Lactational and subsequent reproductive responses of lactating sows to dietary lysine (protein) concentration [J]. Journal of Animal Science, 78 (2): 348-357.

Yang H, Pettigrew J E, Johnston L J, et al, 2000b. Effects of dietary lysine intake during lactation on blood metabolites, hormones, and reproductive performance in primiparous sows [J]. Journal of Animal Science, 78 (4): 1001-1009.

Yang Y X, Heo S, Jin Z, et al, 2009. Effects of lysine intake during late gestation and lactation on blood metabolites, hormones, milk composition and reproductive performance in primiparous and multiparous sows [J]. Animal Reproduction Science, 112 (3/4): 199-214.

Yen J T, Klindt J, Kerr B J, et al, 2005. Lysine requirement of finishing pigs administered porcine somatotropin by sustained-release implant [J]. Journal of Animal Science, 83 (12): 2789-2797.

Yi G F, Gaines A M, Ratliff B W, et al, 2006. Estimation of the trueileal digestible lysine and sulfur amino acid requirement and comparison of the bioefficacy of 2-hydroxy-4-(methylthio) butanoic acid and DL-methionine in eleven-to twenty-six-kilogram nursery pigs [J]. Journal of Animal Science, 84 (7): 1709-1721.

Yin Y, Yao K, Liu Z, et al, 2010. Supplementing L-leucine to a low-protein diet increases tissue protein synthesis in weanling pigs [J]. Amino Acids, 39 (5): 1477-1486.

Young V R, Hussein M A, Murray E, et al, 1971. Plasma tryptophan response curve and its relation to tryptophan requirements in young adultmen [J]. Journal of Nutrition, 101 (1): 45-59.

Zhang R F, Hu Q, Li P F, et al, 2011. Effects of lysine intake during middle to late gestation (Day 30 to 110) on reproductive performance, colostrum composition, blood metabolites and hormones of multiparoussows [J]. Asian-Australasian Journal of Animal Science, 24 (8): 1142-1147.

Zhu C L, Rademacher M, de Lange C F M, 2005. Increasing dietary pectin level reduces utilization of digestible threonine intake, but not lysine intake, for body protein deposition in growing pigs [J]. Journal of Animal Science, 83 (5): 1044-1053.

第七章 N-氨甲酰谷氨酸在猪低蛋白质日粮中的应用

作为精氨酸内源合成过程中关键物质 N-乙酰谷氨酸（N-acetyl glutamic acid，NAG）的结构类似物——N-氨甲酰谷氨酸（N-carbamylglutamate，NCG）可以通过尿素循环促进精氨酸的内源合成，并具有在体内代谢稳定和使用成本低的优势，是精氨酸适宜的替代品。本章在综述精氨酸在动物体内代谢和营养生理功能、阐述 NCG 在精氨酸内源合成中作用的基础上，对低蛋白质日粮中添加 NCG 对不同生理阶段猪的作用效果和机制进行了总结。

第一节 精氨酸的分解代谢和营养生理功能

精氨酸含有 2 个碱性基团氨基和胍基，属于碱性氨基酸。在自然状态下有 D-精氨酸和 L-精氨酸 2 种异构体。L-精氨酸既是机体蛋白质的组成成分，也是一氧化氮（NO）、多胺等多种生物活性物质合成的前体物质，在蛋白质合成、免疫功能、种猪繁殖性能等方面发挥重要的营养生理功能，是近年来研究最为深入的功能性氨基酸。

一、精氨酸的分解代谢

在哺乳动物体内，精氨酸主要有 4 种分解代谢途径（图 7-1），分别通过一氧化氮合成酶（nitric oxide synthetase，NOS）、精氨酸酶、精氨酸脱羧酶和精氨酸-甘氨酸脒基转移酶 4 种酶来实现（Morris，2016）。其中，NOS、精氨酸酶和精氨酸-甘氨酸脒基转移酶作用于精氨酸的胍基基团。

精氨酸在精氨酸酶的作用下分解为尿素和鸟氨酸，尿素通过肾脏排出体外，鸟氨酸随后可转化为多胺、脯氨酸、谷氨酸和谷氨酰胺。哺乳动物体内存在 2 种精氨酸酶异构体（Morris，2009），即Ⅰ型精氨酸酶和Ⅱ型精氨酸酶。Ⅰ型精氨酸酶是一种主要在肝脏中表达的细胞溶质酶；Ⅱ型精氨酸酶主要在肝外组织的线粒体中表达，包括肾、大脑、小肠、乳腺及人和牛的胎盘（Wu 等，2009）。多胺是一种重要的生物学活性物质，与 DNA/RNA 和蛋白质的代谢有很大关系，在细胞分化及细胞周期调节中起关键作用，

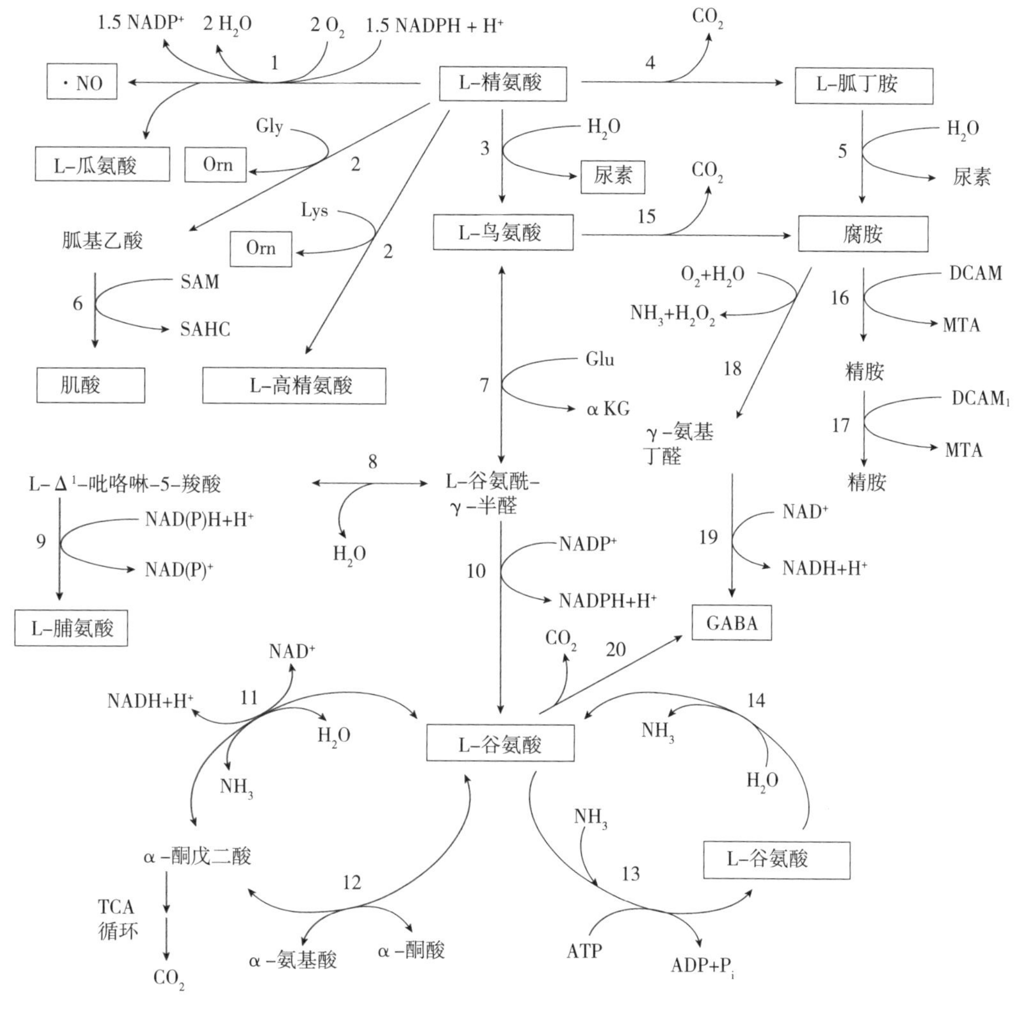

图 7-1　精氨酸的分解代谢途径

注：1. NO 合成酶；2. 精氨酸-甘氨酸脒基转移酶；3. 精氨酸酶；4. 精氨酸脱羧酶；5. 胍丁胺酶（胍丁胺尿素水解酶）；6. 胍基乙酸 N-甲基转移酶；7. 鸟氨酸转氨酶；9. 吡咯啉-5-羧酸还原酶；10. 吡咯啉-5-羧酸脱氢酶；11. 谷氨酸脱氢酶；12. 丙氨酸转氨酶或天冬氨酸转氨酶或支链氨基酸转氨酶；13. 谷氨酰胺合成酶；14. 谷氨酰胺酶；15. 鸟氨酸脱羧酶；16. 亚精胺合成酶；17. 精胺合成酶；18. 二胺氧化酶；19. 醛脱氢酶；20. 谷氨酸脱羧酶。精氨酸衍生的 α-酮戊二酸通过柠檬酸循环进行完全氧化。步骤 8 是自发的非酶反应。DCAM，脱羧的 S-腺苷甲硫氨酸；Glu，L-谷氨酸；MTA，甲硫腺苷；SAHC，S-腺苷高半胱氨酸；SAM，S-腺苷蛋氨酸；α-KG，α-酮戊二酸。

（资料来源：Morris，2016）

是小肠黏膜生长、发育、成熟及黏膜损伤修复的必须物质。

精氨酸在 NOS 的作用下产生 NO 和瓜氨酸，是动物体内 NO 生成的主要前体物。哺乳动物体内有 3 种形式的 NOS：神经型 NOS（nNOS，也称为 NOS1），诱导型 NOS（iNOS，也称为 NOS2），以及内皮型 NOS（eNOS，也称为 NOS3）。nNOS 和 eNOS 以一种细胞特定的方式持续表达，产生低水平的 NO，而 iNOS 在被特定的免疫刺激后可诱导产生大量的 NO（Wu 等，2009）。NO 作为一种重要的信号分子广泛影响信息传导，纳摩尔水平的 NO 即可与鸟苷酸环化酶结合，激活蛋白激酶 B、依赖 cGMP 的蛋白激酶（PKG）、细胞外调节激酶 1/2（ERK1/2）、非受体酪氨酸激酶（Src）、环磷腺苷效应元件结合蛋白（CREB）等多种信号通路（Cossenza 等，2014），从而在营养物质代谢中发挥多种调节功能。此外，诱导型 NOS 能够在内毒素和细胞因子的刺激下产生大量的 NO，而高水平的 NO 合成会产生细胞毒性，可以杀灭病原微生物，消灭病原体和抵抗肿瘤，在免疫反应中发挥重要作用（Hardy 等，2006）。

精氨酸-甘氨酸脒基转移酶对于动物体内 L-高精氨酸、肌酸或胍基乙酸的合成至关重要。精氨酸-甘氨酸脒基转移酶是肌酸合成过程中的限速酶，能够催化精氨酸和甘氨酸反应生成胍基乙酸和鸟氨酸，胍基乙酸能进一步反应生成肌酸。在磷酸激酶的催化下，肌酸在线粒体内经氧化磷酸化转换成磷酸肌酸，而磷酸肌酸可为机体提供直接能量来源——三磷酸腺苷（ATP），在调控动物能量代谢方面发挥重要作用。另外，精氨酸-甘氨酸脒基转移酶还可催化精氨酸和赖氨酸生成 L-高精氨酸和鸟氨酸。之前很少关注高精氨酸这种代谢物，因为正常人的血浆中高精氨酸的浓度较低。近年来，越来越多的研究发现血浆高精氨酸的浓度与心血管疾病、糖尿病等多种疾病有关。高精氨酸是 NOS 和精氨酸酶的作用底物，也可以作为这些酶的抑制剂，但是目前还没有明确的证据证明高精氨酸在体内与 NOS 或精氨酸酶存在直接的互作关系（Morris，2016）。

精氨酸脱羧酶可作用于精氨酸的羧基基团，将精氨酸分解为二氧化碳和胍丁胺，胍丁胺可被胍丁胺酶进一步分解为腐胺和尿素，成为哺乳动物合成多胺的次要途径。在早期，精氨酸脱羧酶一直被认为仅存在于植物和细菌中；随后的研究发现，哺乳动物的脑、肝、肾、肾上腺、巨噬细胞和小肠内均存在精氨酸脱羧酶和胍丁胺的合成，主要位于线粒体内。虽然胍丁胺在哺乳动物中的生理作用尚不清楚，但是胍丁胺是一种神经递质，与咪唑啉受体结合后可调节某些神经递质的释放，抑制 NOS 活性，进而抑制多胺的合成，发挥降糖、利尿、抗炎等生物学作用（Popolo 等，2014）。

二、精氨酸的营养生理功能

（一）促进尿素生成和机体氨的排放

氨在体内有毒性，血氨升高会引起脑功能紊乱。将氨转换为尿素是体内氨排放的主要方式。氨的排放为动物体维持正常生命活动所必需。精氨酸在合成尿素的鸟氨酸循环中，可促进尿素循环，使血氨转化为尿素而被排出体外，以维持体内氨平衡，增加机体对氨的清除，防止氨的积累对机体造成伤害。精氨酸缺乏会导致尿素合成减少，氨甲酰磷酸就不能够及时参与鸟氨酸循环，造成氨甲酰磷酸堆积，从而导致部分氨甲酰磷酸溢出线粒体。精氨酸对尿素循环的调节作用主要依赖于日粮营养水平，内源精氨酸的合成量对尿素循环的调节效果不明显。血浆中精氨酸、氨和尿素浓度是反映新生仔猪营养水平的敏感性指标。精氨酸缺乏的一个典型特征是血浆中氨和尿素浓度上升。日粮中添加 0.2%和 0.4%的精氨酸，可使 7 日龄仔猪血浆中精氨酸浓度分别增加 30%和 61%；精氨酸缺乏时，新生仔猪血浆中氨和尿素氮浓度显著升高（Urschel 等，2005）。

（二）促进蛋白质合成和肌肉生长

精氨酸是蛋白质合成的重要原料，日粮中添加精氨酸能促进肌肉和肠道的蛋白质合成，其机理可能与精氨酸促进哺乳动物雷帕霉素靶蛋白（mTOR）信号通路的活性有关

（Yao 等，2008；Tan 等，2010）。Wu 等（2004）研究表明，精氨酸可激活小肠上皮细胞 mTOR 和其他激酶介导的信号通路，刺激蛋白质合成，增强细胞迁移，进而促进受损伤肠道上皮细胞的修复。在仔猪小肠上皮细胞 IPEC-J2 上的研究发现，精氨酸能够激活 mTOR 的下游靶点 p70（s6k），从而增强小肠上皮细胞的迁移（Rhoads 等，2006）。另外，精氨酸还可增加病毒感染，以及营养不良条件下处于分解代谢状态的猪小肠上皮中蛋白质的合成，同时抑制蛋白降解（Cori 等，2005；Tan 等，2010）。谭碧娥等（2008）在 7 日龄断奶仔猪的配方乳中分别添加 0.6%和 0.8%的精氨酸发现，试验第 14 天仔猪小肠重量、长度、空肠绒毛高度、回肠绒毛高度及绒毛高度与隐窝深度比值均有升高趋势。表明日粮中添加精氨酸能够促进超早期断奶仔猪的肠道发育，阻止肠绒毛萎缩，改善肠道消化机能。Wang 等（2012）也发现，补充精氨酸可以提高仔猪空肠黏膜重量和回肠黏膜重量及其绒毛高度，显著提高小肠黏膜中精氨酸磷酸化 Akt 和 mTOR 含量。

育肥猪日粮中添加精氨酸可以促进骨骼肌蛋白质合成（Tan 等，2009），以及抑制骨骼肌蛋白质降解（Frank 等，2007）。因此，用精氨酸调节细胞内蛋白质周转有利于肌肉生长（Tan 等，2009）。这种作用可能与日粮中添加精氨酸能提高血浆中精氨酸的浓度、显著提高肌肉中 mTOR 和真核起始因子 4E 结合蛋白 1（4E-BP1）的磷酸化、增加 eIF4G-eIF4E 复合物的浓度，以及降低 4EBP1-eIF4E 复合物的形成有关（Yao 等，2008）。日粮中添加精氨酸会增加肠道和肌肉中蛋白质的合成，促进肠道发育和整体蛋白质的沉积，这也是母猪泌乳期间仔猪日粮中添加精氨酸可提高其生长性能的一个主要原因（Wu 等，2004）。

生长发育早期特别是哺乳阶段仔猪的生长速度快，对精氨酸的补充和缺乏都比较敏感。母乳中精氨酸的供给量仅能提供需要量的 40%，且 7～21 日龄时由肠道上皮细胞谷氨酸或鸟氨酸产生的内源精氨酸含量不足。因此，母猪泌乳期间仔猪精氨酸的供给量不能满足其最大生长性能的需要量（Wu 等，2018）。给人工饲养的 7～21 日龄哺乳乳猪液态奶日粮中分别添加 0.2%和 0.4%的精氨酸，仔猪血浆中精氨酸浓度可分别提高 30%和 61%，血浆氨浓度可分别降低 20%和 35%，仔猪日增重可分别增加 28%和 66%（Kim 等，2004）。Yang 等（2016）研究发现，在 4～24 日龄仔猪的代乳料中分别添加 0.4%或 0.8%的精氨酸，仔猪日增重分别提高了 19%和 22%。

（三）增强免疫和抗氧化应激功能

精氨酸可刺激胰腺、肾上腺、下丘脑等部位，促进生长激素、胰岛素样生长因子、催乳素、胰岛素等激素的分泌，增加蛋白质的合成量，并间接发挥免疫调节作用。精氨酸可通过一系列的作用增强机体免疫功能，包括：促进免疫器官和细胞增殖、促进胸腺发育、提高 T 淋巴细胞的数量及 T 淋巴细胞对有丝分裂原的反应性，刺激 T 淋巴细胞增殖；增强巨噬细胞的吞噬能力和自然杀伤细胞活性；增加脾脏单核细胞分泌 IL-2 的活性及 IL-2 受体的活性，提高免疫防御与免疫调节作用（Barbul，1990；Ochoa 等，2001；Liu 等，2009；Ren 等，2012）。

精氨酸作为 NO 合成的唯一前体物，还可通过代谢产物 NO 发挥免疫调节作用。NO 是一种重要的免疫调节因子，既是肿瘤免疫、微生物免疫的效应分子，又是多种免疫细胞的调节因子，对机体的免疫系统有着非常重要的调节作用，主要包括：抑制抗体应答反应和肥大细胞的反应性；增强自然杀伤细胞的活性，激活外周血中的单核细胞；调节 T 细胞和巨噬细胞分泌细胞因子；介导巨噬细胞的细胞凋亡。精氨酸-NO 途径被认为是杀死细胞内微生物的主要机制，也是巨噬细胞对靶细胞毒性的主要机制（Jobgen 等，2006）。在过去的十多年中，大量的研究证实，巨噬细胞和中性粒细胞中诱导型一氧化氮合成酶（iNOS）合成 NO 是哺乳动物抵抗病毒、细菌、真菌、恶性细胞、细胞内原生动物和寄生虫的重要机制（Bronte 和 Zanovello，2005）。

近年来，以猪为模式动物的许多研究也证实了精氨酸对免疫功能的调节作用。Tan 等（2009）研究发现，基础日粮中添加精氨酸可以调节仔猪白细胞、细胞因子和抗体的产生量，增强仔猪的细胞免疫和体液免疫功能。精氨酸产生的大量 NO 对病原体具有毒害作用，可能是通过改善怀孕母猪免疫系统、预防传染病、减少胚胎损失的一种方法（Li 等，2007）。Che 等（2013）证实，在母猪妊娠日粮（30～114d）中添加 1.0% 的 L-精氨酸，可增加血清中特异性免疫球蛋白水平，增加产活仔数量。陈渝等（2011）给仔猪注射沙门氏菌诱导免疫应激发现，日粮中添加精氨酸显著降低了由免疫应激介导的空肠和回肠 TLR4 及 TLR5 的 mRNA 表达量，降低血清中 IL6 的含量，可缓解免疫应激。杨平等（2011）证实，在感染繁殖与呼吸综合征病毒（porcine reproductive and respiratory syndrome virus，PRRSV）的妊娠母猪日粮中添加 1%的精氨酸，增加了妊娠 90d 母猪血清中 IgG、IgM 和 PRRSV 的抗体水平，窝产活仔数提高 0.89 头，窝活仔重约提高 1.02kg。

哺乳动物日粮中添加精氨酸能够通过增加总抗氧化物质的产生量和抑制炎性蛋白的表达来防止氧化应激，其机制可能与日粮中添加 L-精氨酸降低了应激诱导期间产生的乳酸、脂蛋白、胆碱、琥珀酸、其他氨基酸等物质的浓度有关（Bergeron 等，2014；Che 等，2019）。高运苓等（2010）研究了精氨酸对断奶仔猪抗氧化能力的影响后发现，日粮中补充 0.6%的 L-精氨酸可以显著降低仔猪血浆中丙二醛的含量，缓解仔猪断奶引起的氧化应激。郑萍（2010）研究证实，氧化应激条件下，仔猪对精氨酸的需求量增加，提高精氨酸的添加量可以增强仔猪的抗氧化能力。在育肥猪上的研究发现，日粮中添加精氨酸能够提高机体的总抗氧化能力，进而改善肉质（Ma 等，2010）

低出生重仔猪血清和肠道氧化还原状态的失衡会引起肠道发育不良。宋毅（2017）给低出生重仔猪日粮中补充 1% 的精氨酸发现，仔猪血清中超氧化物歧化酶（superoxide dismutase，SOD）的活性和抗超氧阴离子自由基的能力都显著提高，血清中胰岛素含量、IL6 含量和 IL10 含量均显著增加，回肠绒毛高度和绒毛高度与隐窝深度的比值显著提高，空肠绒毛高度也显著提高，同时提高了空肠中丙二醛含量和线粒体 SOD 活性。表明精氨酸提高了低出生重仔猪的抗氧化能力，增强了肠道免疫功能，改善了低出生重仔猪肠道消化功能和屏障功能。

（四）调节母猪繁殖性能和胎儿生长发育

早期认为母猪体内可能并不缺乏精氨酸，但随后的一系列研究发现，母猪对精氨酸存在特殊需求，因此更新了人们对精氨酸营养需要的认识。启发精氨酸对母猪特殊作用的认识是从精氨酸在胎盘和胎儿组织中的含量差异开始的。妊娠 40d 时，母猪尿囊液中的精氨酸及其前体物——鸟氨酸的浓度分别增加了 23 倍和 18 倍，二者的总含氮量占尿囊液中总游离氨基酸氮含量的50%左右；妊娠45d时，母猪胚胎尿囊液中的精氨酸含量升高到4.6mmol/L（Wu等，1996），说明此时胎儿需要大量的精氨酸参与机体代谢。

猪的妊娠期通常分为3个阶段：第一个阶段（妊娠第1～21天）是母猪对妊娠的认识和子宫内胚胎着床阶段，另外两个阶段（妊娠第22～75天和第76天至生产）是胎儿生长发育阶段（Geisert等，1990）。第一个阶段是胎盘形成的关键时期，与胎儿发育直接相关（Jones等，2007），因为胎盘组织的大小和对营养物质的转运效率决定着母体向胎儿运输营养物质的数量（Vallet和Freking，2007）。猪妊娠期间胚胎和胎儿的死亡率很高，有时可超过50%（Geisert和Schmitt，2002；Wu等，2013）。妊娠期胎儿死亡大多发生在妊娠的第一阶段到妊娠的第30天，有时可高达75%，死亡率的高峰出现在妊娠的第12～15天（胚胎着床前期）（Pope等，1990；Ford等，2002）。妊娠的第二和三阶段是胎儿发育的关键时期，这一阶段胎儿大小或数量的增加可增大胎儿发育空间，对氧气及营养物质的供应要求十分重要（McPherson等，2004；Fix等，2010）。在妊娠第一阶段，母猪日粮中添加1%的精氨酸，可明显增加窝产仔数、窝产活仔数和降低胎儿死亡率。Palencia等（2018）对发表的文献总结后发现，母猪妊娠第一阶段补充精氨酸可增加窝产活仔数2.2头，初生重提高10%。妊娠第二和三阶段补充精氨酸则可促进胎儿生长，以及减少窝内仔猪出生体重的变异（Mateo等，2007；Guo等，2016）。在妊娠第二和三阶段，母猪日粮中补充精氨酸可增加窝产活仔数约1头，增加出生重10%。

妊娠母猪繁殖性能和胎儿发育的影响与日粮中精氨酸的添加量、添加时间和持续时间有关（Palencia等，2018）。母猪妊娠第30～114天，日粮中添加1%的精氨酸盐酸盐，母猪血浆中精氨酸、鸟氨酸和脯氨酸水平分别提高77%、53%和30%，窝产活仔数和活仔出生重分别提高23%和28%（Mateo等，2007）。Ramaekers等（2006）研究证实，精氨酸可通过刺激孕体发育来提高胎盘对营养物质的转运效率，增加出生窝仔数。由于精氨酸及其代谢物与血管生成和改善血液流量有关，因此补充精氨酸可以通过促进胎盘发育而更有利于胎儿发育，提高胚胎存活率，从而增加产仔数（Bérarde和Bee，2010；Li等，2014）。

宫内生长受限（intrauterine growth restriction，IUGR）是猪和其他哺乳动物最常见的生殖问题之一（Wu等，2013），与胎儿组织缺氧、胎盘血管舒张功能的改变及eNOS活性降低密切相关。营养物质缺乏特别是与NO和多胺生成相关的营养物质缺乏是导致IUGR发生及出现病理结果的重要原因。在妊娠大鼠饮水中添加0.2%或者2%的精氨酸可以降低缺氧诱导的IUGR的发生率（Vosatka等，1998）。在妊娠第60～147天（27mg/kg BW，3次/d）给营养不足的母羊静脉注射精氨酸（50%的NRC营养需求）可防止母羊胎儿生长受限（Wu等，2008）。精氨酸的添加在避免宫内生长受限发生的同时，还可促进仔猪初生重的增加和仔猪初生体重均匀性的提高（Wu等，2008）。

总结到目前为止的研究文献，精氨酸改善妊娠母猪繁殖性能的机制主要表现为：妊娠期间精氨酸的供应对胰岛素、胰高血糖素（胰腺）、生长激素、催乳素（垂体前叶）和胎盘催乳素的分泌有影响，从而影响母体和胎儿代谢；精氨酸影响血管生成因子，如血管内皮生长因子（vascular endothelial growth factor，VEGF）及其受体（vascular endothelial growth factor receptor 2，VEGFR2）的表达（Greene 等，2012），同时调节血管生成的 mRNA 的表达水平（Liu 等，2012），增强妊娠期胎盘形成和血管生成；精氨酸的代谢产物 NO 是哺乳动物体内关键的细胞信使，可以调节子宫和胎盘的血流量，从而促进营养物质和氧气从母体向胎儿转移（Bird 等，2003）。NO 和多胺（腐胺、亚精胺和精胺）与胰岛素样生长因子、血管内皮生长因子和其他生长因子相关，对血管生成、胚胎发生和胎儿发育至关重要（Wu 等，2010）。另外，NO 和多胺还参与胚胎定植，多胺还通过 mTOR 途径调节哺乳动物胎盘、子宫和胎儿的 DNA 和蛋白质合成（Flynn 等，2002；Ishida 等，2002；Kong 等，2012）。

也有一些研究探讨了日粮中添加精氨酸对泌乳母猪的作用。虽然哺乳母猪日粮中补充精氨酸不改变乳汁中的精氨酸含量，但明显增加了精氨酸经乳腺组织精氨酸酶途径生成脯氨酸、多胺、NO 等生物活性分子的量，进而调节乳腺血流和免疫反应，增加乳腺对营养物质的吸收，改善乳产量和质量，促进仔猪肠道生长和发育（Trottier 等，1997）。泌乳母猪日粮中添加精氨酸可提高乳脂含量（Kirchgessner 等，1991），减少母猪泌乳期体重损失（Laspiur 和 Trottier，2001），促进哺乳仔猪小肠黏膜发育（郭长义等，2010），改善仔猪生长性能（Mateo 等，2008）。

（五）调控脂肪代谢和改善肉品质

机体的白色脂肪组织沉积由脂肪生成和分解的平衡决定，增加脂质分解或者减少脂肪酸合成或者两者同时进行均能减少机体内脂肪沉积。大量的体外试验表明，精氨酸可以刺激脂肪细胞脂质分解，促进胰岛素敏感组织的长链脂肪酸氧化（Tan 等，2012）。在人上的研究也表明，长期口服精氨酸能够降低 2 型糖尿病病人和肥胖病病人脂肪组织中的脂肪含量（Lucotti 等，2006）。日粮中添加精氨酸能够调控生长育肥猪的脂肪代谢，提高其胴体肌肉含量，降低胴体脂肪含量。Tan 等（2009）证实，在育肥猪日粮中添加 1%的精氨酸后，血清中甘油三酯浓度降低 20%，体重增加 6.5%，胴体肌肉含量增加 5.5%，胴体脂肪含量减少 11%。Hu 等（2015）发现，日粮中添加精氨酸能够增加机体蛋白质的沉积量，减少白色脂肪的沉积量。精氨酸减少脂肪沉积可能是通过调节体内的能量分配，刺激骨骼肌中脂肪酸和葡萄糖氧化，增加脂肪分解和减少脂肪合成来实现的。

育肥猪日粮中添加精氨酸还能增加肌内脂肪含量。Hu 等（2017）在育肥猪日粮中添加 1%精氨酸后发现，背最长肌和肱二头肌肌内脂肪含量分别增加 37.45%和 37.80%。Ma 等（2015）也发现，日粮中添加 1%的精氨酸可使背最长肌肌内脂肪含量增加 32%。He 等（2009）基于核磁共振代谢组学分析结果认为，日粮中添加精氨酸增加了蛋白质的沉积量，减少了体内脂肪的合成量。Tan 等（2011）对不同组织的脂肪相关代谢基因分析后发现，精氨酸对肌肉、肝脏和脂肪组织中脂肪代谢基因的调节具有差异性，分解脂肪组织中脂肪的同时促进了肌肉组织中的脂肪合成。

综上所述，L-精氨酸既是机体合成蛋白质的重要原料，也是 NO、多胺、鸟氨酸、肌酸、胍丁胺等生物活性物质合成的重要前体物，在蛋白质合成、免疫功能调节、繁殖等众多生理过程中发挥重要作用（Wu 和 Morris，1998；Wu 等，2013）。但发挥这些作用所需精氨酸添加量大，使用成本较高，一定程度上限制了其在猪日粮中的应用。

第二节 N-氨甲酰谷氨酸在精氨酸内源合成中的作用与制备

N-氨甲酰谷氨酸（NCG）本身并不为精氨酸内源合成所必需，精氨酸的内源合成是在N-乙酰谷氨酸（NAG）的变构激活下进行的。多年的研究发现，NCG作为NAG的结构类似物可进入细胞质和线粒体，发挥比NAG更加稳定、高效的作用。

一、N-氨甲酰谷氨酸的理化性质和检测方法

N-氨甲酰谷氨酸（NCG）是谷氨酸氨基上的一个氢原子被氨甲酰基替代后的产物，属于谷氨酸的衍生物，其分子式为 $C_6H_{10}N_2O_5$，分子质量为190.15，纯品为无色、透明的晶体，美国化学文摘服务社（CAS）编号为1188-38-1，易溶于水，活性物质等电点为pH 3.02。根据NCG的化学组成，可用红外光谱（IR）、核磁共振（NMR）和高效液相色谱（high performance liquid chromatography，HPLC）方法对NCG进行鉴定，其含量可采用NMR和HPLC法进行测定。

二、精氨酸的内源合成

1932年，德国学者Hans Krebs和Kurt Henseleit发现，将大鼠肝脏切片在有氧条件下与铵盐保温数小时可以合成尿素，鸟氨酸、瓜氨酸和精氨酸都能促进尿素的合成，但它们的量并不减少。经过进一步研究，Krebs和Henseleit提出了尿素合成的循环机制，这一循环也被称为鸟氨酸循环或尿素循环（Krebs，1973）。尽管精氨酸是在肝脏内通过尿素循环合成，然而生成的精氨酸会迅速被体内高活性的精氨酸酶分解，因此肝脏内的尿素循环并没有精氨酸的净合成（Wu等，2004）。近年来的研究发现，小肠上皮细胞释放的瓜氨酸是哺乳动物内源精氨酸合成的主要来源。日粮来源的谷氨酰胺和谷氨酸，以及血液来源的谷氨酰胺在小肠中被广泛代谢，并作为肠道合成精氨酸和瓜氨酸的主要前体物质（Wu，1998），肠上皮细胞则是负责从谷氨酰胺和谷氨酸合成精氨酸和瓜氨酸的细胞（Blachier等，1993；Wu和Knabe，1994）。肠道中精氨酸的净合成能力随机体生长发育阶段的变化而变化。仔猪刚出生时，小肠是内源精氨酸净合成的主要部位（Blachier等，1993；Wu和Knabe，1995）；但随着肠道精氨酸酶活性的增强，小肠逐渐成为瓜氨酸合成的主要部位，而肾脏利用瓜氨酸合成精氨酸的能力日益增强，起到了补偿作用（Wu和Morris，1998）。仔猪出生1周内，肠上皮细胞净合成精氨酸的能力比净合成瓜氨酸的能力强（Wu等，1997）。出生第14天，精氨酸和瓜氨酸的内源净合成量都急剧下降；到出生第29天，瓜氨酸的内源合成能力大约恢复至其刚出生时的一半，这可能与第21～29天吡咯啉-5羧酸合成酶活性增加有关（Wu等，1994）。除了谷氨酸和谷氨酰胺外，脯氨酸也是肠道精氨酸和瓜氨酸合成的重要前体物（Wu等，1997）。尽管有研究表明，脯氨酸氧化酶主要存在于肝脏、肾脏和大脑中，并且脯氨酸也不会在肠道中代谢，然而相对高活性的脯氨酸氧化酶也存在于猪和小鼠的小肠上皮细胞中（Wu和Morris，1998）。因此，猪肠道中通过

脯氨酸合成精氨酸的途径与通过谷氨酸合成的途径相似。

精氨酸内源合成路径如图 7-2 所示。吡咯啉-5 羧酸（pyrroline-5-carboxylic acid，P5C）是谷氨酸和脯氨酸生成精氨酸的中间产物，谷氨酸和谷氨酰胺在吡咯啉-5-羧酸合成酶（pyrroline-5-carboxylic acid synthetase，P5CS）的作用下生成 P5C，然后经鸟氨酸氨基转移酶（ornithine aminotransferase，OAT）生成鸟氨酸。同时，谷氨酸经 N-乙酰谷氨酸合成酶合成 NAG，变构激活氨甲酰磷酸合成酶-Ⅰ，后者催化 NH_3 和碳酸氢根离子缩合生成氨甲酰磷酸，再与鸟氨酸进一步反应生成瓜氨酸，随后再生成精氨酸。研究发现，若没有 NAG 的变构激活，则 CPS-Ⅰ几乎没有活性，添加 0.1mmol/L 的 NAG 可以显著提高 P5CS 的活性（Edmond 等，1987）。因此，NAG 可以通过调控肠上皮细胞 P5CS 与 CPS-Ⅰ的活性，在肠道瓜氨酸与精氨酸合成过程中发挥重要作用。

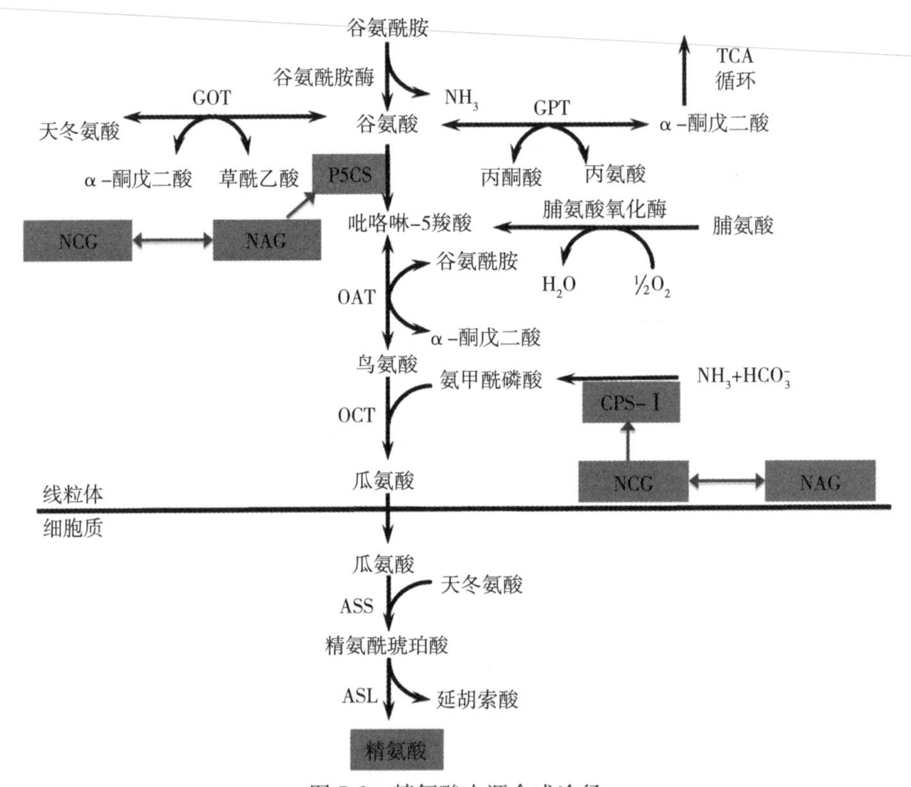

图 7-2 精氨酸内源合成途径

注：NAG，N-acetyglutamate，N-乙酰谷氨酸；NCG，N-caramylglutamate，N-氨甲酰谷氨酸；CPS-Ⅰ，carbamyl phosphate synthetase-Ⅰ：氨甲酰磷酸合成酶-Ⅰ；P5CS，pyrroline-5 carboxylic acid synthetase，吡咯啉-5-羧酸合成酶；GOT，glutamic-oxaloacetic transaminase，谷草转氨酶；GPT，glutamic-pyruric transaminase，谷丙转氨酶；OAT，ornithine S-aminotransferase，鸟氨酸氨基转移酶；OCT，ornithime carbamy transferase，鸟氨酸氨甲酰基转移酶；ASS，argininosuainate synthetase，精氨酰琥珀酸合成酶；ASL，argininosuccinate lyase，精氨酰琥珀酸裂解酶

（资料来源：Wu 等，2007）

三、N-氨甲酰谷氨酸在精氨酸内源合成中的作用

虽然 NAG 在精氨酸内源生成中发挥重要作用，但哺乳动物的细胞质（包括线粒

体）中含有能高效降解 NAG 的酶。因此，试图通过提高细胞外 NAG 的浓度来提高线粒体内 NAG 浓度的方法很难得到实现。而 NCG 是 NAG 的结构类似物（图 7-3），可以和 NAG 一样作为 CPS-Ⅰ和 P5CS 的激活剂（Meijer 等，1985）。更为重要的是，NCG 在体内稳定，不易被降解，能很容易地进入线粒体内而发挥作用（Caldovic 和 Tuchman，2003）。并且，关于 NCG 促进肠道上皮细胞瓜氨酸与精氨酸内源合成的研究发现，NCG 除了作为 CPS-Ⅰ和 P5CS 的激活剂外无其他细胞反应（Wu 等，2004）。

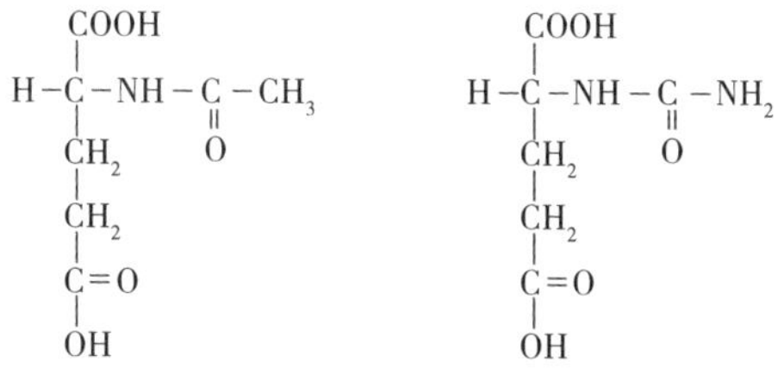

```
       COOH                            COOH
        |                               |
    H－C－NH－C－CH3               H－C－NH－C－NH2
        |      ‖                        |      ‖
       CH2     O                       CH2     O
        |                               |
       CH2                             CH2
        |                               |
       C=O                             C=O
        |                               |
       OH                              OH
```

图 7-3　N-乙酰谷氨酸（左图）和 N-氨甲酰谷氨酸（右图）的结构式

四、N-氨甲酰谷氨酸的合成与制备

从化学结构上来说，NCG 属于氨基酸衍生物。对此类物质的制备研究得不是很多，研究较多的为氨基酸合成过程中出现的中间产物，NCG 最常见的来源是 5-单取代乙内酰脲类化合物的酶解产物（王婕等，2005）。利用 5-单取代乙内酰脲类物质的酶解、酶的专一性，以及乙内酰脲类物质，在反应条件下的自发消旋作用可以使 5-单取代乙内酰脲类物质转化为 D-N-氨甲酰-氨基酸或 L-N-氨甲酰-氨基酸，如 Arcuri 等（2002）从豇豆中固定化得到 D-乙内酰脲酶来生产 N-氨甲酰-D-苯甘氨酸。但是这种方法不仅要保证酶的专一性和严格的反应条件，还要保证外消旋体原料转化为对映体纯的氨甲酰-D 或 L-氨基酸，且反应需要的酶的有效性难以调控，反应时间较长（10～40h），不能进行快速的工业化生产（朱影恬，2010）。此外，也有用发酵法制备 NCG 的报道。例如，张起凡和曹崇仁（2014）以游离细胞发酵法生产 NCG 及其代谢产物，主要原料为 L-谷氨酸钠，发酵菌种为丁酸梭菌、消化乳杆菌、动物乳杆菌和布鲁式乳杆菌（专利公开号：CN104031971A）。

随着合成技术的日益发展，化学合成 N-甲酰氨基酸类衍生物的方法逐步发展起来。20 世纪 50 年代，Cohen 和 Grisolia 以谷氨酸盐、氰酸钾和氢氧化钾为原料，在室温下获得 N-甲酰氨-L-谷氨酸（Cohen Grisolia，1950）。Verardo 等（2007）在实验室利用微波辐射完成了 N-氨甲酰-L-谷氨酸的合成，其实现途径是先用谷氨酸与碱生成谷氨酸钠进行羧基保护，再与尿素缩合脱去一分子的 NH_3，从而得到 N-氨甲酰-谷氨酸钠盐，最后再经盐酸酸化除去钠而得到纯度较高的 N-氨甲酰-L-谷氨酸。朱影恬（2010）比较了微波加热和常规加热的工艺效果，结果表明微波加热法的产品得率、纯度和性能均优于常规加热法，并且发现微波功率和溶剂水的影响较大，谷氨酸钠和尿素的配比影响较小。印遇龙等（2008）公开了一种 NCG 的制备方法，其以谷氨酸、氰酸钾和氢氧化钾为原料，在室温 20～25℃下放置 16～20h，然后经盐酸酸化，于脲丙酸中静置2～3h 后过滤，从水的重结晶中析出 NCG（专利公开号：CN101168518A）。刘雅倩等（2011）以谷氨酸和氰酸钾为原料、以脲丙酸为催化剂，在谷氨酸与氰酸钾摩尔比为1∶1.2、反应温度为 60～65℃的条件下，经过亲核加成反应，重结晶得到纯品 NCG。笔者等（2009）以谷氨酸、甲酸铵和氢氧化钠为原料，在 98～110℃下回流反应 30～55min，产物冷却至室温后用甲醛洗涤、过滤，加入浓盐酸酸化，再于－4～2℃中静置，结晶，过滤得到 NCG（专利公开号：CN101440042B）。在 NCG 产业化发展进程中，亚太兴牧（北京）科技有限公司于 2013 年率先进行了工业化生产，每批次的 NCG 纯度均达 97%以上，并且该公司生产和申报的饲料级 NCG 于 2014 年 4 月 10 日获得农业部 2091 号公告批准为新饲料添加剂（新饲证字 2014-01），获得了饲料和饲料添加剂新产品证书，为 NCG 在养猪生产中的推广和应用奠定了基础。

第三节　N-氨甲酰谷氨酸在母猪低蛋白质日粮中的应用

作为精氨酸内源合成的高效激活剂，人们对 NCG 在动物生产中的研究首先是从母猪开始的。近年来的研究表明，NCG 对母猪具有多方面的作用。

一、日粮中添加 N-氨甲酰谷氨酸对母猪繁殖性能的影响

1. 日粮中添加 NCG 改善母猪繁殖性能的效果　不同研究者报道了日粮中添加 NCG 对不同妊娠阶段母猪繁殖性能的改善效果。岳隆耀等（2009）给妊娠后期（85d 至分娩）母猪日粮中添加 0.1%的 NCG 后发现，母猪平均窝产仔数增加约 0.1 头，窝产活仔数平均增加约 0.56 头。杨平等（2011）发现，给感染蓝耳病病毒的经产母猪妊娠中后期（30～114d）日粮中添加 0.1%的 NCG，可增加窝产活仔数 0.55 头。Zhu 等（2015）在初产母猪妊娠前期（0～28d）日粮中添加 0.05%的 NCG 后，窝产活仔数和初生活仔窝重分别提高了 1.3 头和 18%，胚胎死亡率降低了 11.8%，差异显著（$P<0.05$）。Liu 等（2012b）证实，在经产母猪妊娠 90d 到分娩的日粮中添加 0.1%的 NCG，平均窝产活仔数约提高 0.99 头，初生活仔窝重显著增加，死胎率显著下降。江雪梅（2012）给经产母猪整个妊娠期日粮中添加 0.1%的 NCG 发现，窝产活仔数平均增加 0.55 头，仔猪初生窝重约提高 1.39kg，初生个体重提高 70g。王恩涛（2011）给妊娠全期的经产母猪日粮中添加 NCG 后，可显著提高母猪的繁殖性能，包括窝产总仔数和窝产活仔数。

表 7-1 总结了近年来妊娠期日粮中添加 NCG 对母猪繁殖性能影响的研究文献。从表中可以看出，在妊娠前期、妊娠后期或者妊娠全期母猪日粮中添加 0.05%～0.1%的 NCG，均可改善母猪繁殖性能，包括提高窝产仔数、窝产活仔数和仔猪初生重，降低胎儿死亡率，平均窝产活仔数可提高 0.5～1.3 头，平均初生活仔窝重可提高8.3%～19.2%。

表 7-1　妊娠期日粮中添加 NCG 对母猪繁殖性能的影响

添加时间（妊娠期）	添加量（%）	窝总产仔增加数（头）	窝产活仔增加数（头）	初生活仔窝重增加占比（%）	资料来源
0～28d	0.05	1.3	1.30	18.0	Zhu 等（2015）
0～28d	0.05	1.07	1.09	12.4	Cai 等（2018）

（续）

添加时间（妊娠期）	添加量（%）	窝总产仔增加数（头）	窝产活仔增加数（头）	初生活仔窝重增加占比（%）	资料来源
30～114d	0.10	0.11	0.50	8.3	杨平（2011）
80d 到分娩	0.08	0.12	1.13	14.0	刘星达等（2011a）
85d 到分娩	0.10	0.10	0.56	—	岳隆耀等（2009）
90d 到分娩	0.10	0.41	1.32	—	Wu 等（2012）
90d 到分娩	0.10	0.11	0.99	13.6	Liu 等（2012b）
妊娠全期	0.10	0.17	0.55	9.2	江雪梅（2012）
妊娠全期	0.05	1.40	1.30	—	王恩涛（2011）
妊娠全期	0.05	0.67	1.11	19.2	Zhang 等（2014）

注："—"表示数据不详。

NCG 在妊娠母猪日粮中的最适添加量和适宜生理阶段是研究的重要方面。刘星达等（2011a）在母猪妊娠后期（80d 至分娩）日粮中分别添加不同水平的 NCG（0.04%、0.08%和 0.12%）后发现，日粮中添加 0.08%NCG 的效果最好。与比照组相比，窝产活仔数和窝重分别增加 11.75%和 13.23%，窝产死胎数降低 57.14%，血浆尿素氮含量显著降低，同时血浆精氨酸、NO、生长激素和锌离子浓度显著提高。Zhang 等（2014）研究初产母猪妊娠全期日粮中添加 0.05%、0.1%、0.15%和 0.2%的 NCG 对繁殖性能的影响发现，添加 0.05%的 NCG 显著提高了初生活仔窝重、活仔平均初生重和胎盘重；添加 0.1%和 0.15%的 NCG 仅显著提高了初生活仔窝重和胎盘重，而 0.2%NCG 的添加水平对母猪繁殖性能没有显著的改善作用（表 7-2），表明妊娠全期初产母猪日粮中添加 0.05%NCG 的效果最好。杨平（2011）研究发现，妊娠 30～90d 经产母猪日粮中添加 0.1%的 NCG 后，窝产总仔数、窝产活仔数和初生活仔窝重分别提高 0.05 头、0.33 头和 2.4%；而在妊娠 30～114d 添加相同剂量的 NCG，窝产总仔数、窝产活仔数和初生活仔窝重分别提高 0.11 头、0.5 头和 8.3%。表明与妊娠中期相比，妊娠中后期日粮中添加 NCG 对母猪繁殖性能的改善效果更好。Cai 等（2018）研究了母猪妊娠早期不同时间日粮中添加 0.05%NCG 对产仔数的影响，与对照组相比，妊娠 0～8d、9～28d 和 0～28d 的母猪，窝产总仔数分别提高了 0.20 头、0.56 头和 1.07 头；窝产活仔数分别提高了 0.20 头、0.78 头和 1.09 头，并且所有 NCG 日粮组母猪血清谷氨酸、鸟氨酸、精氨酸和脯氨酸的含量都显著提高。综合来看，妊娠 0～28d 母猪日粮中添加 NCG 效果最好（表 7-3）。

表 7-2 妊娠期日粮中 NCG 不同添加水平对初产母猪繁殖性能的影响

项 目	对照组	0.05%NCG	0.1%NCG	0.15%NCG	0.2%NCG	SEM
母猪数（头）	9	9	9	9	9	—
产仔数（头）	10.89	11.56	11.11	11.33	11.11	0.18
活仔数（头）	9.89	11	10.78	10.89	10.56	0.17
出生窝重（kg）	14.81	16.39	15.56	15.94	14.91	0.21
出生活仔窝重（kg）	13.51^{c}	16.10^{a}	15.18^{ab}	15.48^{ab}	14.31^{bc}	0.22

（续）

项　目	对照组	0.05%NCG	0.1%NCG	0.15%NCG	0.2%NCG	SEM
平均初生重（kg）	1.36	1.42	1.4	1.41	1.35	0.01
活仔平均初生重（kg）	1.37[b]	1.46[a]	1.41[ab]	1.43[ab]	1.36[b]	0.01
木乃伊胎率（%）	9.21	4.37	2.89	3.76	4.81	0.01
胎盘重（kg）	2.53[b]	2.90[a]	2.78[a]	2.82[a]	2.69[ab]	0.04

注：同行上标不同小写字母表示差异显著（$P<0.05$），相同小写字母表示差异不显著（$P>0.05$）。

资料来源：Zhang 等（2014）。

表 7-3　妊娠早期不同时间日粮中添加 0.05%NCG 对母猪繁殖性能的影响

项　目	对照组	处理组			SEM	P 值
		妊娠 0～8d	妊娠 9～28d	妊娠 0～28d		
配种体重（kg）	216.78	215.00	204.72	207.88	10.91	0.85
28d 体重（kg）	225.17	222.81	213.11	217.24	10.93	0.87
增重（kg）	8.39	7.81	8.39	9.35	0.62	0.40
胎次	4.00	3.88	4.00	3.83	0.46	0.99
窝产总仔数（头）	11.11[b]	11.31[ab]	11.67[ab]	12.18[a]	0.46	0.04
窝产活仔数（头）	9.61[b]	9.81[ab]	10.39[a]	10.70[a]	0.27	0.02
死胎和木乃伊胎（头）	1.50	1.50	1.28	1.48	0.20	0.89
死亡率（%）	13.32	13.13	11.30	12.43	1.58	0.80
活仔初生窝重（kg）	13.73	14.38	15.15	15.43	0.62	0.23
活仔平均初生重（kg）	1.44	1.45	1.43	1.40	0.05	0.94

注：$n=16\sim18$；同行上标不同小写字母表示差异显著（$P<0.05$），相同小写字母表示差异不显著（$P>0.05$）。

资料来源：Cai 等（2018）。

也有一些试验研究了 NCG 在妊娠后期和泌乳期母猪日粮中的添加效果。安亚南等（2017）在母猪妊娠后期和泌乳期日粮中分别添加 0.08%NCG 的结果显示，母猪泌乳量显著增加，仔猪腹泻率和死亡率显著下降，仔猪平均断奶日增重、平均断奶个体重和断奶窝重分别提高 40g、0.93kg 和 11.14kg（表 7-4）。赖玉娇等（2017a）也得到了相似的结果。Feng 等（2018）研究发现，在热应激情况下母猪妊娠最后 1 个月到哺乳第 21 天日粮中添加 0.05%的 NCG，可以使仔猪断奶窝重增加 16.3%，同时降低母猪血清中丙二醛的含量，且有提高血清 IgG 含量的趋势。

表 7-4　妊娠后期和泌乳期日粮中添加 0.08%的 NCG 对母猪泌乳性能和仔猪生长性能的影响

项　目	对照组	NCG 组	P 值
母猪日均泌乳量（kg）	6.2	7.52	*
仔猪腹泻率（%）	4.3	3.0	*
仔猪死亡率（%）	8.2	7.14	*
出生窝重（kg）	15.15	15.55	ns
窝产活仔数（头）	10.48	10.41	ns
平均初生重（kg/头）	1.45	1.49	ns
平均断奶日增重（g/头）	166	206	*
平均断奶个体重（kg）	5.11	6.04	*

（续）

项 目	对照组	NCG 组	P 值
断奶窝仔数（头）	8.71	9.1	ns
断奶窝重（kg）	44.5	55.64	*

注："*"表示差异显著，"ns"表示差异不显著。
资料来源：安亚南等（2017）。

2. NCG 改善母猪繁殖性能的机制 迄今的一些研究表明，日粮添加 NCG 改善母猪繁殖性能是通过促进精氨酸家族氨基酸的内源合成，并经由多种机制实现的。江雪梅（2011）发现，妊娠全期日粮中添加 0.1%NCG 显著提高了妊娠 90d 母猪血浆中脯氨酸和瓜氨酸浓度，有提高精氨酸浓度的趋势；妊娠 30d、60d 和 90d 母猪血浆中 NO 浓度显著增加，妊娠 60d 母猪血浆中尿素氮、90d 母猪血氨浓度显著降低。杨平（2011）和刘星达等（2011a）也发现，日粮中添加 NCG 能提高母猪血液中氨基酸浓度和 NO 浓度。这些结果均表明，日粮中添加 NCG 通过提高母猪血浆中精氨酸家族氨基酸、NOS 浓度和 NO 浓度，来降低血浆尿素氮和氨浓度、改善机体氮素营养状况、提高氮利用效率，进而改善母猪的繁殖性能。

Zhang 等（2014）对初产母猪的研究发现，妊娠全期日粮中添加 NCG 显著提高了母猪血清中精氨酸和鸟氨酸浓度，促进了母猪尿囊膜组织中内皮型一氧化氮合成酶（eNOS）、内皮生长因子-A（vascular endothelial growth factor-A，VEGF-A）、血浆中胎盘生长因子（placental growth factor，PLGF）和血管生成素-2（angiopoietin-2，ANG-2）的基因表达（图 7-4），以及妊娠 90d 母猪血液中 VEGF-A、PLGF 和 ANG-2 的含量。Wu 等（2012）也证实，NCG 可能通过提高尿囊液组织中 VEGF-A 和 PLGF 蛋白浓度，以及尿囊液组织中 PLGF-1 的 mRNA 表达，进而改善胎盘血管功能和胎儿营养供给，提高母猪的繁殖性能。Liu 等（2012a）也认为，NCG 的添加可能通过影响 miRNA-15b 和 miRNA222 的表达，从而调控 VEGF-A 和 eNOS 基因的表达，调节血管生成和血管发育，改善脐静脉和胎盘功能，为胎儿提供更多的营养物质和氧气，以促进胎儿的生长发育。

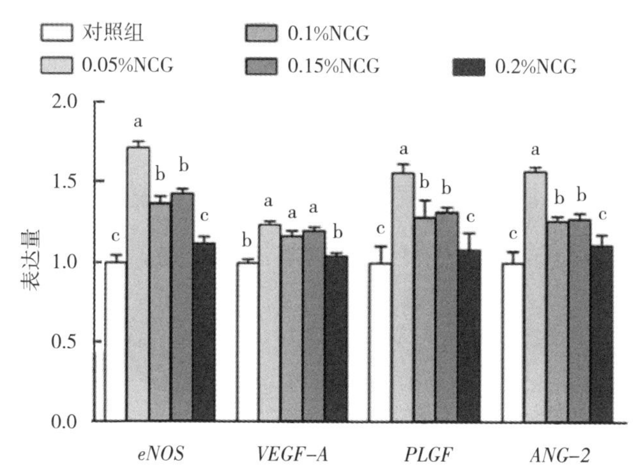

图 7-4 NCG 对妊娠母猪尿囊绒毛膜中 *eNOS*、*VEGF-A*、*PLGF* 和 *ANG-2* 表达量的影响
（资料来源：Zhang 等，2014）

朱进龙（2015）比较系统地研究了母猪妊娠早期添加 0.05% NCG 改善繁殖性能的机制，发现 NCG 的添加增加了母猪血清中精氨酸、鸟氨酸、谷氨酸和脯氨酸含量，提高了尿囊液中精氨酸和谷氨酸含量，明显改善了母体的氨基酸营养状况（图 7-5）；母猪血清中 NO 浓度显著提高，NO 可增加胎盘-胎儿血流量，以及从母体到孕体养分和氧气的转运（Flynn 等，2002；Bird 等，2003）。研究表明，NCG 从母体营养和胎盘营养两个方面为胎儿的存活和发育提供营养物质。在此基础上，朱进龙（2015）进一步利用蛋白质组学技术分析了妊娠早期日粮中添加 NCG 引起的内膜蛋白质的变化。结果显示，妊娠 14d 和 28d 上调的差异蛋白数分别为 32 和 34，下调的差异蛋白数分别为 4 和 4。差异蛋白主要参与细胞黏附、能量代谢、脂肪代谢、氨基酸代谢、免疫应答和信号转导等（图 7-6）。NCG 通过调控与三大营养物质代谢相关的蛋白质的表达，促进子宫内膜营养物质的转运和代谢，从而提供一个养分充足的子宫内膜环境，改善子宫内环境，促进早期胚胎的存活和发育。曾祥芳（2012）在初产大鼠上的研究表明，日粮中添加 NCG 可增加母体血液及子宫内液中的精氨酸家族氨基酸含量，激活 PI3K/Akt/mTOR 信号通路，上调 p-Stat3 及白血病抑制因子的表达，从而促进胚胎着床，增加窝产仔数。

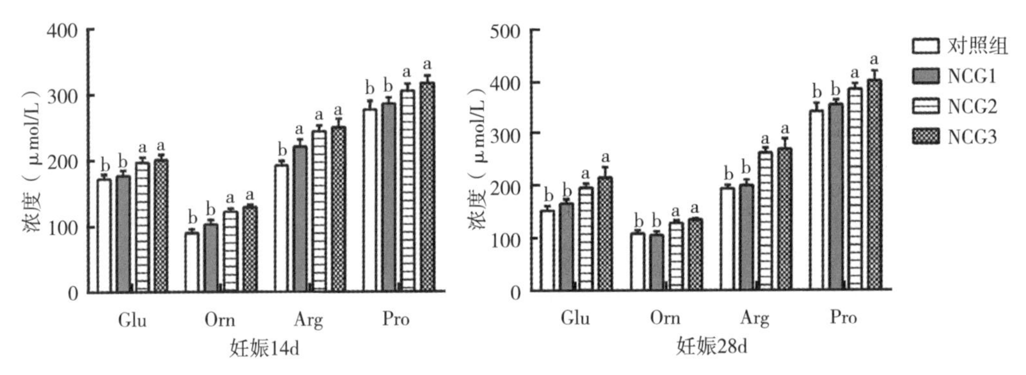

图 7-5 日粮中添加 0.05%NCG 对妊娠 14d 和 28d 母猪血清氨基酸的影响

注：CON，妊娠 0～28d 饲喂对照日粮；NCG1，妊娠 0～8d 饲喂 NCG 日粮；NCG2，妊娠 8～28d 饲喂 NCG 日粮；NCG3，妊娠 0～28d 饲喂 NCG 日粮。$n=6$，数据用“平均值±标准误”表示。

（资料来源：朱进龙，2015）

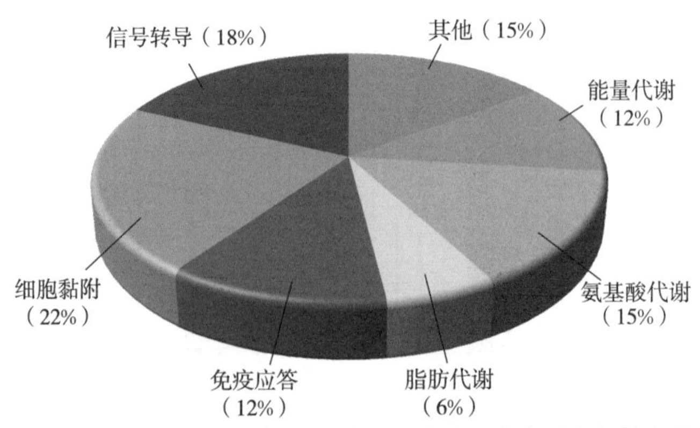

图 7-6 日粮中添加 NCG 引起的子宫内膜差异表达蛋白主要参与的生理过程分布

（资料来源：朱进龙，2015）

以上研究均结果表明，NCG 改善繁殖性能的关键在于促进了母猪精氨酸家族氨基酸的内源合成，后面的机制与日粮中添加大剂量精氨酸改善母猪繁殖性能的机制是相同的；以及通过提高 NO 和多胺的生成，改善母猪子宫内环境和胎猪养分供给，促进胎盘血管生成，促进母猪营养物质和氧气向胎儿的转运（图 7-7）。

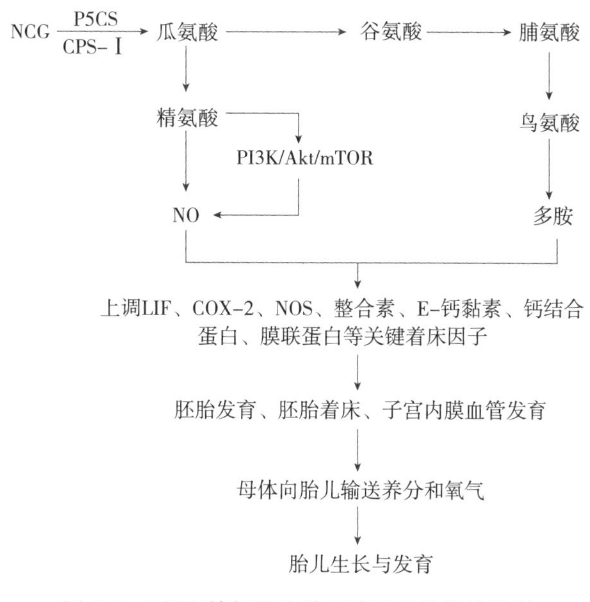

图 7-7 NCG/精氨酸改善母猪繁殖性能的机制

二、日粮中添加 N-氨甲酰谷氨酸对母猪免疫功能的调节

对机体的免疫调节是精氨酸等功能性氨基酸的重要作用之一，包括缓解免疫抑制、抑制过度的炎症反应、维持机体免疫平衡状态。NCG 作为精氨酸内源合成的激活剂，很自然地使人们去研究其免疫调节作用。杨平等（2011）在母猪妊娠 30d 至分娩的日粮中添加 1%的精氨酸和 0.1%的 NCG，比较研究日粮中添加精氨酸或 NCG 对感染 PRRSV 的妊娠母猪繁殖性能和免疫功能的影响。结果发现，母猪窝产活仔数分别比对照组提高 0.89 头和 0.33 头，妊娠 90d 时母猪血清中 IgG、IgM 和 PRRSV 抗体水平显著升高，1.0%精氨酸添加组妊娠母猪 110d 血清 IgG 水平显著提高，0.1%NCG 添加组也有提高血清 IgG 水平的趋势（表 7-5）。表明精氨酸或 NCG 的添加抑制了 PRRSV 的持续感染，提高了母体体液免疫水平，为胎儿的生长和发育提供了一个有利的子宫内环境，降低了死胎率，提高了母猪的繁殖性能。安亚南等（2017）研究发现，母猪妊娠后期和哺乳期日粮中添加 0.08%NCG 后，血浆精氨酸和脯氨酸含量都显著增加，尿素氮浓度显著降低，血清中 IgM 和 IgG 的水平显著提高（表 7-6）。表明 NCG 通过促进母猪内源精氨酸合成提高哺乳母猪免疫球蛋白水平，进而改善母猪的免疫机能。Feng 等（2018）的研究还发现，NCG 与维生素 C 组合使用可降低母猪血液中丙二醛和皮质醇水平，提高 IgG 水平，从而缓解母猪热应激。

表 7-5　日粮中添加 L-精氨酸或 NCG 对妊娠 30d、90d 和 110d 母猪血清 IgG、IgM 及 PRRSV 抗体水平的影响

项　目	对照组	1.0% L-精氨酸添加组	0.1% NCG 添加组
PRRSV 抗体（U/L）			
妊娠 30d	13.20±1.56	12.97±1.89	12.82±1.78
妊娠 90d	14.19±1.38[b]	17.68±0.83[a]	16.77±1.37[a]
妊娠 110d	14.12±1.89	15.90±1.69	15.20±1.30
IgG（g/L）			
妊娠 30d	4.99±0.13	4.94±0.18	4.91±0.32
妊娠 90d	5.21±0.16[c]	6.09±0.08[a]	5.80±0.20[b]
妊娠 110d	6.26±0.25[b]	6.67±0.31[a]	6.38±0.35[ab]
IgM（mg/L）			
妊娠 30d	146.7±28.9	146.7±25.2	140.0±40.0
妊娠 90d	126.6±5.4[b]	221.2±34.8[a]	198.4±38.6[a]
妊娠 110d	147.5±23.6	174.0±27.9	152.5±26.3

注：同行上标不同小写字母表示差异显著（$P<0.05$）。

资料来源：杨平等（2011）。

表 7-6　日粮中添加 0.08%NCG 对产后 10d 哺乳母猪血清氨基酸、尿素氮及免疫球蛋白的影响

项　目	对照组	NCG 组	P 值
精氨酸	256.29	362.54	*
脯氨酸	337.62	409.76	*
尿素氮	5.53	4.34	*
IgM（g/L）	0.50	0.67	*
IgG（g/L）	5.32	6.17	*

注："*"表示差异显著，"ns"表示差异不显著。

资料来源：安亚南等（2017）。

三、N-氨甲酰谷氨酸对母猪生产性能的延迟效应

近年来也有少数研究者关注母猪日粮中添加精氨酸或者生长阶段添加 NCG 对后续育肥猪阶段生长性能和肉品质的影响。妊娠母猪日粮中添加精氨酸显著增加了后代育肥猪出栏时的眼肌面积、显著提高了背最长肌肌节长度，降低了肌原纤维直径，缓解了屠宰后 24 h 肌肉 pH 下降；泌乳期母猪日粮中添加精氨酸显著提高了后代育肥猪背最长肌肌节长度，缓解了屠宰后 45 min 肌肉 pH 下降；在妊娠和泌乳期日粮中全程添加精氨酸，则显著提高了后代育肥猪出栏时的眼肌面积、肌纤维密度和背最长肌肌节长度，降低了肌纤维直径与面积和肌原纤维直径，缓解了屠宰后肌肉 45 min 和 24h pH 的下降，表明妊娠和泌乳期母猪日粮中添加精氨酸对后代育肥猪肌肉代谢和肉品质也会产生重要影响（高开国，2011）。张宇喆（2014）研究了早期日粮中添加 NCG 对育肥期猪

生长性能、肌肉代谢和肉品质的影响。试验将断奶仔猪分成2组，即抗生素组和NCG组，抗生素组在生长阶段（28～120d）饲喂含金霉素、喹乙醇和硫酸黏杆菌素的抗生素日粮；NCG组饲喂添加0.05%NCG的日粮，育肥阶段（121～180d）2组均无抗生素和NCG添加。结果发现，生长阶段NCG组仔猪的平均日采食量和平均日增重相比抗生素组显著降低，腹泻率和死亡率显著提高；育肥阶段NCG组的ADFI和ADG则显著高于抗生素组，料重比、腹泻率和死亡率方面均较抗生素组有较为明显的下降趋势。在肌肉代谢和肉品质方面，相比于抗生素组，NCG组可明显提高肉色红度值，背最长肌肌纤维直径增加10.6%，肌红蛋白的含量也有所增加。抗生素的应用在短期内虽然提高了生长性能，但是造成了一定程度的肝脏损伤，影响了后期的生长性能，也降低了后期机体的免疫力，而NCG的早期添加对后期的生长有明显的补偿作用。

综上所述，妊娠和哺乳母猪日粮中添加NCG可以通过增加内源精氨酸的合成、改善胎盘血管发育、促进胎儿的生存和生长，来改善母猪的繁殖性能和免疫性能，对生产性能具有一定的延后和补充效应。

第四节　N-氨甲酰谷氨酸在仔猪低蛋白质日粮中的应用

一、N-氨甲酰谷氨酸在哺乳仔猪日粮中的应用

精氨酸对于实现仔猪的最大化生长发挥重要的作用，是维持新生仔猪生长与代谢的重要营养物质，新生仔猪对精氨酸的需求也相对较高。母乳是新生仔猪获取营养物质的主要来源，然而传统的母乳饲喂并未完全发挥仔猪的生长潜能，母乳中的精氨酸含量不能完全满足哺乳仔猪最优生长性能的需求（Flynn等，2000；Wu等，2004）。Wu等（2000）研究证实，出生7日龄的仔猪每天精氨酸需要量约为1.08g/kg（以体重计），母乳每天能提供的精氨酸仅为0.4g/kg（以体重计）。Wilkinson等（2004）的研究也得出类似结果，出生4～7日龄的仔猪每天精氨酸需要量为1.2g/kg（以体重计），而母乳每天仅能提供精氨酸0.66g/kg（以体重计），即母乳最多提供仔猪所需精氨酸的55%，不能满足仔猪最佳生长的需要。

除了母乳供给外，仔猪精氨酸也可以通过内源合成，其在维持哺乳仔猪精氨酸平衡上具有重要作用。在仔猪出生后的最初几天（1～7日龄），猪乳中谷氨酰胺/谷氨酸和脯氨酸是肠细胞生成瓜氨酸和精氨酸的主要前体物。此后，由于肠上皮细胞吡咯-5-羧酸合成酶活性降低，脯氨酸成为精氨酸合成的主要前体物。在仔猪出生后的14～21d，精氨琥珀酸合成酶活性降低，限制了瓜氨酸转化成精氨酸的能力，因此绝大部分瓜氨酸被肠细胞释放（Wu等，1994），而后由肝外细胞和组织（主要是肾脏）合成精氨酸（Morris，2002）。但是血浆中精氨酸及其直接前体物（鸟氨酸和瓜氨酸）随着新生仔猪日龄的增加（3～14日龄）减少了20%～41%，7日龄仔猪肠道合成的瓜氨酸和精氨酸比出生时下降了60%～75%，并且在14～21日龄进一步下降（Wu等，1994）。与出生1～3日龄的仔猪相比，7～14日龄哺乳仔猪血浆氨浓度增加18%～46%，而亚硝酸盐和硝酸盐浓度下降16%～29%，提示该阶段仔猪体内缺乏精氨酸（Flynn等，2000）。

上述研究均表明，虽然在泌乳期仔猪能持续生长，但并不意味着其能持续维持最佳生长状态和代谢机能。给哺乳仔猪补充精氨酸可以显著提高血浆中的精氨酸浓度，促进骨骼肌合成，提高仔猪生长性能（Kim 等，2004；Yao 等，2008）。以上代谢和生长数据也证实，哺乳仔猪的精氨酸缺乏是造成其出现亚生长的重要因素之一。

作为精氨酸内源合成的激活剂，N-氨甲酰谷氨酸（NCG）亦可发挥与精氨酸相似的作用。Wu 等（2004）给 4 日龄哺乳仔猪每天 2 次灌服 50mg/kg 的 NCG（以体重计），10d 后发现，仔猪血浆精氨酸浓度增加 68%，平均日增重提高 61%。Frank 等（2007）给哺乳仔猪灌服 50mg/kg NCG（以体重计）的研究也发现，NCG 处理组的仔猪平均日转化效率对照组提高 28%，背最长肌和腓肠肌中蛋白质绝对合成速率分别提高 30%和 21%，且 NCG 也提高了仔猪血浆中精氨酸和生长激素浓度。陈楠等（2012）也证实，给 7～21 日龄哺乳仔猪每天灌服 100mg/kg NCG 和 150mg/kg NCG（以体重计），日增重分别为 15%和 21.1%，并提高了脏器指数和血清中精氨酸含量。表 7-7 总结了近年来有关 NCG 改善哺乳仔猪生长性能、增加血清精氨酸含量的研究报道。由表可知，哺乳仔猪饲喂 NCG 可使日增重提高 5.4%～60.8%，血清精氨酸浓度增加 21.6%～68.3%。

表 7-7　饲喂 NCG 对哺乳仔猪日增重和血清精氨酸浓度的影响

出生后日龄（d）	饲喂方式	日增重提高率（%）	精氨酸浓度增加率（%）	资料来源
4～18	代乳粉（0.04%）	5.4	21.6	黄志敏（2012）
10～28	教槽料（0.08%）	12.0	42.1	黄志敏（2012）
1～14	代乳粉（0.05%）	4.8	29.0	Zeng 等（2015）
4～14	灌服（50mg/kg，以体重计，2 次/d）	60.8	68.3	Wu 等（2004）
7～21	灌服（100mg/kg，以体重计）	15.0	—	陈楠等（2012）
7～21	灌服（150mg/kg，以体重计）	21.1	43.8	陈楠等（2012）
—	灌服（50mg/kg，以体重计，2 次/d）	28.2	—	Frank 等（2007）

注：“—”表示数据不详。

黄志敏（2012）研究了代乳粉中添加 NCG 或者灌服 NCG 对仔猪生长性能和小肠形态的影响。在代乳粉试验中，其选取 18 头 4 日龄的哺乳仔猪，按体重随机分为代乳粉对照组、对照组+0.60% L-精氨酸盐酸盐组和对照组+0.04% NCG 组，饲喂 14d。结果发现，与对照组相比，试验第 14 天 NCG 组哺乳仔猪的平均日采食量和日增重分别提高了 6.03%和 4.68%；饲喂 NCG 组显著提高了仔猪的十二指肠、空肠和回肠的绒毛高度、绒毛宽度、绒毛高度与隐窝深度比值和绒毛表面积（表 7-8）。表明给哺乳仔猪饲喂 NCG 能够增强小肠吸收功能，从而改善生长性能。灌服 0.04% NCG 的试验同样发现，仔猪小肠相对重量、十二指肠的绒毛高度和绒毛表面积增加。陈楠等（2012）给 7～21 日龄哺乳仔猪分别灌服 100mg/kg、150mg/kg 和 200mg/kg 的 NCG（均以体重计）发现，灌服 150mg/kg NCG 对肠道形态的改善作用最好；相对于对照组，150mg/kg NCG 灌服组仔猪的十二指肠绒毛高度、绒毛高度与隐窝深度比值分别提高 29.37%和 51.57%；空肠绒毛高度和绒毛高度与隐窝深度比值分别提高 19.48%和 41.3%；回肠绒毛高度和绒毛高度与隐窝深度比值分别提高 26.1%和 62.45%。以上结果均表明，给哺乳仔猪补充适量的 NCG 能改善小肠形态、促进肠道发育和提高肠道的吸收功能。

表 7-8 代乳粉中添加精氨酸或 NCG 对哺乳仔猪生长性能和小肠形态的影响

项 目	对照组	0.6%L-精氨酸盐酸盐组	0.04%NCG 组	SEM	P 值
小肠长度（cm）	556[a]	623[b]	611[b]	9.94	<0.01
小肠重量（g）	163	170	169	4.18	0.44
小肠长度/体重（cm/kg）	151[a]	164[b]	162[b]	1.23	<0.01
小肠重量/体重（g）	44	45	45	0.79	0.82
绒毛高度（μm）					
十二指肠	482[a]	539[b]	576[c]	2.66	<0.01
空肠	504[a]	580[b]	594[c]	1.88	<0.01
回肠	526[a]	600[b]	650[c]	2.25	<0.01
绒毛宽度（μm）					
十二指肠	134[a]	145[b]	146[b]	1.07	<0.01
空肠	136[a]	150[b]	156[c]	1.53	<0.01
回肠	138[a]	143[ab]	145[b]	1.86	0.05
隐窝深度（μm）					
十二指肠	136[a]	119[b]	124[b]	1.7	<0.01
空肠	156	153	147	3.45	0.15
回肠	235	232	226	3.03	0.14
绒毛高度/隐窝深度					
十二指肠	3.53[a]	4.55[b]	4.67[b]	0.04	<0.01
空肠	3.23[a]	3.79[b]	4.06[c]	0.07	<0.01
回肠	2.24[a]	2.59[b]	2.88[c]	0.04	<0.01
绒毛表面积（mm^2）					
十二指肠	0.20[a]	0.25[b]	0.27[b]	<0.01	<0.01
空肠	0.22[a]	0.27[b]	0.29[c]	<0.01	<0.01
回肠	0.23[a]	0.27[b]	0.30[c]	<0.01	<0.01

注：同行上标不同小写字母表示差异显著（$P<0.05$），相同小写字母表示差异不显著（$P>0.05$）。
资料来源：黄志敏（2012）。

张峰瑞（2013）将商业生产条件下饲喂的 56 头新生仔猪按体重随机分为 4 个处理组，分别每天灌服 1 次 0.52g/kg 的 L-丙氨酸、0.31g/kg 的精氨酸盐酸盐、50mg/kg 的 NCG 和 100mg/kg 的 NCG(均以体重计)，灌服时间为 2 周。结果发现，灌服 50mg/kg 的 NCG 显著提高了仔猪 14 日龄和 28 日龄血清 IgG 及 28 日龄血清 IgA 的浓度，并且有提高回肠分泌性 IgA（sIgA）浓度的趋势。在此基础上，张峰瑞（2013）又进一步研究了病理状态下代乳粉中补充 NCG 对新生仔猪生长性能和肠道免疫功能的影响。试验将选取 28 头 7 日龄新生仔猪按体重随机分为基础日粮组、基础日粮＋NCG 组、大肠埃希菌攻毒组和大肠埃希菌攻毒＋NCG 组。NCG 的补充量为 50mg/kg（以体重计），试验第 8 天对攻毒组仔猪灌服大肠埃希菌 K88 培养液攻毒。结果发现，在大肠埃希菌 K88 攻毒的情况下，与饲喂未补充 NCG 代乳粉的对照组相比，饲喂补充 NCG 代乳粉的仔猪其腹泻率下降了 20.5%；平均采食量无显著影响，但有提高平均日增重的趋势；仔猪血清中精氨酸、鸟氨酸和瓜氨酸浓度显著增加；回肠 sIgA 水平和回肠固有层淋巴细胞 $CD4^{+}$ 比例显著提高，淋巴细胞 $CD19^{+}$ 有提高趋势，回肠组织匀浆中 IL-10 水平显著上升。

迄今研究表明，添加代乳粉或灌服 NCG，均可增加哺乳仔猪血清中精氨酸、鸟氨酸、瓜氨酸等精氨酸家族氨基酸的浓度，提高其肠道健康水平，改善其免疫功能和生长性能。灌服剂量以 50～100mg/kg（以体重计）为宜，代乳粉中添加量以 0.05%～0.1%（以体重计）为宜。

表 7-9 代乳粉中补充 NCG 对大肠埃希菌攻毒后新生仔猪血清氨基酸和肠道免疫功能的影响

项 目	大肠埃希菌组		NCG 组（mg/kg，以体重计）		SEM	P 值		
	攻毒	不攻毒	50	0		大肠埃希菌组	NCG 组	交互作用
氨基酸浓度（nmol/mL）								
精氨酸	159.5	166.8	171.3	153.6	3.2	0.36	<0.05	0.73
鸟氨酸	69.7	67.5	74.7	63.4	1.7	0.42	<0.05	0.82
瓜氨酸	147.5	152.3	167.4	132.3	4.6	0.67	<0.05	0.74
回肠 sIgA（μg/g）	64.82	49.55	60.15	55.1	1.32	<0.05	0.02	0.07
固有层淋巴细胞（%）								
$CD4^{+}$	23.56	22.92	25.22	20.73	1.13	0.78	<0.05	0.14
$CD19^{+}$	34.65	34.06	35.77	32.94	0.75	0.71	0.07	0.99
回肠匀浆细胞因子（pg/mL）								
IL-2	27.04	18.45	22.35	22.5	0.31	<0.05	0.18	<0.05
IL-10	2 290.87	1 508.42	2 036.08	1 722.62	69.93	<0.05	0.05	0.12
腹泻率（%）	34.4	0	15.6	18.8	NC	NC	NC	NC

资料来源：张峰瑞（2013）。

二、N-氨甲酰谷氨酸在断奶仔猪日粮中的应用

仔猪断奶时，面临母仔分离、调群或混群的环境变化，营养来源也由液体的母乳变为以植物性原料为主的固体饲料，加之自身消化、免疫机能等尚不完善，因此容易出现食欲降低、消化不良、饲料利用率低、生长缓慢，甚至出现腹泻和水肿等一系列应激症状，生产性能受到严重影响。由于断奶应激的影响，仔猪肠道正常的功能受到损伤，精氨酸的内源合成不足以满足需求，因此仔猪生长性能受到抑制。近年来的研究表明，日粮中添加精氨酸或 NCG 均能改善断奶仔猪生长性能、肠道健康和氧化应激状况。

岳隆耀等（2010）研究发现，日粮中添加 0.05%的 NCG 可以使断奶仔猪平均日增重提高 17%，料重比下降 11%，血浆精氨酸和生长激素浓度显著提高，同时空肠绒毛高度和空肠隐窝深度显著增加（表 7-10）。周笑犁等（2011）证实，日粮中添加 0.1%

的 NCG 可以促进机体对营养物质的消化吸收，改善机体氨基酸平衡，提高环江香猪的生长性能。王琤韡等（2010）研究了日粮中添加不同水平的 NCG（0.04%、0.08%和0.12%）对断奶仔猪生长性能的影响，结果发现0.04%和0.08%的 NCG 可提高仔猪日增重，降低断奶仔猪腹泻率。随后的一些研究发现，断奶仔猪日粮中添加 NCG 可提高肝脏、肾脏、脾脏和心脏的相对重量，促进脏器发育，降低血清尿素氮，促进空肠和回肠上皮细胞增殖，改善肠黏膜形态（彭瑛和蔡力创，2011；Peng，2012）。在断奶仔猪玉米-豆粕基础日粮中添加0.08%的 NCG，可以提高仔猪体重和平均增重，增加肠道重量，降低腹泻率与腹泻指数（图 7-8），增加肠道绒毛高度，同时促进热休克蛋白 HSP70 的表达（图7-9），表明 NCG 有助于肠道发育并提高仔猪的免疫力（Wu 等，2010b）。

表 7-10　日粮中添加 1%精氨酸和 0.05%NCG 对断奶仔猪生长、血浆指标和小肠形态的影响

项　目	对照组	1%精氨酸组	0.05%NCG 组
初始体重（kg）	6.75	6.75	6.8
终末体重（kg）	10.01[b]	10.61[a]	10.52[a]
ADG（g）	233.1[b]	275.7[a]	265.7[a]
ADFI（g）	328.2	341.3	332.1
料重比	1.41[b]	1.24[a]	1.25[a]
血浆精氨酸浓度（μmol/L）	188.2[b]	221.4[a]	209.6[a]
血浆生长激素浓度（pmol/L）	294.5[b]	331.7[a]	318.8[a]
空肠绒毛高度（μm）	393.3[b]	418.8[a]	429.1[a]
空肠隐窝深度（μm）	192.1	182.4	190.1

注：同行上标不同小写字母表示差异显著（$P<0.05$）相同小写字母表示差异不显著（$P>0.05$）。
资料来源：岳隆耀等（2010）。

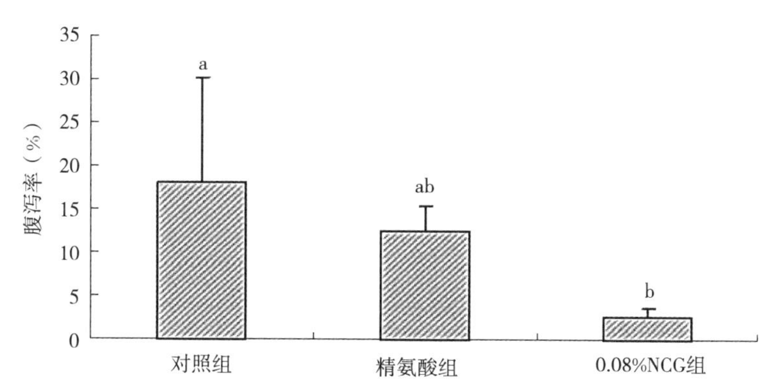

图 7-8　NCG 和精氨酸的添加对于断奶仔猪腹泻率的影响
注：图标上方不同小写字母表示差异显著（$P<0.05$）
（资料来源：Wu 等，2010）

高运苓等（2010）比较了精氨酸和 NCG 对断奶仔猪氧化应激的影响，发现日粮中添加0.08%的 NCG 或0.6%的精氨酸后，仔猪腹泻率显著降低，血清中精氨酸浓度显著增加，皮质醇、丙二醛及尿素氮浓度显著降低，谷胱甘肽（GSH）水平显著提高，谷丙转氨酶活性显著降低，肠黏膜丙二醛（malondialdehyde，MDA）浓度显著降低，

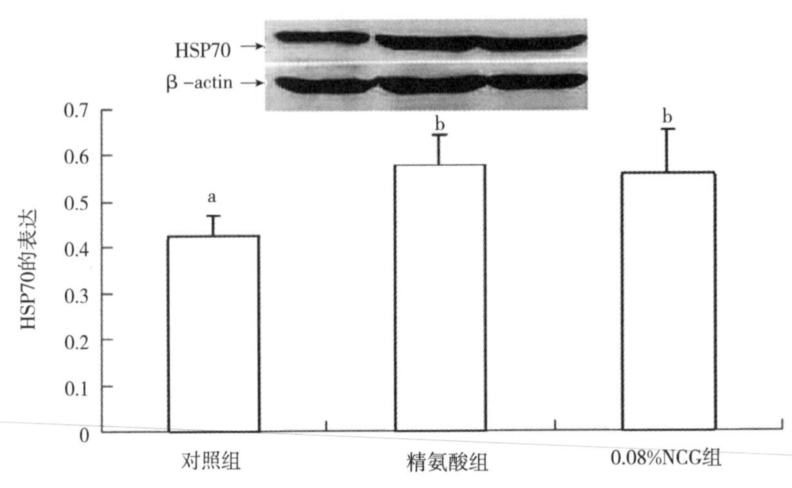

图 7-9 NCG 和精氨酸的添加对于断奶仔猪热休克蛋白 HSP70 表达的影响

注：图标上方不同小写字母表示差异显著（$P<0.05$）

（资料来源：Wu 等，2010）

铜锌过氧化物歧化酶（CuZn-SOD）及黏膜谷胱甘肽显著增加（表 7-11）。因此，日粮中添加 NCG 或精氨酸均可促进断奶仔猪生长性能的提高，缓解断奶引起的氧化应激；但与精氨酸相比，NCG 不仅更有效地降低了丙二醛的水平，而且整体提高了断奶仔猪的抗氧化酶系水平，从而更好地缓解了氧化应激，降低了肠黏膜的氧化损伤。

表 7-11 精氨酸和 NCG 对断奶仔猪血清和空肠黏膜抗氧化指标及 MDA 的影响

血 清	GSH (mg/g)	GSH-Px (U/g)	CuZn-SOD (U/mg)	CAT (U/mg)	MDA (μmol/g)
对照组	3.71±0.18[a]	397.59±5.70[ab]	78.79±5.00[b]	18.90±1.12	2.73±0.21[b]
0.6%精氨酸组	3.16±0.80[a]	372.92±10.64[a]	51.84±3.70[a]	18.60±1.73	2.06±0.09[a]
0.08%NCG 组	5.21±0.62[b]	406.43±16.68[b]	72.39±5.70[b]	19.85±1.22	1.82±0.17[a]
空肠黏膜	GSH (mg/g)	GSH-Px (U/g)	CuZn-SOD (U/mg)	CAT (U/mg)	MDA (μmol/g)
对照组	1.42±0.12[b]	545.58±48.06	42.85±2.21	95.65±8.06	3.54±0.25[b]
0.6%精氨酸组	0.57±0.06[a]	482.00±30.01	41.11±4.6	97.73±7.50	2.40±0.09[ab]
0.08%NCG 组	2.04±0.21[b]	401.60±28.1	40.09±5.46	96.97±7.41	1.61±0.13[a]

注：同行上标不同小写字母表示差异显著（$P<0.05$）。

资料来源：高运苓等（2010）。

第五节 N-氨甲酰谷氨酸在生长育肥猪低蛋白质日粮中的应用

受精氨酸和 N-氨甲酰谷氨酸营养生理功能的启发，近年来笔者及其研究团队和其他一些研究者研究了 N-氨甲酰谷氨酸在生长育肥猪低蛋白质日粮中的应用效果，并探讨了其可能的作用机制。

一、低蛋白质日粮中使用N-氨甲酰谷氨酸对生长育肥猪生长性能的影响

赖玉娇等（2017b）在80kg育肥猪低蛋白质中日粮（13.6%CP）中分别添加0.05%和0.1%NCG后，0.1%NCG可以显著提高育肥猪平均日增重、改善饲料转化效率和提高猪场经济效益。李巧婷等（2015）发现，与对照组相比，日粮中添加NCG可显著提高育肥猪的平均日增重。孔祥书等（2016）研究了NCG不同添加水平（0.05%、0.10%和0.15%）对育肥猪（78kg）生长性能的影响，发现0.1%NCG的添加效果最好；与对照组相比，育肥猪的平均日增重增加了107g，料重比下降了0.33。但赵元等（2016）和Ye等（2017）认为，低蛋白质日粮中添加NCG对育肥猪的生长性能没有显著影响。类似的，精氨酸对育肥猪生长性能影响研究的结果也不尽相同（Tan等，2009；Hu等，2017），可能与日粮蛋白质的降低程度、NCG或精氨酸的添加水平有关。这方面还需要更多的研究。

表7-12 日粮中添加不同含量的NCG对育肥猪生长发育的影响

项 目	对照组	0.05%NCG	0.1%NCG
平均初始体重（kg）	80.27±5.26	79.8±3.27	80.23±8.75
平均终末体重（kg）	103.07±5.15	103±2.69	105.6±7.65
ADG（kg）	0.79±0.03[a]	0.79±0.03[a]	0.87±0.05[b]
总采食量（kg）	66.23±3.06	66.60±0.00	66.70±0.00
饲料转化效率（kg）	2.9±0.08[a]	2.87±0.08[a]	2.63±0.14[b]

注：同行上标不同小写字母表示差异显著（$P<0.05$），相同小写字母表示差异不显著（$P>0.05$）。

二、低蛋白质日粮中使用N-氨甲酰谷氨酸对日粮养分消化率的影响

王钰明等（2018）研究了低蛋白质日粮中添加NCG对养分消化率的影响，发现将生长猪（约50kg）日粮蛋白质水平由18%降到15%时，添加NCG对营养物质的消化率没有显著影响；当日粮蛋白质水平进一步降到12%时，即使保持日粮的净能和必需氨基酸水平相同，营养物质消化率仍显著降低。此时，添加NCG显著增加了能量、有机物、粗蛋白质、粗脂肪和纤维组分的消化率，并达到18% CP的高蛋白质日粮组和15% CP的低蛋白质日粮组水平，表明NCG能改善肠道对日粮养分的吸收（表7-13）。刘巧婷（2015）研究发现，NCG显著提高了育肥猪全肠道能量、粗蛋白质和干物质消化率。李培丽等（2019）通过消化代谢试验研究了添加不同水平NCG（0.025%、0.05%、0.1%和0.2%）对生长猪（27.6kg）低蛋白质日粮（15% CP）中能量、氮素利用和营养物质消化率的影响，发现相比于不添加NCG的对照组，添加了0.05%的NCG后日粮消化能增加了0.16MJ/kg，显著降低了生长猪粪氮排放量，营养物质消化率改善效果最好。

NCG改善日粮营养物质消化率的机制可能有：NCG的添加通过精氨酸的代谢产物，

如NO或多胺等促进了肠道血管和黏膜发育（Zhan等，2008；Wu等，2010），从而提高了营养物质的消化和吸收；NCG的添加改变了肠道微生物组成，通过微生物菌群的改变来缓解肠道炎症损伤（Zhang等，2018；Singh等，2019）。Dai等（2012）发现，日粮中添加精氨酸会降低肠道首过代谢中小肠微生物对丙氨酸、苏氨酸、赖氨酸等氨基酸的净利用。Liu等（2016）通过核磁共振代谢组学技术分析了大鼠尿中的代谢物，发现饲喂NCG能够改变尿中与微生物代谢相关的甲酸盐、乙醇、间羟基苯乙酸盐、对羟基苯乙酸盐、马尿酸盐、乙酰胺等代谢物的含量，进而表明NCG可能影响微生物的组成和代谢。此外，日粮中添加NCG或精氨酸可通过调节mTOR信号通路，以及氨基酸和小肽转运载体来促进肠道氨基酸的吸收（Zhang等，2019），进而促进营养物质的消化和吸收。

表7-13　日粮低蛋白质水平和添加NCG对营养物质消化率的影响（%）

处理组	18%	15%	15%+NCG	12%	12%+NCG	SEM	*P* 值
能量	88.31[a]	85.58[b]	85.52[b]	82.93[c]	84.67[b]	0.49	<0.01
有机物	90.66[a]	88.10[b]	88.22[b]	85.98[c]	87.59[b]	0.42	<0.01
粗蛋白	88.84[a]	86.52[ab]	86.48[ab]	82.16[c]	84.51[b]	0.80	<0.01
粗脂肪	54.06[a]	52.41[a]	51.59[a]	46.23[b]	50.73[a]	1.48	0.01
NDF	67.86[a]	60.82[b]	61.05[b]	48.06[c]	54.90[b]	2.18	<0.01
ADF	73.09[a]	59.81[b]	63.34[b]	47.62[d]	56.20[c]	1.79	<0.01

注：同行上标不同小写字母表示差异显著（$P<0.05$），相同小写字母表示差异不显著（$P>0.05$）。

三、低蛋白质日粮中使用N-氨甲酰谷氨酸对血液生化指标的影响

于青云等（2018）研究发现，日粮中添加NCG显著增加了育肥猪血清中丝氨酸、谷氨酰胺和组氨酸浓度，精氨酸和蛋氨酸的浓度呈上升趋势。日粮中添加0.15%的NCG能显著降低血清皮质醇浓度，而0.10%NCG的添加量能显著提高血清生长激素和甲状腺素水平（刘巧婷，2015）。Ye等（2017）发现，育肥猪日粮中添加NCG和精氨酸会显著增加血清中精氨酸和赖氨酸含量，降低血清尿素氮浓度。赵元等（2016）报道，在体重约80kg的育肥猪低蛋白质日粮（11.5% CP）中添加0.1%或0.2%的NCG，血清中精氨酸浓度分别提高了12.6%和20.4%，血清尿素氮含量分别下降了20.4%和16.7%。姚康等（2008）证实，在早期断奶仔猪日粮中添加精氨酸能提高血浆中生长激素的水平。

四、低蛋白质日粮中使用N-氨甲酰谷氨酸对育肥猪胴体性状和肉品质的影响

随着畜牧业的快速发展和人们生活水平的提高，消费者对肉品质提出了更高的要求，其中肉色、系水性、嫩度、风味、多汁性等指标直接决定消费者接受的程度，而瘦肉率、嫩度、多汁性、风味等都与脂肪组织有关。提高猪的肌内脂肪含量是改善肉品质的主要方面。近年来的研究发现，N-氨甲酰谷氨酸（NCG）和精氨酸可改善饲喂低蛋

白质日粮育肥猪的胴体性状和肉品质。Ye等（2017）将体重为71kg的120头育肥猪分为4个处理组，分别饲喂高蛋白质日粮（HP，13.6%CP），低蛋白质日粮（LP，11.27%CP），低蛋白质日粮+1%精氨酸（LP+1%精氨酸，11.4%CP）以及低蛋白质日粮+0.1%NCG（LP+0.1%NCG，11.26%CP）。结果表明，各日粮处理组猪的生产性能无显著差异，但低蛋白质日粮中添加1%的精氨酸或0.1%的NCG，无论是相对于低蛋白质日粮还是高蛋白质日粮，育肥猪日增重、料重比、屠宰率都有提高；低蛋白质日粮中添加1%的精氨酸或0.5%的NCG、0.1%的NCG显著增加了眼肌面积和瘦肉率，肌肉亮氨酸含量显著增加，背膘厚度有降低趋势（表7-14）。吴琛等（2011）发现，在环江香猪日粮中添加NCG后，屠宰率提高了9.6%，脂肪率和背膘厚分别降低了31.4%和29.3%，瘦肉率和眼肌面积有增加趋势。

表7-14 低蛋白质日粮补充NCG对育肥猪生长性能和胴体品质的影响

处理组	HP	LP	LP+1%精氨酸	LP+0.1%NCG	SEM	*P* 值
生长性能						
初始体重（kg）	71.2	71.1	71.1	71.5	1.0	0.99
终末体重（kg）	101.3	100	102.5	102.9	1.8	0.68
ADG（kg）	0.84	0.80	0.87	0.87	0.04	0.33
ADFI（kg）	3.07	2.92	3.11	3.13	0.12	0.92
料重比	3.65	3.65	3.56	3.59	0.14	0.50
胴体品质						
屠宰率（%）	71.65	71.28	73.31	73.17	3.14	0.49
第10肋背膘厚（cm）	2.58	2.68	2.27	2.23	0.15	0.08
眼肌面积（cm^2）	46.05^b	45.65^b	56.86^a	57.18^a	2.17	0.04
瘦肉率（%）	51.33^a	51.46^a	55.97^b	56.51^b	0.64	<0.01

注：同行上标不同小写字母表示差异显著（$P<0.05$），相同小写字母表示差异不显著（$P>0.05$）。
资料来源：Ye等（2017）。

低蛋白质日粮中添加NCG能够增加肌肉和肌内脂肪含量，改善肉品质。赵元等（2016）在体重约80kg的育肥猪低蛋白质日粮（11.54%CP）中添加0.1%或0.2%的NCG发现，肌内脂肪含量分别提高14.3%和16.0%，大理石花纹评分分别提高15.9%和17.7%，第10肋背膘厚度分别下降13.0%和14.6%，背最长肌滴水损失分别减少11.5%和11.5%（表7-15）。刘巧婷（2012）证实，日粮中添加0.10%的NCG能显著提高育肥猪大理石花纹评分，同时有增加系水力的趋势，但降低肉色，增加剪切力。总体来看，育肥猪低蛋白质日粮中添加NCG能够降低背膘厚度，提高瘦肉率，增加肌肉蛋白质合成和肌内脂肪含量，改善胴体性状和肉品质。

表7-15 NCG对育肥猪胴体品质及肉质的影响

项　目	对照组	0.1%NCG	0.2%NCG	SEM	*P* 值
屠宰率（%）	74.6	75.1	74.9	1.65	0.75
第10肋背膘厚（cm）	3.23^b	2.81^a	2.86^{ab}	0.11	0.04

（续）

项　目	对照组	0.1%NCG	0.2%NCG	SEM	P 值
眼肌面积（cm^2）	41.25	42.39	42.42	0.63	0.13
肌内脂肪含量（%）	3.01^a	3.44^b	3.49^b	0.11	0.04
大理石花纹评分	2.31^a	2.68^b	2.72^b	0.12	0.03
滴水损失（%）	4.12^b	3.65^{ab}	3.52^a	0.17	0.02

注：同行上标不同小写字母表示差异显著（$P<0.05$），相同小写字母表示差异不显著（$P>0.05$）。
资料来源：赵元等（2016）。

低蛋白质日粮中添加 NCG 改善胴体形状和肉品质的作用机制尚不清楚，可能是通过促进精氨酸的内源合成和肌肉亮氨酸含量的增加来促进肌肉蛋白质合成的。Yao 等（2008）证实，早期断奶仔猪日粮中添加精氨酸能提高血浆中精氨酸的浓度，显著提高肌肉中 mTOR 和真核起始因子 4E 结合蛋白 1（4E-BP）的磷酸化，增加 eIF4GN-eIF4E 复合物的浓度，提高肌肉蛋白质的合成。Ye 等（2017）报道，NCG 的添加显著提高了肌肉中亮氨酸的含量，亮氨酸通过诱导磷酸化 mTOR、p70 核糖体 S6 激酶 1 和 4E-BP，以及增加 eIF4G-eIF4E 复合物的合成，来刺激肌肉蛋白质合成。因此，NCG 提高眼肌面积和胴体瘦肉率有可能与内源精氨酸的合成和肌肉亮氨酸含量的提高有关（Ye 等，2017；图 7-10）。

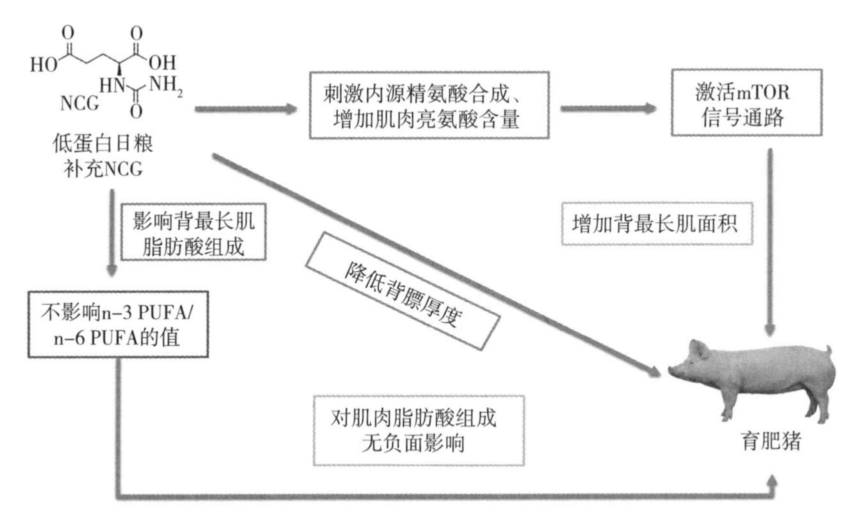

图 7-10　低蛋白质日粮中补充 NCG 对育肥猪屠宰性能和肌肉脂肪酸组成的影响
（资料来源：Ye 等，2017）

日粮中添加 NCG 降低背膘厚度和增加肌内脂肪合成可能与其对脂肪代谢相关酶调节的组织差异性有关。体内脂肪的沉积取决于脂肪合成和分解 2 个过程，甘油三酯（triglyceride，TG）合成和分解的状态及速率均会影响体内脂肪的沉积。营养物质对脂肪代谢的基本调节机制是改变脂肪代谢关键酶的活性，包括酶的表达或激活或抑制。乙酰辅酶 A 羧化酶（ACC）和脂肪酸合成酶（FAS）是机体组织合成脂肪酸的 2 个关键酶，ACC 在脂肪酸合成的第一步反应中，催化乙酰 CoA 羧化成丙二酰 CoA，FAS 则催化从乙酰 CoA、丙二酰 CoA 合成长链脂肪酸的反应；而激素敏感脂肪酶（hormone-sensitive lipase，HSL）和脂蛋白脂酶（lipoprotein lipase，LPL）是催化脂肪水解的关键酶。由于 FAS 和 HSL 或 ACC 在脂肪沉积中具有相反的作用，因此一般用两者的比值即二者共同作用评定脂肪的净沉积量。LPL 主要功能是催化水解 TG，向组织提供产能所需的游离脂肪酸（free fatty acid，FFA），其活性是控制血浆 TG 在体内流动和组织分配的“限速阀”。脂肪组织与肌肉组织中的 LPL 活性比值可作为判断 FFA 流向的一个有效指标，比值较高时体内 FFA 将更多地流向脂肪组织进行脂质积聚与能量储备，比值较低时则进入肌肉组织氧化产能（Bessesen 等，1995）。过氧化物酶体增殖物激活受体 γ（PPARγ）是由配体激活的核转录因子，其在脂肪细胞分化和机体能量、葡萄糖和脂肪代谢调控中起重要作用。谭碧娥（2010）研究发现，日粮中添加 1%精氨酸能降低育肥猪脂肪组织 FAS 活性，提高脂肪组织中 HSL 的表达水平和肌肉组织 FAS 的表达水平，降低脂肪组织中 FAS mRNA 与 HSL mRNA 的比值，并提高肌肉组织中 FAS mRNA 与 HSL mRNA 的比值（表 7-16 和表 7-17）。精氨酸的添加降低了脂肪组织中 LPL mRNA 的水平和脂肪组织与肌肉组织 LPL 活性的比值。提示精氨酸的添加有利于 FFA 流向肌肉组织，从而降低脂肪组织的脂肪合成，促进肌肉中的脂肪和蛋白质沉积。这些结果均提示，精氨酸对育肥猪肌肉组织和脂肪组织中脂肪代谢相关酶活性及基因表达水平的调控作用不同，从而有利于机体皮下组织等外周组织的脂肪含量降低而肌内脂肪含量升高。周笑犁等（2014）研究了日粮中添加精氨酸或 NCG 对环江香猪肌内脂肪酸含量和脂质代谢相关基因表达的影响也发现，与对照组相比，精氨酸显著下调了肝脏 ACCα mRNA 的表达和上调了 PPARγ mRNA 的表达；下调了肌肉中 ACCα mRNA 和 PPARγ mRNA 的表达；日粮中添加 NCG 可显著下调肝脏 ACCα mRNA 和 LPL mRNA 的表达，上调 FAS/LPL mRNA 的表达，下调肌肉 ACCα mRNA、FAS mRNA 和 LPL mRNA 表达，显著上调肌肉中 PPARγ mRNA 表达（表 7-18）。刘巧婷（2015）研究表明，添加 NCG 对肝脏和肌脂肪合成酶 *FAS* 和 *ACCα* 基因表达上存在差异性调节。上述结果表明，日粮中添加精氨酸或 NCG 对肝脏和肌肉中脂质代谢相关基因表达的调节具有差异性，并且 NCG 和精氨酸在调节肌肉和肝脏脂肪代谢相关酶基因的表达上有所不同，NCG 可能存在除精氨酸以外的调节脂肪代谢的途径。

表 7-16 日粮中添加精氨酸对育肥猪脂肪组织和肌肉组织 LPL 活性的影响

基　因	丙氨酸组	精氨酸组	*P* 值
脂肪组织 LPL	1.14±0.15	0.84±0.04	0.091
肌肉组织 LPL	0.98±0.10	1.49±0.13	0.019
脂肪组织 LPL/肌肉组织 LPL	1.16±0.10	0.58±0.05	0.002

资料来源：谭碧娥（2010）。

表 7-17 日粮中添加精氨酸对育肥猪肝脏、脂肪组织和肌肉组织脂肪代谢相关基因表达水平的影响

基　因	丙氨酸组	精氨酸组	*P* 值
肝脏			
SREBP-	1.00±0.13	0.71±0.06	0.078

（续）

基　因	丙氨酸组	精氨酸组	P 值
LXRα	1.00±0.06	0.54±0.05	<0.001
FAS	1.00±0.12	0.77±0.09	0.161
ACCα	1.00±0.11	0.57±0.06	0.005
皮下脂肪组织			
LPL	1.00±0.19	0.51±0.03	0.046
PPARγ	1.00±0.34	1.47±0.32	0.395
FAS	1.00±0.28	1.60±0.34	0.231
HSL	1.00±0.39	5.67±0.59	<0.001
FAS/HSL	1.00±0.23	0.30±0.05	0.017
GLUT4	1.00±0.12	0.49±0.15	0.017
ACCα	1.00±0.05	0.62±0.02	0.001
肌肉组织			
FAS	1.00±0.14	2.28±0.28	0.016
HSL	1.00±0.16	0.62±0.12	0.142
LPL	1.00±0.15	1.30±0.07	0.083
GLUT4	1.00±0.12	0.69±0.06	0.163
FAS/HSL	1.00±0.14	3.65±0.46	0.005

数据来源：谭碧娥（2010）。

表 7-18　日粮中添加精氨酸和 NCG 对环江香猪肝脏脂质代谢相关基因表达的影响

项　目	对照组	精氨酸组	NCG 组
肝脏组织			
乙酰 CoA 羧化酶 α	1.00 ± 0.14^{a}	0.17 ± 0.02^{b}	0.18 ± 0.03^{b}
脂肪酸合成酶	1.00±0.13	1.02±0.11	0.79±0.13
脂蛋白脂酶 LPL	1.00 ± 0.09^{a}	1.31 ± 0.17^{a}	0.45 ± 0.07^{b}
过氧化物酶增生物激活受体 γ	1.00 ± 0.14^{b}	2.70 ± 0.22^{a}	0.87 ± 0.12^{b}
脂肪酸合成酶/脂蛋白脂酶	1.00 ± 0.15^{b}	0.78 ± 0.14^{b}	1.78 ± 0.24^{a}
背最长肌组织			
乙酰 CoA 羧化酶 α	1.00 ± 0.17^{a}	0.20 ± 0.03^{b}	0.02 ± 0.00^{b}
脂肪酸合成酶	1.00 ± 0.15^{a}	0.96 ± 0.19^{a}	0.46 ± 0.08^{b}
脂蛋白脂酶	1.00 ± 0.16^{a}	0.84 ± 0.13^{ab}	0.48 ± 0.08^{b}
过氧化物酶增生物激活受体 γ	1.00 ± 0.18^{b}	0.25 ± 0.05^{c}	2.12 ± 0.28^{a}
脂肪酸合成酶/脂蛋白脂酶	1.00±0.17	1.14±0.21	0.96 ±0.15

注：同行上标不同小写字母表示差异显著（$P<0.05$），相同小写字母表示差异不显著（$P>0.05$）。
资料来源：周笑犁等（2014）。

综上，在生长育肥猪低蛋白质日粮中添加 NCG 能够促进精氨酸的内源合成，提高营养物质的消化率，改善猪的生长性能，并能降低背膘厚，提高瘦肉率和肌内脂肪含量，从而改善胴体形状和肉品质，有利于低蛋白质日粮技术的推广和应用。

第六节 N-氨甲酰谷氨酸在种公猪低蛋白质日粮中的应用

人工授精技术是提高繁殖效率、增加经济效益的重要手段，而种公猪精液品质直接影响母猪情期受胎率、产仔数等指标，对实现猪场发展和整体经济效益的最大化发挥着至关重要的作用。因此，如何提高种公猪精液质量是养猪从业者非常关心的重要问题。精氨酸的代谢产物NO是血管内皮细胞内重要信号分子，NO可调节精子获能、顶体反应和精子运动，并可能具有抗凋亡的作用（Wang等，2014；Staicu等，2019）。研究发现，精氨酸能够通过诱导NO的合成，刺激精子获能和顶体反应（Funahashi，2002）。日粮中添加精氨酸能够改善夏季热应激情况下公猪的精液质量和性欲表现，缓解夏季热应激引起的公猪季节性不孕（Chen等，2018）。体外研究也表明，公猪精液中添加精氨酸能够改善热应激诱导的活性氧自由基上升和线粒体呼吸链复合酶活性降低，维持线粒体氧化磷酸化供能、ATP合成和精子运动（Li等，2019；图7-11）。相对于高蛋白质（17%CP）日粮，在低蛋白质日粮（13%CP）中提高苏氨酸、色氨酸和精氨酸比例时，可提高公猪精子总数、顶体完整率和有效精子数（Ren等，2015）。NCG可以通过激活P5CS和CPS-Ⅰ，促进谷氨酰胺或脯氨酸合成瓜氨酸，进而促进精氨酸的合成。因此，NCG也具有改善精液品质、提高公猪生殖性能的作用。然而NCG在公猪上的研究较少，目前的研究主要关注NCG对公猪精液品质和抗氧化应激的改善方面。

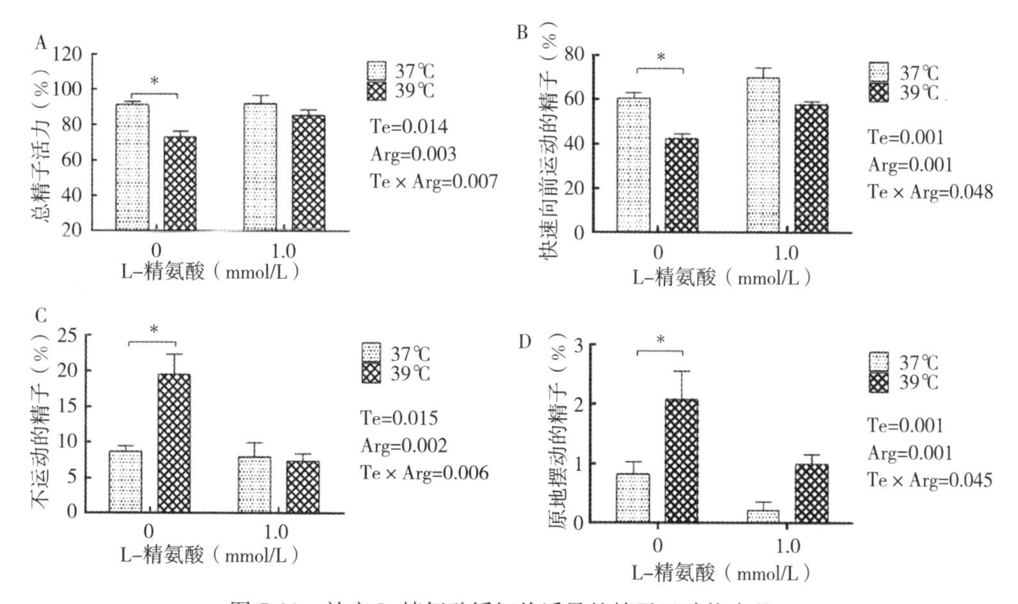

图7-11 补充L-精氨酸缓解热诱导的精子运动能力差

注：A. 精子总活力；B. 快速向前运动的精子（平均速度≥25μm/s）；C. 不运动的精子；D. 原地摆动的精子。Te，温度（37℃，39℃）；精氨酸，L-精氨酸（0，1.0mmol/L）。

（资料来源：Li等，2019）

陈瑞芳等（2018）研究发现，日粮中每头公猪添加NCG（2g/d）能够显著提高精液量，显著降低精子畸形率（表 7-19）。班丽萍等（2013）报道发现，添加 NCG 显著提高了公猪的射精量和精子密度。日粮中添加 NCG 复合物可改善精液品质，特别是对于精液品质较差的杜洛克猪的精液数量和原精活力有明显的改善作用（冯占雨等，2011）。任波等（2017）研究表明，日粮中添加 0.1% NCG 可显著提高种公猪精子活力和成活率，但对精子密度、精液量无显著影响（表 7-20）。日粮中添加 NCG 对精液品质中不同指标的影响存在一定差异，可能与公猪体况、品种和使用年限有关。

表 7-19 饲喂 NCG 前后公猪精液品质的变化

项 目	试验组		对照组	
	试验前	试验后	试验前	试验后
精液量（mL）	196.2[a]±24.3	238.3b±14.8	203.5[a]±22.1	201.4[a]±13.0
精子密度（亿个/mL）	3.11±0.62	3.28±0.55	3.18±0.45	3.09±0.51
精子活力（%）	76.41±3.05	79.31±2.74	75.22±4.15	78.38±2.04
精子畸形率（%）	8.50b±0.42	7.22[a]±0.23	8.61b±0.53	8.36b±0.31
分装袋数（袋）	15.4±0.9	20.6±1.5	16.9±1.1	17.3±1.7

注：同行上标不同小写字母表示差异显著（$P<0.05$），相同小写字母表示差异不显著（$P>0.05$）。
数据来源：陈瑞芳等（2018）。

表 7-20 日粮中添加 0.01%NCG 对公猪精液品质的影响

项 目	试验前	试验后	P 值
公猪头数	9	9	
精液量（mL）	233.40±4.67	232.22±22.25	1.0
精子密度（亿个/mL）	2.86±0.16	2.46±0.12	0.52
精子活力（%）	64.26±0.84[a]	78.11±3.29[b]	0.02
精子成活率（%）	76.11±1.92[a]	89.78±3.27[b]	0.018
精子畸形率（%）	13.09±0.19[b]	8.77±0.81[a]	0.034
有效精子数（亿个）	391.67±60.80[a]	447.31±44.20[b]	0.03
总精子数（亿个）	584.22±61.55	571.16±54.84	0.045

注：同行上标不同小写字母表示差异显著（$P<0.05$），相同小写字母表示差异不显著（$P>0.05$）。
数据来源：任波等（2017）。

活性氧簇是细胞代谢产物，生成过多时会降低精液质量，可直接导致精子膜的不饱和脂肪酸发生过氧化反应，造成精子膜流动性损伤，破坏精子尾部的线粒体，从而影响精子质量。朱宇旌等（2015）研究表明，日粮中添加 0.2%的 NCG 降低了杜洛克公猪射精反应时间和精子的畸形率，提高了射精持续时间和采精量，同时还提高了血清中促卵泡素、黄体生成素和睾酮浓度（表 7-21），提高了精浆总抗氧化能力及谷胱甘肽过氧化物酶活性和超氧化物歧化酶活性（表 7-22）。以上研究均表明，日粮中添加 NCG 具有提高公猪精液品质和抗氧化能力的作用，从而改善公猪的繁殖性能。

表 7-21 饲粮中添加 0.2%NCG 与牛磺酸对公猪血清激素指标的影响

项 目		促卵泡素浓度 (mIU/mL)	黄体生成素浓度 (mIU/mL)	睾酮浓度 (ng/mL)
对照组		5.31±0.10[a]	7.60±0.35[a]	1.87±0.15[a]
NCG 组		5.64±0.14[c]	8.56±1.13[abc]	2.06±0.12[abc]
牛磺酸组		5.53±0.17[abc]	8.47±1.23[abc]	1.86±0.07[abc]
NCG+牛磺酸组		5.64±0.24[c]	9.50±0.41[c]	1.91±0.07[c]
P 值	对照组	0.022	0.028	0.039
	NCG 组	0.011	0.022	0.028
	牛磺酸组	0.159	0.035	0.142
	NCG+牛磺酸组	0.152	0.934	0.142

注：同列上标不同小写字母表示差异显著（$P<0.05$），相同小写字母表示差异不显著（$P>0.05$）。
数据来源：朱宇旌等（2015）。

表 7-22 饲粮中添加 NCG 与 Tau 对公猪精浆抗氧化能力的影响

项 目		总抗氧化能力 (U/mL)	丙二醛 (nmol/L)	超氧化物歧化酶 (U/mL)	谷胱甘肽过氧化物酶 (U/mL)
对照组		1.16±0.13	1.14±0.05	26.62±1.66[a]	437.33±31.74
NCG 组		1.38±0.13	1.11±0.03	30.25±2.26[abc]	466.69±25.10
牛磺酸组		1.25±0.19	1.18±0.04	30.12±1.71[abc]	417.37±28.62
NCG+牛磺酸组		1.35±0.19	1.13±0.03	30.88±1.91[c]	438.04±17.05
P 值	对照组	0.163	0.089	0.011	0.062
	NCG 组	0.041	0.053	0.02	0.049
	牛磺酸组	0.705	0.1	0.027	0.055
	NCG+牛磺酸组	0.406	0.544	0.111	0.715

注：同列上标不同小写字母表示差异显著（$P<0.05$），相同小写字母表示差异不显著（$P>0.05$）。
数据来源：朱宇旌等（2015）。

第七节 精氨酸与 N-氨甲酰谷氨酸在猪日粮中应用效果的比较

精氨酸是 20 种常规的 α-氨基酸之一，是组织蛋白质中最丰富的氮载体，被多种途径使用，包括精氨酸酶、一氧化氮合成酶（NOS）、精氨酸：甘氨酸-脒基转移酶和精氨酰-tRNA 合成酶；同时，精氨酸也是合成肌酸、脯氨酸、谷氨酸、多胺和 NO 的前体，在细胞中表现出显著和多样化的代谢和调节作用（Wu 和 Morris 等，1998；Wu 等，2000；Wu 和 Meininger，2000；Flynn 等，2002）。然而由于外源添加精氨酸的量较高，添加成本高，因此难以在饲料生产中推广应用。如前所述，NCG 作为氨甲酰磷酸合成酶-Ⅰ的稳定激活剂，可以促进精氨酸的内源生成，是一种有效增加精氨酸供给的日粮补充剂（Wu 等，2004）。关于 NCG 替代精氨酸的效果及其相应剂量的研究目前还不是很多，笔者总结了两者在猪日粮中应用效果的对比试验，以便比较两者在使用剂量、使用成本和应用效果上的异同，希望为科学、合理地应用精氨酸和NCG提供一定的数据参考。

一、在妊娠母猪上的应用效果比较

江雪梅等（2011）研究了经产母猪妊娠全期日粮中添加1%精氨酸和0.05%NCG对繁殖性能的影响，表明日粮中添加精氨酸和NCG的初生窝重分别为17.06kg和16.57kg，均显著高于对照组（10.61kg），2组窝产活仔数（11.76头和11.16头）和弱仔率（2.57%和3.09%）均没有显著差异。杨平等（2011）比较了母猪妊娠30～90d日粮中添加1%精氨酸或0.05%NCG对感染PRRSV后繁殖性能及免疫功能的影响，表明与对照组的10.17头相比，添加精氨酸显著提高了窝产活仔数（11.06头），而添加NCG对窝产活仔数也有一定的改善作用（10.50头），与精氨酸组相比无显著差异。此外，添加高剂量精氨酸或者低剂量NCG均可提高妊娠90d母猪血清中PRRSV抗体含量、IgG含量和IgM含量，降低尿素氮含量。以上2个试验结果均表明，妊娠母猪日粮中添加0.05%NCG即可达到与添加1%精氨酸相近的效果，而且精氨酸的添加量是NCG的20倍，投入成本是NCG的12.5倍（表7-23）。

Liu等（2012）比较了母猪妊娠后期日粮中添加1%精氨酸和0.1%NCG对繁殖性能的影响，发现添加1%精氨酸和0.1%NCG均能显著提高初生窝重，减少死胎数，提高血浆中精氨酸和生长激素的水平（表7-23）。类似的，Wu等（2012）的研究也表明，妊娠后期母猪日粮中添加0.1%NCG可达到和添加1%精氨酸一致的效果，提高活仔猪和平均初生体重。考虑到妊娠后期两者的采食量都为2kg，则精氨酸组每头母猪每天精氨酸用量为20g，NCG组每头母猪每天NCG用量为2g，仅为精氨酸用量的1/10，使用成本约为精氨酸的16%（表7-23）。这些对比试验均表明，可以用较低剂量的NCG替代高剂量的精氨酸，两者使用效果相似，但NCG使用成本要低得多。

二、在哺乳母猪上的应用效果比较

刘星达等（2011b）研究了在产前1周和哺乳母猪日粮中添加0.8%精氨酸和不同剂量的NCG对泌乳性能和哺乳仔猪生长性能的影响，发现添加0.8%精氨酸提高了断奶窝重和母猪日均泌乳量，而添加0.03%NCG可以显著提高哺乳仔猪的日增重，且两者在改善母猪泌乳性能和仔猪生长性能上没有显著差异。除此之外，与对照组相比，添加0.03%NCG显著提高了母猪血液中的IgG含量，有利于改善仔猪的先天免疫状况。假设本试验中母猪泌乳期间的采食量在精氨酸和NCG组间差异不显著，则精氨酸的添加量约是NCG的26.67倍，使用成本则是NCG的16.67倍（表7-23）。表明在哺乳母猪日粮中添加NCG达到增加精氨酸的内源合成，在改善母猪哺乳性能和仔猪生长性能方面具有显著的优势。

三、在仔猪上的应用效果比较

1. 在新生仔猪上的应用效果比较 Zeng等（2015）比较了新生仔猪从1日龄开

始灌服精氨酸或者 NCG 对生长和肠道功能的影响。其中，精氨酸组每日每头灌服 0.62g/kg 精氨酸（以体重计），NCG 组每日每头灌服 0.1g/kg NCG（以体重计），对照组每日每头灌服 1.04g/kg 丙氨酸（以体重计）作为等氮对照，每组 12 头仔猪，试验期共计 14d。结果表明，NCG 组和精氨酸组都可以显著提高仔猪血清中精氨酸、瓜氨酸、鸟氨酸和 IgA 含量，减少粪便中总厌氧菌数量。补充低剂量 NCG 显著增加了哺乳仔猪的日增重，提高了空肠黏膜乳糖酶活性，而精氨酸组对于生长性能和消化酶活性物没有显著影响。在 7～21 日龄哺乳仔猪代乳粉中添加 0.2%或者 0.4%精氨酸可以线性增加仔猪血浆中瓜氨酸和精氨酸的含量，提高仔猪的生长性能（Kim 等，2004）。

2. 在断奶仔猪上的应用效果比较 Wu 等（2010b）在 84 头长白×大白二元杂交 21 日龄断奶仔猪日粮中，分别添加 0.6%精氨酸和 0.08%NCG，比较其对仔猪生产性能的影响，试验时间为 7d。结果表明，与添加 0.6%精氨酸效果一致，添加 0.08%NCG 可显著提高断奶仔猪的生长速度，增加血浆中精氨酸、鸟氨酸和脯氨酸含量，促进肠道发育和肠绒毛形态的完整，提高热休克蛋白 70 的表达量。除此之外，日粮中添加低剂量 NCG 在降低断奶仔猪腹泻率和提高血浆瓜氨酸含量上比添加高剂量精氨酸的效果更为明显。与此相似，在 21 日龄断奶仔猪日粮中添加 0.09%NCG 可以显著提高日增重，降低血液中的尿素氮含量，改善效果与添加 0.6%精氨酸的一致（彭瑛和蔡力创，2011）。岳隆耀等（2010）则比较了断奶仔猪日粮中添加 1%精氨酸和 0.05%NCG 对内源精氨酸合成、肠道形态和生长性能的影响，结果与对照组相比，1%精氨酸组和 0.05%NCG 组均显著提高了仔猪血浆精氨酸浓度和生长激素水平，增加了空肠绒毛高度，最终表现为二者均能显著改善断奶仔猪日增重和饲料转化效率。在上述试验中，精氨酸的添加量为每吨饲料6～10kg，而 NCG 的添加量为每吨饲料 0.5～0.9kg，精氨酸的添加量为 NCG 的6.67～20 倍，每天每头仔猪的添加成本精氨酸为 NCG 的4.27～12.85 倍。

四、在生长育肥猪上的应用效果比较

Ye 等（2017）比较了在低蛋白质日粮中（11.3% CP）添加 1%的精氨酸和 0.1%的 NCG 对育肥猪生长性能、屠宰性能和血清氨基酸含量的影响，结果发现，尽管低蛋白质组添加精氨酸和 NCG 对生长性能影响不大，但两者都能显著提高第 10 肋眼肌面积、无脂瘦肉指数和无脂瘦肉增重。同高剂量精氨酸一致，低剂量的 NCG 显著提高了血清中精氨酸含量，降低了血清尿素氮含量。在育肥猪上的试验表明，低蛋白质日粮中添加 NCG 可以明显减少精氨酸在实际使用过程中的添加量和使用成本较高的问题，其添加量大约为精氨酸的 1/10，每天每头猪的使用成本约为精氨酸的 16.1%。

综上所述，尽管目前直接比较精氨酸和 NCG 在猪日粮中应用效果的研究有限，但从已发表的文献来看，精氨酸在猪整个生理阶段日粮中的有效添加量为 0.5%～1%，而 NCG 的有效添加量多为 0.05%～0.1%，两者都能显著改善母猪、仔猪、生长育肥猪和公猪的生产性能，但 NCG 的使用成本要比精氨酸低得多（表 7-23）。可以预计，随着研究工作的不断深入，NCG 将在促进养猪业的发展中发挥重要作用。

表 7-23 精氨酸与 NCG 在母猪和仔猪日粮中应用效果的比较

阶 段	重复数	添加时间	添加量	平均采食量	应用效果 精氨酸组、NCG 组和对照组	精氨酸和 NCG 添加量比较[1]	精氨酸和 NCG 使用成本比较[2]	资料来源
妊娠母猪	$n=40$	配种当天至分娩	1%精氨酸	2.4kg	窝产活仔数（头）↑：11.76 和 10.61 弱仔率（%）↓：2.57 和 5.12 初生窝重（kg）↑：17.06 和 15.18	20	12.5	江雪梅等（2011）
			0.05%NCG		窝产活仔数（头）：11.16 和 10.61 弱仔率（%）：3.09 和 5.12 初生窝重（kg）↑：16.57 和 15.18			
	$n=20$	妊娠第 30～90 天	1%精氨酸	2.5kg	窝产活仔数（头）↑：11.06 和 10.17	20	12.5	杨平等（2011）
			0.05%NCG		窝产活仔数（头）：10.50 和 10.17			
	$n=9$	妊娠第 90 天至分娩	1%精氨酸	2.0kg	初生窝重（kg）↑：16.26 和 14.12 死胎数（头）↓：0.50 和 1.44 初生重（kg）↑：1.62 和 1.46	10	6.25	Liu 等（2012）； Wu 等（2012）
			0.1%NCG		初生窝重（kg）↑：16.04 和 14.12 死胎数（头）↓：0.56 和 1.44 初生重（kg）↑：1.59 和 1.46			
哺乳母猪	$n=7$	妊娠第 107 天至仔猪 21 日龄断奶	0.8%精氨酸	分娩前：2.2kg 分娩后：—	断奶窝重（kg）↑：56.6 和 47.6 日增重（g）：205 和 178 日均泌乳量（L）↑：8.4 和 6.5	26.67	16.67	刘星达等（2011b）
			0.03%NCG		断奶窝重（kg）：53.4 和 47.6 日增重（g）↑：211 和 178 日均泌乳量（L）：7.6 和 6.5			
新生仔猪	$n=12$	仔猪初生后 14d	0.62g/kg 精氨酸（以体重计）	—	日增重（g）：210 和 210	6.2	3.88	Zeng 等（2015）
			0.10g/kg 精氨酸（NCG）		日增重（g）↑：220 和 210			

（续）

阶段	重复数	添加时间	添加量	平均采食量	应用效果 精氨酸组、NCG 组和对照组	精氨酸和 NCG 添加量比较[1]	精氨酸和 NCG 使用成本比较[2]	资料来源
断奶仔猪	n=4 7 头/重复	仔猪断奶后 7d	0.6%精氨酸	192g	终末体重（kg）↑：6.24 和 5.75 日增重（g）↑：78.6 和 36.6	7.5	4.97	Wu 等（2010b）
			0.08%NCG	181g	终末体重（kg）↑：6.30 和 5.75 日增重（g）↑：93.3 和 36.6			
	n=6 10 头/重复	仔猪断奶后 14d	1%精氨酸	341g	终末体重（kg）↑：10.61 和 10.01 日增重（g）↑：276 和 233	20	12.85	岳隆耀等（2010）
			0.05%NCG	332g	终末体重（kg）↑：10.52 和 10.01 日增重（g）↑：266 和 233			
	n=5 8 头/重复	仔猪断奶后 7d	0.6%精氨酸	181g	终末体重（kg）↑：6.16 和 5.81 日增重（g）↑：127 和 74	6.67	4.27	彭瑛等（2011）
			0.09%NCG	176g	终末体重（kg）↑：6.20 和 5.81 日增重（g）↑：135 和 74			
生长育肥猪	n=6 5 头/重复	75kg 后饲喂 40d	1%精氨酸	3.11kg	眼肌面积（cm^2）↑：56.86 和 45.65 无脂瘦肉指数（%）↑：55.97 和 51.46 无脂瘦肉增重（g/d）↑：379 和 252	10	6.21	Ye 等（2017）
			0.1%NCG	3.13kg	眼肌面积（cm^2）↑：57.18 和 45.65 无脂瘦肉指数（%）↑：56.51 和 51.46 无脂瘦肉增重（g/d）↑：388 和 252			

注：[1] 日粮中精氨酸与 NCG 添加量比值；[2] 每天每头猪精氨酸与 NCG 的使用成本比值（精氨酸和 NCG 分别按 50 元/kg 和 80 元/kg 计算）。

参考文献

安亚南，赖玉娇，孙卫，等，2017. 泌乳期日粮添加 N-氨甲酰谷氨酸对经产母猪和哺乳仔猪的影响［J］. 中国畜牧杂志，53（6）：98-101.

班丽萍，黄全奎，陆广和，等，2013. 精氨酸生素对保育猪生长及种公猪繁殖力的影响［C］// 广西畜牧兽医学会养猪分会年会暨学术报告会.

陈楠，芦春莲，孙召君，等，2012. N-氨甲酰谷氨酸对哺乳仔猪生产性能和脏器指标的影响［J］. 畜牧与兽医，44（1）：34-36.

陈瑞芳，王春平，赖玉娇，等，2019. 日粮中添加 N-氨甲酰谷氨酸对杜洛克种公猪精液品质的影响［J］. 黑龙江畜牧兽医（10）：72-74.

陈渝，陈代文，毛湘冰，等，2011. 精氨酸对免疫应激仔猪肠道组织 Toll 样受体基因表达的影响［J］. 动物营养学报，23（9）：1527-1535.

冯占雨，宋青龙，2011. N-氨甲酰谷氨酸复合物对种公猪精液质量的影响［J］. 中国猪业，5（6）：48-49.

高开国，2011. 母猪饲粮添加精氨酸对其繁殖性能及后代肌肉发育的影响［D］. 广州：华南农业大学.

高运苓，吴信，周锡红，等，2010. 精氨酸和精氨酸生素对断奶仔猪氧化应激的影响［J］. 农业现代化研究，31（4）：484-487.

郭长义，蒋宗勇，李职，等，2010. 泌乳母猪饲粮精氨酸水平对哺乳仔猪小肠黏膜发育的影响［J］. 动物营养学报，22（4）：870-878.

黄志敏，2012. N-氨甲酰谷氨酸对新生仔猪生长性能和小肠形态的影响［D］. 北京：中国农业大学.

江雪梅，2012. 饲粮添加 L-精氨酸或 N-氨甲酰谷氨酸对母猪繁殖性能及血液参数的影响［D］. 成都：四川农业大学.

江雪梅，吴德，方正锋，等，2011. 饲粮添加 L-精氨酸或 N-氨甲酰谷氨酸对经产母猪繁殖性能及血液参数的影响［J］. 动物营养学报，23（7）：1185-1193.

孔祥书，王国强，高环，等，2016. NCG 对生长育肥猪生长性能及经济效益的影响［J］. 中国猪业，（3）：55-58.

赖玉娇，安亚南，王春平，等，2017a. 妊娠后期及泌乳期日粮中添加 N-氨甲酰谷氨酸对经产母猪繁殖性能、血浆氨基酸及哺乳仔猪生长性能的影响［J］. 中国饲料（9）：18-21.

赖玉娇，何烽杰，刘影，等，2017b. NCG 对育肥猪生长性能的影响［J］. 中国畜牧业（3）：47-48.

刘巧婷，2015. 半胱胺、N-氨甲酰谷氨酸对不同阶段生长育肥猪生长性能、血清生理化指标及免疫机能的影响［D］. 南宁：广西大学.

刘星达，彭瑛，吴信，等，2011b. 精氨酸和精氨酸生素对母猪泌乳性能及哺乳仔猪生长性能的影响［J］. 饲料工业，32（8）：14-16.

刘星达，吴信，印遇龙，等，2011a. 妊娠后期日粮中添加不同水平 N-氨甲酰谷氨酸对母猪繁殖性能的影响［J］. 畜牧兽医学报，42（11）：1550-1555.

刘雅倩，杨浩，向洋，2011. N-氨甲酰谷氨酸合成研究［J］. 精细化工中间体，41（1）：29-31.

彭瑛，蔡力创，2011. 精氨酸和精氨酸生素对断奶仔猪生长性能、器官重及生化指标的影响［J］. 中国畜牧兽医，38（8）：23-26.

谯仕彦，岳隆耀，黄学斌，2009. N-氨甲酰谷氨酸制备方法：CN101440042［P］. 2009-05-27.

任波，万海峰，苏祥，等，2017. 日粮中添加 NCG 对公猪精液品质的影响［J］. 今日养猪业（7）：93-95.

宋毅，2017. 低出生重仔猪肠道发育及精氨酸的营养效果研究 [D]. 雅安：四川农业大学.
谭碧娥，2010. 精氨酸调控肥育猪脂肪代谢和沉积的机理研究 [D]. 北京：中国科学院大学.
谭碧娥，李新国，孔祥峰，等，2008. 精氨酸对早期断奶仔猪肠道生长、组织形态及 IL-2 基因表达水平的影响 [J]. 中国农业科学，41 (9)：2783-2788.
王恩涛，2011. 妊娠期添加 N-氨甲酰谷氨酸对母猪繁殖性能的影响 [D]. 北京：中国农业大学.
王婕，张惟材，刘党生，2005. 乙内酰脲酶及其在氨基酸手性合成中的应用 [J]. 生物技术通讯，16 (5)：567-570.
王琤韡，瞿明仁，游金明，等，2010. N-氨甲酰谷氨酸对断奶仔猪生长性能、养分消化率及血清游离氨基酸含量的影响 [J]. 动物营养学报，22 (4)：1012-1018.
杨平，2011. 饲粮添加 L-精氨酸或 N-氨甲酰谷氨酸对感染 PRRSV 妊娠母猪繁殖性能及免疫功能的影响 [D]. 雅安：四川农业大学.
杨平，吴德，车炼强，等，2011. 饲粮添加 L-精氨酸或 N-氨甲酞谷氨酸对感染 PRRSV 妊娠母猪繁殖性能及免疫功能的影响 [J]. 动物营养学报，23 (8)：1351-1360.
姚康，褚武英，邓敦，等，2008. 不同精氨酸添加水平对哺乳仔猪生长性能的影响 [J]. 天然产物研究与开发，20 (1)：121-124.
印遇龙，黄瑞琳，唐志茹，2008. N-氨甲酰谷氨酸制备方法：CN101168518 [P]. 2008-04-30.
于青云，杨开伦，邵伟，等，2018. N-氨甲酰谷氨酸对育肥猪血清激素水平的影响 [J]. 黑龙江畜牧兽医，10 (5)：160-161.
岳隆耀，谯仕彦，2009. 母猪怀孕后期日粮添加 N-氨甲酰谷氨酸 (NCG) 对繁殖性能的影响 [J]. 山东畜牧兽医 (增刊)：1-3.
岳隆耀，王春平，谯仕彦，2010. 日粮中添加 N-氨甲酰谷氨酸 (NCG) 对断奶仔猪生长的影响 [J]. 饲料与畜牧 (1)：15-17.
曾祥芳，2012. 氮氨甲酰谷酸对大鼠繁殖性能的影响及其机制研究 [D]. 北京：中国农业大学.
张峰瑞，2013. N-氨甲酰谷氨酸调控新生仔猪肠道黏膜免疫的研究 [D]. 北京：中国农业大学.
张起凡，曹崇仁，2014. 一种游离细胞发酵法生产 N-氨甲酰谷氨酸及其代谢产物应用的方法：CN104031971A [P]. 2014-09-10.
张宇喆，2014. NCG 对断奶——生长及肥育猪生长性能、肉质及肠道微生态的影响 [D]. 北京：中国科学院大学.
赵元，何立荣，李金林，等，2016. 低蛋白质日粮添加 N 氨甲酰谷氨酸、维生素 A 对育肥猪肉品质的影响 [J]. 中国饲料 (21)：12-17.
郑萍，2010. 氧化应激对仔猪精氨酸代谢和需求特点的影响及机制研究 [D]. 雅安：四川农业大学.
周笑犁，刘俊锋，吴琛，等，2014. 精氨酸和 N-氨甲酰谷氨酸对环江香猪脂质代谢的影响 [J]. 动物营养学报，26 (4)：1055-1060.
周笑犁，印遇龙，孔祥峰，等，2011. N-氨甲酰谷氨酸对环江香猪生长性能、营养物质消化率及血浆游离氨基酸含量的影响 [J]. 动物营养学报，23 (11)：1970-1975.
朱进龙，2015. 妊娠早期 N-氨甲酰谷氨酸通过调控母猪子宫内膜蛋白组表达提高早期胚胎存活率的研究 [D]. 北京：中国农业大学.
朱影恬，2010. N-氨基甲酰-L-谷氨酸的合成及其生物活性的研究 [D]. 南昌：南昌大学.
朱宇旌，朱广楠，李方方，等，2015. N-氨甲酰谷氨酸与牛磺酸对公猪精液品质、血清激素指标及精浆抗氧化能力的影响 [J]. 动物营养学报，27 (10)：3125-3133.
Arcuri M B, Sabino S J, Antunes O A C, et al, 2002. Kinetic study and production of N-carbamoyl-D-phenylglycine by immobilized D-hydantoinase from Vigna angularis [J]. Catalysis Letters, 79

(1/4): 17-19.

Barbul A, 1990. Arginine and immune function [J]. Nutrition, 6 (1): 53-58.

Bergeron N, Robert C, Guay F, 2014. Antioxidant status and inflammatory response in weanling piglets fed diets supplemented with arginine and zinc [J]. Canadian Journal of Animal Science, 94 (1): 87-97.

Bessesen D H, Rupp C L, Eckel R H, 1995. Trafficking of dietary fat in lean rats [J]. Obesity Research, 3 (2): 191-203.

Bérard J, Bee G, 2010. Effects of dietary L-arginine supplementation to gilts during early gestation on foetal survival, growth and myofiber formation [J]. Animal, 4 (10): 1680-1687.

Bird I M, Zhang L, Magness R R, 2003. Possible mechanisms underlying pregnancy-induced changes in uterine artery endothelial function [J]. American Journal of Physiology-Regulatory, Integrative and Comparative Physiology, 284 (2): 245-258.

Blachier F, M′rabet-Touil H, Posho L, et al, 1993. Intestinal arginine metabolism during development: evidence for de novo synthesis of L-arginine in newborn pig enterocytes [J]. European Journal of Biochemistry, 216 (1): 109-117.

Bronte V, Zanovello P, 2005. Regulation of immune responses by L-arginine metabolism [J]. Nature Reviews Immunology, 5 (8): 641.

Cai S, Zhu J, Zeng X, et al, 2018. Maternal N-carbamylglutamate supply during early pregnancy enhanced pregnancy outcomes in sows through modulations of targeted genes and metabolism pathways [J]. Journal of Agriculture and Food Chemistry, 23: 5845-5852.

Caldovic L, Tuchman M, 2003. N-acetylglutamate and its changing role through evolution [J]. Biochemical Journal, 372 (2): 279-290.

Che D, Adams S, Zhao B, et al, 2019. Effects of dietary L-arginine supplementation from conception to post-weaning inpiglets [J]. Current Protein and Peptide Science, 20 (7): 736-749.

Che L, Yang P, Fang Z, et al, 2013. Effects of dietary arginine supplementation on reproductive performance and immunity of sows [J]. Czech Journal of Animal Science, 58 (4): 167-175.

Chen J Q, Li Y S, Li Z J, et al, 2018. Dietary L-arginine supplementation improves semen quality and libido of boars under high ambient temperature [J]. Animal, 12 (8): 1611-1620.

Cohen PP, Grisolia S, 1950. The role of carbamyl L-glutamic acid in the enzymatic synthesis of citrulline from ornithine [J]. Journal of Biology Chemistry, 182 (2): 747-761.

Cori B, Rhoads M, Harrell RJ, 2005. Rotaviral enteritis stimulates ribosomal p70S6kinase and increases intestinal protein synthesis in neonatalpigs [J]. The FASEB Journal, 19: A976.

Cossenza M, Socodato R, Portugal C C, et al, 2014. Nitric oxide in the nervous system: biochemical, developmental, and neurobiological aspects [M], Vitamins and Hormones. Elsevier: 79-125.

Edmonds M S, Gonyou H W, Baker D H, 1987. Effect of excess levels of methionine, tryptophan, arginine, lysine or threonine on growth and dietary choice in the pig [J]. Journal of Animal Science, 65 (1): 179-185.

Feng T, Bai J, Xu X, et al, 2018. Supplementation with N-carbamylglutamate and vitamin C: improving gestation and lactation outcomes in sows under heat stress [J]. Animal Production Science, 58 (10): 1854.

Fix J S, Cassady J P, Herring W O, et al, 2010. Effect of piglet birth weight on body weight, growth, backfat, and longissimus muscle area of commercial marketswine [J]. Livestock

Science, 127 (1): 51-59.

Flynn N E, Knabe D A, Mallick B K, et al, 2000. Postnatal changes of plasma amino acids in suckling pigs [J] . Journal of Animal Science, 78 (9): 2369-2375.

Flynn N E, Meininger C J, Haynes T E, et al, 2002. The metabolic basis of arginine nutrition and pharmacotherapy [J] . Biomedicine and Pharmacotherapy, 56 (9): 427-438.

Ford S P, Vonnahme K A, Wilson M E, 2002. Uterine capacity in the pig reflects a combination of uterine environment and conceptus genotype effects [J] . Journal of Animal Science, 80 (1): 66-73.

Frank J W, Escobar J, Nguyen H V, et al, 2007. Oral N-carbamylglutamate supplementation increases protein synthesis in skeletal muscle of piglets [J] . Journal of Nutrition, 137 (2): 315-319.

Funahashi H, 2002. Induction of capacitation and the acrosome reaction of boar spermatozoa by L-arginine and nitric oxide synthesis associated with the anion transport system [J] . Reproduction, 124 (6): 857-864.

Geisert R D, Schmitt R A M, 2002. Early embryonic survival in the pig: can it be improved [J]? Journal of Animal Science, 80 (1): E54-E65.

Geisert R D, Zavy M T, Moffatt R J, et al, 1990. Embryonic steroids and the establishment of pregnancy in pigs [J] . Journal of Reproduction and Fertility, 40: 293-305.

Greene J M, Dunaway C W, Bowers S D, et al, 2012. Dietary L-arginine supplementation during gestation in mice enhances reproductive performance and Vegfr2 transcription activity in the fetoplacental unit [J] . Journal of Nutrition, 142 (3): 456-460.

Guo P, Jiang Z Y, Gao K G, et al, 2017. Low-level arginine supplementation (0.1%) of wheat-based diets in pregnancy increases the total and live-born litter sizes in gilts [J] . Animal Production Science, 57 (6): 1091-1096.

Hardy I, Alany R, Russell B, et al, 2006. Antimicrobial effects of arginine and nitrogen oxides and their potential role in sepsis [J] . Current Opinion in Clinical Nutrition and Metabolic Care, 9 (3): 225-232.

He Q, Kong X, Wu G, et al. Metabolomic analysis of the response of growing pigs to dietary L-arginine supplementation [J] . Amino Acids, 2009, 37 (1): 199-208.

Hu C J, Jiang Q Y, Zhang T, et al, 2017. Dietary supplementation with arginine and glutamic acid modifies growth performance, carcass traits, and meat quality in growing-finishingpigs [J] . Journal of Animal Science, 95 (6): 2680-2689.

Hu S, Li X, Rezaei R, et al, 2015. Safety of long-term dietary supplementation with L-arginine in pigs [J] . Amino Acids, 47 (5): 925-936.

Ishida M, Hiramatsu Y, Masuyama H, et al, 2002. Inhibition of placental ornithine decarboxylase by DL-α-difluoro-methyl ornithine causes fetal growth restriction in rat [J] . Life Sciences, 70 (12): 1395-1405.

Jobgen W S, Fried S K, Fu W J, et al, 2006. Regulatory role for the arginine-nitric oxide pathway in metabolism of energy substrates [J] . Journal of Nutrition Biochemistry, 17 (9): 571-588.

Jones H N, Powell T L, Jansson T, 2007. Regulation of placental nutrient transport-a review [J] . Placenta, 28 (8/9): 763-774.

Kim S W, Mcpherson R L, Wu G, 2004. Dietary arginine supplementation enhances the growth of milk-fed young pigs [J] . Journal of Nutrition, 134 (3): 625.

Kirchgessner M, Räder G, Roth-Maier D A, 1991. Influence of an oral arginine supplementation on lactation performance of sows [J]. Journal of Animal Physiology and Animal Nutrition (Germany, FR).

Kong X, Tan B, Yin Y, et al, 2012. L-Arginine stimulates the mTOR signaling pathway and protein synthesis in porcine trophectoderm cells [J]. Journal of Nutritional Biochemistry, 23 (9): 1178-1183.

Krebs H A, 1973. The discovery of the ornithine cycle of urea synthesis [J]. Biochemical Education, 1 (2): 19-23.

Laspiur J P, Trottier N L, 2001. Effect of dietary arginine supplementation and environmental temperature on sow lactation performance [J]. Livestock Production Science, 70 (1/2): 159-165.

Li P, Yin Y L, Li D, et al, 2007. Amino acids and immune function [J]. British Journal of Nutrition, 98 (2): 237-252.

Li X, Bazer F W, Johnson G A, et al, 2014. Dietary supplementation with L-arginine between days 14 and 25 of gestation enhances embryonic development and survival in gilts [J]. Amino Acids, 46 (2): 375-384.

Li Y, Chen J, Li Z, et al, 2019. Mitochondrial OXPHOS is involved in the protective effects of L-arginine against heat-induced low sperm motility of boar [J]. Journal of Thermal Biology, 84: 236-244.

Liu G, Cao W, Fang T, et al, 2016. Urinary metabolomic approach provides new insights into distinct metabolic profiles of glutamine and N-carbamylglutamate supplementation in rats [J]. Nutrients, 8 (8): 478.

Liu X D, Wu X, Yin Y L, et al, 2012. Effects of dietary L-arginine or N-carbamylglutamate supplementation during late gestation of sows on the miR-15b/16, miR-221/222, VEGFA and eNOS expression in umbilical vein [J]. Amino Acids, 42 (6): 2111-2119.

Liu Y, Han J, Huang J, et al, 2009. Dietary L-arginine supplementation improves intestinal function in weaned pigs after an Escherichia coli lipopolysaccharidechallenge [J]. Asian-Australasian Journal of Animal Sciences, 22 (12): 1667-1675.

Liu Y, Huang J, Hou Y, et al, 2008. Dietary arginine supplementation alleviates intestinal mucosal disruption induced by Escherichia coli lipopolysaccharide in weanedpigs [J]. British Journal of Nutrition, 100 (3): 552-560.

Liu Z, Geng M, Shu X, et al, 2012. Dietary NCG supplementation enhances the expression of N-acetylglutamate synthase in intestine of weaning pig [J]. Journal of Food Agriculture and Environment, 10 (Part 1): 408-412.

Lucotti P, Setola E, Monti L D, et al, 2006. Beneficial effects of a long-term oral L-arginine treatment added to a hypocaloric diet and exercise training program in obese, insulin-resistant type 2 diabetic patients [J]. American Journal of Physiology-Endocrinology and Metabolism, 291 (5): E906-E912.

Ma X, Lin Y, Jiang Z, et al, 2010. Dietary arginine supplementation enhances antioxidative capacity and improves meat quality of finishing pigs [J]. Amino Acids, 38 (1): 95-102.

Ma X, Zheng C, Hu Y, et al, 2015. Dietary L-arginine supplementation affects the skeletal longissimus muscle proteome in finishingpigs [J]. PLoS ONE, 10 (1): e0117294.

Mateo R D, Wu G, Bazer F W, et al, 2007. Dietary L-arginine supplementation enhances the reproductive performance of gilts [J]. Journal of Nutrition, 137 (3): 652-656.

Mateo R D, Wu G, Moon H K, et al, 2008. Effects of dietary arginine supplementation during gestation and lactation on the performance of lactating primiparous sows and nursingpiglets [J]. Journal of Animal Science, 86 (4): 827-835.

McPherson R L, Ji F, Wu G, et al, 2004. Growth and compositional changes of fetal tissues inpigs [J]. Journal of Animal Science, 82 (9): 2534-2540.

Morris S M, 2009. Recent advances in arginine metabolism: roles and regulation of thearginases [J]. British Journal of Pharmacology, 157 (6): 922-930.

Morris S M, 2016. Arginine metabolism Revisited. Journal of Nutrition, 146 (12): 2579-2586.

Ochoa J B, Strange J, Kearney P, et al, 2001. Effects of L-arginine on the proliferation of T lymphocyte subpopulations [J]. Journal of Parenteral and Enteral Nutrition, 25 (1): 23-29.

Palencia J Y P, Lemes M A G, Garbossa C A P, et al, 2018. Arginine for gestating sows and foetal development: a systematic review [J]. Journal of Animal Physiology and Animal Nutrition, 102 (1): 204-213.

Pegg A E, McCann P P, 1982. Polyamine metabolism and function [J]. American Journal of Physiology-Cell Physiology, 243 (5): 212-221.

Peng Y, 2012. Effects of oral supplementation with N-carbamylglutamate on serum biochemical indices and intestinal morphology with its proliferation in weanling piglets [J]. Journal of Animal and Veterinary Advances, 11 (16): 2926-2929.

Pope W F, Xie S, Broermann D M, et al, 1990. Causes and consequences of early embryonic diversity in pigs [J]. Journal of reproduction and fertility, 40: 251-260.

Popolo A, Adesso S, Pinto A, et al, 2014. L-Arginine and its metabolites in kidney and cardiovascular disease [J]. Amino Acids, 46 (10): 2271-2286.

Ramaekers P, Kemp B, Van der Lende T, 2006 Progenos in sows increases number of piglets born [J]. Journal of Animal Science, 84 (1): 394.

Ren B, Cheng X, Wu D, et al, 2015. Effect of different amino acid patterns on semen quality of boars fed with low-proteindiets [J]. Animal Reproduction Science, 161: 96-103.

Ren W, Yin Y, Liu G, et al, 2012. Effect of dietary arginine supplementation on reproductive performance of mice with porcine circovirus type 2 infection [J]. Amino Acids, 42 (6), 2089-2094.

Rhoads J M, Niu X, Odle J, et al, 2006. Role of mTOR signaling in intestinal cell migration [J]. American Journal of Physiology-Gastrointestinal and Liver Physiology, 291 (3): 510-517.

Singh K, Gobert A P, Coburn L A, et al, 2019. Dietary arginine regulates severity of experimental colitis and affects the colonic microbiome [J]. Frontiers in Cellular and Infection Microbiology, 9: 66.

Staicu F D, Lopez-Úbeda R, Romero-Aguirregomezcorta J, et al, 2019. Regulation of boar sperm functionality by the nitric oxide synthase/nitric oxide system [J]. Journal of Assisted Reproduction and Genetics, 36 (8): 1721-1736.

Tan B E, Li X G, Kong X F, et al, 2009. Dietary L-arginine supplementation enhances the immune status in early-weaned piglets [J]. Amino Acids, 37 (2): 323-331.

Tan B, Yin Y, Liu Z, et al, 2011. Dietary L-arginine supplementation differentially regulates expression of lipid-metabolic genes in porcine adipose tissue and skeletalmuscle [J]. The Journal of Nutritional Biochemistry, 22 (5): 441-445.

Tan B E, Yin Y L, Kong X F, et al, 2010. L-arginine stimulates proliferation and prevents endotoxin-induced death of intestinal cells [J]. Amino Acids, 38 (4): 1227-35.

Tan Bi' e, Yin Y, Wu Z, et al, 2012. Regulatory roles for L-arginine in reducing white adipose tissue [J]. Frontiers in Bioscience: A Journal and Virtual Library, 17: 2237-2246.

Trottier N L, Shipley C F, Easter R A, 1997. Plasma amino acid uptake by the mammary gland of the lactating sow [J]. Journal of Animal Science, 75 (5): 1266-1278.

Urschel K L, Shoveller A K, Pencharz P B, et al, 2005. Arginine synthesis does not occur during first-pass hepatic metabolism in the neonatal piglet [J]. American Journal of Physiology-Endocrinology and Metabolism, 288 (6): 1244-1251.

Vallet J L, Freking B A, 2007. Differences in placental structure during gestation associated with large and small pig fetuses [J]. Journal of Animal Science, 85 (12): 3267-3275.

Verardo G, Geatti P, Strazzolini P, 2007. Rapid and efficient microwave-assisted synthesis of N-carbamoyl-L-amino acids [J]. Synthetic communications, 37 (11): 1833-1844.

Vosatka R J, Hassoun P M, Harvey-Wilkes K B, 1998. Dietary L-arginine prevents fetal growth restriction in rats [J]. American Journal of Obstetrics and Gynecology, 178 (2): 242-246.

Wang J, He Q, Yan X, et al, 2014. Effect of exogenous nitric oxide on sperm motility *in vitro* [J]. Biological Research, 47 (1): 44.

Wang Y, Zhang L, Zhou G, et al, 2012. Dietary L-arginine supplementation improves the intestinal development through increasing mucosal Akt and mammalian target of rapamycin signals in intra-uterine growth retarded piglets [J]. British Journal of Nutrition, 108 (8): 1371-1381.

Wilkinson D L, Bertolo R F P, Brunton J A, et al, 2004. Arginine synthesis is regulated by dietary arginine intake in the enterally fed neonatal piglet [J]. American Journal of Physiology-Endocrinology and Metabolism, 287 (3): 454-462.

Wu G, 1998. Intestinal mucosal amino acidcatabolism [J]. Journal of Nutrition, 128 (8): 1249-1252.

Wu G, 2013. Functional amino acids in nutrition andhealth [J]. Amino Acids, 45: 407-411.

Wu G, Bazer F W, Burghardt R C, et al, 2010a. Impacts of amino acid nutrition on pregnancy outcome in pigs: mechanisms and implications for swine production [J]. Journal of Animal Science, 88: 195-204.

Wu G, Bazer F W, Burghardt R C, et al, 2010b. Impacts of amino acid nutrition on pregnancy outcome in pigs: mechanisms and implications for swine production [J]. Journal of Animal Science, 88 (13): 195-204.

Wu G, Bazer F W, Datta S, et al, 2008. Intrauterine growth retardation in livestock: implications, mechanisms and solutions [J]. Arch Fur Tierzucht-Arch Anim Breed, 51 (1): 4-10.

Wu G, Bazer F W, Davis T A, et al, 2009. Arginine metabolism and nutrition in growth, health and disease [J]. Amino Acids, 37 (1): 153-68.

Wu G, Bazer F W, Johnson G A, et al, 2018. BOARD-INVITED REVIEW: arginine nutrition and metabolism in growing, gestating, and lactating swine [J]. Journal of Animal Science, 96 (12): 5035-5051.

Wu G, Bazer F W, Satterfield M C, et al, 2013. Impacts of arginine nutrition on embryonic and fetal development in mammals [J]. Amino Acids, 45 (2): 241-256.

Wu G, Bazer F W, Tuo W, et al, 1996. Unusual abundance of arginine and ornithine in porcine allantoic fluid [J]. Biology of Reproduction, 54 (6): 1261-1265.

Wu G，Bazer F W，Wallace J M，et al，2007. Intrauterine growth retardation：implications for the animal sciences [J]．Journal of Animal Science，84（9）：2316-2337.

Wu G，Davis P K，Flynn N E，et al，1997. Endogenous synthesis of arginine plays an important role in maintaining arginine homeostasis in postweaning growing pigs [J]．Journal of Nutrition，127（12）：2342-2349.

Wu G，Flynn N E，Knabe D A，2000. Enhanced intestinal synthesis of polyamines from proline in cortisol-treated piglets [J]．American Journal of Physiology-Endocrinology and Metabolism，279（2）：395-402.

Wu G，Knabe D A，1994. Free and protein-bound amino acids in sow's colostrum and milk [J]．Journal of Nutrition，124（3）：415-424.

Wu G，Knabe D A，1995. Arginine synthesis in enterocytes of neonatal pigs [J]．American Journal of Physiology-Regulatory，Integrative and Comparative Physiology，269（3）：621-629.

Wu G，Knabe D A，Flynn N E，1994. Synthesis of citrulline from glutamine in pig enterocytes [J]. Biochemical Journal，299（1）：115-121.

Wu G，Knabe D A，Kim S W，2004. Arginine nutrition in neonatal pigs [J]．Journal of Nutrition，134（10）：2783-2790.

Wu G，Morris S M，1998. Arginine metabolism：nitric oxide andbeyond [J]．Biochemical Journal，336（1）：1-17.

Wu X，Ruan Z，Gao Y，et al，2010a. Dietary supplementation with L-arginine or N-carbamylglutamate enhances intestinal growth and heat shock protein-70 expression in weanling pigs fed a corn-and soybean meal-based diet [J]．Amino Acids，39（3）：831-839.

Wu X，Ruan Z，Gao Y，et al，2010b. Dietary supplementation with L-arginine or N-carbamylglutamate enhances intestinal growth and heat shock protein-70 expression in weanling pigs fed a corn- and soybean meal-based diet [J]．Amino Acids，39：831-839.

Wu X，Yin Y L，Liu Y Q，et al，2012. Effect of dietary arginine and N-carbamoylglutamate supplementation on reproduction and gene expression of eNOS，VEGFA and PlGF1 in placenta in late pregnancy of sows [J]．Animal Reproduction Science，132（3/4）：187-192.

Yang X F，Jiang Z Y，Gong Y L，et al，2016. Supplementation of pre-weaning diet with L-arginine has carry-over effect to improve intestinal development in young piglets [J]．Canadian Journal of Animal Science，96（1）：52-59.

Yao K，Yin Y L，Chu W，et al，2008. Dietary arginine supplementation increases mTOR signaling activity in skeletal muscle of neonatal pigs [J]．Journal of Nutrition，138（5）：867-872.

Ye C，Zeng X，Zhu J，et al，2017. Dietary NCG supplementation in a reduced protein diet affects carcass traits and the profile of muscle amino acids and fatty acids in finishing pigs [J]．Journal of Agriculture and Food Chemistry，65（28）：5751-5758.

Zeng X，Huang Z，Mao X，et al，2015. Oral administration of N-carbamylglutamate might improve growth performance and intestinal function of suckling piglets [J]．Livestock Science，181：242-248.

Zhan Z，Ou D，Piao X，et al，2008. Dietary arginine supplementation affects microvascular development in the small intestine of early-weaned pigs [J]．Journal of Nutrition，138（7）：1304-1309.

Zhang B，Che L Q，Lin Y，et al，2014. Effect of dietary N-carbamylglutamate levels on reproductive performance of gilts [J]．Reproduction Domestic Animal，49（5）：740-745.

Zhang B, Lü Z, Li Z, et al, 2018. Dietary L-arginine supplementation alleviates the intestinal injury and modulates the gut microbiota in broiler chickens challenged by clostridium perfringens [J]. Frontiers in Microbiology, 9: 1716.

Zhang F, Zeng X, Yang F, et al, 2013. Dietary N-carbamylglutamate supplementation boosts intestinal mucosal immunity in *Escherichia coli* challenged piglets [J]. PLoS ONE, 8 (6): e66280.

Zhang H, Peng A, Yu Y, et al, 2019 N-carbamylglutamate and L-arginine promote intestinal absorption of amino acids by regulating the mtor signaling pathway and amino acid and peptide transporters in suckling lambs with intrauterine growth restriction [J]. Journal of Nutrition, 149 (6): 923-932.

Zhu J, Zeng X, Peng Q, et al, 2015. Maternal N-carbamylglutamate supplementation during early pregnancy enhances embryonic survival and development through modulation of the endometrial proteome in gilts [J]. Journal of Nutrition, 145 (10): 2212-2220.

第八章 猪低蛋白质日粮的应用与案例分析

低蛋白质日粮的应用不仅涉及猪的生产性能，包括生长速度、饲料转化效率、胴体品质和肉品质，还涉及饲料成本、综合养殖成本等问题。本章在分析近年来豆粕市场价格的基础上，以笔者及其研究团队开展的猪低蛋白质日粮的大规模示范试验为案例，对低蛋白质日粮在实际生产中的应用效果进行了分析，并对我国地方品种猪低蛋白质日粮的应用进行了介绍，期望能将低蛋白质日粮技术应用好、实践好。

第一节　低蛋白质日粮与豆粕价格的关系

豆粕是大豆榨油后得到的副产物，富含多种氨基酸，且各种氨基酸之间的比例较为平衡，具有易消化、吸收速度快的优点，是畜禽饲料中主要的蛋白质来源和产量最大的蛋白类饲料，70%以上的豆粕被用于饲料生产。由于受种植水平与土地资源的限制，我国目前用于生产豆粕的大豆主要依靠进口。因此，通过配制低蛋白质日粮降低饲料中豆粕的用量有利于减少我国对大豆的进口依存度，降低饲料成本。但降低豆粕用量的同时在日粮中额外补充的合成氨基酸又增加了一部分成本，因此豆粕的市场价格与低蛋白质日粮的成本密切相关。

一、豆粕生产与消费

近年来，全球豆粕产量逐年上升，2012—2013 年到 2017—2018 年的年均复合增长率为 5.35%，逐年增加的产量大部分来自于中国（图 8-1），中国豆粕产量的年均复合增长率为 7.67%。

豆粕产量的逐年上升是需求量增加的必然结果。2012—2013 年到 2017—2018 年中国豆粕消费的年均复合增长率为 8.55%，远高于全球的 5.65%（图 8-2）。世界豆粕消费主要包括工业消费、食用消费、饲料消费等，其中饲料消费所占比重最高，超过 70%。

世界豆粕产地主要集中在美洲和亚洲，排名前四的生产国分别为中国、美国、阿根廷和巴西。以 2016—2017 年为例，当年中国豆粕产量为 6 851 万 t，占全球总产量的 30.3%，

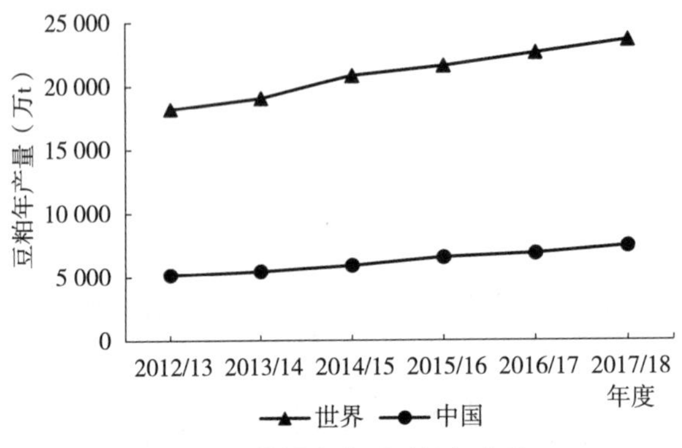

图 8-1　世界和中国豆粕年产量

（资料来源：美国农业部和中商产业研究院，2017）

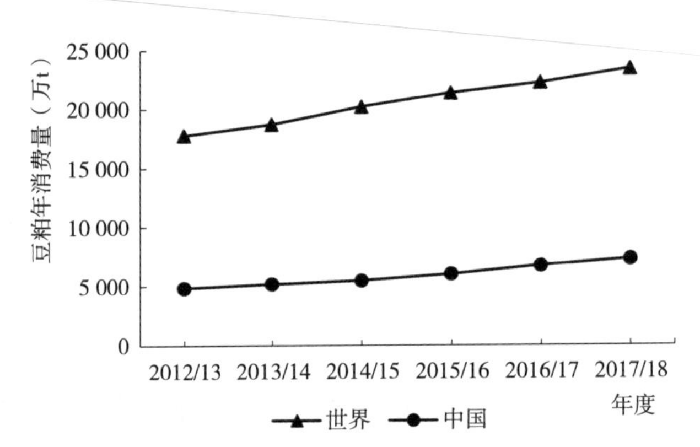

图 8-2　世界和中国豆粕年消费量

（资料来源：美国农业部和中商产业研究院，2017）

是排名第二的美国产量的 1.7 倍，相当于阿根廷和巴西当年总产量之和（表 8-1）。

表 8-1　2016/17 年度世界豆粕主要生产国的豆粕产量

国　家	产量（万 t）	占世界豆粕产量比重（%）
中国	6 851	30.3
美国	4 024	17.8
阿根廷	3 383	15.0
巴西	3 200	14.2
合计	17 458	77.3

资料来源：美国农业部和中商产业研究院（2017）。

2016/17 年度中国豆粕消费量达到 6 726 万 t（表 8-2），与产量基本持平。中国豆粕的消费主要是饲料消费，饲料消费占豆粕总消费量的 90%以上。

表 8-2　2016/17 年度世界主要消费国家和地区的豆粕消费量

国　家	消费量（万 t）	占世界豆粕消费量比重（%）
中国	6 726	30.3
欧盟	3 044	13.7

（续）

国　家	消费量（万 t）	占世界豆粕消费量比重（%）
美国	2 998	13.5
巴西	1 680	7.6
合计	14 448	65.1

资料来源：美国农业部和中商产业研究院（2017）。

二、影响豆粕价格的主要因素

（一）需求因素

2010—2018 年中国豆粕的市场需求量每年增加 400 万～600 万 t，豆粕作为猪和鸡饲料中主要的蛋白质原料，直接受到猪和鸡养殖数量的影响。

（二）大豆进口贸易和国际市场价格

每吨大豆大约可以制备出 0.2t 的豆油和 0.8t 的豆粕，因此豆粕价格与大豆的供给量密切相关。大豆原产自中国，我国种植大豆已有 5 000 年之久，曾经是世界上最大的大豆生产国和出口国，一度处于世界垄断地位。1996 年之后，转基因大豆在美国、巴西、阿根廷等国家得到了迅速推广，我国的非转基因大豆受到转基因大豆的强烈冲击，加之 1996 年取消大豆进口配额，大豆进口量节节攀升，因此我国由大豆净出口国变为净进口国，到 2000 年对外依存度已高达 87%以上（瞿商和赵德鑫，2011）。其中，美国是中国进口大豆的主要来源国之一，因此中国的大豆和豆粕市场在 2018 年以来的中美贸易摩擦中不可避免地受到冲击。自 2018 年 7 月 6 日中美双方正式宣布相互征收高额进口商品关税以来，我国豆粕现货市场行情就一路演绎着缓慢上涨的走势（武玉环和秦富，2018）。

（三）政策因素

各个国家的农业政策，如补贴政策、价格保护政策、临储政策等，均会影响农户的种植选择，从而影响大豆和豆粕的市场价格。

（四）其他饼粕类饲料原料的使用

豆粕、菜籽粕和棉籽粕是目前畜禽饲料中最常用的 3 种蛋白质原料，但菜籽粕和棉籽粕的抗营养因子和纤维含量较高，因此其利用效率低于豆粕。随着豆粕资源的紧缺、低抗营养因子菜籽和棉籽新品种的培育和推广，以及加工工艺的不断改进，菜籽粕和棉籽粕的价格优势逐渐显现出来。表 8-3 列出了 2018 年 8 月我国市场上常用的大豆粕、菜籽粕和棉籽粕的粗蛋白质含量和价格，据此可以推算出 2018 年 8 月大豆粕单位蛋白质的价格比菜籽粕和棉籽粕分别高出 10.6%和 23.3%。菜籽粕中含有较多的含硫氨基酸，尤其是蛋氨酸，而棉籽粕中精氨酸含量较高（González-Vega 和 Stein，2012），因此采用这 2 种原料代替部分豆粕可以减少饲料中合成氨基酸的使用量，并且也符合低蛋白质日粮“原料来源多元化”和“非常规原料精准使用”的思想。已如本书第二章所述，农业部饲料工业中心经过多年努力，已测定出各种饼粕类饲料代谢能转化为净能的效率，以及氨基酸的含量和利用率，为配合饲料中精准使用各种蛋白质饲料原料奠定了良好的基础。

表 8-3　蛋白质类原料价格

原　料	粗蛋白质（g/kg）	价格（元/kg）	单位蛋白质价格（元/kg）
大豆粕	430	3.09	7.19
菜籽粕	360	2.34	6.50
棉籽粕	460	2.68	5.83

注：各原料单价来源于饲料行业信息网（http：//www. feed trade. com. cn/）2018 年 8 月的平均价格。

三、豆粕价格是决定低蛋白质日粮价格优势的主要因素

虽然 NRC（2012）对仔猪和生长育肥猪日粮粗蛋白质的推荐量在 NRC（1998）的基础上降低了 2%～3%，但目前国内市场上很多仔猪和生长育肥猪商品饲料的粗蛋白质水平仍然很高（表 8-4），表 8-5 为根据表 8-4 列出参考值，以及笔者所在实验室建立的低蛋白质日粮粗蛋白质、净能和氨基酸需要量建议值（见第六章第二节）配制的玉米-豆粕型饲料参考配方的价格比较。

表 8-4　国内市场部分仔猪和生长育肥猪商品饲料中粗蛋白质、净能和标准回肠可消化必需氨基酸参考值

项　目	体重（kg）			
	7～20	20～50	50～80	80～120
粗蛋白质（%）	21.0	18.0	15.5	14.0
净能[1]（kcal/kg）	2 475	2 475	2 475	2 475
标准回肠可消化氨基酸[2]（%）				
赖氨酸	1.23	0.98	0.85	0.73
苏氨酸	0.73	0.59	0.52	0.46
色氨酸	0.20	0.17	0.15	0.13
蛋氨酸＋半胱氨酸	0.68	0.55	0.48	0.42
缬氨酸	0.78	0.64	0.55	0.48

注：[1]玉米-豆粕型日粮条件下，消化能转化为净能的效率为 73%；

[2]玉米-豆粕型日粮条件下，日粮中总赖氨酸含量转化为标准回肠可消化赖氨酸的效率为 86%～88%，总苏氨酸含量转化为标准回肠可消化苏氨酸的效率为 81%～84%，总色氨酸含量转化为标准回肠可消化色氨酸的效率为 86%～90%，总蛋氨酸＋半胱氨酸含量转化为标准回肠可消化蛋氨酸＋半胱氨酸的效率为 84%～86%，总缬氨酸含量转化为标准回肠可消化缬氨酸的效率为 84%～86%。

表 8-5 生长-育肥猪不同日粮粗蛋白质水平的参考配方

原 料[1]	单价[2]（元/t）	7～20kg		20～50kg		50～80kg		80～120kg	
		高蛋白质	低蛋白质	高蛋白质	低蛋白质	高蛋白质	低蛋白质	高蛋白质	低蛋白质
二级玉米	1 790	57.44	68.93	66.88	77.64	75.28	83.26	80.28	86.19
43 豆粕	3 090	36.03	25.33	27.91	17.80	20.64	12.48	16.49	9.98
大豆油	6 910	2.58	0.61	1.55	—	0.54	—	—	—
石粉	130	0.79	0.75	0.80	0.77	0.73	0.70	0.71	0.68
磷酸氢钙	1 880	1.23	1.43	1.15	1.33	1.05	1.21	0.84	0.97
盐	550	0.35	0.35	0.35	0.35	0.35	0.35	0.35	0.35
L-赖氨酸盐酸盐	7 500	0.35	0.74	0.26	0.57	0.29	0.53	0.25	0.46
DL-蛋氨酸	17 800	0.14	0.29	0.07	0.17	0.05	0.14	0.02	0.08
L-苏氨酸	8 000	0.09	0.33	0.05	0.23	0.06	0.18	0.05	0.16
L-色氨酸	62 000	—	0.10	—	0.05	0.01	0.05	0.01	0.04
L-缬氨酸	34 000	—	0.14	—	0.09	—	0.10	—	0.09
预混料	39 800	1.00	1.00	1.00	1.00	1.00	1.00	1.00	1.00
日粮成本（元/t）		2 802	2 729	2 625	2 519	2 485	2 443	2 396	2 387
营养成分[3]									
干物质（%）		89.23	89.08	89.04	88.90	88.86	88.67	88.74	88.76
粗蛋白质（%）		21.00	18.00	18.00	15.00	15.50	13.00	14.00	12.00
净能（kcal/kg）		2 475	2 450	2 475	2 464	2 475	2 500	2 480	2 520
钙（%）		0.70	0.70	0.66	0.66	0.59	0.59	0.52	0.52
磷（%）		0.60	0.60	0.56	0.56	0.52	0.52	0.47	0.47
标准回肠可消化赖氨酸（%）		1.23	1.30	0.98	1.01	0.85	0.86	0.73	0.75
标准回肠可消化苏氨酸（%）		0.73	0.84	0.59	0.65	0.52	0.54	0.46	0.49
标准回肠可消化含硫氨基酸（%）		0.68	0.75	0.55	0.58	0.48	0.50	0.42	0.43
标准回肠可消化色氨酸（%）		0.21	0.26	0.17	0.18	0.15	0.15	0.13	0.13
标准回肠可消化缬氨酸（%）		0.80	0.78	0.68	0.63	0.58	0.56	0.52	0.51

注：[1]各原料营养成分参考中国饲料成分及营养价值表（2017 年第 28 版）（熊本海等，2017）；

[2]各原料单价来源于饲料行业信息网（http://www.feedtrade.com.cn/）2018 年 8 月的平均价格；

[3]钙、磷需要量参考 NRC（2012）相应阶段生长猪营养需要量，其余参考表 8-4 和本实验室低蛋白质日粮营养需要量推荐值；

“—”表示日粮中未添加相应原料。

从表 8-5 可以看出，降低日粮粗蛋白质水平可以显著降低饲料成本，7～20kg、20～50kg、50～80kg 和 80～120kg 日粮中粗蛋白质水平分别降低 3.00 个百分点、3.00 个百分点、2.50 个百分点和 2.00 个百分点时，豆粕用量分别降低 10.70 个百分点、10.11 个百分点、8.16 个百分点和 6.51 个百分点，日粮中减少的这部分豆粕可被玉米替代，然后通过补充合成氨基酸达到低蛋白质日粮条件下的氨基酸平衡，从而使配方成本分别降低 2.67%、4.21%、1.72%和 0.38%。

通过对 4 个阶段日粮成本来源平均值的进一步分析可以看出（图 8-3），日粮组成中，其他组分（磷酸氢钙、石粉、食盐和预混料）在高蛋白质日粮和低蛋白质日粮中的成本占比近乎一致，高蛋白质日粮和低蛋白质日粮成本差异主要来源于玉米、豆粕、豆油和氨基酸的价格，其中玉米和豆粕价格对成本的影响最大。

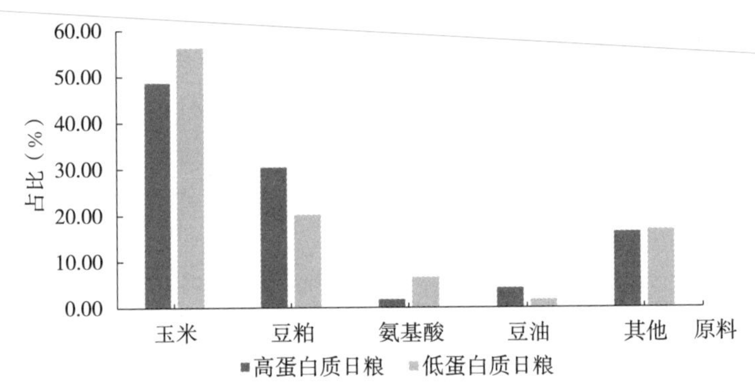

图 8-3　高蛋白质日粮和低蛋白质日粮中各种原料的成本占比（%）

猪各生长阶段高蛋白质日粮和低蛋白质日粮原料成本差异见表 8-6。由此可知，7～20kg、20～50kg、50～80kg 和 80～120kg 体重阶段，除豆粕外的其他原料成本高蛋白质日粮比低蛋白质日粮分别少 258.00 元/t、205.89 元/t、210.92 元/t 和 192.62 元/t，这 4 个体重阶段所需的高蛋白质日粮豆粕含量分别比低蛋白质日粮多 10.70%、10.11%、8.16%和 6.51%。由于我国市场玉米价格一直较稳定，其他原料价格波动对配方成本的影响较小，因此豆粕价格的变异成为决定低蛋白质日粮价格优势的主要因素。在玉米、豆油、氨基酸等原料价格稳定的情况下，这 4 个体重阶段豆粕价格分别在 2 412 元/t、2 037 元/t、2 585 元/t 和 2 959 元/t 以上时，玉米-豆粕型低蛋白质日粮才具有价格优势。

表 8-6　高蛋白质日粮和低蛋白质日粮原料成本差异

原　料	体重（kg）			
	7～20	20～50	50～80	80～120
玉米（元/t）	205.67	192.60	142.84	105.79
豆粕（元/t）	−330.63	−312.40	−252.14	−201.16
大豆油（元/t）	−136.13	−107.10	−37.31	0
合成氨基酸*（元/t）	184.75	117.05	102.42	84.43
其他（元/t）	3.71	3.35	2.97	2.41

注：表格内数据为低蛋白质日粮原料成本减去高蛋白质日粮原料成本相对应数据的差值，各原料单价来源于饲料行业信息网（http：//www.feed trade.com.cn/）2018 年 8 月的平均价格；

* 包括磷酸氢钙、石粉、食盐和预混料。

综上所述，在玉米、合成氨基酸等原料价格稳定的条件下，20～50kg 猪生长阶段低蛋白质日粮最具价格优势。但在实际生产中计算低蛋白质日粮相对于高蛋白质日粮的成本优势时还需考虑：①商品猪日粮配方较为复杂，日粮组成还应包括麸糠和杂粕类原料，其对配方成本也会产生影响；②氨基酸价格会不定期波动，特别是蛋氨酸和缬氨酸的价格受国际市场影响较大，因此在实际应用中应综合考虑多重因素的影响。此外，根据料重比和日粮成本估算的每千克增重成本也是评判低蛋白质日粮是否具有价格优势的另一要素。

第二节　猪低蛋白质日粮应用案例分析

低蛋白质日粮并不仅仅是单纯的降低日粮蛋白质水平，还涉及日粮氨基酸平衡、能氮平衡、能量与蛋白质同步吸收与利用等问题。近年来，笔者及其研究团队在建立各生理阶段猪低蛋白质日粮营养需求模式的基础上，在我国多地规模猪场进行了低蛋白质日粮试验示范和应用。

一、低蛋白质日粮在中国北方地区的应用案例

（一）试验示范地点

试验在我国北方山东省一个标准化猪场进行，试验猪舍为全封闭模式，水泥地面，下铺地暖，同时猪舍两端安装通风机和水帘，猪舍温度常年保持 20～25℃。

（二）试验示范时间

试验时正处于北方冬春交接之际（2—5 月，总计 3 个月左右），舍外温度为－5～15℃，舍内采用地暖后温度保持在 20～25℃。

（三）试验示范设计

试验采用单因素完全随机设计，同时选择 2 个猪舍进行试验，每个猪舍各饲喂一种日粮，即全阶段高蛋白质日粮或全阶段低蛋白质日粮，2 个试验猪舍的面积、栏数和饲养条件完全一致。

（四）试验示范动物及日粮

将初始平均体重为（29.18±1.47）kg、健康的 288 头杜洛克×长白×大白三元杂交商品猪（公、母各半），随机分到 2 个日粮处理组，每个猪舍为 1 个处理组（144 头），每个处理组设 6 个重复（栏），每个重复（栏）有 24 头猪。试验期分为生长期（30～60kg）、育肥前期（60～80kg）和育肥后期（80～110kg）3 个阶段。每阶段分为 2 个日粮水平处理，分别为高蛋白质日粮和低蛋白质日粮，各生长阶段 2 种日粮粗蛋白质水平分别设置为生长期 17%和 15%、育肥前期 16%和 14%、育肥后期 15%和 13%。

各阶段高蛋白质和低蛋白质日粮净能需要量和标准回肠可消化氨基酸含量保持一致，日粮净能水平根据猪场生产需要在生长期、育肥前期和育肥后期分别设置为2.48MJ/kg、2.51Mcal/kg和2.51Mcal/kg，并根据需要依次补充赖氨酸、苏氨酸、蛋氨酸、色氨酸和缬氨酸，具体日粮组成和养分含量见表8-7。

表8-7 高蛋白质和低蛋白质试验日粮组成和养分含量（北方）

项 目	生长期		育肥前期		育肥后期	
	高蛋白质	低蛋白质	高蛋白质	低蛋白质	高蛋白质	低蛋白质
原料（%）						
玉米	68.75	74.47	69.99	75.87	71.33	78.97
豆粕	14.86	8.61	8.59	2.96	2.30	—
菜籽粕	10.00	10.00	15.00	15.00	20.00	15.08
大豆油	2.45	2.36	2.79	1.92	3.10	2.01
L-赖氨酸硫酸盐	0.72	0.98	0.67	0.93	0.64	0.86
DL-蛋氨酸	0.13	0.18	0.07	0.13	0.02	0.09
L-苏氨酸	0.13	0.21	0.10	0.18	0.10	0.18
L-色氨酸	0.04	0.07	0.03	0.06	0.03	0.06
L-缬氨酸	0.03	1.03	0.01	0.11	—	0.09
磷酸氢钙	1.44	1.54	1.49	1.59	1.27	1.42
石粉	0.57	0.57	0.38	0.37	0.33	0.36
食盐	0.36	0.36	0.36	0.36	0.36	0.36
植酸酶	0.02	0.02	0.02	0.02	0.02	0.02
维生素-微量元素预混料	0.50	0.50	0.50	0.50	0.50	0.50
营养成分分析值						
干物质（%）	88.34	88.74	89.48	89.09	89.42	89.23
总能（Mcal/kg）	4.02	3.97	4.06	3.99	4.07	4.00
粗蛋白质（%）	17.31	15.09	16.74	14.46	15.62	13.29
中性洗涤纤维（%）	9.80	9.54	11.15	11.07	11.56	10.21
酸性洗涤纤维（%）	4.14	3.61	4.77	4.65	5.10	4.03
赖氨酸（%）	1.15	1.14	1.02	1.04	0.86	0.88
苏氨酸（%）	0.79	0.78	0.70	0.68	0.65	0.63
蛋氨酸（%）	0.71	0.70	0.63	0.62	0.55	0.54
色氨酸（%）	0.22	0.22	0.20	0.20	0.18	0.17
缬氨酸（%）	0.86	0.80	0.81	0.77	0.74	0.69
营养成分计算值[1]						
净能[2]（Mcal/kg）	2.48	2.48	2.51	2.51	2.51	2.51
标准回肠可消化赖氨酸[3]（%）	1.01	1.01	0.87	0.87	0.75	0.75
标准回肠可消化含硫氨基酸（%）	0.58	0.58	0.52	0.52	0.46	0.46

（续）

项 目	生长期		育肥前期		育肥后期	
	高蛋白质	低蛋白质	高蛋白质	低蛋白质	高蛋白质	低蛋白质
标准回肠可消化苏氨酸（%）	0.62	0.62	0.54	0.54	0.49	0.49
标准回肠可消化色氨酸（%）	0.18	0.18	0.16	0.16	0.14	0.14
标准回肠可消化缬氨酸（%）	0.65	0.65	0.60	0.60	0.53	0.53

注：[1]均为将干物质含量调整为88%的日粮营养成分计算值；
[2,3]原料的净能和标准回肠可消化氨基酸来源于农业农村部饲料工业中心数据库；
"—"表示日粮中未添加相应原料。

（五）饲养管理

试验前对猪舍进行清扫消毒，保持2个猪舍试验环境一致。试验期间猪自由采食和饮水，按猪场常规程序进行消毒、驱虫和免疫，随时观察猪的精神状况和健康状况。

（六）样品采集

1. 日粮样品采集 于每个生长阶段分前、中、后3个时间点采集日粮并混合，于−20℃保存待测。

2. 生长性能测定 每个试验阶段开始和结束时早晨空腹以栏为单位称重，并在试验期间以栏为单位每天记录耗料量，计算平均日增重（ADG）、平均日采食量（ADFI）和饲料转化效率（F/G）。

3. 粪样采集 各阶段试验结束前3～4d，收集每个猪舍（处理）各栏（重复）相同位点的新鲜粪便，并添加适量盐酸固氮，于−20℃保存；然后将3d的粪样混合，于65℃烘箱中风干72h；最后回潮24 h，并粉碎过40目筛，装袋待测。

4. 屠宰 在育肥后期试验结束后，每个处理随机选6头育肥猪［每个重复（栏）1头］按国家标准《生猪屠宰操作规程》屠宰，去除头部、蹄部及尾部，摘除内脏，沿脊柱中线将胴体锯开，采集左侧胴体第8～12肋骨的背最长肌肉样。一部分于−20℃中冷冻保存，用于检测肌内脂肪含量、肌肉游离和总氨基酸组成；另一部分置于冰上，用于肉品质分析。

（七）指标测定

1. 常规养分测定 干物质和粗蛋白质的测定分别参照国家标准《饲料中水分的测定》（GB/T 6435—2014）和《饲料中粗蛋白的测定 凯氏定氮法》（GB/T 6432—2018）中推荐的方法；中性洗涤纤维和酸性洗涤纤维的测定分别参照国家标准《饲料中中性洗涤纤维（NDF）的测定》（GB/T 20806—2006）和《饲料中酸性洗涤纤维的测定》（NY/T 1459—2007）中推荐的方法；总能测定参照国际标准 *Animal Feeding Stuffs, Animal Products, and Faeces or Urine-Determination of Gross Calorific Value-Bomb Calorimeter Method*（ISO 9831—1998）中推荐的方法，使用氧弹式测热仪（6400型，Parr公司，美国）进行测定。

日粮氨基酸含量测定方法是：①粉碎后的日粮样品在110℃下于6mol/L盐酸中水

解24h后，用氨基酸自动分析仪（日立L-8900，Tokyo，日本）测定15种氨基酸含量；②粉碎后的日粮样品在0℃下过甲酸氧化16h后，用氨基酸自动分析仪（日立L-8900，Tokyo，日本）测定含硫氨基酸含量；③粉碎后的日粮样品用4mol/L氢氧化钠于110℃下水解22h后，用反相高效液相色谱仪（Waters 2690，Milford，MA）测定色氨酸含量。

采用酸不溶灰分（acid-insoluble ash，AIA）法测定营养物质全肠道表观消化率，AIA含量参照国家标准《饲料中盐酸不溶灰分的测定》（GB/T 23742—2009）的灼烧处理法进行测定，其中的盐酸浓度替换为4mol/L。

2. 胴体品质与肉品质分析 屠宰后去除头、蹄、尾和内脏并保留板油和肾脏后称量，测定热胴体重。屠宰后45min内测定背膘厚、肉色、滴水损失、烹饪损失、pH_{45min}和眼肌面积；用游标卡尺测量第1肋骨、第6～7肋骨、最后腰椎处的背膘厚，并计算3处背膘厚的平均值；用游标卡尺测量背最长肌横断面的宽度和高度，计算眼肌面积（cm^2）[其计算公式是：眼肌面积＝眼肌宽（cm）×眼肌高（cm）×0.7]；用CR-410型色差仪读取眼肌肉色；屠宰率、烹饪损失、滴水损失的测定和计算方法参照NPPC（1999）。屠宰率定义为热胴体重占活体重的百分比；烹饪损失为肌肉样品加热后（肌肉样品中心温度达到70℃）重量减少的百分比；滴水损失为背最长肌置于4℃冷库中悬挂24h后的重量。

3. 肌肉营养成分测定 冻干粉碎后的背最长肌样品的干物质含量、肌内脂肪含量和粗蛋白质含量分别参照国家标准《饲料中水分的测定》（GB/T 6345—2006）、《饲料中粗脂肪的测定》（GB/T 6433—2006）和《饲料中粗蛋白的测定 凯氏定氮法》（GB/T 6342—2018）进行测定。

（八）数据统计分析

以试验重复为单位，数据采用SAS 9.3的T-test模型进行统计分析。$P<0.05$表示处理间差异显著，$0.05\leqslant P<0.10$表示处理间存在差异显著趋势。

（九）结果分析与讨论

由表8-7可知，试验日粮主要由玉米、豆粕和菜籽粕3种原料组成，其中菜籽粕在猪生长期和育肥前期2种日粮中的含量均保持一致，日粮粗蛋白质水平主要由玉米、豆粕和合成氨基酸的添加量来控制，可消化氨基酸含量通过在日粮中补充L-赖氨酸、L-苏氨酸、DL-蛋氨酸、L-色氨酸和L-缬氨酸来满足猪的生长需要。

表8-8列出了试验生产性能的结果。从表中可以看出，生长期高蛋白质组猪的ADFI显著低于低蛋白质组（$P=0.04$），但ADG两组间差异不显著，高蛋白质组饲料转化效率显著低于低蛋白质组（$P<0.01$）；育肥前期高蛋白质组猪的ADG显著高于低蛋白质组（$P<0.01$），但ADFI两组间差异不显著，高蛋白质组猪饲料转化效率显著低于低蛋白质组（$P<0.01$）；育肥后期低蛋白质组猪的ADG和ADFI均显著高于高蛋白质组。从整个生长-育肥全程的数据看，高蛋白质和低蛋白质组猪的ADG无显著差异，与低蛋白质组相比，高蛋白质组猪的ADFI和饲料转化效率有降低趋势（$P=0.05$）。

表 8-8 高蛋白质日粮和低蛋白质日粮对生长育肥猪全程生长性能的试验结果（北方）

项 目	高蛋白质日粮	低蛋白质日粮	SEM	P 值
初始体重（kg/头）	29.29	29.06	0.93	0.81
生长期				
终末体重（kg/头）	63.91	62.54	1.54	0.39
ADG（g）	989	957	22	0.17
ADFI（g）	1 853	1 963	45	0.04
F/G（g/g）	1.87	2.05	0.04	<0.01
育肥前期				
终末体重（kg/头）	83.62	80.39	1.72	0.09
ADG（g）	1 037	939	24	<0.01
ADFI（g）	2 648	2 581	44	0.15
F/G（g/g）	2.55	2.75	0.07	0.02
育肥后期				
终末体重（kg/头）	111.23	110.74	2.16	0.71
ADG（g）	952	1 046	37	0.03
ADFI（g）	2 870	3 013	62	0.04
F/G（g/g）	3.03	2.88	0.08	0.23
生长-育肥全程				
ADG（g）	987	984	18	0.86
ADFI（g）	2 391	2 471	38	0.06
F/G（g/g）	2.42	2.51	0.03	0.05

表 8-9 是屠宰试验的结果。当全程饲喂低蛋白质日粮至出栏时，猪的胴体形状、肉品质和背最长肌的养分含量与高蛋白质组均无显著差异。但从数据上看，低蛋白质组猪的肌内脂肪含量比高蛋白质组提高了 22%。

表 8-9 高蛋白质日粮和低蛋白质日粮对猪胴体品质、肉品质和肌肉营养成分的试验结果（北方）

项 目	高蛋白质日粮	低蛋白质日粮	SEM	P 值
胴体品质				
屠宰重（kg）	110.10	109.07	3.56	0.77
热胴体重（kg）	79.78	76.88	3.41	0.41
屠宰率（%）	72.40	70.50	1.66	0.28
胴体长（cm）	90.70	88.92	1.65	0.30
背膘厚（mm）	23.98	24.92	2.33	0.70
眼肌面积（cm^2）	41.69	39.96	3.39	0.62
肉品质				
亮度 L^*	47.61	46.66	1.04	0.38

（续）

项　目	高蛋白质日粮	低蛋白质日粮	SEM	*P* 值
红度 a*	16.30	17.61	0.94	0.19
黄度 b*	3.07	2.95	0.36	0.75
pH_{45min}	6.47	6.42	0.09	0.53
pH_{24h}	5.52	5.47	0.08	0.53
滴水损失（%）	2.57	2.52	0.36	0.89
烹饪损失（%）	61.31	61.47	1.24	0.90
肌肉营养成分（%）				
干物质	26.91	26.11	0.63	0.24
粗蛋白质	25.84	25.07	0.61	0.23
肌内脂肪	2.44	2.98	0.43	0.23

二、低蛋白质日粮在中国南方地区的应用案例

（一）试验示范地点

试验在我国南方广西壮族自治区一个标准化猪场进行，试验猪舍为半封闭模式，水泥地面。由于广西壮族自治区常年湿润、温暖，因此在猪舍两端安装通风机和水帘，以及在猪舍顶端安装水汽喷洒设备用于降温，使猪舍温度保持在25～30℃。

（二）试验示范时间

试验时正处于南方最热之际（6—9月，总计3个月左右），日平均温度在30℃以上，试验期总计3个月左右。

（三）试验示范设计

试验采用单因素完全随机设计，试验在同一栋猪舍内进行，分为2种试验日粮，即全程饲喂高蛋白质日粮或低蛋白质日粮。

（四）试验示范动物及日粮

将初始平均体重为（24.95±2.07）kg、健康的252头杜洛克×长白×大白三元杂交商品猪（公、母各半），随机分为2个日粮处理组，每个处理组设6个重复（栏），每个重复（栏）21头猪。试验期分为生长期（30～50kg）、育肥前期（50～80kg）和育肥后期（80～110kg）3个阶段。

每阶段分为2个日粮处理组，分别为高蛋白质日粮和低蛋白质日粮，各生长阶段2种日粮粗蛋白质水平分别设置为生长期17%和15%、育肥前期16%和14%、育肥后期15%和13%。

各阶段高蛋白质日粮和低蛋白质日粮净能需要量和标准回肠可消化氨基酸含量保持一致，日粮净能水平根据猪场生产需要分别在生长期、育肥前期和育肥后期设置为

2.41MJ/kg、2.45MJ/kg 和 2.45Mcal/kg，并根据需要依次补充赖氨酸、苏氨酸、蛋氨酸、色氨酸和缬氨酸，具体日粮组成和养分含量见表 8-10。

表 8-10 高蛋白质和低蛋白质试验日粮组成和养分含量（南方）

项 目	生长期		育肥前期		育肥后期	
	高蛋白质	低蛋白质	高蛋白质	低蛋白质	高蛋白质	低蛋白质
原料（%）						
玉米	50.69	50.79	46.50	49.20	53.10	53.11
高粱	15.00	15.00	10.00	10.00	10.00	10.00
大麦	—	—	20.00	20.00	16.22	17.00
豆粕	20.65	13.00	20.41	11.65	18.21	9.18
米糠粕	10.61	17.56	—	5.57	—	7.56
L-赖氨酸盐酸盐	0.36	0.60	—	0.20	—	—
L-赖氨酸硫酸盐	—	—	0.32	0.40	0.20	0.58
DL-蛋氨酸	0.07	0.16	0.03	0.12	—	0.06
L-苏氨酸	0.07	0.20	0.02	0.16	—	0.14
L-色氨酸	—	0.05	—	0.03	—	0.02
L-缬氨酸	—	0.06	—	0.07	—	0.04
磷酸氢钙	0.63	0.62	0.79	0.81	0.43	0.42
石粉	1.06	1.11	1.05	0.92	0.91	0.97
食盐	0.44	0.43	0.46	0.45	0.51	0.50
植酸酶	0.02	0.02	0.02	0.02	0.02	0.02
维生素和微量元素预混料	0.40	0.40	0.40	0.40	0.40	0.40
营养成分分析值						
干物质（%）	88.17	88.21	88.38	88.43	88.20	88.59
总能（Mcal/kg）	3.85	3.80	3.86	3.83	3.87	3.85
粗蛋白质（%）	16.93	15.27	16.28	13.69	15.26	13.11
中性洗涤纤维（%）	8.24	9.47	8.92	9.59	8.92	9.36
酸性洗涤纤维（%）	3.00	3.34	3.65	3.88	3.54	3.50
赖氨酸（%）	1.09	1.12	0.97	0.98	0.82	0.81
苏氨酸（%）	0.74	0.76	0.66	0.67	0.59	0.61
蛋氨酸（%）	0.67	0.68	0.58	0.59	0.51	0.52
色氨酸（%）	0.19	0.20	0.19	0.18	0.17	0.16
缬氨酸（%）	0.82	0.78	0.77	0.69	0.75	0.64
营养成分计算值						
净能（Mcal/kg）	2.41	2.41	2.45	2.45	2.45	2.45

（续）

项　目	生长期		育肥前期		育肥后期	
	高蛋白质	低蛋白质	高蛋白质	低蛋白质	高蛋白质	低蛋白质
标准回肠可消化赖氨酸（%）	0.98	0.98	0.85	0.85	0.73	0.73
标准回肠可消化含硫氨基酸（%）	0.56	0.56	0.51	0.51	0.45	0.45
标准回肠可消化苏氨酸（%）	0.60	0.60	0.53	0.53	0.48	0.48
标准回肠可消化色氨酸（%）	0.17	0.17	0.15	0.15	0.14	0.14
标准回肠可消化缬氨酸（%）	0.67	0.63	0.64	0.59	0.60	0.52

注：“—”表示日粮中未添加相应原料。

（五）饲养管理

试验期间猪自由采食和饮水，按猪场常规程序进行消毒、驱虫和免疫，随时观察猪的精神状况和健康状况。

（六）样品采集

日粮样品、生长性能、粪样采集和屠宰同北方试验。在每个生长阶段结束后，每栏随机选一头平均体重的猪，空腹过夜后颈静脉采血10mL，常温凝固后离心，将所得血清分装入EP管中，于−80℃保存备用。

（七）指标测定

日粮和粪样常规养分、胴体品质、肉品质及肌肉营养成分测定同北方试验。用CX型全自动生化分析仪（Beckman公司）测定血清中碱性磷酸酶、谷丙转氨酶、谷草转氨酶、脂肪酶的酶活性，总蛋白、尿素氮、甘油三酯和总胆固醇的浓度采用购自南京建成的试剂盒基于分光光度法进行测定。

（八）数据统计分析

数据统计分析同北方所用方法相同。

（九）结果分析与讨论

由表8-10可知，试验日粮主要由玉米、高粱、大麦、豆粕和米糠粕组成。其中，高粱和大麦在猪各生长阶段高蛋白质日粮和低蛋白质日粮中的含量保持一致，日粮粗蛋白质水平的差异由玉米、豆粕、米糠粕和合成氨基酸的添加量来控制。

表8-11为猪生长性能的试验结果。从此表可以看出，与北方的结果不同，饲喂高蛋白质日粮和低蛋白质日粮对猪各生长阶段的生长性能均无显著性差异，生长-育肥全程也无显著差异。这可能与南、北方猪场的饲喂模式不同有关。南方猪场每天饲喂4～6次，而北方猪场采用完全自由采食模式，随时保持料槽中有饲料。低蛋白质日粮中合成氨基酸的含量较多，而合成氨基酸在体内的吸收速率要快于植物蛋白质中的结合氨基酸，一次采食过多会降低合成氨基酸的利用效率，因此南方猪场少食多餐的饲喂模式有利于低蛋白质日粮中合成氨基酸的高效利用。

表 8-11 高蛋白质日粮和低蛋白质日粮对生长育肥猪全程生长性能的试验结果（南方）

项 目	高蛋白质组	低蛋白质组	SEM	*P* 值
初始体重（kg/头）	24.94	24.97	1.34	0.98
生长期				
终末体重（kg/头）	60.04	58.71	1.82	0.48
ADG（g）	731	703	21	0.21
ADFI（g）	1 547	1 485	53	0.27
F/G（g/g）	2.12	2.11	0.02	0.88
育肥前期				
终末体重（kg/头）	89.31	87.47	2.16	0.42
ADG（g）	813	799	35	0.69
ADFI（g）	2 121	2 083	91	0.68
F/G（g/g）	2.61	2.62	0.04	0.96
育肥后期				
终末体重（kg/头）	112.91	111.36	2.72	0.58
ADG（g）	738	747	39	0.82
ADFI（g）	2 453	2 369	123	0.51
F/G（g/g）	3.33	3.18	0.04	0.08
生长-育肥全程				
ADG（g）	758	745	24	0.58
ADFI（g）	1 975	1 914	77	0.45
F/G（g/g）	2.60	2.57	0.03	0.54

表 8-12 列出了育肥猪胴体品质、肉品质和背最长肌中营养成分的试验结果。从表中可以看出，生长育肥猪全程饲喂低蛋白质日粮不影响出栏时猪的胴体品质、肉品质和肌肉营养成分，饲喂低蛋白质日粮组猪的肌内脂肪含量提高了 7.2%。

表 8-12 高蛋白质日粮和低蛋白质日粮对育肥猪胴体品质、肉品质和肌肉营养成分的试验结果（南方）

项 目	高蛋白质组	低蛋白质组	SEM	*P* 值
胴体品质				
屠宰重（kg）	111.02	110.38	3.02	0.84
热胴体重（kg）	79.42	77.94	2.80	0.61
屠宰率（%）	71.53	70.58	1.29	0.48
胴体长（cm）	95.67	93.83	2.18	0.42
背膘厚（mm）	24.81	26.14	2.30	0.57
眼肌面积（cm^2）	40.48	38.80	4.01	0.68

（续）

项　目	高蛋白质组	低蛋白质组	SEM	*P* 值
肉品质				
亮度 L*	51.82	49.06	1.66	0.13
红度 a*	16.63	18.10	0.85	0.11
黄度 b*	4.10	4.20	0.55	0.86
pH_{45min}	6.44	6.32	0.09	0.21
pH_{24h}	5.46	5.48	0.05	0.70
滴水损失（%）	2.52	2.68	0.43	0.71
烹饪损失（%）	60.60	61.88	1.48	0.41
肌肉营养成分（%）				
干物质	26.19	26.97	1.35	0.57
粗蛋白质	25.42	23.98	1.47	0.35
肌内脂肪	2.50	2.68	0.40	0.66

由表 8-13 可知，低蛋白质日粮对猪血清生化指标无显著性影响，但可显著降低血清尿素氮的含量（$P < 0.05$）。低蛋白质日粮对脂肪代谢相关指标也无显著影响，进一步说明采用净能体系配制低蛋白质日粮后不会影响猪体内的脂肪代谢，从而不会导致胴体变肥。

表 8-13　高蛋白质日粮和低蛋白质日粮对生长育肥猪血清生化指标的试验结果（南方）

项　目	高蛋白质组	低蛋白质组	SEM	*P* 值
生长阶段				
总胆固醇（mmol/L）	2.01	2.11	0.10	0.33
甘油三酯（mmol/L）	0.48	0.44	0.04	0.41
总蛋白质（g/L）	54.07	52.50	1.98	0.45
谷丙转氨酶（U/L）	41.62	40.08	1.55	0.35
谷草转氨酶（U/L）	27.60	31.73	3.18	0.22
碱性磷酶酶（U/L）	154.52	159.55	19.36	0.80
脂肪酶（U/L）	358.88	365.44	20.52	0.75
尿素氮（mmol/L）	5.62	2.44	0.26	<0.01
育肥前期				
总胆固醇（mmol/L）	2.49	2.54	0.16	0.74
甘油三酯（mmol/L）	0.42	0.40	0.04	0.69
总蛋白质（g/L）	57.23	60.13	1.72	0.12
谷丙转氨酶（U/L）	40.00	38.18	2.79	0.53
谷草转氨酶（U/L）	23.53	19.97	4.63	0.46
碱性磷酶酶（U/L）	133.90	121.07	14.92	0.41
脂肪酶（U/L）	337.61	337.61	18.67	0.99
尿素氮（mmol/L）	4.60	2.67	0.76	0.03

（续）

项　目	高蛋白质组	低蛋白质组	SEM	P 值
育肥后期				
总胆固醇（mmol/L）	2.15	2.07	0.18	0.68
甘油三酯（mmol/L）	0.37	0.37	0.06	0.95
总蛋白质（g/L）	63.02	63.67	1.51	0.68
谷丙转氨酶（U/L）	37.52	37.95	4.33	0.92
谷草转氨酶（U/L）	20.18	22.65	2.00	0.25
碱性磷酶酶（U/L）	136.43	144.52	20.21	0.70
脂肪酶（U/L）	353.12	344.91	10.01	0.43
尿素氮（mmol/L）	5.17	2.91	0.70	<0.01

由表8-14可知，各生长阶段低蛋白质日粮组猪血清中组氨酸和异亮氨酸的浓度，以及生长期和育肥前期苯丙氨酸的浓度均显著低于高蛋白质组（$P<0.05$），这可能与低蛋白质日粮中这几种氨基酸含量较低且未额外补充有关，也表明这几种氨基酸可能是继赖氨酸、苏氨酸、色氨酸、蛋氨酸和缬氨酸之后的限制性氨基酸。因此，在日粮蛋白质水平进一步降低时，需要注意对这几种氨基酸的补充。此外，生长期低蛋白质日粮组猪血清中的赖氨酸、苏氨酸和色氨酸含量有高于高蛋白质组的趋势（$0.05<P<0.10$）。

表8-14　高蛋白质日粮和低蛋白质日粮对生长育肥猪血清氨基酸浓度（μmol/L）的试验结果（南方）

项　目	高蛋白质组	低蛋白质组	SEM	P 值
生长期				
精氨酸	152	142	13	0.48
组氨酸	84	50	10	0.02
异亮氨酸	121	86	8	<0.01
亮氨酸	205	197	18	0.69
赖氨酸	130	196	33	0.07
蛋氨酸	32	40	6	0.19
苯丙氨酸	74	58	6	0.02
苏氨酸	158	194	19	0.08
色氨酸	42	50	4	0.07
缬氨酸	182	176	20	0.78
必需氨基酸	1 027	1 047	97	0.84
非必需氨基酸	2 748	2 633	150	0.46
育肥前期				
精氨酸	153	148	19	0.89
组氨酸	88	50	11	<0.01
异亮氨酸	105	72	10	<0.01
亮氨酸	211	195	19	0.43

（续）

项　目	高蛋白质组	低蛋白质组	SEM	P 值
赖氨酸	146	271	35	＜0.01
蛋氨酸	40	54	5	0.02
苯丙氨酸	82	64	6	0.02
苏氨酸	129	179	23	0.05
色氨酸	45	46	5	0.86
缬氨酸	252	239	26	0.62
必需氨基酸	1 100	1 171	118	0.56
非必需氨基酸	2 844	2 890	137	0.70
育肥后期				
精氨酸	252	212	28	0.08
组氨酸	114	73	9	＜0.01
异亮氨酸	108	81	11	0.04
亮氨酸	224	203	22	0.37
赖氨酸	172	271	24	＜0.01
蛋氨酸	39	48	6	0.18
苯丙氨酸	94	81	8	0.16
苏氨酸	190	222	27	0.26
色氨酸	45	51	8	0.54
缬氨酸	271	227	30	0.18
必需氨基酸	1 256	1 256	114	0.99
非必需氨基酸	2 876	2 956	178	0.70

三、低蛋白质日粮商业应用案例

为了进一步验证低蛋白质日粮在实际生产中的应用效果，也为了不断校正在第六章第四节中给出的低蛋白质日粮营养需要量的推荐值，笔者及其研究团队在我国不同区域的规模猪场进行了不同生理阶段猪低蛋白质日粮应用效果的重复验证。此处，在猪每个典型生长阶段选取一个验证结果供读者参考（由于日粮具体配方涉及公司商业秘密，因此不予列出）。

（一）低蛋白质教槽料的饲喂效果

1. 试验设计　设计4个教槽料处理组，即20％ CP的高蛋白质组、18％ CP的低蛋白质组、商品颗粒教槽料组和商品液态教槽料组。高蛋白质组饲料按开展本试验的企业根据其营养参数配制，低蛋白质组饲料按笔者推荐的低蛋白质日粮营养参数配制，商品颗粒教槽料和液态教槽料为市场销售的某品牌饲料，各处理组营养水平见表8-15。试验期7d，测定生长性能，并统计仔猪腹泻率。

表 8-15 仔猪教槽料营养水平

项 目	高蛋白质组	低蛋白质组	商品颗粒教槽料组	商品液态教槽料组
蛋白质（%）	20.00	18.00	18.50	—
净能（kcal/kg）	2 550	2 550	—	—
标准回肠可消化氨基酸（%）				
赖氨酸	1.35	1.37	—	—
苏氨酸	0.79	0.81	—	—
含硫氨基酸	0.74	0.75	—	—
色氨酸	0.23	0.24	—	—
缬氨酸	0.86	0.86	—	—

注："—"表示日粮营养水平未知。

2. 试验结果 从表 8-16 可看出，饲喂高蛋白质和低蛋白质组教槽料仔猪的生长性能没有差异，且均高于饲喂商品颗粒教槽料和液态教槽料仔猪。饲喂低蛋白质教槽料仔猪的腹泻率最低，明显低于高蛋白质组和商品颗粒饲料组，18% CP 的低蛋白质教槽料显示了良好的效果。

表 8-16 不同蛋白质水平的教槽料对仔猪生长性能和腹泻率的影响

日 粮	高蛋白质组	低蛋白质组	商品颗粒教槽料组	商品液态教槽料组
初始平均体重（kg）	6.17	6.16	6.20	6.27
终末平均体重（kg）	7.62	7.58	7.38	7.16
ADG（g）	193	189	169	127
ADFI（g）	265	245	259	238
F/G（g/g）	1.37	1.30	1.54	1.87
腹泻率（%）	6.90	0.56	7.23	2.37

（二）教槽和保育期连续饲喂低蛋白质日粮的效果

1. 试验设计 从 25 日龄断奶后饲喂教槽料开始，设计 3 个处理组，即高蛋白质组、低蛋白质组和商品料组，教槽料高蛋白质和低蛋白质饲料营养水平与表 8-15 的相同；保育阶段高蛋白质组粗蛋白质水平为 19%，低蛋白质组粗蛋白质水平为 17%，其他养分含量见表 8-17（商品教槽料和保育料的营养组成未知）。教槽料饲喂 8d，保育料饲喂 27d。保育料饲喂结束后，每个处理组随机选 6 头猪屠宰，测定小肠形态。剩余所有猪继续饲喂同种生长猪商品饲料 28d 至断奶后 63d。

表 8-17 仔猪保育料营养水平

项 目	高蛋白质组	低蛋白质组
蛋白质（%）	19.00	17.00
净能（kcal/kg）	2 500	2 500

（续）

项　目	高蛋白质组	低蛋白质组
标准回肠可消化氨基酸（%）		
赖氨酸	1.23	1.25
苏氨酸	0.73	0.75
含硫氨基酸	0.68	0.70
色氨酸	0.20	0.21
缬氨酸	0.78	0.80

2. 试验结果　从表8-18可以看出，断奶后前8d饲喂低蛋白质和高蛋白质教槽料组仔猪的ADG、ADFI和饲料转化效率均高于商品饲料组。饲喂保育料期间，高蛋白质组仔猪的ADG高于低蛋白质组和商品饲料组，高蛋白质组、低蛋白质组的采食量和饲料转化效率高于商品饲料组。保育结束继续饲喂商品饲料35d后，高蛋白质组、低蛋白质组猪比一直饲喂商品饲料组的猪多增重2kg。教槽、保育阶段饲喂低蛋白质饲料猪在生长阶段的ADG最好。

表8-18　日粮蛋白质水平对猪生长性能的影响

日　粮	高蛋白质组	低蛋白质组	商品饲料组
初始平均体重（kg）	7.06	7.06	7.05
教槽期0～8d			
终末平均体重（kg）	8.31	8.19	8.07
ADG（g）	157	142	127
ADFI（g）	209	199	206
F/G（g/g）	1.34	1.40	1.65
保育期9～35d			
终末平均体重（kg）	20.20	19.58	19.25
ADG（g）	440	422	414
ADFI（g）	668	669	593
F/G（g/g）	1.52	1.59	1.44
生长期36～63d			
终末平均体重（kg）	42.40	42.13	40.32
ADG（g）	793	805	770
ADFI（g）	1 377	1 406	1 365
F/G（g/g）	1.74	1.75	1.77

从饲喂保育料结束（断奶后35d）后仔猪肠道形态的测定结果来看，低蛋白质饲料组猪空肠和回肠的绒毛高度均高于高蛋白质组和商品饲料组（表8-19）。说明低蛋白质饲料更有利于肠道的发育和健康，对猪的后期生长有益。

表 8-19 日粮蛋白质水平对猪肠道形态的影响（μm）

项　目	中农高蛋白质组	中农低蛋白质组	商品料组
十二指肠			
绒毛长度	423	446	422
隐窝深度	249	284	251
绒隐比	1.743	1.698	1.766
空肠			
绒毛长度	387	442	492
隐窝深度	233	245	248
绒隐比	1.708	1.887	2.021
回肠			
绒毛长度	390	448	391
隐窝深度	192	195	186
绒隐比	2.075	2.355	2.145

（三）保育猪饲喂低蛋白质饲料的效果

1. 试验设计 试验选取体重为7.6kg左右的保育仔猪，分别饲喂19% CP的高蛋白质饲料、17% CP的低蛋白质饲料和17% CP低蛋白质发酵豆粕饲料，日粮能量和主要限制性氨基酸水平与表8-17的相同，低蛋白质发酵豆粕组将低蛋白质日粮中的豆粕全部用发酵豆粕替代。

2. 试验结果 从表8-20可以看出，虽然高蛋白质组猪的初始体重高于其他2组，但28d的试验结束后，低蛋白质组猪的ADG、ADFI和饲料转化效率均高于高蛋白质组，将低蛋白质饲料中的豆粕用发酵豆粕替代后可进一步提高猪的采食量、生长速度。

表 8-20 日粮蛋白质水平和发酵豆粕对保育猪生长性能的影响

日　粮	高蛋白质组	低蛋白质组	低蛋白质发酵豆粕组
ADFI (g)			
第1周	355	328	368
第2周	490	545	569
第3周	655	726	726
第4周	716	770	808
全期生长性能			
初始平均体重（kg）	7.78	7.64	7.53
终末平均体重（kg）	17.07	18.21	18.53
ADG (g)	332	378	393
ADFI (g)	554	592	618
F/G (g/g)	1.67	1.57	1.57

（四）不同净能水平的低蛋白质饲料饲喂生长猪的效果

1. 试验设计 将体重为38.0kg左右的杜洛克×长白×大白生长猪按照体重相近、公母各半的原则分为3个处理组，分别饲喂18.5% CP的高蛋白质饲料、16% CP+2 450 kcal/kg NE的低蛋白质低能饲料、16% CP+2 500 kcal/kg NE的低蛋白质高能饲料（表8-21），试验期28d，然后测定猪生长性能及猪舍有害气体浓度。

表8-21 生长猪试验日粮营养成分

日　粮	高蛋白质组	低蛋白质低能组	低蛋白质高能组
净能（kcal/kg）	2 450	2 450	2 500
粗蛋白质（%）	18.5	16.0	16.0
赖氨酸（%）	1.14	1.10	1.06
蛋氨酸+胱氨酸（%）	0.48	0.52	0.51
苏氨酸（%）	0.71	0.68	0.66
缬氨酸（%）	0.79	0.77	0.72

2. 试验结果 从表8-22可以看出，低蛋白质高能组猪在第1～2周、第3～4周和全期的ADFI和ADG均高于低蛋白质低能组，在第1～2周和全期的ADG均高于高蛋白质低能组。低蛋白质高净能组的饲料转化效率较其他2组均有改善。试验全期，每千克增重的饲料成本由低到高依次为低蛋白质高能组、高蛋白质低能组和低蛋白质低能组。

表8-22 日粮净能和蛋白质水平对生长猪生长性能的影响

项　目	高蛋白质低能组	低蛋白质低能组	低蛋白质高能组
初始平均体重（kg）	37.91±3.27	38.13±2.87	38.24±2.75
结束平均体重（kg）	58.54±5.60	57.84±5.89	59.89±4.69
第1～2周			
ADFI（g）	1 863±53	1 893±145	1 914±89
ADG（g）	823±28	807±49	870±28
F/G（g/g）	2.27±0.04	2.35±0.04	2.20±0.05
第3～4周			
ADFI（g）	2 397±135	2 267±115	2 349±166
ADG（g）	651±104	593±82	677±59
F/G（g/g）	3.56±0.44	3.77±0.47	3.25±0.15
全期			
ADFI（g）	2 130±121	2 080±110	2 131±103
ADG（g）	737±64	700±58	774±35
F/G（g/g）	2.79±0.16	2.90±0.15	2.65±0.03
每千克增重饲料成本（元）	7.96±0.94	8.19±0.71	7.62±0.17

从表8-23可以看出，与饲喂高蛋白质低能组的生长猪相比，饲喂低蛋白质低能饲

料和低蛋白质高能饲料猪舍的氨气浓度大幅度下降，硫化氢浓度小幅下降。再一次从生产的角度证实，降低日粮蛋白质水平可减少猪舍内有害气体排放。

表 8-23　日粮能量和蛋白质水平对猪舍氨气浓度和硫化氢浓度的影响

猪舍有害气体	高蛋白质低能组	低蛋白质低能组	低蛋白质高能组
氨气浓度（mg/mL）	40.46±10.61	23.45±4.23	19.15±2.03
硫化氢浓度（mg/mL）	1.19±0.19	0.78±0.05	1.11±0.18

（五）不同养分含量的低蛋白质日粮饲喂生长猪的效果

1. 试验设计　将体重为 54.0kg 左右的生长猪按照体重相近、公母各半的原则，分为 3 个处理组，即 15% CP 的对照组、14% CP 的商品料低蛋白质组和中农低蛋白质组，试验期 21d。各组饲料的营养水平见表 8-24。

表 8-24　不同模式低蛋白质日粮营养水平

日　粮	对照组	商品料低蛋白质组	中农低蛋白质组
净能（kcal/kg）	2 510	2 490	2 450
粗蛋白（%）	15.04	14.03	14.08
标准回肠可消化氨基酸（%）			
赖氨酸	0.85	—	0.86
含硫氨基酸	0.48	—	0.50
苏氨酸	0.52	—	0.54
色氨酸	0.15	—	0.16
缬氨酸	0.61	—	0.56

注："—"表示日粮营养水平未知。

2. 试验结果　如表 8-25 所示，3 种模式下 54～72kg 体重猪的生长性能没有差异，但采用中农低蛋白质模式所配制饲料成本比对照组和商品料低蛋白质每千克分别降低 0.12 元和 0.11 元，每千克增重饲料成本分别降低 0.37 元和 0.25 元。

表 8-25　不同模式低蛋白质日粮对生长猪生长性能的影响

项　目	对照组	商品料低蛋白质组	中农低蛋白质组
初始均重（kg）	53.61	54.48	53.82
结束均重（kg）	72.17	73.12	72.24
全期 ADG	0.88	0.89	0.88
第 1 周 ADFI（kg）	2.06	2.10	2.09
第 2 周 ADFI（kg）	2.31	2.29	2.25
第 3 周 ADFI（kg）	2.37	2.31	2.31
全期 ADFI（kg）	2.25	2.23	2.22
全期 F/G（g/g）	2.55	2.52	2.53

（续）

项　目	对照组	商品料低蛋白质组	中农低蛋白质组
每千克饲料成本（元）	2.60	2.59	2.48
每千克增重饲料成本（元）	6.64	6.52	6.27

（六）低蛋白质日粮对育肥猪生长性能的影响

1. 试验设计　给体重 85.0kg 左右的育肥猪分别饲喂 13.1% CP 的商品饲料（Ⅰ组）、12.9% CP 的商品饲料（Ⅱ组）和 11.9%的低蛋白质饲料，饲料中净能和主要标准回肠可消化氨基酸含量见表 8-26。试验采用“奥饲本”自动饲喂系统测定猪生长性能。

表 8-26　育肥猪试验日粮营养水平

日　粮	商品饲料Ⅰ组	商品饲料Ⅱ组	低蛋白质饲料组
净能（kcal/kg）	2 480	2 480	2 475
粗蛋白质（%）	13.10	12.90	11.90
标准回肠可消化氨基酸（%）			
赖氨酸	—	—	0.75
含硫氨基酸	—	—	0.44
苏氨酸	—	—	0.49
色氨酸	—	—	0.14
缬氨酸	—	—	0.51

注：“—”表示日粮营养水平未知。

2. 试验结果　从表 8-27 可以看出，虽然商品饲料Ⅰ组猪的初始体重要高于商品饲料Ⅱ组和低蛋白质饲料组近 10kg，但试验结束后低蛋白质饲料组猪的体重只比商品饲料Ⅰ组低 5kg 左右，低蛋白质饲料组的 ADG 和饲料转化效率明显高于商品饲料Ⅰ组和商品饲料Ⅱ组，每千克增重的饲料成本比其他 2 组低 15%以上。

表 8-27　低蛋白质日粮对育肥猪生长性能和经济效益的影响

项　目	商品饲料Ⅰ组	商品饲料Ⅱ组	低蛋白质饲料组
初始体重（kg）	94.29	84.32	84.03
终末体重（kg）	118.96	109.77	113.02
ADG（kg）	0.88	0.86	1.04
ADFI（kg）	2.80	2.78	2.81
F/G（g/g）	3.20	3.25	2.73
每千克饲料成本（元）	2.599	2.473	2.431
每千克增重饲料成本（元）	8.32	8.03	6.64

已如前述，许多研究报道，当饲料蛋白质水平比 NRC（1998）推荐量高 3 个百分点以上时，育肥猪胴体变肥，眼肌面积减少。从开展的一系列示范推广试验结果来看，

笔者建立的包括净能需要、净能赖氨酸比、主要限制性氨基酸平衡模式在内的低蛋白质日粮技术体系具有较好的实用性。

第三节 低蛋白质日粮在地方品种猪中的应用

养猪生产的最终目的是获得品质优良的、让消费者满意的猪肉。我国地方猪具有肌内脂肪含量高、风味好等特点。近年来，随着城乡居民生活水平的提高，消费者对猪肉品质和风味提出了更高的要求，地方猪和地方改良猪受到越来越多的关注。

表 8-28 比较了主要外来品种猪和我国著名地方品种猪的肉质性状，由表中可以看出，与外种猪相比，我国地方猪种在肉品质方面的优势有：①肉色评分大多在 3 以上，属于鲜红色或微暗红，而外种猪肉色评分大多在 3 以下；②肉品质优良，尤其是肌内脂肪含量较高，大理石花纹评分均明显高于外种猪；③胴体屠宰后 1h 的 pH 均大于 5.8，特别是屠宰后 24h 的 pH 均明显高于外种猪；④失水率和滴水损失率均低于外种猪，系水力好。

表 8-28 主要外来品种猪和我国地方品种猪肉品质性状比较

品 种	肉色评分	大理石花纹评分	pH_{1h}	pH_{24h}	失水率（%）	滴水损失率(%)
国外品种猪						
杜洛克猪	3.30±0.24	3.13±0.25	—	5.67±0.12	22.74±4.60	3.17±2.37
汉普夏猪	2.18±0.24	2.00±0.58	6.04	—	25.00	—
大约克猪	2.8	2.3	—	5.66±0.11	20.11±1.8	5.26
皮特兰♂×杜洛克♀	1.75±0.42	2.00±0.44	5.76	5.14±0.28	36.05±4.28	—
长白猪	2.5	2.5	—	5.59±0.07	36.42±2.05	2.16±0.31
中国地方品种猪						
八眉猪	3.08	3.14	6.13	5.77	—	2.86
莱芜猪	3.39	3.90	6.33	—	8.05±0.40	2.13
荣昌猪	3.60±0.42	3.42±0.49	6.26±0.31	5.56±0.11	14.48±1.78	—
太湖猪	3.63±0.10	4.09±0.13	6.21±0.05	5.82±0.07	15.12±1.37	—
香猪	3.55	3.62	6.08	5.40	—	1.40
乌金猪	3.33±0.20	1.42±0.10	6.51±0.23	5.87±0.12	24.83±1.64	1.76±0.08
宁乡猪	—	—	6.36±0.05	5.74±0.05	13.52	2.90±0.09
金华猪	2.63	3.17	—	—	—	3.48
民猪	2.90±0.55	3.60±0.55	—	5.77±0.09	26.33±3.33	2.35±0.32
迪庆藏猪	3.46	3.42	6.57	—	20.40	—

注：结果以“平均值”或“平均值±标准差”表示；“—”表示数据不详。

地方品种猪的生长速度慢、瘦肉率低，其营养需要量较外来品种猪低。日粮蛋白质水平、能量浓度和氨基酸含量不仅影响生长速度，对胴体形状和肉品质也有重要影响，如本书第五章所述，降低日粮蛋白质水平并合理补充氨基酸，可增加肌内脂肪含量和肉的嫩度。本节总结了近年来我国地方品种猪蛋白质和氨基酸需要的研究文献。

一、香猪

香猪是我国著名的地方小型猪种，根据产地及毛皮颜色不同，分为从江香猪、巫不香猪、环江香猪、巴马香猪、剑白香猪、贵州白香猪和久仰香猪 7 种类型（刘培琼等，2011）。香猪具有脂肪沉积能力强、早熟易肥、皮薄骨细、肉质鲜美、性成熟早、繁殖能力强、杂交优势显著等特点，因其仔猪宰食无乳腥味，肥猪开膛后腹腔内不臭，被誉名为“香猪”，属于华南型猪种。

（一）贵州从江香猪

李昌茂（2009）采用 6 种粗蛋白质（CP）水平（11%、12%、13%、14%、15%和17%）的日粮通过生长试验和比较屠宰试验，研究了贵州从江香猪的蛋白质沉积规律：沉积蛋白质（g/d）$=1.1675\times(BW^{0.75})^3+25.375\times(BW^{0.75})^2-181\times BW^{0.75}+435.62$（$R^2=0.8826$）；沉积总氨基酸(g/d)$=-0.00005\times ADG^3-0.0009\times ADG^2+0.1284\times ADG-4.7993$（$R^2=0.9626$）；沉积总 Lys（g/d）$=-0.0000233\times ADG^3-0.0009\times ADG^2+0.1284\times \mathrm{ADG}-4.7993$（$R^2=0.9626$）。

杨正德等（2011）采用扣除蛋白质、等消化能的日粮设计，研究了 7～25kg 贵州香猪可消化必需氨基酸的沉积规律。结果表明，赖氨酸是 7～25kg 体重贵州从江香猪的第一限制性氨基酸，每千克自然增重的可消化赖氨酸需要量为（13.58－0.075BW）g，以可消化赖氨酸的沉积量为 100 建立的贵州从江香猪可消化必需氨基酸需要量模型为：赖氨酸 100、苏氨酸 55、蛋氨酸 23、色氨酸 17、缬氨酸 104、异亮氨酸 44、亮氨酸 123、苯丙氨酸 15、组氨酸 44 和精氨酸 92。

李伟等（2010）通过代谢试验，研究了贵州从江香猪和贵州剑河白香猪去势公猪［（12±2）kg］内源氮与内源氨基酸的代谢规律，以及维持蛋白质、氨基酸需要量。结果发现，贵州从江香猪内源氮排放量为 0.212g/d $BW^{0.75}$，内源氨基酸排泄量为 1.463g/d $BW^{0.75}$，可消化粗蛋白质维持需要量为 1.91g/d $BW^{0.75}$，可消化氨基酸维持需要量为 2.10g/d $BW^{0.75}$。以赖氨酸为 100 作基准，贵州从江香猪维持需要可消化氨基酸模型为：赖氨酸 100、苏氨酸 54、蛋氨酸 40、色氨酸 17、缬氨酸 188、异亮氨酸 79、亮氨酸 126、苯丙氨酸 101、组氨酸 25 和精氨酸 58。与杨正德等（2011）试验数据对比可以发现，除苏氨酸和色氨酸需要量基本一致外，李伟等（2010）的试验中蛋氨酸、缬氨酸、异亮氨酸和苯丙氨酸的需要量较高，组氨酸和精氨酸的需要量较低。这可能是由于试验方法的不同所致，李伟等（2010）的试验采用无氮日粮法扣除了贵州从江香猪内源氨基酸代谢对可消化氨基酸需要量的影响。

（二）环江香猪

吴琛等（2011）研究发现，在 14.7% CP 的低蛋白质日粮中添加 0.08%的精氨酸生素（即 N-氨甲酰谷氨酸，NCG）可显著提高环江香猪的屠宰率和血浆锌含量，并显著降低胴体内脂肪含量和背膘厚，增强环江香猪的抗氧化能力，从而改善肉质。在进一步的研究中，吴琛等（2012）还发现，相同蛋白质水平的日粮中直接添加 0.83%的 L-精氨酸同样可以改善环江香猪的部分肉品质指标，并增强机体的抗氧化功能。

周笑犁等（2011）研究了 14.73% CP 的低蛋白质日粮中添加 0.1%NCG 对体重为（12.6±1.7）kg 的环江香猪生长性能、营养物质消化率及血浆游离氨基酸含量的影响。结果发现，与对照组相比，低蛋白质日粮中添加 0.1%的 NCG 显著提高了环江香猪的平均日增重，降低了饲料转化效率，显著提高了血浆碱性磷酸酶活性及总氨基酸、必需氨基酸、芳香族氨基酸的浓度，降低了血浆尿素氮、血氨和低密度脂蛋白的浓度，日粮粗蛋白质、粗脂肪和干物质的表观消化率也有所提高。表明在环江香猪低蛋白质日粮中添加 0.1%的 NCG 可促进机体对营养物质的消化吸收，改善机体氨基酸平衡，从而提高环江香猪的生长性能。

刘俊锋等（2011）研究了日粮中添加精氨酸对体重为（35～40）kg 环江香猪后备母猪繁殖性能的影响，结果从后备期到妊娠早期环江香猪日粮中添加 0.83%的 L-精氨酸可显著提高妊娠 45d 胎儿重量和黄体数量，降低胎盘脂肪含量，提高羊水和尿囊中精氨酸浓度，降低尿囊液中赖氨酸浓度，提高血浆和尿囊液中一氧化氮（NO）含量。同时，添加精氨酸显著提高了胎盘中总 NO 合成酶、诱导性 NO 合成酶和结构性 NO 合成酶的活性。表明日粮中适当补充精氨酸能够增加机体精氨酸的供应，提高胎盘中 NO 合成酶的活性，生成更多的 NO，促进胎盘血管发育及其对胚胎/胎儿血液和营养物质的供应，从而提高胎儿的存活率和生长发育速度。将日粮 CP 水平和消化能水平分别由 13.11%和 14.73MJ/kg 降低至 9.77%和 12.24MJ/kg，不影响妊娠期环江香猪的繁殖性能和体成分，但降低了脂肪沉积，有利于母猪围产期的健康（祝倩等，2016）。有研究发现，降低日粮蛋白质水平可提高结肠内容物中挥发性脂肪酸的含量，降低生物胺的产量（姬玉娇等，2016）。但也有研究指出，日粮蛋白质水平的降低不利于妊娠前期母猪肌肉蛋白质的沉积和体成熟，进而会影响胎儿的生长发育（赵越等，2017，2018）。

（三）巴马香猪

巴马香猪是国内首批适用于医学和生物学研究应用的优良小型猪品系之一，虽然其遗传与生物学特性已有详尽报道，但营养需要的研究还较少。兰干球等（2007）通过生长试验研究了生长期（45～117 日龄）巴马香猪的日粮蛋白质与能量需要量。结果表明，该生长阶段巴马香猪日粮最适宜的粗蛋白质和消化能水平分别为 12%～13%和 12.95MJ/kg，日均采食量为体重的 2.0%～2.25%即可维持巴马香猪生长期较缓慢的生长速度。

刘莹莹（2016）分保育期（3～20kg）、生长期（20～40kg）和育肥期（40～50kg）连续全阶段饲喂高低日粮蛋白质（每个阶段低蛋白质组的蛋白质水平较高蛋白质组降低 2 个百分点），对巴马香猪生长性能、猪肉品质和肌肉营养物质代谢的影响进行了深入研究。结果表明，日粮蛋白质水平降低 2 个百分点对巴马香猪全期的生长性能无显著影响，但能提高生长育肥期巴马香猪的眼肌面积及 pH_{45min}，原因是低蛋白质日粮可显著

上调背最长肌中 *T1R3* 和 *MyHC* 基因的表达水平，改善肌纤维类型的组成，从而改善肉质。另外，饲喂低蛋白质日粮还可激活背最长肌 AKT/mTOR 信号通路，从而显著提高肌肉蛋白质的合成能力（Liu 等，2015）。

二、松辽黑猪

松辽黑猪是吉林省农业科学院畜牧分院培育的地方品种，以吉林省本地民猪作为母本，丹系长白猪为第一父本、美系杜洛克为第二父本杂交而成，现主要分布于吉林省、黑龙江省、辽宁省、山东省和内蒙古自治区东部地区，是我国北方第一个瘦肉型黑色母系品种。崔爽等（2010）以日增重、日采食量、饲料转化效率、腹泻程度、日粮蛋白质消化率等指标，分别研究 20.7%、17.7%和 14.7%的 3 个日粮蛋白质水平对松辽黑猪仔猪（22.7±1.1kg）生长性能的影响。结果表明，日粮粗蛋白质为 20.7%时，松辽黑猪仔猪增重速度最快，但腹泻率和日采食量较高，蛋白质消化率较低；14.7%的粗蛋白质组仔猪虽腹泻率较低，但生长性能较差；17.7%蛋白质组仔猪的采食量、日增重和饲料转化效率均居中，但腹泻率最低，蛋白质消化率最高，经济效益最好。因此，综合来看，当日粮蛋白质含量为 17.7%时，可以更好地体现松辽黑猪仔猪的种质特性。

三、荣昌猪

荣昌猪是我国西南型猪种的典型地方猪种之一，是中华猪文化体系中宝贵的历史遗产和种质资源，其品种形成已有将近 400 年的历史，大约是明末清初从广东省、湖南省带入四川省后经过人工定向选育和自然适应形成的，主要分布于重庆市荣昌、四川省隆昌两县。在较好的饲养条件和自由采食情况下，荣昌猪的肉品质明显优于国外引进品种，因此肉质是荣昌猪保种的重要指标，是提供正宗川菜回锅肉等的食材原料（张全生和肖国生，2004）。经过重庆市畜牧科学院的长期选育，荣昌猪已形成一些稳定的品系。近年来重庆市畜牧科学院开展了一系列工作，研究改善荣昌猪生长性能、胴体性状和肉品质的营养技术。

张艳芳（2007）研究了高低日粮营养（能量、蛋白质和氨基酸）水平对荣昌猪肉品质和肌内脂肪代谢的影响，表明降低日粮营养水平不显著影响荣昌猪各生长阶段的生长性能和胴体性状，但低营养水平有提高瘦肉率的趋势；降低日粮营养水平，显著降低了屠宰体重为 110kg 猪肉的失水率，但同时也显著降低了肌内脂肪含量。陈德志等（2009）研究认为，日粮蛋白质水平（16%、18%和 20%）显著影响荣昌猪烤乳猪品系的生长性能和肉质性状，饲喂 18%日粮蛋白质组荣昌猪的生长性能优于 16%组和 20%组。综合生长性能和肉质性状，建议 5～11kg 荣昌猪烤乳猪品系日粮中适宜的粗蛋白质水平为 18%。李凤娜（2006）和岳涛（2007）研究了赖氨酸和有效能比值对荣昌猪生产性能、胴体性状和肉品质的影响，结果表明随着日粮赖氨酸与消化能比值的增加，60kg 和 90kg 体重荣昌猪胴体斜长均显著降低，pH_{1h}和 pH_{24h}及瘦肉率呈现不同程度的增加，肌内脂肪含量显著降低，眼肌面积有增加趋势。邹田德等（2012）报道，在保持日粮氨基酸模式一致的条件下，长荣（长白×荣昌）杂交生长猪的饲料转化效率、眼肌面积、pH_{24h}、血清尿素氮和高密度脂蛋白含量随日粮可消化赖氨酸与消化能比值的增加而显著增加，27～60kg 体重阶段荣昌猪获得最佳生长潜能和最优胴体品质所需的日粮可消化赖氨酸水平为 0.73%。

四、乌金猪

乌金猪因生长于乌蒙山与金沙江畔，被毛呈黑色和棕黄色，因此被称为乌金猪。该品种由于脂肪沉积率较高，因而是云南宣威火腿加工的主要原料。乌金猪长期生活在 2 200m 以上的高海拔地区，高紫外线作用致使机体容易产生氧化应激，从而使得体内产生活性氧簇，使过氧化氢、超氧阳离子、羟自由基等在体内或细胞内蓄积，引起氧化损伤，进而诱导机体抗氧化能力发生变化。张春勇等（2012）研究发现，乌金猪谷氧还蛋白 1 和硫氧还蛋白 1 基因表达具有明显的组织特异性，受到 H_2O_2 刺激时可诱导氧化应激细胞中谷氧还蛋白 1 和硫氧还蛋白 1 基因产生过表达，但添加适宜浓度的 L-组氨酸可以调节氧化应激细胞或非应激细胞中谷氧还蛋白 1 和硫氧还蛋白 1 基因的表达。表明通过营养途径调控乌金猪体内氧化还原基因的表达，是缓解乌金猪机体氧化应激损伤和增强抗氧化能力的有效方式。

葛长荣等（2008a，2008b）采用单因子随机设计，分别给 15～30kg、30～60kg 和 60～100kg 体重的乌金猪饲喂 5 个不同粗蛋白质水平的日粮：高蛋白质日粮（18%、16%和 14% CP)、中高蛋白质日粮（17%、15%和 13%)、中等蛋白质日粮（16%、14%和 12%)、中低蛋白质日粮（15%、13%和 11%）和低蛋白质水平（14%、12%和 10%)。结果表明，随着日粮蛋白质水平的增加，乌金猪各个生长阶段的日增重逐渐增加，饲料转化效率逐渐降低。由高到低 5 个蛋白质水平达 100kg 体重的时间分别为 163d、168d、173d、179d 和 185d；60kg 和 100kg 体重阶段，随日粮蛋白质水平的增加，瘦肉重、瘦肉率和眼肌面积增加，脂肪重、脂肪率和背膘厚降低，高、中、低 3 个日粮蛋白质处理组间差异达到显著水平；不同生长阶段肌肉 pH、系水力、剪切力、滴水损失和烹煮损失均不同程度地受到日粮蛋白质水平的影响，其中以大理石花纹评分最有规律，随日粮蛋白质水平的降低而显著增加；肌肉中粗蛋白质的含量随日粮蛋白质水平的增加而呈现不同程度的增加，在体重 100kg 时达到显著水平。综合各项指标，乌金猪在 15～30kg、30～60kg 和 60～100kg 3 个体重阶段获得最佳无脂瘦肉重和胴体品质的日粮蛋白质水平分别为 14.98%、11.34%和 11.71%；以大理石花纹、剪切力和滴水损失为评定肉品质的指标时，乌金猪在体重分别为 30kg、60kg 和 100kg 屠宰时获得最优肉品质的日粮蛋白质水平分别为 15.88%、14.13%和 11.42%。从上述结果可以看出，以不同性状指标评价的日粮适宜蛋白质水平差异较大。

宋新磊等（2010）在乌金猪上的研究发现，在不同日粮蛋白质水平下，脂肪细胞脂肪酸结合蛋白基因、心型脂肪酸结合蛋白基因、硬脂酸辅酶 A 去饱和酶基因和固醇调节原件结合蛋白-1C 基因的表达水平与肌内脂肪含量之间呈极显著正相关，而瘦素受体基因、视黄醇结合蛋白 4 基因和促黑激素皮质素 4 受体基因的表达量仅在体重为 100kg 时与肌内脂肪之间存在极显著负相关，其他屠宰阶段不存在显著相关性。赵素梅等

(2008) 研究证实，高蛋白质日粮降低乌金猪脂肪沉积的主要机制为：降低脂肪组织从头合成脂肪酸的能力，同时高蛋白质日粮对 60kg 和 100kg 体重乌金猪脂肪组织脂肪酸的吸收、转运及作用机制不同，这主要是由于乌金猪不同生长阶段对能量的需要不同造成的。高蛋白质日粮有助于 60kg 乌金猪脂肪组织从血清中摄取脂肪酸，并增强脂肪酸在脂肪组织内的β-氧化能力。

五、民猪

民猪又称“东北民猪”，是在我国东北和华北广大地区寒冷条件下选育的一个历史悠久的地方猪种，具有抗寒能力强、体质强健、产仔较多、脂肪沉积能力强、肉质好等特点，适于放牧和较粗放的管理，但同时也具有胴体内脂肪率高、皮较厚、后腿肌肉不发达、增重速度较慢等缺点。张宏宇等 (2010) 选择胎次和体况相近的民猪母猪进行纯种繁育，供试母猪妊娠期在其他营养素水平相同的前提下，对照组日粮蛋白质水平为 18%，限饲组的为 9%，结果发现母猪泌乳期蛋白质限饲对后代早期脂肪沉积会产生不同程度的母体效应，但这种影响随着日龄的增加 (28～180 日龄) 而减弱，存在后期补偿效应。徐林等 (2011) 报道，将民猪母猪泌乳期的日粮蛋白质水平由 18%降至 9%可显著减少后代肌纤维的面积，从而改变民猪后代出栏时的肉质性状，该试验作者采用的日粮蛋白质水平较为极端。许璇等 (2019) 研究后认为，民猪生长阶段日粮中的粗蛋白质水平以 14%为宜。

六、宁乡猪

宁乡猪原产于湖南省宁乡县流沙河和草冲一带，原称为流沙河猪或草冲猪，后该种群逐步扩大而散布于宁乡全县，故名宁乡猪。汤文杰等 (2008) 研究发现，日粮蛋白质水平 (10.41%、12.91%和 15.43%) 显著影响去势宁乡公猪 (65.0±2.5) kg 能量和粗蛋白质的消化率、氮的沉积和排放。主要表现为：随着日粮中蛋白质水平的增加，育肥期宁乡猪的粗蛋白质消化率、氮的总利用率和表观消化率、代谢能和代谢能/总能显著降低；粪氮、尿氮和总氮排放量，氮表观可消化量和氮沉积量及粪能和尿能排出量极显著降低。综合各项指标，宁乡猪育肥阶段宁乡猪日粮中适宜的蛋白质水平为 12.91%。

七、三江白猪

三江白猪是由黑龙江省农垦总局红兴隆分局科研所主持、东北农业大学等单位参与培育而成的品种，主要饲养于黑龙江省东部合江地区境内的国营农牧场及其附近的县、社养猪场。黄大鹏等 (2008) 研究了日粮能量、粗蛋白质和赖氨酸水平对不同生理阶段三江白猪生长性能的影响、结果表明粗蛋白质水平对不同生长阶段的三江白猪生长性能的贡献率最大，粗蛋白质水平对 40～70kg 和 70～90kg 体重阶段三江白猪日增重的影响最大。25～40kg、40～70kg 和 70～90kg 3 个体重阶段的三江白猪获得最佳生长性能的消化能、粗蛋白质和赖氨酸的最优组合分别为 14.15MJ/kg、18.90%和 0.95%，

13.85MJ/kg、17.43%和 0.85%，13.47MJ/kg、15.43%和 0.75%。黄大鹏等（2009a，2009b）进一步研究发现，影响肌肉 pH_{1h}的主要因素为日粮赖氨酸水平，影响肌肉 pH_{24h}的主要因素为日粮蛋白质水平，以滴水损失、肌肉嫩度和肌内脂肪含量为效应指标，育肥后期三江白猪日粮营养需要量的最优组合为消化能 13.98MJ/kg、粗蛋白质 14.00%、赖氨酸 0.65%。该研究还发现，影响育肥后期三江白猪瘦肉率的程度为：赖氨酸＞蛋白质＞能量；影响背膘厚和眼肌面积的程度为：能量＞蛋白质＞赖氨酸，当蛋白质水平为 15.43%、赖氨酸水平为 0.63%时对胴体瘦肉率的互作效应最强。

八、太湖猪

二花脸猪、梅山猪、枫泾猪、嘉兴黑猪、横泾猪、米猪猪、沙乌头猪等猪种于 1974 年归并，统称为“太湖猪”。太湖猪是世界上产仔数最多的猪种，享有“国宝”之誉。无锡地区是太湖猪的重点产区。刘宏伟和王康宁（2009）研究发现，与低碳水化合物/高蛋白质日粮（日粮碳水化合物和粗蛋白质含量分别为 57.51%和 22.66%）相比，高碳水化合物/低蛋白质日粮（日粮碳水化合物和粗蛋白质含量分别为 68.01%和 11.24%）可显著提高 240 日龄太湖猪的肌内脂肪含量，并大幅度降低胰腺重、胃蛋白酶活性和脂肪酶活性，但对胃、肝和小肠长度的影响不大。

梅山猪是太湖猪的一个主要品系，被誉为“世界级产仔冠军”，以高繁殖力和肉质鲜美而著称，是经济杂交或培育新品种的优良亲本。吴展望（2009）研究表明，梅山猪母猪妊娠期蛋白质限饲可作为一种应激源使母体血液皮质醇水平升高，从而程序化地影响后代下丘脑-垂体-肾上腺轴功能，但不影响新生仔猪肾上腺皮质的类固醇分泌能力。王金泉（2011）对初产纯种小梅山猪母猪的研究发现，母猪日粮蛋白质水平对后代骨骼肌肌纤维的特性具有显著影响，与低蛋白质日粮（妊娠期和泌乳期母猪日粮粗蛋白质水平分别为 6%和 7%）相比，正常蛋白质日粮（妊娠期和泌乳期母猪日粮粗蛋白质水平分别为 12%和 14%）导致 8 月龄梅山猪肌纤维类型由快向慢转化，导致后代骨骼肌 *MyHC* Ⅱ *b* 基因启动子区组蛋白修饰发生了变化，但 DNA 甲基化状态未受影响。这种变化可能介导了肌球蛋白重链基因表达的变化，从而影响了骨骼肌肌纤维类型转化及特性。陈军（2011）进一步研究表明，给妊娠和泌乳期梅山猪母猪分别饲喂 6%和 7%的极低蛋白质日粮时，母猪产仔数和产活仔数均增加，但对仔猪胎盘造成了氧化损伤，从而使胎猪重、仔猪初生重和断奶重降低，断奶仔猪在解除蛋白质营养的限制后对育肥期的体重影响不显著。

九、八眉猪

八眉猪因额头有纵行倒“八”字纹而得名，又称泾川猪；由于耳朵较大，因此也被称为“大耳朵”。品系内主要有大八眉、二八眉和小伙猪，主要分布于陕西省、甘肃省、青海省、新疆维吾尔自治区和内蒙古自治区等地（刘永福等，2012），具有性早熟、产仔多、母性好、肉香、脂肪生成能力强、抗逆性强、杂交配合力高等特性。吴国芳等（2017）给

26kg 左右体重的八眉三元杂交猪分别饲喂低（12%）、中（14%）和高（16%）3 种粗蛋白质水平的日粮，结果表明 14%和 16%粗蛋白质组八眉猪的生长性能表现更优，日增重和饲料转化效率也均优于 12%粗蛋白质组；随着日粮粗蛋白质水平的提高，八眉猪背膘厚和脂肪率均有降低趋势，14%和 16%粗蛋白质组八眉猪的胴体重、瘦肉率、肌肉保水率和 pH 均优于 12%粗蛋白质组，但 16%粗蛋白质组的肉质嫩度欠佳。

十、鲁莱猪

鲁莱猪是利用我国优良地方品种莱芜猪和引进品种大约克夏猪，通过杂交建系、横交固定、定向培育而成的优质黑猪新品种，兼具我国地方猪种和外来猪种的种质特性。姜建阳等（2015a）通过回肠末端 T 型瘘管研究了低蛋白质日粮中添加合成氨基酸对鲁莱猪生长猪氮平衡和氨基酸消化率的影响，结果发现日粮蛋白质水平降低 3 个百分点并添加 3 种合成氨基酸（L-赖氨酸、L-苏氨酸和 DL-蛋氨酸）饲喂鲁莱猪，可以显著降低粪氮和尿氮的排放量，对氮利用率和回肠末端总氨基酸消化率的影响不显著。姜建阳等（2015b）研究发现，鲁莱猪生长期最适宜的能量和粗蛋白质水平分别为 12.99MJ/kg 和 16.39%，育肥期最适宜的能量和粗蛋白质水平分别为 12.99MJ/kg 和 14.16%。

十一、圩猪

圩猪产于安徽省沿江和皖南圩区，主要分布于宣城、芜湖一带，是安徽省地方优良猪种之一，具有耐粗饲、抗逆性强、肉品质性状优良、繁殖性能高等特点。圩猪肌内脂肪含量丰富，肉质细嫩、味美，在腌制原料特性方面与金华猪非常相似（张伟力等，2015）。然而长期以来，圩猪的饲养主要采用传统模式，对其日粮适宜的营养水平研究不多，其优良的肉质性状未得到科学合理的利用。杨小婷等（2013）通过生长和屠宰试验研究了日粮蛋白质水平对圩猪生长性能、肉质和血清生化指标的影响，试验选用平均体重为 35kg 的健康圩猪，采用种猪自动饲喂系统实时记录耗料和体增重，分为生长期（35～60kg）和育肥期（60～80kg）2 个阶段，在结束时屠宰测定胴体性状和肉品质。结果表明，在育肥阶段，低蛋白质组猪的饲料转化效率极显著低于高蛋白质组，各组肉质性状差异不显著；但随着日粮蛋白质水平的降低，血清尿素氮浓度显著下降。综合考虑各种指标，圩猪生长期和育肥期日粮粗蛋白质水平均以 14%为宜。

十二、金华猪

金华猪又称金华两头乌或义乌两头乌，是在浙江省金华地区特定的地理、自然、农业生产和社会条件下，经过长期的选择而逐渐形成并发展起来的优良猪种，具有皮薄骨细、早熟易肥、繁殖力高的优良特性，其中以其后腿制作的“金华火腿”享誉海内外。赵青和钟土木（2009）以金华猪保种场内健康状况良好的 324 头能繁母猪为研究对象，分妊娠和泌乳 2 个阶段研究了低能量低蛋白质（妊娠期和泌乳期消化能及粗蛋白质水平分别为 11.36MJ/kg、10.79%和 12.60MJ/kg、12.18%），以及高能量高蛋白质（妊娠期和泌乳期消化能及蛋白质水平分别为 12.89MJ/kg、14.68％和 13.24MJ/kg 和 17.17％）2 种营养水平对金华猪繁殖性能的影响。结果表明，低能量低蛋白质组的初产母猪、经产母猪和所有胎次母猪的总产仔数和产活仔数均显著高于高能量高蛋白质组，低能量低蛋白质组的初产母猪、经产母猪和所有胎次母猪所产仔猪的初生重均显著低于高能量高蛋白质组。说明适度的低能量、低蛋白质水平可提高金华猪的繁殖性能。

十三、滇陆猪

滇陆猪是利用乌金猪和太湖猪，以及两个国外著名猪种长白猪和大约克猪为原始育种素材，利用现代遗传育种理论采取群体继代选育法，通过杂交合成、横交固定，历经 15 年 10 个世代培育而成，于 2009 年 2 月通过国家畜禽遗传资源委员会审定。陈辉（2013）研究了 3 种不同蛋白质水平（16.44％、15.54％和 14.40％）日粮组合对滇陆猪后备母猪不同阶段生长发育的影响，结果表明综合考虑前期的生长性能和后期的配种受胎率，培育后备母猪最佳日粮蛋白质水平为：前期（30～70kg）16.44％、中期（70～90kg）15.54％、后期（90kg 至配种）14.40％。

从以上总结可以看出，目前对我国地方猪种及利用地方猪种选育的改良猪营养需要量研究得很少。2004 年颁布的《猪饲养标准》中，给出了种猪和 3 个不同瘦肉率生长育肥猪的营养需要推荐量。2018 年的新版《猪营养需要量》中，将文献资料总结和数学模型相结合，给出了地方猪种猪、地方猪生长育肥猪、地方改良猪种猪及地方改良猪生长育肥猪的营养需要推荐量，给地方猪和地方改良猪的科学饲养提供了基础数据。

第四节　低蛋白质日粮技术在无抗生素促生长剂饲料中的应用

在饲料中使用抗生素促生长剂可有效提高畜禽生产水平，但抗生素促生长剂的使用是细菌耐药性问题越来越严重的重要因素之一。农业农村部已发布规定，从 2021 年 1 月 1 号开始禁止在饲料中使用抗生素促生长剂。已如本书第一章所述，低蛋白质日粮的优点之一是可减少蛋白质在猪大肠中的有害发酵、改善肠道健康，从而减少抗生素的使用量。为了平衡氨基酸的需要，配制低蛋白质日粮时额外添加的苏氨酸、蛋氨酸和色氨酸等功能性氨基酸具有提高动物机体免疫力、减少动物疾病发生的作用。本节在介绍了前人相关研究结果的基础上，分析和讨论了笔者及其研究团队在低蛋白质无抗生素日粮方面的研究工作。

一、低蛋白质无抗生素日粮对攻毒大肠埃希菌断奶仔猪腹泻率及生长性能的影响

Kim 等（2011）研究表明，与添加抗生素的高蛋白质（23.0％）日粮相比，饲喂无抗生素促生长剂低蛋白质（18.5％）日粮后，断奶仔猪损失的生长性能可在后续阶段

得到补偿，并且生长-育肥全程猪的生长性能、胴体品质等无显著差异，饲喂低蛋白质日粮显著降低了猪的腹泻率。具体试验简介如下：

（一）试验设计和日粮处理

200头21日龄仔猪［初始体重为（5.5±0.05）kg］分别于断奶后72h和96h攻毒产肠毒素大肠埃希菌K88，然后随机分为4个日粮处理（n=50）：高蛋白质+抗生素组（HP+AMC，23% CP+0.25%利高霉素+0.3%氧化锌），高蛋白质组（HP，23% CP），低蛋白质+氨基酸组（LP+AA，18.5% CP+合成氨基酸）和低蛋白质组（LP，18.5% CP）。在饲喂试验日粮14d后，所有仔猪全部饲喂相同的商品饲料一直到出栏。

（二）结果

试验日粮营养成分组成如表8-29所示，所有试验日粮消化能水平均相同。LP+AA组为在低蛋白质日粮的基础上补充L-赖氨酸、L-苏氨酸、DL-蛋氨酸和L-色氨酸，使其达到与高蛋白质日粮相同的赖氨酸、苏氨酸、蛋氨酸和色氨酸水平，并参照NRC（1998）的理想蛋白质模式补充L-亮氨酸、L-异亮氨酸和L-缬氨酸。

表8-29 日粮养分含量（饲喂基础，%）

项　目	HP+AMC	HP	LP+AA	LP
干物质	91.3	91.3	91.2	91.7
消化能（kcal/kg）	3 530	3 530	3 530	3 530
总能（kcal/kg）	4 278	4 278	4 300	4 300
粗蛋白质	23.0	23.0	18.5	18.5
赖氨酸	1.55	1.53	1.55	1.19
蛋氨酸	0.55	0.52	0.59	0.43
苏氨酸	0.98	0.97	0.93	0.75
异亮氨酸	0.97	0.94	0.88	0.73
亮氨酸	1.95	1.89	1.53	1.53
缬氨酸	1.26	1.23	1.05	1.01
精氨酸	1.35	1.31	0.91	0.92
谷氨酰胺	4.08	4.56	3.77	3.81
甘氨酸	0.79	1.04	0.86	0.84
脯氨酸	1.38	1.61	1.43	1.44

从表8-30可以看出，HP组几乎有一半数量的仔猪发生腹泻，抗生素治疗次数也显著高于其他组（$P<0.05$），而LP+AA组和LP组在不添加抗生素的情况下，猪群腹泻率和腹泻指数与HP+AMC组相近。因此，降低日粮蛋白质水平有利于猪的肠道健康。

表 8-30 低蛋白质无抗生素日粮对 ETEC 攻毒后断奶仔猪腹泻情况的影响

项 目	HP+AMC	HP	LP+AA	LP	SEM	P 值
腹泻率（腹泻猪只数量/健康猪只数量）	16% (8/50)	52% (26/50)	16% (8/50)	18% (9/50)		
腹泻指数*（分）	1.1[b]	8.1[a]	1.7[b]	2.0[b]	0.95	＜0.01
平均每头猪的抗生素治疗次数	0.2[b]	1.1[a]	0.2[a]	0.3[b]	0.07	＜0.01
血浆尿素氮（mmol/L）						
断奶后第 2 天	4.5	4.0	3.7	3.8	0.26	0.14
断奶后第 8 天	3.9[b]	4.1[a]	2.1[b]	3.6[b]	0.21	＜0.01

注：*1 分＝粪便正常；2 分＝软粪；3 分＝松散；4 分＝腹泻；同行上标不同小写字母表示差异显著（$P<0.05$），相同小写字母表示差异不显著（$P>0.05$）。

从表 8-31 可以看出，22～35 日龄即 14d 的试验期间，饲喂低蛋白质日粮断奶仔猪的 ADG 和 ADFI 均显著低于其他 3 组（$P<0.05$），结束时体重也显著低于其他 3 组（$P<0.05$），饲料增重显著高于其他 3 组（$P<0.05$）。低蛋白质日粮中补充合成氨基酸后，猪的生长性能与 HP 组和 HP＋AMC 组均无显著差异。该结果说明，降低日粮蛋白质水平会降低猪的生长性能，但在平衡日粮氨基酸后可以达到与高蛋白质日粮相似的饲喂效果。在饲喂 4 种试验日粮结束后统一饲喂商品饲料 7d（42 日龄），LP 组猪的 ADG 和 ADFI 与其他处理组已无显著性差异，但平均体重仍显著低于其他 3 组（$P<0.05$）。

表 8-31 低蛋白质无抗生素日粮对 ETEC 攻毒后断奶仔猪生长性能的影响

处 理	HP+AMC	HP	LP+AA	LP	SEM	P 值
体重（kg）						
出生后 21d	5.4	5.5	5.5	5.5	0.07	0.70
出生后 28d	5.7	5.7	5.7	5.5	0.10	0.45
出生后 35d	7.6[a]	7.7[a]	7.6[a]	6.9[b]	0.09	0.02
出生后 42d	10.0[a]	9.9[a]	9.9[a]	9.0[b]	0.3	0.06
ADG（g）						
22～28d	42	20	27	9	10.3	0.17
29～35d	272[a]	290[a]	266[a]	199[b]	15.1	＜0.01
36～42d	332	313	336	293	20.2	0.42
22～35d	153[a]	156[a]	150[a]	114[b]	10.6	0.02
21～42d	215[a]	207[a]	210[a]	169[b]	12.4	0.03
ADFI（g）						
22～28d	102	91	106	88	8	0.35
29～35d	334[a]	322[a]	339[a]	272[b]	19.5	0.06
36～42d	540	538	538	467	26.3	0.14
22～35d	218[a]	206[ab]	222[a]	180[b]	12.3	0.08

（续）

处　理	HP+AMC	HP	LP+AA	LP	SEM	P 值
21～42d	326[a]	317[ab]	327[a]	276[b]	14.9	0.06
F/G (g/g)						
22～28d	2.21	1.93	2.44	1.12	1.388	0.92
29～35d	1.24[b]	1.13[b]	1.28[b]	1.46[a]	0.056	＜0.01
36～42d	1.64	1.70	1.60	1.54	0.068	0.41
22～35d	1.56[ab]	1.42[a]	1.56[ab]	1.73[a]	0.069	0.02
21～42d	1.56	1.58	1.60	1.72	0.052	0.14

注：同行上标不同小写字母表示差异显著（$P<0.05$），相同小写字母表示差异不显著（$P>0.05$）。

表 8-32 为试验猪饲喂统一日粮 7d 后，继续饲喂相同商品饲料至出栏时各组猪生长性能、胴体性状及肉品质的测定结果。从表中可以看出，70 日龄时各处理组猪平均体重已无显著差异，试验结束时的屠宰体重、胴体重、屠宰率和背膘厚各处理组之间无显著差异。

表 8-32　低蛋白质无抗生素日粮对后续阶段猪生产性能和胴体性状的影响

处　理	HP+AMC	HP	LP+AA	LP	SEM	P 值
体重（kg）						
出生后 70d	24.9	24.8	24.8	23.7	0.47	0.23
出生后 98d	51.4	50.6	50.2	49.1	0.71	0.16
出生后 126d	80.4	79.3	78.8	78.3	0.89	0.38
出生后 131d	85.8	84.6	84.9	83.9	0.91	0.53
ADG (g)						
43～70d	534	535	540	516	12.2	0.54
71～98d	946	924	912	909	15.3	0.31
99～126d	1 042	1 028	1 019	1 048	17.6	0.65
127～131d	1 107	1 081	1 219	1 109	49.1	0.20
43～131d	852	840	846	839	9.2	0.73
生长至 90kg 时所用天数（d）	133.9	136.4	136.4	137.7	1.14	0.14
屠宰体重（kg）	95.1	95.2	95.2	94.7	0.58	0.93
胴体重（kg）	63.8	63.8	63.9	63.7	0.24	0.91
屠宰率（%）	65.7	67.2	67.2	67.1	0.75	0.39
倒数第 2 肋背膘厚（mm）	12	12.2	12	11.3	0.35	0.39

二、无抗生素条件下断奶仔猪低蛋白质日粮理想氨基酸模式研究

李宁（2019）经调研发现，仔猪断奶前后饲喂的教槽料和保育料中抗生素使用种类最多、用量最大，因此抗生素促生长剂的禁用对断奶仔猪的挑战最大。已如本书第六章

所述，笔者及其研究团队岳隆耀（2010）经系列试验研究发现，21 日龄仔猪断奶后的前 2 周获得最佳生产性能的日粮粗蛋白质水平为 21% CP，但 17% CP 的氨基酸平衡日粮腹泻率最低，肠道健康状态最好。岳隆耀（2010）、任曼（2016）和张世海（2016）通过一系列的工作，相继建立了断奶仔猪低蛋白质日粮的限制性氨基酸模式，并以这些工作为基础，通过增加苏氨酸、色氨酸等功能性氨基酸的方式，探索不使用抗生素促生长剂的条件下，断奶仔猪低蛋白质日粮的理想氨基酸模式。

（一）试验设计和日粮处理

将 180 头 28 日龄断奶仔猪［初始体重为（8.13±1.03）kg］随机分列 5 个日粮处理中（n=36）：高蛋白质+抗生素组(HP+AGP，21% CP+75mg/kg 金霉素)，低蛋白质+抗生素组（LP+AGP，17% CP+75mg/kg 金霉素），低蛋白质组（LP，17% CP），低蛋白质 110 组（LP110，17% CP）和低蛋白质 110+AA 组（LP+AA，17% CP）。试验期总计 28d。

试验日粮营养组成如表 8-33 所示，所有试验日粮均含有相同的净能。HP+AGP 组日粮配制参考 NRC（2012）的平衡氨基酸模式，LP+AGP 组和 LP 组日粮配制参考本书第六章第四节介绍的低蛋白质日粮平衡氨基酸模式（Wang 等，2018）。其中，LP 组为无抗生素低蛋白质补充赖氨酸、含硫氨基酸、苏氨酸、色氨酸、缬氨酸、亮氨酸和异亮氨酸的日粮；LP110 组为在 LP 组日粮的基础上再补充 10%的赖氨酸、含硫氨基酸、苏氨酸、色氨酸、缬氨酸、亮氨酸和异亮氨酸；LP110+AA 组为在 LP110 组日粮的基础上再额外补充 12%的苏氨酸、含硫氨基酸和色氨酸。试验的前 14d，各处理组日粮均添加 2 200mg/mg 的氧化锌。

表 8-33 日粮养分含量（饲喂基础）

项 目	HP+AGP	LP+AGP	LP	LP110	LP110+AA
粗蛋白质（%）	21.00	17.00	17.00	17.00	17.00
净能（kcal/kg）	2 560	2 560	2 560	2 560	2 560
标准回肠可消化氨基酸（%）					
赖氨酸	1.29	1.30	1.30	1.43	1.43
苏氨酸	0.79	0.81	0.81	0.89	1.00
含硫氨基酸	0.77	0.78	0.78	0.86	0.97
色氨酸	0.24	0.27	0.27	0.30	0.34
缬氨酸	0.84	0.83	0.83	0.91	0.91
亮氨酸	1.55	1.30	1.30	1.43	1.43
异亮氨酸	0.77	0.69	0.69	0.76	0.76

资料来源：周俊言（2019）。

（二）试验结果与分析

由表 8-34 可看以出，各处理组断奶仔猪的采食量无显著差异。试验的前 14d，与 HP+AGP 组相比，各低蛋白质日粮处理组的 ADG 和饲料转化效率显著降低（$P<$

0.01）；低蛋白质额外补充赖氨酸、苏氨酸、含硫氨基酸、色氨酸、缬氨酸、亮氨酸和异亮氨酸，再补充苏氨酸、含硫氨基酸和色氨酸3种功能性氨基酸日粮组的ADG和饲料转化效率最低，并显著低于LP+AGP组和LP组（$P<0.01$）。试验全期，LP110组和LP110+AA组的ADG显著低于HP+AGP组和LP+AGP组；LP110+AA组的饲料转化效率最低，显著低于HP+AGP组和LP+AGP组。试验结果说明：①无论是高蛋白质日粮，还是低蛋白质日粮，抗生素对断奶仔猪，特别是断奶后14d仔猪的生长性能有明显的促进作用；②在原有氨基酸平衡模式的基础上，补充过多的氨基酸可能造成氨基酸不平衡，增加了仔猪代谢负担，抑制了仔猪的生产性能。

表8-34 无抗生素低蛋白质日粮的氨基酸平衡模式对仔猪生长性能及腹泻的影响

组别	HP+AGP	LP+AGP	LP	LP110	LP110+AA	SEM	P值
体重（kg）							
出生后28d	8.15	8.14	8.15	8.15	8.14	0.45	0.99
出生后42d	13.73	13.58	13.21	12.73	12.27	0.57	0.37
出生后56d	18.44	18.08	17.74	17.34	16.89	0.70	0.62
ADG（g）							
29～42d	398^{a}	389^{ab}	362^{bc}	333^{dc}	303^{d}	17	<0.01
43～56d	362	346	348	327	343	15	0.76
29～56d	381^{a}	369^{a}	355^{ab}	330^{b}	322^{b}	16	<0.01
ADFI（g）							
29～42d	582	617	589	589	580	21	0.42
43～56d	708	656	635	663	661	47	0.63
29～56d	643	636	610	625	619	36	0.83
F/G（g/g）							
29～42d	1.46^{d}	1.59^{c}	1.63^{c}	1.78^{b}	1.92^{a}	0.05	<0.01
43～56d	1.95	1.92	1.84	2.02	1.94	0.09	0.77
29～56d	1.69^{b}	1.74^{b}	1.72^{b}	1.89^{a}	1.93^{a}	0.06	<0.01
腹泻率（%）	6.07^{a}	0.55^{b}	0.99^{b}	1.15^{b}	0.36^{b}	0.51	<0.01
腹泻指数	5.46^{a}	1.59^{b}	1.93^{b}	2.20^{b}	0.90^{b}	0.37	<0.01

注：同行上标不同小写字母表示差异显著（$P<0.05$），相同小写字母表示差异不显著（$P>0.05$）。
资料来源：周俊言（2019）。

从表8-34的结果还可以看出，各低蛋白质日粮组仔猪的腹泻率显著低于高蛋白质HP+加抗生素组（$P<0.01$），且LP110组再补充苏氨酸、蛋氨酸和色氨酸3种功能性氨基酸后仔猪的腹泻率最低。这在试验14d日粮不再添加氧化锌后表现最为明显。从表中可以看出，不再添加氧化锌后，HP+AGP组仔猪的腹泻率极显著高于其他低蛋白质日粮组（$P<0.01$）。说明使用低蛋白质氨基酸平衡日粮是降低仔猪腹泻率的有效手段，是配制无抗生素断奶仔猪日粮的有效技术措施。

从表8-35可看出，降低日粮蛋白质水平显著降低了血浆尿素氮的水平（$P<0.05$），再一次证实了迄今为止关于低蛋白质氨基酸平衡日粮提高氮利用效率的研究结果。低蛋白质氨基酸平衡日粮显著提高了血浆IgA水平，低蛋白质氨基酸平衡日粮额

外补充功能性氨基酸后显著提高了血浆 IgG 水平（$P<0.05$），说明额外添加功能性氨基酸起到了免疫调节的作用。

表 8-35 无抗生素低蛋白质日粮的氨基酸平衡模式对出生仔猪血液指标的影响

项 目	HP+AGP	LP+AGP	LP	LP110	LP110+AA	SEM	P 值
血浆尿素氮（mmol/L）							
29～42d	2.73^{a}	1.25^{b}	1.57^{b}	1.35^{b}	1.24^{b}	0.13	＜0.01
43～56d	2.78^{a}	1.59^{b}	1.76^{b}	1.99^{b}	1.11^{b}	0.12	＜0.01
IgA（g/L）							
29～42d	0.94^{b}	1.00^{b}	1.35^{a}	1.08^{ab}	1.08^{ab}	0.05	0.06
43～56d	0.82	1.00	0.93	1.16	1.08	0.15	0.52
IgG（g/L）							
29～42d	7.59^{b}	8.60^{ab}	9.14^{ab}	8.89^{ab}	9.93^{a}	0.27	0.09
43～56d	10.23	10.46	11.40	11.03	11.36	0.57	0.82

注：同行上标不同小写字母表示差异显著（$P<0.05$），相同小写字母表示差异不显著（$P>0.05$）。
资料来源：周俊言（2019）。

对肠道形态的测定结果表明，HP+AGP 组仔猪回肠的绒毛高度显著低于 Lo110+AA 组（$P<0.05$），空肠绒毛高度与隐窝深度的比值也显著低于其他组（$P<0.05$）而 HP+AGP 组的十二指肠和空肠绒毛高度，小肠各段隐窝深度，十二指肠和回肠绒毛高度与隐窝浓度的比值与低蛋白质日粮组无明显差异（表 8-36）。说明高蛋白质日粮不利于肠道的健康发育，低蛋白质日粮补充氨基酸可以改善断奶仔猪肠道的生长发育（彩图 3）。

表 8-36 无抗生素低蛋白质日粮的氨基酸平衡模式对断奶仔猪小肠形态的影响

项 目	HP+AGP	LP+AGP	LP	LP110	LP110+AA	SEM	P 值
绒毛高度（μm）							
十二指肠	350^{b}	445^{a}	382^{ab}	385^{ab}	404^{ab}	14	0.06
空肠	369	339	377	357	429	13	0.35
回肠	280^{bc}	299^{ab}	255^{b}	311^{ab}	349^{a}	14	＜0.01
隐窝深度（μm）							
十二指肠	304	321	286	303	286	13	0.35
空肠	279^{ab}	221^{c}	249^{abc}	234^{bc}	287^{a}	15	0.02
回肠	219	215	223	224	236	10	0.70
绒毛高度/隐窝深度							
十二指肠	1.15	1.38	1.35	1.28	1.42	0.06	0.06
空肠	1.32^{b}	1.54^{a}	1.53^{a}	1.53^{a}	1.49^{a}	0.04	0.02
回肠	1.31	1.42	1.30	1.39	1.50	0.07	0.10

注：同行上标不同小写字母表示差异显著（$P<0.05$），相同小写字母表示差异不显著（$P>0.05$）。
资料来源：周俊言（2019）。

三、无抗生素条件下断奶仔猪低蛋白质日粮理想氨基酸模式的延伸研究

上述试验结果表明，饲喂无抗生素低蛋白质氨基酸平衡日粮的仔猪，其生产性能与高蛋白质抗生素日粮有差异，但肠道健康和腹泻状况得到了显著改善，低蛋白质日粮的氨基酸平衡模式对仔猪生产性能和肠道健康指标有重要影响。为进一步探索低蛋白质日粮的氨基酸平衡模式，笔者及其研究团队将猪的饲喂时间延伸到断奶后63d。

将210头25日龄健康断奶仔猪［初始体重为（7.22±1.31）kg］随机分为7个日粮处理组（n=30）：其中5个处理组与本节中的“二”相同，增加的另外2个处理组为：低蛋白质105组（LP105，17% CP）和低蛋白质105额外补充苏氨酸、蛋氨酸和色氨酸组（LP105＋AA，17% CP），试验期35d。在饲喂试验日粮35d后，所有猪全部饲喂相同的商品料55d。试验的前14d，各处理组日粮中添加2 200mg/mg的氧化锌。

试验日粮营养组成如表8-37所示，所有试验日粮的净能含量均相同。各试验日粮合成氨基酸的补充原则与上述试验相同。LP105组在LP组的基础上补充5%的赖氨酸、苏氨酸、蛋氨酸、色氨酸、缬氨酸、亮氨酸和异亮氨酸，LP105＋AA组在LP105组的基础上额外补充5%的苏氨酸、蛋氨酸和色氨酸。

表8-37　日粮养分含量（饲喂基础）

项　目	HP＋AGP	LP＋AGP	LP	LP105	LP105＋AA	LP110	LP110＋AA
粗蛋白质（%）	21.00	17.00	17.00	17.00	17.00	17.00	17.00
净能（kcal/kg）	2 560	2 560	2 560	2 560	2 560	2 560	2 560
标准回肠可消化氨基酸（%）							
赖氨酸	1.29	1.30	1.30	1.37	1.37	1.43	1.43
苏氨酸	0.79	0.81	0.81	0.85	0.89	0.89	1.00
含硫氨基酸	0.77	0.78	0.78	0.82	0.86	0.86	0.97
色氨酸	0.24	0.27	0.27	0.28	0.30	0.30	0.34
缬氨酸	0.84	0.83	0.83	0.87	0.87	0.91	0.91
亮氨酸	1.55	1.30	1.30	1.37	1.37	1.43	1.43
异亮氨酸	0.77	0.69	0.69	0.72	0.72	0.76	0.76

资料来源：周俊言（2019）。

从表8-38可看以出，各日粮处理组的ADG和ADFI无显著差异。饲喂LP110＋AA组仔猪断奶后14d、35d和饲喂试验饲料全程的饲料转化效率显著低于HP＋AGP组，断奶后35d和饲喂饲料全程的饲料转化效率显著低于HP＋AGP组。饲喂LP105组日粮的断奶仔猪，获得了与HP＋AGP组仔猪几乎相同的生产性能，说明断奶仔猪的低蛋白质日粮需要补充更多的氨基酸。从仔猪腹泻率指标来看，重现了与上述试验相同的结果，再次说明使用低蛋白质氨基酸平衡日粮是降低仔猪腹泻的有效手段，是配制无抗生素断奶仔猪日粮的有效技术措施。

表 8-38 无抗生素低蛋白质日粮对断奶仔猪生长性能的影响

项 目	HP+AGP	LP+AGP	LP	LP105	LP105+AA	LP110	LP110+AA	SEM	*P* 值
体重（kg）									
出生后 25d	7.26	7.23	7.22	7.22	7.22	7.22	7.22	0.44	0.99
出生后 39d	11.00	10.84	10.63	10.64	10.45	10.45	10.86	0.40	0.95
出生后 60d	20.11	20.09	19.15	20.36	19.43	18.45	19.18	1.09	0.88
ADG（g）									
26～39d	272	254	238	253	235	228	256	16	0.17
40～60d	442	440	421	462	416	408	405	28	0.78
26～60d	375	366	342	373	349	339	341	23	0.83
ADFI（g）									
26～39d	373	397	403	371	363	379	395	18	0.59
40～60d	759	786	746	795	750	789	812	51	0.96
26～60d	623	629	596	636	610	631	636	36	0.80
F/G（g/g）									
26～39d	1.37^{c}	1.57^{ab}	1.65^{a}	1.47^{bc}	1.56^{ab}	1.61^{ab}	1.55^{ab}	0.02	0.02
40～60d	1.73^{c}	1.80^{bc}	1.80^{bc}	1.73^{c}	1.81^{bc}	1.93^{ab}	2.00^{a}	0.03	0.01
26～60d	1.66^{b}	1.73^{ab}	1.73^{ab}	1.70^{b}	1.74^{ab}	1.85^{a}	1.85^{a}	0.02	0.02
腹泻率（%）									
26～39d	1.78	1.64	1.78	1.50	1.40	1.44	1.58	0.12	0.56
40～60d	6.30^{a}	1.64^{b}	1.54^{b}	1.70^{b}	1.64^{b}	1.94^{b}	1.68^{b}	0.24	＜0.01
26～60d	8.02^{a}	1.74^{b}	2.26^{b}	2.10^{b}	2.28^{b}	1.86^{b}	1.62^{b}	0.39	＜0.01

注：同行上标不同小写字母表示差异显著（$P<0.05$），相同小写字母表示差异不显著（$P>0.05$）。
资料来源：周俊言（2019）。

表 8-39 显示了各处理组统一饲喂商品饲料后仔猪生长性能的结果。从表中可以看出，各处理组仔猪的 ADG、ADFI、饲料转化效率等生长性能指标无显著差异。断奶后 135d 饲喂 LP105 日粮组仔猪的平均日增重已高于饲喂 HP＋AGP 组仔猪。再次证明给断奶仔猪饲喂 17％ CP 的无抗生素低蛋白质氨基酸平衡日粮是可行的。

上述 3 个试验结果证明，低蛋白质日粮是降低断奶仔猪腹泻率、改善肠道健康的有效手段，是配制无抗生素断奶仔猪日粮的有效技术措施，氨基酸平衡对保证断奶仔猪低蛋白质日粮使用效果有非常重要的作用。

表 8-39 无抗生素低蛋白质日粮对后续阶段猪生长性能的影响

项 目	HP+AGP	LP+AGP	LP	LP105	LP105+AA	LP110	LP110+AA	SEM	*P* 值
体重（kg）									
出生后 88d	38.02	37.24	36.21	39.01	37.56	36.13	37.11	2.18	0.95
出生后 114d	55.53	54.78	54.35	56.98	54.89	53.67	54.56	1.54	0.90
ADG（g）									
61～88d	638	614	630	662	665	628	651	33	0.92

（续）

项　目	HP+AGP	LP+AGP	LP	LP105	LP105+AA	LP110	LP110+AA	SEM	*P* 值
89～114d	632	621	645	652	612	626	612	31	0.97
61～114d	637	616	637	656	638	627	637	26	0.97
ADFI (g)									
61～88d	1 399	1 358	1 376	1 415	1 432	1 325	1 364	65.01	0.98
89～114d	1 770	1 736	1 816	1 843	1 766	1 769	1 753	67.68	0.96
61～114d	1 585	1 547	1 596	1 629	1 599	1 547	1 558	66.43	0.96
F/G (g/g)									
61～88d	2.20	2.20	2.18	2.13	2.16	2.11	2.10	0.07	0.85
89～114d	2.80	2.80	2.82	2.82	2.89	2.83	2.88	0.11	0.95
61～114d	2.49	2.51	2.51	2.48	2.51	2.47	2.45	0.07	0.94

资料来源：周俊言（2019）。

参考文献

陈德志，余冰，陈代文，2009. 日粮能量蛋白质水平对荣昌烤乳猪品系生长性能和肉质性状的影响［J］. 动物营养学报，21（5）：634-639.

陈辉，2013. 日粮的蛋白水平对滇陆后备母猪生长发育的影响［J］. 当代畜牧，6（2）：28-29.

陈军，2011. 梅山母猪日粮蛋白水平对仔猪生长发育、血清抗氧化酶活性的影响［D］. 南京：南京农业大学.

崔爽，赵晓东，李娜，等，2010. 日粮蛋白质水平对松辽黑仔猪生长性能的影响［J］. 吉林畜牧兽医，31（1）：10-13.

葛长荣，赵素梅，张曦，等，2008a. 不同日粮蛋白水平对乌金猪生长性能和胴体品质的影响［J］. 畜牧兽医学报，39（11）：1499-1509.

葛长荣，赵素梅，张曦，等，2008b. 不同日粮蛋白质水平对乌金猪肉品质的影响［J］. 畜牧兽医学报，39（12）：1692-1700.

黄大鹏，郑本艳，李祥辉，等，2009a. 营养水平对育肥后期三江白猪胴体指标影响效应研究［J］. 动物营养学报，21（3）：263-271.

黄大鹏，郑本艳，李祥辉，等，2009b. 营养水平对育肥后期三江白猪肌肉品质的影响［J］. 动物营养学报，21（4）：428-433.

黄大鹏，郑本艳，张金良，等，2008. 营养水平对不同生长阶段三江白猪生长性能的影响［J］. 动物营养学报，20（1）：85-91.

姬玉娇，祝倩，耿梅梅，等，2016. 高低营养水平饲粮对环江香猪结肠菌群结构及代谢物的影响［J］. 微生物学通报，43（7）：1650-1659.

姜建阳，远德龙，朱绍伟，等，2015a. 低蛋白日粮添加合成氨基酸对鲁莱生长猪氮平衡和氨基酸消化率的影响［J］. 中国畜牧杂志，51（19）：29-33.

姜建阳，远德龙，朱绍伟，等，2015b. 不同营养水平对生长育肥期鲁莱猪生产性能和胴体性状及猪肉品质的影响［J］. 中国畜牧杂志，51（11）：33-37.

兰干球，郭亚芬，王爱德，2007. 广西巴马小型猪生长期日粮蛋白与能量水平需要的测定［J］. 实验动物科学，24（6）：36-38.

李昌茂，2009. 贵州实验动物香猪营养需要模型研究［D］. 贵阳：贵州大学.
李凤娜，2006. 赖氨酸与消化能水平对荣昌猪生产性能和肉品质的影响［D］. 长沙：湖南农业大学.
李宁，2019. 万古霉素耐药基因 vanA 经生猪产业链在肠球菌汇总的流行情况及传播机制［D］. 北京：中国农业大学.
李伟，杨正德，刘代强，等，2010. 贵州香猪内源氮与内源氨基酸代谢规律研究［J］. 动物营养学报，22（6）：1523-1528.
刘宏伟，王康宁，2009. 日粮碳水化合物/蛋白质水平对 240 日龄不同品种猪肌内脂肪含量和胃肠道重量、长度及消化酶活性的影响［J］. 动物营养学报，21（4）：447-453.
刘俊锋，吴琛，孔祥峰，等，2011. 精氨酸对妊娠环江香猪胎儿生长发育的影响［J］. 中国农业科学，44（5）：1040-1045.
刘培琼，刘若余，申学林，等，2011. 中国香猪简介［J］. 养猪（5）：49-51.
刘莹莹，2016. 日粮、品种和生长阶段对猪肉品质的影响及机制研究［D］. 北京：中国科学院大学.
刘莹莹，李凤娜，印遇龙，等，2015. 中外品种猪的肉质性状差异及其形成机制探讨［J］. 动物营养学报，27（1）：8-14.
刘永福，张生芳，王文福，等，2012. 高原八眉猪品种资源现状与繁育体系建设研究［J］. 安徽农业科学，40（26）：12949-12951.
瞿商，赵德馨，2011. 中国大豆进出口形势的逆转与粮食安全-百年间中国大豆国际贸易地位的逆转及其历史启示［J］. 贵州财经大学学报，29（2）：43-48.
任曼，2014. 支链氨基酸调控仔猪肠道防御素表达和免疫屏障功能的研究[D]. 北京：中国农业大学.
宋新磊，赵素梅，张曦，等，2010. 日粮蛋白水平对乌金猪肌内脂肪沉积相关基因表达的影响［C］. 第六次全国饲料营养学术研讨会论文集.
汤文杰，孔祥峰，刘志强，等，2008. 日粮不同蛋白质水平对肥育宁乡猪养分消化率和氮能代谢的影响［J］. 动物营养学报，20（4）：458-462.
王金泉，2011. 母猪日粮蛋白水平对子代梅山猪骨骼肌特性的影响及其表遗传机制［D］. 南京：南京农业大学.
吴琛，刘俊锋，孔祥峰，等，2011. 日粮添加精氨酸生素对环江香猪肉质及抗氧化功能的影响［J］. 天然产物研究与开发，23（5）：901-904.
吴琛，刘俊锋，孔祥峰，等，2012. 饲粮精氨酸与丙氨酸对环江香猪肉质、氨基酸组成及抗氧化功能的影响［J］. 动物营养学报，24（3）：528-533.
吴国芳，周继平，王磊，等，2017. 八眉三元杂交猪育肥期日粮蛋白质水平的研究［J］. 猪业科学，34（4）：47-49.
吴展望，2009. 母猪蛋白限制及糖皮质激素预处理对猪肾上腺皮质醇分泌能力的影响及机制探讨［D］. 南京：南京农业大学.
武玉环，秦富，2018. 中国豆粕价格波动分析及预测［J］. 农业展望，14（6）：14-20.
熊本海，罗清尧，周正奎，等，2017. 中国饲料成分及营养价值表（2017 年第 28 版）制订说明［J］. 中国饲料（21）：31-41.
徐林，单安山，张宏宇，2011. 母猪哺乳期蛋白限饲对后代肉质性状及肌纤维发育的影响［J］. 东北农业大学学报，42（6）：12-17.
许璇，赵轩，白广栋，等，2019. 玉米蛋白饲料对民猪杂交猪生长性能和养分表观消化率的影响［J］. 饲料工业，40（17）：26-30.
杨小婷，李吕木，许发芝，等，2013. 日粮蛋白水平对圩猪生长性能、肉质和血清生化指标的影响［J］. 西北农林科技大学学报（自然科学版），41（10）：1-8.
杨正德，罗国幸，戴燚，等，2011. 贵州香猪 7～25kg 生长阶段的氨基酸沉积规律与需要量的研究［J］. 动物营养学报，23（11）：2009-2015.
岳隆耀，2009. 低蛋白氨基酸平衡日粮对断奶仔猪肠道功能的影响［D］. 北京：中国农业大学.

岳涛，2007. 赖氨酸和消化能水平对荣昌猪胴体品质及 ADD1 和胰岛素受体表达的影响［D］. 杨凌：西北农林科技大学.
张春勇，陈克嶙，黄金昌，等，2012. 谷氧还蛋白 1 和硫氧还蛋白 1 基因在云南乌金猪不同组织中的表达特点及 L-组氨酸对其在氧化应激细胞中表达的影响［J］. 动物营养学报，24（12）：2415-2423.
张宏宇，单安山，徐林，等，2010. 母猪哺乳期蛋白限饲对子代血脂水平、肌内脂肪含量及 H-FABP 基因表达的影响［J］. 中国农业科学，43（6）：1229-1234.
张全生，肖国生，2004. 荣昌猪的历史、现状及发展对策［J］. 畜牧兽医杂志，23（1）：24-25.
张伟力，殷宗俊，杨艳丽，等，2015. 圩猪品系繁育和育种方向概述［J］. 猪业科学（1）：134-137.
张艳芳，2007. 不同日粮营养水平对荣昌猪肉品质和肌内脂肪代谢的影响［D］. 呼和浩特：内蒙古农业大学.
赵青，钟土木，2009. 不同营养水平对金华猪繁殖性能的影响［J］. 中国畜牧杂志，45（19）：56-57.
赵素梅，胡洪，高士争，2008. 日粮蛋白水平对乌金猪肝脏组织中脂肪代谢相关基因表达的影响［C］. 全国动物生理生化第十次学术交流会论文摘要汇编.
赵越，孔祥峰，姬玉娇，等，2018. 不同氮能比饲粮对妊娠环江香猪羊水和尿囊液生化参数的影响［J］. 动物营养学报，30（4）：1574-1581.
赵越，王芳芳，耿梅梅，等，2017. 饲粮营养水平与妊娠日龄对环江香猪背最长肌营养成分的影响［J］. 华北农学报，32（1）：215-219.
张世海，2016. 支链氨基酸调节仔猪肠道和肌肉中氨基酸及葡萄糖转运的研究［D］. 北京：中国农业大学.
周俊言，2019. 断奶仔猪无抗生素低蛋白质日粮下的氨基酸需要及其对肠道健康的影响［D］. 北京：中国农业大学.
周笑犁，印遇龙，孔祥峰，等，2011. N-氨甲酰谷氨酸对环江香猪生长性能、营养物质消化率及血浆游离氨基酸含量的影响［J］. 动物营养学报，23（11）：1970-1975.
祝倩，姬玉娇，李华伟，等，2016. 高、低营养水平饲粮对妊娠环江香猪繁殖性能、体成分和血浆生化参数的影响［J］. 动物营养学报，28（5）：1534-1540.
邹田德，毛湘冰，余冰，等，2012. 饲粮消化能和可消化赖氨酸水平对长荣杂交生长猪生长性能及胴体品质的影响［J］. 动物营养学报，24（12）：2498-2506.
中华人民共和国农业部，2004. 猪饲养标准：NY/T 65—2004［S］. 北京：中国农业出版社.
González-Vega J C，Stein H H，2012. Amino acid digestibility in canola，cottonseed，and sunflower products fed to finishing pigs［J］. Journal of Animal Science，90（12）：4391-4400.
Kim J C，Heo J M，Mullan B P，et al，2011. Efficacy of a reduced protein diet on clinical expression of post-weaning diarrhoea and life-time performance after experimental challenge with an enterotoxigenic strain of *Escherichia coli*［J］. Animal Feed Science and Technology，170（3/4）：222-230.
Liu Y Y，Li F N，He L Y，et al，2015. Dietary protein intake affects expression of genes for lipid metabolism in porcine skeletal muscle in a genotype-dependent manner［J］. British Journal of Nutrition，113（7）：1069-1077.
NRC，1998. Nutrient requirements of swine［S］. Washington，DC：National Academy Press.
NRC，2012. Nutrient requirements of swine［S］. Washington，DC：National Academy Press.
Wang Y M，Zhou J Y，Wang G，et al，2018. Advances in low-protein diets for swine［J］. Journal of Animal Science and Biotechnology，9（1）：60.